Mapping Worlds

Social and cultural geography is practised by geographers from around the world. However, for various reasons including language and publishing traditions, knowledge of the research being undertaken often remains confined to those working within those countries.

This book draws together, for the first time into one volume, reports of social and cultural geography undertaken in over twenty countries from around the world. It provides an important overview of geographic ideas and traditions, and the history of human geography more generally, allowing comparison between countries and details of key studies and references.

As such, the book will be of interest to geographers schooled in different national traditions, and those interested in the production and history of geographic knowledge. Entries are written in both English and the country's own national language.

These chapters were previously published in the journal, *Social and Cultural Geography*.

Mapping Worlds

International Perspectives on Social and Cultural Geographies

Edited by Rob Kitchin

Routledge
Taylor & Francis Group
LONDON AND NEW YORK

First published 2007
by Routledge
2 Park Square, Milton Park, Abingdon, Oxon OX14 4RN

Simultaneously published in the USA and Canada
by Routledge
270 Madison Ave, New York, NY 10016

Routledge is an imprint of the Taylor & Francis Group, an informa business

Reprinted 2008 (twice)

Transferred to Digital Printing 2009

British Library Cataloguing in Publication Data
A catalogue record for this book is available from the British Library

Library of Congress Cataloging in Publication Data
A catalog record for this book has been requested

ISBN10: 0–415–43828–4 (hbk)
ISBN10: 0–415–49490–7 (pbk)

ISBN13: 978–0–415–43828–5 (hbk)
ISBN13: 978–0–415–49490–8 (pbk)

This book is dedicated to my grandparents,
Hilda and Wilfred Hanslow

Contents

Mapping worlds

Rob Kitchin
National University of Ireland, Maynooth

Social and cultural geographies are studied by scholars from around the world, focusing on the spatialities of issues such as social deprivation, health and welfare, housing, religion, territorial conflict, identity, the politics of difference (relating to race, gender, sexuality, disability), social justice, landscapes, cultural traditions, and popular and material culture. And yet, for various reasons, the research being undertaken, its nature and theoretical underpinnings, and the institutional and disciplinary context in which it takes place, is often little known by geographers working in different national traditions or languages. *Mapping Worlds* draws together for the first time into one volume reports of social and cultural geographical research undertaken in several countries from around the world. As such, it provides an important overview and comparison of the ideas and traditions employed by social and cultural geographers working within different national schools or wider regions, details on specific studies and research projects, and offers insights into the history of human geography more generally and the varying institutional context within which geographical research is practised.

The chapters have their origins in the Country Reports section of the journal *Social and Cultural Geography*. The country report section was initiated as both an intellectual *and* political project. Intellectually, it aimed to bring into dialogue social and cultural geographers from around the world, acting as a conduit through which they could share empirical research, theory and knowledge. Politically, it sought to disrupt and destabilize the prevalent trend towards English-language and Anglo-American hegemony in the international production of geographic knowledge.

Internationalisation and challenging Anglo-American hegemony

For the editors of the journal, it was clear from our own experiences and from dealing with submitted manuscripts that, for reasons including language, tradition and conventions, or the power geometries that exist with regard to how universities, journals, publishing houses and conferences operate, that there is a very weak understanding amongst social and cultural geographers of what fellow scholars located outside of their own immediate networks are doing – what they are researching, how they are framing and performing their research, what they are discovering, and the institutional context in which social and cultural geographers are plying their trade. As a consequence, the opportunities to learn from each other are being circumscribed by ignorance created mainly through structural factors such as language and a lack of sustained dialogue and collaboration.

As many of the chapters in this collection reveal, along with other recent geographical scholarship (e.g., Berg and Kearns 1998; Gregson *et al.* 2003; Minca 2000; Gutiérrez and López-Nieva 2001; Short *et al.* 2001; Kitchin, 2003/2005; Garcia-Ramon, 2003; Paasi, 2005; Rodríguez-Pose, 2004, 2006; Aalbers and Rossi, in press), this ignorance is uneven in nature given the particular power geometries that are presently shaping academic knowledge production. There are three main, inter-related processes at play.

First, the forces of neo-liberalisation and globalisation have been applied to the academic sector leading to a restructuring of higher education so that universities are now competing globally for key resources such as students, staff and research monies and are seeking to evaluate their performance and standing internationally. Second, the English language has largely become the lingua franca of academia, with the effect that those scholars who have 'bought into' that hegemony are more likely to be read outside their own local context and to have academic capital in the global academic labour market. Others, who have chosen not to invest in English or are structurally limited to do so, are thus increasingly marginalized in the global exchange of ideas and labour. Third, the global consolidation of the publishing industry and the growing importance of English have led to an inflated importance for works predominately produced by Anglo-American publishers and societies and edited and contributed to by Anglo-American scholars.

In combination, what these processes mean is that publishing in English, in supposedly international journals, is becoming the benchmark by which scholars and institutions from around the world are increasingly being measured and judged. Given that these outlets are controlled predominately by Anglo-American gatekeepers, Anglo-American scholars are at a distinct advantage and their ignorance of other traditions and scholarship is of little consequence. On the other hand, such arrangements puts pressure on non-Anglo-American scholars to become familiar with the Anglo-American work against which their scholarship will be judged. Thus the hegemonic position of Anglo-American knowledge production is maintained and strengthened. Indeed, browsing through the geography journals that dominate the Social Sciences Citation Index (SSCI) – an index that purports to document the most important and influential research from around the world[1] – one would quickly get the impression that human geography in general (including social and cultural geography) was overwhelmingly an Anglo-American pursuit; that there was little research beyond this centre that was worth wider acknowledgement and engagement. Such an inference is, as the chapters in this book testify, patently a falsehood, and one that perpetuates a geography of intellectual inequity.

Social and Cultural Geography wanted to challenge this hegemony by trying to create a journal that was as international as possible in scope, ethos and audience. The country reports provided one tactic amongst a number that have been adopted including the formation of an internationally diverse editorial board, the publication of all abstracts in French and Spanish, and actively trying to encourage paper submissions from beyond Anglo-American geography (see Kitchin 2003/

2005). These tactics are not tokenistic, but a genuine attempt to recognise the structural forces of Anglo-American hegemony at play in the academy and to seek ways to undermine and reconfigure them.

Importantly then, the country reports were explicitly designed and presented not as a means to bring the work of 'geographers at the margins' to the 'Anglo-American centre', so that their ideas could be surveyed and pillaged in some kind of imperialistic fashion. Nor were they designed to 'reel-in' non-Anglo-American geographers in order to co-opt them into Anglo-American ways of knowing, interpreting and writing. Indeed, to combat these charges we very deliberately commissioned reports concerning the work of Anglo-American scholars, rather than assuming that these occupied some privileged, universal centre, familiar to all social and cultural geographers and therefore beyond the need for summary and review. Rather, the reports were to designed to demonstrate the full diversity of social and cultural geographies practised around the world and to provide a forum in which geographers can expand their knowledge and learn from one another. As a commitment to ensure the reports served different audiences, and as a political statement, every report has been published in English and the contributors' own first language (as demonstrated throughout this book). We are also investigating the possibilities of reprinting the reports in the authors' own national journals.

Despite these intentions, the extent to which *Social and Cultural Geography* has managed to achieve its aim of being a genuinely international journal is debatable. Summary data of submission rates and publication reveal that the journal is still dominated by Anglo-American researchers, although things are moving in the right direction (see Kitchin 2005). Undoubtedly, there are some deep structural issues at work here that make the transition from Anglo-American to international journal a slow journey, such as the make-up of editors (to date all Anglo-American with one exception), as opposed to editorial board, and the requirement that the main body of articles is published in English (it is only abstracts and country reports that are translated and then only into French or Spanish in the case of abstracts, and the authors' own language with country reports).

This slow transition highlights that the project of internationalisation is work in progress, one to which the editorial team of *Social and Cultural Geography* is deeply committed. To that end, the process of commissioning country reports is on-going and forthcoming reports include Argentina, Czech Republic, China, Germany, Kenya, Norway, Poland, Slovakia, Sweden, Switzerland, and the West Indies. It is hoped that over time areas of the world presently underrepresented such as Asia, Africa and South America will be added to ensure that as full a picture of social and cultural geography as practised, the research it produces, and the institutional context in which it operates, can be developed. It is also hoped that by engaging with social and cultural geographers from around the world, and reporting their work, that they might submit articles to the journal and help further erode its Anglo-American dominance and bias.

Social and cultural geography around the world

The chapters themselves provide fascinating insights into the social and cultural geographic research being practised within each country/region, although they vary slightly in their focus, content and style. All of the chapters document the work being undertaken – the focus of such research, how it is performed and theorised, and how it differs, overlaps or mimics research practised elsewhere, particularly with respect to that practised in Anglo-American contexts. In addition, some try and elaborate how human geography per se, or social and cultural geography in particular, has developed within a country/region given specific institutional and political regimes (e.g., Netherlands, Mexico, South Africa, Israel, South East Asia, Greece), and/or discuss issues like Anglo-American hegemony and power relations in the production of geographic knowledges (e.g., Denmark, United Kingdom, Italy, Finland), address particular issues such as language, culture and politics that has led to different schools within a nation (e.g., France, Canada), and/or evaluate the extent to which a national school draws inspiration and influence from other schools/traditions (e.g., Denmark, Spain, Brazil, Estonia). Rather than trying to group the chapters under some kind of organisational logic, such as by continent or by the specific focus of the report, they are ordered in the sequence in which they first appeared in print. It should be acknowledged then that some of the earlier chapters are a little more dated than the latter, though this does not diminish their value.

What the chapters make clear is that there are a wide diversity of social and cultural geographies practised around the world, though not always labelled as such (for example, sometimes seen as a part of economic, political or urban geography – e.g., Greece, New Zealand – or with social geography and cultural geography being seen as discrete sub-disciplines – e.g., Brazil, France). This diversity is influenced by a variety of factors, but is predominately shaped by historical traditions and varying institutional and national contexts. For example, Estonian geography was influenced first by Finnish geography, then by Russian ideology that restricted it to largely economic issues until the fall of the iron curtain. Similarly, Hungarian geography was influenced by German geography, then its foci restricted to mainly economic questions by a Russian influenced, totalitarian regime. Only recently have both national traditions been free to explore wider social questions and to develop their own theoretical tools and draw on theories and ideas from elsewhere. Danish geography, due its relatively small population and position, is influenced by German, French and Anglo-American traditions. Likewise, Brazilian, Mexican and Spanish geography have been strongly influenced by French traditions, only more recently becoming influenced by Anglophone sources, and Taiwanese geography has been influenced by Japanese traditions, and so on.

Differences also occur across Anglo-American countries. For example, the USA report highlights how, unlike the UK, social geography has largely failed to develop as a recognised label or sub-discipline, often subsumed with urban and political geography, with cultural geography seen as something quite distinct. And the reports for Australia, Canada, Ireland, New Zealand, and South Africa, whilst all native English speaking countries and often seen as part of the Anglo-American geography, reveal distinct academic and publishing traditions and a sense of peripherality in comparison to what is seen as a dominant UK-USA centre (also see Berg and Kearns 1998). In the Canadian context, there is also the issue of French and English-speaking regions and geographical research, and in the Irish case the issue of a partioned island.

In all cases, particular local and national issues shape the foci of research. For example, questions relating to post-iron curtain regeneration come to the fore in East European countries, social justice and land ownership are important in post-Apartheid South Africa, postcolonialism and multiculturalism attract scrutiny in Australia, native land rights and transnational immigration are significant in Canada, territorial conflict is of concern in Israel, social welfare and land use a focus in The Netherlands, nationhood and nation building are central in South East Asia, and so on. In many cases, academic research within national schools is closely tied to social policy initiatives and projects for local and national government, with geographers undertaking applied case studies rather than more fundamental and philosophical analysis. This applied work leads to reports and policy documents (so-called grey literature) which often has a limited, usually local or national, distribution and is typically absent from 'international' journals.

In highlighting these differences, the chapters reveal the complex geographies of the production of geographic knowledge and of knowledge production per se. While social and cultural geography might be vibrant and flourishing in some locations (e.g., Australia, Britain, Canada, Denmark, the Netherlands), in others it is struggling to compete with other geographical sub-disciplines (e.g., Estonia, Italy, Spain, Taiwan), and elsewhere geography as a discipline as a whole is relatively weak in comparison to other social science disciplines (e.g., Greece, Mexico).

Taken together then the chapters provide an international comparison into the development of (sub)disciplinary knowledge and practices within varying contexts and highlight that learning from one another's traditions will significantly enrich our understanding of particular phenomena. What they make clear is that in researching and writing geographies of particular themes we need to be careful to acknowledge and include evidence from different locales, to recognize that the theories and models developed in a limited number of contexts do not apply universally, and to acknowledge and stress the particular limitations of specific pieces of research. For example, too often accounts by Anglo-American geographers largely ignore the work and findings of everyone except other Anglo-American writers, even when the writing relates to other places (note, the same accusation can often be levelled at those in other traditions). Local voices are silenced and such selectivity is rarely acknowledged. And when Anglo-American writers do draw from non-Anglo sources, they are often not other geographers but rather social theorists (for example, much Anglo-American geography presently draws inspiration from French social theorists who ironically are little referred to by French geographers). This selectivity is partially an issue of language (and what kinds of work are translated into English, particularly as most Anglophone geographers work almost exclusively in English with a few exceptions) but, as noted, it is also an issue of myopia and ignorance.

Conclusion

My hope is that the chapters will be engaged with in the spirit in which they were commissioned and written – that is, open to understanding the diverse ways and institutional settings in which social and cultural geographies are practised around the world – and that the book promotes dialogue between scholars schooled in different traditions and national schools with respect to empirical research and theorisation. At the same time, I also hope that the book acts as a rallying call to address the political and ethical challenges posed by the way academic knowledge is increasingly being produced, as described in this chapter and by several of the contributors.

There is no doubt that academics need to become wise to the diverse circuits of power that shape what constitutes useful and valuable research and to develop strategies that seek to undermine and reconfigure those circuits in ways that empower those marginalized within them (also see Kitchin and Sidaway 2006). This awareness is no easy task given the extent to which academic knowledge production has taken on hegemonic forms (such as the refereed article in an SSCI-indexed journal) underpinned by neo-liberal reforms of the higher education sector, the global consolidation of publishing companies, and the development of English as the lingua franca of academia. There are, however, as *Social and Cultural Geography* has endeavoured to show, tactics that can be adopted (see Kitchin 2003/2005). Indeed, as explained above, this book itself seeks to be such a strategic intervention using tactics such as publishing the chapters in the authors' own language and highlighting ethical issues in knowledge production. It is hopefully a small, if limited, step in the right direction.

Acknowledgements

Thanks to Michael Brown, Vincent Del Casino Jr. and Lily Kong for comments on an early draft of this chapter.

Notes

1 see http://scientific.thomson.com/products/wos/

References

Aalbers, M. and Rossi, U. (in press) A coming community: young geographers coping with multi-tier spaces of academic publishing across Europe. *Social and Cultural Geography*.

Berg, L.D. and Kearns, R.A. (1998) America unlimited, *Environment and Planning D: Society and Space* 16: 128–32.

Garcia-Ramon, M.D. (2003) Globalization and international geography: the questions of languages and scholarly traditions, *Progress in Human Geography* 27: 1–5.

Gregson, N., Simonsen, K. and Vaiou, D. (2003) Writing (across) Europe: On writing spaces and writing practices, *European Urban and Regional Studies* 10: 5–22.

Gutiérrez, J. and López-Nieva, P. (2001) Are international journals of human geography really international?, *Progress in Human Geography* 25: 53–69.

Kitchin, R. (2003) Disrupting and destabilising Anglo-American and English-language hegemony in Geography. *Documents d'Ànalisi Geogràfica* 42: 17–36. Reprinted in *Social and Cultural Geography* 6(1): 1–16.

Kitchin, R. (2005) SCG commentary: analysis of submission data, 1999–2004, *Social and Cultural Geography* 6: 923–6.

Kitchin, R. and Sidaway, J. (2006) Geography's strategies, *Professional Geographer* 58(4): 485–91.

Paasi, A. (2005) Globalization, academic capitalism and the uneven geographies of international journal publishing spaces, *Environment and Planning A* 37: 769–89.

Rodríguez-Pose, A. (2004) On English as a vehicle to preserve geographical diversity, *Progress in Human Geography* 28: 1–4.

Rodríguez-Pose, A. (2006) Is there an 'Anglo-American' domination in human geography? And, is it bad?, *Environment and Planning A* 38: 603–10.

Short, J.R., Boniche, A., Kim, Y. and Li Li, P. (2001) Cultural globalization, global English, and geography journals, *Professional Geographer* 53: 1–11.

On being 'in-between': social and cultural geography in Denmark

Kirsten Simonsen
Department of Geography and International Development Studies, Roskilde University, Roskilde, Denmark

It is with a touch of ambivalence that I start writing this 'country report' on social and cultural geography in Denmark. In the light of recent discussions on Anglo-American and English-language hegemony in 'international' geographic writing spaces (see, e.g., Berg and Kearns 1998; Gregson, Simonsen and Vaiou, forthcoming; Minca 2000), I welcome the initiative by *Social & Cultural Geography* as a strategy seeking to address and work against this hegemony. On the other hand, however, this strategy carries the danger of casting the writer as an unproblematized translator who—by way of a dual and ambiguous position between discourses—mediates the otherwise unknown and inaccessible 'other' to the powerful inhabitants of the 'centre' (Gregson, Simonsen and Vaiou, forthcoming). Like any other 'map' of an intellectual landscape, a 'country report' is a social construction, a narrative construed by a writer who is ambiguously positioned in the very field she is trying to describe. This should not be seen as a confession, nor as a way to disclaim the responsibility for the story to come, but rather as a problematization of the very notion of 'country reports' suggesting that, like all other practices of representation, they are necessarily situated, embodied and partial.

While the global circulation of information and ideas—in spite of all its inequalities and deformations—renders problematic any essentializing claims and underlines the hybridity of all (national) knowledge production, cultural/academic traditions and institutional settings still also situates it in time and space and facilitate some perspectives and ways of knowing at the expense of others. The 'map' of social and cultural geography in Denmark which I will try to draw in the following starts from a series of 'in-betweens'. The first of these moves between the social and the cultural. The 'cultural turn' within Danish geography has not taken the form of an opposition between social theory and cultural studies (as the Anglo-American one is represented for instance in Gregory 1994) or between politics of redistribution and politics of recognition. Cultural issues such as difference and identity have been theorized and explored through the lens of (critical) social theory and the social and the cultural have never really departed. Related to that, my second 'in-between' moves between social constructionism and critical realism. It would be fair to say that the epistemological move taken by many of the involved writers can be characterized as an attempt to make their way between social constructionism and critique of essentialism, on the one hand, and some kind of ontological realism on the other one. Finally, the third 'in-between' guiding this presentation stems both from the necessary openness and linguistic proficiency of a small language community as the Danish (and Scandinavian) one and from the specific situatedness of Danish human sciences at the interstices of Anglo-Saxon and continental intellectual movements. Together they mean that in Danish social and cultural geography 'local' knowledges are intertwined with both German, French and Anglo-Saxon sources of inspiration.

As an established part of the discipline, social and cultural geography is relatively young in Denmark. While in the preceding decades being born by individuals who had to perform as spearheads between more naturalistic and economistic ways of thinking (see, e.g., Olwig 1984; Simonsen 1976, 1985, 1990), social and cultural geography in the 1990s was consolidated as an important part of Danish geography. During that decade a chair in the subject was filled at Roskilde University and a series of PhD dissertations were completed (see, e.g., Agergaard 1998; Bærenholdt 1991; Buciek 1995; Haldrup 1999; Mazanti 2002; Nielsen 1998; Sørensen and Vogelius 1991). Today the subject has a relatively strong position, recently manifested by way of a reader (in the Danish language) collecting together some of the central contributions (Simonsen 2001a). Making delineations and categorizations of such fields of research is of course always a dubious matter, deemed to homogenize the heterogeneous and violate the connections. However, for the purpose of presentation, I have chosen to organize the rest of this essay around three main issues/lines of thought.

The between-ness of practice

The constitution of a conceptual space between the social and the cultural has to a large degree taken place through different ways of dealing with social practice. The authors involved in this exercise take off from a variety of sources, but what they largely have in common is a view on subjectivity as primarily derived *in practice*. The 'subject's' understanding of the world comes from lived experience and dialogical actions, bound together by mutual dispositions and shared understandings which they both take from and contribute to. Culture—as the continuously produced and reproduced frame of meaning from which social life is carried on—is a dynamic dimension of social practice. Meaning and signification are created in and through practice and are continually struggled over and renegotiated in everyday life.

One group of works within this line of thought has revolved around the relationship between work, identity and social change. It started from ideas of a coherent identity or 'mode of life' constituted through a dialectic relationship between work practices and frames of meaning; different work practices and relations of production constitute different cultural identities and, once created, their inertia (like some kind of habitus) frames future possibilities and readiness for action. Analyses framed by these kinds of ideas have been conducted in very different contexts. One example is studies of the way in which human qualities developed in fishing, farming and household caretaking in North Atlantic communities articulate in specific cultural forms and local settlement structures (Bærenholdt 1991); another one analyses the variety in cultural preparedness for the introduction of new technologies and concepts of production in steel manufacturing in Danish and Swedish communities (Sørensen and Vogelius 1991); and yet another one explores cultural preconditions for collective action in mining communities in Ghana (Buciek 1995). Later (modified) versions address the post-communist transformation processes in Eastern Europe, demonstrating how the 'path-dependency' of industrial transformation is formed by the way in which meaning and identity are transmitted and renegotiated between actors of the transformation process (Haldrup 1999, 2001; Nielsen 1998, 2001).

Common to these works is that they in different ways are informed by German critical theory: inspirations for instance come from Negt and Kluge's social history of work, from Habermas' communicative concept of life-world and from Elias' ideas on habitus and social configuration. Also, it is possible to argue that yet another in-between is in play in these studies—that is the one of culture and economy (see also Bærenholdt and Haldrup 2003). This issue is further pursued in a comprehensive cross-national project on social and political 'coping strategies' in North Atlantic communities. In theoretical/empirical interplay, these socio-spatial practices are analysed as collective reflexive responses to social transformation, as interconnected practices of innovation, social networking and the formation of cultural identity (Bærenholdt and Aarsæther 1998, 2001, 2002).

Another line of thought within this group more specifically deals with development of a theoretical approach to human/social/cultural geography that takes its starting point in practice—that is, an approach claiming that nothing in the social world is prior to human/social practice; not consciousness, ideas and meaning; not structures or mechanisms; and not texts, discourses or networks. The main concern, then, is with embodied knowledges and their formation in people's everyday lives, with the world of emotions, desire, narratives and imagination, and with the multiplicity of encounters through which we make the world and are made by it in turn (see Simonsen 1991, 1993, 2001b, 2003). The approach takes inspiration from philosophers such as Heidegger, Merleau-Ponty, Riceour, de Beauvoir and the late Wittgenstein and from social theorists such as Lefebvre, Giddens, Bourdieu and de Certeau. A major purpose of this work is, by means of theories of practice, to overcome classic dualisms in philosophy and social theory, in particular those of subject/object and mind/body. And the emphasis on the meaningful, intersubjective and not least embodied character of practice is particularly used to evolve two (connected) discussions; the first one on the gendered character of bodies/practices as a way of addressing the sex/gender division at the same time avoiding essentialism and textualization of the body; and the second one on the spatiality of the body as constitutive to an understanding of social spatiality (on social spatiality see also Simonsen 1996, 1999 and J. L. Larsen 2001).

The subject area primarily addressed from this point of view is cities and urban life, emphasizing the variety of temporalities and spatialities involved in the social construction of the city. Urban life-histories are used to argue for the diversity of urban ways of life and to challenge over-generalizing and gender-blind accounts of urban life (Simonsen 1993; Simonsen and Vaiou 1996). Later attempts try to expand on this multiplicity partly through evolving on the notions of 'the embodied city' and 'the narrative city' (Simonsen forthcoming) and partly through ideas of multiple scalings of the city (Nielsen and Simonsen 2003).

Subsequently, also other spatializing practices are addressed by way of theories of practice. In order to overcome the problems of physicalist and representational understandings of landscape, Hansen (2001) operates with a practice-oriented concept of landscape in her analysis of the variety of landscape perceptions between Danish farmers. The purpose is to develop a concept that incorporates people's bodily involvement with and appropriation of the landscape.

Other studies use the perspective to activate a dynamic, constructivist and differential concept of place. Examples come from fragmented constructions of place in Eastern European post-communist localities (Haldrup 2001), or from contrasting inside and outside perceptions of place in a Danish suburban neighbourhood (Mazanti 2002). Altogether these studies emphasize the diverse and indefinite character of spatializing practices. The same is the case in different studies of mobile practices. Agergaard (1998, 2001) argues for a practice-oriented approach to migration in order to grasp the complex inter-relations of migration, establishment and consolidation in a new place. Her fieldwork from Nepal emphasizes the importance of active constructions of migration networks and of the social and cultural capital that migrants are able to invest in such construction processes. Finally, in different contexts, Bærenholdt (2001) and Juul (2001) outline how practices of territoriality and mobility work as different, but complementary, spatial power strategies in local social development.

Around the welfare state

Parallel to the other Scandinavian countries, parts of social and cultural geography in Denmark are highly concerned with the welfare state. The relationship is a dual one; it gives occasion for explorations of the role of the welfare state in various aspects of social development, and it more directly results in research feeding into welfare policy and planning. The main issue at stake in this group of works is social differentiation/polarization, and the authors involved typically relate this issue to two broader theoretical/empirical discussions. The first of these is on globalization. The relationships between megatrends or globalization processes, on the one hand, and economic restructuring and social stratification at particular locations, on the other, is acknowledged. At the same time, however, it is emphasized that the influence of globalization on exclusion and fragmentation depends on a range of particular issues such as local economic structure, the role of the state and the abilities of local groups to cope with changing conditions. The other overarching discussion is on welfare regimes. Starting from Esping-Andersen's (1990) identification of three clusters of welfare regimes based on differences in rights to welfare benefits and the decommodification of welfare benefits, in particular the social democratic or Scandinavian welfare model and its influence on social polarization is discussed.

Two lines of differentiation are addressed within this framework. The first one relates to housing and evolves on the classic urban social geography issue of segregation (Andersen 1998; Andersen, Andersen and Ærø 2000; Andersen and van Kempen 2001). Extensive empirical studies on social polarization and segregation, often conducted in comparison with other Scandinavian and European countries, have been framed in the intersection between overarching and local explanations. In particular, the role of the welfare state in this process is addressed, leading to exposure of the paradox that the very pride of Scandinavian housing policy—the provision of social housing—has ended up being part and parcel of processes of 'ghettoization' (Andersen and Clark 2003).

Housing is the subject also of works in a very different context, addressing sustainable urbanization in the Third World. Based on fieldwork in Colombia and Ghana, the issue explored is the socio-economic and environmental consequences of urban growth and subsequent problems of the provision of housing to the urban poor (e.g. Gough 1999, Gough and Yankson 2001).

The other line of differentiation explored

from the point of view of the welfare state revolves around the labour market (Hansen 2003; Hansen and Jensen-Butler 1996). Also here, the focus is the relationship between welfare state regimes and social polarization. Hansen argues for a model of social welfare and polarization which, besides employment and work regulation, involves regulation of welfare benefits, families and family ideologies and regulation of civil rights and (gender and ethnic) equality. All these institutions, he argues, produce axes of polarization that work together in different socio-spatial articulations in the end producing a complex regional social geography.

Geographical representations

The work on geographical representations (at least in a manifest form) is a relative late-comer in Danish social and cultural geography, maybe because the dominant conception of culture has been more of an anthropological than a textual kind. In later years it has, however, gradually gained ground. Theoretically it partly takes off from Foucault but rather more from later developments such as 'critical discourse analysis' (see, e.g., Chouliaraki and Fairclough 1999). For some, this thinking comes in as a partial perspective; for example depicting imaginations of work in different European contexts (Gregson, Simonsen and Vaiou 1999), or stigmatization of suburban residential neighbourhoods (Mazanti 2002), or the construction of narratives on the city (Simonsen, forthcoming). For others, however, the geographical imaginations occupy a more central position in the project.

Strongly influenced by post-colonial critique, Buciek (2001a, 2001b) pursues the idea of travel as a central element of social life. His main concern is not only the direct analysis of travel and mobility, but rather more an attempt to evolve on travel and travellers as basic metaphors of cultural identity and social life. The project appears mainly as a historical geographic one exploring the activation in Western culture of binary oppositions such as home/abroad, self/other, civilization/savagery, order/chaos etc., and it ends up framing itself within branches of social theory emphasizing the role of strangers, travel and mobility in the contemporary social world.

Geographical representations are, however, also in play in more specific studies. Not surprisingly, one of the places where this is the case is in tourism studies. One example is J. Larsen's work on tourism mobilities (2001). He explores how mobility technologies facilitate a specific 'tourist glance', a vision in which landscapes are constructed in a mobile cinema-like way. Another example explores images of Greenland in tourist brochures and guidebooks, emphasizing both discourses of nature and 'empty space' and of romantic 'Nordic' identities (Bærenholdt 2002). Yet another place where geographical representations are in focus is a developing project on mass media and their role in the construction of (new) regions (Stöber 2001). The empirical object is the formation of the Danish–Swedish cross-border region—'Øresundsregion'—and the role of visual and written mass media in this imaginative construction process.

Concluding remarks

In this report I have tried to construct a narrative of social and cultural geography in Denmark that positions it by way of a series of in-betweens. This move in some sense relates to a broader narrative suggesting that Denmark's intermediary physical and cultural position, placed between Anglo-American, Nordic and continental European spaces, connects with a corresponding intellectual one. And, without overdoing the argument, Danish academic histories tend to support such a story. Small, relatively open academic communities have absorbed inspirations from different and shifting places of origin, but also re-embedded them in interaction with 'local' knowledges and social discourses. In this way, both geography and other human sciences in Denmark seem to connect rather different impulses. As can be seen from the above, this connectivity has a practical as well as an intellectual side, much of the work described is done in co-operation with colleagues from both Nordic and other European countries.

Mellemrummenes geografi: social og kulturel geografi i Danmark

Kirsten Simonsen
Institut for geografi og internationale udviklingsstudier, Roskilde Universitetscenter, Danmark

Det er med et stænk af ambivalens jeg begynder at skrive denne 'landerapport' om social og kulturel geografi i Danmark. I lyset af de seneste diskussioner af den hegemoniske position Angloamerikanske diskurser og engelsk sprog indtager i 'internationale' publiceringsrum (se fx Berg and Kearns 1998; Gregson, Simonsen and Vaiou, kommende; Minca 2000) ser jeg naturligvis positivt på *Social & Cultural Geography*'s initiativ som en strategi, der kan konfrontere og modvirke dette hegemoni. På den anden side indeholder denne strategi en risiko for at positionere forfatteren som en uproblematiseret oversætter som—med basis i en dobbelt og ambivalent position mellem 'internationale' og 'lokale' diskurser—formidler det på anden måde ukendte og utilgængelige 'andet' til et magtfuldt 'centrum' (Gregson, Simonsen and Vaiou, kommende). Som alle andre 'kort' over et intellektuelt landskab er en 'landerapport' en social konstruktion, en fortælling der er konstrueret og fortolket af en forfatter som har en flertydig position i selve det felt, hun forsøger at beskrive. Dette udsagn skal ikke ses som en form for tilståelse, ej heller som et forsøg på at løbe fra ansvaret for den efterfølgende fortælling, men snarere som en problematisering af selve begrebet 'landerapporter'; en understregning af at de, som alle andre former for repræsentation, nødvendigvis må være både situerede, personificerede og partielle.

Mens den globale cirkulation af information og ideer—til trods for alle dens uligheder og fordrejninger—vanskeliggør enhver essentialisering af kundskab og understreger al (national) kundskabsproduktions hybride karakter, vil såvel kulturelle og akademiske traditioner som deres institutionelle rammer også situere den i tid og rum og fremme nogle perspektiver og kundskabsformer på bekostning af andre. Det 'kort' over social og kulturel geografi i Danmark, som jeg i det følgende vil forsøge at tegne, tager udgangspunkt i en række 'mellemrum' eller 'mellempositioner'. Den første af disse ligger mellem det sociale og det kulturelle. Den såkaldte 'kulturelle vending' inden for dansk geografi har ikke givet sig udtryk i en modsætning mellem social teori og kulturstudier (sådan som den Angloamerikanske variant ofte ses repræsenteret, fx i Gregory 1994) og som følge heraf heller ikke mellem fordelingspolitik og anerkendelsespolitik. Kulturelle emner såsom forskellighed og identitet har været teoretiseret og udforsket med basis i (kritisk) social teori, og det sociale og det kulturelle er aldrig for alvor blevet adskilt. Sammenhængende med dette bevæger min næste 'mellemposition' sig imellem socialkonstruktivisme og kritisk realisme. Det vil være en rimelig beskrivelse af situationen at sige at den epistemologiske position, der kendetegner mange af de involverede forfattere, kan karakteriseres som forsøg på at finde en vej mellem på den ene side socialkonstruktivisme og kritik af essentialisme og på den anden side en eller anden form for ontologisk realisme. Endelig stammer det tredje 'mellemrum', der fungerer som ledetråd i denne fremstilling, fra den åbenhed og sproglige kompetence der er nødvendig for et lille sprogområde som det danske (og skandinaviske) samt fra dansk human- og samfundsvidenskabs specifikke situering i skæringspunktet mellem anglesaksiske og kontinentale intellektuelle bevægelser. Tilsammen betyder det at i dansk social og kulturel geografi er 'lokal' kundskab sammenvævet med både tyske, franske og anglesaksiske inspirationer.

Som en etableret del af geografifaget må social og kulturel geografi karakteriseres som relativt ung i Danmark. Mens den i de foregående årtier blev båret af enkeltpersoner som måtte agere som spydspidser imellem mere naturalistiske og økonomistiske tænkemåder (se fx Olwig 1984; Simonsen 1976, 1985, 1990), blev social og kulturel geografi i 1990'erne konsolideret som en vigtig dimension af dansk geografi. I løbet af dette årti blev der besat et professorat inden for feltet ved Roskilde Universitetscenter, ligesom en række Phd-afhandlinger blev færdiggjort (se fx Agergaard 1998; Bærenholdt 1991; Buciek 1995; Haldrup 1999; Mazanti 2002; Nielsen 1998; Sørensen og Vogelius 1991). I dag har emnet en relativ stærk position, på det seneste manifesteret gennem en artikelsamling (på dansk), der samler nogle af de mest centrale bidrag (Simonsen 2001a). At forsøge at lave afgrænsninger og kategoriseringer inden for et sådant forskningsfelt er naturligvis altid en tvivlsom sag, på forhånd dømt til at homogenisere det heterogene og gøre vold på sammenhængene. Imidlertid har jeg valgt, for klarhedens og fremstillingens skyld, at organisere resten af denne gennemgang omkring tre hovedemner eller–tilgange.

Praksis som formidler

Konstitueringen af et begrebsligt rum mellem det sociale og et kulturelle har i stor udstrækning fundet sted gennem forskellige former for teoretisering af social praksis. De forfattere, der har beskæftiget sig med dette, har gjort det med udgangspunkt i en række forskellige kilder. Et fælles eller overlappende træk har imidlertid været en opfattelse af subjektivitet og mening som overvejende skabt gennem *praksis*. 'Subjektets' forståelse af verden udvikles gennem levede erfaringer og dialogiske handlinger, sammenkædet af intersubjektive dispositioner og forståelser som de på en gang trækker på og bidrager til. Kultur—forstået som løbende produceret og reproduceret fortolkningsrammer hvorudfra socialt liv udfoldes—er en dynamisk dimension af social praksis. Mening og signifikans skabes i og gennem praksis og er løbende genstand for konflikt og genforhandling i hverdagslivet.

En gruppe af arbejder med udgangspunkt i en sådan forståelsesramme har drejet sig om relationen mellem arbejde, identitet og social forandring. Mange af disse tog oprindeligt udgangspunkt i teorier om en sammenhængende identitet eller 'livsform' konstitueret i en dialektisk sammenhæng mellem arbejdet og de subjektive fortolkningsrammer; forskellige former for arbejde og produktionsforhold antoges at konstituere forskellige kulturelle identiteter og, når disse en gang var skabt, ville deres inerti (som en form for habitus) skabe en ramme for fremtidige muligheder og beredskab for handling. Analyser med udgangspunkt i sådanne forståelsesrammer er foretaget inden for meget forskellige kontekster. Et eksempel er studier af, hvordan arbejdsevner og menneskelige egenskaber udviklet inden for fiskeri, landbrug og omsorgsarbejde i nordatlantiske lokalsamfund giver ophav til specifikke kulturelle former og lokale bosætningsmønstre (Bærenholdt 1991); et andet analyserer variationen i det kulturelle beredskab for at indoptage nye teknologier og produktionskoncepter i metalindustrien i danske og svenske firmaer/lokalsamfund (Sørensen og Vogelius 1991); og endnu et udforsker kulturelle forudsætninger for kollektiv handling i minesamfund i Ghana (Buciek 1995). Senere (modificerede) versioner undersøger post-kommunistiske transformationsprocesser i Østeuropa og demonstrerer, hvordan den industrielle transformations 'sti-afhængighed' formes gennem de måder hvorpå mening og identitet formidles og genforhandles mellem transformationsprocessernes aktører (Haldrup 1999, 2001; Nielsen 1998, 2001).

Fælles for disse arbejder er at de på forskellig måde har ladet sig inspirere af tysk kritisk teori: Inspirationerne kommer for eksempel fra Negt og Kluges tekster om arbejdets historie, fra Habermas' kommunikative livsverdensbegreb og fra Elias' ideer om habitus og sociale konfigurationer. Det er også muligt at argumentere for, at endnu et 'mellemrum' er på spil i disse studier—nemlig mellemrummet eller forbindelsen mellem kultur og økonomi (se også Bærenholdt and Haldrup 2003). Denne sammenhæng forfølges yderligere i et omfattende tvær-nationalt projekt om sociale og politiske 'mestringsstrategier' i nordatlantiske lokalsamfund. I et teoretisk/empirisk samspil analyseres disse socio-rumlige praksisser som kollektive refleksive reaktioner på social forandring; som en løbende kombination mellem teknisk/økonomisk innovation, dannelse af sociale netværk og skabelse af kulturel identitet (Bærenholdt and Aasæther 1998, 2001, 2002).

En anden forskningslinie inden for denne gruppe beskæftiger sig mere specifikt med at udvikle en teoretisk tilgang til samfunds-/social/kulturel geografi der tager sit udgangspunkt i praksis—dvs. en tilgang der hævder at intet i den sociale verden er ontologisk forud givent for menneskelig og social praksis; ikke bevidsthed, ånd eller mening, ikke strukturer eller mekanismer, og ikke tekster, diskurser eller netværk. Tilgangens hovedomdrejningspunkt er således kropsliggjorte kundskaber og deres dannelse i menneskers hverdagsliv; det er en verden af følelser, begær, fortællinger og forestillinger, og det er den mangfoldighed af møder gennem hvilke vi på en gang skaber verden og bliver skabt af den (Simonsen 1991, 1993, 2001b, 2003). Inspirationen til denne tænkning kan findes hos filosoffer som Heidegger, Merleau-Ponty, Riceour, de Beauvoir og den sene Wittgenstein, samt hos socialteoretikere som Lefebvre, Giddens, Bourdieu og de Certeau. Et hovedformål med dette arbejde er, ved hjælp af teorier om praksis, at overskride klassiske dualismer i filosofi og socialteori, især dikotomier mellem subjekt/objekt og bevidsthed/krop. Og vægten på den meningsfulde, intersubjektive og ikke mindst kropslige karakter af praksis bliver især anvendt til at udvikle to (indbyrdes forbundne) diskussioner; den første drejer sig om kroppes/praksissers 'kønnede' karakter med henblik på at udfordre adskillelsen af socialt og biologisk køn på en måde, der på en gang undgår essentialisering og tekstualisering af kroppen; den anden omhandler kroppens rumlighed som konstituerende for en forståelse af social rumlighed (om social rumlighed se også Simonsen 1996, 1999 og J. L. Larsen 2001).

Det genstandsfelt der primært er behandlet med dette udgangspunkt er byer og byliv, med vægt på den mangfoldighed af tidsligheder og rumligheder der er involveret i byens sociale konstruktion. Livshistorieanalyser er anvendt til at argumentere for diversiteten i bymæssige livsformer og udfordre overgeneraliserede og kønsblinde forståelser af byliv (Simonsen 1993; Simonsen and Vaiou 1996). Senere arbejder søger at videreudvikle forståelsen af denne mangfoldighed delvis gennem udvikling af begreber om 'den kropslige by' og 'den narrative by' (Simonsen kommende) og delvis gennem ideer om byens konstruktion i en mangfoldighed af rumlige skalaer (Nielsen and Simonsen 2003).

Efterhånden er også andre rumlige praksisser blevet analyseret ved hjælp af sådanne praksisteorier. I et forsøg på at overskride problemerne ved henholdsvis fysikalistiske og repræsentationelle forståelser af landskab arbejder Hansen (2001) med et praksis-orienteret landskabsbegreb i sin analyse af variationen i landskabssyn blandt danske landmænd. Formålet er at udvikle et begreb der tager højde for folks kropslige involvering med og tilegnelse af landskabet. Andre studier anvender perspektivet til at sætte et dynamisk, konstruktivistisk og differentielt stedsbegreb i spil. Eksempler kan være fragmenterede stedskonstruktioner i østeuropæiske, postkommunistiske lokaliteter (Haldrup 2001), eller kontrastering af indefra og udefra forståelser af sted i en dansk forstadskommune (Mazanti 2002). Fælles for disse studier er en vægt på rumlige praksissers diverse og uafsluttede karakter. Det samme er tilfældet i studier af mobile praksisser. Agergaard (1998, 2001) argumenterer for en praksis-orienteret tilgang til migration for at kunne opfange de komplekse sammenhænge mellem migration, etablering og konsolidering på et nyt sted. Hendes feltarbejde fra Nepal lægger vægt på betydningen af en aktiv konstruktion af migrationsnetværk og af den sociale og kulturelle kapital migranter har mulighed for at investere i en sådan konstruktionsproces. Og endelig skitserer Bærenholdt (2001) og Juul (2001) i forskellige kontekster, hvordan territorialitets- og mobilitets-praksisser virker som forskellige, men komplementære, rumlige magtstrategier i lokal social udvikling.

Omkring velfærdstaten

Parallelt med de andre skandinaviske lande er dele af den sociale og kulturelle geografi i Danmark stærkt optaget af velfærdsstaten. Relationen er dobbelt; den giver anledning til udforskning af velfærdsstatens rolle i forskellige aspekter af den sociale udvikling, og den resulterer i forskningsresultaternes mere eller mindre direkte inddragelse i velfærdspolitik og planlægning. Hovedemnet i denne gruppe af arbejder er social differentiering/polarisering, og de involverede forfattere forholder typisk dette emne til to bredere teoretiske/empiriske diskussioner. Den første af disse er om globalisering. Man erkender sammenhængene mellem på den ene side megatendenser eller globaliseringsprocesser og på den anden side økonomisk omstrukturering og social stratifikation på specifikke lokaliteter. Men samtidig lægges der vægt på at globaliseringens indflydelse på eksklusion og fragmentering afhænger af en række specifikke forhold som lokal økonomisk struktur, statens rolle og lokale gruppers evne til at mestre de ændrede forhold. Den anden overordnede diskussion drejer sig om velfærdsregimer. Med udgangspunkt i Esping-Andersens (1990) identifikation af tre typer af velfærdsregimer med basis i forskelle i rettigheder til velfærdsydelser og i disse ydelsers 'afvaregørelse' koncentrerer interessen sig især om den socialdemokratiske eller skandinaviske velfærdsmodel og dens indflydelse på social polarisering.

To former for differentiering behandles inden for denne ramme. Den første drejer sig om boliger og udvikler det klassiske by- og socialgeografiske tema om segregation (Andersen 1998; Andersen, Andersen and Ærø 2000; Andersen and van Kempen 2001). Omfattende empiriske studier af social polarisering og segregation, ofte udført i samarbejde med forskere fra andre skandinaviske og europæiske lande, fortolkes i skæringsfeltet mellem overordnede og lokale forklaringer. Især udforskes velfærdsstatens rolle i denne proces, hvilket leder til belysning af det paradoks, at den skandinaviske boligpolitiks stolthed—den omfattende udvikling af socialt boligbyggeri—er endt med at blive en medvirkende faktor i nye 'ghettoiserings' processer (Andersen and Clark 2003).

Boliger er også genstandsfeltet i arbejder i en helt anden kontekst, nemlig analyser af bæredygtig urbanisering i den tredje verden. Baseret på feltarbejde i Colombia og Ghana udforskes socio-økonomiske og miljømæssige konsekvenser af byvækst og deraf følgende problemer med forsyning med boliger til bymæssigt fattige (e.g. Gough 1999, Gough and Yankson 2001).

Den anden form for differentiering der undersøges med udgangspunkt i velfærdstaten forekommer inden for arbejdsmarkedet (Hansen 2003; Hansen and Jensen-Butler 1996). Også her fokuseres der på sammenhængen mellem velfærdstatsregimer og social polarisering. Hansen argumenterer for en analysemodel omkring social velfærd og polarisering som, foruden beskæftigelse og regulering af arbejdsforhold, involverer regulering af velfærdsydelser, familie og familieideologi og regulering af civile rettigheder og (køns- og etnicitets-) ligestilling. Han argumenterer for at alle disse institutioner producerer polariseringsakser der samvirker i forskellige socio-rumlige artikulationer som ender op med at producere en kompleks regional social geografi.

Geografiske repræsentationer

Arbejdet med geografiske repræsentationer (i hvert fald i en manifest form) er kommet relativt sent på banen i dansk social og kulturel geografi, måske fordi det dominerende kulturbegreb har været mere antropologisk end tekstuelt i karakter. I de senere år har det imidlertid gradvis vundet indpas. Teoretisk tager det delvis afsæt fra Foucault, men endnu mere fra senere udviklinger som 'kritisk diskursanalyse' (se fx Chouliaraki and Fairclough 1999). For nogle forfattere er denne tænkning kommet ind som et partielt perspektiv; for eksempel ved afdækning af forestillinger om arbejde i forskellige europæiske kontekster (Gregson, Simonsen and Vaiou 1999), eller stigmatisering af boligområder i forstæderne (Mazanti 2002), eller konstruktion af narrativer om byen (Simonsen, kommende). For andre indtager spørgsmål om geografiske forestillinger imidlertid en mere central plads i projektet.

Stærkt influeret af postkolonial teori forfølger Buciek (2001a, 2001b) en ide om rejsen som et centralt element af samfundslivet. Hans formål er ikke bare den direkte analyse af rejse og mobilitet, men snarere et forsøg på at udvikle rejsen og de rejsende som basale metaforer for kulturel identitet og social liv. Projektet fremstår hovedsageligt som et historisk geografisk projekt og udforsker aktiveringen af binære oppositioner som hjem/ude, selv/anden, civilisation/vildskab, orden/kaos osv. i vestlig kultur, og det trækker linier frem til nutiden ved hjælp af sociale teorier der lægger vægt på betydningen af fremmede, rejse og mobilitet i den kontemporære sociale verden.

Geografiske repræsentationer er imidlertid også på spil i mere specifikke studier. Ikke overraskende er et af de områder hvor dette er tilfældet i turismestudier. Et eksempel er J. Larsens arbejde med turisme mobiliteter (2001). Han udforsker hvordan mobilitetsteknologier fremmer et specifikt 'turist blik', en forestilling hvor landskaber konstrueres i en mobil 'filmagtig' form. Et andet eksempel udforsker billeder af Grønland i turistbrochurer og guidebøger og fremanalyserer både diskurser om natur og 'tomme rum' og om romantiske 'nordiske' identiteter (Bærenholdt 2002). Endnu et sted hvor geografiske repræsentationer er i fokus er i et projekt om massemedier og deres rolle i konstruktionen af (nye) regioner (Stöber 2001). Det empiriske objekt er dannelsen af den dansk–svenske (tvær)grænseregion—Øresundsregionen—og den rolle visuelle og skrevne massemedier spiller i denne imaginære konstruktionsproces.

Afsluttende bemærkninger

I denne rapport har jeg forsøgt at konstruere en fortælling om social og kulturel geografi i Danmark der positionerer den ved hjælp af en række af 'mellemrum' eller sammenkædninger. Dette relaterer sig på en måde til en større fortælling som antager at Danmarks fysiske og kulturelle position, lokaliseret mellem angloamerikanske, nordiske og kontinentale europæiske rum, korresponderer med en tilsvarende intellektuel position. Uden at forsøge at overbelaste argumentet mener jeg også at flere danske akademiske historier tendentielt støtter en sådan antagelse. Små, relativt åbne akademiske miljøer har opsuget inspiration fra forskellige og skiftende steder, men også genindlejret dem i interaktion med 'lokale' kundskaber og samfundsmæssige diskurser. På den måde synes både geografi og andre samfunds- og humanvidenskaber i Danmark at forbinde ret forskellige impulser. Som det fremgår af det ovenstående, har denne sammenkædning en praktisk såvel som en intellektuel side; meget af det beskrevne arbejde er udført i samarbejde med kolleger fra både nordiske og andre europæiske lande.

References

Agergaard, J. (1998) Unsettled settlement—a study of the process of migration from Lamjung District and settlement in Chitwan District, Nepal, PhD dissertation, Department of Geography, University of Copenhagen.

Agergaard, J. (2001) Folk i bevægelse—ansatser til en (praksis)tilgang inden for udviklings- og migrationsstudier, in Simonsen, K. (ed.) *Praksis, rum og mobilitet.* København: Roskilde Universitetsforlag, pp. 207–239.

Andersen, H.S., Andersen, H.T. and Ærø, T. (2000) Social polarisation in a segmented housing market, *Geografisk Tidsskrift* 100: 71–83.

Andersen, H.T. (1998) Social change and segregation in Copenhagen, *Geojournal* 46: 7–16.

Andersen, H.T. and Clark, E. (2003) Does welfare matter? Ghettoisation in the welfare state, in Simonsen, K. and

Öhman, J. (eds) *Voices from the North. New Trends in Nordic Human Geography*. London: Ashgate (forthcoming).

Andersen, H.T. and van Kempen, R. (eds) (2001) Introduction, in *Governing European Cities. Social Fragmentation, Social Exclusion and Urban Governance*. London: Ashgate, pp. 1–18.

Berg, L.D. and Kearns, R.A. (1998) Guest editorial: America unlimited, *Environment and Planning D: Society and Space* 16: 128–132.

Buciek, K. (1995) *Arbejde er guld værd—er guldet arbejdet værd?*, Forskningsrapport nr. 109, Department of Geography, Roskilde University.

Buciek, K. (2001a) Crossing borders as a way of life—vagabonds and gypsies in contemporary social theory, in Bucken-Knapp, G. and Schack, M. (eds) *Borders Matter: Transboundary Regions in Contemporary Europe*. Åbenrå: Danish Institute of Border Region Studies.

Buciek, K. (2001b) Stedets og rejsens ambivalens, in Simonsen, K. (ed.) *Praksis, rum og mobilitet*. København: Roskilde Universitetsforlag, pp. 173–207.

Bærenholdt, J.O. (1991) *Bygdeliv*, Forskningsrapport nr. 78, Department of Geography, Roskilde University.

Bærenholdt, J.O. (2001) Territorialitet, mobilitet og mestringsstrategier, in Simonsen, K. (ed.) *Praksis, rum og mobilitet*. København: Roskilde Universitetsforlag, pp. 141–173.

Bærenholdt, J.O. (2002) Greenland on the margin of the Nordic—tourist and educational geographies of Greenland, *Nordisk Samhällsgeografisk Tidskrift* 34: 31–51.

Bærenholdt, J.O. and Aarsæther, N. (1998) (eds) *Coping Strategies in the North. Local Practices in the Context of Global Restructuring*. Copenhagen: Nordic Council of Ministers.

Bærenholdt, J.O. and Aarsæther, N. (2001) Coping strategies in practice, in Aarsæther, N. and Bærenholdt, J.O. (eds) *The Reflexive North*. Copenhagen: Nordic Council of Ministers, pp. 259–273.

Bærenholdt, J.O. and Aarsæther, N. (2002) Coping strategies, social capital and space, *European Urban and Regional Studies* 9: 151–165.

Bærenholdt, J.O. and Haldrup, M. (2003) Economy–culture relations and the geographies of regional development, in Simonsen, K. and Öhman, J. (eds) *Voices from the North. New Trends in Nordic Human Geography*. London: Ashgate (forthcoming).

Chouliaraki, L. and Fairclough, N. (1999) *Discourse in Late Modernity*. Edinburgh: Edinburgh University Press.

Esping-Andersen, G. (1990) *The Three Worlds of Welfare Capitalism*. Cambridge: Polity Press.

Gough, K.V. (1999) Affording a home: strategies adopted in low-income settlements in urban Colombia, in Jones, G. and Datta, K. (eds) *Housing and Finance in Developing Countries*. London: Routledge, pp. 119–135.

Gough, K.V. and Yankson, P.W.K. (2001) The role of civil society in urban management in Accra, in Tostensen, A., Tvedten, I. and Vaa, M. (eds) *Associational Life in African Cities: Popular Responses to the Urban Crisis*. Uppsala: Nordic Africa Institute, pp. 127–143.

Gregory, D. (1994) *Geographical Imaginations*. Cambridge, MA and Oxford: Blackwell.

Gregson, N., Simonsen, K. and Vaiou, D. (1999) The meaning of work: some arguments for the importance of culture in the formulation of work in Europe, *European Urban and Regional Studies* 6: 197–215.

Gregson, N., Simonsen, K. and Vaiou, D. Writing (across) Europe: on writing spaces and writing practices, *European Urban and Regional Studies* (forthcoming).

Haldrup, M. (1999) Postsocialistiske understrømme—Arbejdere, teknokrater og habitusforandringer i postsocialismens Slovakiet, PhD dissertation, Department of Geography, Roskilde University.

Haldrup, M. (2001) Postkommunismens fragmenterede steder, i Simonsen, K. (ed) *Praksis, rum og mobilitet*. København: Roskilde Universitetsforlag, pp. 49–79.

Hansen, F. (2003) Welfare states and social polarisation?, in Simonsen, K. and Öhman, J. (eds) *Voices from the North. New Trends in Nordic Human Geography*. London: Ashgate (forthcoming).

Hansen, F. and Jensen-Butler, C. (1996) Economic crisis and the regional and local effects of the welfare state: the case of Denmark, *Regional Studies* 30(2): 173–193.

Hansen, T. (2001) Om landskab—fra traditional landskabsgeografi til socialgeografi, in Simonsen, K. (ed.) *Praksis, rum og mobilitet*. København: Roskilde Universitetsforlag, pp. 113–141.

Juul, K. (2001) Orden og Uorden—decentralisering, lokalforvaltning og stedstilknytning blandt hyrder og bureaukrater i det nordlige Senegal, in Simonsen, K. (ed.) *Praksis, rum og mobilitet*. København: Roskilde Universitetsforlag, pp. 239–267.

Larsen, J. (2001) Tourism mobilities and the travel glance: experiences of being on the move, *Scandinavian Journal of Hospitality and Tourism* 1(1): 80–98.

Larsen, J.L. (2001) Rummets dialektik—Lefebvres dialektisering af rummet, *Nordisk Samhällsgeografisk Tidskrift* 32: 3–27.

Mazanti, B. (2002) Fortællinger fra et sted. Fordomme om belastede boligområder, PhD dissertation, Department of

Geography, University of Copenhagen and Danish Institute for Building and Urban Research.

Minca, C. (2000) Guest editorial: Venetian geographical praxis, *Environment and Planning D: Society and Space* 18: 3–6.

Nielsen, E.H. (1998) Transformation mellem brud og kontinuitet, PhD dissertation, Department of Geography and International Development Studies, Roskilde University.

Nielsen, E.H. (2001) Social praksis og transformation—en kontekstuel tilgang til analyser af social forandring, in Simonsen, K. (ed.) *Praksis, rum og mobilitet*. København: Roskilde Universitetsforlag, pp. 79–113.

Nielsen, E.H. and Simonsen, K. (2003) Scaling from 'below': practices, strategies and urban spaces, *European Planning Studies* (forthcoming).

Olwig, K.R. (1984) *Nature's Ideological Landscape: A Literary and Geographic Perspective on its Development and Preservation on Denmark's Jutland Heath*. London: George Allen & Unwin.

Simonsen, K. (1976) *Segregationsprocessen i mindre danske købstæder*, Bygeografisk laboratorium, Københavns Universitets Geografiske Institut, Rapport 5.

Simonsen, K. (1985) Konsumtion, reproduktion og den rumlige dimension, in Tonboe, J.C. (ed.) *Farvel til byen?* Aalborg: Aalborg Universitetsforlag, pp. 109–128.

Simonsen, K. (1990) Urban division of space—a gender category! The Danish case, *Scandinavian Housing and Planning Research* 7: 143–153.

Simonsen, K. (1991) Towards an understanding of the contextuality of mode of life, *Environment and Planning D: Society and Space* 9: 417–431.

Simonsen, K. (1993) *Byteori og hverdagspraksis*. København: Akademisk Forlag.

Simonsen, K. (1996) What kind of space in what kind of social theory, *Progress in Human Geography* 20, 494–512.

Simonsen, K. (1999) Rum som social kategori, *Grus* 58: 5–22.

Simonsen, K. (ed.) (2001a) *Praksis, rum og mobilitet*. København: Roskilde Universitetsforlag.

Simonsen, K. (2001b) Rum, sted, krop og køn—dimensioner af en geografi om social praksis, in Simonsen, K. (ed.) *Praksis, rum og mobilitet*. København: Roskilde Universitetsforlag, pp. 17–49.

Simonsen, K. (2003) The embodied city—from bodily practice to urban life, in Simonsen, K. and Öhman, J. (eds) *Voices from the North. New Trends in Nordic Human Geography*. London: Ashgate (forthcoming).

Simonsen, K. Temporality, spatiality and the construction of the city, in Bærenholdt, J.O. and Simonsen, K. (eds) *Space Odysseys. Spatiality and Social Relations in the 21st Century* (forthcoming).

Simonsen, K. and Vaiou, D. (1996) Women's lives and the making of the city—experiences from the 'North' and 'South' of Europe, *International Journal of Urban and Regional Research* 20: 446–465.

Sørensen, O.B. and Vogelius, P. (1991) Arbejdets transfomation og livsformers forandring, Bd 1–3, PhD dissertation, Department of Geography, University of Copenhagen.

Stöber, B. (2001) Mediernes eune til at bryde og skabe graenser I: Ramírez, Jóse (ed) *Att Jorska om gränser*. Nordregio Report 2001: 3. Stockholm, pp. 171–191.

A vision of social and cultural geography in France

Christine Chivallon
Chargée de recherche, TIDE-CNRS, Maison des Sciences de l'Homme d'Aquitaine, Esplanade des Antilles, 33 405 Talence Cedex, France

French geography cannot be both social *and* cultural. It is either one or the other, but not both at the same time. This specificity stems from the configuration of currents of thought—'schools' of geography—which link up neatly with political divisions, notably the right–left split which still has considerable impact in France today. It is true that in the 1990s the distinctions became noticeably blurred with the rise of a generation which seemed to be freer in its movements, yet may be also less committed. The paper which follows seeks to describe this configuration of a discipline which, over the past thirty years, has settled around a few academic poles. The paper will also address the contributions of those—both academics and researchers—who seem to be evolving as 'free electrons', making the task of situating knowledge within clearly identified schools difficult.

The 'social geography' pole

The emergence of social geography predates that of cultural geography and can be traced precisely to the colloquium at Lyon in 1982 on 'Social Geography'. This was the first symposium of its kind, and its papers were published under the editorship of D. Noin (1983). Those who identify themselves with the social geography current acknowledge this colloquium as an 'act of birth' (R. Hérin and J. Chevalier, in Hérin and Muller 1998: 7). The opening address was given by Renée Rochefort, a former student of Pierre Georges, identified since the 1950s as one of France's first Marxist geographers (Marconis 1996: 137). His writings—already employing the term 'social geography' (Georges 1945)—appear in a context marked by a disconcerting classicism which seriously weakened the discipline's credibility. At that time, human geography—still united, as it is today, with its sister 'physical geography'[1]—came in the form of a descriptive science in the tradition of Vidal de la Blache, who personifies, *par excellence*, the image of the founding father of the French School of Geography. The object of sometimes caustic criticism from other social science disciplines, geography is looked upon as the poor cousin alongside 'big ones' like anthropology, sociology or philosophy. This position at the bottom of the academic hierarchy was systematized by Bourdieu (1984) who established a correspondence between the habitus less bourgeois (or more popular) of geographers and their unassuming scientific practices, withdrawn into the modesty of empiricist intentions. It is true that this geography is marked by a preoccupation with inventorying facts which appear at the surface of the earth. It is a question of interest in 'genres de vie' (Vidal de la Blache notion), which imprint themselves on the environment, keeping in mind the 'founding father's' famous expression declaring that geography is 'the science of places, not of men'.

It is quite useful to look back at these conceptions, since French geography continues be haunted by them today, starched as it is with the weight of its heritage—the 'physical-human' twosome undeniably the most characteristic. One should be neither surprised nor mocking in the face of continued determination to build geography up as a social science, so great is the temptation to consider geographic space as 'premier', endowed with its own dynamics which make it worth studying by a particular discipline, independent of the social sciences. A recent colloquium initiated by J. Lévy and M. Lussault (2000) grew up around this need to affirm that a 'geographical turning point' had been reached in France. The participants were invited to reinforce the idea that geography was no longer a discipline 'withdrawn into itself', preferring 'epistemological impoverishment' to 'confrontation with the outside', but that it was today 'truly connected to the other social sciences'. Yet if such a state had actually been reached, would the need to proclaim it have been so intense?

The wish to situate geography as the study of societies themselves and their relation to space, which reveals the tenor of relations of production, has expressed itself since the contribution of P. Georges. The 'social geography' current which manages to attain a certain visibility in the 1980s, structured itself completely around this call for a 'reversal of perspective', as Renée Rochefort has formulated it—that is, making society into 'the motor, the key', with space coming 'always second' (Rochefort, in Noin 1983). Present-day geographers reiterate this principle: 'social geography does not start until the geographer becomes involved in studying society, or, more precisely, in analysing the role of space in reproduction and social regulation' (Séchet, in Hérin and Muller 1998: 212).

Completely localized in the western part of France, the social geography current is present at the heart of a CNRS (Centre National de la Recherche Scientifique) laboratory, where it is organized in a network associating research teams from five geography departments: Angers, Caen, Le Mans, Nantes and Rennes. In addition to the former connection to P. Georges, the influence is to conduct research on the side of 'espace vécu', a current developed in the mid-1970s with Armand Frémont (1974), who defends a more psychological or subjective approach to relations to space. This geographer also participated in the development of a collective book (Frémont, Chevalier, Hérin and Renard 1984) which clearly confirms the foundation of the social geography current in France. The authors are at the origin of the laboratory just mentioned, J. Chevalier being its current director. This stimulating work attempts to break away from an ageing geography and to open itself fully to other social science methods.

Yet did the fervent enthusiasm of the 1980s generate the expected changes within the discipline? Did it firmly establish this 'different geography'? One cannot deny the commitment of the network's researchers, who quickly attribute a double meaning to 'social'. To assert the sociality of space geographical focus is concentrated on 'social issues'. For Robert Hérin (1999), who traces his intellectual journey alongside his political commitment to the communist left, it is a question of practising a geography that is 'critical and responsible', a geography 'of inequalities' which should deal with 'differences and disparities'. The work of the group concerns itself with the production of social gaps via space, as in the work of R. Séchet (1996) on poverty, or P. Petsiméris (1995) on segregation in greater London. On the whole, it nevertheless remains difficult to unite all the research produced within this network under the same banner. The themes and geographical areas explored are numerous, from fundamental issues in Mali (Bertrand 1995) to attachment and mobility of teachers in France (Veschambre 1994). As for methods, they remain diverse, with cartography continuing to appear as the quasi-obligatory tool in many of the studies. And one cannot help but regret the impasse in which this social geography appears to be caught, since the makeover of the discipline well and truly required a distancing from the practices associated with classical knowledge judged unsatisfactory. Failing a critique of what is understood to be a 'tool of truth'—the map—which a good number of French geographers continue to worship unconditionally, social geography find itself diverted from its initial undertaking. It gives the impression of having invested more in 'Atlas-type' processes (to represent the differential distribution of social indicators) than in deepening the theoretical vision it had turned toward the social sciences.

Social geography and geography of territoriality

It would be unfair, nonetheless, to remain on such a negative note, since the social geography current offered a lifesaver which sustained many besides the teams already mentioned. A network of conceptual affinities links this current with the one followed by geographers studying 'territoriality'. It should be explained that social geography in France cannot be restructured without addressing the illustrious notion of 'territory'. Closely related to the English notion of 'place', released from ethological and political associations, territory straight off means taking into account 'in one place all the registers of human and social life' (Di Méo 1998). It is the unifying concept of a scattered community of French geographers who do not identify with the positivist approaches which took front stage over the past twenty years. It must be pointed out that in the context of the profound calling into question of the discipline which occurred in the 1970s (a 'real science' is called for), three poles associated with particular publications emerged, which today still represent strong reference points for the discipline. (1) The political geography of Yves Lacoste is developed in the journal *Hérodote*. (2) The less classifiable undertaking of Jacques Lévy—eclectic political geographer who navigates between disciplines and centres of interest with ease—is set out in the social science journal *EspacesTemps*. (3) Finally, the spatial analysis and structural method worked out by Roger Brunet is associated with *l'Espace Géographique*, a publication created by this same geographer. A very important current in French geography, spatial analysis[2] managed to inspire fear of the entrenchment of a positivist order well before it was swiftly called into question and the spatialist excess of the approach denounced, particularly the 'chorématique' method[3] which draws its authority from the power of visual language (Lussault 1999). And so, 'territory' somewhat wins over the insurgents and the resisters, although it is important to say that there is no actual state of war, with the publication *L'Espace Géographique* recognized as a vehicle for *all* debates, not just for one school in particular.

And so a constellation of 'territoriality' geographers begins to take shape, a quasi-spontaneous generation less involved with intellectual heritage. At the universities in Pau and Bordeaux, the work of X. Piolle (1990) and Guy Di Méo (1998) provides essential references for understanding territory as a notion devoted to refurbishing space with the rich meaning it has been given by those who have appropriated it. The formulations are sensitive to concepts of identity and memory, the games played by social actors ... An equivalent and equally spontaneous pole is situated at the university at Grenoble where Hervé Gumuchian (1991), whose work was initially inspired by the 'espace vécu' current, has clearly moved toward questions of representations: how these are translated into action and produce territory. It clearly sets out the principle of a space which does not really exist outside of a mental framework. The work of B. Debarbieux (1995, 1996) a former student of Gumuchian, turns toward forms of discourse which condition the development of meaning associated with spaces. The poles at Pau, as well as those at Grenoble, are linked to a larger network of collaborations with francophone colleagues established in Switzerland. From this point of view, the work of C. Raffestin (1980, 1986) in Geneva was decisive in the advances made by these French geographers during the 1980s.

This territoriality 'sphere of influence' is, in my opinion, one of the most encouraging developments at present for French geography to strengthen its theoretical base, which continues to be fragile. It is actually among these geographers, who have undertaken to conceptualize their approach based on the notion of 'territory' and its offshoots, that one finds the most convincing and well-armed theoretical endeavours from the perspective of general social theory knowledge. This current, which remains fairly scattered beyond the two poles mentioned, in all cases stimulates numerous research initiatives among a student community which seems to be in a position to fill a certain conceptual void. A new generation of teachers and researchers seems to be emerging with, for example, the work of F. Tesson (1996) in Bordeaux on the political actors of territory, or the work of P. Bourdeau (1991) in Grenoble on the territoriality of high mountain guides—to name just a few of the young teachers who belong to this nebula of geography of territoriality.

The 'cultural geography' pole

This pole is irrefutably linked to the name of Paul Claval. Presented as a major figure of the currents 'relating to individualist and liberal conceptions' (Marconis 1996: 173), this geographer, professor in the emblematic geography department at the Sorbonne in Paris, is the author of an impressive number of works sweeping most of the human geography currents (among others, Claval 1980, 1984). A veritable 'passer' or 'transmitter', Paul Claval puts French geography in contact with its foreign counterparts, a venture which remains quite rare in the discipline. He was the first, and still today perhaps the only, geographer to have introduced English-language postmodern currents in France (Claval 1992). But this openness and this diversity of centres of interest seem to come at the expense of expansion in the various areas this geographer has studied. 'Cultural geography' is the project where he accomplished the most before his recent retirement. Paul Claval is still a member of the editorial committee of the academic journal *Géographie et cultures* which he founded in 1992, almost simultaneously with a collection of books of the same name published by L'Harmattan. It is this publication which marks the official existence of cultural geography in France.

Curiously, aspects of the cultural geography current were put forward in a former issue of the publication *L'Espace Géographique* (1981) devoted to 'the cultural approach in geography'. It is to this publication, associated with spatial modelling, that we owe the baptism of the 'cultural branch' of geography—proof that it is impossible to configure French geography as compartmentalized within different 'schools'. Certainly, the debate will serve to affirm different positions—which accept each other mutually. On one side are those who call for the adoption of a 'cultural point of view' in geography, namely 'to be a little further from fact and a little closer to meaning' (Berque 1981: 290). On the other side are those who give credit to such a process as long as it 'does not replace one dictatorship with another, and one mutilation with another', meaning that 'the "cultural" is not to be valued more highly here than the "economic" ' (Brunet 1981: 298). The content of this issue of the publication is not so removed from the terms which continue to define, twenty years later, this cultural geography venture. Developed in a relationship of complementarity with the discipline's other approaches, this current ultimately limits itself to justifying the consideration of phenomena relating to value systems, ideologies and symbolic languages in general to show how space is in a position to explain them. Paul Claval (1981: 247) tells us that space 'combines with moral language, religion, customs to define the membership group'. In this same issue of *L'Espace Géographique*, there is a review of the book *Humanistic Geography*, published in 1978, with the names of those (David Ley, Gunnar Olsson, James Duncan ...) appearing who would participate in what seems to me to be an epistemological rupture within Anglo-American geography—one associated with 'cultural turn'. It is not by chance that this book is viewed as practising 'philosophism'. For French geography does not mean to throw out a conception of space which is supposed to be endowed with laws which lend themselves quasi 'naturally' to their discovery by the rational scientific process. Cultural geography does not run counter to this reasoning, but seeks only to bring to it an additional component. The theoretical perspective contributed by J. Bonnemaison (1981) in this same issue, in the course of a text which has remained a reference, expresses the view which grants to space three levels: the objective space of structures, the 'espace vécu' which interprets practices, cultural space which expands a universe filled with emotion and meaning. If these divisions bring to mind the renowned trilogy of H. Lefebvre (1974), they do not, conversely, reflect the explicative reach of the links between materiality, discourse and representation. They appear, rather, as an expression, doubtless unaware, of the distribution of the discipline's competencies.

The more recent contributions of Claval (1995, 1997) are not destined to reinforce theoretical content related to deliberations on the relationships between the material and the ideal. They reaffirm rather the inclination felt by this geographer to investigate the numerous conceptions of culture and cultural geography practised outside French academic space, without, for all that, it being possible to extract a notion definitively attributable to the author. Viewed by the 'community', cultural geography is described as 'the humanist approach to spatial phenomena' which expresses the 'return, in force, of a geography reviving an old tradition, at the source of classical French geography' and 'constructs itself less through rupture than through continuity' (Le Berre, in Colloque De

La Section 39 1997: 17–18). A view which confirms the work of A.L. Sanguin (1993), member of P. Claval's team, devoted to the 'genius' of Vidal de la Blache ...

We are rather far from a new English-language cultural geography which, as B. Debarbieux (in Staszack et al. 2001: 208) analysed very well, is not 'a modest sub-discipline' but an undertaking which implies 'a calling into question of the epistemological frameworks of geography', as well as 'the definition of objects and categories according to which research is organised within the discipline'. One would then not be surprised to read, in the words of young doctors wishing to place their work under the auspices of cultural geography, a certain disappointment, such as the one expressed by B. Grésillon (2000a, 2000b)—the only French geographer, to my knowledge, who has pursued an interest in homosexual culture—for whom the 'cultural' current, despite the perseverance of P. Claval, is still faltering and the project 'unfinished'.

Nevertheless, the efforts of a rising generation are promising. Trained in cultural geography, or having joined it after their studies, these geographers (Collignon 1996; Hancock 2001; Staszack 1997) show a particular understanding for approaches inspired by their British or American colleagues. J.F. Staszack, a student of Paul Claval, multiplies the original initiatives which opened up cultural geography and brings it to explore new themes in a theoretically credible manner. In particular, he edited a special issue of the *Annales de géographie* (Staszack 2001) devoted to 'domestic space', which affirms the pertinence of a field of geographic study related to 'intimate territory'—as space involved in the process of self-assertion. He also co-ordinated an anthology of texts—translated from English and commented by various French geographers—intended to take stock of the most recent currents in Anglo-Saxon geography. This last undertaking especially deserves to be highlighted because it is scarcely possible to speak of 'postmodern geography' in France without suspicion of scientific heresy, which immediately sheds negative light on the person who dares to bring it up. Very connected to geography by expressing ongoing concern for working for the discipline's benefit, these initiatives tend to free themselves neatly with regard to the 'cultural' pole at the Sorbonne (Paris IV), which is perhaps a sign of evolution which this time would be more a split than a continuity

'Free electrons' within the greater French geography family

Social and cultural geography in France does not limit itself to these poles, which are, moreover, not as neatly characterized as one might believe. Like Alain Reynaud (in Knafou 1997: 367), one can even talk about 'a surprising dispersal of geographers in multiple fields of knowledge'. It is true that geographic knowledge in France seems to be produced by fairly independent researchers or universities, evolving beneath appearances into schools or active circles. The undertaking of Jacques Lévy (1994) has already been described as 'unclassifiable' since it places his approach to space within the social sciences, without claiming any particular geographical affiliation. We could say the same of Augustin Berque's more 'cultural' work, which concerns, among other things, Japanese civilization, notably the meaning of urban forms, and relations between the ecological and the symbolic (Berque 1993). It also includes essays on the notion of landscape, which bring out a conception very similar to that of British authors like D. Cosgrove. They attribute to modernity a notion of landscape produced by the distancing of 'Nature'—by its reification—under the gaze of an observer (Berque 1995). Another 'free electron' geographer, Michel Lussault, delivers high-quality theoretical writings which manage to offer convincing support to a research enterprise where the connection between thought and materiality is, finally, becoming the priority. His notion of a 'system of visibility' is particularly rich: 'societal substances become visible, their existence crystallises: to speak of space means evoking the *system of visibility* of societal substances' (Lussault 1999: 245). Sensitive to the field of political action, M. Lussault pictures space as the essential instrument in the construction of legitimacy, by 'the effect of visibility', with space immediately signifying that which is dealt with (Lussault, in Lévy and Lussault 2000: 30). Political action with regard to space integrates a 'semiotic economy' made up of a group of verbal and textual signs, including visual documents, which are mobilized in a narrative of space which decodes the apparent mastery of the real (Lussault 1995, 1996).

The collection of texts put together by J. Lévy and M. Lussault (2000) could be a means of drawing closer to this myriad of 'free electron' geographers, to which, unfortunately, no more space can be devoted. It should be made clear that it would, nevertheless, be false to deduce that this multitude corresponds to an explosion of the discipline or to a 'juxtaposition of isolates' as Reynaud suggests (in Knafou 1997: 366). French geographers, who number around 1,000 (including 800 in universities and the rest in research organizations) want to belong to the Big Family of 'geography', with that only last word sufficient to make the connection. As J. Lévy (in Knafou 1997: 342) affirms, the discipline is not structured 'in rigid territories', but rather around 'affinities organised within open networks'. Hence the absence of strong claims to defend any particular project. Hence also the sort of lethargy of the fifteen preceding years, with the result that it is more desirable to remain on good terms with the 'geography relative' than to revolutionize the discipline. For what is really at stake is to conserve the discipline's territory as a whole still being developed, where it becomes possible to make a career, a good one at that, through innovative operations, without ever being too disruptive, with respect to a fairly consensual audience. Curiously, this is what allows for a certain creativity and ends up making French geography dynamic. In a context which tends to be more strongly standardized from a relational perspective than a scientific discourse perspective, everything becomes possible, in terms of discursive innovation, from the moment the 'geographer' is recognized as such. Yet since this identity is itself dependent on university training (with the 'doctor of geography' title), one can imagine that it is not always easy to step out of categories of acquired knowledge.

Such an analysis would be worth nuancing. Moreover, it explains only partially the incredible gap between English-language geography and French geography—the significance of which becomes striking when you consider, for example, that a single geographer, perhaps two, in France alone make up the feminist current (Coutras 1996; Coutras and Fagnani 1989). After the massive recruitment of the 1960s, there was no renewal of generations. No one took over from the geographers who had started, without really consummating it, the split with classical geography. Yet most of all, still today, French geography lacks a genuine reform of higher education. Determined to affirm itself as a social science of space, it still continues to be taught 'through the pairs tested by post-Vidal geography: human and physical, urban and rural, regional and general, etc ...'

(Bergel and Veschambre, in Hérin and Muller 1998: 247). What about sociology, anthropology, philosophy ... in geography departments so that geographers finally receive the training to which they aspire and no longer have to train themselves?

I do not claim, for my part, any alignment with British geography and the enthronement of *cultural studies*, *feminist*, *gay* or *lesbian*, *postcolonial* or *subaltern* currents in the French landscape. I demand more simply the formation of a field of critical studies where space is recognized without ambiguity or compromise, as an essential and powerful instrument of symbolic activity.

Notes

1 Physical geography and human geography are now united only in universities. The 1991 decision by the CNRS (Centre National de la Recherche Scientifique) to separate the two orientations became reality with the creation of distinct evaluating departments.

2 Spatial analysis meets the objective of the 'search for laws' or 'regularities in the localisation of phenomena at the surface of the Earth'. It is 'always expressed by statistical processing' or 'by classical modelling work' (according to Le Berre, in Colloque De La Section 39 1997: 11).

3 The 'chorématique' developed by Roger Brunet is a method of graphic modelling where 'chorèmes' represent elementary models which make it possible to account for structures and spatial dynamics (see Grataloup, in Knafou 1997: 406).

Une vision de la géographie sociale et culturelle en France

La géographie française ne peut pas être sociale et culturelle: elle est ou l'une ou l'autre mais pas les deux à la fois. Cette spécificité tient à la configuration des courants de pensée—des «écoles» géographiques—qui s'articulent assez nettement à partir des clivages politiques et notamment du clivage «droite-gauche» dont on connaît la prégnance toujours actuelle en France. Certes, les années 1990 ont vu le sensible effacement de ces lignes de partage avec la montée d'une génération semble t-il plus libre de ses mouvements mais sans doute aussi moins engagée. L'exposé qui suit tentera de décrire cette configuration de la discipline qui, au cours des trente dernières années, s'est sédimentée autour de quelques pôles universitaires. Il abordera également l'apport de ceux—universitaires et chercheurs—qui semblent évoluer comme des «électrons libres», rendant difficile un travail de localisation des savoirs à l'intérieur d'écoles bien identifiées.

Le pôle de «géographie sociale»

L'émergence de la géographie sociale précède celle de la géographie culturelle et peut être datée précisément de l'année 1982, avec la tenue à Lyon d'un colloque—premier du genre—de «Géographie sociale» dont les actes ont été publiés sous la direction de D. Noin (1983). Ceux qui se réclament actuellement de ce courant désignent ce colloque comme un «acte de naissance» (R. Hérin et J. Chevalier, in Hérin et Muller 1998: 7). L'allocution introductive de cette manifestation est prononcée par Renée Rochefort, une ancienne étudiante de Pierre Georges, lui même identifié à partir des années 1950 comme l'un des premiers géographes marxistes en France (Marconis 1996: 137). Les écrits de ce dernier—recourant déjà au vocable de «géographie sociale» (Georges 1945)—interviennent dans un contexte marqué par un classicisme déroutant entamant sérieuse ment le crédit accordé à la discipline. À cette époque, la géographie humaine, toujours unie comme aujourd'hui à sa sœur «la géographie physique»[1], se présente comme une science descriptive dans la tradition inaugurée par Vidal de la Blache, lequel incarne l'image par excellence du père fondateur de l'École de géographie française. Objet de critiques parfois acerbes de la part des autres disciplines de sciences sociales, la géographie fait figure de parent pauvre aux côtés des «Grandes» que sont l'anthropologie, la sociologie ou la philosophie; une position au bas de la hiérarchie académique que Pierre Bourdieu (1984) a systématisé en établissant une correspondance entre l'habitus moins bourgeois (ou plus populaire) des géographes et leur pratique scientifique effacée, repliée sur la modestie de propos empiristes. Il est vrai que cette géographie est marquée par son souci d'inventorier les faits qui se manifestent à la surface de la terre. Il s'agit de s'intéresser aux «genres de vie» (notion vidalienne) qui s'impriment dans l'environnement en gardant à l'esprit la célèbre formule du «père fondateur» selon laquelle la géographie est «la science des lieux et non des hommes».

Il n'est pas inutile de remonter à de telles conceptions tant elles continuent de hanter la géographie française d'aujourd'hui empesée par la lourdeur de ses héritages dont le couple «physique/humaine» constitue sans doute le plus caractéristique. On ne doit pas être étonné—ni moqueur—face à la volonté toujours actuelle d'édifier la géographie en science sociale tant subsiste la tentation de considérer l'espace géographique comme «premier», doté d'une dynamique propre qui lui vaudrait de devoir être étudié par une discipline particulière, autonome par rapport aux sciences sociales. Un récent colloque initié par J. Lévy et M. Lussault (2000) s'est édifié sur la base de ce besoin d'affirmer qu'un «tournant géographique» en France avait été pris. Les participants y étaient conviés pour conforter l'idée que la géographie n'était plus «une discipline repliée sur elle-même», ayant «préféré l'épuisement épistémologique» plutôt que la «confrontation avec l'extérieur», mais qu'elle était aujourd'hui «véritablement reliée aux autres sciences sociales». Mais si un tel état avait été vraiment acquis, la nécessité d'en proclamer l'avènement se ferait-elle aussi intense?

Dès la contribution de P. Georges s'exprime cette volonté de situer la géographie comme l'étude des sociétés elles-mêmes, dans leur rapport à l'espace lequel traduit la teneur des rapports de production. Le courant de «géographie sociale» qui finit par atteindre une visibilité dans les années 1980 se structure complètement à partir de cet appel à un «renversement de perspective», tel que l'avait formulé Renée Rochefort, c'est-à-dire en faisant de la société «le moteur, la clé», l'espace étant «toujours second» (Rochefort, in Noin 1983). Les géographes actuels réitèrent ce principe: «la géographie sociale ne commence que quand le géographe s'implique dans l'étude de la société, ou plus précisément dans l'analyse du rôle de l'espace dans la reproduction et les régulations sociales» (Séchet, in Hérin et Muller 1998: 212).

Parfaitement localisée dans l'ouest de la France, le courant de géographie sociale est présent au sein d'un laboratoire CNRS (Centre National de la Recherche Scientifique) organisé en réseau associant les équipes de recherche des départements de géographie de cinq universités (Angers, Caen, Le Mans, Nantes et Rennes). Outre la filiation ancienne avec P. Georges, l'influence est à chercher aussi du côté du courant «espace vécu» développé à partir du milieu des années 1970 avec Armand Frémont (1974) qui défend une approche plus psychologique ou subjective des rapports à l'espace. Ce géographe participe d'ailleurs à l'élaboration d'un ouvrage collectif (Frémont, Chevalier, Hérin et Renard 1984) qui confirme de toute évidence la fondation du courant de géographie sociale en France. Leurs auteurs sont à l'origine du laboratoire dont il vient d'être question, J. Chevalier en étant son actuel directeur. Stimulant, cet ouvrage veut rompre avec une géographie vieillie et s'ouvrir pleinement aux méthodes des autres sciences sociales.

Mais le fervent enthousiasme de ces années 1980 a t-il généré le changement escompté à l'intérieur de la discipline? A t-il établi avec force cette «géographie différente»? On ne peut pas douter de l'engagement des chercheurs de ce réseau qui vont très vite donner une double acception au qualificatif «social»: affirmer la socialité de l'espace, mais aussi concentrer la démarche géographique sur les «questions sociales». Pour Robert Hérin (1999), qui retrace son parcours intellectuel en parallèle de son engagement politique auprès de la gauche communiste, il s'agit de pratiquer une géographie «critique et responsable, «une «géographie des inégalités» qui doit traiter «des différences et des disparités». De fait, les travaux du groupe s'intéressent à la production des écarts sociaux, via l'espace, comme les travaux de R. Séchet (1996) sur la pauvreté, ou ceux de P. Petsiméris (1995) sur la ségrégation dans le Grand Londres. Dans l'ensemble, il reste pourtant difficile de réunir sous une même bannière l'ensemble des recherches produites au sein de ce réseau. Les thèmes et les aires géographiques explorés sont nombreux, depuis les questions foncières au Mali (Bertrand 1995) jusqu'aux ancrages et mobilités des enseignants en France (Veschambre 1994). Les méthodes quant à elles restent diverses, la cartographie continuant de figurer comme l'outil quasi incontournable de bien des études. Et l'on ne peut que regretter cette impasse dans laquelle cette géographie sociale semble s'être orientée, car la refonte du projet géographique demandait bel et bien une distanciation avec les pratiques associées aux connaissances classiques jugées insatisfaisantes. Faute d'une critique conduite sur ce qui est conçu comme un «appareil de vérité»—la carte—auquel bon nombre de géographes français continuent de vouer un culte inconditionnel, la géographie sociale s'est vue détournée de son projet initial. Elle donne en définitive l'impression d'avoir plus investi dans des démarches de type «Atlas» (pour y figurer la distribution différentielle des indicateurs sociaux) que dans l'approfondissement de son projet théorique tourné vers les autres sciences sociales.

Géographie sociale et géographie de la territorialité

Il serait injuste néanmoins de rester sur une note aussi négative, car le courant de la géographie sociale a offert un ballon d'oxygène dont beaucoup se sont nourris, hors des équipes labellisées. Un réseau d'affinités conceptuelles relie ce courant à celui porté par les géographes de la «territorialité». Précisons qu'une vision de la géographie sociale en France ne peut être restituée sans en passer par cette fameuse notion de «territoire». Très proche de l'acception anglaise de «place», dégagé de ces acceptions éthologiques et politiques, le territoire signifie d'emblée la prise en compte «en un lieu de tous les registres de la vie humaine et sociale» (Di Méo 1998). Il est le concept fédérateur d'une communauté éparse de géographes français qui ne se reconnaissent pas dans les approches positivistes qui ont occupé le devant de la scène au cours des 20 dernières années. Il faut signaler que dans le contexte de remise en cause profonde de la discipline qui s'opère dans la décennie 1970 (une «vraie science» est réclamée) se dégagent trois pôles liés à des revues qui constituent encore aujourd'hui les repères forts de la discipline. 1) La géographie politique d'Yves Lacoste est développée dans la revue *Hérodote*. 2) L'entreprise plus inclassable de Jacques Lévy—géographe politologue éclectique navigant avec aisance entre les disciplines et les centres d'intérêts—se déploie dans la revue de sciences sociales *EspacesTemps*. 3) Enfin l'analyse spatiale et la méthode structurale mise au point par Roger Brunet est associée à *l'Espace Géographique*, revue créée par ce même géographe. Courant très important de la géographie française, l'analyse spatiale[2] a pu faire craindre l'instauration d'un ordre positiviste, bien avant que sa remise en cause n'intervienne en des termes prompts à dénoncer les dérives spatialistes de cette approche, en particulier celles de la méthode «chorématique»[3] qui puise son autorité de la puissance du langage visuel (Lussault 1999). Ainsi le «territoire» rallie quelque peu les insurgés et les réfractaires, même s'il est important de dire qu'il n'y a pas à proprement parlé d'état de guerre, la revue *L'Espace Géographique* s'imposant d'ailleurs comme le lieu de *tous* les débats, et non pas celui d'une école particulière.

On voit donc se préciser une constellation de géographes de la «territorialité», génération quasi spontanée, moins inscrite dans des filiations. À l'Université de Pau et de Bordeaux, les travaux de X. Piolle (1990) et ceux de Guy Di Méo (1998) fournissent des références incontournables pour comprendre le territoire comme une notion dévolue à restituer à l'espace toute l'épaisseur du sens qui lui est donné par ceux qui l'approprient. On entre ici dans des formulations sensibles aux concepts d'identité et de mémoire, au jeu des acteurs sociaux ... Un pôle équivalent et tout aussi spontané est situé à l'Université Grenoble autour d'Hervé Gumuchian (1991) dont les travaux d'abord inspirés par le courant «espace vécu» se sont nettement orientés vers la question des représentations: comment celles-ci se traduisent en actes et produisent le territoire. Ici s'énonce clairement le principe d'un espace dont la réalité n'existe pas en dehors des cadres mentaux. Les travaux de B. Debarbieux (1995, 1996) ancien étudiant de Gumuchian, s'orientent vers les formes discursives qui conditionnent la sémantisation des espaces. Autant les pôles de Pau que ceux de Grenoble sont liés à un réseau de collaborations plus large avec des collègues francophones établis en Suisse. De ce point de vue, les travaux de C. Raffestin (1980, 1986) à Genève ont été décisifs dans les avancées de ces géographes français dans les années 1980.

Cette «mouvance» de la territorialité constitue à mon sens l'une des plus encourageantes du moment pour que la discipline parvienne, en France, à consolider un socle théorique qui continue d'être fragile. C'est en effet parmi ces géographes ayant entrepris de conceptualiser leur approche à partir de la notion de «territoire» et de ses dérivés que l'on trouve les entreprises théoriques les plus convaincantes et les mieux armées du point de vue des connaissances générales de la théorie sociale. Ce courant qui reste assez éparpillé hors des deux pôles mentionnés, dynamise dans tous les cas de nombreuses initiatives de recherche auprès d'un public d'étudiants qui semblent être en mesure de combler un certain vide conceptuel. La montée d'une nouvelle génération d'enseignants-chercheurs semble se préciser, avec par exemple les travaux de F. Tesson (1996) à Bordeaux sur les acteurs politiques du territoire ou ceux de P. Bourdeau (1991) à Grenoble sur la territorialité des guides de haute montagne, pour ne citer que quelques uns de ces jeunes enseignants qui appartiennent à cette myriade de la géographie de la territorialité.

Le pôle de «géographie culturelle»

Ce pôle est sans conteste lié au nom de Paul Claval. Présenté comme une figure des courants «attachés aux conceptions individualistes et libérales» (Marconis 1996: 173), ce géographe, professeur au sein de l'emblématique département de géographie de la Sorbonne à Paris, est l'auteur d'une somme impressionnante d'ouvrages ayant balayé la plupart des courants de géographie humaine (entre autres Claval 1980, 1984). Véritable «passeur» ou «transmetteur», Paul Claval met en contact la géographie française avec ses homologues de l'étranger, une entreprise qui reste assez rare dans la discipline. Il lui revient d'avoir été le premier, et encore aujourd'hui presque le seul, à avoir présenté, en France, les courants postmodernes de langue anglaise (Claval 1992). Mais cette diversité des centres d'intérêts et cette ouverture semble s'accomplir au détriment de l'approfondissement des divers domaines investis par ce géographe. La «géographie culturelle» constitue le projet le plus abouti auquel il s'est consacré avant sa retraite récente. Paul Claval est encore actuellement présent au sein du comité éditorial de la revue *Géographie et cultures* qu'il a fondée en 1992 presque simultanément à une collection d'ouvrages du même nom publiée chez L'Harmattan. C'est cette revue qui marque l'officialisation de l'existence du courant de géographie culturelle en France.

Curieusement, on trouvera pourtant les orientations de cette nouvelle composante exposées dans un numéro ancien de la revue *L'Espace Géographique* (1981) consacré à «l'approche culturelle en géographie». Preuve qu'il est impossible de configurer la géographie française comme cloisonnée au sein de différentes «écoles», c'est bien à cette revue associée à la modélisation spatiale que l'on doit le baptême de la «branche culturelle» dans la discipline. Certes, le débat va servir à affirmer des positions différentes—mais qui s'acceptent mutuellement—avec d'un côté ceux qui réclament l'adoption d'un «point de vue culturel» en géographie, à savoir «être un peu plus loin des faits et un peu plus près des significations» (Berque 1981: 290); de l'autre ceux qui accordent crédit à une telle démarche à condition de ne «pas remplacer une dictature par une autre et une mutilation par une autre», ce qui veut dire que «'le culturel' n'est pas plus à survaloriser ici que 'l'économique'» (Brunet 1981: 298). Le contenu de ce numéro n'est pas si éloigné des termes qui continuent de définir, plus de 20 ans après, le projet de cette géographie culturelle. Construit dans un rapport de complémentarité avec les autres approches de la discipline, ce courant se limite en définitive à justifier la prise en compte des phénomènes liés aux systèmes de valeurs, aux idéologies et aux langages symboliques en général pour montrer comment l'espace est en mesure de les traduire. Ainsi nous dit Claval (1981: 247), l'espace «se combine avec la langue la morale, la religion, les coutumes pour définir le groupe d'appartenance». Dans ce même numéro de *L'Espace Géographique*, on trouve un compte-rendu de l'ouvrage *Humanistic Geography* publié en 1978 où apparaissent déjà les noms de ceux (David Ley, Gunnar Olsson, James Duncan ...) qui participeront à ce qui apparaît à mon sens comme une rupture épistémologique pour la géographie anglo-américaine, celle associée au *cultural turn*. Ce n'est pas un hasard si le livre est alors vu comme pratiquant du «philosophisme». Car la géographie française entend ne pas se défaire d'une conception d'un espace censé être doté de lois qui se prêtent quasi «naturellement» à leur découverte par la démarche scientifique rationnelle. La géographie culturelle ne va pas à l'encontre de ce raisonnement, mais ambitionne seulement de lui apporter une composante additionnelle. La perspective théorique apportée par J. Bonnemaison (1981) dans ce même numéro, au cours d'un texte qui est resté une référence, traduit bien cette vue qui fait que l'espace se compose de trois étages: l'espace objectif des structures, l'espace vécu qui traduit des pratiques, l'espace culturel qui prolonge un univers chargé d'affectivité et de significations. Si ce découpage évoque la célèbre trilogie de H. Lefebvre (1974), il n'en répercute cependant pas la portée explicative des liens entre matérialité, discours et représentations. Il participe plutôt de l'expression, sans doute inconsciente, d'une répartition des compétences dans la discipline.

Les contributions plus récentes de P. Claval (1995 1997) ne se destinent pas à renforcer un contenu théorique pour penser les rapports entre le matériel et l'idéel. Elles réaffirment plutôt la disposition éprouvée de ce géographe à informer sur les nombreuses conceptions de la culture et de la géographie culturelle pratiquée hors de l'espace académique français, sans pour autant qu'il soit possible d'en extraire une conception définitivement attribuable à l'auteur. Vue par la «communauté», cette géographie culturelle est décrite comme «l'approche humaniste des phénomènes spatiaux» qui exprime le «retour en force d'une géographie renouant avec une ancienne tradition, aux sources de la géographie classique française» et qui «se bâtit moins en rupture qu'en continuité » (Le Berre, in Colloque De La Section 39 1997: 17–18). Une vue que vient confirmer l'ouvrage de A.L Sanguin (1993), membre de l'équipe de P. Claval, consacré au «génie» de Vidal de la Blache ...

Nous sommes bien loin d'une nouvelle géographie culturelle de langue anglaise qui, comme l'a fort bien analysé B. Debarbieux (in Staszack et alii 2001: 208) n'est pas «une modeste sous-discipline» mais un projet qui implique «la remise en cause des cadres épistémologiques de la géographie», ainsi que «la définition des objets et des catégories selon lesquels la recherche s'organise au sein de la discipline». On ne sera donc pas étonné de lire sous la plume de jeunes docteurs ayant voulu placer leurs travaux sous les auspices de la géographie culturelle, une certaine déception comme celle exprimée par B. Grésillon (2000a, 2000b)—seul géographe français, à ma connaissance, ayant entrepris de s'intéresser à la culture homosexuelle—pour qui le courant «culturel», malgré la persévérance de P. Claval, est encore balbutiant et son projet «inachevé».

Pourtant, les efforts d'une génération montante sont prometteurs. Formés dans ce pôle de la géographie culturelle ou l'ayant rejoint après leurs études, ces géographes (Collignon 1996; Hancock 2001; Staszack 1997) montrent une sensibilité particulière pour des approches nouvelles inspirées par leurs collègues britanniques ou américains. Élève de Paul Claval, J.F. Staszack multiplie les initiatives originales qui désenclavent cette géographie culturelle et l'amènent à explorer de manière théoriquement crédible, des thèmes nouveaux. Il a en particulier dirigé un numéro spécial des *Annales de géographie* (Staszack 2001) consacré à «l'espace domestique» où se trouve affirmée la pertinence d'un champ d'études géographiques consacrés au «territoire d'intimité» comme espace engagé dans les procédures de construction de soi. Il a également coordonné une anthologie de textes—traduits de l'anglais et commentés par divers géographes français—destinée à faire le point sur les courants les plus récents de la géographie «anglo-saxonne». Cette dernière entreprise mérite d'autant d'être signalée qu'il n'est guère aisé de parler de «géographie postmoderne» en France au regard du soupçon d'hérésie scientifique qui entame immédiatement la crédibilité de celui ou celle qui s'expose à en parler. Très attachées à la géographie, par le souci constant qu'elles expriment de vouloir œuvrer pour la discipline, ces initiatives tendent à s'émanciper nettement vis-à-vis du pôle «culturel» de la Sorbonne (Paris IV), ce qui présage peut-être d'une évolution qui serait cette fois-ci plus en rupture qu'en continuité.

«Electrons libres» au sein de la Grande Famille géographique française

La géographie sociale et culturelle en France ne se limite pas à ces seuls pôles. Ces derniers ne sont d'ailleurs pas aussi nettement caractérisés qu'on pourrait le croire. À la manière d'Alain Reynaud (in Knafou 1997: 367), on peut même évoquer «une dispersion étonnante des géographes dans les multiples champ du savoir». Il est vrai que le savoir géographique en France semble être produit par des chercheurs ou des universitaires assez autonomes, évoluant par delà les appartenances à des écoles ou des chapelles mais bien que fréquentant ces dernières. On a déjà qualifiée l'entreprise de Jacques Lévy (1994) «d'inclassable» tant elle inscrit son approche de l'espace dans le champ des sciences sociales, sans revendication d'une affiliation géographique particulière. De même pourrait-on évoquer les travaux plus «culturels» d'Augustin Berque. Ils s'intéressent entre autres à la civilisation japonaise, notamment aux sens de la forme urbaine, aux rapports entre l'écologique et le symbolique (Berque 1993). Ils sont aussi constitués par des essais sur la notion de paysage d'où ressort une conception très proche de celle d'auteurs britanniques tels que D. Cosgrove. Ils attribuent à la modernité une conception paysagère particulière produite par la mise à distance de la «Nature»—par sa chosification—supposant que s'exerce sur elle le regard d'un observateur (Berque 1995). Autre géographe «électron libre», Michel Lussault livre des écrits théoriques d'une grande qualité qui viennent de manière convaincante conforter un projet de recherche où l'articulation entre pensée et matérialité devient, enfin!, la priorité. Sa notion de «régime de visibilité» est particulièrement riche: «les substances sociétales deviennent visibles, leur existence se cristallise: parler d'espace, c'est évoquer *le régime de visibilité* des substances sociétales» (Lussault 1999: 245). Sensible au domaine de l'action politique, M. Lussault envisage l'espace comme l'instrument essentiel de la construction de légitimité, par «l'effet de visibilité» qui fait que l'espace est immédiatement signifiant de ce qui est entrepris (Lussault, in Lévy et Lussault 2000: 30). L'action politique sur l'espace intègre une «économie sémiotique» constituée d'un ensemble de signes verbaux et textuels, dont les documents visuels, lesquels sont mobilisés dans une mise en récit de l'espace qui vient traduire l'apparente maîtrise du réel (Lussault 1995, 1996).

Le recueil de textes réunis par J. Lévy et M. Lussault (2000) pourrait être un moyen d'approcher cette myriade de géographes qualifiés «d'électrons libres» et auxquels on ne peut hélas consacrer plus d'espace. Précisons qu'il serait faux pourtant de déduire que cette myriade correspond à un éclatement de la discipline ou à une «juxtaposition d'isolats» comme le suggère Reynaud (in Knafou 1997: 366). Les géographes français dont l'effectif s'élève à un millier environ (dont 800 dans les universités et le reste dans les organismes de recherche) ont à cœur d'appartenir à cette Grande Famille dont le seul mot «géographie» suffit à générer du lien. Comme l'affirme J. Lévy (in Knafou 1997: 342), la discipline n'est pas structurée «en territoires rigides» mais plutôt en «affinités organisées en réseaux ouverts». D'où cette absence de revendication forte pour défendre tel ou tel projet. D'où aussi cette sorte de léthargie des 15 dernières années qui fait que l'on a plus à cœur de rester en bon terme avec son «parent géographe» que de révolutionner la discipline. Car l'enjeu au fond, c'est de conserver ce territoire disciplinaire encore en chantier où il devient possible de faire carrière, et belle carrière même, à coup d'opérations novatrices, sans jamais être trop perturbatrices auprès d'une audience assez consensuelle. Curieusement, c'est ce qui permet une certaine créativité et finit par rendre la géographie française dynamique. Dans un contexte qui tend à être plus fortement normé du point de vue relationnel que du point de vue du discours scientifique, tout devient possible en termes d'innovation discursive, à partir du moment où le «géographe» est reconnu comme tel. Mais cette identité étant elle-même dépendante de la formation universitaire acquise (du titre de 'docteur en géographie'), on imagine qu'il n'est pas toujours aussi aisée de sortir des catégories de savoirs reçues.

Une telle analyse vaudrait d'être nuancée. Elle n'explique d'ailleurs que partiellement cet incroyable écart entre les géographies anglophones et française dont on mesure mieux l'importance quand on sait par exemple qu'une seule géographe en France, peut-être deux, constituent à elles seules, le courant féministe (Coutras 1996; Coutras et Fagnani 1989). Après les recrutements massifs des années 1960, il n'y a pas eu de renouvellement de générations. Les géographes qui avaient entamé, sans la consommer véritablement, la rupture d'avec le projet classique, n'ont pas été relayés. Mais surtout, il manque encore aujourd'hui à la géographie française un véritable programme de réforme de l'enseignement supérieur. Résolue à s'affirmer comme science sociale de l'espace, elle n'en continue pas moins d'être enseignée «à travers les couples éprouvés de la géographie post-vidalienne: humaine et physique, urbaine et rurale, régionale et générale, etc ... » (Bergel et Veschambre in Hérin et Muller 1998: 247). À quand la sociologie, l'anthropologie, la philosophie ... dans les départements de géographie pour que les géographes reçoivent enfin la formation à laquelle ils aspirent et qu'ils n'aient plus à se former par eux-mêmes?

Je ne réclame pas pour ma part un quelconque alignement sur la géographie britannique et l'intronisation des *cultural studies*, des courants *féminist*, *gay* ou *lesbian*, *postcolonial* ou *subaltern* dans le paysage français. Je revendique plus simplement la constitution d'un champ de savoirs critiques où l'espace est reconnu sans ambiguïté ni compromis, comme l'instrument incontournable et puissant de l'activité symbolique.

Notes

1 L'unité de la géographie physique et humaine ne se maintient plus que dans les universités. Le CNRS (Centre National de la Recherche Scientifique) a décidé, en 1991, d'une séparation de ces deux orientations concrétisée par la création de sections d'évaluation distinctes.

2 L'analyse spatiale répond à l'objectif de «recherche de lois» ou de «régularités dans la localisation des phénomènes à la surface de la Terre». Elle se «traduit toujours par des traitements statistiques» ou «par des travaux de modélisation classiques» (d'après Le Berre, in Colloque De La Section 39 1997:11).

3 La «chorématique» mise au point par Roger Brunet est une méthode de modélisation graphique où les «chorèmes» figurent des modèles élémentaires qui permettent de rendre compte des structures et des dynamiques spatiales (voir Grataloup, in Knafou 1997: 406).

References

Berque, A. (1981) *L'Espace Géographique* 10(4).

Berque, A. (1993) *Du geste à la cité. Formes urbaines et lien social au Japon*. Paris: Gallimard.

Berque A. (1995) *Les raisons du paysage*. Paris: Éditions Hazan.

Bertrand, M. (1995) Bamako, d'une république à l'autre, *Annales de la Recherche Urbaine* (Régularisations de propriétés) 66: 40–51.

Bonnemaison, J. (1981) Voyage autour du territoire, *L'Espace Géographique* 10: 249–262.

Bourdeau, P. (1991) Guides de haute montagne. Territoire et identité, *Revue de Géographie Alpine*, 288 pp.

Bourdeau, P. (1984) *Homo Academicus*. Paris: Éditions de Minuit.

Brunet, R. (1981) *L'Espace Géographique* 10(4).

Claval, P. (1980) *Les mythes fondateurs des sciences sociales*. Paris: PUF.

Claval, P. (1981) *L'Espace Géographique* 10(4).

Claval, P. (1984) *Géographie humaine et économique contemporaine*. Paris: PUF.

Claval, P. (1995) *La géographie culturelle*. Paris: Nathan.

Claval, P. (1997) La géographie culturelle et l'espace, in Staszack, J.F. (ed.) *Les discours du géographe*. Paris: L'Harmattan.

Collignon, B. (1996) *Les Inuit. Ce qu'ils savent du territoire*. Paris: L'Harmattan.

Colloque De La Section 39 Du Comite National De La Recherche Scientifique (1997) *Espaces, Territoires et Sociétés. Les recherches françaises en perspective*. Paris: Centre National de la Recherche Scientifique.

Coutras, J. (1996) *Crise urbaine et espaces sexués*. Paris: Armand Collin.

Coutras, J. and Fagnani, J. (1989) Sexes et espaces, *Espace, Populations, Sociétés* 1: 11–14.

Debarbieux, B. (1995) Le Lieu, le Territoire et Trois figures de rhétorique, *L'Espace Géographique* 24(2): 97–113.

Debarbieux, B. (1996) Le Lieu symbole et fragment du territoire, *Espaces et Sociétés* 82/83: 12–35.

Di Méo, G. (1998a) Le territoire: un concept essentiel de la géographie sociale, in Hérin, R. et Muller C. (eds) *Espaces et Sociétés de la fin du XXème siècle. Quelles géographies sociales?*, Colloque de Géographie sociale de Caen du 10 et 11 octobre 1996, *Les Documents de la Maison de la Recherche en Sciences Humaines de Caen*, No. 7, pp. 49–61.

Di Méo, G. (1998b) *Géographie sociale et territoires*. Paris: Nathan.

Frémont, A. (1974) Recherches sur l'espace vécu, *L'Espace Géographique* 3: 231–238.

Frémont, A., Chevalier, J., Hérin, R. and Renard, J. (1984) *La géographie sociale*. Paris: Masson.

Georges, P. (1945) *Géographie sociale du monde*. Paris: PUF.

Grésillon, B. (2000a) Faces cachées de l'urbain ou éléments d'une nouvelle centralité? Les lieux de la culture homosexuelle à Berlin, *L'Espace Géographique* 4: 301–313.

Grésillon, B. (2000b) Berlin, métropole culturelle—essai géographique, doctoral thesis, Fontenay Saint-Cloud, École Normale Supérieure (ENS).

Gumuchian, H. (1991) *Représentations et aménagement du territoire*. Paris: Economica.

Hancock, C. (2001) De l'histoire à la géographie des espaces publics urbains: le regard étranger, in Ghorra-Gobin, C. (ed.) *Réinventer la ville: les espaces publics à l'heure globale*. Paris: L'Harmattan, pp. 133–137.

Hérin, R. (1999) Pour une géographie sociale critique et responsable, in Chivallon, C., Ragouet, P. and Samers, M. (eds) *Discours scientifiques et contextes culturels. Géographies françaises et britanniques à l'épreuve postmoderne*. Talence: Éditions de la Maison des Sciences de l'Homme d'Aquitaine, pp. 129–139.

Hérin, R. and Muller, C. (1998) *Espaces et Sociétés de la fin du XXème siècle. Quelles géographies sociales?*, Colloque de Géographie sociale de Caen du 10 et 11 octobre 1996, *Les Documents de la Maison de la Recherche en Sciences Humaines de Caen*, No. 7.

Knafou, R. (1997) *L'état de la géographie. Autoscopie d'une science*. Paris: Belin.

L'Espace Géographique (1981) Special issue: 'L'approche culturelle en géographie', *L'Espace Géographique* 10(4).

Lefebvre, H. (1974) *La production de l'espace*. Paris: Anthropos.

Lévy, J. and Lussault, M. (2000) *Logiques de l'espace, Esprit des lieux. Géographies à Cerisy*. Paris: Belin.

Lussault, M. (1995) La ville clarifiée: les usages carto et iconographique en oeuvre dans le projet urbain, in De Maximy, R. and Cambrézy, L. (ed.) *La cartographie en débat. Représenter ou convaincre*. Paris: ORSTOM-Khartala, pp. 157–193.

Lussault, M. (1996) L'espace pris aux mots, in J. Lévy (ed.) *Nouvelles Géographies, Le Débat*, 92. Paris: Gallimard, pp. 99–110.

Lussault, M. (1999) Reconstruire le bureau (pour en finir avec le spatialisme), in Chivallon, C., Ragouet, P. and Samers, M. (eds) *Discours scientifiques et contextes culturels. Géographies françaises et britanniques à l'épreuve postmoderne*. Talence: Éditions de la Maison des Sciences de l'Homme d'Aquitaine, pp. 225–251.

Marconis, R. (1996) *Introduction à la géographie*. Paris: Armand Collin.

Noin, D. (ed.) (1983) *Géographie sociale*. Paris: Actes du Colloque de Lyon de 1982.

Petsiméris, P. (1995) Une méthode pour l'analyse de la division ethnique et sociale de l'espace intra-métropolitain du Grand Londres, *L'Espace Géographique* 2: 139–153.

Piolle, X. (1990) Proximité géographique et lien social, *L'Espace Géographique* 4: 349–358.

Raffestin, C. (1980) *Pour une géographie du pouvoir*. Paris: Litec.

Raffestin, C. (1986) Ecogénèse territoriale et territorialité, in Auriac, F. and Brunet, R. (ed.) *Espaces, jeux et enjeux*. Paris: Fayard, pp. 173–185.

Sanguin, A.L. (1993) *Vidal de la Blache, un génie de la géographie*. Paris: Belin.

Séchet, R. (1996) *Espaces et pauvreté—la géographie interrogée*. Paris: L'Harmattan (social geography collection).

Staszack, J.F. (1997) Dans quel monde vivons-nous? Géographie, phénoménologie et ethnométhodologie, in *Les discours du géographe*. Paris: L'Harmattan.

Staszack, J.F. (ed.) (2001) Espaces domestiques, *Annales de Géographies* 620.

Staszack, J.F. et al. (2001) *Géographies anglo-saxonnes. Tendances contemporaines*. Paris: Belin.

Tesson, F. (1996) Discours politique ou renouveau territorial, le réseau de villes Pau-Tarbes-Lourdes (co-author F. Guérit), in G. Di Méo (ed.) *Les territoires du quotidien*. Caen: L'Harmattan, pp. 163–184.

Veschambre, V. (1994) Les professeurs du secondaire public: essai de géographie d'un groupe social, Geography doctoral thesis, Caen, Université de Caen.

Recent developments in social and cultural geography in Spain

Maria Dolors García-Ramón,[1] Abel Albet[1] & Perla Zusman[2]
[1]Departament de Geografia, Universitat Autónoma de Barcelona; [2]Institute of Geography, University of Buenos Aires, Argentina

As recently as 1993, Carmen Bel questioned whether Spain had even minimal development in the field of social geography: despite the fact that certain authors (for ideological reasons) and texts (due to their conceptual focus) demonstrated a concern for social phenomena, a social vision of the complete range of topics related to human geography has never materialized in Spain. Nor has social geography ever been understood as a potential driver of epistemological change in human geography, reorientating human geography's underpinnings as with the cultural turn in Anglo-American geography, for example.

It would be a lengthy, complex task to explain the historical reasons for this situation, but they can be summarized by the strong, decisive influence of Vidalian regional geography and, above all, by the intellectual isolation imposed by the Franco regime, leading to a rejection of any subject or focus deviating from official programmes. For years, Spanish academic geography, isolated from outside influences, was limited to exploring only certain topics and was deprived of any methodological development and critical approach. As such, Spanish geography became an essentially descriptive, apolitical discipline in which its social component and public relevance was highly restricted.

This position started to change at the end of the 1960s and the early 1970s, when several young university professors began to explore radical trends developing in the English-speaking world. These new ideas, combined with anti-Franco political restlessness and concerns about urban, social problems created new social awareness within some circles of Spanish geography. Although this was not translated directly into studies of social geography, it did underlie the development of a so-called radical or Marxist geography. Yet in contrast to French geography, in Spain no leading figure emerged to catalyse a new social geography or diffuse this approach among proponents of the predominant Vidalian geography.

This does not mean that there have been no studies or publications that could be classified as social geography. However, their authors almost never identify their works as social geography in contrast to different subject branches (population geography, urban geography, etc.) or conceptual branches (geographical thought, qualitative methodologies, etc.). The situation *vis-à-vis* cultural geography is more limited, to which not a single reflection or elegy has been devoted.

Proof of all of this can be found in several recent textbooks on geographical thought (Ortega 2000; Pallarès and Tulla 1999) and works that re-think the state of Spanish geography (RSG-AGE 1992), in which social and cultural geography are omitted and are barely even referred to. Moreover, social geography and cultural geography *per se* are almost totally absent from Spanish university curricula.

Despite the fact that the vast majority of Spanish geography is oriented toward applied and technical studies or dominated by classical regional geography, it is certainly possible to find (relatively isolated) texts and research that could be classified under the headings of social and cultural geography, either in their more traditional guises or within a post-modern framework. Among the various examples, we have chosen three areas in which there has been considerable scientific production in the past fifteen years: geographical thought, geography and gender, and the socio-cultural geography of cities.

Geographical thought: tradition and innovation

After the transition to democracy, Spanish geography entered a phase of renewal that directly affected the field of geographical thought. Examining the radical studies in the English-speaking world meant making room for social theories, which had been absent in a geography dominated by empiricism. Nevertheless, this radical turn did not involve closing the doors to other theoretical and methodological propositions from other contexts; on the contrary, Spanish geography continued to be enriched by interpretations developed in France and Brazil. One example of the latter is the translation from Portuguese to Spanish of the epistemological text by Milton Santos entitled *Por una Geografía Nueva* (1990). This work, for example, influenced how some geographers conceived of the relationship between social time and space.

Incorporating a social perspective into the study of the history of geography has led to inquiry within Spanish geography into the relationship between contexts, processes of institutionalization, practices and the subjects studied in international geography (Gómez Mendoza and Ortega Cantero 1992). This type of approach has made it possible to uncover the interconnected implications of power, knowledge and geographical inquiry. Some of these works have revealed the complicity of the different areas of geography with the Franco regime (Bosque Maurel, Bosque Sendra and García Ballesteros 1992). Others using the introduction of a gendered perspective in the study of academic relations demonstrated that the status, power and scientific production of women in the discipline were low. This gendered bias has continued with the recent trend toward an increasing number of men among both professors and students, most likely due to the professionalization and increasingly technical orientation of the discipline, for example the development of GIS (García-Ramón, Castañer and Centelles 1988). To this end, an analysis of the internal practices of geographers working professionally (Documents d'Anàlisi Geográfica 2001) or in social reality, and the possibility of contributing to their transformation so that disciplinary practices not only serve power but also destabilize it (Documents d'Anàlisi Geogràfica 2002), demonstrate that certain Spanish geographers are concerned about the need to promote the development of critical geographies in this country.

It is worth noting that preference for the name 'geographical thought' as opposed to 'history of geography' accounts for the interest in joining historical reflections with those of an epistemological nature, as shown in recent works on the issue of regions. Many of these attempt to go beyond Vidalian premises by breaking with the conception of a closed geographical area in favour of accentuating scaled links or likening it to the idea of place (Albet 2001; Plaza Gutiérrez 2001). Likewise, the notion of landscape comes to the forefront, taking into account its symbolic meanings and content (Ortega Cantero 1990). Works in the field of geopolitics have also demonstrated the need for our conceptions of territory to keep abreast with changes in the world political and economic order. Thus, new actors that appear in territorial production gain new relevance, such as trans-national bodies, migrants, refugees, guerillas, non-governmental organizations (NGOs), or anti-globalization movements (Nogué and Vicente 2001).

Research has also shown a close link between the disciplinary institutionalization of Spanish geography and processes of colonial territorial formation in Africa (Rodríguez Esteban 1996; Villanova 1999). Based on this issue, some studies delve into post-colonial perspectives and combine historical, cultural and gender points of view when analysing the material and representational definitions of the African colonial territories, especially in the protectorate of Morocco, which was conceived as the Spanish Orient. Decoding the Euro-centric nature and the ethnic connotations of class and gender present in the institutionalized practices of colonialism is also one of the objectives of these studies (Nogué and Villanova 1999). Within this framework, researchers have revived the figure of the female traveller, who participated in the colonial experience in different ways than the male traveller (García-Ramón 2002). In some cases, such as that of Aurora Bertrana, ambivalence as to the viability of colonialism as a political plan are more evident than among men (García-Ramón, Albet, Nogué and Riudor 1998). It is through interest in their role in the colonial world that women gain prominence in the history of the discipline; in this way the geographical practices of the nineteenth century cease to be narrated solely in a masculine voice, and other geographical practices that were not necessarily considered scientifically legitimate are thus included in the study of the processes of territorial formation.

Gender geography, a way a doing social and cultural geography

The research that has been carried out in Spain from a gender perspective can be considered as contributions to social and cultural geography. On the one hand, the gender focus has a globalizing vision that erases artificial divisions among the social, the economic and the cultural, and it also views culture, conceived as a social construction, as a basic tool for social change. On the other hand, it must be said that a good number of geographers that have worked in Spain on gender issues come from what has been called radical or Marxist geography. Thus it is not surprising that the reading and interpretation of Spanish gender geography (which clearly arrived from the English-speaking world at the end of the 1980s) had a much more marked social and cultural bias than in did where it originated. In many ways, gender studies marked a significant break from standard Spanish geography, which at that time was still either traditional or highly applied. The methodological break is especially worth noting since it can be said that gender geography in Spain has been a pioneering force in introducing qualitative methodologies. They were initially rejected but are presently beginning to become accepted more widely by the Spanish geographical community.

Without wishing to be exhaustive, among all these studies in Spain we shall concentrate first on studies of rural spaces, and then on studies of the urban environment. This research has largely been carried out by two gender studies groups that were formed at the end of the 1980s at the Universidad Complutense de Madrid and the Universidad Autónoma de Barcelona, groups that without doubt have been the impetus and unifying force in gender studies within geography in Spain. Two main lines of research were developed, both referring to work performed by women in rural areas: the labour contributions of women in family-run farms, and the role women play in the economic, social and cultural diversification of rural areas. Within the first line there was a noteworthy series of studies on the contributions of women in family-run farms that demonstrated that the survival of the Spanish family-run farm depends on the participation of women (García-Ramón, Cruz, Salamaña and Villarino 1995; Solsona 1989). Likewise, the research contributed to the theoretical debate on the division between productive and reproductive work and brought to the table significant ideas on the cultural constructions of masculinity and femininity in rural areas. Yet the Spanish agricultural sector had been losing ground in the past fifteen years, and it was important to find out what the role of women had been in the recent process of rural re-organization. This research concentrated on the processes of social, economic and cultural diversification that have taken place in the Spanish countryside. Both innovative activities such as rural tourism (Cànoves and Villarino 1997) and teleworking (García-Ramón and Baylina 2000) as well as more traditional activities such as housework (Baylina 1994) or jobs in agricultural industries or light industry in general (Sabaté 1993) were studied. Here, too, it was clearly demonstrated that women constitute crucially important social and human capital needed for rural and local development (Pallarès, Pallarès and Tulla 2002). The subject of environmentally sound agriculture has also recently been examined, and it has been shown that women farmers are in a position to reap its rewards fully, play an important role in an emerging sector in rural areas and be agents of an important cultural change in patterns of consumption (R. López 2000).

Regarding urban spaces, at the beginning of the 1990s the study of the women's use of time in cities was undertaken, inspired by the debates of the Italian left. Faced with the challenge of the massive influx of women into the workplace and the rigidity of lifestyles and timetables in the city, what was attempted was to provide elements to help learn about women's use of time and to issue recommendations geared toward encouraging greater freedom and equality in the use of time (Prats, García-Ramón and Cànoves 1995). The role of women in defending the urban environment was also dealt with in a study on citizen mobilizations led by women (Bru 1995). It was shown that women understand the environment in a way quite removed from the rigid, androcentric concept that is usually accepted. Also put forth is the need to define this concept more broadly so that it is capable of encompassing a perception that is much more closely linked to the consequences of the environmental impact of daily life. Likewise, for certain cities in Catalonia, the relationship between the planning of public spaces and gender has been investigated, and the integrating potential of public spaces was found (Ortiz, Albet, García-Ramón and Prats 2002). It was shown that their design is a key element in encouraging the presence of women in order to overcome their traditional social and spatial isolation, and in the end to foster the processes of emancipation. And finally, a novel subject for Spanish geography has been tackled: the study of lesbian and gay spaces (García Escalona 2000; Santos 2002). This research notes not only the processes of gentrification this leads to, but also how the appropriation of these urban spaces forms part of a strategy of empowerment for these groups.

The city: updated perspectives

The growing importance of the city has made it one of the spheres in which conceptual renewal has been most powerful. This is due in part to the fact that the city has been considered a unique place for studying current social, economic, technological and political transformations. Thus, in addition to studying the social implications of the new urban morphologies (such as the so-called 'diffuse city') or the role of the metropolis in globalization (large cities as nodes in the world-system and anchors in a planet-archipelago), quite recently the city has begun to be analysed as a melting pot of hybrids and contrasts, especially through the active, decisive presence of new immigrants, both from other European countries and from outside the EU (Buckley 1998; Pumares 1996).

Competitiveness among cities brings with it the implementation of policies and marketing as well as processes of urban festival promotion, which have been amply analysed for Barcelona (Benach 1993, 2000; Tello 1993) but with few studies to date on Madrid, Bilbao, Seville or Valencia (for other cases in which the entire city is either occasionally or permanently converted into an entertainment spectacle see Ganau 2001 and Santos 1999).

In one of its recent guises, culture is viewed as a tool to be used by the powers that be to organize and legitimize transformations in urban spaces. With this in mind, certain works (Calle and García 1998; Martínez 1997) analyse the processes of urban gentrification and regeneration which attempt to re-think the functions of the historic city through the introduction of new social groups and economic activities.

When understood as a social construction, culture is no longer treated as a peripheral category subordinated to economics, but as the means through which social change can be experienced, responded to and constituted. Thus there have emerged a series of 'cultural industries' (services, leisure, advertising, sports, art, media; Capellà 2001; García Escalona 1999) and certain spaces for consumption and leisure (Anton 1999) that have started to play an important role in the creation of cultural identities recorded and invoked through symbols and representations (García Ballesteros 2000; P. López 2000). In fact, migrants also create new cultural dynamics that transform their own identities as well as those of the host society and city (Aramburu 2002; Casas 1999).

The city itself is also analysed as a place that is primarily organized and managed for consumption (Carreras and Romero 2000), thus displacing its characteristics as an area for production, which is juxtaposed with its nature as an incubator for nurturing cyberspaces and cybercultures. Thus, some works also deal with the exclusions implied by the production of this city model (García Ballesteros 1998).

Conclusion

An analysis of the development of social and cultural perspectives in Spanish geography in the fields of geographical thought, gender studies and the city has unveiled the fact that the inclusion of these standpoints has been mostly limited to specific authors with links to international geography, especially in the English-speaking world.[1] This reveals the methodological limits of putting forwards a nation-wide analysis when in reality personal and institutional networks are more relevant in the study of the processes of production and dissemination of knowledge. It also has revealed the reality that many Spanish academic institutions continue to work within the framework of traditional regional geography, although refined through the introduction of new technologies such as geographical information systems and frequently responding to local environmental concerns.

In conclusion, it is our opinion that the future challenge for Spanish geography is to combine a rich tradition of empirical study with our own original theoretical reflection. That is, a hybrid between a theoretical and empirical work from a position built upon our own needs and concerns should provide Spanish geography with the specificity and potential to contribute to the traditions being developed in the international framework.

Note

1 At the moment the *Boletín de la Asociación de Geógrafos Españoles* is preparing a monographic issue (No. 34) on cultural geography, which probably will be out in a few months. We do not have enough information about its contents which probably will be a mixture between traditional and new ways of doing cultural geography.

Desarrollo reciente de la geografía social y cultural en España

En 1993 un texto de Carmen Bel ponía en duda que en España hubiera un mínimo desarrollo de la geografía social: a pesar de que ciertos autores (por razones ideológicas) y determinados textos (por enfoque conceptual) presentasen una preocupación por fenómenos sociales, en este país nunca se ha llegado a consolidar una óptica social para el conjunto de temas propios de la geografía humana. La geografía social tampoco nunca ha sido entendida como una alternativa epistemológica a la geografía humana y dispuesta a reorientar los acometidos de esta.

Es largo y complejo explicar las razones históricas de esta situación pero podrían resumirse en la fuerte y decisiva influencia de la geografía regional vidaliana y, sobre todo, en el aislamiento que el regimen franquista impuso a la vida académica universitaria, rechazando cualquier tema y enfoque contrario a los programas oficiales. Durante años, la geografía académica española mantenida aislada de influencias exteriores, limitada a la exploración de ciertas temáticas y privada de cualquier metodología y aproximación crítica, se convirtió fácilmente en una disciplina esencialmente descriptiva y apolítica donde su componente social y su relevancia pública fueron significativamente desterrados.

A finales de los años 1960 y principios de los 1970 algunos jóvenes profesores universitarios se muestran influenciados por las tendencias radicales procedentes del mundo anglosajón. Estas nuevas ideas, combinadas con las inquietudes políticas antifranquistas y las preocupaciones por las graves problemáticas urbanísticas crean, en reducidos círculos de la geografía española, una cierta conciencia social que, no obstante, no se traduce propiamente en una geografía social sino que subyace en el marco de la llamada geografía radical o marxista. A diferencia de lo que ocurría en la geografía francesa, en la geografía española ningún gran personaje se erige en catalizador de una nueva geografía social o difusor de este enfoque en la predominante geografía vidaliana.

Ello no significa que no existan investigaciones y publicaciones que puedan clasificarse bajo el epígrafe de la geografía social pero prácticamente en ningún caso los autores identifican su quehacer con ella sino con las distintas ramas temáticas (geografía de la población, geografía urbana, etc.) o conceptuales (pensamiento geográfico, metodologías cualitativas, etc.). Este panorama difuso y confuso es todavía más precario en lo que respecta a la geografía cultural, para la cual ni tan siquiera le ha sido dedicada una reflexión o una elegía.

Prueba de todo ello son algunos manuales recientes de pensamiento geográfico (Ortega 2000; Pallarès y Tulla 1999) o las obras de recapitulación sobre el estado de la geografía española (RSG-AGE 1992) donde se hace caso omiso a la geografía social y la cultural y prácticamente no existen referencias a ellas. Consideradas como tales, la geografía social y la geografía cultural están casi totalmente ausentes de los planes de estudio de las universidades españolas.

A pesar de que la gran mayoría de la geografía española está orientada a los estudios aplicados y técnicos o dominada por la geografía regional de corte clásico, ciertamente es posible hallar (de forma más o menos aislada) textos e investigaciones que pueden clasificarse bajo las etiquetas de la geografía social y la cultural, ya sea en sus versiones más clásicas o bien en el marco del postmodernismo. De entre las diversas opciones hemos seleccionado tres ámbitos para los cuales en los últimos quince años existe una notable producción científica: pensamiento geográfico, geografía y género, y geografía social-cultural de la ciudad.

Pensamiento geográfico, tradición e innovación

A partir de la transición democrática la geografía española entra en un proceso de renovación que afecta directamente al campo del pensamiento geográfico. La aproximación a los estudios anglosajones radicales significó abrir un lugar a las teorías sociales, ausentes en una geografía dominada por el empirismo. Sin embargo, este acercamiento no implicó un cierre a otras propuestas teóricas y metodológicas provenientes de otros contextos. Por el contrario, la geografía española siguió enriqueciéndose de interpretaciones elaboradas en el ámbito francés e incluso el brasilero. Un ejemplo de esto último es la traducción del portugués al español del texto epistemológico de Milton Santos *Por una Geografía Nueva* (1990). Esta obra influyó en la forma de concebir la relación entre tiempo y espacio social entre algunos geógrafos renovadores.

La introducción de la perspectiva social en el estudio de la historia de la geografía ha implicado una indagación sobre la relación entre contextos, procesos de institucionalización, prácticas y objetos de estudio producidos en la geografía internacional, por la geografía española y por el contacto entre una y otras tradiciones (Gómez Mendoza y Ortega Cantero 1992). Este tipo de abordaje permitió desvelar las mutuas implicaciones entre poder, conocimiento y geografía.

Si por un lado algunos trabajos desarrollados en esta línea han desvelado la complicidad de los distintos saberes geográficos con el franquismo (Bosque Maurel, Bosque Sendra y García Ballesteros 1992), por otro, la introducción de la perspectiva de género en el estudio de las relaciones académicas demostró que el estatus, el poder, y la producción científica de las mujeres en la disciplina era bajo. A ello se suma la reciente masculinización tanto del profesorado como del alumnado probablemente debido a la profesionalización y tecnificación de la disciplina (García-Ramón, Castañer y Centelles 1988).

El análisis de las propias prácticas de los geógrafos en los ámbitos profesionales (Documents d'Anàlisi Geogràfica 2001) o en la realidad social y la posibilidad de contribuir a su transformación para que las prácticas disciplinarias no sólo sirvan al poder sino a su desestabilización (Documents d'Anàlisi Geogràfica 2002), muestra que ciertos geógrafos/as españoles están preocupados por la necesidad de promover en este país el desarrollo de geografías críticas.

Cabe destacar que la preferencia de la denominación 'pensamiento geográfico' frente al de 'historia de la geografía' da cuenta del interés por acompañar las reflexiones históricas con aquellas de corte epistemológico como lo demuestran los recientes trabajos sobre la cuestión regional. Muchos de ellos pretenden superar la propuesta vidaliana a partir de romper con su concepción como un ámbito geográfico cerrado para acentuar los vínculos escalares o asimilarla a la idea de lugar (Albet 2001; Plaza Gutiérrez 2001). En el mismo sentido, la noción de paisaje es tematizada tomando en cuenta sus significaciones y contenidos simbólicos (Ortega Cantero 1990). También los trabajos en el campo de la geopolítica han demostrado la necesidad de que las formas de concebir el territorio acompañen los cambios en el orden político y económico mundial. En este sentido, se rescatan los nuevos actores que aparecen en la producción del territorio como los organismos transnacionales, los migrantes, los refugiados, los guerrilleros, las ONG, o los movimientos antiglobalización (Nogué y Vicente 2001).

Las investigaciones constataron la íntima vinculación entre la institucionalización disciplinaria y los procesos de formación territorial colonial en África (Rodríguez Esteban 1996; Villanova 1999). A partir de esta problemática algunas investigaciones se adentran en las perspectivas poscoloniales y combinan puntos de vista históricos, culturales, de género, en el análisis de la definición material y representacional de los territorios coloniales en África, particularmente del protectorado de Marruecos concebido como el Oriente español. Desentrañar el carácter eurocéntrico y las connotaciones étnicas, de clase y género presentes en las prácticas institucionalizadas en el colonialismo es también uno de los objetivos de estos estudios (Nogué y Villanova 1999). Dentro de este marco se rescata la figura de las mujeres viajeras, partícipe de la experiencia colonial de forma diferencial al hombre viajero (García-Ramón 2002); en algunos casos como el de Aurora Bertrana las ambigüedades sobre la viabilidad del colonialismo como proyecto político se hacen más presentes que entre los hombres (García-Ramón, Albet, Nogué y Riudor 1998). Es a través del interés por el papel de las mujeres en el mundo colonial que ellas cobran protagonismo en el campo de la historia de la disciplina, de esta manera las prácticas geográficas del siglo XIX dejan de ser narradas en clave masculina y, por esta vía otras prácticas geográficas, no necesariamente legitimadas por su supuesta cientificidad, se incorporan al estudio de los procesos de formación territorial.

Geografía del género, una manera de hacer geografía social y cultural

La investigación que se ha llevado a cabo en España desde una perspectiva de género puede considerarse como una aportación a la geografía social y cultural. Por una parte, el enfoque de género tiene una orientación globalizadora que borra las fronteras artificiales entre lo social, lo económico y lo cultural y, además entiende que la cultura, concebida como construcción social, es un instrumento básico para el cambio social. Por otra parte, se ha de constatar que una buena parte de los geógrafos y geógrafas que han trabajado en España sobre temas de género provienen de lo que se ha denominado geografía radical o marxista. Por ello no es de extrañar que la lectura e interpretación que a finales de 1980's se hizo en España de la geografía del género (que está bien claro que nos llegó a través de la geografía anglosajona) tuviera un sesgo social y cultural mucho más marcado que en su lugar de origen. Conviene señalar que los estudios de género significaron una ruptura en muchos aspectos con la geografía española, en aquellos momentos todavía de corte tradicional o bien de carácter muy aplicado. En particular, conviene destacar la ruptura metodológica ya que se puede afirmar que la geografía del género en España ha sido la pionera en la introducción de las metodologías cualitativas de análisis, metodologías ante las que, inicialmente, se experimentó un cierto rechazo pero que finalmente hoy en día ya empiezan a ser aceptadas por la comunidad de géografos españoles.

Sin ningun ánimo de exhaustividad, en el balance de estos estudios en España nos centraremos en los estudios de los espacios rurales en primer lugar, y después, en los estudios sobre el medio urbano. Las investigaciones las han llevado a cabo, en gran parte, los dos grupos de estudios de género que surgieron a finales de 1980 en la Universidad Complutense de Madrid y en la Universidad Autónoma de Barcelona, grupos que sin duda alguna han sido el eje animador y aglutinador de los estudios de género en la geografía española. Se desarrollaron fundamentalmente dos líneas de investigación, referidas ambas al trabajo de las mujeres en el ámbito rural: la contribución laboral de las mujeres en las explotaciones agrarias familiares y el papel que éstas desempeñan en la diversificación económica, social y cultural de las zonas rurales. Dentro de la primera línea cabe señalar una serie de trabajos sobre la contribución de la mujer en las explotaciones familiares agrarias que demostraron que la supervivencia de la explotación familiar agraria en España está condicionada a la participación de la mujer (García-Ramón, Cruz, Salamaña and Villarino 1995; Solsona 1989). Asimismo las investigaciones contribuyeron al debate teórico en torno a la división entre el trabajo productivo y reproductivo y aportaron ideas significativas sobre la construcción cultural de la masculinidad y la feminidad en el contexto rural. Pero el sector agrario en España ha ido perdiendo peso en los últimos quince años y era importante preguntarse cual ha sido el rol de las mujeres en el proceso reciente de reestructuración rural. Los trabajos se centraron en los procesos de diversificación social, económica y cultural que han tenido lugar en el campo español. Se han estudiado tanto actividades innovadoras como el turismo rural (Cànoves y Villarino 1997) o el teletrabajo (García-Ramón y Baylina 2000) o en actividades más tradicionales como el trabajo a domicilio (Baylina 1994) o en agroindustrias o industrias ligeras en general (Sabaté 1993). Claramente también se demuestra que las mujeres contituyen un capital social y humano muy importante para el desarrollo rural y local (Pallarès, Pallarès y Tulla 2002). El tema de la agricultura ecológica también ha sido abordado recientemente y se demuestra que las mujeres productoras están en situación de rentabilizar plenamente sus ventajas, situarse con protagonismo en un sector emergente en las zonas rurales y ser agentes de un cambio importante cultural de patrones de consumo (R. López 2000).

En cuanto a los espacios urbanos a principios de los noventa se emprendió el estudio de los tiempos de las mujeres en la ciudad, inspirándose en los debates de la izquierda italiana. Ante el reto de la incorporación masiva de las mujeres a la vida productiva y la rigidez de los estilos de vida y los horarios de la ciudad se pretendía suministrar elementos para el conocimiento del uso del tiempo por parte de las mujeres y emitir recomendaciones orientadas a favorecer una mayor libertad e igualdad en el uso del tiempo (Prats, García-Ramón y Cànoves 1995). El papel de las mujeres en la defensa del medio ambiente urbano también se ha abordado en un estudio sobre movilizaciones ciudadanas-lideradas por mujeres (Bru 1995). Se constata que las mujeres entienden el medio ambiente de forma bastante alejada al concepto rígido y androcéntrico que se acepta normalmente. Y se plantea la necesidad de definir este concepto de forma más amplia, de modo que sea capaz de englobar una percepción mucho más ligada a las consecuencias de los impactos ambientales en la vida cotidiana. Asimismo se ha investigado para algunas ciudades catalanas las relaciones entre planificación de espacios públicos y género y se constata el potencial integrador de los espacios públicos (Ortiz, Albet, García-Ramón y Prats 2002). Se demuestra que su diseño es un elemento crucial para fomentar la presencia de las mujeres, para superar el tradicional aislamiento social y espacial de éstas, y en definitiva para fomentar los procesos de emancipación. Y finalmente, un tema muy novedoso para la geografía española, ha sido abordado, el estudio de los espacios lesbianos y gays (García Escalona 2000; Santos 2002). En estas investigaciones no sólo se destacan los procesos de gentrificación que se originan sino que se observa cómo la apropiación de estos espacios urbanos forma parte de una estrategia de empoderamiento de estos grupos.

La ciudad: miradas renovadas

El creciente protagonismo de la ciudad ha hecho que sea uno de los ámbitos donde la renovación conceptual haya sido más potente. Ello se debe en parte porque la ciudad ha sido considerada como un lugar privilegiado para el estudio de las transformaciones sociales, económicas, tecnológicas y políticas actuales.

Así, además del estudio de las implicaciones sociales de las nuevas morfologías urbanas (como la llamada 'ciudad difusa') o el papel de las metrópolis en el marco de la globalización (las grandes ciudades como nodos del sistema-mundo y anclajes de un planeta-archipiélago), muy recientemente la ciudad ha empezado a ser analizada como crisol de hibrideces y de contrastes especialmente a partir de la presencia activa y decisiva de nuevos inmigrantes tanto de otros países europeos como extracomunitarios (Buckley 1998; Pumares 1996).

La competitividad entre ciudades conlleva la implementación de unas políticas de márketing y de unos procesos de festivalización urbana que han sido ampliamente analizados para el caso de Barcelona (Benach 1993, 2000; Tello 1993) pero con pocos estudios todavía sobre Madrid, Bilbao, Sevilla o Valencia (por mencionar algunos otros casos en los que, ocasional o permanentemente, la ciudad se convierte en espectáculo; Ganau 2001; Santos 1999).

La cultura, en una de sus aproximaciones recientes, es vista como un instrumento utilizado por el poder para la organización y legitimación de las transformaciones del espacio urbano: en este sentido, algunos trabajos (Calle y García 1998; Martínez 1997) analizan los procesos de gentrificación y regeneración urbana que buscan, gracias a la introducción de nuevos grupos sociales y nuevas actividades económicas, replantear las funciones de la ciudad histórica.

La cultura, entendida como construcción social, ya no es tratada como una categoría residual subordinada a la economía sino que se considera el medio por el cual el cambio social puede ser experimentado, contestado y constituido. Aparecen así una serie de 'industrias culturales' (servicios, ocio, publicidad, deporte, arte, medios de comunicación; Capellà 2001; García Escalona 1999) y ciertos 'espacios de consumo' y de ocio (Anton 1999) que pasan a tener un destacado papel en la creación de identidades culturales inscritas e invocadas a partir de símbolos y representaciones (P. López 2000; García Ballesteros 2000). De hecho también los migrantes crean nuevas dinámicas culturales que transforman la propia identidad, la de la sociedad de acogida y la de la ciudad (Aramburu 2002; Casas 1999).

La ciudad también es analizada en sí misma como un lugar pensado y gestionado mayormente para el consumo (Carreras y Romero 2000) desplazando sus características de ámbito de producción, al que se le yuxtapone su carácter de nodo de gestación de ciberespacios y ciberculturas. En este sentido algunos trabajos también abordan las exclusiones que conlleva la producción de este modelo de ciudad (García Ballesteros 1998).

Conclusion

El análisis del desarrollo de las perspectivas sociales y culturales en la geografía española en el campo del pensamiento geográfico, estudios de género, y ciudad ha revelado que la introducción de estas posturas se limita en una mayoría de los casos a ciertos autores con vínculos con la geografía internacional particularmente con el ámbito anglosajón.[1] Ello revela por un lado las limitaciones metodológicas ligadas a la propuesta de realizar un estado de la cuestión que parta del contexto estatal cuando en realidad son las redes personales e institucionales que resultan más relevantes a la hora de analizar procesos de producción y difusión del conocimiento.

Por otro lado revela una realidad de la geografía española. La mayor parte de los centros académicos españoles de este país continúan desarrollando una geografía de carácter regional, aunque renovada a partir de la introducción de las innovaciones tecnológicas en materia de sistema de información geográfica y respondiendo muchas veces a preocupaciones de carácter ambiental que se pueden dar en el lugar donde se encuentran instalados estos centros de enseñanza superior e investigación

Finalmente, cabe destacar que el reto futuro es combinar nuestra tradición empírica con una reflexión teórica propia. Es decir que la hibridación entre trabajo teórico y empírico desde una posicionalidad construida a partir de las necesidades y preocupaciones propias, otorgaría especificidad a la Geografía española y potencialidad para contribuir a las tradiciones elaboradas en el marco internacional.

Nota

1 En este momento el *Boletín de la Asociación de Geógrafos Españoles* está preparando un monográfico (número 34) acerca de la geografía cultural, probablemente el estará listo en unos meses. No tenemos suficiente informacion acerca de su contenido que, probablemente, será una combinación entre las posturas tradicionales y las nuevas formas de hacer geografía cultural.

References

Albet, A. (2001) ¿Regiones singulares o regiones sin lugares? Reconsiderando el estudio de lo regional y lo local en el contexto de la geografía postmoderna, *Boletín de la Asociación de Geógrafos Españoles* 32: 35–52.

Anton, S. (1999) El desarrollo de parques temáticos en un contexto de globalización, *Boletín de la Asociación de Geógrafos Españoles* 28: 85–102.

Aramburu, M. (2002) Los comercios de inmigrantes extranjeros en Barcelona y la recomposición del 'inmigrante' como categoría social, *Scripta Nova. Revista Electrónica de Geografía y Ciencias Sociales* 108: 1–9.

Baylina, M. (1994) Geografia de la producció, flexibilitat en el mercat de treball i relacions de gènere. L'exemple del treball industrial a domicili, *Cuadernos de Geografía* 55: 45–61.

Bel, C. (1993) Los caminos de la geografía social en España: apuntes para la reflexión y el debate, *Papeles de Geografía (Universidad de Murcia)* 19: 69–79.

Benach, N. (1993) Producción de imagen en la Barcelona del 92, *Estudios Geográficos* 212: 483–505.

Benach, N. (2000) Nuevos espacios de consumo y construcción de imagen de la ciudad de Barcelona, *Estudios Geográficos* 238: 189–205.

Bosque Maurel, J., Bosque Sendra, J. and García Ballesteros, A. (1992) Academic geography in Spain and Franco's regime, 1936–55. *Political Geography* 11: 550–562.

Bru, J. (1995) El medi està androcentrat. Qui el desandrocentritzarà? Experiència femenina, coneixement ecològic i canvi cultural, *Documents d'Anàlisi Geogràfica* 26: 271–276.

Buckley, M. (1998) Inmigración y comercio en Madrid. Nuevos negocios para nuevas gentes, *Anales de Geografía de la Universidad Complutense* 18: 283–297.

Calle, M. de la and García, M. (1998) Ciudades históricas: patrimonio cultural y recurso turístico, *Eria* 47: 249–266.

Cànoves, G. and Villarino, M. (1997) El turismo rural en Cataluña y Galicia, una alternativa o complemento a la explotación familiar: las mujeres sus nuevas protagonistas, in Valenzuela, M. (ed.) *Los turismos de interior. El retorno de la tradición viajera.* Madrid: Universidad Autónoma de Madrid, pp. 353–368.

Capellà, H. (2001) La vuelta al territorio, in *Actas del XVII Congreso de la Asociación de Geógrafos Españoles.* Oviedo: AGE-Cecodet.

Carreras, C. and Romero, J. (2000) Cambios en las formas del comercio y el consumo en Barcelona, *Estudios Geográficos* 238: 103–124.

Casas, M. (1999) Cambio de actitudes en contextos interculturales en Barcelona: actividades lúdicas y modificación de prejuicios, *Scripta Nova. Revista Electrónica de Geografía y Ciencias Sociales* 44: 1–11.

Documents d'Anàlisi Geogràfica (2001) Monographic issue: *Professional Geography and Geographic Formation: An International Perspective* 39.

Documents d'Anàlisi Geogràfica (2002) Monographic issue: *Dissident Geographies* 40.

Ganau, J. (2001) City marketing, planificación estratégica y alta velocidad: el ejemplo de Lleida, in *Actas del XVII Congreso de la Asociación de Geógrafos Españoles.* Oviedo: AGE-Cecodet.

García Ballesteros, A. (1998) Nuevos espacios del consumo y exclusión social, *Anales de Geografía de la Universidad Complutense* 18: 47–63.

García Ballesteros, A. (2000) El espacio social del consumo en la cultura de la postmodernidad, *Estudios Geográficos* 238: 27–48.

García Escalona, E. (1999) Consumo, publicidad y lugar, in *Homenaje al profesor Estébanez.* Madrid: Ediciones de la UCM.

García Escalona, E. (2000) Del armario al barrio: aproximación a un nuevo espacio urbano, *Anales de Geografía de la Universidad Complutense* 20: 437–449.

García-Ramón, M.D., Castañer, M. and Centelles, N. (1988) Women and geography in Spanish universities, *Professional Geographer* 40: 307–345.

García-Ramón, M.D., Cruz, J., Salamaña, I. and Villarino, M. (1995) *Mujer y agricultura en España. Género, trabajo y contexto regional.* Barcelona: Oikos-Tau.

García-Ramón, M.D., Albet, A., Nogué, J. and Riudor, L. (1998) Voices from the margins: gendered images of 'otherness' in colonial Morocco, *Gender, Place and Culture* 5: 229–240.

García-Ramón, M.D. and Baylina, M. (eds) (2000) *El nuevo papel de las mujeres en el desarrollo rural.* Barcelona: Oikos-Tau.

García-Ramón, M.D. (2002) Viajeras europeas en el mundo árabe: un análisis desde la geografía feminista y poscolonial, *Documents d'Anàlisi Geogràfica* 40: 105–130.

Gómez Mendoza, J. and Ortega Cantero, N. (1992) *Naturalismo y geografía en España.* Madrid: Fundación Banco Exterior.

López, P. (2000) Preliminares para una geografía social del consumo en Barcelona. Una aproximación a las socialidades en la ciudad hipermercado, *Estudios Geográficos* 238: 169–188.

López, R. (2000) La agricultura ecológica como una alternativa también para las mujeres, in *Actas del X Coloquio de Geografía Rural en España.* Lleida: Universidad de Lleida, pp. 490–498.

Martínez, M. (1997) Una deconstrucción histórica y social de la noción de centro histórico, *Investigaciones Geográficas (Universitat d'Alacant)* 18: 131–146.

Nogué, J. and Villanova, J.L. (eds) (1999) *España en Marruecos (1912–1956): Discursos geográficos e intervención territorial.* Lérida: Editorial Milenio.

Nogué, J. and Vicente, J. (2001) *Geopolítica, identidad y globalización.* Barcelona: Ariel.

Ortega, J. (2000) *Los horizontes de la geografía. Teoría de la geografía.* Barcelona: Ariel.

Ortega Cantero, N. (1990) El paisaje de España en los viajeros románticos, *Eria* 22: 121–137.

Ortiz, A., Albet, A., García-Ramón, M.D. and Prats, M. (2002) *Urban Planning, Gender and Social Integration in Barcelona*, Informe Final. Wolkswagen-Stiftung: Universidad de Hanover (mimeo).

Pallarès, M. and Tulla, A. (1999) *Geografía General*. Barcelona: Universitat Oberta de Catalunya.

Pallarès, M., Pallarès, M. and Tulla, A. (2002) *Capital social i treball de les dones en àrees rurals i de muntanya del Pirineu*, Informe Final. Barcelona: Institut Català de la Dona (mimeo).

Plaza Gutiérrez, J.I. (2001) ¿Una nueva geografía regional en España?: algunas propuestas para su estudio, *Boletín de la Asociación de Geógrafos Españoles* No. 32, pp. 73–93.

Prats, M., García-Ramón, M.D. and Cànoves, G. (1995) *Les dones i l'us del temps a Barcelona: el cas del Barri de Sants*. Barcelona: Ajuntament de Barcelona.

Pumares, P. (1996) Repercusiones del uso del espacio en las relaciones entre españoles e inmigrantes extranjeros, *Boletín de la Asociación de Geógrafos Españoles* 23: 75–91.

Rodríguez Esteban, J.A. (1996) *Geografía y colonialismo. La Sociedad Geográfica de Madrid (1876–1936)*. Madrid: Ediciones de la Universidad Autónoma de Madrid.

RSG-AGE (1992) *La geografía en España (1970–1990)*. Madrid: Fundación BBV.

Sabaté, A. (1993) Industria rural en Toledo: la incorporación de las mujeres al mercado de trabajo, *Anales de Geografía de la Universidad Complutense* 12: 277–288.

Santos, M. (1990) *Por una geografía Nueva*. Madrid: Espasa Calpe.

Santos, X. (1999) Mitos y realidades del Xacobeo, *Boletín de la Asociación de Geógrafos Españoles* 28: 103–117.

Santos, X. (2002) Espacios disidentes en los procesos de ordenación territorial, *Documents d'Anàlisi Geogràfica* 40: 69–104.

Solsona, M. (1989) El problema de la medición del trabajo de la mujer, *Documents d'Anàlisi Geogràfica* 14: 149–169.

Tello, R. (1993) Barcelona post-olímpica: de ciudad industrial a escenario de consumo, *Estudios Geográficos* 212: 507–520.

Villanova, J.L. (1999) La Sociedad Geográfica de Madrid y el colonialismo español en Marruecos (1876–1956), *Documents d'Anàlisi Geogràfica* 34: 161–187.

Eclectic and pragmatic: the colours of Dutch social and cultural geography

Sako Musterd[1] & Ben de Pater[2]
[1]Department of Geography and Planning, Faculty of Social and Behavioural Sciences, University of Amsterdam, Nieuwe Prinsengracht 130, Amsterdam 1018VZ, Netherlands; [2]Faculty of Geographical Sciences, Utrecht University, Utrecht, Netherlands

In the Netherlands, human geography has traditionally been an applied, practical science. Close ties have always existed with spatial planning and regional-economic policy. With good reason, the first generation of planning specialists—in the 1960s—consisted largely of people trained as geographers. Geographers were also the socio-spatial engineers of the welfare state (de Pater 2001b; de Pater and de Smidt 1989).

This is because research in Dutch human geography has long been guided by two practical social objectives: the effort to eradicate poverty in underprivileged areas and the distribution of the scarce room available among the many functions that claim space. In relation to the poverty, this was almost exclusively analysed from an economic rather than a social perspective. As such, given these two principal concerns, social and cultural geography received relatively little consideration. Any interest in culture was focused on issues such as the potential contribution of culture to the vitality of cities. Recent examples include the studies of Gregory Ashworth (for instance Ashworth and Tunbridge 2000) about heritage management and city marketing and the ones conducted by Irina van Aalst on the economic and social significance of museums, galleries and festivals for the city centres of Frankfurt am Main and Rotterdam (van Aalst 1997; van Aalst and Boogaarts 2002).

The research by Amsterdam human geographers is an exception to the practical orientation. Since the social scientist S.R. Steinmetz was appointed Professor of Human Geography at the University of Amsterdam in 1907, geographers have explored social and cultural phenomena at this university. This opportunity exists to this day, as does the difference in the forms of human geography at universities in Amsterdam and elsewhere (Utrecht, Groningen and Nijmegen). However, differences in theoretical views elicited more heated debate in the past than is presently the case.

History: debate about 'the nature of geography'

Except among scholars at the University of Amsterdam, human geography has long been regarded at Dutch universities as a science dedicated to the study of the quest for affluence among a territorially circumscribed group. In the four decades between *circa* 1930 and 1970, central questions were: how can people build their existence in a region, considering the techniques available to people and the opportunities and restrictions of the physical environment in that region? How does the quest for affluence manifest itself in the landscape? What are the consequences of economic crises, demographic decline and/or environmental hazards for settlement- and field-patterns? How does the landscape change as technology advances, or if a new group with more sophisticated technology settles in the area? And what is the region's role in the domestic and international economy? Will a rise in domestic or international demand for certain products lead to regional specialization?

This was the view on human geography expressed by H.J. Keuning, who studied at Utrecht University in the 1930s and was appointed professor of human geography in Groningen in 1949. He emphasized that social and cultural patterns that could not be associated with the actual object of human geography—the quest for affluence of the human group populating a region—were of no interest to human geographers (Keuning 1959).

This exclusion of social and cultural patterns angered H.D. de Vries Reilingh, a contemporary professor at the University of Amsterdam and disciple of Steinmetz. Keuning's view was acceptable for determining the substance and boundaries of economic geography. 'True' human geography, however, covered a far broader scope. As one of the humanities, human geography addressed social and cultural differences, mentalities and perceptions of territorial population groups about life and the world. Keuning's equation of human geography with economic geography 'entails the risk of a geographic materialism, which is in my view as serious as the historical materialism that was only overcome with such great difficulty' (de Vries Reilingh 1961: 115).

De Vries Reilingh hailed from the long-standing Amsterdam tradition of associating human geography with the so-called sociography. In this tradition, founded by Steinmetz, population groups were depicted in the city or in a rural area. These monographs extensively covered their mentality, social life and racial characteristics, even though such phenomena had nothing to do with the pursuit of affluence or the physical environment.

Traditional descriptive sociography has now all but disappeared and has at the very least changed dramatically. There are several causes: the rise of sociology as an academic rival in the 1960s, the emergence of a more quantitative analytical geography in the 1970s and the increased interest in other approaches since 1980. The fascination with social and cultural phenomena continues, however, as is explained in the following sections.

City, segregation and gender

Human geographers from Amsterdam (and from elsewhere as well) use the terms 'social' and 'cultural' to designate both a substantive field of research and a conceptual way of thinking (see also Markusse 2002). The field of research concerned would include the spatial patterns of social and cultural phenomena at various spatial scales and their dynamics. These may be the regional distribution and changes of church membership in the Netherlands (Knippenberg 1992), as well as the spatial distribution and dynamics of social groups or urban households where the members are of foreign origin (Musterd 2003; Musterd and Ostendorf 1998; van Amersfoort 2002).

As a conceptual approach, cultural geography surfaces in the consideration for the construction of socio-spatial identities. For instance, Elleke de Wijs-Mulkens has written a much-discussed thesis (1999) about the arrangement of residential settings and homes of more affluent segments of the population. She views these arrangements as the expressions of differences in taste between the established social-cultural and the new economic elites. Her source of inspiration consists of Pierre Bourdieu's ideas about various sorts of capital.

In most studies, social issues are linked with policy issues. This connection surfaces in research about the increasing differentiation of households and their time–space paths (in the sense of Hägerstrand's time geography) and in the socio-spatial constructions of gender (Droogleever Fortuijn 1993; Karsten 1992; Vijgen and van Engelsdorp Gastelaars 1986). Do urban areas provide sufficient opportunities for different types of households and women with divergent ideals to live their lives as they choose? Or do areas structured according to the same planning principles impose a uniform lifestyle? Recently children became a separate category in this type of research as well (Emmelkamp 2000; Karsten 2001, 2003).

Such research concerns the interdependence between social processes on the one hand, and spatial patterns on the other. For instance, traditional views about men as wage earners and women as mothers and housewives quickly led to spatially divided monofunctional work and living areas after the Second World War. This spatial separation has the effect of perpetuating conventional gender roles. In more general terms, how does the spatial organization of an area influence social processes and daily life there (Gramberg 2000; Thissen, Droogleever Fortuijn and Ostendorf 2001; Vijgen and van Engelsdorp Gastelaars 1991)? The question about the relationship between lifestyles and residential environments recurs continuously (Metaal 2002; Musterd and van Zelm 2001).

This line of research, which focuses on the ramifications of spatial arrangements, was recently enriched with large-scale quantitative analyses of individual data, including detailed information about domicile, country of origin and the position of households on the labour market and any changes in these spheres. The main objective was and is to contribute to the discourse on the so-called neighbourhood effects on social mobility. How do neighbourhoods affect individual careers and households? Does living in spatial clusters inhibit the social participation and careers of the unemployed and minorities? And will mixed residential environments enhance such participation and careers (Musterd, Ostendorf and de Vos 2003; Ostendorf, Musterd and de Vos 2001)?

Recently, differences in social inequality between neighbourhoods and cities are being considered as well, particularly in an international perspective. Theoretical constructions are established here between the existence of and changes in geographical differences in social inequality, on the one hand, and the historically evolved, path-dependent urban structures, globalization, cultural differences and divergent models of the welfare state on the other (Burgers and Musterd 2002; Musterd and Ostendorf 1998).

Townscapes of power and national identities

Power is apparent not only in the spatial organization of (urban) areas but also in their built environment and architectural design. The Amsterdam geographer and historian Michiel Wagenaar (1998, 2001) has published studies on the expression of political-cultural constellations in the urban landscapes of European capitals. In centrally run states (such as France), the capital is the showcase of the political regime. Paris exhibits French cultural grandeur. When political-administrative power becomes less concentrated, landscapes in the capitals become structured by many actors rather than by the state alone. In this respect, Amsterdam is the antipode to Paris (van Engelsdorp Gastelaars 2003; Wagenaar 2003).

The concepts of power and identity are entrenched in Amsterdam's studies of nations and nationalism. In the 1990s, established research on the role of ethnicity in modern states was continued because of the ethnic territorial conflicts in Europe and elsewhere (van Amersfoort and Knippenberg 1991; van der Wusten 2002; van der Wusten and Knippenberg 2001). A series of related case studies emerged, dealing with subjects such as the violent separatism in the Basque country and the more politically oriented separatism in Catalonia (Mansvelt-Beck 1999, 2001), the struggle repressed with considerable success in South Tyrol/Alto Adige (Markusse 1997), the rifts within the Belgian state (Roessingh 1996; his thesis also contains comparative analyses of Bulgaria, Finland and Czechoslovakia) and the position of the Armenians in post-Soviet Georgia (Hin 2003).

Such studies are relatively rare outside Amsterdam. At the University of Groningen some have been conducted by Gregory Ashworth (1993, a case study about local identities in Canada and the role of cultural heritage) and Edwin Bakker (1997, about the position of the Hungarian minority in Slovakia). Such research was recently started at Nijmegen University also.

Nations and states have also received consideration in studies on representations and identity. In *National Identity and Geopolitical Visions* (1996), Gertjan Dijkink investigated how countries present themselves as states in the world. Other research has associated the political-geographical approach with studies about identification and legitimation (Dijkink and Mamadouh 2002; Mamadouh 2001).

Landscapes

Geographers have conducted a tremendous number of traditional cultural geographical studies about the origins, history and morphology of the Dutch cultural landscapes. Most are case studies addressing a specified subject, place and period, such as cultivating wastelands (for instance the heath and moor lands) in the east and south of the Netherlands during the nineteenth century, digging peat in Drenthe and Groningen between 1900 and 1950, or the impact of land consolidation on the landscape in Schouwen-Duiveland.

The descriptions tend to be based on solid empirical foundations but—unfortunately for those interested abroad—are written in Dutch. The most notable recent exception is *Man-made Lowlands: History of Water Management and Land Reclamation in the Netherlands* (1993, second edition 2003). This reference work is edited and largely written by the historical-geographer Gerard van de Ven. Some seminal papers haven been written in German, for instance on deserted villages and fields (in German: *Wüstungen*) in the Netherlands between 1000 and 1800 (Renes 1994). (A selection of French, German and English publications about geography of the Netherlands is available on: www.geography.nl; see also Dietz and Kwaad 2000.)

Abroad, the Netherlands has always been known for the struggle against the water. For instance, most of the more than 20,000 questions that the Information and Documentation Centre for the Geography of the Netherlands (IDG) received from 134 countries during its years of operation (1964–1999) concerned the struggle against the water. The Zuiderzee and the Delta works appear to have been particularly inspiring. Dutch geographers have rarely examined the images of the Netherlands that prevail among foreigners. The article by Henk Meijer (1997), the director of the IDG at the time, is an exception.

The construction of regional and national identities and other fields of research in the new cultural geography receive consideration in curricula at all Dutch geographical departments. Recent textbooks, such as the ones by Mike Crang and Don Mitchell, are used extensively. Review articles have been written too, for instance on the role of landscape in the construction of regional and national identities (Renes 1999). Empirical research based on these ideas, however, remains rare. There are some articles in Dutch, for example about the identities of the Zuiderzee region (now called the IJsselmeer area) around 1900 related to the contemporary debate about the enclosing and reclaiming of the Zuiderzee in the context of modernization (de Pater 2000, 2001a; Figure 1).

Only in 2003 did a work appear in English in which the Netherlands is considered from the perspective of new cultural geography. This book, *Dutch Windows*, was written by a group of geographers at Utrecht University (van Gorp, Hoff and Renes 2003). The book comprises essays on topics such as 'the multicultural drama and national cultural identity' (by Rob van der Vaart), 'the Dutch landscape: a way of seeing' and 'landscapes of pillarisation' (both written by Bouke van Gorp and Hans Renes).

'Landscapes of pillarisation' can be found, for example, in the south of the Netherlands. From about 1840 many monasteries and churches were built in the Catholic provinces of North Brabant and Limburg to express and enhance Catholic self-awareness. In the Protestant areas of the Netherlands, the Catholic Church existed for about 350 years by virtue of tacit tolerance. Catholic services were performed in conventicles, hidden behind the gables of inconspicuous dwellings. In the nineteenth century, after the Napoleonic Era, Catholics were rehabilitated. This emancipation is visible to this day in the assertive architecture, which many Protestants initially interpreted as taking sides with the Vatican and against The Hague, the administrative hub of the the Netherlands. Dutch Protestants believed that nation building was in its infancy in the Catholic areas of the Netherlands.

Religion and rural areas

An exemplary analysis of the spatial distribution of religious denominations and changes in this pattern from the Reformation until the second half of the twentieth century appears in *De Religieuze Kaart van Nederland* (1992) by the Amsterdam geographer Hans Knippenberg. The book has been widely acclaimed both within and outside the discipline. Religious division has indisputably defined the Dutch self-image as much as the struggle against the water has. Unfortunately, Knippenberg's book is available in Dutch only; articles in English based on information in his book have appeared in *GeoJournal* (Knippenberg 1997, 1998).

Except for the practice of Islam, which in recent decades has taken root especially in cities, Dutch city dwellers have become considerably more secularized. As a factor for constructing the identity of territorial societies, religion has been largely relegated to rural ar-

Figure 1 'Land wrested from the sea'. The reclamation (in 1930) of the Wieringermeerpolder in the Zuiderzee: a victory of the Dutch lion over the 'arch enemy'.

Figuur 1 De drooglegging van de Wieringermeer in 1930, gepresenteerd als overwinning op de 'erfvijand': de Zee.

Source: Published by The Netherlands Abroad, 1930.

eas. The multiform identity of rural areas is addressed in *Claiming Rural Identities* (Haartsen, Groote and Huigen 2000), compiled by geographers at Groningen. In their view, rural identity cannot be determined objectively. Rather, it is a social construction of discourses by actors with a vested interest in a certain construction. A rural area may be represented as a nature reserve with enormous potential, as an attractive residential or recreational area or as highly productive agricultural land. Such discourses are thus coloured by the interests of the parties concerned: nature conservationists, project developers, boards of recreation, farmers and the like (see also Haartsen, Groote and Huigen 2003a, 2003b; a case study appears in Simon 2004).

Geographers at Groningen have also conducted research in rural areas outside the Netherlands. The best known international study is by Bettina van Hoven in Mecklenburg-Western Pomerania. She conducted qualitative research on the lifestyles of rural women before and after the *Wende*. After 1989 many women in the German Democratic Republic lost their jobs at co-operative farms. Unable to find other employment, they became 'prisoners' in their homes and immediate surroundings more than had previously been the case and more than the men, who are more mobile (Hörschelmann and van Hoven 2003; van Hoven 2001; van Hoven and Pfaffenbach 2003; van Hoven-Iganksi 2000).

Recently van Hoven launched a study on a different type of prisoner, namely inmates at correctional facilities. How do prisoners (and their guards) circumscribe space and place around the prison, and how do they appropriate it? Which micro-level territorial strategies are available to them? Van Hoven's research on imprisoned geographies requires frequent contact with prisoners in both the USA and the Netherlands; obtaining the necessary permits proved quite a challenge. She presented the first report about her new study at the RGS-IBG (Royal Geographical Society–Institute of British Geographers) conference in London in September 2003.

Conclusion

Research on social and cultural geography in the Netherlands covers a very broad scope with respect to both substance and theory and method. In recent years studies in these disciplines have been influenced by new cultural geography work in English. Such influence is selective, though, as Dutch geographers are wary of the post-modern slant. We suspect that many Dutch social and cultural geographers agree with the objections of Ron Martin (2001) and Chris Hamnett (2003) to the post-modern qualities of new cultural geography: it discloses little about the harsh reality and its urgent problems and instead elaborates theory for theory's sake. Many Dutch geographers cling to the practical, social relevance of their discipline.

In summary, Dutch social and cultural geography is an eclectic collection of elements from endogenous and exogenous approaches. The discipline is receptive to new ideas from elsewhere but is also sufficiently established to uphold its own style of scholarship. Those who examine the field will be impressed by the extensive and varied output. While this variety may be regarded as a shortcoming, refusal to get carried away with new trends may very well lead to an interesting course in the end.

Acknowledgements

The authors are grateful to Peter Groote (University of Groningen) for his help in writing this paper.

Eclectisch en pragmatisch: de kleuren van de Nederlandse sociologische en culturele geografie

Sociale geografie is in Nederland van oudsher een wetenschap met een toegepaste, praktische signatuur. De relaties met ruimtelijke planning en regionaal-economisch beleid zijn altijd hecht geweest. Het is niet voor niets dat de eerste generatie planologen—in de jaren zestig—voor een groot deel bestond uit mensen die als geograaf waren opgeleid. Geografen waren de 'sociaal-ruimtelijke ingenieurs' van de verzorgingsstaat (de Pater 2001b; de Pater en de Smidt 1989).

Twee praktische maatschappelijke doelstellingen vormden lange tijd de leidraad voor de studie in de sociale geografie: het bestrijden van armoede in achterstandsgebieden en het verdelen van schaarse ruimte over vele ruimteclaimende functies. Armoede werd vooral vanuit een economisch en sociaal-economisch perspectief benaderd. Binnen die oriëntatie was betrekkelijk weinig aandacht voor sociologische en culturele geografie. Als er al aandacht was voor cultuur, dan was dat uit het perspectief van de bijdrage die cultuur kon leveren aan bijvoorbeeld de vitaliteit van steden. Recente voorbeelden zijn de studies van Gregory Ashworth (bijvoorbeeld Ashworth en Tunbridge, 2000) over erfgoed management en city marketing; en die van Irina van Aalst naar de economische en sociale betekenis van musea, galerieën en festivals voor stadscentra van Frankfurt am Main en Rotterdam (van Aalst 1997; van Aalst en Boogaarts 2002).

Een uitzondering op de praktische oriëntatie is het werk van Amsterdamse sociaal-geografen. Sinds de benoeming van de sociale wetenschapper S.R. Steinmetz tot hoogleraar sociale geografie aan de Universiteit van Amsterdam, in 1907, is er aan deze universiteit ruimte voor sociaal-geografen om sociologische en culturele verschijnselen te bestuderen. Die ruimte is tot op de dag van vandaag gebleven en daarmee ook een accentverschil tussen de sociale geografie in Amsterdam en elders (Utrecht, Groningen, Nijmegen). De verschillen in visies lokten overigens in het verleden fellere discussies uit dan tegenwoordig, zoals hieronder blijkt.

Historie: debat over 'de aard van de geografie'

Aan de Nederlandse universiteiten is, behalve in Amsterdam, de sociale geografie lange tijd opgevat als een wetenschap die het 'welvaartsstreven' van een territoriaal afgebakende menselijke groep onderzocht. Tussen omstreeks 1930 en 1970 waren de centrale vragen: hoe bouwt de mens een bestaanswijze op in een regio, gelet op de technieken waarover deze beschikt, en op de mogelijkheden en beperkingen van het fysisch milieu in die regio? Hoe wordt het welvaartsstreven zichtbaar in het landschap? Welke gevolgen hebben economische of demografische neergang of veranderingen in de natuurlijke omgeving voor nederzettingen en bodemgebruik? Welke veranderingen ondergaat het landschap, als het technologisch niveau verbetert of als een nieuwe groep met een meer geavanceerde techniek zich in het gebied vestigt? En welke functie heeft de regio in de (inter)nationale economie? Leidt bijvoorbeeld een stijgende (inter)nationale vraag naar bepaalde producten tot regionale specialisatie?

Een dergelijke visie op de sociale geografie

werd verkondigd door H.J. Keuning, in de jaren dertig opgeleid in Utrecht, en in 1949 benoemd tot hoogleraar in Groningen. Hij benadrukte dat sociologische en culturele verschijnselen die niet in verband konden worden gebracht met het 'eigenlijke object' van de sociale geografie, namelijk het welvaartsstreven van regionale samenlevingen, niet interessant waren voor de sociaal-geograaf (Keuning 1959).

Het buitensluiten van sociologische en culturele verschijnselen wekte de woede op van H.D. de Vries Reilingh, destijds hoogleraar aan de Universiteit van Amsterdam en nog opgeleid door Steinmetz. De visie van Keuning was acceptabel als het ging om het bepalen van inhoud en grenzen van de economische geografie. Maar de 'echte' sociale geografie was veel breder. Als een geesteswetenschap had ze ook oog voor sociologische en culturele verschijnselen, voor de mentaliteit, het leef- en wereldbeeld van territoriale bevolkingsgroepen. In Keunings gelijkstelling van de sociale geografie met economische geografie 'doemt het gevaar op van een geografisch materialisme, naar mijn mening even ernstig als het zo moeizaam overwonnen historisch materialisme' (de Vries Reilingh 1961: 115).

De Vries Reilingh stond in de lange Amsterdamse traditie die de sociale geografie opvatte als sociografie. In die traditie werden bevolkingsgroepen geportretteerd, in de stad of in een plattelandsgebied. Voor hun mentaliteit, 'volksaard' en 'raskenmerken' was in deze monografieën volop aandacht, ook al waren die verschijnselen niet in verband te brengen met het welvaartsstreven of het fysisch milieu.

Inmiddels is de traditionele beschrijvende sociografie zo niet verdwenen, dan toch sterk van karakter veranderd. Verscheidene factoren speelden daarbij een rol: de opkomst van de sociologie als academische rivaal in de jaren zestig, de ontwikkeling van een meer kwantitatief georiënteerde analytische geografie in de jaren zeventig, en de na 1980 toegenomen aandacht voor andere benaderingswijzen. De belangstelling voor sociologische en culturele verschijnselen is echter gebleven, zoals de volgende paragrafen laten zien.

Stad, segregatie en gender

Sociaal-geografen uit Amsterdam (en overigens ook van elders) gebruiken de termen 'sociaal' en 'cultureel' zowel om een inhoudelijk terrein van onderzoek aan te duiden, als een bepaalde manier van denken (zie ook Markusse 2002). Als terrein van onderzoek betreft het bijvoorbeeld de (dynamiek van) ruimtelijke patronen van sociale en culturele verschijnselen op verschillende ruimtelijke schaalniveaus. Dat kan gaan over de regionale spreiding en verandering van de aanhang van kerken in Nederland (Knippenberg 1992), maar ook om de ruimtelijke spreiding en dynamiek van sociale groepen of allochtone huishoudens in grote steden (Musterd 2003; Musterd en Ostendorf 1998; van Amersfoort 2002).

Als manier van denken treft men culturele geografie bijvoorbeeld aan in de aandacht voor de constructie van sociaal-ruimtelijke identiteiten. Een spraakmakend proefschrift in dat verband is dat van Elleke de Wijs-Mulkens (1999) naar de inrichting van woonmilieus en van woningen van meer welgestelde segmenten van de bevolking. Zij vat die inrichting op als expressie van smaakverschillen van (oude) sociaal-culturele en (nieuwe) economische elites. Haar inspiratiebron daarbij zijn de ideeën van Pierre Bourdieu over cultureel kapitaal.

Wat bij de meeste studies opvalt is de koppeling aan maatschappelijke en beleidsvraagstukken. Die koppeling valt bijvoorbeeld te vinden in onderzoek naar de toenemende differentiatie van huishoudens en hun tijd-ruimte paden (in de zin van Hägerstrands tijdgeografie) en naar de sociaal-ruimtelijke constructies van gender (Droogleever Fortuijn 1993; Karsten 1992; Vijgen en van Engelsdorp Gastelaars 1986). In hoeverre bieden stedelijke gebieden voldoende kansen aan verschillende soorten huishoudens en aan vrouwen met uiteenlopende idealen om het leven te leiden dat ze willen? Of dwingen volgens dezelfde planningsprincipes ingerichte gebieden tot een uniforme leefstijl? Recent zijn ook kinderen als een aparte categorie in dit soort onderzoek betrokken (Emmelkamp 2000; Karsten 2001, 2003).

In dergelijk onderzoek gaat het om de wederzijdse relaties tussen sociale processen en ruimtelijke patronen. Bijvoorbeeld, traditionele opvattingen over de man als kostwinner en de vrouw als moeder en huisvrouw, leidden in de naoorlogse tijd gemakkelijk tot ruimtelijk gescheiden monofunctionele werk- en woongebieden. Die 'neerslag' heeft, in woorden van veel Amsterdamse geografen, haar 'weerslag': ze draagt bij aan de instandhouding van de conventionele gender rollen. In meer algemene bewoordingen geformuleerd: wat is de invloed van de ruimtelijke organisatie van een gebied op de sociale processen en het leven van alledag in dat gebied (Gramberg 2000; Thissen, Droogleever Fortuijn en Ostendorf 2001; Vijgen en van Engelsdorp Gastelaars 1991)? Steeds speelt daarbij de vraag naar de relatie tussen leefstijlen en woonmilieus (Metaal 2002; Musterd en van Zelm 2001).

Deze onderzoekslijn, waarin de sociale gevolgen van ruimtelijke structuren centraal staat, is recent uitgebreid met grootschalige kwantitatieve analyses van op individueel niveau beschikbare databestanden met daarin onder meer gedetailleerde informatie over woonlocatie, het land van herkomst, en (veranderingen in) de positie op de arbeidsmarkt van huishoudens. Daarbij werd vooral gezocht naar de aanwezigheid van zogenaamde buurteffecten op sociale mobiliteit. Wat is de weerslag van buurten op carrières van individuen en huishoudens? Remt het wonen van werklozen of allochtonen in ruimtelijke clusters hun maatschappelijke participatie en carrière? En bevordert ruimtelijk gemengd wonen die participatie en carrière? Het blijkt dat dergelijke effecten zeer moeilijk empirisch aantoonbaar zijn (Musterd, Ostendorf en de Vos 2003; Ostendorf, Musterd en de Vos 2001).

Recentelijk wordt ook aandacht besteed aan de verschillen in sociale ongelijkheid tussen stadsbuurten en tussen steden, met name in internationaal perspectief. Daarbij worden theoretische verbanden gelegd tussen het bestaan van en ontwikkelingen in geografische verschillen in sociale ongelijkheid enerzijds en de historisch gegroeide padafhankelijke stedelijke structuren, globalisering, culturele verschillen en uiteenlopende modellen van de verzorgingsstaat anderzijds (Burgers en Musterd 2002; Musterd en Ostendorf 1998).

Stadslandschappen van de macht en nationale identiteiten

Macht wordt niet alleen zichtbaar in de ruimtelijke organisatie en inrichting van gebieden, maar ook in de stedebouwkundige en architectonische vormgeving ervan. Bekend zijn de studies van de Amsterdamse geograaf en historicus Michiel Wagenaar (1998, 2001) naar de expressie van politiek-culturele constellaties in de gebouwde omgeving van Europese hoofdsteden. In centraal bestuurde staten (zoals Frankrijk) wordt de hoofdstad de etalage van het politieke regime. Zo toont Parijs de Franse culturele grandeur. Wanneer de macht minder geconcentreerd is, leidt dat tot hoofdstedelijke landschappen die door vele actoren—en niet alleen de staat—zijn vormgegeven. Amsterdam is wat dat betreft de tegenvoeter van Parijs (van Engelsdorp Gastelaars 2003; Wagenaar 2003).

De begrippen 'macht' en 'identiteit' zijn diep geworteld in Amsterdamse studies van naties en nationalisme. Oud onderzoek naar de rol van etniciteit in moderne staten, kreeg in de jaren negentig een vervolg door de toegenomen etnische territoriale conflicten in Europa en elders (van Amersfoort en Knippenberg 1991; van der Wusten 2002; van der Wusten en Knippenberg 2001). Er ontstond een reeks van casestudies op dit terrein, zoals van het gewelddadige separatisme in Baskenland en van het meer langs politieke weg lopende separatisme in Catalonië (Mansvelt-Beck 1999, 2001), de tamelijk succesvol bedwongen strijd in Zuid-Tirol/Alto Adige (Markusse 1997), de scheuren in het Belgische huis (Roessingh 1996; in zijn dissertatie staan ook vergelijkende analyses van Bulgarije, Finland en Tsjechoslowakije) en de positie van Armeniërs in het hedendaagse Georgië (Hin 2003).

Buiten Amsterdam is dit soort onderzoek maar mondjesmaat gedaan. In Groningen zijn er de studies van Gregory Ashworth (1993, een case study over lokale identiteiten in Canada en de rol van het cultureel erfgoed daarbij) en Edwin Bakker (1997, over de positie van de Hongaarse minderheid in Slowakije). In Nijmegen is men er recentelijk mee begonnen.

Naties en staten hebben ook aandacht gekregen in studies naar representaties en identiteit. Gertjan Dijkink onderzocht in zijn *National Identity and Geopolitical Visions* (1996) de wijze waarop landen zichzelf neerzetten als staat in de wereld. In ander werk werd de politiek-geografische invalshoek verbonden met studies over identificatie en legitimering (Dijkink en Mamadouh 2002; Mamadouh 2001).

Landschappen

Het aantal door geografen verrichte traditionele cultuurgeografische studies van het ontstaan, de geschiedenis en de morfologie van de Nederlandse cultuurlandschappen is gigantisch. Het merendeel bestaat uit case-studies: solide empirische beschrijvingen, die als nadeel hebben—voor buitenlandse belangstellenden—dat ze geschreven zijn in het Nederlands. De voornaamste recente uitzondering is *Leefbaar laagland. Geschiedenis van de waterbeheersing en landaanwinning in Nederland* (1993, tweede editie 2003), dat ook in het Engels is uitgegeven. Dit standaardwerk is geredigeerd en grotendeels geschreven door de van origine Nijmeegse historisch-geograaf Gerard van de Ven. Daarnaast zijn er grensverleggende beschouwingen in het Duits verschenen, bijvoorbeeld over het fenomeen *Wüstungen* in Nederland (Renes 1994).

In het buitenland werd en wordt Nederland geassocieerd met de strijd tegen het water. Zo had het grootste deel van de meer dan 20.000 vragen uit 134 landen die het Informatie- en Documentatiecentrum voor de Geografie van Nederland (IDG) gedurende zijn bestaan (1964–1999) ontving, betrekking op de strijd tegen het water. Vooral de Zuiderzeewerken en de Deltawerken bleken zeer tot de verbeelding te spreken. De beelden van Nederland bij buitenlanders zijn door Nederlandse geografen overigens zelden onderzocht; een uitzondering vormt het artikel van Henk Meijer (1997), destijds directeur van het IDG.

De constructie van regionale en nationale identiteiten en andere onderzoeksterreinen van de 'new cultural geography' krijgen aandacht in het onderwijs aan alle universitaire geografie-opleidingen. Daarbij worden recent verschenen leerboeken, zoals die van Mike Crang en Don Mitchell, volop gebruikt. Ook overzichtsartikelen zagen het licht, bijvoorbeeld van Hans Renes (1999) over de rol van landschappen in de constructie van regionale en nationale identiteiten. Empirisch onderzoek dat uitgaat van deze ideeën is echter nog schaars. Alleen enkele Nederlandstalige studies zijn voorhanden, bijvoorbeeld over beeldvorming van het Zuiderzeegebied (het hedendaagse IJsselmeer) rond 1900 in relatie tot de toenmalige discussie over het al dan niet afsluiten en drooglegggen van de Zuiderzee en in relatie tot de modernisering van het vaderland (de Pater 2000, 2001a; Figuur 1).

Pas in 2003 verscheen een eerste Engelstalige bundel waarin Nederland werd bezien door de bril van de 'new cultural geography'. Het boek, *Dutch Windows*, geschreven door een groep aan de Universiteit van Utrecht verbonden geografen (van Gorp, Hoff en Renes 2003). Het bevat essays over onder meer het multiculturele drama en de nationale culturele identiteit (door Rob van der Vaart), het Nederlandse landschap als een manier van zien, en landschappen van de verzuiling (beide door Bouke van Gorp en Hans Renes).

Godsdienst en rurale gebieden

De ruimtelijke spreiding van godsdiensten en de veranderingen daarin vanaf de Reformatie in de tweede helft van de zestiende eeuw tot op heden, is voorbeeldig geanalyseerd door de Amsterdamse geograaf Hans Knippenberg in *De Religieuze Kaart van Nederland* (1992). Het boek kreeg ook ver buiten de kring van vakgenoten waardering. De godsdienstige verdeeldheid heeft het zelfbeeld van Nederland zeker zo sterk gevormd als de strijd tegen het water (Knippenberg 1997).

Afgezien van de islam die zich in de afgelopen decennia vooral in steden heeft gevestigd, zijn de Nederlandse steden in aanzienlijke mate geseculariseerd. Religie als een factor met behulp waarvan de identiteit van territoriale samenlevingen kan worden geconstrueerd, speelt tegenwoordig vooral nog een rol in plattelandsgebieden. Over de meervoudige identiteit van rurale gebieden gaat de bundel *Claiming Rural Identities* (Haartsen, Groote en Huigen 2000), die samengesteld is door Groningse geografen. Voor hen is identiteit van het platteland geen objectief vast te stellen gegeven, maar een sociale constructie, die in discoursen is vastgelegd door actoren die bij een bepaalde constructie belang hebben. Een plattelandsgebied kan worden voorgesteld als een in potentie waardevol natuurgebied, als een aantrekkelijk woon- en recreatiegebied, of als een hoogproductief agrarisch gebied. Dergelijke discoursen worden dus gekleurd door de belangen van de betrokken partijen: natuurbeschermers, projectontwikkelaars, recreatieschappen, boeren enzovoorts (zie ook: Haartsen, Groote en Huigen 2003a, 2003b; voor een case-study: Simon 2004).

Groningse geografen hebben tevens onderzoek gedaan in rurale gebieden buiten Nederland. Internationaal het meest bekend is de studie van Bettina van Hoven in Mecklenburg-Voorpommern, waar ze het alledaagse leven van plattelandsvrouwen voor en na de *Wende* met behulp van kwalitatieve methoden onderzocht. In veel gevallen verloren vrouwen in de DDR na 1989 hun baan in de coöperatieve agrarische bedrijven. Omdat zij geen nieuw werk konden vinden, zijn zij meer dan voorheen en meer dan de mannen (die verder kunnen reizen) 'gevangen' geraakt in hun huizen en directe omgeving (Hörschelmann en van Hoven 2003; van Hoven 2001; van Hoven en Pfaffenbach 2003; van Hoven-Iganksi 2000).

Recentelijk is van Hoven een onderzoek gestart naar een ander soort gevangenen, namelijk zij die in de gevangenis verblijven. Hoe bakenen gedetineerden (en hun bewakers) ruimte en plaats in en rond de gevangenis af, en hoe eigenen zij die toe? Over welke territoriale strategieën op microschaal kunnen zij beschikken? Van Hovens onderzoek naar 'imprisoned geographies' vereist een veelvuldig contact met gevangenen in zowel de VS als in Nederland; toestemming daarvoor heeft ze met de nodige moeite gekregen. Op de RGS-IBG (Royal Geographical Society–Institute of British Geographers) conferentie in september 2003 te Londen heeft zij voor het eerst gerapporteerd over haar nieuwe onderzoek.

Conclusie

Sociologische en culturele geografie in Nederland omvat een brede waaier aan studies, zowel inhoudelijk als methodisch en theoretisch. Ze worden in de laatste jaren beïnvloed door de 'new cultural geography'. Die invloed is echter selectief: Nederlandse geografen blijven huiverig voor de postmoderne inslag ervan. We vermoeden dat veel Nederlandse sociologische en culturele geografen zich kunnen vinden in de kritiek die Ron Martin (2001) en Chris Hamnett (2003) hebben gegeven op het postmoderne karakter van de 'new cultural geography': ze heeft over de harde werkelijkheid en haar brandende problemen weinig te melden, en ontwikkelt in plaats daarvan theorie omwille van de theorie—als *l'art pour l'art*. Veel Nederlandse geografen houden vast aan de praktische, maatschappelijke relevantie van hun vak.

Samenvattend: de Nederlandse sociologische en culturele geografie is een eclectisch geheel van elementen uit endogene en exogene benaderingswijzen. Ze staat open voor nieuwe ideeën van elders, maar is tegelijkertijd eigenwijs genoeg om de eigen stijl van wetenschapsbeoefening niet te verwerpen. Wie het veld overziet raakt onder de indruk van het vele, uiteenlopende werk. Die variatie kan als een zwakte worden beschouwd, maar tegelijkertijd moet niet worden uitgesloten dat de weigering om geheel mee te waaien met nieuwe winden tot een uiteindelijk interessante koers kan leiden.

Erkentelÿkheid

De auteurs danken Peter Groote (Rijksuniversiteit Groningen) voor zijn hulp bij het samenstellen van dit artikel. Deze Nederlandse versie is enigszins bewerkt en ingekort.

References/Referenties

Ashworth, G.J. (1993) *On Tragedy and Renaissance. The Role of the Loyalist and Acadian Heritage Interpretations in Canadian Place Identities*. Groningen: Geo Pers.

Ashworth, G.J. and Tunbridge, J.E. (2000) *The Tourist-historic City: Retrospect and Prospect of Managing the Heritage City*. Amsterdam: Pergamon.

Bakker, E. (1997) Minority conflicts in Slovakia and Hungary?, PhD dissertation, University of Groningen.

Burgers, J. and Musterd, S. (2002) Understanding urban inequality; a model based on existing theories and an empirical illustration, *International Journal of Urban and Regional Research* 26: 403–413.

de Pater, B. (2000) Vergane glorie, nieuw elan. Inpoldering en beelden van de Zuiderzee, *Historisch-Geografisch Tijdschrift* 18. 37–48.

de Pater, B. (2001a) Beelden van het Zuiderzeegebied 1870–1940, in *Cultureel Historisch Jaarboek voor Flevoland*. Lelystad: Sociaal Historisch Centrum voor Flevoland, pp. 22–45.

de Pater, B. (2001b) Geography and geographers in the Netherlands since the 1870s: serving colonialism, education and the welfare state, in Dunbar, G.S. (ed.) *Geography: Discipline, Profession and Subject Since 1870. An International Survey*. Dordrecht: Kluwer, pp. 153–190.

de Pater, B. and de Smidt, M. (1989) Dutch human geography, *Progress in Human Geography* 13: 348–373.

de Vries Reilingh, H.D. (1961) De sociale aardrijkskunde als geesteswetenschap, *Tijdschrift van het KNAG* 78: 112–122.

de Wijs-Mulkens, E. (1999) *Wonen op stand. Lifestyles en landschappen van de culturele en economische elite*. Amsterdam: Het Spinhuis.

Dietz, T. and Kwaad, F. (2000) *Dutch Geography 1996–2000*. Utrecht: International Geographical Union.

Dijkink, G. (1996) *National Identity and Geopolitical Visions. Maps of Pride and Pain*. London: Routledge.

Dijkink, G. and Mamadouh, V. (2002) Politieke geografie in een globalising world, in Knippenberg, H. and van Schendelen, M. (eds) *Alles heeft zijn plaats; 125 jaar Geografie en Planologie aan de Universiteit van Amsterdam, 1877–2002*. Amsterdam: Aksant, pp. 173–189.

Droogleever Fortuijn, J. (1993) *Een druk bestaan. Tijdbesteding en ruimtegebruik van tweeverdieners*. Amsterdam: Amsterdam University Press.

Emmelkamp, R. (2000) Über Stadt und Land hinaus. Die Besorgnis von Eltern um Jugendliche in der öffentlichen Domäne, in Deben, L. and van de Ven, J. (eds) *Berlin & Amsterdam*. Amsterdam: Het Spinhuis, pp. 46–66.

Gramberg, P. (2000) *De school als spiegel van de omgeving*. Amsterdam: Thela Thesis.

Haartsen, T., Groote, P. and Huigen, P.P.P. (eds) (2000) *Claiming Rural Identities: Dynamics, Contexts, Policies*. Assen: Van Gorcum.

Haartsen, T., Groote, P. and Huigen, P.P.P. (2003a) Measuring age differentials in representations of rurality in the Netherlands, *Journal of Rural Studies* 19: 245–252.

Haartsen, T., Groote, P. and Huigen, P.P.P. (2003b) Rural areas in the Netherlands, *Tijdschrift voor Economische en Sociale Geografie* 94: 129–136.

Hamnett, C. (2003) Contemporary human geography: fiddling while Rome burns?, *Geoforum* 34: 1–3.

Hin, J. (2003) *Ethnic and Civic Identity: Incompatible Loyalties? The Case of the Armenians in Post-Soviet Georgia*. Netherlands Geographical Studies 315. Utrecht/Amsterdam: KNAG/Department of Geography and Planning, University of Amsterdam.

Hörschelmann, K. and van Hoven, B. (2003) Experiencing displacement. The case of (former) East Germany, *Antipode* (forthcoming).

Karsten, L. (1992) *Speelruimte van vrouwen*. Amsterdam: SUA.

Karsten, L. (2001) Mapping childhood in Amsterdam. The spatial and social construction of children's domains in the city, *Tijdschrift voor Economische en Sociale Geografie* 92: 231–241.

Karsten, L. (2003) Amsterdam human capital: what about children?, in Musterd, S. and Salet, W. (eds) *Amsterdam Human Capital*. Amsterdam: Amsterdam University Press, pp. 217–227.

Keuning, H.J. (1959) Een halve eeuw Utrechtse sociale geografie, *Tijdschrift van het KNAG* 76: 10–21.

Knippenberg, H. (1992) *De religieuze kaart van Nederland. Omvang en geografische spreiding van de godsdienstige gezindten vanaf de Reformatie tot heden*. Assen: Van Gorcum.

Knippenberg, H. (1997) Dutch nation-building. A struggle against the water?, *GeoJournal* 41: 27–40.

Knippenberg, H. (1998) Secularization in the Netherlands in its historical and geographical dimensions, *GeoJournal* 45: 209–220.

Mamadouh, V. (2001) A place called Europe: national political cultures and the making of the new political order known as the European Union, in Dijkink, G. and Knippenberg, H. (eds) *The Territorial Factor. Political Geography in a Globalising World*. Amsterdam: Vossiuspers, pp. 201–224.

Mansvelt-Beck, J. (1999) An anatomy of Basque identity, a geographical analysis of identity patterns in the Franco–Spanish border area, in Knippenberg, H. and Markusse, J. (eds) *Nationalising and Denationalising European Border Regions, 1800–2000. Views from Geography and History*. Dordrecht: Kluwer, pp. 153–172.

Mansvelt-Beck, J. (2001) Ethno-regionalism and the formation of the nation state in Spain and France, in: Dÿkink, G. and Knippenberg, H. (eds) *The Territorial Factor: Political Geography in a Globalising World*. Amsterdam: Vossinspers, pp. 317–338.

Markusse, J. (1997) Power-sharing and consociational democracy in South Tyrol, *GeoJournal* 43: 77–89.

Markusse, J. (2002) Nieuwe perspectieven op geografie en cultuur, in Knippenberg, H. and van Schendelen, M. (eds) *Alles heeft zijn plaats; 125 jaar Geografie en Planologie aan de Universiteit van Amsterdam, 1877–2002*. Amsterdam: Aksant, pp. 259–274.

Martin, R. (2001) Geography and public policy: the case of the missing agenda, *Progress in Human Geography* 25: 189–210.

Meijer, H. (1997) Images of the Netherlands, *Tijdschrift voor Economische en Sociale Geografie* 88: 85–90.

Metaal, S. (2002) Buitenwijkers en nieuwe stedelingen. Leefstijlen in het stedelijk veld, *Stedebouw en Ruimtelijke Ordening* 83(6): 22–28.

Musterd, S. (2003) Segregation and integration: a contested relationship, *Journal of Ethnic and Migration Studies* 29(4): 624–641.

Musterd, S. and Ostendorf, W. (eds) (1998) *Urban Segregation and the Welfare State. Inequality and Exclusion in Western Cities*. London: Routledge.

Musterd, S. and van Zelm, I. (2001) Polycentricity, households and the identity of places, *Urban Studies* 38: 679–696.

Musterd, S., Ostendorf, W. and de Vos, S. (2003) Environmental effects and social mobility, *Housing Studies* 18(6): 877–892.

Ostendorf, W., Musterd, S. and de Vos, S. (2001) Social mix and the neighbourhood-effect: policy-ambition and empirical support, *Housing Studies* 16: 371–380.

Renes, J. (1994) Wüstungsprozesse in den Niederlanden zwischen 1000 and 1800, *Siedlungsforschung. Archeologie-Geschichte-Geographie* 12: 201–233.

Renes, J. (1999) Landschap en regionale identiteit, *Geografie* 8(2): 8–15.

Roessingh, M.A. (1996) *Ethnonationalism and Political Systems in Europe. A State of Tension*. Amsterdam: Amsterdam University Press.

Simon, C. (2004) Commodification of regional identities. The 'selling' of Waterland, in Ashworth, G. and Graham, B. (eds) *Senses of Time; Senses of Place*. Aldershot: Ashgate (forthcoming).

Thissen, F., Droogleever Fortuijn, J. and Ostendorf, W. (2001) Poverty and young people in rural Flanders, *Belgeo* 1: 263–276.

van Aalst, I. (1997) *Cultuur in de stad* [with a summary in English: Culture in the city: on the role of cultural amenities in the development of city centers, pp. 255–269]. Utrecht: Jan van Arkel.

van Aalst, I. and Boogaarts, I. (2002) From museum to mass entertainment; the evolution of the role of museums in cities, *European Urban and Regional Studies* 9: 195–209.

van Amersfoort, H. (2002) De thema's cultuur en bevolking in de Amsterdamse sociale geografie, in Knippenberg, H. and van Schendelen, M. (eds) *Alles heeft zijn plaats; 125 jaar Geografie en Planologie aan de Universiteit van Amsterdam, 1877–2002*. Amsterdam: Aksant, pp. 235–258.

van Amersfoort, H. and Knippenberg, H. (eds) (1991) *States and Nations. The Rebirth of the 'Nationalities Question' in Europe*. Netherlands Geographical Studies 137. Amsterdam: KNAG/ISG UvA.

van de Ven, G.P. (ed.) (1993) *Man-made Lowlands: History of Water Management and Land Reclamation in the Netherlands*. Utrecht: Matrijs.

van der Wusten, H. (2002) De politiek geografische traditie, in Knippenberg, H. and van Schendelen, M. (eds) *Alles heeft zijn plaats; 125 jaar Geografie en Planologie aan de Universiteit van Amsterdam, 1877–2002*. Amsterdam: Aksant, pp. 149–172.

van der Wusten, H. and Knippenberg, H. (2001) The ethnic dimension in twentieth century European politics: a recursive model, in Dijkink, G. and Knippenberg, H. (eds) *The Territorial Factor*. Amsterdam: Vossiuspers, pp. 273–292.

van Engelsdorp Gastelaars, R. (2003) Landscapes of power in Amsterdam, in Musterd, S. and Salet, W. (eds) *Amsterdam Human Capital*. Amsterdam: Amsterdam University Press, pp. 289–310.

van Gorp, B., Hoff, M. and Renes, H. (eds) (2003) *Dutch Windows: Cultural Geographical Essays on The Netherlands*. Utrecht: Faculty of Geographical Sciences.

van Hoven, B. (2001) Women at work. Experiences and identity in rural East Germany, *Area* 33: 38–46.

van Hoven, B. and Pfaffenbach, C. (2003) Women's work biographies in Mecklenburg and South Thuringia, *GeoJournal* (forthcoming).

van Hoven-Iganski, B. (2000) *Made in the GDR; The Changing Geographies of Women in the Post-Socialist Rural Society in Mecklenburg-Westpommerania*. Netherlands Geographical Studies 267. Utrecht/Groningen: KNAG/FRW, RUG.

Vijgen, J. and van Engelsdorp Gastelaars, R. (1986) *Stedelijke bevolkingscategorieën in opkomst*. Nederlandse Geografische Studies 22. Utrecht/Amsterdam: KNAG/ISG UvA.

Vijgen, J. and van Engelsdorp Gastelaars, R. (1991) *Een gevarieerd bestaan*. Stedelijke Netwerken 28. Amsterdam: CGO, Universiteit van Amsterdam.

Wagenaar, M. (1998) *Stedebouw en burgerlijke vrijheid. De contrasterende carrières van zes Europese hoofdsteden*. Bussum: Thoth.

Wagenaar, M. (2001) The capital as the representation of the nation, in Dijkink, G. and Knippenberg, H. (eds) *The Trritorial Factor. Political Geography in a Globalising World*. Amsterdam: Vossiuspers, pp. 339–357.

Wagenaar, M. (2003) Between civic pride and mass society. Amsterdam in retrospect, in Musterd, S. and Salet, W. (eds) *Amsterdam Human Capital*. Amsterdam: Amsterdam University Press, pp. 49–65.

Geographical practice in Mexico: the cultural geography project

Blanca Ramírez
Department of Theory and Analysis, Division of Science and Arts for Design, Universidad Autónoma Metropolitana-Xochimilco, Mexico

Since Mexican geography was initiated, its practice has been closely related to the objectives and activities of the hegemonic regimes and ruling activities within the territory. A short passage through our history might clarify why we have not been able to avoid conservatism, illustrate how cultural geography has developed in recent years, and explain why Mexican geographers are so dependent on theory from abroad.

Historically, just like in other territories, *mapping* and *teaching* were the main practices developed with different targets and different contexts, in the evolution of the country. Since colonization in the sixteenth and seventeenth centuries, new discoveries and the display of new natural resources has demanded the knowledge and register of new places, especially on maps. This activity was primarily undertaken by foreigners: the Spaniards colonized and conquered new spaces and resources, seizing and exporting minerals like gold and silver, tropical products such as sugar cane, coffee and cacao, and animals such as the beaver (Wolf 1994).

During the seventeenth and eighteenth centuries, the skills of colonization introduced the areas of astronomy, physics and mathematics to academic curricula in Mexico (Moncada 1994: 58), designed to *map and position* the country in relation to the world. In 1802, just a few years before Mexican Independence of the Spanish conquest in 1810, Humbolt promoted interest in the description, discoveries and surroundings of Latin America, and Mexico in particular. At the same time, the *teaching* of geography in the Colegio de Minería (mining school) was initiated within the mining engineering programme, one of the main activities developed in order to raise funds internally after the Spanish sacking of the gold and silver. In this area of knowledge, geography was concerned with descriptions of the environment surrounding the mines as part of the promotion of particular studies for foreigners, the owners of the mines. Such knowledge adopted the main characteristics of descriptive science: realism in description, systematic explanation of recollections and comparison amongst the findings. Since this time, much geographic research and teaching in the Mexican context is still essentially descriptive in nature (Gregory 2001: 19).

During and after independence, geographical

practice linked with the School of Arts in San Carlos related to the design of maps and meant that *mapping* became part of the instruction of Mexican architects (Moncada 1994: 61). At the same time, in 1843, the Colegio Militar (military school) considered geography an essentially military skill, especially in regards to topography, meteorology and physical geography in general, introducing these topics to its curricula (Moncada 1994: 67).

When the independence war finished in 1821, the need to consolidate the knowledge of the new nation largely restricted geographical practice to generating new and more accurate maps. During the second half of the nineteenth century, Mexican geographical practice was divided into two political projects. First, the Mexican Society of Geography and Statistics worked with the liberal government of Juarez between 1859 and 1867. Second, in 1864 the conservatives in Mexico brought from Europe Maximiliano as Emperor, supported by France and opposed to the liberal government of Juarez. By that time the Commission Scientifique du Mexique was founded to support the French invasion of the country. In this commission, not only French but important European and Mexican geographers participated, producing three volumes of the Archives de la Comission Scientifique du Mexique (1865–1867) (Moncada 1994: 72). Both projects were concerned with a need to assess the resources and places of Mexico for strategic reasons of political control. There was again a need to generate identity and nationalism in order to consolidate the national state of Mexico under the pressure of external intervention.

It was in this period when a new social order based on positivism forced the government to reform Mexican education at all levels. Geography was introduced in the Escuela Nacional Preparatoria (high school) with a course of physical and political geography based on the concepts of French and German geographies, 'as a way to reinforce the line of Humbolt adding Darwin's evolutionism' (Chías 1994: 81–82).

The forty years of dictatorship of Porfirio Diaz at the end of nineteenth century, again a conservative period, was the period in which Mexican geography was institutionalized, consolidating some facts started with Maximiliano's intervention. In elementary school, geography continued to be important, but always as a complementary science, in programmes and curricula; in the University field, geography moved away from engineering, with the formation of geographic engineering (1859), mixed with hydrography in 1869 and with astronomy in 1892 (Chías 1994). During this period, a commission of geographic exploration (Comisión Geografica Exploradora) was issued in order to generate the cartography of the newly constructed paths of transportation (Moncada 1994: 74), mainly railroads. *Mapping* was again important for the companies engaged in marking the boundaries of the Haciendas, private land own by big landowners who acquired large amounts of rural land with the support of the dictatorship.The pressure of the concentration of property into a few hands within peasant society provided the impetus of the 1910 revolutionary movement in Mexico. Very few geographers, at least known, contributed to the revolutionary project. On the contrary, it seems that they adopted a conservative position instead of seeking to contribute to the changes needed to solve poverty within rural areas.

After the revolutionary period finished in 1921, the geographical community gave rise in 1928 to the Sociedad Mexicana de Geografía y Estadística (Mexican Society of Geography and Statistic) with two main targets with regards to *mapping*: first, to produce the 'Carta General de la Republica Mexicana' (The General Map of the Mexican Republic finished by 1950) (Moncada 1994: 71), and afterwards to undertake a scientific project to produce a National Atlas, including ancient history and geography, geology, zoology, botany, statistics of Mexico, as well as the geology and geodesic-topography maps of the Valley of Mexico; and second, to fund several commissions to define boundaries and frontiers with the USA and Guatemala (Moncada 1994). Once again, representation and the defining of frontiers was a major part of the practices for geographers in Mexico.

There is a lack of analytical and critical research illustrating the position and work of Mexican geographers and the conservatism they have engendered. That said, it is clear that conservatism has influenced the way in which elementary and high schools have taught the subject, and this is the main site of geographical praxis during the twentieth century. Even so, since the creation of the School of Geography within the new organization of the National University of Mexico in 1939, where for the first two years it was located in the Faculty of Science, it has adopted its modern professional character. The School moved to the Faculty of Philosophy in 1941 (Chias 1994: 85) but research practice was divided from teaching, with the Institute of Geography, founded in 1938, remaining within the science faculty. This separation of teaching and research is still a feature of Mexican geography, and is part of the reason why geographical endeavour remains distant from discussions and actualization of theory and sociological discussions that are taking place elsewhere.

It is important to note that, in contrast to other institutions and disciplines that were important in the modernization and industrial transformation of Mexico between 1940 and 1950, for example agriculture, engineering and so on, geography appeared as a leftover science of mapping and discoveries, with little to contribute. Indeed, progress and modernization did not change geographical practices during this strong period of evolution of the country. Even if some professionals within geography faced the problems of the nation, they restricted themselves to a very limited and conservative practice, with a relative influence in the transformations of the country that justified the political actions of the governments of the PRI (Institutionalized Revolutionary Party). Those characteristics remain as a feature of present-day Mexican geography.

In 1960 the first faculty and postgraduate programmes in the country were created and a new curricula for undergraduates issued. Since then, the only modification occurred in 1967, but it did not include any of the radical discussions of the moment, for example Marxism theory, and lacked theoretical reflection. Geographers, therefore, were ill-equipped to engage with any transformationalist project of the country, lacking theory and methodology. In this regard, since then, geography has experienced three main problems (Aguilar and Moncada 1994: 14). First, geographers have not been in a position to understand or change national reality as their theories are too closely aligned to those of the beginning of the twentieth century French tradition; second, analysis has been partial, from a limited conceptual perspective; third, there have been no internal critiques within geography to challenge the dominant approach and so it remains in stasis with no radical approaches.

The 1970s were important in Mexico due to the increase in population concentrated within cities and because of the need to organize the disorder of modernization and industrialization. This practice of organization, as with European realities, was mainly undertaken by planners and state intervention. In contrast, geographical teaching within the university sector was primarily concerned with the production of teachers to high schools.

Two further developments contributed to the marginalization of geographical practice: on the one hand, a wide variety of programmes regarding planning and urbanism started to proliferate in other disciplines, mostly in the fields of design and architecture. As a consequence, the MSc and PhD Urbanism programmes generated in the National University of Mexico (UNAM) produced the specialists needed to fulfil the professional's demand, as well as the BSc on Asentamientos Humanos (Human Settlements)—created as a result of the enactment of the Law of Human Settlements, dictating some points in order to organize planning activity, mainly in urban areas. This programme has recently changed its name to Territorial Planning. Architects and urbanists then engaged in geographical praxis, without passing through the formal geographical programme of professional formation.

On the other hand, since the 1970s, mapping has not been concentrated in the Geographical Society or military sector. Instead it was placed in a new state agency called CETENAL, and afterwards organized in an institute now called INEGI (National Institute of Geography, Statistics and Informatics) engaged with the production of maps and the organization of the official data around the main subjects of the country regarding research and planning. Even if there are some geographers working as technicians in INEGI, other specialists, mainly economists and political scientists waiting for better positions, have ruled this agency for years. Moreover, there is no relationship between geographers and planners engaged in research and the generation of data and maps needed to support praxis. In fact, there is neither clear use of categories developed by the government in order to classify the information nor historical monitoring of the data, with a consensus of the criteria used in order to obtain the information.

During the 1980, three situations challenged the practice of geographers. First, after twenty-five years, students of the School of Geography tried to change the curricula without any result, polarizing positions inside the academic community at the National University of Mexico. As of writing, there are still no plans to change it in the short term. Second, two new schools of geography were created, one in Guadalajara (1980) and the other in Toluca (1972), ending the centralization of teaching in the School of Geography within the National University in Mexico City. Third, in elementary schools geography is no longer a singular subject but instead is taught as a joint venture with history or natural sciences (Chías 1994: 80).

To date, there has been no systematic study of the ways in which the above issues have generated in geography a structural stagnation and a lack of political conscience about the consequences of the different forms of conservatism. Nevertheless, the historical attachment of geographical practice in Mexico to government projects in different moments of our history, the lack of criticism within geographical teaching, and the absence of theoretical, methodological and political discussions have all orientated new research to conservatism and a practice always walking one or many steps behind needs (Ramírez 2003).

One last question, what is the present situation? Regarding teaching, two new programmes have been approved by the universities. One started in September 2002 at the Universidad Autonoma Metropolitana (Iztapalapa campus) that specializes in human geography. This programme is orientated with regards to the most relevant issues and theories of contemporary Anglo-Saxon and French traditions. The other, at the University of Ciudad

Juarez, located near the border with Texas, has approved the operation of a programme in 2004 orientated to regional border issues and planning, with the French orientation called 'Ordenamment du territoire'. In both cases, they intend to prepare professionals for planning purposes, and to produce specialists in geographical information systems (GIS).

But as far as research is concerned, the outlook is still limited. Two main features are evident. First, there are few institutions in which we can find geographical research regarding human geography. The Institute of Geography, the Regional Centre of Multidisciplinary Research and the Institute of Economy at UNAM are three of the most important. Therefore, however, some individual geographers in other universities are mixing their activities with geographical ideas. In general, they use a regional perspective as the main tool to introduce their analysis, but even those claiming some critical perspective give priority to description rather than theoretical analysis.

In the Institute of Geography at UNAM, there are two different kinds of practice. First, that related to map production divided amongst the old-fashioned professionals working with traditional perspectives or using models to operate the description of spatial characterization, as opposed to those who have adopted GIS as the tool to generate their practice (this is especially so within the physical geography). This perspective considered theory as an operative discourse more than an exercise for analysis and abstraction. The second, detailed later, is being developed by young geographers working in more contemporary issues.

The second main feature is that institutions such as Universidad Autonoma Metropolitana give research and teaching equal prioroty. Here the practice of geographers is in relation to multidisciplinary approaches with other specialists in planning programmes in design or sociology. The new geography programme has the challenge of generating research and professionals with only a few specializing exclusively in geography.

With the introduction of neo-liberal policies within the universities, emphasis has been placed on linking with government or industry. Part of the neo-liberal discourse is pressure on geographers to find resources for research from other institutions. In fact, industry provides no money to geography. This is different with regards to the government who, despite restrictions, do provide some funding especially for planning purposes. Further, the National Council for Science and Technology (CONACyT) now give some priority for limited programmes regarding urban or environmental issues.

Despite these issues young geographers are now making great efforts to leave aside the traditional and descriptive views and introduce new subjects for discussion, with new theoretical perspectives (Berdoulay and Mendoza Vargas 2003). Nevertheless, local production is restrictive and theory tends to be drawn from Anglo-Saxon or French traditions depending on the postgraduate formation of geographers abroad or language ability. In addition, there are economic restrictions due to the fact that books are not available in those languages easily and if so, they are quite expensive.

As far as subject matter is concerned, there is still an important tradition regarding regional analysis, as in general geographers tend to view it as synthetically important. There is an important sector working in this tradition, undertaking different regional analyses of the country (González Arellano and Villeneuve 2002), specially with regards to industrialization, rural issues and tourism (Juárez 2001). Nevertheless, some new tendencies are appearing, for example that detailed by Hiernaux (2002).

Here, I would like to argue for the importance of analysing rural geography in Mexico. Despite the fact limited importance has been given to this, some geographers are working on this perspective, despite emphasis being given to what is called new rurality, a topic linking the urban, anthropological and even agronomic social perspective (Ávila 2003; Ramírez and Arias 2002). For many years this topic has been neglected not only in Mexico but in Latin America as a whole, despite the fact that with all the industrialization and urbanization of the country, 20 per cent of the Mexican population still live in rural areas (Calderón and Ramírez 2002).

Regarding urban issues, one can find three different approaches in the research. Firstly, that emphasizing territorial processes through conurbation and metropolization tendencies, and even that of the megalopolis; secondly, industrial and regional analysis especially regarding the role of State policies in development; and more recently, that emphasizing the actor's subjectivities. In fact, we can say they are the most relevant problems worked on by specialists in human geography. Here the multidisciplinary approach has been proved as part of the new paradigm within social and geographical research, emphasizing interaction with other specialists. Nowadays, influence of the post-modern turn has introduced awareness around subjective issues stressing the way in which the subject perceives the spatial issues in the periphery of the cities (Lindón 2002).

There is a special interest in cultural issues amongst some young geographers at the Institute of Geography at UNAM. Two orientations have developed in those studies, the historical branch and an urban-cultural branch (Fernández Chrislieb 2003). The environmentalist turn has a special place as a subject worked from the risk perspective. Two different orientations can be found with regards to this: first, one where emphasis is on a natural view of disaster (Rodríguez 2001), and other where the main cause of the risk is dependent on social problems such as poverty and a lack of a real policy regarding the provision of the basic material conditions for good localization of housing for poor people. It is these groups who are the most affected by hurricanes and earthquakes within the country (Calderón 1998).

In conclusion, there is a need within Mexican geography to be more reflexive of our traditions and practices and to study in more detail how the discipline developed, and how theory from abroad has influenced our thinking in the last few years. With this in mind, there are two main directions for future research. The first one is concerned with the question of why and how mapping has been so important within geographical practice in the country, despite the fact that only a few geographers have been engaged with this activity. Different moments of our history might give light to particular situations and reasons behind the way in which maps, boundaries and registers of resources were made, for whom and for what reasons. The military shift is particular important in recent years and yet no one has queried this shift.

The second direction is in regard to the questions of why Mexican geography has such a lack of theoretical and methodological thinking, and why conservatism has been so important in the development of geography. Advancing some initial thoughts on the matter, I think dependency has not been just an economic issue in countries such as Mexico, but the generation of knowledge has been an important tool for control and reflection on the general environment. To pose these questions with regards to our own research might help clarify these questions and other points we might raise.

La práctica de la geografía en México: un proyecto de geografía cultural

Desde que la geografía mexicana surgió en el panorama de las ciencias en el país, su práctica ha estado vinculada con los objetivos y las actividades de los países que han regido su desarrollo y de las actividades dominantes implantadas en este territorio. Si recorremos brevemente nuestra historia, podríamos clarificar el por qué y cómo esta actividad se ha realizado a partir del conservadurismo que le caracteriza, cómo es el desarrollo de la geografía cultural en los últimos años, y por qué somos tan dependientes de las teorías extranjeras para entender nuestros problemas.

Históricamente, como en otras latitudes del mundo, la elaboración de mapas y la enseñanza de la geografía han sido las principales prácticas desarrolladas por los especialistas, adscribiéndose a diferentes objetivos y contextos dentro de la evolución del país. Desde la colonia, en los siglos XVI y XVII, los nuevos descubrimientos que hallaron los europeos y el registro de los recursos naturales que ellos contenían, demandaron del conocimiento necesario para asentar los inventarios de los nuevos espacios, principalmente en mapas.

Esta actividad fue desarrollada por extranjeros: los españoles colonizaron y conquistaron los nuevos espacios y sus recursos, principalmente minerales como el oro y la plata, los productos tropicales como la caña de azúcar, el café y el cacao y otras especies animales, con resultados importantes en el descubrimiento de los nuevos territorios (Wolf 1994).

En los siglos XVII y XVIII, la habilitación de especialistas en estas prácticas fue introducida en la curricula académica de la universidad mexicana dentro de las especialidades de astronomía, física y matemáticas (Moncada 1994: 58), en donde se buscaba representar en mapas y dar posicionamiento dentro del mundo de lo que todavía se conocía como la Nueva España. En 1802, sólo algunos años antes de la guerra de Independencia desarrollada en 1810, Humbolt promovió el interés por la descripción de los descubrimientos que se encontraron en América Latina y México en particular. Al mismo tiempo, se inició la enseñanza de la geografía en el Colegio de Minería dentro del programa de Ingeniería de Minas. Sin duda que esta actividad se vinculaba con las actividades prioritarias que se desarrollaron durante la colonia que tenían como objetivo encontrar y registrar los lugares que permitían la explotación del oro y la plata del país. Al interior de esta especialidad, la geografía se encargó de las descripciones del medio ambiente que circundaba a las minas, como parte de la promoción que sobre estos estudios hacían algunos extranjeros, sobre todo los propietarios de las mismas.

Metodológicamente, estos estudios se hacían de acuerdo a las características que se le asigna a la ciencia descriptiva: realismo en la descripción, explicación sistemática de las muestras recolectadas y la comparación entre los hallazgos (Gregory 2001: 19). Desde entonces, una parte importante de la investigación y la enseñanza de la geografía en México se hace sobre la base de estos postulados.

Durante y depués de la Independencia, la práctica geográfica se vinculó con la Escuela de Artes de San Carlos, particularmente en lo que se refiere al diseño de mapas (Moncada 1994: 61), como parte de la instrucción que recibían los arquitectos mexicanos. Al mismo tiempo, en 1843, el Colegio Militar introdujo a la geografía como parte de su currícula, en la medida que la topografía, la metereología y la geografía física en general fueron consideradas habilidades que los militares deberían tener para obtener su instrucción (Moncada 1994: 67).

Cuando concluye la guerra de Independencia en 1821, la necesidad de consolidar el conocimiento de la nueva nación, restringió nuevamente nuestra actividad a la generación de nuevos y mejores mapas. La comunidad geográfica consideró importante generar la Sociedad Mexicana de Geografía y Estadística que tuvo dos objetivos importantes en relación a la generación de la nueva cartografía requerida por el país: por un lado la producción de la 'Carta General de la República Mexicana' que se concluyó en 1850 (Moncada 1994: 71), y posteriormente el proyecto científico para producir el Atlas Nacional que incluía historia y geografía antiguas, geología, zoología, botánica y estadística de México, así como mapas de geología y topografía geodésica del Valle de México. Por el otro, se generaron diversas comisiones que tenían como finalidad definir los límites y las fronteras con Estados Unidos y Guatemala (Moncada 1994). Una vez más, la representación y la delimitación de fronteras ha sido parte de las principales prácticas de los geógrafos en México.

En la segunda mitad del siglo XIX, la práctica geográfica en el país, se dividió en dos proyectos políticos. Por un lado, la Sociedad Mexicana de Geografía y Estadística trabajó con el proyecto liberal del gobierno de Juárez, mientras que en 1864, durante el periodo del Imperio de Maximiliano, Emperador traído de Europa, existió un proyecto alterno de gobierno. Así se generó la Comisión Científica de México (Comisión Scientifique du Mexique) por los representantes que se apoyaban en la intervención francesa, en donde participaban no solo franceses sino algunos geógrafos europeos y mexicanos, quienes produjeron tres volúmenes de los Archivos de la Comisión Científica de México (1865–1867) (Moncada 1994: 72). Ambos proyectos se vincularon con una necesidad especial de medir y evaluar la cantidad de recursos y lugares con los que contaba el país, con fines estratégicos y de control político.

En este período se generó un nuevo orden social basado en el positivismo, lo que motivó al gobierno mexicano a reformar la educación el país en todos sus niveles, sobre todo el elemental, el secundario y el de la preparatoria. Así la geografía fue introducida en la Escuela Nacional Preparatoria con un curso de geografía física y otro de geografía política basados ambos en conceptos de las geografías francesa y alemana, como una forma de reforzar la línea del pensamiento de Humbolt al que se le agregó el pensamiento evolucionista de Darwin (Chías 1994: 81–82). Sin duda que a ello contribuyó la necesidad de generar sentimientos de identidad y nacionalismo en el país al concluir la intervención francesa. Con ello se contribuía a consolidar la nación mexicana.

Me gustaría moverme de la descripción de hechos históricos a adelantar la hipótesis de que durante los cuarenta años de la dictadura de Porfirio Díaz al final del siglo XIX y principios del XX, un periodo conservador otra vez, fue precisamente el momento de la institucionalización de la geografía mexicana. El la escuela primaria, la geografía continuó siendo importante, pero siempre como una ciencia complementaria en los programas. Sin embargo, en la universidad, la geografía se movió al interior del campo de los ingenieros, generando una carrera de Ingeniería geográfica en 1859, misma que se mezcló con la hidrogeografía en 1869 y con la astronomía en 1892 (Chías 1994). Durante este periodo se generó la Comisión Geográfica Exploradora, con el fin de generar la cartografía de los nuevos medios de comunicación que se estaban construyendo: los ferrocarriles (Moncada 1994: 74). Por otro lado, la representación cartográfica fue otra vez una actividad importante para las compañías encargadas de delimitar las haciendas, la tierra privada perteneciente a los terratenientes que concentraron cantidades inmensas de las áreas rurales, con el apoyo de la dictadura.

La presión que generó dicha concentración entre la sociedad de campesinos originó que en 1910 se levantara un movimiento revolucionario, en donde la ausencia de geógrafos, al menos de los conocidos, en la lucha por un proyecto alternativo fue permanente. Por el contrario, adoptaron una posición conservadora en lugar de unirse al movimiento en la búsqueda de las transformaciones necesarias para resolver la pobreza de las áreas rurales.

Hay una ausencia de estudios profundos y serios que pudiesen ilustrar en detalle las hipótesis antes mencionadas. A ello hay que agregar que el conservadurismo en México ha influenciado la forma como se ha enseñado la geografía en la primaria y en la secundaria, en tanto que actividades primordiales que han desarrollado los geógrafos en el siglo XX. Esta característica es propia también de la enseñanza de la geografía a nivel universitario. Desde su creación en 1939, a partir de una reorganización de la Universidad Nacional de México, el Colegio de Geografía ha tenido diferentes ubicaciones en el campo de las ciencias ya que primero se ubicó por dos años en la Facultad de Ciencias en donde adoptó su carácter profesional, y en 1941 regresó a la de Filosofía y Letras. En 1938 nace el Instituto de Geografía al interior del área de Ciencias con un objetivo eminentemente de investigación. Esta separación de la investigación y la enseñanza de la geografía, instituto y colegio respectivamente, está aún presente en el escenario de nuestra ciencia al momento contemporáneo, y es una de las razones por las cuales nuestra especialidad está muy lejos de las discusiones y las actualizaciones en teoría, sobre todo la social, aún en nuestros días.

Es importante agregar que, al contrario de otras instituciones o áreas del conocimiento que fueron importantes para la transformación nacional entre 1940 y 1950 como la agricultura o la ingeniería entre otras, la geografía fue una ciencia que se quedó en los registros y los descubrimientos, que sólo fueron actualizados en el siglo XX. El progreso y la modernización del país no cambiaron la práctica geográfica durante un periodo de fuerte evolución del país. Aún si el Colegio de Geografía intentó formar parte de los profesionales que vislumbraban los problemas de la nación, se restringieron a una práctica de influencia limitada en su transformación, justificando las acciones de los gobiernos del partido en el gobierno (Partido Revolucionario Institucional), y adoptando con el tiempo, prácticas conservadoras.

Estas características permanecen en la actividad muy tradicional y concentrada al interior de nuestra ciencia. El plan del estudios del Colegio de Geografía adoptó una forma moderna y profesional desde 1960, con la creación del primer programa de posgrado en el país, y un nuevo plan para la licenciatura. Desde entonces, solo se ha aceptado la modificación de 1967, misma que de hecho era obsoleta en su tiempo, ya que ninguna de las discusiones radicales del momento (como lo fue el marxismo) fueron incluidas, a lo que hay que agregar la ausencia de reflexiones teóricas a su interior. Los geógrafos no formaron parte de ningún proyecto de transformación del país que no fuera el predominante y por supuesto sin orientación teórica o reflexión metodológica. Desde esta perspectiva, la enseñanza de la geografía enfrenta desde entonces tres problemas fundamentales (Aguilar and Moncada 1994: 14):

(1) los geógrafos no han podido adoptar instrumentos necesarios para entender los cambios de la realidad nacional ya que las teorías que fundamentan su conocimiento han sido las de la tradición francesa de principios del siglo XX;
(2) las nuevas interpretaciones de la realidad han sido incompletas y comprendidas parcialmente, y lo que es peor, en algunas ocasiones se han apoyado en herramientas conceptuales erróneas; y
(3) ha habido una ausencia de posturas criticas al interior de la geografía y por lo tanto una falta de actitudes radicales en la formación de los geógrafos que sin duda se manifiestan de diferentes maneras en sus prácticas.

La década de 1970 fue importante debido al incremento de la población que se concentró en las ciudades del país y fundamentalmente por la necesidad imperiosa de organizar el desorden que la modernización y la industrialización urbanas generaron. La práctica geográfica, a diferencia de la propia de realidades como la europea y la norteamericana, se movió marginalmente a la planeación y a la intervención del Estado, ya que la enseñanza en las universidades permaneció formando docentes para las escuelas media y media superior.

Al respecto, hubo dos hechos que contribuyeron a la marginalización de la práctica geográfica: por un lado, la variedad de programas que se abrieron para formar planificadores y urbanistas se diversificó al interior de otras especialidades diferentes a la geografía, principalmente en las áreas de Diseño y la Arquitectura. En ese contexto, los programas de maestría y doctorado en Urbanismo que se abrieron en la Universidad Nacional Autónoma de México (UNAM) produjeron los especialistas que eran requeridos socialmente para satisfacer la demanda profesional, al mismo tiempo que se creaba la licenciatura en Asentamientos Humanos como resultado de la aprobación de la Ley de Asentamientos Humanos que orientaba la organización de la planeación, principalmente en las zonas urbanas del país. Recientemente, este programa ha cambiado de nombre por el de Planeación Territorial. Arquitectos y urbanistas destacados se comprometieron con este programa y por lo tanto con una parte de la práctica geográfica, sin que pasara su formación por un programa formal de formación profesional en este campo del conocimiento.

Por otro lado, desde la década de 1970, la representación cartográfica dejó de ser parte fundamental de las actividades de la Sociedad Mexicana de Geografía y Estadística o del sector militar. Por el contrario, se desconcentró a una nueva institución estatal llamada CETENAL, y posteriormente se organizó en el Instituto Nacional de Geografía e Informática (INEGI) encargado de la producción de mapas a una escala 1:50,000 y de la organización de la información oficial de los temas principales que requería la planeación y la investigación del país. Aún si ha habido geógrafos que han trabajado como técnicos en dicho instituto, otros especialistas, especialmente economistas o ingenieros que han usado la dirección del instituto con fines políticos, lo han dirigido por años. En general ha habido una escasa relación entre geógrafos y planificadores en la generación de la información y los mapas que se requieren para la planeación y la investigación del país. De hecho, no ha habido un uso claro de las categorías usadas por el gobierno para clasificar la informatión ni un monitoreo histórico de la misma que tenga consenso en los criterios usados para obtener la información.

En la década de 1980, se presentaron tres situaciones que contribuyeron a abrir la práctica de los geógrafos:

(1) Los estudiantes de la escuela de geografía de la UNAM propusieron un cambio importante a la curricula de la carrera de geografía sin resultados concretos que permitieran materializarlo, polarizándose desde entonces las posiciones al interior de la comunidad académica. En la actualidad, este programa tiene más de 40 años de formar geógrafos sobre las mismas orientaciones sin que existan planes para cambiarlo en el corto plazo.
(2) En esta década se amplió el número de escuelas de geografía en el país ya que en 1972 se creó la de la Universidad Autónoma del Estado de México en Toluca y en 1980 se abre la de Guadalajara. Con ello se termina la centralización de la enseñanza de la única escuela de geografía que existía a nivel nacional ubicada en la ciudad de México.
(3) Por último, a nivel de la enseñanza primaria, la geografía fue eliminada de los programas para ubicarla en un proyecto conjunto con la historia o las ciencias naturales (Chías 1994: 80), sin ninguna posibilidad para los geógrafos de contraponer esta decisión gubernamental.

Es necesario profundizar en estudios que muestren como estas tres situaciones han contribuido a exacerbar el retrazo estructural de nuestra especialidad y la ausencia de una conciencia real sobre las consecuencias políticas de las diferentes formas como el conservadurismo se han impuesto en la geografía. Sin embargo, el estrecho vínculo que tiene la práctica geográfica en México con los proyectos gubernamentales en los diferentes momentos de nuestra historia, la falta de crítica al interior de la enseñanza de le geografía y la ausencia de discusiones políticas y teóricas han orientado las investigaciones recientes al conservadurismo y a una práctica que se ha mantenido muy lejos de las necesidades sociales y de la realidad del país (Ramírez 2003).

Dentro del contexto anterior, el panorama que se presenta en la actualidad es sin embargo interesante y variado. En relación a la enseñanza, hay dos nuevos programas aprobados en diferentes universidades que pueden contribuir a expandir el conocimiento geográfico a nivel nacional. El primero inició sus actividades en septiembre de 2002 en la Universidad Autónoma Metropolitana-Iztapalapa que se especializa en Geografía Humana y se orienta a la formación de especialistas a través de los paradigmas y teorías más relevantes de las tradiciones francesa y anglo sajona. El segundo, iniciará sus operaciones en 2004 en la Universidad de Ciudad Juárez, en la frontera con Texas, orientándose al análisis de los problemas regionales fronterizos y a la planeación con la tendencia francesa del Ordenamiento del Territorio. En ambos casos, estos programas tienden a preparar profesionales en la planeación y especialistas en el uso de los sistemas de información geográfica como el principal instrumento de la práctica de los geógrafos.

Sin embargo, en relación a la investigación, el panorama no es tan amplio como para ejemplificar una actividad compleja y diversa. Por el contrario, en su desarrollo se perciben dos características fundamentales:

(1) Hay pocas instituciones en el país en donde se realice investigación geográfica, especialmente en geografía humana. El Instituto de Geografía, El Centro Regional de Estudios Multidisciplinarios y el Instituto de Economía de la UNAM son tres de los más importantes. Hay que agregar una práctica territorial orientada a los estudios urbanos que se desarrolla en las tres instituciones de la Universidad Autónoma Metropolitana y algunos geógrafos que trabajan en otras universidades

que mezclan su actividad con la enseñanza. En general, usan la perspectiva regional como principal herramienta de investigación, sobre todo en la UNAM, y aún quienes se reclaman de alguna perspectiva crítica, dan mayor importancia a la descripción más que al análisis teórico.

Especialmente, en el Instituto de Geografía en la UNAM, hay dos prácticas diferentes: la relacionada con la cartografía y la elaboración de mapas que se distribuye entre los profesionales que trabajan con técnicas tradicionales o con modelos para describir el espacio y quienes han adoptado los sistemas de información geográfica como herramienta para desarrollar su trabajo, especialmente entre los geógrafos físicos. Esta perspectiva considera a la teoría como un discurso operativo más que un ejercicio de análisis y abstracción de la realidad, por lo cual difieren de la concepción que pudiese existir al respecto de la geografía física. Por otro lado, los geógrafos jóvenes quienes orientan su investigación hacia perspectivas más contemporáneas como se verá más adelante.

(2) Otras instituciones como la Universidad Autónoma Metroplitana dan el mismo peso específico a la investigación y la enseñanza, por lo que la práctica de los geógrafos se ha orientado a perspectivas multidisciplinarias en trabajos conjuntos con otros especialistas en programas de planeación, diseño o sociología. El nuevo programa de geografía tiene el reto de hacer investigación y docencia con pocos geógrafos interactuando con sociólogos, antropólogos y otros especialistas interesados en estudios territoriales. Es el mismo reto que presenta el programa de la frontera que operará en breve.

Con la introducción de las políticas y el discurso neoliberales en las universidades, el énfasis institucional se ha puesto en ligar la investigación con proyectos del gobierno o con la industria como parte de la presión de los geógrafos para contar con recursos para la investigación. De hecho, la industria no ha proporcionado recursos a las instituciones educativas, y es el gobierno quien a pesar de las restricciones económicas, ha proporcionado algunos, especialmente con fines de planeación, y el Consejo Nacional de Ciencia y Tecnología (CONACYT) quien ha dado alguna prioridad a proyectos seleccionados en temas urbanos o medio ambientales.

Los geógrafos jóvenes están haciendo un esfuerzo enorme para hacer a un lado las formas tradicionales y descriptivas de acercarse a nuestra ciencia introduciendo tema de investigación nuevos y orientaciones teóricas que den dirección a las discusiones (Berdoulay y Mendoza Vargas 2003). Sin embargo, como la producción interna en las instituciones de investigación es limitada, se tienden a introducir temas y discusiones de las tradiciones anglosajona y francesa dependiendo del origen de la formación de posgrado de los investigadores, hecho que permite el acceso a otras lenguas. A las limitaciones que la formación impone hay que agregar las de corte económico ya que los libros en lenguas extranjeras no son de fácil acceso en el país, en caso de que lo tengan, además de que de serlo son muy caros. En algunos casos las publicaciones de las instituciones de investigación integran trabajos de investigadores extranjeros, como una tendencia de publicación (Berdoulay y Mendoza Vargas 2003).

Pero si analizamos los temas que se investigan, se percibe que hay en el país una vieja e importante tradición en el análisis regional, ya que en general, los geógrafos tienden todavía a aceptar la importancia sintética de nuestra ciencia. Hay un amplio sector de geógrafos investigando en este tema, trabajando en diferentes regionalizaciones del país (Gónzalez Arellano y Villeneuve 2002), especialmente en las áreas industrial, rural o el turismo (Juárez 2001). Sin embargo, hay algunas tendencias nuevas en el análisis en el que se incluyen en trabajos como los de Hiernaux (2002).

Me gustaría hacer un alto para argumentar sobre la importancia de la geografía rural en México. A pesar de la limitada importancia que se le había dado en los últimos años, en la actualidad, los temas rurales han adquirido una importancia política vital; algunos geógrafos se han orientado a lo que se ha conocido como nueva ruralidad, un tema que liga el tema con algunos elementos urbanos, antropológicos y aún agronómicos desde la perspectiva social (Ávila 2003; Ramírez y Arias 2002). Por años, se ha relegado a una segunda importancia este tema no sólo en México sino en América Latina inclusive, ya que a pesar de la industrialización y la urbanización del país, aproximadamente el 20% de nuestra población todavía vive y trabaja en zonas rurales (Calderón y Ramírez 2002).

Hay una fuerte tradición en el estudio de estudios urbano regionales, especialmente en lo que refiere a temas como desarrollo y políticas del Estado. De hecho, podemos afirmar que ellos constituyen los principales temas trabajados por los especialistas en geografía humana. En ellos, el enfoque multidisciplinario se ha implementado como el paradigma de aproximación metodológica ya que se han hecho con la interacción de otros especialistas. En la actualidad, la influencia del posmodernismo ha introducido la preocupación sobre temas que enfatizan la forma en que el sujeto percibe los temas espaciales, sobre todo en la periferia de las ciudades (Lindón 2002).

Hay un interés particular en temas culturales en algunos geógrafos jóvenes del Instituto de Geografía de la UNAM. Encontramos en ellos dos orientaciones: la histórica y la llamada urbano-cultural (Fernández Chrislieb 2003). El tema del medio ambiente ha tenido y tiene un lugar especial como tema de investigación geográfica, en la que se enfatiza la perspectiva del riesgo como orientación fundamental de análisis. También encontramos dos direcciones: la que pone el énfasis en el aspecto natural del desastre (Rodríguez 2001) y la que explica el riesgo como resultado de procesos sociales que inciden en su desarrollo tales como la pobreza y la falta de una política clara en relación a la provisión de las condiciones materiales para una buena localización de la vivienda para la población pobre, quien es de hecho la más afectada de los temblores y los huracanes en el país (Calderón 1998).

Hay una necesidad por estudiar en profundidad cómo nos estamos moviendo el la investigación y cómo las teorías extranjeras están influenciando nuestro pensamiento en los últimos años. Sin embargo, esto tendrá que ser motivo de investigaciones futuras sobre el tema.

References

Aguilar, G. and Moncada, O. (eds) (1994) *La Geografía Humana en México: Institucionalización y desarrollo recientes*. México: Universidad Nacional Autónoma de México, Fondo de Cultura Económica, Ediciones científicas Universitarias.

Ávila, H. (2003) Agricultura, marginalidad y mutaciones territoriales, *Ciudades* 57: 3–7.

Berdoulay, V. and Mendoza Vargas, H. (eds) (2003) *Unidad y Diversidad del Pensamiento Geográfico en el mundo. Retos y Perspectivas*. México: Instituto de Geografía, INEGI, UGI.

Calderón, G. (1998) Si tienes alas, te llamarás tigre, *Ciudades* 38: 3–7.

Calderón, G. and Ramírez, B. (2002) De niño yuntero a jornalero: neoliberalismo y 'desarrollo' en el campo mexicano, in Segrelles, J.A. (ed.) *Agricultura y espacio rural en Latinoamérica y España: Posibilidades y riesgos ante la mundialización de la economía*. Madrid: Ministerio de Agricultura, Pesca y Alimentación, pp. 265–320.

Chías, J.L. (1994) Desarrollo de la Geografía Universitaria: El colegio de Geografía-UNAM y sus planes de estudio, in Aguilar, G. and Moncada, O. (eds) *La Geografía Humana en México: Institucionalización y desarrollo recientes*. México: Universidad Nacional Autónoma de México, Fondo de Cultura Económica, Ediciones científicas Universitarias, pp. 76–91.

Fernández Chrislieb, F. (2003) La máquina urbana. La geografía de la ciudad de México a fines del siglo XVIII, in Berdoulay, V. and Mendoza Vargas, H. (eds) *Unidad y Diversidad del Pensamiento Geográfico en el mundo. Retos y Perspectivas*. México: Instituto de Geografía, INEGI, UGI, pp. 233–245.

González Arellano, S. and Villeneuve, P.Y. (2002) Desigualdad social en el espacio urbano de México, *Ciudades* 53: 51–58.

Gregory, D. (2001) *Geographical Imaginations*. London: Blackwell.

Hiernaux, D. (2002) Nuevas dimensiones de las problemáticas urbanas y regionales, *Ciudades* 49: 8–14.

Juárez, C. (2001) Rivera mexicana: nuevas tendencias, *Ciudades* 49: 33–38.

Lindón, A. (2002) El significado del espacio urbano en la experiencia del sujeto, *Ciudades* 49: 15–20.

Moncada, O. (1994) La geografía en México: institucionalización académica y profesional, in Aguilar, G. and Moncada, O. (eds) *La Geografía Humana en México: Institucionalización y desarrollo recientes*. México: Universidad Nacional Autónoma de México, Fondo de Cultura Económica, Ediciones científicas Universitarias, pp. 57–75.

Ramírez, B. (2003) *Conservadurismo y práctica profesional en los estudios territoriales, Diseño y Sociedad*. México: Universidad Autónoma Metropolitana-Xochimilco (forthcoming).

Ramírez, B. and Arias, P. (2002) Hacia una nueva rusticidad, *Ciudades* 54: 9–14.

Rodríguez, D. (2001) Vulnerabilidad y riesgos en el D, F, *Ciudades* 38: 31–37.

Wolf, E. (1982) *Europe and the People Without History*. Berkeley, CA: University of California Press.

Seeking African solutions: the new social and cultural geographies of South Africa

Jane Battersby
Department of Environment and Geographical Sciences, University of Cape Town, South Africa

Introduction

This year marks the tenth anniversary of democracy in South Africa. It promises to be a year of great celebration, but also of sombre reflection on where we have come in the last decade. It is therefore apt that a country report be written at this point, since the development of social and cultural geographies in South Africa have paralleled wider processes of transformation within the country.

In the ten years since the end of apartheid various images and phrases have been used to encourage and capture the essence of transformation, from the ubiquitous 'Rainbow Nation' to the 'Simunye—We are One' of the national broadcaster, and the current 'Proudly South African' campaign. These phrases have entered the psyche and everyday language of citizens. It therefore seems appropriate that this country report be framed by some of these phrases, namely 'The New South Africa', 'African Renaissance' and 'African Solutions'.

The momentum gained by South African social and cultural geographies makes it impossible to do justice to all aspects of the field in such a brief report. The breadth of social geography research in particular is too great to cover and there are already various papers and book chapters that serve this purpose.[1] This report therefore focuses primarily on cultural geography, the most distinctly new area of the discipline within South Africa, to try to give a sense of the present dynamism and direction of the discipline and its relation both to current international debates and the changing South African environment.

The new South Africa

New South African geographies have emerged in conjunction with the new South Africa. South African geography has had a history of paternalism and conservatism as a result both of the impact of apartheid on spatiality and of international reactions to it. In particular, the anti-apartheid academic boycott, along with other international protests, had an enormous impact on the development of the geographical discipline in South Africa. The boycott ensured that the discipline developed largely in isolation and allowed the pre-existing conservatism and parochialism of South African geography to become entrenched. In addition, the specificities of the apartheid experience, particularly within urban geography, led to the South African case being theorized as unique, and therefore rendering the application of international theoretical work largely irrelevant. The abolition of the apartheid state has led to the dismantling of these internally and externally constructed academic barriers. As a result, we are witnessing the rapid growth of social and cultural geographies being conducted largely by a new generation of academics.

This new generation, many of whom have experienced some postgraduate training outside of South Africa, are informed both by the particularistic history of geography in South Africa, and by emergent global theoretical and research trends. This has led to a number of hitherto unresearched areas being examined using a plethora of theoretical and methodological perspectives. Whereas South African human geographies used to be dominated by urban modelling and quantitative approaches to migration and issues of race, the new geographies are embracing post-modernist, post-structuralist, post-colonial perspectives to approach these and a range of new research interests.

This greater openness to international theory and practice does not, however, mean that imported theoretical and methodological perspectives are subsuming South African geography. Although many of these perspectives have been adopted, they have also been remoulded and developed to reflect local conditions and experiences. South African social and cultural geographies have therefore been able to develop in ways that are both internationally relevant, but also distinctly South African. As such, many contemporary studies either look at old topics through new lenses or examine new phenomena that are the outcomes of economic and social realities of the new South Africa.

In relation to the former, it is pertinent to highlight work on the geographies of identities, and in particular, geographies of sexuality, gender and race. Although many earlier geographies focused on race and ethnicities, they tended to concentrate on issues of material inequality rather than issues of identity (see Lemon 1999 for a recent example of this form of geography). Within the apartheid era if race was problematized, it tended to be within a Marxist framework, which recognized race as a false consciousness masking class relations. This approach failed to analyse the importance of ethnicities as bearers of culture and not simply markers and masks of relations of economic inequality. The cultural aspects of South African society were therefore largely ignored. Where before geographers tended to focus on how apartheid affected the lives of particular races, the new generation tends to focus on disrupting divisions by highlighting alliances across boundaries, and the differences within what was previously seen as homogenized racial categorizations. This change from a materialist to differentialist approach is a reflection of wider international trends and of the changing political and economic situation of South Africa.

That said, these new geographies of identity often remain distinct from research conducted in the Anglo-American environment. Given the recent apartheid history of South Africa, factors controlling identity formation, particularly race, are fundamentally different to those elsewhere. For example, Battersby's (2003) race research demonstrates the ways in which South African youth are attempting to engage with popular culture to challenge both apartheid and American constructions of race. Similarly, Salo's (2003) research on gender is grounded in the intersection of surviving daily life in sub-economic areas and the negotiation of post-apartheid identities.

New, post-apartheid research topics have explicitly investigated the rapidly transforming South African economy and society, with particular attention paid to geographies of crime, tourism and desegregation. These studies are not entirely novel in the international context as they differ as a function of local conditions. For example, Ballard (2002) has examined how, in the post-apartheid era, fear of crime has come to be employed as a mask for discourses of racism. Visser's (2003) work on gay tourism engages with the breakdown of apartheid spatial differentiation, recognizing the relationship between racial segregation and the regulation of sexualized spaces as spatial expressions of the same racial hetero-patriarchal cultural dominance. Similarly, Dirsuweit (1999) has investigated questions of institutional power with regards to sexuality. Oldfield (2004), taking an explicit identity-based analysis of desegregation, has examined the role of political mobilization as a means of creating cross-cultural alliances within the post apartheid era.

African Renaissance

A second key phrase currently employed in South Africa is that of 'African Renaissance', an inherently post-colonial notion. This term refers to political, economic and cultural development of the African continent as a whole. Within South Africa this discourse has been used to foster a greater sense of the country's location within Africa, something that has been lacking throughout South Africa's history. This move towards highlighting a broader 'Africanness' issues a challenge to South African citizens in general and academics specifically, to commit themselves to their role in the development of the continent as a whole.

South African geographies can be seen to be engaging with this discourse in two ways: through their post-colonial theorization and engagement with other post-colonial geographers, and the movement towards the Africanization of the discipline. To date, South African geographies have rarely drawn overtly on post-colonial literatures and yet much research is post-colonial in attitude and focus. Geographers engaging in post-colonial ideas mostly reject the necessity of the wholesale application of Anglo-American or European theoretical frameworks, instead arguing that although these may provide valuable insights, they can never fully reflect South African realities (see, e.g., Bozzoli and Delius 1990; Crush 1993). It is further contended that the employment of these theories may in fact impact negatively upon a society attempting to overcome its colonial and apartheid legacy. For example, Ramutsindela (2002: 6) has noted how the imported and inherited 'whiteness' of the discipline in South Africa served to legitimize the state's vision of racial differences, social relations and spatial organization throughout the apartheid era. The continued unquestioning application of Anglo-American theoretical frameworks will fail to challenge this racist legacy.

A new generation of geographers are therefore adapting Anglo-American and European frameworks to give them wider relevance, but are also consciously engaging with the theoretical work of other 'Geographers of the South' which challenge the existing orthodoxy of Northern geographical thought. This trend towards re-engagement is particularly evident in current urban research. For many years South African geographies attempted to apply Anglo-

American models or uniquely South African models to urban geography (see, e.g., the paradigm-shaping paper by Davies 1981). More recently, however, there has been a move towards recognizing the similarities and linkages between the South African experience and those of other cities of the global South, an excellent example being the involvement of Parnell in the ESCOR-funded research project on urban governance, partnership and poverty, which focuses on ten global South cities (Beall, Parnell and Crankshaw 2000).[2]

Inherent in the discourse of the African Renaissance is the Africanization of the discipline. What qualifies someone to call himself or herself an 'African' has been fiercely contested in the public realm, and although there is a conscious moving away from narrow definitions of Africanness, it is widely acknowledged that academic departments need to become more demographically representative. There does seem to be a gradual demographic shift in the discipline to include historically disadvantaged groups in terms of race and gender, but the discipline in historically white universities (which tend to be the elite research universities) has yet to see the desired level of transformation, as demonstrated by Fairhurst et al. (2003). This transformation is likely to be a slow process, particularly given that current university funding cuts mean that teaching posts are not necessarily renewed on the retirement of staff. It should be noted, however, that South African universities are attracting many research students from other parts of Africa, as well as many local students from historically disadvantaged backgrounds. This development within the research body of institutions is likely, over time, to challenge existing orthodoxies and encourage further engagement with the African Renaissance and the wider postcolonial agenda.

African solutions: differences to Anglo-American geography

While South African geography has become less parochial and less focused on the purported uniqueness of the South African case, it retains, and will continue to retain, several significant differences to Anglo-American geography as a result of the existing academic environment. The South African President, Thabo Mbeki, has repeatedly spoken of finding 'African Solutions to African Problems'. South African social and cultural geography has also sought to find ways to work within the restrictions and possibilities afforded it through its relative position within South African academia and wider society. That said, due to the country's relative economic development and apartheid education legacy, there is a comparatively small pool of active researchers within South Africa's universities. This means that South African geographies differ from their Anglo-American counterparts in two ways.

First, South African geographers tend to have much broader research interests and specialisms as a result of both teaching and research imperatives. The size of individual departments (on average eight teaching staff per department) means that academics often teach beyond their chosen specialist area to provide a full curriculum and generally have higher teaching loads, meaning that narrow teaching and research interests common in better-resourced countries do not often develop. In addition, the overall size of the research pool nationally means that academics tend to focus less narrowly in an attempt to maintain some dialogue between academics.[3] This enforced breadth of interest has meant that the local research tends to be less deeply entrenched in particular theoretical frameworks.

Second, social and cultural geography are

not seen as sub-disciplines or fields in the same way as in Anglo-American contexts. For example, in researching this paper I sent an email to two colleagues asking them who they thought were the cultural geographers in South Africa. One reported back that he thought there was only one cultural geographer operating in the country, the other provided a list of fourteen academics and said that this was only the tip of the iceberg. Both replies were, to an extent, valid. There are very few people working within South Africa who would define themselves as a cultural geographer, but there are large numbers of people who are working on aspects of cultural geography. Many of these would instead see themselves as urban geographers, historical geographers or even simply human geographers. There are also a number of people producing cultural geography who are not working within the discipline, either working from other academic disciplines or outside of academia in consultancies and non-governmental organizations. Although these individuals are conducting academic research, the subject matter and focus of their publications are governed by a very different set of research imperatives and constraints than those within the university sector, although they often work closely with universities. The close contact between consultancies and the university sector, often as a result of the small body of researchers in the country, means that most active researchers within the university context produce both theoretical and applied research. This engagement beyond academe benefits both broader development and the academic community. This defining feature of South African geography is examined at length by Oldfield, Parnell and Mabin (forthcoming).

Conclusions

This report has attempted to demonstrate the character of the new social and cultural geographies developing in South Africa. It is hoped that it has given a sense of the current dynamism within the discipline. The transformation of South Africa has not only created many new research areas, but its re-entry into the global academic environment has encouraged engagement with broader debates, both from the Anglo-American hegemony and from other areas of the global South. South African geographies, like those of other countries, have historically been dominated by blind application of imported theory and models or a blinkered parochial research agenda. It is my belief that the emergent South African social and cultural geographies will steer a path between these extremes and produce theoretical insights that will hopefully inform research coming out of historically dominant areas.

Language disclaimer

Country reports have previously been published in both English and in the country's national language in order to challenge the linguistic hegemony of English. While the importance of this is recognized, this report will not be dual medium for practical and political reasons.

South Africa has eleven official languages. Although Afrikaans would be the obvious choice for the second language for publication, given its historic status as a second academic language and its co-dominance with English as a second language for black South Africans. However, this relative dominance of Afrikaans is a result of apartheid (and colonial) language strategies, which promoted the language and devalued black languages. This is the legacy that we are attempting to overcome. Therefore, in the same vein that the *Social & Cultural Geography* editors view the sole use of English as reinforcing Anglo-American academic hegemony, the author views the use of Afrikaans as reinforcing existing white cultural domination within South African geography.

Acknowledgements

Many thanks to Sue Parnell and Sophie Oldfield for their guidance and comments on this paper and its development.

Notes

1 The most important of these are Rogerson and McCarthy's *Geography in a Changing South Africa* (1992) (see particularly the chapters by Badenhorst, Lammas, Lupton, McCarthy and Robinson) and the special edition of the *South African Geographical Journal*, 'Geographical Renaissance at the Dawn of the Millennium' (Vol. 84(1), 2002) (see particularly the papers by Ramutsindela, Christopher, Fairhurst, Maharaj and Narsiah, and Bob and Musyoki).

2 This re-engagement, particularly with the African continent, is evident in the teaching as well as research environment. In the 2003 keynote address at the Society of South African Geographers Conference, Professor Roddy Fox, Head of Department at Rhodes University, asserted that it is fundamental that students should have a concrete understanding of the geography of Africa as a whole, rather than academically marginalizing it to give way to 'more important' (i.e. Anglo-American) geographical perspectives. He argued that the Africanization of the discipline should affect subject, theory, methodology and even teaching practice so that it becomes academically and culturally relevant to our location.

3 There are twenty-one geography departments in the country, and due to the apartheid educational legacy, the bulk of the research output derives from the historically advantaged universities (Fairhurst et al. 2003: 88).

References

Badenhorst, C. (1992) Popular culture and cultural geography, in Rogerson, C. and McCarthy, J. (eds) *Geography in a Changing South Africa: Progress and Prospects*. Oxford: Oxford University Press, pp. 51–66.

Ballard, R. (2002) Desegregating minds: white identities and urban change in the new South Africa, PhD dissertation, Department of Geography, University of Wales, Swansea, <http://www.nu.ac.za/ccs/files/Ballard%202002%20Desegregating%20Minds.pdf>.

Battersby, J. (2003) 'Sometimes it feels like I'm not black enough': recast(e)ing coloured through South African hip hop as a postcolonial text, in Jacobs, S. and Wasserman, H. (eds) *Shifting Selves: Post-apartheid Essays on Mass Media, Culture and Identity*. Cape Town: Kwela Books, pp. 109–129.

Beall, J., Parnell, S. and Crankshaw, O. (2000) Local government, poverty reduction and inequality in Johannesburg, *Environment & Urbanization* 12(1): 107–122.

Bob, U. and Musyoki, A. (2002) Gender geography in South Africa: facing challenges and exploring opportunities, *The South African Geographical Journal* 84(1): 98–106.

Bozzoli, B. and Delius, P. (1990) Radical history and South African society, *Radical History Review* 46/7: 13–46.

Christopher, A.J. (2002) Trends in political geography, *The South African Geographical Journal* 84(1): 48–57.

Crush, J. (1993) The discomforts of distance: post colonialism and South African geography, *South African Geographical Journal* 76(2): 60–68.

Davies, R.J. (1981) The spatial formation of the South African city, *GeoJournal* 2 (Suppl.): 59–72.

Dirsuweit, T. (1999) Carceral spaces in South Africa: a case study of institutional power, sexuality and transgression in a women's prison, *Geoforum* 30(1): 71–83.

Fairhurst, U.J. (2002) Geography and development in the South African context, *The South African Geographical Journal* 84(1): 77–87.

Fairhurst, U.J., Davies, R.J., Fox, R.C., Goldschagg, P., Ramutsindela, M., Bob, U. and Khosa, M. (2003) Geography: the state of the discipline in South Africa (2000–2001), *The South African Geographical Journal* 85(2): 81–89.

Lammas, R. (1992) Voices and visions of place: new terrain for humanistic geography, in Rogerson, C. and McCarthy, J. (eds) *Geography in a Changing South Africa: Progress and Prospects*. Oxford: Oxford University Press, pp. 67–84.

Lemon, A. (1999) Shifting inequalities in South Africa's schools: some evidence from the Western Cape, *South African Geographical Journal* 81(2): 96–105.

Lupton, M. (1992) Economic crisis, deracialization and spatial restructuring: challenges for radical geography, in Rogerson, C. and McCarthy, J. (eds) *Geography in a Changing South Africa: Progress and Prospects*. Oxford: Oxford University Press, pp. 95–110.

Maharaj, B. and Narsiah, S. (2002) From apartheid apologism to post-apartheid neo-liberalism: paradigm shifts in South African urban geography, *The South African Geographical Journal* 84(1): 88–97.

McCarthy, J. (1992) Urban geography and socio-political change: retrospect and prospect, in Rogerson, C. and McCarthy, J. (eds.) *Geography in a Changing South Africa: Progress and Prospects*. Oxford: Oxford University Press, pp. 138–155.

Oldfield, S. (2004) Intersecting urban networks, community organising, and race: an analysis of integration in a desegregated South African neighborhood, *Geoforum* (in press).

Oldfield, S., Parnell, S., and Mabin, A. Engagement and reconstruction in critical research: negotiating urban practice, policy and theory in South Africa, *Social & Cultural Geography* (forthcoming).

Parnell, S., Pieterse, E., Swilling, M., and Wooldridge, D. (eds) (2002) *Democratising Local Government: The South African Experiment*. Landsdowne: University of Cape Town Press.

Ramutsindela, M.F. (2002) The philosophy of progress and South African geography, *The South African Geographical Journal* 84(1): 4–11.

Robinson, J. (1992) Abandoning androcentrism? A future for gender studies in South African geography, in Rogerson, C. and McCarthy, J. (eds) *Geography in a Changing South Africa: Progress and Prospects*. Oxford: Oxford University Press, pp. 123–137.

Robinson, J. (2000a) Discussion paper on the MSDF—Cape Town, in *Cities in Transition Symposium*. Cape Town: Isandla Institute, pp. 57–60.

Robinson, J. (2000b) (Post-) colonial geographies of Johannesburg's Empire Exhibition, 1936, in Blunt, A. and McEwan, C. (eds) *Postcolonial Geography*. New York: Continuum.

Rogerson, C., and McCarthy, J. (eds) (1992) *Geography in a Changing South Africa: Progress and Prospects*. Oxford: Oxford University Press.

Salo, E. (2003) Negotiating gender and personhood in the new South Africa: adolescent women and gangsters in Manenberg Township on the Cape Flats, *European Journal of Cultural Studies* 6(3): 345–365.

Visser, G. (2003) Gay men, leisure space and South African cities: the case of Cape Town, *Geoforum* 34(1): 123–137.

British social and cultural geography: beyond turns and dualisms?

Rachel Pain[1] & Cathy Bailey[2]

[1]Department of Geography and International Centre for Urban and Regional Regeneration Studies, University of Durham, Science Site, Durham, UK;

[2]Institute for Health Research, Lancaster University, Alexandra Square, Lancaster, UK

Introduction

We have sympathized with ourselves while working on this review, given the volume and breadth of British social and cultural geography, but it has also crossed our minds that at least we can begin without the standard apology for Anglo-American bias (an issue we return to at the end of the paper). This is not to say that it is always easy to place work as British when researchers work co-nationally, across sub-disciplines and within a broader international and human geography context. Our focus is very selective, but none of the current interests we consider is solely British.

Perhaps one enduring characteristic of British social and cultural geographers, though, is our self-absorption. The last four years, to which we are largely restricting this review, have seen several commentaries by British geographers grappling with the problems of social and cultural geography and seeking to establish its identities (Gregson 2003; Jackson 2003; Pain 2003; Peach 2002; Smith 2000). A symposium held by the Social and Cultural Geography Study Group in 2003[1] also took stock of the direction of social and cultural geography, key issues and challenges for the future, and its engagement with other disciplines. While it sometimes feels that there is more talk than action, there are signs that any potential 'crisis' has been averted, or at least, is being responded to in constructive ways. There are palpable shifts that are attempting to rise to various challenges, with some interesting theoretical and methodological perspectives, some of which we go on to outline. There is considerable diversity within these discussions; but a key theme has been the call to 'rematerialize' social and cultural geography in different ways.

Our focus is on this response to the cultural turn and the related re-emergence of 'the social'. Although these are generic debates in human geography, they are 'turns' that have been most intensely felt in social and cultural geography, and in British work in particular.[2]

In the next section we examine the push to 'rematerialize', firstly in work concerned with investigating and addressing social inequality and injustice, some of which is employing critical action research approaches, and secondly in work that engages with spatialized and politicized performances and practices of everyday life. Though these two strands of work are sometimes viewed in dualistic terms, even as polar opposites, we suggest they share more common ground than at first meets the eye. We highlight the potential of recent work on emotional geographies, which sits somewhere between the two, and is bringing together a concern with relevance and social policy with new theoretical and epistemological directions. In the third section, we examine issues of knowledge production as they affect British social and cultural geography, including the relationship between social and cultural geography and the wider discipline, debates around pedagogy, Anglo-American bias and institutional constraints. We emphasize the significant and unwelcome implications of the Research Assessment Exercise for all of these debates in Britain.

From the material to the immaterial and back again

For a while there were concerns that a geography seduced by textuality and deconstruction would snuff out 'the social' altogether (see Gregson 1995; Peach 2002). However, growing concerns about theory for theory's sake, and talk about 'difference', 'otherness' and 'giving voice to minorities' that only seems to take place from within the narrow confines of the academe rather than being part of a bedrock of substantive politics and social analysis (Hamnett 2003a) have led to a critique of the cultural turn and the re-emergence of 'the social' (see Cloke 2002; Gregson 2003; Philo 2000; Smith 2000). With each 'turn' there has been a tendency towards dualistic thinking, to the extent that cultural geographers sometimes felt unfairly caricatured as 'united in pointless cultural playfulness' (Nash 2003: 645). But there is an undeniable move away from discourse, ideology and text, and calls to 'rematerialize' social and cultural geography on several fronts (Gregson 2003; Jackson 2000) or at least strike a finer balance between the material and the immaterial (Lees 2002). We review two significant strands to this rematerialization below.

Inequality and action

First, while it has been a long-standing concern in social geography, there has been a resurgence of research on aspects of social inequality and well-being. Here, 'rematerializing' means refocusing attention on the material realities and lived experiences of oppression and injustice. Social and cultural geographers have made some important recent contributions by applying spatial analysis and theory to social problems and policies.[3]

Significant work on welfare, poverty, social polarization and exclusion has continued (see the work of Dorling and Rees 2003; Fyfe and Milligan 2003; Gregory, Dorling and Southall 2001; Smith forthcoming; and see Mohan 2000, 2002). Research on recent education policies and patterns emphasizes the role of parental choice and school segregation (Taylor and Gorard 2001), and attempts by community leaders to defend religious identities and religious ways of life through the construction and maintenance of socio-spatial education boundaries (Valins 2003). A number of interesting papers on 'food deserts' and their relationship to social exclusion and health inequalities appear in a special issue edited by Wrigley (2002). Work on housing markets has recently included a continuing interest in the impact of gentrification on socio-spatial stratification (Butler 2003; Cameron 2003), and critique of the links between policies on housing and health (Easterlow and Smith 2003). Within health geography itself there is further evidence that policy critique is alive and well, for example in a critical 'new public health' (Brown and Duncan 2002) and work on spatial economies and cultures of caring (see Milligan 2000; Robson 2000; and Parr 2003 for a review). Theories of health and place have undergone a socio-cultural turn in recent years (Kearns and Moon 2002), applied in highly relevant ways in work such as Davidson's (2000) on agoraphobia, gender and the body. The field of crime continues to be surprisingly small in British social and cultural geography, given its current profile as a social issue, with many interesting avenues going unexplored (see the interchange between Fyfe, Herbert and Smith in 2003). Studies of violence are few and far between (though see Warrington 2001). There is more work on fear of crime, some with more emphasis on cultural construction, perceptions and discourses (e.g. Valentine and Holloway 2001; Yarwood and Gardner 2000), some on policy and planning (Fyfe and Bannister 2001), some on the material realities, spatialities and politics of fear and its consequences (Shirlow and Pain 2003).

The rich vein of research on spaces of identity formation and exclusion also continues, having broadened out to include normative, hegemonic identities and, to some extent, activism. The focus of much recent work on race and ethnicity has been on whiteness (Bonnett 2000) and anti-racist geographies (Nash 2003). Heterosexuality is gradually receiving more attention as an object of study (see Hubbard 2000), and work on masculinity is burgeoning: see McDowell's (2000) work on young white working-class males' identity, and Little's (2002) excellent book exploring relationships between masculinity, sexuality, nature and the rural. Geographies of youth and children continue to expand, marked by the establishment of the international journal *Children's Geographies*. Recent work ranges from discourses and images of childhood (Nicholson 2001) to lived experiences of public spaces (Matthews, Limb and Taylor 2001). The special issue edited by Imrie (2001) on the spatialities of disability demonstrates the quality of recent work in this field, though he argues that there is room for multiple and more diverse understandings. Other areas, including old age (Pain, Mowl and Talbot 2000) and ethnosectarian identities (Bairner and Shirlow 2003), have received relatively little attention. Perspectives on multiple identity are central to all this work (see Bondi and Rose 2003), in particular connecting geographies of gender and race: for example, Dwyer's work on young British muslim women (Dwyer 2000), and Lloyd Evans and Bowlby (2000) on experiences of racialized gendering for Pakistani migrants to Britain. Vincent and Warf's (2002) reflections on diasporic Jewish identity invoke theories of the spatialization of consiousness and subjectivity. Meanwhile, Crang (2003a) provides a timely challenge to any complacency about the gender composition of British geographers, suggesting it should concern us all that 'the situation is still so dire at the start of the 21st century' (Crang 2003a: 1715).

Much of this latter work has continued to use mainstream 'ethical' qualitative methods; much of the former has explicit policy relevance. However, the refocusing of attention on social inequality has increasingly been accompanied by calls to incorporate activism and forms of policy and action research which are truly more democratic (see Fuller and Kitchin forthcoming). Empirical and theoretical development of these issues is under way, and the issue is being championed in many areas of work using various frameworks (see Pain 2003 for a review). To some extent this new imperative of action is helping to undo resilient divides between quantitative 'science' and 'ad hoc qualitative impressionism' (Hamnett 2003: 3). So, for example, there is wider acceptance that Geographical Information Systems have a role in documenting and challenging oppression, especially where those being mapped have a meaningful input (e.g. Matthews, Beale, Picton and Briggs 2003). Somewhat later than elsewhere, in parallel with slowness in the policy sphere, participatory and collaborative action research approaches making use of a range of verbal, visual and arts techniques are emerging in British social and cultural geography (see Kesby 2000; Kesby, Kindon and Pain 2003; Pain in preparation). The debate is not without injections of realism; Dorling and Shaw (2002) argue that relevance is difficult to attain or measure, and often stifled by institutional constraints that have a particular impact in Britain (which we return to in our conclusion).

Related debates have been taking place in post-colonialist geographies. While having developed primarily as a perspective to challenge global inequalities and geographers' role in sustaining them, the impact of post-colonialism on social and cultural geography has largely been in terms of perspectives and theories. Like the wider field of cultural geography, it has been criticized for being overly focused on text and discourse (McEwan 2003b; Nash 2002), and an agenda is growing for more explicit practical and political ties with the lived experiences and material realities of global inequality (McEwan 2002). For Nash (2002: 228), post-colonial geographies offer great potential to work 'between the critical engagement with a grand narrative of colonialism, and the political implications of complex, untidy, differentiated and ambiguous local stories'. As she and McEwan (2003a) demonstrate, effective methodological strategies are emerging to achieve this meeting of theory and practice.

Performances and practices

The second strand to 'rematerializing' British social and cultural geography that we have chosen to focus on is one which, to many, seems at odds with the first. This body of work has been engaged with embodiment, performance and practices. In particular, non-representational theory dismisses the constructivist approaches that have often characterized the work reviewed above. As one of the first to reject the work of representation in cultural geography, Thrift (1996) argued for greater emphasis on materiality and lived experience, to be accessed by attention to practices. Dewsbury, Harrison, Rose and Wylie's (2002) influential editorial develops such ideas about regaining the material. Arguing that one cannot adequately represent or explain the world, just 'present' it, they explain that:

> Our understanding of non-representational theory is that it is characterized by a firm belief in the actuality of representation, not representations as masks, gazes, reflections, veils, dreams, ideologies, ... [but rather] as 'doings' ... [a move away from] '*posited meaning*' towards '*material compositions and conduct*' of representations. (2002: 438)

Here, the material may be reclaimed through explorations of bodies, performances and practices; not through uncovering 'orders, mechanisms, structures and processes' (Dewsbury, Harrison, Rose and Wylie 2002: 437) but rather through a more sensuous 'doing'. Their plea is for 'empirical moments', invocations and iterations, that may be seen as an 'ongoing exposition of the social and material world' (Dewsbury, Harrison, Rose and Wylie 2002: 438). Just as the re-emergent concern with social inequality (above) is being accompanied by new forms of action research, one exciting—if far less established—development here is research practices that engage with performative and embodied knowledges. For Crang (2002, 2003b) these are avenues that might address the now highly problematized issues of positionality and representation in qualitative research. Predicting a renaissance of methods based on performance (and coincidentally echoing some of the key tenets of participatory action research practice), Thrift suggests:

> It becomes possible to use knowledge of performance to produce other means of presenting research [...] to analyse how and why certain spaces seem to have such powerful effects, and to co-produce certain kinds of project in ways which genuinely even up the terms of trade between researcher and researched. (Thrift 2002: 296)

Both Crang (2003b) and Thrift (2002: 296) extol making inroads into a bodily 'logic of sense', moving beyond the dominance of the visual to include sound, smell and touch.

For example, in the special issue edited by Dewsbury, Harrison, Rose and Wylie, McCormack weaves 'expressive and theoretical spaces' (2002: 469) of an interest in rhythm, avoiding 'representational ethics' that inevitably miss the beat or 'becoming seduced by an aesthetics of weightless escape' (2002: 469). Wylie (2002) offers a narrative of the ascent of Glastonbury Tor in England that gives a sense of the material: the Tor's visibility, its cultural histories, and the visceral reality of the intertwinings of self and landscape. Harrison (2002) draws on the work of Wittgenstein to suggest that the 'performative', that which captures distinctly geographical understandings of the present, taking place, making sense, might replace both idealism and the Cartesian ideals of certainty. Finally, Rose (2002: 455) draws on Bataille's notion of 'labyrinth' to offer an alternative understanding of how landscape works as both a visual and a material space, to consider 'the landscape's capacity to be called forth through practice'.

Elsewhere, in a paper on history and land-use heritage, Crouch and Parker (2003: 398) contend that more attention needs to be paid to the micro-politics of 'doing', as 'through practice [individuals] engage, discover, open, habitually practice and enact, reassure, become, create'. Others extol a more 'embodied' sense of the relationship between nature/society/culture; such as Milbourne's (2003) socio-cultural critique of hunting with dogs and Philo, Parr and Burns' (2003) critique of the representational politics of rural mental health.

The challenges of non-representational theory and non-verbal research methodologies have not been widely taken up. Nor are they without criticism; for example, Nash has voiced concerns about the rejection of representation and text, about the implications for ethnographic method, and about the 'new' forms of politics being espoused:

> The energy spent in finding ways to express the inexpressible [...] seems to imply a new (or maybe old) division of labour separating academics who think (especially about not thinking or the non cognitive) and those 'ordinary people' out there who just act. (2000: 662)

For us, questions also remain about the outcomes of this sort of research, an issue thrown into sharp relief by the rapid diversification of action research approaches elsewhere. So, we would suggest, some mutual recognition might be helpful here.

While the two 'rematerialization' turns we have discussed often appear to be travelling in different directions, there is more common ground than meets the eye. This is evocative of British social and cultural geography over the last decade and a half; the two perspectives would benefit from constructive dialogue. In both can be found an interest in 'rematerializing' geography; both advocate new methods and tactics for accessing and investigating the socio-spatial world, particularly those working with media and senses that are relatively new to human geography; both seek greater democracy in research relations while exploring ways of addressing the problematized issues of representation, positionality and constructivism; and both espouse the need for new forms of politics. As Massey (2000) has suggested, 'practising political relevance' may involve constructivist and non-constructivist approaches.

Emotional geographies

One fruitful perspective that is beginning to indicate how some of these apparently disparate concerns might come together is recent work on emotional geographies. It sits somewhere between the two, and in it can be found concerns with wedding theory, practice and action. In a landmark editorial, Anderson and Smith identify:

> Our concern ... that as the policy-relevant movement increasingly distances itself from the ostensibly narcissistic extremes of cultural studies, a concept at the heart of the latter, yet (in our view) crucial to the former, will fall by the wayside. (2001: 7)

The ways in which 'the human world is constructed and lived through the emotions', the affective domain, is central to lived experiences of social inequality and to performances of action, and is highly policy relevant. However, because emotions are a political and highly gendered issue, and they involve self-reflection which still makes many geographers squeamish, they have been absent from academic and policy analysis (see also Nash 1998; Panelli, Little and Kraack forthcoming; Widdowfield 2000). Nonetheless, two special issues edited by Davidson and Bondi (forthcoming) and Davidson and Milligan (forthcoming) build upon Anderson and Smith's agenda. Valentine (2003) reviews the impact of ethics and emotions in health and disability research, though there are few reflective examples as yet; researchers such as Widdowfield (2000) and Laurier and Parr (1999) stand out for their examination of the implications of emotions for research methodologies and experiences. As Anderson and Smith (2001) identify, emotional geographies offer great possibilities for non-constructivist approaches to research—those focused on being and doing, participation and performance—and for researching the world through feelings.

Such work represents just one meeting point for differences which are still rife within and between social and cultural geography in Britain;[4] the 'extremes' of the sub-discipline, and the methodological and political avenues they are currently exploring, may not be so disunited. Echoing an earlier criticism, the impenetrability of language in some parts of cultural geography still sometimes isolates and creates hostility to interesting ideas.

Knowledge production: angsts and 'isms'

This concern with rematerializing, prevalent in recent British work, has run parallel with wider concerns about knowledge production in geography. Again these are generic issues, but they come into sharp focus here because of the recent histories of social and cultural geography and its concerns.

British geography has played its part in the wider 'spatial turn' in the social sciences (Thrift 2002). The fruits of such turns may be that geography is noted by outsiders to be 'worldly, catholic and resourceful' (Whatmore 2003), and geographers publish in other disciplines (such as cultural studies, sociology, political studies, public health), though arguably we borrow more than we give back (Ferguson 2003). The influence of social and cultural geography on the wider discipline is also evident. One example is the rich seam of work around consumption/commodity 'cultures', with geographers breathing new spatial life into commodities that have been neglected as 'anthropological artifacts' or 'economic cargoes' (Bridge and Smith 2003). For example, Dwyer and Jackson (2003) explore 'ethnic' design clothing companies, how they 'sell' corporate social responsibility, 'ethical trading' and 'ethnic meanings' and how consumers interact with such meanings. Leslie and Reimer (2003) use the notion of 'commodity chain' to trace how masculinist modernism in the production phase of home furniture becomes ambivalent and more complex as the commodity moves through different parts of the chain. Hughes (2000, 2001) examines how value and knowledge are distributed between producer and consumer, in the global, cut-flower trade. Others, by exploring commodities as diverse as coffee and elephants, explore human–non-human relations and the artificial boundaries between the two (Whatmore and Thorne 2000). While this body of work is not without its difficulties (not least trying to transcend boundaries of the 'economic' and the 'cultural'), it does encourage geographers and others to question 'the mutual constitutions of culture-economy, production-consumption, and practice-politics in the everyday, intimate, and lived worlds of the commodity' (Bridge and Smith 2003: 266).

For teaching, there have been critiques that recent developments in social and cultural geography have been less positive, in particular that the cultural turn has encouraged academic neo-conservatism in pedagogy (Barnett 1998; Castree 1999). As Heyman (2001) has countered, however, critical pedagogy has emerged too; there are moves, albeit for a minority, to rematerialize teaching, to encourage more inclusive, emancipatory and democratic practices inside and outside the classroom, and to foster habits and skills of participatory democracy and critical citizenship (in particular see Cook 2000 on 'border pedagogy').

While British geographers continue to pay attention to inequality and difference, our external gaze seeking other geographies and wider knowledges has been accompanied by an internal gaze on the underbelly of knowledge production. Humanness, cultures and knowledges are intricately bound; knowledge producers become entangled in this and cannot speak with authority (Sibley 2003). British geographers are grappling with the strong critique that we rarely question our own privileged positioning (Desbiens 2002; Minca 2000), and promote geographical discourse examining situated contexts yet only in one language (Agnew 2000). Thus strategies for opening out Anglo-American geography and breaking down its dominance are beginning to be seen, whether through international contact and knowledge exchange, or efforts to open up publishing (see Kitchin and Fuller 2003).

What may be less apparent to those outside British geography are the increasing disparities within. Ironically, just as social and cultural geographers are beginning to utilize approaches, theories and methods which actively challenge knowledge hierarchies, a mesh of institutional constraints is further delimiting who is a legitimate knowledge producer in the discipline. The main mechanism is the Research Assessment Exercise (RAE) by which the narrowly defined 'quality' of British geography departments is assessed in competitive funding rounds. Fierce critiques have been made of its impact on intellectual freedom and innovative scholarship (Short 2002; Sidaway 1997), on teaching (Jenkins 1995) and on the trajectories of young researchers (Shelton et al. 2001); and that it militates against positive engagement with communities and policy-making (Castree and Sparke 2000). It has concentrated power among a small number of departments, primarily in 'old' universities which are already the most advantaged, and among a small number of individuals who are prominent on assessment panels, editorial boards and funding agency committees, and whose research interests are therefore most likely to be reproduced (Short 2002). The increasing importance of citation indices by which only certain journals 'count' in the RAE, alongside the 'black box' of the publishing process (Kitchin and Fuller 2003), reinforces the over-representation of certain Anglo-American scholars and particular ideas. It is now at some professional and personal cost that individuals find time for activities outside playing this increasingly tyrannical game. A worrying outcome for British social and cultural geographers is that many of their efforts as discussed in this review—bridging theory and action, pursuing relevance, and actively challenging inequality inside and outside the academy—face increasing obstacles.

Notes

1 'Envisioning Geographies: Social and Cultural Perspectives', organized by the Social and Cultural Geography Study Group of the RGS/IBG, London, June 2003
2 Our view is that, within the English-speaking world, social and cultural geographers in Australia, Aotearoa/New Zealand and Canada have been more successful at wedding theory and action in their work
3 While more of this work falls in what is traditionally 'social' geography, a session on 'Cultural Geography at the Coalface' organized by Sara McKian at the RGS/IBG conference in London, September 2003, showcased many examples of policy-engaged work in cultural geography
4 There are other potential meeting points—we have focused here on one which seems particularly significant at the time of writing.

References

Agnew, J. (2000) Italian books and Society and Space: a review section, *Environment and Planning D: Society and Space* 18: 290.

Anderson, K. and Smith, S. (2001) Editorial: emotional geographies, *Transactions of the Institute of British Geographers* 26: 7–10.

Bairner, P. and Shirlow, P. (2003) When leisure turns to fear: understanding the reproduction of ethno-sectarianism in Belfast, *Leisure Studies* 22: 203–221.

Barnett, C. (1998) Cultural twists and turns, *Environment and Planning D: Society and Space* 16: 631–634.

Bondi, L. and Rose, D. (2003) Constructing gender, constructing the urban: a review of Anglo-American feminist urban geography, *Gender, Place and Culture* 10: 229–45.

Bonnett, A. (2000) *White Identities*. Harlow: Longman.

Bridge, G. and Smith, A. (2003) Intimate encounters: culture–economy–commodity, *Environment and Planning D: Society and Space* 21: 257–268.

Brown, T. and Duncan, C. (2002) Placing geographies of public health, *Area* 34: 361–369.

Butler, T. (2003) Living in the bubble: gentrification and its 'Others' in North London, *Urban Studies* 40: 2469–2486.

Cameron, S. (2003) Gentrification, housing redifferentiation and urban regeneration: 'Going for Growth' in Newcastle upon Tyne, *Urban Studies* 40: 2367–2382.

Castree, N. (1999) Situating cultural twists and turns, *Environment and Planning D: Society and Space* 17: 257–260.

Castree, N. and Sparke, M. (2000) Professional geography and the corporatization of the University, *Antipode* 32: 222–229.

Cloke, P. (2002) Deliver us from evil? Prospects for living ethically and acting politically in human geography, *Progress in Human Geography* 26: 587–604.

Cook, I. (2000) 'Nothing can ever be the case of "us" and "them" again': exploring the politics of difference through border pedagogy and student journal writing, *Journal of Geography in Higher Education* 24: 13–27.

Crang, M. (2002) Qualitative methods: the new orthodoxy?, *Progress in Human Geography* 26: 647–655.

Crang, M. (2003a) Malestream geography: gender patterns among UK geography faculty, *Environment and Planning A* 35: 1711–1716.

Crang, M. (2003b) Qualitative methods: touchy, feely, look-see?, *Progress in Human Geography* 27: 494–504.

Crouch, D. and Parker, G. (2003) 'Digging-up' Utopia? Space, practice and land use heritage, *Geoforum* 34: 395–408.

Davidson, J. (2000) '...the world was getting smaller': women, agoraphobia and bodily boundaries, *Area* 32: 31–40.

Davidson, J. and Bondi, L. Emotional geographies of gender and sexuality: spatialising affect, affecting space, *Gender, Place and Culture* (forthcoming).

Davidson, J. and Milligan, C. Sensing geographies of emotion: seeing, hearing and feeling space, *Social & Cultural Geography* (forthcoming).

Desbiens, C. (2002) Speaking in tongues, making geographies, *Environment and Planning D: Society and Space* 20: 1–3.

Dewsbury, D., Harrison, P., Rose, M. and Wylie, J. (2002) Enacting geographies, *Geoforum* 33: 437–440.

Dorling, D. and Rees, P. (2003) A nation still dividing: the British census and social polarisation 1971–2001, *Environment and Planning A* 35: 1287–1313.

Dorling, D. and Shaw, M. (2002) Geographies of the agenda: public policy, the discipline and its (re)'turns', *Progress in Human Geography* 26: 629–646.

Dwyer, C. (2000) Negotiating diasporic identities: young British South Asian muslim women, *Women's Studies International Forum* 23: 475–486.

Dwyer, C. and Jackson, P. (2003) Commodifying difference: selling EASTern fashion, *Environment and Planning D: Society and Space* 21: 269–291.

Easterlow, D. and Smith, S.J. (2003) Housing policy and health in Britain, in Gill, P. and de Wildt, G. (eds) *Housing and Health: The Role of Primary Care*. Oxford: Radcliffe Medical Press.

Ferguson, R. (2003) Publication practices in physical and human geography: a comment on Nigel Thrift's 'The future of geography', *Geoforum* 34: 9–11.

Fuller, D. and Kitchin, R. (eds) (2004) *Radical Theory, Critical Praxis: Making a Difference Beyond the Academy?* ACME e-book series (forthcoming).

Fyfe, N.R. (2003) Commentary on Smith, S.J., 1986, Crime, Space and Society, *Progress in Human Geography* 27: 333–335.

Fyfe, N. and Bannister, J. (2001) Introduction: fear and the city, *Urban Studies* 38: 807–814.

Fyfe, N. and Milligan, C. (2003) Out of the shadows: exploring contemporary geographies of voluntarism, *Progress in Human Geography* 27: 397–413.

Gregory, I.N., Dorling, D. and Southall, H.R. (2001) A century of inequality in England and Wales using standardized geographical units, *Area* 33: 297–312.

Gregson, N. (1995) And now it's all consumption!, *Progress in Human Geography* 19: 135–141.

Gregson, N. (2003) Reclaiming 'the social' in social and cultural geography, in Anderson, K., Domosh, M., Pile, S. and Thrift, N. (eds) *Handbook of Cultural Geography*. London: Sage, pp. 43–57.

Hamnett, C. (2003) Contemporary human geography: fiddling while Rome burns?, *Geoforum* 34: 1–3.

Harrison, P. (2002) The Caesura: remarks on Wittgenstein's interruption of theory, or, why practices elude explanation, *Geoforum* 33: 487–503.

Herbert, S. (2003) Commentary on Smith, S.J., 1986, Crime, Space and Society, *Progress in Human Geography* 27: 335–337.

Heyman, R. (2001) Pedagogy and the 'cultural turn' in geography, *Environment and Planning D: Society and Space* 19: 1–6.

Hubbard, P. (2000) Desire/disgust: mapping the moral contours of heterosexuality, *Progress in Human Geography* 24: 191–217.

Hughes, A. (2000) Retailers, knowledges and changing commodity networks: the case of the cut flower trade, *Geoforum* 31: 175–190.

Hughes, A. (2001) Multi-stake holder approaches to ethical trade: towards a reorganization of UK retailers global supply chains?, *Journal of Economic Geography* 1: 421–437.

Imrie, R. (2001) Barriered and bounded places and the spatialities of disability: introduction to the special issue, *Urban Studies* 38: 231–238.

Jackson, P. (2000) Rematerializing social and cultural geography, *Social & Cultural Geography* 1: 9–14.

Jackson, P. (2003) Introduction: the social in question, in Anderson, K., Domosh, M., Pile, S. and Thrift, N. (eds) *Handbook of Cultural Geography*. London: Sage, pp. 37–42.

Jenkins, A. (1995) The impact of the Research Assessment Exercises on teaching in selected geography departments in England and Wales, *Geography* 84: 367–374.

Kearns, R. and Moon, G. (2002) From medical to health geography: novelty, place and theory after a decade of change, *Progress in Human Geography* 26: 605–625.

Kesby, M. (2000) Participatory diagramming: deploying qualitative methods through an action research epistemology, *Area* 34: 423–435.

Kesby, M., Kindon, S. and Pain, R. (2004) Participatory research, in Flowerdew, R. and Martin, M. (eds) *Methods in Human Geography*. Harlow: Pearson.

Kitchin, R. and Fuller, D. (2003) Making the 'black box' transparent: publishing and presenting geographic knowledge, *Area* 35: 313–315.

Laurier, E. and Parr, H. (1999) Emotions and interviewing, *Environment, Ethics and Place* 3: 98–102.

Lees, L. (2002) Rematerializing geography: the 'new' urban geography, *Progress in Human Geography* 26: 101–112.

Leslie, D. and Reimer, S. (2003) Gender, modern design and home consumption, *Environment and Planning D: Society and Space* 21: 293–316.

Little, J. (2002) *Gender and Rural Geography: Identity, Sexuality and Power in the Countryside*. London: Prentice Hall.

Lloyd Evans, S. and Bowlby, S. (2000) Crossing boundaries: racialised gendering and the labour market experiences of Pakistani migrant women in Britain, *Women's Studies International Forum* 23: 461–474.

Massey, D. (2000) Practising political relevance, *Transactions of the Institute of British Geographers, N.S.* 25: 131–133.

Matthews, H., Limb, M. and Taylor, M. (2001) The street as third space, in Holloway, S.L. and Valentine, G. (eds) *Children's Geographies: Playing, Living, Learning*. London: Routledge, pp. 63–79.

Matthews, H., Beale, L., Picton, P. and Briggs, D. (2003) Modelling Access with GIS in Urban Systems (MAGUS): capturing the experiences of wheelchair users, *Area* 35: 34–45.

McCormack, D. (2002) A paper with an interest in rhythm, *Geoform* 33: 469–485.

McDowell, L. (2000) The trouble with men? Young people, gender transformations and the crisis of masculinity, *International Journal of Urban and Regional Research* 24: 201–209.

McEwan, C. (2003a) Building a postcolonial archive? Gender, collective memory and citizenship in post-apartheid South Africa, *Journal of Southern African Studies* 29: 741–759.

McEwan, C. (2003b) Material geographies and postcolonialism, *Singapore Journal of Tropical Geography* 24(3): 340–55.

Milbourne, P. (2003) Hunting ruralities: nature, society and culture in 'hunt countries' of England and Wales, *Journal of Rural Studies* 19: 157–171.

Milligan, C. (2000) 'Bearing the burden': towards a restructured geography of caring, *Area* 32: 49–58.

Minca, C. (2000) Venetian geographical praxis, *Environment and Planning D: Society and Space* 18: 285–289.

Mohan, J. (2000) Geographies of welfare and social exclusion, *Progress in Human Geography* 24: 291–300.

Mohan, J. (2002) Geographies of welfare and social exclusion: dimensions, consequences and methods, *Progress in Human Geography* 26: 65–75.

Nash, C. (1998) Mapping emotions, *Environment and Planning D: Society and Space* 16: 1–10.

Nash, C. (2000) Performativity in practice: some recent work in cultural geography, *Progress in Human Geography* 24: 653–664.

Nash, C. (2002) Cultural geography: postcolonial cultural geographies, *Progress in Human Geography* 26: 219–230.

Nash, C. (2003) Cultural geography: anti-racist geographies, *Progress in Human Geography* 27: 537–648.

Nicholson, H.N. (2001) Seeing how it was?: childhood geographies and memories in home movies, *Area* 33: 128–140.

Pain, R. (2003) Social geography: on action-orientated research, *Progress in Human Geography* 27: 677–685.

Pain, R. Social geography: participatory research, *Progress in Human Geography* (forthcoming).

Pain, R., Mowl, G. and Talbot, C. (2000) Difference and the negotiation of 'old age', *Environment and Planning D: Society and Space* 18: 377–394.

Panelli, R., Little, J. and Kraack, A. A community issue: rural women's feelings of safety and fear, *Gender, Place and Culture* (forthcoming).

Parr, H. (2003) Medical geography: care and caring, *Progress in Human Geography* 27: 212–221.

Peach, C. (2002) Social geography: new religions and ethnoburbs—contrasts with cultural geography, *Progress in Human Geography* 26: 252–260.

Philo, C., Parr, H. and Burns, N. (2003) Rural madness: a geographical reading and critique of the rural mental health literature, *Journal of Rural Studies* 19: 259–281.

Philo, P. (2000) More words, more worlds: reflections on the cultural turn and human geography, in Cook, I., Crouch, D., Naylor, S. and Ryan, J. (eds) *Cultural Turns, Geographical Turns: Perspectives on Cultural Geography*. Harlow: Prentice Hall, pp. 26–53.

Robson, E. (2000) Invisible carers: young people in Zimbabwe's home-based healthcare, *Area* 32: 59–70.

Rose, M. (2002) Landscapes and labyrinths, *Geoforum* 33: 455–467.

Shelton, N., Ni Laoire, C., Fielding, S., Harvey, D., Pelling, M. and Duke-Williams, O. (2001) Working at the coal-face: contract staff, academic initiation and the RAE, *Area* 33: 434–439.

Shirlow, P. and Pain, R. (2003) Introduction: the geographies and politics of fear, *Capital and Class* 60: 15–26.

Short, J.R. (2002) The disturbing case of the concentration of power in human geography, *Area* 34: 323–324.

Sibley, D. (2003) Paper presented at the Envisioning Geographies: Social and Cultural Perspectives meeting of the Social and Cultural Geography Study Group of the RGS/IBG, London, June 2003.

Sidaway, J.D. (1997) The production of British geography, *Transactions of the Institute of British Geographers* 22: 488–504.

Smith, N. (2000) Socializing culture, radicalizing the social, *Social & Cultural Geography* 1: 25–28.

Smith, S.J. (2003) Author's response to comments on Crime, Space and Society, *Progress in Human Geography* 27: 337–339.

Smith, S.J. States, markets and an ethic of care, *Political Geography* (forthcoming).

Taylor, C. and Gorard, S. (2001) The role of residence in school segregation: placing the impact of parental choice in perspective, *Environment and Planning A* 33: 1829–1852.

Thrift, N. (1996) *Spatial Formations*. London: Sage.

Thrift, N. (2002) The future of geography, *Geoforum* 33: 291–298.

Warrington, M. (2001) 'I must get out': the geographies of domestic violence, *Transactions of the Institute of British Geographers* 26: 365–382.

Whatmore, S. (2003) Paper presented at the Envisioning Geographies: Social and Cultural Perspectives meeting of the Social and Cultural Geography Study Group of the RGS/IBG, London, June 2003.

Whatmore, S. and Thorne, L. (2000) Elephants on the move: spatial formations of wildlife exchange, *Environment and Planning D: Society and Space* 18: 185–203.

Widdowfield, R. (2000) The place of emotions in academic research, *Area* 32: 199–208.

Wrigley, N. (2002) 'Food deserts' in British cities: policy context and research priorities, *Urban Studies* 39: 2029–2040.

Wylie, J. (2002) An essay on ascending Glastonbury Tor, *Geoforum* 33: 441–454.

Valentine, G. (2003) Geography and ethics: in pursuit of social justice—ethics and emotions in geographies of health and disability research, *Progress in Human Geography* 27: 375–380.

Valentine, G. and Holloway, S. (2001) On-line dangers? Geographies of parents' fears for children's safety in cyberspace, *Professional Geographer* 53: 71–83.

Valins, O. (2003) Defending identitites or segregating communities? Faith-based schooling in the UK Jewish community, *Geoforum* 34: 235–247.

Vincent, P. and Warf, B. (2002) Eruvim: talmudic places in a postmodern world, *Transactions of the Institute of British Geographers* 27: 30.

Yarwood, R. and Gardner, G. (2000) Fear of crime, cultural threat and the countryside, *Area* 32: 403–411.

Zionist homelandscapes (and their constitution) in Israeli geography

Maoz Azaryahu & Arnon Golan
Department of Geography, University of Haifa, Haifa, Israel

Home'land, n.: 'A country in which one was born or makes one's home'. (Webster's)

I

As a conflation of an idea and particular territory, of a sense of individual attachment and a sense of collective ownership, homeland is central to many nationalist/patriotic experiences and discourses. Homeland denotes a certain territory, even if the boundaries of this territory may change over the course of history. It also connotes a set of culturally shared meanings that are formulated in patriotic terms: homeland is evocative of many things, most prominently of an intimate sense of belonging and a powerful notion of loyalty. The transformation of land into homeland figures prominently in stages of national revival since the notion of a shared homeland is central to the nation as an 'imagined community', one which transcends local experiences and particularist loyalties. Importantly, homeland is located not only on maps and in the minds of people, but also in culture, i.e. the realm of socially shared meanings, where it exists as a dynamic set of specific homelandscapes.

Homelandscapes cast the homeland in the mould of specific cultural constructions of the landscape. These constructions include physical environments laden with cultural meanings, as well as narrative representations and interpretations and visual images of specific places and landscapes, both past and present. Despite their different forms and the circumstances of their evocation, homelandscapes are essentially an ideate: an actual existence that corresponds with an idea. In this case, the idea is the existence of homeland as an entity of its own that transcends its particular elements. The significance of homelandscapes lies in their power to convert the homeland from an abstract idea into a culturally shared reality.

This report examines how Zionist homelandscapes are constituted in Israeli geography. As object and product of study, Israeli geography is both the geography of Israel and its various manifestations in academic discourse. Accordingly, this overview of Zionist homelandscapes is also a review of a geographical discourse that includes studies by geographers and which also transcends disciplinary boundaries to include sociology, anthropology, landscape architecture and art, architecture and literary history.

The report has two layers. At a direct level it offers an account of Zionist homelandscapes and their formation over different periods. At another level it is an account of the academic discourse on Zionist homelandscapes. Needless to say, the academic study of Zionist homelandscapes entails a measure of ideological disengagement from the subject matter. To some extent, there have been several studies that have adopted critical perspectives, some of which verge on moral indictments of Zionism. Notwithstanding ideological dispositions and political agendas that are often barely concealed, all the studies mentioned here contribute to highlighting the formation of Zionist homelandscapes as a distinct theme in the academic discourse of Israeli geography.

II

As an ideology and movement of national revival, modern Zionism sought to redefine the Jewish collective existence in terms of nationhood in an Old-New (home)land. What distinguishes Zionism from other movements and ideologies of national revival is the theme of a return to and restoration of an ancient homeland. The name 'Old-New Land' (*Altneuland*) which Theodore Herzl, the founder of modern political Zionism, chose for his visionary book published in 1902, makes clear the extent to which the theme of restoration of the ancestral Jewish homeland was central to the Zionist revolution he envisioned.

The uniqueness of Zionism was the quest to transform a metaphysical sense of an ancient homeland that had permeated Jewish liturgy into concrete or real landscapes (Newman 1998): from landscapes of the mind to landscapes of actual residence. In the most general terms, the emergence of specific Zionist homelandscapes was the combined effect of the development of the settlement geography of the Jewish national home in Palestine (Kellerman 1993; Troen 2003) and the cultural construction of Jewish Palestine as a homeland. The cultural dimension was of prime importance. The poet Shaul Tchernikhovsky wrote that 'man is shaped in the mold of his homeland'. In this phrase he expressed the difficulty involved in resolving a fundamental conflict: between attachment to the landscape of his birthplace and attachment to the country he considered to be his ancestral homeland.

When refracted through the ideological lenses of Jewish history and Zionist ideology, the encounter of Jewish immigrants with a land that contained virtually no Jews and was extremely underdeveloped, evoked a strong sense of desolation (Schnell 1997). In the foundation stage of the Zionist settlement project, the transformation of the land into a homeland had been strongly suffused by the notion of restoration, implying a built-in and dynamic tension between the old and the new. The Zionist homelandscapes that emerged addressed these two complementary yet possibly contradictory elements in the form of a superposition of the rediscovery of Jewish past in the landscape and redesigning the landscape in terms of settlement and development. Interestingly, the notion of 'old' was ambiguous. On the one hand, there was a perception of the virgin landscapes as Biblical, and as such, they preserved the ancient history of the land. On the other hand, these same landscapes represented neglect, under-development and primitivism.

The Zionist quest to trace ancient Jewish history in the local landscape is shown in the identification of places with specific Biblical stories and events (Newman 1998). Here, historic sites that had acquired a mythic aura through their connection with dramatic events of Jewish history, such as Masada and Modi'in, belonged (Azaryahu and Kellerman 1999). Modi'in was the home of Judas Maccabeus, who led the successful revolt against Syrian–Greek rule in the second century BCE that resulted in the restoration of Jewish statehood. The desert fortress of Masada dramatized the last stand of Jews against the Imperial Roman legions in 73 CE. By the 1930s Masada had already become a primary Zionist symbol of the struggle for national freedom (Ben-Yehuda 1995; Zerubavel 1995). Beyond any specific lessons they were supposed to convey, these and other historic sites evoked Jewish past in the landscape and in this capacity, they expressed the historical continuity of a Jewish presence in the Land of Israel/Palestine.

A principal Zionist argument was that the Jewish national revival in Palestine meant 'a renewal of the old'. This was clear in the resurrection of ancient place names in the landscape of Zionist settlement. Importantly, in terms of landscapes, the revival of the old did not mean its replication; restoration and renewal were manifest in the appearance of new landscapes of Jewish settlement (Troen 2003).

In Zionist mythology, the 'old' landscape represented a wilderness. In contrast, the Zionist landscape that was about to replace it was pregnant with the notion of modernization (Aaronsohn 1995; Ben-Artzi 1996). The existing landscape, the pre-Zionist landscape, was of a temporary nature; its transformation was necessary for national revival (Golan 1997). Known as 'redemption of the land', the new landscapes of Jewish settlement amounted to the re-appropriation of an ancient patrimony. A popular Zionist practice, the *Tiyul* (hike) converted an abstract notion of homeland into a concrete experience of places and landscapes (Ben-David 1997). A pivotal Zionist agency, the Jewish National Fund, was entrusted with the task of purchasing land and promoting its 'redemption'. At the same time, the Jewish National Fund was also actively engaged in producing landscape imagery that became associated with the revival of the Jewish homeland in Palestine (Bar-Gal 1999).

The principle of Jewish return to the (home)land was central to Zionist endeavours. The mythic dimension of the settlement project was evinced in the interplay of relationships between mythic conceptions of earlier settlement activities and new ones (Kellerman 1996). The 'last stand of Tel Haï'—the defence of an isolated settlement in northern Galilee in 1920—became a major heroic myth and a formative Zionist experience (Zerubavel 1995). The event was commemorated in the Zionist calendar and the place became a pilgrimage site.

Specific areas of new Jewish settlement were also endowed with a mythic aura. The central theme of the myth of the *Emek* ('the valley', meaning the Valley of Jezreel) was the heroic act of pioneering which transformed the wilderness into cultivated land (Bar-Gal 1993; Schnell 1998). The myth glorified those pioneers who built co-operative settlements in defiance of natural hazards. The myth of the *Emek* became affiliated with the socialist ethos of Labour Zionism, and as a result of the ideological-cultural hegemony of the Labour movement, it became a prominent founding myth of Zionist pioneering. The celebration of Tel Aviv as 'the first Hebrew city' distinguished the creation of a new Jewish city as a major Zionist achievement (Helman 2000; Schlör 1999; Shavit and Biger 2001; Waterman 2001). In contradistinction to the co-operative pioneering associated with *Emek*, Tel Aviv represented the capitalist ethos of private initiative (Amit 2000).

On another plane, the symbolic rivalry between Jerusalem and Tel Aviv and their metaphoric construction in literary texts (Gutrin 1999) and in the public discourse in general evinced the tension between Jewish tradition and Zionist modernization. Whereas Jerusalem stood for Jewish historical heritage and religious notions of redemption, Tel Aviv cast the national revival in secular terms. The International Style architecture of the 1930s and the 1940s articulated the association of Tel Aviv with modernist and progressive social ideas of the period (Cohen 2003).

From a Zionist perspective, the landscape of Jewish settlement represented the revival of the homeland in terms of modernization and this ideological theme was abundantly represented in Zionist iconography. By formulating Zionist messages visually, Zionist iconography translated ideological notions, abstract ideas and popular perceptions into a visual idiom accessible to large audiences (Arbel 1996). The water tower was a primary Zionist icon: in its iconic capacity, becoming a recurrent motif in landscape representations (Azaryahu 2001). Commonly featured in the background of landscapes of fields and small houses with red-tiled roofs, the iconic image of a water tower was depicted in myriad visual illustrations of settlement landscape. At one level, the water tower was a constituent element of Zionist imagery of Jewish settlement landscape whereas at another level, the iconic image of the water tower signified the development and modernization of the land.

III

In the wake of the 1948 war and the establishment of the Israeli state, new Zionist home-landscapes that articulated the newly acquired independence and sovereignty appeared. The partition of the British mandated territory of Palestine into a Jewish state (Israel) and two geographically separated Arab-Palestinian areas (the West Bank and the Gaza Strip, controlled respectively by Jordan and Egypt) created a new political reality. Consequently, at the level of cartographic representation the Jewish homeland was enclosed within the boundaries of the Jewish state whose borders were determined in the armistice agreements signed in 1949.

However, another effect of this war was the eradication of any Jewish presence beyond the borders of the State of Israel and the simultaneous transformation of areas formerly populated by Arabs within what had become Israel into new arenas of Jewish settlement. The transformation of the landscape indicated the magnitude of Jewish victory. Jewish immigrants populated abandoned Arab villages and neighbourhoods, resulting in the disappearance of the traditional Arab landscape (Golan 2001, 2002; Goren 1996; Paz 1998). From an Arab perspective, this new reality, following the Arab defeat, was interpreted in terms of injustice and dispossession (Falah 1996). From a Zionist perspective, the same reality was a legitimate result of an enforced war.

The assertion of Jewish sovereignty was evinced in the officially promoted Hebraicization of the national map and the subsequent 'renaming of the landscape' (Azaryahu and Golan 2001; Benvenisti 2000; Katz 1995). Prior to the establishment of the State of Israel in 1948 Hebrew names had mainly been given to new settlements. These names conflated Jewish history and Zionist memory with the geography of Zionist revival. The 1:100,000 maps prepared in the 1940s by the British Mandatory Survey of Palestine provided an authoritative map of the Holy Land as an administrative entity. The language of the maps was English, but the language of the landscape they represented was overwhelmingly Arabic. There were some 3,700 Arabic names designating local topography, but barely more than 200 Hebrew names designating Jewish settlements. Moreover, some Biblical place names were reproduced in their English form, e.g. Jerusalem and Hebron (Al-Quds and Al-Halil in Arabic; Yerushalaim and Hevron in Hebrew).

In 1949 the Israeli government set up a commission entrusted with the task of affixing Hebrew names to landscape features in the Negev, the southern part of Israel. The work of this commission was extended in 1950 to include the northern and more densely settled part of the country also. Whereas the Hebraicization of the Negev was conceived of as a geographically and temporally limited project, the Hebraicization of the national map was an open-ended assignment. By early 1960s, the number of Hebrew place names assigned by the commission was already close to 5,000.

From a Zionist perspective, the formation of the Hebrew map was meant as a restorative measure, an act of re-appropriation in line with fundamental Zionist ideological premises. From a critical approach, the 'Hebraicization of the map' was an act of (symbolic) appropriation of the land intended to eradicate the Arab presence in the landscape and deny its Arabic history (Benvenisti 2000). As a matter of fact, since Arabic remained the official Arab-Palestinian language of the landscape and maps, the main effect of the Hebrew map was to introduce Hebrew as a language of landscape in addition to Arabic (Azaryahu and Golan 2001).

Following independence, Zionist homelandscapes associated with nationhood also introduced the sacred in terms of spatial commemorations. Monuments in Jewish settlements commemorated the heroic sacrifice of fallen soldiers (Azaryahu 1995). Relics of war transformed into monuments created new mythic landscapes (Azaryahu 1996, 2003; Helphand 2002; Shamir 1996). Similarly, monuments dedicated to the commemoration of Jewish Holocaust victims introduced the theme of the genocide against the Jewish people in Europe into the Israeli landscape (Baumel 1995; Brug 2002).

The principal shrines of Israeli statehood were located in western Jerusalem, which had been declared Israel's capital in 1949. The national cemetery on Mount Herzl, Israel's national pantheon, combined the burial place of Herzl and a military cemetery (Azaryahu 1996). In the immediate vicinity of Mount Herzl, *Har haZikaron* (the Mount of Remembrance) is the site of *Yad vaShem*, the central Holocaust memorial shrine in Israel. Though independent of each other, the geographical proximity between the two shrines thematize 'destruction' and 'rebirth' as fundamental to the symbolic foundations of Israeli nationhood.

IV

Following the Israeli victory in the Six-Day War of 1967, Israeli rule extended beyond the 'Green Line' (the 1949 armistice line) to include territories that had been rendered inaccessible to Jews since 1948—most notably the Old City of Jerusalem and its Jewish shrines. Its effect on the Arab–Israeli conflict notwithstanding (Newman 1999), the victory brought in its wake the emergence of more Zionist homelandscapes that combined ancient Jewish history with contemporary settlement activities. Yet unlike earlier stages of Zionist history, these homelandscapes were politically contested and, importantly, were rejected by those sections of Israeli society for which settlement activities were associated with the foundation phase of Zionist history. The schism between the vision of a 'Greater Israel', to include these occupied territories, and the vision of an Israel confined to the borders extant at the outbreak of war in 1967 has dominated Israeli politics. The rival conceptions of a Zionist homeland reflected two visions of history (Feiga 2002; Newman 1996, 1998). The vision of a 'Greater Israel', emphasizing ancient Jewish history in the occupied territories contrasted with that of a 'small Israel', which avoided references to ancient Jewish history and focused on the reality that had emerged after independence as decisive for defining the concept of a Jewish homeland.

This major feature of Israeli politics, the tension between the old and the new visions of the Jewish homeland was closely affiliated with the collapse of the hegemony of Labour Zionism and the decline of the pioneering ethos which Labour Zionism traditionally espoused (Azaryahu 1999a). The dynamic of change was also evident in the arena of culture, where the proliferation of music festivals evinced the differences between the Western-oriented old elite and new segments of Israeli society that adhered to Mid-Eastern cultural traditions (Waterman 1998). Here also belonged the growing popularity of the worship of saints that was mainly associated with Jews of north African origin (Ben-Ari and Bilu 1997). For the proponents of a Western-oriented, Labour-led Israel, the 'new Israel' that appeared in the early 1980s signalled the decline of Israeli society (Waterman 1999).

From another perspective, the gradual decline of the pioneering ethos and its emphasis on austerity as a value in its own right both reflected and revealed the growing affluence of Israeli society. The distribution of the new affluence has been uneven, with neighbourhoods and towns founded in the spatio-social periphery in the 1950s suffering underdevelopment (Yiftachel 2000) and persistent marginalization (Avraham 2003). At the same time, the growing affluence of Israeli society has become evident in new landscapes of consumption, notably indicated by the proliferation in the 1990s of shopping malls throughout Israel (Shaul 2002). The introduction of these shrines of consumption into Israeli geography also signified the growing Americanization of Israel (Avraham and First 2003; Azaryahu 2000). The visual prominence of McDonald's golden arches, first introduced into Israel in 1993, was a further sign of the susceptibility of Israel to global flows (Ilouz and John 2003). In terms of contested place, the tension between the global and the local was articulated in the conflict that emanated from following the opening of a McDonald's restaurant in the immediate vicinity of a memorial shrine (Azaryahu 1999b). Another response to the globalization/Americanization of the landscape and ostensibly to the disappearance of traditional landscapes was the growing nostalgia for traditional Zionist homelandscapes and, in particular, the emergence of a heritage geography. This has given rise to numerous heritage museums that have recreated an image of the pioneer experience (Katriel 1997). Another was the prominence of the conservation of the built heritage in urban planning discourse and practice, most notably in Tel Aviv, which in 2003 was recognized by UNESCO as a world heritage city in connection with the abundance of examples of architecture in the International Style of the 1930s and the 1940s (Cohen 2003).

V

The formation and re-formation of Zionist homelandscapes has been an important aspect of Zionist history. As cultural constructs, the homelandscapes have pervaded Zionist ideology and experience. Constructive of a sense of a culturally shared homeland, Zionist homelandscapes have been interwoven into the actual landscape in symbolic terms, thematized in iconic representations of and literary references to places (Mishory 2000) featured in popular songs (Yiftachel and Roded 2003) and celebrated in heroic myths. Constitutive of Israeli geography and the academic discourse of Israeli geography, the construction and reconstruction of Zionist homelandscapes has been an integral part of Zionist history and of the cultural, social and political history of the Zionist landscape. Most importantly, they were employed and involved in the conversion of space into place and the transformation of a land into a homeland.

"מולדת: הארץ שבה נולדים או שעושים אותה לבית (וובסטר)"

.I

כשילוב של אידיאל ושל טריטוריה, ושל תחושת שייכות ובעלות, מולדת היא מרכיב מכונן של החוויה והשיח הפטריוטי/לאומי. המרכיב המרחבי של המולדת היא הטריטוריה, גם אם גבולותיה עשויים להשתנות במהלך ההיסטוריה.אך מבחינה קונוטטיבית, המולדת היא מכלול של משמעויות משותפות בתרבות שמנוסחות במונחים פטריוטיים: מולדת מייצגת דברים רבים, ביניהם תחושה אינטימית של שייכות ורגש חזק של נאמנות. הפיכתה של ארץ למולדת היא בעלת חשיבות רבה בתקופה של תחיה לאומית כיוון שרעיון המולדת המשותפת הוא מרכזי לאומה כ'קהילה מדומיינת', כזו שקיומה הוא מעבר להתנסויות מקומיות ולנאמנויות פרטיקולריות. חשוב להבחין שהמולדת ממוקמת לא רק במפות ובתודעה של יחידים, אלא גם בתרבות, היא התחום של משמעויות משותפות חברתית, שם היא קיימת בצורה של מערכת דינמית של נופי-מולדת.

נופי-מולדת יוצקים את המולדת בתבנית של הבניות תרבותיות של הנוף. הבניות אלה כוללות סביבות פיזיות הטעונות במשמעויות תרבותיות, כמו גם ייצוגים סיפוריים ופרשניים ודימויים חזותיים של מקומות מוגדרים, בעבר ובהווה. מעבר לצורות השונות שהם לובשים ולנסיבות השונות של הופעתם, נופי-מולדת מגלמים רעיון מוגדר היטב: קיומה של המולדת כישות שמעבר למרכיביה השונים. חשיבות נופי-המולדת היא ברוחה להמיר את המולדת מרעיון מופשט לכלל מציאות משותפת הנחווית בתרבות.

דו"ח זה סוקר ומנתח את כינונם של נופי-מולדת ציוניים במסגרת הגיאוגרפיה הישראלית. כמושא וכתוצר של מחקר, הגיאוגרפיה הישראלית היא גם הגיאוגרפיה של ישראל וגם מופעיה השונים בשיח האקדמי. בהתאמה, דו"ח זה אודות נופי-מולדת ציוניים מסקר שיח גיאוגרפי במסגרתו נכללים מחקרים מתחום הגיאוגרפיה אך גם מחקרים מתחומים אחרים, ביניהם סוציולוגיה, אנתרופולוגיה, אדריכלות נוף, היסטוריה של אמנות ומחקר הספרות.

לדו"ח זה שני רבדים. ברובד המיידי הוא מציע סקירה של נופי-מולדת ציוניים ועיצובם בתקופות שונות. ברובד אחר הדו"ח סוקר את השיח האקדמי של נופי-מולדת ציוניים. כמובן שהמחקר האקדמי של נופי-מולדת ציוניים דורש ניתוק אידיאולוגי מהנושא הנבדק. במידה מסוימת, כמה מהמחקרים המאוזכרים כאן אימצו גישה ביקורתית הגובלת לעיתים בשיפוט ערכי של הציונות. אך מעבר לדיספוזיציות אידיאולוגיות וסדר-יום פוליטי גלוי, כל המחקרים המוזכרים במסגרת הדו"ח הם תרומה להדגשת נושאי נופי-המולדת כנושא ייחודי בשיח האקדמי של הגיאוגרפיה הישראלית.

II.

כאידיאולוגיה וכתנועת התחייה הלאומית, הציונות המודרנית ביקשה להגדיר מחדש את הקיום היהודי הקולקטיבי במונחים לאומיים במולדת ההיסטורית של העם היהודי. מה שמבדיל בין הציונות ובין תנועות ואידיאולוגיות אחרות של תחיה לאומית היא נושא השיבה למולדת היסטורית וקימומה מחדש. השם "ארץ ישנה-חדשה" (Altneuland: תל-אביב בתרגומו של נחום סוקולוב) שהרצל, האב המייסד של הציונות הפוליטית, בחר לספרו שהופיע ב- 1902, מבהיר היטב עד כמה נושא קימומה של המולדת ההיסטורית של העם היהודי הייתה מרכזית למהפכה הציונית שחזה.

הייחוד של הציונות היה בשאיפה להפוך תחושה מטפיזית של מולדת היסטורית הקיימת בליתורגיה דתית לנופים קונקרטיים (Newman 1998): מנופים של זיכרון היסטורי לנופים של מקום מגורים. במונחים כלליים, הופעתם של נופי-מולדת ציוניים הייתה התוצאה המשולבת של התפתחות הגיאוגרפיה היישובית של הבית הלאומי היהודי בארץ-ישראל (Kellerman 1993; Troen 2003) וההבניה התרבותית של ארץ-ישראל כמולדת יהודית. הממד התרבותי היה בעל חשיבות עליונה. המשורר שאול טשרניחובסקי כתב ש"האדם הוא תבנית נוף מולדתו". כוונתו הייתה לבטא את הקושי בפתרון של קונפליקט יסודי: בין תחושת ההשתייכות לנופי מחוז ההולדת ותחושת ההשתייכות לארץ בה ראה את מולדתו הלאומית.

בהישברו בעדשה הרעיונית של ההיסטוריה היהודית והאידיאולוגיה הציונית, המפגש של עולים חדשים עם הארץ הריקה כמעט מיהודים וסובלת מתת-פיתוח חמור עוררה תחושה קשה של עזובה (Schnell 1997). בשלב היסוד של מפעל ההתיישבות הציוני הייתה הטרנספורמציה של ארץ למולדת רוויה בתפיסת הבניה מחדש, דבר שפירושו היה מתח דינמי בין הישן והחדש. נופי-המולדת הציונית שהופיעו שילבו את הגילוי מחדש של העבר היהודי בנוף המקומי ואת העיצוב מחדש של הנוף במונחים של התיישבות ופיתוח. מעניין לגלות כי ה'ישן' היה דו-משמעי. מחד התפיסה של הנופים בתוליים כעתיקים, כמי שמשמרים את תקופת התנ"ך ואת ההיסטוריה הקדומה של הארץ. מאידך, אותם נופים גם ייצגו עזובה, הזנחה, תת-פיתוח ופרימיטיביות.

השאיפה הציונית לגלות את עקבות ההיסטוריה היהודית בנוף המקומי באה לידי ביטוי בראש ובראשונה בזיהוי של מקומות עם סיפורים ואירועים תנכ"יים (Newman 1998). לכאן שייך גילויים של אתרים היסטוריים שעטויים היו במעטה מיתי באמצעות הקישור בינם ובין אירועים דרמטיים של ההיסטוריה היהודית, כמו מצדה ומודיעין (Azaryahu and Kellerman 1999). מודיעין הייתה מקום הולדתו של יהודה המכבי, שהרים את נס המרד כנגד השלטון הסורי בארץ-ישראל בראשית המאה השנייה לפני הספירה, מרד שהביא בעקבותיו את חידוש העצמאות היהודית בארץ-ישראל. מבצר מצדה נתן ביטוי דרמטי לעמידת הגבורה של היהודים כנגד הלגיונות הקיסריים בשנת 73 לספירה. בשנות השלושים הפכה מצדה לסמל ציוני של המאבק לחרות לאומית (Ben-Yehuda 1995; Zerubavel 1995). מעבר ללקחים שהם היו אמורים ללמד, אתרים היסטוריים אלה ואחרים שילבו את ההיסטוריה היהודית בנוף, ובזה האופן ביטאו המשכיות עם העבר היהודי של ארץ-ישראל.

החייאת שמות מקומות עתיקים בנוף ההתיישבות הציונית היה בה כדי לאשש טיעון ציוני מרכזי שהתחייה היהודית בארץ-ישראל פירושה היה 'חידוש הישן'אלא שבכך לא היה די, שכן משמעות תחיית העם היהודי על פי התפיסה הציונית לא הייתה בחזרה לעבר אלא ביצירה של עתיד חדש לעם היהודי במולדתו ההיסטורית. במונחים של עיצוב הנוף משמעות קימום הישן לא הייתה שחזור; הקימום התבטא בעיקר בנופים החדשים שיצרה ההתיישבות הציונית (Troen 2003).

כמוזכר, במיתולוגיה הציונית, הנוף ה'ישן' ייצג לא רק את הנוף הקדום אלא גם את השממה. הנוף הציוני החדש שהיה אמור להחליפו ייצג את המודרני, את הקדמה (Ahronson 1995; Ben-Artzi 1996). הנוף הקיים, הקדם-ציוני, היה בעל אופי זמני בלבד; המרתו הייתה הכרחית לתחייה הלאומית (Golan 1997). המונח 'גאולת האדמה' הדגיש כי הנופים הציוניים החדשים ביטאו ניכוס מחדש של מורשת אבות. יצירתה הלכה למעשה של זיקה בין הפרט לבין הנוף נעשתה באמצעות פרקטיקה ציונית פופולארית, הטיול, שבאמצעותו הפכה המולדת ממושג מופשט לחוויה קונקרטית של מקום ונוף (Ben-David 1997). הקרן הקיימת לישראל הייתה מופקדת על קניית אדמה ו'גאולתה'. בו בזמן, הקרן הקיימת לישראל עסקה ביצירת דמויי נוף שנעשו לחלק בלתי נפרד של מפעל התחייה בארץ-ישראל (בר-גל 1999).

המימד המיתי של מפעל ההתיישבות לא היה חשוב פחות מזה הקונקרטי-מעשי. אי לכך רעיון השיבה היהודית למולדת בא לידי ביטוי גם ביחסי הגומלין בין תפיסות מיתיות של פעילויות התיישבותיות לאורך ציר הזמן לבין מקומות קונקרטיים בנוף (Kellerman 1996). עמידת הגבורה של תל-חי – ההגנה על ישוב מבודד באצבע הגליל ב- 1920 – נעשתה למיתוס גבורה וחוויה ציונית מכוננת (Zerubavel 1995). האירוע הונצח בלוח השנה הציוני והמקום נעשה לאתר עליה לרגל.

אזורי התיישבות מובחנים זכו גם הם למשמעות מיתית. הנושא המרכזי של מיתוס העמק (הוא עמק יזרעאל) היה הגבורה של החלוצים שהפכו את השממה לגן פורח (בר-גל 1993; Schnell 1998). המיתוס האדיר את החלוצים שבנו ישובים שתופיים והפריחו את השממה. מיתוס העמק היה חלק מהאתוס הסוציאליסטי של תנועת העבודה הציונית, ובגלל הגמוניה האידיאולוגית-תרבותית של תנועת העבודה נעשה למיתוס מכונן של הציונות החלוצית. האדרתה של תל-אביב כ'עיר העברית הראשונה' ייחדה את העיר העברית החדשה כהישג ציוני (הלמן 2000; שביט וביגר 2002; Waterman 2000; Schlor 1999). בניגוד לחלוצית השיתופית הכפרית-חקלאית של העמק, תל-אביב ייצגה את האתוס העירוני-קפיטליסטי של יוזמה וקרקע פרטיים (Amit 2000).

במישור אחר, היריבות הסמלית בין תל-אביב וירושלים והבנייתן המטפורית בטקסטים ספרותיים (גוברין 1999) ובשיח הציבורי היה עדות למתח שבין המסורת היהודית ובין המודרניזציה הציונית. בעוד ירושלים ייצגה את המורשת היהודית ההיסטורית ותפיסות דתיות של גאולה, ותל-אביב ייצגה את התחייה הלאומית בתבנית חילונית. אדריכלות הסגנון הבין-לאומי של שנות השלושים והארבעים ביטאה את הקשר שבין תל-אביב ורעיונות הקידמה החברתית שרווחו באותה התקופה (Cohen 2003).

בפרספקטיבה ציונית, נופי ההתיישבות היהודית ייצגו במידה רבה את תחיית המולדת במונחים של מודרניזציה, ומוטיב אידיאולוגי זה הופיע באופן תדיר באיקונוגרפיה הציונית. על ידי ניסוח מסרים ציוניים באופן חזותי, האיקונוגרפיה הציונית תרגמה השקפות אידיאולוגיות, רעיונות מופשטים ותפיסות עממיות לאידיום חזותי שווה לכל נפש (ארבל 1996). מגדל המים היה איקון ציוני מרכזי: במשמעותו האיקונית מגדל המים שמש כמוטיב חוזר בייצוגים חזותיים של הנוף (Azaryahu 2001). כשהוא מוצג בדרך כלל על רקע שדות חרושים ובתים בעלי גגות רעפים אדומים, הדימוי האיקוני של מגדל המים היה שגור בייצוגים גראפיים של מפעל ההתיישבות הציוני. ברמה אחת, מגדל המים סימן את נוף ההתיישבות היהודית. ברמה אחרת הוא סימן את הפיתוח והמודרניזציה של הארץ.

.III

בעקבות מלחמת העצמאות של ישראל וייסוד מדינת ישראל הופיעו נופי-מולדת ציוניים חדשים שנתנו ביטוי מובהק לריבונות היהודית. החלוקה של ארץ-ישראל המנדטורית למדינה יהודית (ישראל) ולשני אזורים ערביים (הגדה המערבית ורצועת עזה) יצרו מציאות פוליטית חדשה. באופן מיידי, הייצוג הקרטוגרפי של המולדת היהודית צומצם לתחומי המדינה היהודית שגבולותיה סומנו בהסכמי שביתת הנשק שנחתמו ב- 1949.

תוצא אחר של המלחמה היה חיסולה של נוכחות יהודית מעבר לגבולותיה של מדינת ישראל, בעוד שטחים בתחומי מדינת ישראל שהיו מיושבים קודם למלחמה באוכלוסיה ערבית נעשו זירה של התיישבות יהודית אינטנסיבית. שינוי הנוף ההתיישבותי סימן את גודלו של הניצחון היהודי במלחמה. עולים חדשים אכלסו כפרים ושכונות ערביים נטושים, דבר שהביא להעלמו של הנוף הערבי המסורתי (גורן 1996; פז 1998; גולן 2001; גולן 2002). מנקודת מבט ערבית, מציאות חדשה זו שבאה בעקבות המפלה הצבאית פורשה במונחים של עוול ושל גזל (Falah 1996). מנקודת מבט ציונית, מציאות זו הייתה תוצאה לגיטימית של מלחמה שנכפתה על הישוב היהודי.

הריבונות היהודית באה לידי ביטוי גם בעברות הנוף ויצירת מפה עברית של מדינת ישראל (כץ 1995; Benvenisti 2000; Azaryahu and Golan 2001). קודם להקמת מדינת ישראל ב- 1948 שמות מקומות עבריים ניתנו בעיקר לישובים יהודים חדשים. שמות אלה שילבו את ההיסטוריה היהודית והזיכרון הציוני עם הגיאוגרפיה של התחייה הלאומית. המפות בקנה מידה של 1:100000 שהוכנו על ידי שרות המיפוי של ארץ-ישראל בשנות הארבעים יצרו את המפה הרשמית של ארץ-ישראל המנדטורית. השפה של המפות הייתה אנגלית, אך השפה של הנוף הייתה ברובה המכריע ערבית. המפה כללה כ- 3700 שמות מקומות ערביים, ורק כמאתיים שמות ישובים עבריים. כמה מהשמות התנ"כיים הופיעו בגרסתם האנגלית, כמו ג'רוזלם וחברון (אל-קודס ואל-חליל בערבית, ירושלים וחברון בעברית).

ב- 1949 מינתה ממשלת ישראל ועדה שהופקדה על נתינת שמות עבריים לנוף של הנגב. בשנת 1950 הרחיבה הועדה את פעילותה לשאר אזורי הארץ. בעוד עברות הנגב נועד להיות פעולה מוגבלת בהקפה ובזמן הנדרש להשלמתה, הרי שעברות המפה הלאומית היה למשימה נמשכת. ב- 1960 הגיע מספר השמות העבריים שקבעה הועדה הממשלתית לקרוב ל- 5000.

מנקודת מבט ציונית, עיצוב המפה העברית היה פעולה רסטורטיבית של ניכוס מחדש, בהתאם להנחות היסוד האידיאולוגיות של הציונות. מנקודת מבט ביקורתית, 'עברות המפה' היה בגדר ניכוס סמלי של הארץ שמטרתה הייתה להעלים את הנוכחות הערבית בנוף ולהכחיש את ההיסטוריה הערבית של הארץ (Benvenisti 2000). בפועל, מכיוון שערבית נותרה כשפת הנוף בפי תושביה הערבים של הארץ וכשפה הרשמית של המפה הערבית של פלסטין, האפקט המרכזי של המפה העברית היה לקבוע את העברית כשפה רשמית ומדוברת של הנוף בנוסף ולצד הערבית (Azaryahu and Golan 2001).

בין נופי-המולדת של הריבונות היהודית שהופיעו נודעה חשיבות רבה לאלה ששילבו את הקדושה בנוף באמצעות הנצחות מרחביות. אנדרטאות שנבנו בישובים יהודיים הנציחו את ההקרבה ההרואית של הנופלים בקרב (עזריהו 1995). שרידים של אמצעי לחימה שנותרו באתרי קרבות נעשו אנדרטאות ויצרו נופים מיתיים חדשים (שמיר 1996; עזריהו 1996; עזריהו 2003; Helphand 2002). אנדרטאות שהוקדשו לזכר הנרצחים בשואה שילבו את זיכרון קרבנות רצח העם שבוצע באירופה כנגד היהודים בנוף הישראלי (ברוג 2002; Baumel 1995).

המקדשים המרכזיים של הממלכתיות הישראלית מוקמו בירושלים המערבית, שהוכרזה כבירת ישראל ב- 1949. בית הקברות הלאומי בהר הרצל, הפנתיאון הלאומי של ישראל, משלב במרחב את מקום הקבורה של הרצל ושל מנהיגי הציונות עם בית קברות צבאי (Azaryahu 1996). בקרבה מיידית להר הרצל נמצא הר הזיכרון, משכנו של יד ושם, המשמש כאתר ההנצחה הלאומי לשואה. המדובר הוא בשני אתרים עצמאיים, אך הקרבה הגיאוגרפית מדגישה את חשיבות הנושאית של השואה ושל התקומה במסד הסמלי של הריבונות היהודית.

IV.

בעקבות הניצחון הצבאי במלחמת ששת הימים התרחב השלטון הישראלי אל מעבר לקו הירוק, קו שביתת הנשק שנקבע ב- 1949, וכלל שטחים שהיו בלתי נגישים ליהודים מאז 1948 – כשהבולט ביניהם הוא העיר העתיקה בירושלים והאתרים המקודשים ליהדות הממוקמים בתחומה. מעבר להשפעה שהייתה לכך על הסכסוך הישראלי-ערבי (Newman 1999), הניצחון הביא ליצירת נופי-מולדת חדשים ששילבו היסטוריה יהודית קדומה עם פעילות התיישבותית חדשה אלא שבניגוד לשלבים קודמים של ההיסטוריה הציונית, התיישבות זו ונופי-מולדת החדשים שביקשה לייצור היו לנושא שבמחלוקת, ובמידה רבה נדחו על ידי חוגים בחברה הציונית שהיו מזוהים עם שלב היסוד של המפעל הציוני. הפער בין חזון 'ארץ-ישראל השלמה', הכולל את השטחים המוחזקים בידי ישראל מאז 1967, וחזון 'ישראל הקטנה', המוגבלת לגבולות שהיו קיימים ערב המלחמה, היה נושא דומיננטי בפוליטיקה הישראלית מאז 1967. שתי התפיסות היריבות של המולדת הציונית שיקפו שתי תפיסות של ההיסטוריה (פייגה 2002; Newman 1996; Newman 1998). חזון 'ארץ ישראל השלמה', המדגיש את ההיסטוריה היהודית בשטחים המוחזקים, עמד בניגוד לחזון 'ישראל הקטנה', שדחק לשוליים את ההיסטוריה היהודית הקדומה והתמקד במציאות שנוצרה לאחר הקמת מדינת ישראל כגורם המשמעותי בהגדרת המולדת היהודית.

כמאפיין של הפוליטיקה הישראלית, המתח שבין החזון הישן והחזון החדש של המולדת היהודית היה קשור קשר הדוק לקריסת ההגמוניה של תנועת העבודה הציונית ודעיכת האתוס החלוצי המזוהה עם חוויית העבודה הציונית (Azaryahu 1999). הדינמיקה של שינוי באה לידי ביטוי גם בזירה התרבותית כדוגמא הגיאוגרפיה של הפסטיבלים למוזיקה כמבטאת השוני בין הגורסים באוריינטציה מערבית של התרבות הישראלית ובין הדבקים במסורות מזרח- וים-תיכוניות (Waterman 1998). לכאן גם שייכת הפופולאריות הגואה של פולחני הקדושים הרווחים בעיקר בקרב יהודים ממוצא צפון אפריקאי (Ben-Ari and Bilu 1997). עבור התומכים בישראל בעלת אוריינטציה מערבית הדבקה בערכי תנועת העבודה, 'ישראל החדשה' שקווי המתאר שלה נעשו ברורים בשנות השמונים סימנה את השקיעה של החברה הישראלית (Waterman 1999).

מנקודת מבט שונה, הדעיכה הנמשכת של האתוס החלוצי והדגש על ההסתפקות במועט כערך בזכות עצמו גם שיקפה וגם גילתה את הפיכתה של ישראל מחברה המניפה את נס השוויוניות לחברת שפע המתאפיינת באי-שוויון בולט בחלוקת המשאבים הלאומיים. הדבר בא לידי ביטוי בתת-פיתוח של שכונות וישובים שנוסדו בפריפריה המרחבית-חברתית בשנות החמישים (Yiftachel 2000) ובהתייחסות אליהם כאל מקומות בשוליים (Avraham 2003). בה בעת, השפע הכלכלי בא לידי ביטוי בנופים חדשים של צריכה, מה שהתבטא בברור בשנות התשעים בריבוי הקניונים שנבנו ברחבי הארץ (שאול 2002). שילובם של מקדשי צריכה אלה בגיאוגרפיה הישראלית סימן את האמריקניזציה הגוברת של ישראל (Azaryahu 2000; Avraham and First 2003). הבולטות החזותית של קשתות הזהב של

מקדונלד'ס, שהופיעו לראשונה בנוף הישראלי ב- 1993, היה סימן מובהק לחדירות של ישראל לזרמים גלובאליים (Azaryahu 1999b). כתגובה לגלובליזציה/אמריקניזיציה של הנוף ולמה שנראה כהעלמם של נופים מסורתיים הופיעה נוסטלגיה לנופי-מולדת ציוניים מסורתיים. הגיאוגרפיה של הנוסטלגיה באה לידי ביטוי בהופעת מוזיאוני מורשת ששחזרו את החוויה החלוצית (Katriel 1997). תגובה אחרת הייתה העניין הגובר של השיח והפרקטיקה של התכנון העירוני בשימור המורשת הבנויה, דבר שבלט במיוחד בתל-אביב, שהוכרזה ב- 2003 על ידי אונסקו כעיר מורשת עולמית נוכח הבולטות של אדריכלות הסגנון הבינלאומית משנות השלושים והארבעים בעיר (Cohen 2003).

V.

העיצוב והעיצוב מחדש של נופי מולדת הינו היבט מרכזי של ההיסטוריה הציונית. כהבניות תרבותיות, נופי-המולדת מהווים חלק מהאידיאולוגיה ומהחוויה הציונית, היוצרים ומבטאים תחושה של מולדת משותפת. נופי-מולדת ציוניים היו חלק מהמארג הסמלי של נופים ממשיים, ובאו לידי ביטוי תמאטי בייצוגים איקוניים של ובהתייחסויות ספרותיות למקומות (מישורי 2000), בשירים עממיים (יפתחאל ורודד 2003) ובמיתוסים של גבורה. העיסוק והדיון בנופי-מולדת כונן במידה רבה את הגיאוגרפיה הישראלית והיה למרכזי בשיח האקדמי של הגיאוגרפיה הישראלית. ההבניה של נופי-מולדת ציוניים הייתה חלק בלתי נפרד של ההיסטוריה הציונית ועמדה ביסוד ההיסטוריה הפוליטית, החברתית והתרבותית של הנוף הציוני. ובעיקר, נופי-מולדת היו למרכיב מרכזי בהמרת המרחב למקום ובטרנספורמציה של הארץ למולדת.

ביבליוגרפיה

ארבל ר. (ע.), 1996, <u>כחול לבן בצבעים: דימויים חזותיים של הציונית, 1947-1897</u>, תל אביב: עם עובד.

בר-גל י., 1993, <u>מולדת וגיאוגרפיה במאה שנות חינוך ציוני</u>, תל אביב: עם עובד.

בר-גל י., 1999, <u>סוכנת תעמולה ארץ ישראלית: הקרן הקיימת לישראל 1947-1924</u>, חיפה: הוצאת הספרים של אוניברסיטת חיפה / זמורה-ביתן.

ברוג מ., 2002, 'זכר חלום לברכה: מרדכי שנהבי ורעיונות ההנצחה הראשונים של השואה בארץ-ישראל, 1945-1942', <u>יד ושם: קובץ מחקרים</u> 30, עמ' 269-241.

גוברין נ., 1989, 'ירושלים ותל אביב כמטאפורות בספרות העברית – התפתחותה של תדמית', בתוך: ח. לבסקי (ע.), <u>ירושלים בתודעה ובעשייה הציונית</u>, ירושלים: מרכז זלמן שזר לתולדות ישראל והאוניברסיטה העברית, עמ' 450-434.

גולן א., 2001, <u>שינוי מרחבי - תוצאת מלחמה</u>, קריית שדה בוקר: המרכז למורשת בן גוריון.

גורן ת., 1996, <u>מתלות להשתלבות: השלטון הישראלי וערביי חיפה, 1950-1948, בחינה היסטורית וגיאוגרפית</u>, חיפה: אוניברסיטת חיפה.

הלמן, ע., <u>התגבשותן של חברה אזרחית ותרבות עירונית בתל-אביב בשנות העשרים והשלושים</u>, חיבור לשם קבלת תואר דוקטור, האוניברסיטה העברית, 2000

יפתחאל א., ב. רודד, 2003, 'מולדת ללא גבולות: על המרחבים הציוניים בזמר ובנוף', בתוך: מולדת/מקדונלדס: מגמות בעיצוב המרחב והתרבות בישראל, באר שבע: מרכז הנגב לפיתוח אזורי, עמ' 7-67.

כץ י., 1995, 'עברות שמות המקומות והאתרים בנגב בשנים 1949-1950', עיונים בתקומת ישראל 5, עמ' 615-619.

מישורי א., 2000, שורו, הביטו וראו: איקונות וסמלים חזותיים ציוניים בתרבות הישראלית, תל אביב: עם עובד.

עזריהו מ., 1995, פולחני מדינה: חגיגות העצמאות והנצחת הנופלים, 1948-1956, קריית שדה בוקר: המרכז למורשת בן גוריון.

עזריהו מ., 2002, 'שלד הברזל שותק כמו רעי' – סיפורם של שרידי המשוריינים בשער הגיא, קתדרה 106, עמ' 119-138.

פז י., 1998, 'שימור המורשת האדריכלית בשכונות הנטושות לאחר מלחמת העצמאות', קתדרה 88, עמ' 95-134.

פייגה מ., 2002, שתי מפות לגדה: גוש אמונים, שלום עכשיו ועיצוב המרחב בישראל, ירושלים: מאגנס.

שאול י., 2002, 'עיר תחת קניון', פנים: כתב עת לתרבות, חברה וחינוך 21, 99-106.

שביט י., ג. ביגר, 2001, ההיסטוריה של תל אביב, תל אביב: אוניברסיטת תל אביב. כרך א': משכונות לעיר (1909-1936).

שמיר א., 1996, הנצחה וזכרון: דרכה של החברה הישראלית בעיצוב נופי הזכרון, תל אביב: עם עובד.

References

Aaronsohn, R. (1995) The beginnings of modern Jewish agriculture in Palestine: 'indigenous' versus 'imported', *Agricultural History* 69: 438–453.

Amit, I. (2000) Economic and Zionist ideological perceptions: private initiative in Palestine in the 1920s and 1930s, *Middle Eastern Studies* 36(2): 82–102.

Arbel, R. (1996) *Blue-White in Colors, Visual Images of Zionism*. Tel Aviv: Am-Oved (in Hebrew).

Avraham, E. (2003) *Behind Media Marginality: Coverage of Social Groups and Places in the Israeli Press*. Lanham, MD: Lexington Books.

Avraham, E. and First, A. (2003) 'I buy American': the American image as reflected in Israeli advertising, *Journal of Communication* 53: 282–289.

Azaryahu, M. (1995) *State Cults. The Celebration of Independence and the Commemoration of Fallen Soldiers in Israel 1948–1956*. Sde Boker: The Ben-Gurion Heritage Center (in Hebrew).

Azaryahu, M. (1996) Mount Herzl: the creation of Israel's national cemetery, *Israel Studies* 1(2): 46–74.

Azaryahu, M. (1999a) It is no fairy tale. Israel at 50, *Political Geography* 18: 131–147.

Azaryahu, M. (1999b) Golani or McDonald's Junction? A case of a contested place in Israel, *The Professional Geographer* 51: 481–492.

Azaryahu, M. (2000) McIsrael. Notes on the Americanization of Israel, *Israel Studies* 5(1): 41–64.

Azaryahu, M. (2001) Water towers. A study in the cultural geography of Zionist mythology, *Ecumene* 8: 317–339.

Azaryahu, M. (2003) Bab-el-Wad: the remains of the armored vehicles, *Cathedra* 106: 19–138 (in Hebrew).

Azaryahu, M. and Golan, A. (2001) (Re)naming the landscape. The formation of the Hebrew map of Israel, 1949–1960, *Journal of Historical Geography* 27: 178–195.

Azaryahu, M. and Kellerman, A. (1999) Symbolic places. A study in the geography of Zionist mythology, *Transactions of British Geographers* 24: 109–123.

Bar-Gal, Y. (1993) *Moledet and Geography in Hundred Years of Zionist Education*. Tel Aviv: Am-Oved (in Hebrew).

Bar-Gal, Y. (1999) *An Agent of Zionist Propaganda: The Jewish National Fund 1924–1947*. Haifa: Haifa University Press (in Hebrew).

Ben-Ari, E. and Bilu, Y. (1997) 'Saints' sanctuaries in Israeli development towns: on a mechanism of urban transformation, in Ben-Ari, E. and Bilu, Y. (eds) *Grasping Land: Space and Place in Contemporary Israeli Discourse and Experience*. Albany: State University of New York Press, pp. 61–83.

Ben-Artzi, Y. (1996) Imitation or original? Shaping the cultural landscape of pioneer Jewish settlement in Eretz Israel (1882–1914), *Journal of Historical Geography* 22: 308–326.

Ben-David, O. (1997) *Tiyul (hike) as an act of consecration of space*, in Ben-Ari, E. and Bilu, Y. (eds) *Grasping Land: Space and Place in Contemporary Israeli Discourse and Experience*. Albany: State University of New York Press, pp. 129–145.

Ben-Yehuda, N. (1995) *The Massada Myth: Collective Memory and Myth Making in Israel*. Madison: University of Wisconsin Press.

Benvenisti, M. (2000) *Sacred Landscape: The Buried History of the Holy Land Since 1948*. Berkeley: University of California Press.

Baumel, J. (1995) In everlasting memory: individual and communal Holocaust commemoration, *Israel Affairs* 1(3): 146–170.

Brug, M. (2002) Mordechai Shenavi and the emergent idea to commemorate the Holocaust in the Jewish Land of Israel 1942–1945, *Kovetz Yad Va'Shem* 30: 249–261 (in Hebrew).

Cohen, N. (2003) *Tel Aviv: An Architectural Guide*. London: Batsford.

Falah, G. (1996) The 1948 Israeli–Palestinian War and its aftermath: the transformation and de-signification of Palestine's cultural landscape, *Annals of the Association of American Geographers* 86: 256–285.

Feiga, M. (2002) *One Space, Two Places: Gush Emunim, Peace Now and the Construction of Israeli Space*. Jerusalem: The Hebrew University Magnes Press (in Hebrew).

Golan, A. (1997) The transformation of abandoned Arab rural areas, *Israel Studies* 2(1): 94–110.

Golan, A. (2001) *Wartime Spatial Changes: Former Arab Territories within the State of Israel, 1948–1950*. Sde Boker: The Ben Gurion Heritage Center (in Hebrew).

Golan, A. (2002) The politics of urban demolition and human landscape transformation, *War in History* 9: 431–445.

Goren, T. (1996) *From Dependence to Integration: Israeli Rule and the Arabs of Haifa, 1948–1950—A Historical and Geographical Analysis*. Haifa: The University of Haifa Press (in Hebrew).

Guvrin, N. (1999) Jerusalem and Tel Aviv as metaphors in Hebrew literature, in H. Lavsky (ed.) *Jerusalem in Zionist Consciousness and Practice*. Jerusalem: The Zalman Shazar Center (in Hebrew).

Helman, A. (2000) The development of civil society and urban culture in Tel Aviv during the 1920s and 1930s, PhD dissertation, The Hebrew University, Jerusalem (in Hebrew).

Helphand, K. (2002) *Dreaming Gardens. Landscape and the Making of Modern Israel*. Santa Fe, NM: Center for American Places.

Ilouz, E. and John, E. (2003) Global habitus, local stratification and symbolic struggles over identity—the case of McDonald's Israel, *American Behavioral Science* 47: 201–229.

Katriel, T. (1997) *Performing the Past. A Study of Israeli Settlement Museums*. Mahwah, NJ and London: Lawrence Erlbaum Associates.

Katz, Y. (1995) Hebraization of names of places and sites in the Negev 1949–1950, *Iunim Betkumat Israel* 5: 615–619 (in Hebrew).

Kellerman, A. (1993) *Society and Settlement: Jewish Land of Israel in the Twentieth Century*. Albany: State University of New York Press.

Kellerman, A. (1996) Settlement myth and settlement activity: interrelationships in Zionist land of Israel, *Transactions of the Institute of British Geographers* 21: 363–378.

Mishory, A. (2000) *Lo and Behold. Zionist Icons and Visual Symbols in Israeli Culture*. Tel Aviv: Am Oved (in Hebrew).

Newman, D. (1996) The territorial politics of exurbanisation: reflections on thirty years of Jewish settlement in the West Bank, *Israel Affairs* 3: 61–85.

Newman, D. (1998) Metaphysical and concrete landscapes: the geopiety of homeland socialization in the 'Land of Israel', in Brodsky, H. and Mitchell, R. (eds) *Land and Community: Geography in Jewish Studies*. College Park: The University of Maryland Press, pp. 153–184.

Newman, D. (1999) Real spaces—symbolic spaces: interrelated notions of territory in the Arab–Israel conflict, in Diehl, P. (ed.) *A Road Map to War: Territorial Dimensions of International Conflict*. Nashville, TN: Vanderbilt University Press, pp. 3–34.

Paz, Y. (1998) Conservation of the architectural heritage of abandoned urban neighborhoods following the War of Independence, *Cathedra* 88: 95–134 (in Hebrew).

Schlör, J. (1999) *Tel Aviv*. London: Reaktion Books.

Schnell, I. (1997) Nature and environment in the Socialist-Zionist pioneers' perceptions: a sense of desolation, *Ecumene* 4: 69–85.

Schnell, I. (1998) Transformations in the myth of the Inner Valleys as a Zionist Place, in Light, A. and Smith, J.M. (eds) *Philosophy and Geography III. Philosophies of Place*. Lanham, MD: Rowman & Littlefield, pp. 97–118.

Shamir, I. (1996) *Commemoration and Remembrance. Israel's Way of Molding its Collective Memory Patterns*. Tel Aviv: Am-Oved (in Hebrew).

Shaul, Y. (2002) A city in a mall, *Panim* 21: 99–106 (in Hebrew).

Shavit, J. and Biger, G. (2001) *The History of Tel Aviv*, Vol. I: The Birth of a Town (1909–1936). Tel Aviv: Ramot (in Hebrew).

Troen, I. (2003) *Imaging Zion. Dreams, Design, and Realities in a Century of Jewish Settlement*. New Haven, CT: Yale University Press.

Waterman, S. (1998) Place, culture and identity: summer music in Upper Galilee, *Transactions of the Institute of British Geographers* 23: 253–267.

Waterman, S. (1999) Keeping a distance—Israel at 50, *Political Geography* 18: 115–129.

Waterman, S. (2001) From dream to city, *Progress in Human Geography* 25: 147–148.

Yiftachel, O. (2000) Social control, urban planning and ethno-class relations: Mizrahi Jews in Israel's development towns, *International Journal of Urban and Regional Research* 24: 418–437.

Yiftachel, O. and Roded, B. (2003) Boundless homeland: the ethnicization of Israel/Palestine in Hebrew popular music, in *Motherland/McDonald's. Trends in the Construction of Space and Culture in Israel*. Beer Sheva: The Negev Center for Regional Development, pp. 7–67 (in Hebrew).

Zerubavel, Y. (1995) *Recovered Roots: Collective Memory and the Making of Israeli National Traditions*. Chicago: University of Chicago Press.

Brazilian studies in cultural geography*

Roberto Lobato Corrêa[1] **& Zeny Rosendahl**[1]
[1]Núcleo de Estudos e Pesquisas sobre Espaço e Cultura, Rio de Janeiro State University, Brazil

Introduction

Since the beginning of the 1990s, Brazilian studies in the field of cultural geography have undergone a process of expansion which has witnessed a change from being almost totally unknown to a level of significant, albeit limited, acceptance and practice. Thus, in 2003, the Brazilian community of cultural geographers has a periodical, as well as publishing a series of books. This text seeks to describe the paths taken by cultural geography in Brazil.

The neglect and genesis of cultural geography

The first studies of Brazilian geography at a genuinely academic level came about with the setting up of the Department of Geography (together with History) at the Universidade de São Paulo in 1934. In 1936, a second course was inaugurated in what is known today as the Universidade Federal do Rio de Janeiro. To date there are more than 150 undergraduate courses in geography, and twenty-five at the master degree level. Doctoral courses are growing in number, with more than six at the time of writing.

Despite the large number of undergraduate geography courses, the majority are devoted exclusively to training secondary school teachers. In addition, although there is arguably a high degree of cultural heterogeneity in Brazil, cultural geography studies were negleted and even unknown before the end of the 1980s. Cultural aspects of the field were dealt with within regional studies. However, these were neither prioritized, nor was there any awareness that culture, in its multiple manifestations, could provide a central theme for research.

The French School of Geography, which was traditionally the most important source for Brazilian geographical studies, had always prioritized regional studies, to the detriment of culture, which was considered as no more than one of several elements within the complex combination which made up regional identity. The Sauerian model of geographical studies was not widely influential in Brazil, despite the efforts of the Brazilian geographer Hilgard Sternberg, professor in Rio de Janeiro until the mid-1960s, and who later moved to Berkeley. During the 1970s and 1980s, Brazilian geographical studies were carried out within three distinct research perspectives, namely the French tradition, the theoretical-quantitative approach and, after 1980, the critical perspective based on historical and dialectical materialism.

Interest in the cultural dimension of space has been kindled by a number of factors. These include the cultural heterogeneity of space in Brazil itself, the inherent dynamism of Brazilian culture, the sheer scale of the number of practitioners in the field of geography (congresses in geography often bring together between 2,000 and 3,000 participants), as well as the large number of networks established with European and North American geographers. In sum, to paraphrase Denis Cosgrove, Brazilian culture is found everywhere, manifesting itself in space and time, and is especially wide, diversified and mutating.

The roots of Brazilian cultural geography have been planted. As such, the field is seen as pertaining to those geographical studies based on the Sauerian tradition, influenced by the so-called new cultural geography, and by Claval's 'approche culturel'. The setting up of Brazilian cultural geography has been controversial because it has been seen as a new challenge for the geographical establishment. However, scholars within Brazilian cultural geography are, by definition, adherents of a geographical heterotopia, without the restrictions of an allegience to any specific group of geographical studies.

The expansion of cultural geography: the NEPEC

The NEPEC (Centre for Studies and Research in Space and Culture) was set up in the Department of Geography at the UERJ (Rio de Janeiro State University) in 1993. It is an active, albeit small, centre, set up and managed by Zeny Rosendahl, which aims to develop, extend and make known research into cultural geography in Brazil. The centre focuses on three main study areas: Relations between Space and Religion, Space and Symbolism, and Popular Culture. The main research emphasis, however, is focused on the first of these three themes.

In 1995 NEPEC launched the periodical *Espaço e Cultura*, involving two issues annually, in an effort to provide an outlet for the research products of both the centre and other geographers. The publication's Consultative Committee includes, among others, Marvin Mikesell, Denis Cosgrove and Paul Claval. These scholars are felt to represent, respectively, the Sauerian perspective, the so-called New Cultural Geography, as well as the French view of cultural geography. The theologian Leonardo Boff (from Libertation Theology) is also a member of this Consultive Committee. By the end of 2003, fifteen issues had been published.

In 1996 a series of books entitled *Geografia Cultural*, which has a wider circulation than that of the periodical, was started. This collection of ten published books contains the complete research studies of a given Brazilian geographer, a selection of important texts published originally in languages other than Portuguese, in addition to texts from the proceedings of various symposia organized by the NEPEC centre.

Three symposia have been held at a national level, in 1998, 2000 and 2002. Each symposium involved sixteen to twenty papers, up to 120–200 participants, including students, researchers and university staff. In 2003, to commemorate ten years in activity, the NEPEC centre launched a second publication, *NEPEC TEXTOS*, an in-house production, specifically aimed at making the centre's research more widely known. These latter publications are strongly focused on the relations between space and religion.

However, it is also necessary to highlight the existence of other autonomous sources from which research in the field of cultural geography has been carried out by some geographers. These include public-sector Brazilian universities which offer graduate courses in geography, notably, those in Goiânia, Fortaleza, Uberlândia, as well as other universities in the city of Rio de Janeiro. The research production from these sources is significant, and published books by Almeida and Ratts, as well as Haesbaert and Monteiro, will be commented upon at a later stage of this present paper.

The expansion of studies in cultural geography in Brazil led to a Regional Conference on the Historical Dimension of Culture being held in the city of Rio de Janeiro, in 2003. This was organized by the International Geographical Union (IGU) by means of the Working Group of Cultural Approach in Geography, presided over by Paul Claval, and which involved approximately 100 papers, of which sixty were by Brazilian scholars.

Translation as a strategy

One of the concerns of the organizers of the periodical *Espaço e Cultura* and of the series of books published under the title *Geografia Cultural* has been to contribute towards the establishment of a solid theoretical base for Brazilian cultural geography. This cultural turn which occurred in Brazil, albeit in a restricted sense, from the beginning of the 1990s, may run the risk of being appropriated in a superficial and ephemeral manner, and thus be transformed into a fashion, only to be quickly substituted by yet another. A type of superficial and ephemeral appropriation has already occurred within Brazilian geographical studies, first with the so-called 'theoretical-quantitative geography' in about 1970, then, for a second time, with 'radical geography', stemming from a Marxist matrix, around 1980. In the case of humanist geography, its diffusion and adoption was even more ephemeral and limited, and its few adherents were incorporated into cultural geography in the 1990s. Translations into the Portuguese language of classical texts, which represented clearly defined theoretical positions, as well as debates within the field of cultural geography, proved to be the means of avoiding the superficiality of the fashionable. And this solution was in harmony with the needs and vicissitudes within Brazilian geographical studies.

Within the numerous texts translated and published, those of Carl Sauer (1998, 2000a, 2000b), including his classic *The Morphology of Landscape*, may be mentioned. The Cultural Geography studies of the Berkeley School are also represented by the introduction of *Readings in Cultural Geography*, by Wagner and Mikesell (2000). For its part, the so-called New Cultural Geography is present, with several texts pertaining to the criticisms made of the Berkeley School, for example Duncan (2002) and Cosgrove (1997). Cosgrove and Jackson, Cosgrove (1998, 2000) and Duncan (2000) provided fundamental elements for a renewal of cultural geography. Meinig (2002) was incorporated into the Portuguese language by means of his text on the ten accounts of one and the same landscape.

The contribution of the Marxist perspective for cultural geography led to a translation of Williams' (2002) text, on its bases and superstructure, in addition to the controversial article by Mitchell (1999), followed by the rebuttal by Cosgrove, Duncan and Jackson, and the subsequent reply by Mitchell himself.

From French geographical studies, which have strongly influenced Brazilian geography, translations were made, among others, of the texts by Sorre (2002), on the 'genres de vie', Gallais (2002), on the 'espace vécu' in tropical countries and by Bonnemaison (2002), on the concept of territory. There are, in addition, short texts, taken from the debate, published in 1981, in the journal *L'Espace Géographique*. Paul Claval, the founder of the periodical *Géographie et Cultures*, has exercised a strong and fertile influence on Brazilian cultural geography. Apart from his *Géographie Culturelle*, translated and published by EDUSC (Claval 1999b), there is available in Portuguese an evaluation of Brazilian cultural geography (Claval 1999a), two additional texts on the nature of cultural geography (Claval 2002) and on the contribution of French geographers towards the field of cultural geography (Claval 2003).

Most of the texts mentioned above were published in the series *Geografia Cultural*, edited by Corrêa and Rosendahl (1998, 2000a, 2000b, 2002, 2003).

The Brazilian contribution—a selection of studies

The Brazilian contribution to cultural geography has grown a great deal since the beginning of the 1990s. This has been influenced in part by translations, but it also possesses strong elements of inherent creativity. Among the themes dealt with and published, either in the journal *Espaço e Cultura*, or in alternative journals, conference papers, or in the series of books entitled *Geografia Cultural* (Rosendahl and Corrêa 1999, 2001a, 2001b, 2001c), certain deserve special mention. These include the themes of cultural landscape, perception and meanings; religion as a cultural construction; geographical space and literature; the cinema; the space of popular festivals (which focus on both the Carnival of Rio de Janeiro, as often as festivals of rural origin); territory, imagination and identity. The texts on religion and space by Rosendahl (1996, 1997, 1999), by Haesbaert (1997), Monteiro (2002), as well as Almeida and Ratts (2003) may be highlighted, because of the crucially important role which they have played.

Space and religion are given specific emphasis by Rosendahl. Using as a starting point the ideas of Mircea Eliade, the sacred and profane are viewed from a geographical perspective. Initially, the author (Rosendahl 1996) presents the themes of: (a) the diffusion and area in which a given faith occurs; (b) the centres of convergence and divergence; (c) religion, territory and territoriality; (d) space and sacred places: perception, experience and symbolism. These themes were subsequently expanded and regrouped to form three analytical dimensions: the economic, the political and place (Rosendahl 2003). The hieropolis has become an important focus of interest (Rosendahl 1999), specifically the pilgrimage centres, both in the outlying suburbs of the city of Rio de Janeiro, and in the rural areas in North-East and Central-West regions of Brazil. These research interests have encompassed both Latin-American and European pilgrimage centres.

Haesbaert's (1997) contribution may be found at the confluence of cultural geography and regional geography. This research includes the analysis and interpretation of the profound regional transformations, involving economic, social, political and cultural changes in the west of the State of Bahia, in the North-East of Brazil. These changes have witnessed the substitution of the traditional culture of Brazil's North-East, associated with open range, by a modern culture, introduced by internal migrants originating from the South of Brazil, and associated with speculative soya-bean agriculture. The cultural landscape has thus been radically transformed.

Geographical space and literature is a theme which has attracted growing interest among geographers over the last thirty years. Douglas Pocock and Marc Brossseau, among others, have made substantial contributions in this respect. In Brazil, where interest in this theme stems from the beginning of the 1990s, Monteiro's (2002) book *O mapa e a trama* deserves special mention. This geographer, originally a specialist in climatology, a field in which he became an exponent, has recently turned his research attention to cultural geography. In his book, novels written by six renowned Brazilian authors are interpreted in terms of geography. Three of these authors, namely Machado de Assis, Aluísio Azevedo and Lima Barreto, portray, each in his own manner, the city of Rio de Janeiro in the nineteenth century, when the city underwent large-scale socio-spatial transformations. The three remaining authors—Graça Aranha, Graciliano Ramos and Guimarães Rosa—all writing in the twentieth century, paint a picture of a rural world, from the German settlement area of the Brazilian State of Espírito Santo, to the drama of drought in the semi-arid of the Brazilian North-East, to the life in the 'cerrado' region of the state of Minas Gerais. The book *O mapa e a trama* represents a wide, systematic effort to strengthen the field of cultural geography by the geographical interpretation of literary texts. Published articles, master dissertations and doctoral theses have also contributed to the advancement of cultural geography, although there is still much to be done. Brazilian cultural heterogeneity has spawned, on the one hand, a rich literature of an urban and regional nature, and, on the other, a rich geographical output. The dialogue between both, as suggested by Brosseau (1996) is only just beginning in Brazil.

Geografia e leitura culturais, edited by Almeida and Ratts (2003), represents a further significant expression of Brazilian studies in the field of cultural geography. This publication brings together twelve texts by geographers, ten of whom are Brazilian scholars. This body of texts mirrors a wide vision of what is understood by both 'culture' as well as cultural geography. The French influence, whose source stems from the Vidalian School, has been maintained, thanks to the strong, fertile influence of Paul Claval, whose presence is clearly felt in the majority of the texts in question. In contrast, the influence of the Berkeley School and the so-called New Cultural Geography is practically absent. This undoubtedly reflects the French source of Brazilian geographers, dating back to the establishment of the first Brazilian Department of Geography (and History), in 1934, at the Universidade de São Paulo.

These texts include a variety of themes—cultural landscape, perception and imagination, the indigenous territory and the settlements of escaped slaves (known as 'quilombos' in Brazil), city systems, cemeteries, popular festivals and cultural cartography. Agricultural workers, Gypsies, Indians and urban dwellers from different social classes are the social actors which the texts describe. The Brazilian North-East region, in whose universities the majority of the authors are teachers, is the principal focus of interest. Other Brazilian regions, including the Amazon and the South, are absent from the book.

Although many of the twelve articles do not reveal any explicit theoretical base, as they may be characterised as naive descriptions or interpretations, they are, nevertheless, the result of a substantial effort, and they represent an important step towards the constructive process of a solid and rich base for Brazilian cultural geography. Brazilian geographers have also initiated an appraisal of the contributions of the exponents of cultural and humanistic geography: Sauer, Schluter, Tuan, Dardel and Berque (namely e.g. Rosendahl and Corrêa 2001a).

Research perspectives

With a surface of 8.5 million square kilometres and a population of more than 170 million inhabitants, Brazilian cultural geography still has much more to do. This is especially true for contemporary Brazil because rapid and intensive processes of economic, social and cultural transformation are altering the spatial distribution of population, values, habits and beliefs, the cultural landscape and the meanings attributed to nature and to socially produced forms. And there remain areas to be effectively settled. Brazil is an industrialized and urbanized country, with modern farming and cattle-raising activities and regions at the frontier of settlement. It can offer contrasts, from the metropolitan region of São Paulo, with 18 million inhabitants, to the wild valleys of the Amazon basin, regions settled by people of German descent, and regions of sugar cane plantations, among others. And Brazil even has regions of deeply felt conflict over the ownership of land and over indigenous groups. Thus the perspectives for research in the field of cultural geography are immense.

It is clear that empirical research in a polycultural context like Brazil may provide inputs for new concepts and widen the theoretical basis of cultural geography. It may also be hypothesized that, from the starting point of Brazilian studies in cultural geography, concepts such as the emerging cultural regions, residual cultural regions, poly-genetic landscapes and 'disneyfication', may be enriched. For Brazil is a country of cultural contrasts and of a strong spatial dynamism.

A geografia cultural no Brasil

A partir do início da década de 1990 a geografia cultural passa por um processo de expansão que praticamente a levou de um quase absoluto desconhecimento a um nível de aceitação e prática significativas, ainda que minoritário. Em 2003 a comunidade de geógrafos culturais conta com periódico e uma série de livros publicados. Este texto procura descrever o caminho da geografia cultural no Brasil.

Negligência e gênese da geografia cultural

A geografia brasileira de cunho acadêmico nasce em 1934 com a criação do departamento de geografia (e história) na Universidade de São Paulo. Em 1936 aparece na cidade do Rio de Janeiro o segundo curso, na atual Universidade Federal do Rio de Janeiro. Atualmente há mais de 150 cursos de geografia, dos quais 25 oferecem cursos em nível de mestrado. Rapidamente o número de cursos oferecendo o nível de doutorado aumenta, ultrapassando meia dezena.

A despeito do elevado número de cursos de geografia, a grande maioria dedicados quase que exclusivamente à formação de professores do ensino secundário, e a despeito da heterogeneidade cultural do Brasil, a geografia cultural foi, até ao final da década de 1980, negligenciada, mesmo desconhecida pelos geógrafos brasileiros. Aspectos da cultura, no entanto, eram tratados nos estudos regionais, mas não eram priorizados nem se tinha a consciência de que a cultura, em suas múltiplas manifestações, poderia ser tema central nas pesquisas.

A escola francesa de geografia, a mais importante matriz da geografia brasileira, priorizava os estudos regionais e a cultura se constituía em mais um elemento da complexa combinação de elementos que forneciam a identidade regional. A geografia saueriana, a despeito dos esforços do geógrafo brasileiro Hilgard Sternberg, professor no Rio de Janeiro até meados da década de 1960, depois transferindo-se para Berkeley, não repercutiu no país. Durante as décadas de 1970 e 1980 a geografia brasileira dividia-se em três linhas, de acordo com a tradição francesa, segundo a visão teorético-quantitativa e de acordo, após 1980, com a perspectiva crítica, calcada no materialismo histórico e dialético.

A heterogeneidade cultural do Brasil, assim como o seu dinamismo, e a escala dos praticantes da geografia (os congressos de geografia reúnem 2000–3000 pessoas), assim como as inúmeras redes estabelecidas com geógrafos europeus e norte-americanos, contribuiram para que fosse despertado o interesse pela dimensão cultural do espaço. Afinal, parafraseando Denis Cosgrove, a cultura está em toda parte, manifestando-se no espaço e no tempo, especialmente se este espaço for amplo, diversificado e mutável, como é o Brasil.

A geografia cultural está implantada no Brasil. Como tal entende-se aquelas geografias de matriz saueriana, influenciada pela denominada nova geografia cultural e pelo 'approche culturel' de Claval. A sua implantação gerou polêmicas pois, afinal, o que é visto como novo pode desafiar o establishment geográfico. No entanto, os adeptos da geografia cultural brasileira são, por definição, adeptos de uma heterotopia geográfica, sem a ascendência de nenhum grupo.

A expansão da geografia cultural: o NEPEC

Em 1993 foi criado no Departamento de Geografia da UERJ (Universidade do Estado do Rio de Janeiro) o NEPEC (Núcleo de Estudos e Pesquisas sobre Espaço e Cultura). Criado e coordenado por Zeny Rosendahl, trata-se de um pequeno porém ativo centro de produção e difusão no Brasil da geografia cultural. Suas pesquisas direcionar-se-iam em três direções: relações entre espaço e religião, espaço e simbolismo e cultura popular. A ênfase, contudo, fixou-se na primeira das três temáticas.

Em 1995 foi lançado pelo NEPEC o periódico *Espaço e Cultura*, com dois números por ano e que deveria ser o instrumento de divulgação da produção do NEPEC e de outros geógrafos. Em seu Conselho Consultivo fazem parte, entre outros, Marvin Mikesell, Denis Cosgrove, Paul Claval, representantes, respectivamente, da perspectiva saueriana, da denominada nova geografia cultural e da visão francesa em geografia cultural. O teólogo Leonardo Boff (Teologia da Libertação) também é membro desse Conselho. Ao final de 2003 quinze números foram publicados.

Em 1996 aparece a série de livros intitulada *Geografia Cultural*, que tem uma difusão mais ampla do que o periódico. Trabalhos completos de um geógrafo brasileiro e coletâneas de importantes textos publicados originalmente em outra língua que a portuguesa e textos procedentes de simpósios organizados pelo NEPEC são publicados na coleção que já possui dez livros publicados.

Três simpósios de âmbito nacional foram realizados, em 1998, 2000 e 2002, cada um 16–20 'papers' e participação de 120–200 pessoas, estudantes, pesquisadores e professores universitários.

Em 2003, dez anos de existência, o NEPEC lança outra publicação, *NEPEC TEXTOS*, de produção artesanal e destinada à divulgação de suas próprias pesquisas, as quais estão fortemente focalizadas nas relações entre espaço e religião.

Mas é preciso ressaltar e existência de outros focos autônomos, nos quais a geografia cultural constitui-se em prática por parte de alguns geógrafos. São universidades públicas que têm um programa de pós-graduação em geografia, entre elas as de Goiânia, Fortaleza, Uberlândia e outras universidades na cidade do Rio de Janeiro. A produção desses focos é significativa e serão comentados mais adiante os livros de Almeida e Ratts, Haesbaert e Monteiro.

A expansão da geografia cultural no Brasil levou a que em 2003 a International Geographical Union (IGU) organizasse, por intermédio do Working Group of Cultural Approach in Geography, presidido por Paul Claval, uma Conferência Regional sobre a Dimensão Histórica da Cultura. Realizado na cidade do Rio de Janeiro reuniu cerca de 100 'papers', dos quais 60 de brasileiros.

As traduções como estratégia de difusão

Os organizadores do periódico *Espaço e Cultura* e da série de livros intitulada de *Geografia Cultural* têm tido como uma de suas preocupações contribuir para estabelecer uma sólida base teórica na geografia cultural brasileira. O 'cultural turn' que no Brasil ocorreu, ainda que de modo restrito, a partir do início da década de 1990, poderia correr o risco de uma apropriação superficial e efêmera, transformando-se em moda a ser substituída em breve por outra. A apropriação superficial e efêmera já ocorrera na geografia brasileira, primeiramente com a denominada geografia teorético-quantitativa por volta de 1970 e, em segundo lugar, com a geografia radical, de matriz marxista, por volta de 1980. Com a geografia humanista a difusão e adoção foi mais efêmera e limitada ainda e os seus poucos adeptos foram incorporados à geografia cultural na década de 1990. A tradução para a língua portuguesa de textos clássicos, que representam posições teóricas nitidamente identificáveis, e de debates no âmbito da geografia cultural, foi uma solução encontrada. Solução condizente com as necessidades e vicissitudes da geografia brasileira.

Entre os inúmeros textos traduzidos e publicados citam-se os de Carl Sauer (1998, 2000a, 2000b), incluindo o clássico *The Morphology of Landscape*, de 1925. A geografia cultural da Escola de Berkeley está ainda representada com a introdução de *Readings in Cultural Geography*, de Wagner e Mikesell (2000). A denominada nova geografia cultural, por sua vez, está presente com textos referentes às críticas à Escola de Berkeley, como os de Duncan (2002) e Cosgrove (1997). Cosgrove e Jackson (2000), Cosgrove (1998, 2000) e Duncan (2000) apresentam os aspectos fundamentais da geografia cultural renovada. Meinig (2002) foi incorporado à língua portuguesa pelo seu texto sobre as dez versões de uma mesma paisagem.

A contribuição a uma perspectiva marxista da geografia cultural levou à tradução do texto de Williams (2002) sobre base e superestrutura, assim como ao polêmico artigo de Mitchell (1999), seguido das réplicas de Cosgrove, Duncan e Jackson e da tréplica do próprio Mitchell.

A geografia francesa, de forte influência na geografia brasileira, teve traduzidos, entre outros, textos de Sorre (2002), sobre os 'genres de vie', Gallais (2002), a respeito do 'espace vécu' nos países tropicais, de Bonnemaison (2002), sobre o conceito de território, assim como pequenos textos extraídos do debate, publicado em 1981, na revista *L'Espace Géographique*.

Paul Claval, fundador do periódico *Géographie et Cultures*, tem exercido forte e fértil influência na geografia cultural brasileira. Além de seu *Géographie Culturelle*, traduzido e publicado pela EDUSC (Claval 1999b), tem em língua portuguesa uma avaliação da geografia cultural brasileira (Claval 1999a) e dois outros textos sobra a natureza da geografia cultural (Claval 2002) e sobre a contribuição da geografia francesa à geografia cultural (Claval 2003).

Os textos acima indicados estão sobretudo na série de livros *Geografia Cultural* (Corrêa e Rosendahl 1998, 2000a, 2000b, 2002 e 2003).

A produção brasileira: uma seleção

Parcialmente influenciada pelas traduções, mas dotada de forte criatividade, a produção brasileira em geografia cultural tem crescido muito a partir da década de 1990. Paisagem cultural, percepção e significados, religião como uma construção cultural, espaço geográfico e literatura, cinema e espaço de festas populares, tanto o carnaval do Rio de Janeiro como festas de origem rural, território, imaginário e identidade, são alguns dos temas abordados e publicados quer na revista *Espaço e Cultura*, quer em outros periódicos e anais de Congresso, quer ainda na série *Geografia Cultural* (Rosendahl e Corrêa, 1999, 2001a, 2001b, 2001c).

Pela importância que apresentam foram destacados os textos sobre religião e espaço de Rosendahl (1996, 1997, 1999), de Haesbaert (1997), Monteiro (2002) e Almeida e Ratts (2003).

Espaço e religião têm em Rosendahl uma grande ênfase. A partir das idéias de Mircea Eliade, o sagrado e o profano têm sido vistos numa perspectiva geográfica. A autora propõe inicialmente (Rosendahl 1996) os temas (a) fé, espaço e tempo: difusão e área de abrangência; (b) os centros da convergência e irradiação; (c) religião, território e territorialidade; e (d) espaço e lugar sagrado: percepção, vivência e simbolismo. Esses temas foram posteriormente ampliados e agrupados em três dimensões de análise, econômica, política e do lugar (Rosendahl 2003). As hierópolis têm sido também um foco de interesse da autora (Rosendahl 1999), que analisou centros de peregrinação na periferia da metrópole do Rio de Janeiro, no Nordeste e na região Centro-Oeste. Seus interesses estendem-se a centros religiosos latino-americanos e europeus.

A contribuição de Haesbaert (1997) situa-se na confluência da geografia cultural e geografia regional. Ao Oeste do Estado da Bahia analisa e interpreta as profundas transformações regionais, que envolvem mudanças econômicas, sociais, políticas e culturais, com a substituição da cultura tradicional do Nordeste, associada à pecuária extensiva, por uma cultura moderna, de imigrantes oriundos do Sul do Brasil e associada à agricultura especulativa da soja. A paisagem cultural é transformada radicalmente.

Espaço geográfico e literatura constitui-se em tema que nos últimos 30 anos tem atraído o crescente interesse dos geografos. Douglas Pocock e Marc Brossseau, entre outros, têm grandes contribuições a respeito. No Brasil, onde o interesse pela temática tem as origens no começo dos anos 90, destaca-se o livro de Monteiro (2002) *O mapa e a trama*. Geógrafo oriundo da climatologia, área na qual tornou-se um expoente, interessou-se recentemente pela geografia cultural, particularmente pelas relações entre espaço e literatura.

Em seu livro romances de seis consagrados autores brasileiros são geograficamente interpretados. Três—Machado de Assis, Aluísio Azevedo e Lima Barreto—retratam, cada um a seu modo, a cidade do Rio de Janeiro do século XIX, quando a cidade passa por grandes transformações socioespaciais. Os três outros autores—Graça Aranha, Graciliano Ramos e Guimarães Rosa—do século XX, retratam o mundo rural, seja a colonização alemã no estado do Espírito Santo, o drama da seca no Sertão do Nordeste e a vida na região do cerrado em Minas Gerais.

O mapa e a trama representa um esforço ampliado e sistemático de fortalecer a geografia cultural por meio da interpretação geográfica de textos literários. Artigos, dissertações de mestrado e teses de doutorado também contribuíram para o avanço da geografia cultural, mas ainda há muito a ser feito. Afinal a heterogeneidade cultural do Brasil suscitou, de um lado, uma rica literatura de cunho urbano e regional e, de outro, uma rica produção geográfica. O diálogo entre ambos, como sugere Brosseau (1996) está apenas iniciado no Brasil.

Geografia e leitura culturais, coletânea organizada por Almeida e Ratts (2003), constitui-se em outra significativa expressão da produção brasileira em geografia cultural. Reúne doze textos de geógrafos, dos quais dez são brasileiros. O conjunto de textos revela uma visão ampla do que se entende por cultura e geografia cultural. A influência francesa, cuja matriz reside na Escola Vidaliana e é mantida graças à forte e fértil influência de Paul Claval, está presente na maior parte dos textos. A influência da Escola de Berkeley e da denominada nova geografia cultural é praticamente nula, refletindo, sem dúvida, a matriz francesa na formação dos geógrafos brasileiros, iniciada com a criação do primeiro departamento de geografia (e história) em 1934 na Universidade de São Paulo.

Os textos incluem uma variedade de temas, paisagem cultural, percepção e imaginário, território indígenas e de ex-escravos (quilombos), sistema de cidades, cemitérios, festa popular e cartografia cultural. Agricultores, ciganos, índios e citadinos de diferentes classes sociais são os atores sociais que os textos abordam. O presente, por sua vez, entendido como uma seção atual do tempo, dotado de longa espessura, é privilegiado nos textos da coletânea organizada por Almeida e Ratts. A região Nordeste, em cujas universidades lecionam grande parte dos autores, é o foco principal de interesse. Regiões como a Amazônica e o Sul estão ausentes da coletânea.

A despeito de muitos dos doze artigos não revelarem uma explícita base teórica, caracterizando-se como descrições ou interpretações superficiais, trata-se de um grande esforço que representa um grande passo no processo de construção de uma sólida e rica geografia cultural brasileira.

Os geógrafos brasileiros têm iniciado a apreciação da obra de expoentes da geografia cultural e humanista. Sauer, Schluter, Tuan, Dardel e Berque já foram apreciados (ver, por exemplo, Rosendahl e Corrêa 2001a).

Perspectivas para a pesquisa

Com uma superfície de 8,5 milhões de Km^2 e uma população superior a 170 milhões de habitantes, a geografia cultural tem muito mais a fazer do que já foi feito. Especialmente porque rápidos e intensos processos de transformação econômica, social e cultural alteram a distribuição espacial da população, valores, hábitos e crenças, a paisagem cultural e os significados atribuídos à natureza e às formas socialmente produzidas. E ainda há áreas a serem efetivamente povoadas. País industrializado e urbanizado, com moderna atividade agropecuária e áreas de fronteira de povoamento, o Brasil oferece contrastes que incluem desde a região metropolitana de São Paulo, com 18 milhões de habitantes, até selvagens vales da bacia amazônica, áreas de colonização alemã e áreas de decadentes plantações canavieiras, entre outras. Envolve ainda áreas com fortes conflitos pela terra.

As perspectivas para a pesquisa em geografia cultural são imensas.

Admite-se que pesquisas empíricas em um contexto policultural como o Brasil pode alimentar novos conceitos e ampliar a base teórica da geografia cultural. Hipotetiza-se, a partir da produção brasileira em geografia cultural, que conceitos como regiões culturais emergentes, regiões culturais residuais, paisagem poligenética e simulacros espaços-temporais (disneyfication) possam ser enriquecidos a partir do Brasil, país de contrastes culturais e de forte dinamismo espacial.

References

Almeida, M.G. and Ratts, A.J.P. (eds) (2003) *Geografia e leituras culturais*. Goiânia: Editora Alternativa.

Bonnemaison, J. (2002) Viagem em torno do território, in Correa, R.L. and Rosendahl, Z. (eds) *Geografia Cultural: um século*, Vol. 3. Rio de Janeiro: EdUERJ (originally published in French, 1981).

Brosseau, M. (1996) *Des Romans—Géographes*. Paris: L'Harmatan.

Claval, P. (1999a) Reflexões sobre a Geografia Cultural no Brasil, *Espaço e Cultura* 8.

Claval, P. (1999b) *Geografia Cultural*. Florianópolis: EDUSC (originally published in French, 1995).

Claval, P. (2002) Campo e perspectiva da Geografia Cultural, in Corrêa, R.L. and Rosendahl, Z. (eds) *Geografia Cultural: um século*, Vol. 3. Rio de Janeiro: EdUERJ (originally published in French, 1992).

Claval, P. (2003) A contribuição francesa ao desenvolvimento da abordagem cultural na Geografia, in Corrêa, R.L. and Rosendahl, Z. (eds) *Introdução à Geografia Cultural*. Rio de Janeiro: Bertrand Brasil.

Correa, R.L. and Rosendahl, Z. (eds) (1998) *Paisagem, Tempo e Cultura*. Rio de Janeiro: EdUERJ.

Correa, R.L. and Rosendahl, Z. (eds) (2000a) *Geografia Cultural: um século*, Vol. 1. Rio de Janeiro: EdUERJ.

Correa, R.L. and Rosendahl, Z. (eds) (2000b) *Geografia Cultural: um século*, Vol. 2. Rio de Janeiro: EdUERJ.

Correa, R.L. and Rosendahl, Z. (eds) (2002) *Geografia Cultural: um século*, Vol. 3. Rio de Janeiro: EdUERJ.

Correa, R.L. and Rosendahl, Z. (eds) (2003) *Introdução à Geografia Cultural*. Rio de Janeiro: Bertrand Brasil.

Cosgrove, D. (1997) Em direção a uma Geografia Cultural radical: problemas da teoria, *Espaço e Cultura* 5 (originally published in English, 1983).

Cosgrove, D. (1998) A Geografia está em toda parte. Cultura e simbolismo nas paisagens humanas, in Correa, R.L. and Rosendahl, Z. (eds) *Paisagem, Tempo e Cultura*. Rio de Janeiro: EdUERJ (originally published in English, 1989).

Cosgrove, D. (2000) Mundos de significados. Geografia Cultural e imaginação, in Correa, R.L. and Rosendahl, Z. (eds) *Geografia Cultural: um século*, Vol. 2. Rio de Janeiro: EdUERJ (originally published in English, 1994).

Cosgrove, D. and Jackson, P. (2000) Novos rumos da Geografia Cultural, in Correa, R.L. and Rosendahl, Z. (eds) *Geografia Cultural: um século*, Vol. 2. Rio de Janeiro: EdUERJ (originally published in English, 1987).

Duncan, J. (2000) Após a Guerra Civil: reconstruindo a Geografia Cultural como heterotopia, in Correa, R.L. and Rosendahl, Z. (eds) *Geografia Cultural: um século*, Vol. 2. Rio de Janeiro: EdUERJ (originally published in English, 1994).

Duncan, J. (2002) O supraorgânico na Geografia Cultural americana, *Espaço e Cultura* 13 (originally published in English, 1980).

Gallais, J. (2002) Alguns aspectos do espaço vivido nas civilizações do mundo tropical, in Correa, R.L. and Rosendahl, Z. (eds) *Geografia Cultural: um século*, Vol. 3. Rio de Janeiro: EdUERJ (originally published in French, 1976).

Haesbaert, R. (1997) Des-territorialização e identidade: a rede 'gaúcha' no Nordeste. Niterói: EDUFF.

Meinig, D. (2002) O olho que observa. Dez versões da mesma cena, *Espaço e Cultura* 13 (originally published in English, 1976).

Mitchell, D. (1999) Não existe aquilo que chamamos de cultura: para uma reconceitualização da idéia de cultura em Geografia, *Espaço e Cultura* 8 (originally published in English, 1995).

Monteiro, C.A.F. (2002) O *mapa e a trama*. Florianópolis: EDUSC.

Rosendahl, Z. (1996) *Espaço e religião—uma abordagem geográfica*. Rio de Janeiro: EdUERJ.

Rosendahl, Z. (1997) O Sagrado e o espaço, in Castro, I.F., Gomes, P.C.C. and Correa, R.L. (eds) *Explorações geográficas*. Rio de Janeiro: Bertrand Brasil.

Rosendahl, Z. (1999) *Hierópolis—O Sagrado e o Urbano*. Rio de Janeiro: EDUERJ.

Rosendahl, Z. and Correa, R.L. (eds) (1999) *Manifestações da cultura no espaço*. Rio de Janeiro: EdUERJ.

Rosendahl, Z. and Correa, R.L. (eds) (2001a) *Matrizes da Geografia Cultural*. Rio de Janeiro: EdUERJ.

Rosendahl, Z. and Correa, R.L. (eds) (2001b) *Paisagem, imaginário e espaço*. Rio de Janeiro: EdUERJ.

Rosendahl, Z. and Correa, R.L. (eds) (2001c) *Religião, Identidade e Território*. Rio de Janeiro: EdUERJ.

Sauer, C.O. (1998) A morfologia da paisagem, in Correa, R.L. and Rosendahl, Z. (eds) *Paisagem, Tempo e Cultura*. Rio de Janeiro: EdUERJ (originally published in English, 1925).

Sauer, C.O. (2000a) Desenvolvimentos recentes em Geografia Cultural, in Correa, R.L. and Rosendahl, Z. (eds) *Geografia Cultural: um século*, Vol. 1. Rio de Janeiro: EdUERJ (originally published in English, 1927).

Sauer, C.O. (2000b) Geografia Cultural, in Correa, R.L. and Rosendahl, Z. (eds) *Geografia Cultural: um século*, Vol. 1. Rio de Janeiro: EdUERJ (originally published in English, 1931).

Sorre, M. (2002) A noção de gênero de vida e seu valor atual, in Correa, R.L. and Rosendahl, Z. (eds) *Geografia Cultural: um século*, Vol. 3. Rio de Janeiro: EdUERJ (originally published in French, 1948).

Wagner, P.E. and Mikesell, M. (2000) Temas da Geografia Cultural, in Correa, R.L. and Rosendahl, Z. (eds) *Geografia Cultural: um século*, Vol. 1. Rio de Janeiro: EdUERJ (originally published in English, 1962).

Williams, R. (2002) Base e estrutura na teoria cultural marxista, *Espaço e Cultura* 14 (originally published in English, 1973).

Social and cultural geographies of South-East Asia

Tim Bunnell[1], Lily Kong[1] & Lisa Law[2]
[1]Department of Geography, National University of Singapore, Singapore; [2]Department of Geography, University of St Andrews, UK (formely NUS, Singapore)

Introduction: the situatedness and embeddedness of knowledge

It makes little sense to talk of a South-East Asian region of social and cultural geography. At least two factors inhibit this kind of generalization. First, critical analyses of area studies emphasize how colonial histories and cold war geopolitics have constructed South-East Asia as an object of knowledge for Western academics and policy makers (see e.g. Anderson 1998; Emerson 1984). Any investigation that uses South-East Asia as a heuristic device must therefore take seriously the production of area knowledge as part of the analysis, as well as the partiality and situatedness of that knowledge. Second, geographies of 'regional' difference obscure 'internal' diversity and complexity, including differences between—but also within—nations. If South-East Asia emerged more in relation to Anglo-American power and interests than to some indigenously defined and experienced regionalism (Anderson 1998: 3), then how can we generalize across these diverse national contexts? We might also query the extent to which a national agenda is able to envision different spatial configurations such as 'cross-cutting areas, the worldwide honeycomb of borderlands, or the process geographies of transnational flows' (van Schendel 2002: 647) that constitute social and cultural life in South-East Asia. These too may be productive sites of knowledge production in the fields of social and cultural geography. We proceed to write despite these caveats, and despite the original invitation by editors of this journal to write about social and cultural geographies of individual countries. We do so in the hope that our insights might serve as catalysts for debate both within South-East Asia and beyond and, more pointedly, in the hope that using this heuristic device allows us to foreground the situatedness and partiality, the complexity and embeddedness of knowledge.

Given that our report does claim area knowledge, and therefore speaks in a position of authority, it is important to situate our perspectives in relation to our own geopolitical and institutional position in Singapore. On the one hand, we certainly do not seek to speak 'for' South-East Asia, playing the role of benevolent spokespersons. We cannot hope to represent the region's complexity or to cover all of the work that has been undertaken in this field, even though Singapore now positions itself as a knowledge 'producer' in the region, with an Asia Research Institute and undergraduate and graduate Programmes in South-East Asian Studies. For instance, we encountered many definitional variations in terms of what constitutes social and cultural geography across the region, and question the power relations involved in our defining this sub-disciplinary field. Much interesting work on social and cultural issues in South-East Asian countries is carried out in collaboration with governmental and non-governmental institutions, and what is needed is more in-depth analysis of individual country archives than we can provide here. On the other hand, we do believe that our 'inbetween' (Simonsen 2003) Singapore position allows us to see the possibilities and need for critical engagements that extend beyond Anglo-American social and cultural geographies. The National University of Singapore (NUS) affords us institutional connections, research financing, high levels of Anglo-American and Asian journal subscription, and funding to attend regional and international conferences. Indeed, it is this context that facilitated our participation in the initiatives of this journal. Our modest hope is that what we present here will serve as a spur to scholars to survey their own positions within and contributions to the field.

What follows is an overview of English-language publications that discuss what might be considered 'social' and 'cultural' geographies of South-East Asia over the past two decades. We identified work in geography and area studies journals that were available in the National University of Singapore library. Clearly this archive does not capture the full range of writing available. It does not cover work published in different languages, for example, nor does it include work that would conventionally be excluded from academic geography (such as policy documents, government reports, etc.). These are important limitations. We also tried to get a sense of how social and cultural geography is understood and practised institutionally across South-East Asia by requesting syllabi and reading lists. As we discovered, however, this does not capture work presented under different labels than 'social' or 'cultural' geography, or even outside geography. Thus, another set of issues emerged in relation to social and cultural geography's ambiguous sub- or even inter-disciplinary position.

Even this seemingly modest undertaking raised a range of important concerns. As implicit from the above, these relate to such basic questions as: What counts as social and cultural geography in South-East Asia? What is lost in an English-language survey of the different ways that geography is practised in this part of the world? How can we present trends within these literatures that are not just the product of our training and embeddedness in the Anglo-American tradition? Bearing in mind these concerns and potential limitations, we nevertheless proceed to select two major themes (and multiple sub-themes) that run through much of the literature we examine to frame our discussion of social and cultural geographies of South-East Asia.

Discursive frames: the politics of social-cultural change and the constructedness of identities

Even before we analyse the two selected themes that, to us, characterize much of social and cultural geographies of South-East Asia, we recognize that the literatures we chose to examine in the first instance already disposed us to particular constructions of 'social and cultural geographies'. The selection process in itself was a definitional one—anchored in what we thought social and cultural geography to be, infracted by our positionalities. Certainly, we attempted to develop a working bibliography that was as wide in coverage as possible, comprising articles in geography and South-East Asia journals over the past twenty years in order that we kept open our notions of social and cultural geography. We thus selected articles using a very broad net, searching using keywords 'social', 'cultural' and individual South-East Asian country names. Going through this initial list, writings that also contained keywords like space/place, landscapes, urbanization, religion, ethnicity, nation, tourism, civil society, gender, migration, population and social groups (e.g. elderly, youth, children) were selected for closer examination. Based on this archive, we strategically chose two major themes that helped us shape the mass of material into digestible strands: (1) the politics of social and cultural change; and (2) constructing identities.

Politics of social and cultural change

Rapid social and cultural change in South-East Asia, particularly in the last three decades, has prompted scholars to examine the nature and implications of such change. A significant thread running through this scholarship is the politics undergirding social and cultural transformation. While geographers working in South-East Asia have had a longstanding interest in cultural artifacts and 'ways of life', much more attention over the past two decades has been afforded to power relations involved in the construction, functioning and transformation of cultural groups and societies. Notable exceptions here include work on animal sacrifice (Brooke 1987) and Hindu fire-dancing ritual in Malaysia (Prorok 1998), both of which were published in the *Journal of Cultural Geography*. Two further pieces with an artifactual focus (Jett 1991; Krim and Jett 1992) considered the historical diffusion of blow pipes into South-East Asia.

Such exceptions apart, geographers of varied sub-disciplinary bent have explicitly engaged with the contested nature of 'social' and 'cultural' transformation. This focus has coalesced around the examination of various politics: the politics of nationhood; the politics of national development; the politics of cultural sites; the politics of urban change; and the politics of the global–local.

The politics of nationhood

As in much of the rest of the world, considerable investment has been directed towards making often externally defined political territories into 'national' space and 'society' (e.g. Jerndal and Rigg 1998). Even those nation-states in South-East Asia that were never formally colonized have, in many cases, inherited boundaries which encompass politically problematic cultural diversity, such as Muslim communities in southern Thailand (Bajunid 1999; Knodel, Gray, Sriwatcharin and Peracca 1999). Yet the lack of fit between political 'containers' called nation-states and lived social-cultural identities extends beyond a politics of border regions. Social and cultural geographies have addressed: the management of legacies of colonially cemented plurality (Korff 2001); the installation of particular social groups—and associated cultural forms and practices—as central to official conceptions of national identity; the implications of such political hegemony for socially differentiated senses of national belonging; and, in particular, the intertwined cultural and political responses of marginalized groups (Mikesell and Murphy 1991; Willford 2002). One expanding area of research which builds upon such interests concerns displacement and marginalization of stateless minority groups (e.g. Dean 2002; Grundy-Warr and Wong 2002).

Analysis of the politics of nationhood has also proceeded within the more recently established tradition of landscape politics. Such studies have focused on the role of 'real' (and occasionally 're-presented') landscapes in the construction of national identity, and attention has equally been on the spectacular and monumental as on the ordinary and quotidian. Writings are dominated by issues of power relations, of the ideologically hegemonic role of landscapes, and the strategies and tactics of resistance, or re-interpretations among those without the power to define. Most prominently, the ways in which landscapes are used to embody the ideological values of 'nation' and legitimize particular 'national' ideologies and discourses receive particular research attention, perhaps a reflection of the anxieties and ambitions of the postcolonial condition. Thus, whether it is Bunnell's (1999) reading of Petronas Twin Towers in Kuala Lumpur as the realization of Malaysia's vision of national development and hence emblematic rendering of Malaysia as a 'world class' player and Kuala Lumpur a 'world city', or his recognition of state discourse constructing the Multimedia Super Corridor as utopian imagining and Malaysian nationalism (Bunnell 2002a, 2002b), the nationalistic desire to assert a place on the world stage and the role of landscapes in embodying these symbolic meanings are emphasized. In Indonesia, a similar insistence on nationalist renderings of Medan Merdeka (Independence Square) in central Jakarta is apparent, in terms of its embodiment of abstract ideals of political unity and national identity, honouring national independence (MacDonald 1995). In Singapore, the discourse of nationalism and the ideological purchase of material and symbolic shifts towards global city status are similarly inscribed in the landscape—for Ooi Geok Ling (1994) and Goh (2001) through public housing estates, for Kong (1995, 1996a) through landscapes re-presented in popular music, for Kong and Yeoh (1997, 2003) through landscape spectacles and rituals such as National Day parades and grand performing arts spaces, as well as quotidian landscapes such as street names and cemeteries. In all these studies, in as much as analysis focuses on landscapes which are called to service ideological goals, attention is also given to various resistances to these ideological initiatives. Often, these analyses of resistances have drawn inspiration from Scott's (1985) conceptualization of 'weapons of the weak', and reveal the cultural work embedded in political stances, and the political meanings behind cultural actions.

Politics of national development

The material work of nation building—infrastructure development and economic transformation—has also been fertile ground for contested social and cultural geographies. National development plans in South-East Asia, as elsewhere, are frequently oriented to an ideal of areal uniformity—promoting a more 'balanced' regional distribution and incorporating 'lagging' places (and people) into the national 'mainstream'. Yet the cultural specificity of what counts as 'development'—and, obversely, conceptions of economic and cultural 'backwardness'—means that such plans, however well intentioned, have at least the potential to be received as forms of internal 'colonization'. This is particularly the case in contexts where development is associated with ethnically and culturally recognizable groups. Rebecca Elmhirst's work has thus considered conflict arising from Indonesia's transmigration programme in which groups from Java and other more densely populated islands were relocated to ostensibly less-developed regions (Elmhirst 2000). Across the region, it has been 'indigenous peoples' who have most often 'made way' for development (e.g. Nicholas 1996). The very term 'indigenous' is perhaps diagnostic of the increasingly political emphasis of social and cultural geographies in South-East Asia. On the one hand, the term connotes forms of relationship with the land and environment that have long been considered to define 'traditional' societies. On the other hand, as part of a globally interconnected discourse of land rights, 'indigenous peoples' is itself now recognized as a powerful legal and politico-cultural signifier (Bunnell and Nah 2004). Rather than merely considering different conceptions of and/or relationships with 'nature' as defining 'cultures', then, work in social and cultural geography is increasingly concerned with the politics of resource use, management and distribution (Delang 2002). Similar social and cultural contests are associated with land and resource conservation and apply to plans for 'development' (Bryant 2000).

Related to the discourse and materiality of nationalism and national development is a discourse about progress. Bunnell (2002a, 2002b) illustrates this with his work on Malaysia's Multimedia Super Corridor, heralded as symbol of progress and development. Yeoh and Kong (1994) discuss how Singapore's Chinatown, embodied in the public housing and conserved landscape, is vaunted by the state as symbolic of modernity and progress, and simultaneously the repository of the nation's history and heritage. Bryant (1996), in turn, focuses on the colonial state's discursive representation of 'forestry as progress' in British Burma. The common thread in these seemingly different empirical contexts is the state's role (or in British Burma, the colonizer's role) in foregrounding the symbolic meanings of landscapes and the discursive constructions of progress in the overall goal of national development and nation-building. However, in all these examples, resistances to symbolic constructions are examined, reinforcing the argument that the colonized in historical times or the governed in present times are never fully subjugated or ruled, and that hegemony is never total.

Politics of urban change

While work in social and cultural geography continues to consider the politics of regional development and rising demand for land and other resources, however, it is cities which are the most visible sign of rapid socio-economic change in much of South-East Asia over the past two decades. More work has been conducted in and on cities as more and more of the population of the region have come to live in them. The rural–urban migration that has followed industrialization in many countries has been well documented; yet there are also important social and cultural geographies of South-East Asia that unsettle neat dichotomies of 'rural' versus 'urban' (McGee 1991; Thompson 2002). The growth of cities and expanded urban regions has spawned new kinds of social and political problematics—from commuting

(Punpuing and Ross 2001) to high-rise 'killer' littering (Bunnell 2002c) to accommodating increasing numbers of elderly people (Teo 1997). Urban life has also enabled new and newly differentiated 'cultures': from ideals of 'womanhood' (Ledgerwood 1996) and sexual lifestyles (Ford and Kittisukathit 1996) to spaces of consumption, whether shopping malls or 'roads for the BMW' (Leaf 1996). The much-vaunted rise of the middle classes has been associated with new expectations and new forms of politics. Civil society movements have proliferated in some cities where new technologies have opened possibilities for dense networks of social interaction, both local and transnational (Clammer 2003). It is a moot point whether such networks enroll less-privileged groups such as the urban poor and non-citizens (see Ong 1999). Yet work on foreign domestic workers in Singapore provides one example of civil society alliances extending to 'spaces at the margins' (Yeoh and Huang 1999); and, in Indonesia, non-government organizations have been involved with street children whose 'subcultures' resist normative state conceptions of childhood and family (Beazley 1998). Cities are also, of course, landmarked with more established sites and repertoires of resistance (Missingham 2002; Philp and Mercer 2002), though even these are transformed in relation to new landscapes of consumption. Malaysian *reformasi* ('reform') protesters' tactics of window shopping in malls to avoid police detection (Khoo 2004) hint at the complex 'global' geographies of social and cultural change negotiated in many cities in the region.

Politics of cultural sites

The negotiation of power between the dominant and subordinated in society, each with their own versions of reality and practice, is often articulated through struggles over particular cultural sites. Multiple, and oftentimes, divergent constructions of such sites by the powerful (itself a varied, non-monolithic range comprising, for example, planners, architects, property owners, developers, administrators, politicians), intent on advancing state ideology or consumer capitalism, rub against lived individual and social experience. The result is evident in conflicts over the production, maintenance and consumption of cultural sites.

One example of the politics of cultural sites is the struggle over heritage sites. Perhaps the postcolonial condition in all the states in South-East Asia (save Thailand) gives cause for reflection on history, heritage and tradition, and the politics of commemoration and conservation. As South-East Asian states look ahead and seek to assert national independence and global status, several scholars remind us that these postcolonial states do not forget their past. Indeed, they are sometimes not allowed to forget their past. Thus, Blackburn and Lim (1999) prompt us to acknowledge the symbolically significant monuments of Japanese commemoration in Singapore, which they believe serve as reminders of Japanese domination in popular memory. Peleggi (1996), a historian, addresses issues that might well share commonalities with social and cultural geographers, considering how privately managed heritage landscapes may challenge state-sanctioned definitions of national history and identity in the context of Thailand. Similarly, Cartier's (1993, 1997) analysis of local efforts to preserve Bukit China, a traditional Chinese cemetery in Melaka, Malaysia, against national economic development imperatives, reminds us that the past and the heritage it confers cannot always be brushed aside easily, and a symbolic reading of the landscape as one embodying contemporary nationalism may lead to an insistence on conservation. In one of the few examples of engagement with 're-presented' (as opposed to 'real') landscapes, Kong and Tay (1998) examine local children's literature in Singapore and its characterization by a nostalgic recollection of past times and places, set against a developmental state represented by urban projects and economic change celebrating progress and modernity. Linking the re-presented and the real, they argue that the emergence of the past as an important concern is not limited to these literatures, but reflects a larger condition: a broader adult yearning to transcend the constrictions of present time and place, a response to the phenomenal changes in Singapore.

As past and present collide, evidenced through landscapes that embody these tensions and conflicting symbolic values, so too do sacred and secular. Writings focusing on landscapes of sacrality and secularity reveal how the modern, secular and functional come up against the sacred and traditional, and how the sacred seeks to assert its presence in the face of modernist planning juggernauts, or end up being appropriated for state ideological purposes or commercial ends (see Kong 1992, 1993a, 1993b, 1996b, 2002, on religious buildings in Singapore; Yeoh and Tan 1995a, 1995b, on burial grounds in Singapore; Philp and Mercer 1999, 2002, on Buddhist monuments in Burma; Prorok 1998, on Hindu temples in Pulau Pinang, Malaysia).

Looking to the past, with its traditions and heritage, and to the sacred, with its inchoate and spiritual, authors are often observant of the commodification and consumption of these symbolic landscapes in contemporary South-East Asian society. Issues of authenticity and legitimacy fill the agenda. For example, Cartier (1998) examines the 'ersatz leisurescapes' transmogrified from heritage landscapes in Melaka, Malaysia; Erb (1998) explores indigenous traditional houses in Flores, Indonesia, and fresh constructions of such houses for tourism; McGregor (2000) discusses how guidebooks on Tana Toraja, Indonesia, perpetuate a commodified experience, and encourage tourists to develop a gaze at an 'exotic Other'; while Chang (1997) focuses on urban imaging strategies in Singapore, adopting symbolic images such as 'Instant Asia' and 'Surprising Singapore' in efforts to capture the imagination of international tourists and to provide Singaporeans a sense of national identity and selfhood.

Politics of the global–local

The issue of what is considered 'local culture' in an era of global interconnection forms a final dimension of geographical work on the politics of transformation. While 'resistance' to cultural globalization has popular and political appeal in cities such as Manila and Bangkok (Berner and Korff 1995), geographers have been amongst those themselves resisting easy oppositions of global 'outside' versus local 'inside' with concepts such as 'transculturation' (Kong 1996c). More complex geographies of cultural change are also evident from analyses of the nexus between states, population and global capital (see Ong 1999). Political authorities in South-East Asia have long foregrounded 'cultural' characteristics—most famously, the supposed docility, submissiveness and nimble-fingeredness of young women workers (Jamilah 1994)—as a means of rendering their places attractive to mobile investment. Of course, what are ostensibly representations of the way cultures 'are' obscure—and contribute to—their normative promotion; defining how people *should* be(have) for the profitable use of transnational capital. If methods of what Wee has called 'cultural management' (Wee 2002) offend 'global' labour, human rights or environmental sensibilities then legitimacy has often been constructed in terms of local or regional difference. Yet discourses of 'Asian' values and practices are first and foremost cultural strategies for global economic 'success'. Not just being, but also being seen, in globally appropriate ways has become a political imperative with intertwined cultural and economic dimensions. On the one hand, particularly in image-conscious cities—would-be beacons of national investibility—people and practices who transgress 'global' moral geographies are increasingly rendered 'out of place' (Bunnell 2002c). On the other hand, in relation to international tourism, for example, certain proscribed forms of 'multicultural' diversity are now actively celebrated (Chang 1997). An apparent valorization of cultural difference suggests possibilities for more cosmopolitan conceptions of national inclusion. Yet there is clearly also a politics to both the selection and promotion of cultural artifacts and ways of living that have global appeal, on the one hand, and the marginalization or silencing of those which are not so highly valued, on the other.

Constructing identities

Another major strand of conversation in South-East Asian social and cultural geography relates to the construction of identities in the region. Thus we find research devoted to understand the lived geographies of a host of social groups such as domestic workers, tourist guides, street children, sex workers, expatriates, people with HIV/AIDS, migrant labour and so on, indicating how the social worlds of South-East Asian nations have become enmeshed with processes of rapid economic transformation. Much of this research explores how social groups emerge in relation to uneven political and economic arrangements wrought by processes such as globalization, migration and tourism, as well as how social and political institutions such as the family, paid employment and non-government organizations shape everyday lives and politics. As noted in the previous section, this emphasis on 'real' identities reflects pressing socio-economic concerns, and is often a strategic engagement with state ideology and policies. Some authors have turned to post-structural approaches, however, to find new and more ambiguous spaces of politics.

A major theme in much of this research is an analysis of women's identities as they are constituted in and through the national ideologies and economic development trajectories that have spawned the emergence of 'miracle' and 'tiger' economies throughout the region. Women are frequently positioned in supportive, domestic roles (e.g. as wives and mothers) in economic progress, though these positions are contested and resisted in a variety of ways. Women's mobility often serves as a central motif in how traditional gender identities are subverted, whether through taking up space in 'public' or more through more itinerant forms of labour. Mobility engenders contradictory and paradoxical positions, however, raising new questions about the specific ways economic change and gender regimes in South-East Asia entwine. In Indonesia, for example, the 'domestification' of women in New Order ideology has paradoxically led to massive increases in women's employment and labour migration to work in foreign-owned export processing zones (Silvey 2000a, 2000b; see also Chant and McIlwaine 1995a, 1995b on the Philippines). Rachel Silvey (2000b), for example, examines how young, unmarried women in search of independence and freedom may set off for new places to negotiate fresh positions that fall outside traditional gender norms. Yet their movements simultaneously generate new tropes of women's immorality and transgression, illustrating how gender becomes a central tension in studies of Indonesian migration (see also Elmhirst 2000). In a further study of gendered mobility, Harriet Beazley (2002) explores how even as Yogyakarta street-girls refuse mainstream social institutions like the family and regular employment, their position in public is always censured by street-boys who do not believe a girl's place is on the street. Thus, while mobility places a central role in subverting gender ideologies that have emerged in tandem with economic ambitions, these identities have a tendency to be recuperated by traditional ideas about the rightful place of women.

While internal migration to export processing zones and the like forms an important part of discussions about gendered mobilities, it is impossible to ignore dialogues on the subject of transnational migration within South-East Asia and the broader East Asian region. In wealthier countries such as Hong Kong and Singapore, where 'local' women have been strategically incorporated into development paths through their participation in the formal labour force, a gap in domestic chores has opened up for South-East Asian migrant domestic workers (Huang and Yeoh 1996, 1998, 2003; Law 2001, 2002a, 2002b; Tyner 1999; Yeoh and Huang 1999). Here we find more paradoxes, however, as refusing traditional domestic roles at home may see them reproduced in foreign contexts. Yeoh and Huang's (1999) work on migrant domestic workers in Singapore, for example, explores how the government's desire to incorporate women into formal employment has resulted in transformed gender ideologies—but only for *some* women. Domestic workers are denied from participating in nation-building apart from a very circumscribed role in the domestic sphere, and their role in political organizations is minimal. Unlike Hong Kong, where South-East Asian domestic workers have networks of organizations that directly address their concerns and incorporate their interests into broader political movements and ideologies (see Gibson, Law and McKay 2001; Law 2002b, 2003), in Singapore these women have been more actively excluded from participating in civil society. These examples illustrate how class and ethnicity entwine with gender in local contexts to mediate understandings of the gender politics of transnational migration (see also Tyner 1996, 1997 for related discussions of migrant entertainers).

Images and ideologies of gender in South-East Asia also interweave with ideas about women's sexual morality. Many researchers point to the limited metaphors available for women who transcend social norms, such as migrants, entertainers and women in the sex industry (see Silvey 2000b, Tyner 1996 and Law 2000, respectively). Rachel Silvey explores how the financial crisis of 1997–1999 increased the stigma associated with women living and working in export processing zones, as these places gained notoriety as sites of prostitution. Women employees thus also acquired reputations for working in the sex industry, thereby decreasing their family's willingness to let them take up employment as this might threaten sexual purity before marriage (although restrictions on young men were not apparent). Likewise, James Tyner's analysis shows how Filipina migrant entertainers in Japan must deal with the linked constructions of their identities as being

Filipina-poor-prostitute. These semiotic links suggest the need for more nuanced analysis beyond the economic motivations of migration; specifically, the way gender, race and nationality interweave to mediate life and work abroad. Finally, Lisa Law goes beyond indigenous constructions of women's morality to show how sex worker identities are best understood through interconnected geographic scales that hegemonically construct sex tourism workers as 'victims' of the political economy, tourism development strategies and foreign men (see also Askew 1998; Del Casino and Hannah 2003). Her analysis of HIV/AIDS prevention programmes in the Philippines demonstrates how dualistic conceptions of Western masculine dominance and Asian feminine passivity in sexual (and other) encounters are reproduced by non-government organizations, state agencies and global health institutions. As sex worker voices are not usually considered in the dialogue, she elaborates a 'third space' where their views on working in the sex industry might be elaborated, revealing how their lives are framed by issues of employment opportunities, family responsibilities and dreams of a better life. Their relations with foreign men are often understood in romantic or benign terms, where paid sexual encounters are enmeshed with their exit from the industry.

Apart from this burgeoning literature on women, a number of studies work at the margins of what might constitute social and cultural geography in South-East Asia. Both Drummond (2000) and Yasmeen (1996), for example, question the extent to which constructions of public/private that are used to describe social life in Western contexts might be applicable to their research in Vietnam and Thailand. Lisa Drummond suggests that the boundaries between public and private space in Vietnam are routinely transgressed and, in contrast to lamentations of the decline of public space in Western contexts, public spaces are actually undergoing resurgence (see also Thomas 2002). Gisele Yasmeen likewise queries the public/private distinction through her research on the widespread phenomenon of public eating in Bangkok. With high labour force participation rates, and the widespread availability of cheap prepared foods, women are not burdened with domestic responsibilities for food preparation as they might be in many countries. Few urbanites prepare meals themselves and even when they do eat at home, 'plastic-bag housewives' traverse public eating areas to collect the already prepared evening meal. Her analysis of the intersection between gender and 'foodways' sheds light on the social construction of gender in cross-cultural contexts and the limitations of using ethnocentric models that presume gendered usages of space. Similarly, in a critical analysis of the cultural geographies of disability, Inge Komardjaja (2001) questions the extent to which a 'barrier free environment' as propagated in developed countries can be a useful intervention in Indonesian cities. She suggests that more attention needs to be paid to Indonesian constructions of collectivism and independence, the class-based inequities of disability where middle-class professionals can rely on maidservants and chauffeurs, and the cultural customs that see sitting and squatting on the floor as important parts of social life. Together these pieces shed light on ethnocentric models of urban space, pointing to the importance of critical theorization.

What these studies of women, mobility and difference imply is the central tension that 'movement' might offer to the construction of identity in South-East Asia (as it has, indeed, for centuries). Individuals and communities might be inserted into uncomfortably coherent social, political and economic contexts—sometimes through custom, other times through economic imperatives—but the ongoing possibility of movement from (and therefore resistance to) highly circumscribed subject positions and identities underlines their unstable arrangement. Movement does not always mean freedom from hegemonic constructions, however; the paradoxical positions it enables can spawn new moral geographies. Paying critical attention to these differences of context is crucial to imagining new social and cultural geographies of identities in South-East Asia.

Conclusion

While the two broadly defined themes considered here capture much of the work in our English-language archive at the National University of Singapore, this report clearly does not do justice to the diversity of social and cultural geographies in/of South-East Asia. Apart from work in other academic fora and/or languages other than English, the process of attempting a regional 'survey' has only heightened our sensitivity to the specificity of our own institutional positionality and viewpoints. Presumably, the idea of Country Reports was intended to foster explorations of diverse embedded institutional contexts, where social and cultural geography might be differently positioned within the academe, state imperatives and in relation to society at large. It is our hope that this limited overview stimulates further (re)views which examine the different ways in which geography has been—and continues to be—institutionalized in the region. We expect that this will, in part, be a process of rendering visible academic practices of social and cultural geography beyond Euro-American (and Singaporean) publication fora. What does it mean to 'do' social and cultural geographies in South-East Asia? This is one of a series of questions revolving around issues of 'relevance' that has resonances in many 'regions'. On the one hand, social scientists in South-East Asia have lamented the extent to which academic practices and interests are shaped by state prerogatives and political agendas (Manan 1999; Syed Husin Ali 1997). Yet, on the other hand, it is perhaps precisely closeness to the state that has enabled active developmental contributions for some geographers in marked contrast to anxieties about policy relevance and 'descent into discourse' in other regions (see e.g. Blomley 1999; Cloke, Johnsen and May 2003; Philo 2000).

It is worth noting that our own 'problems' of positionality are not in any straightforward sense overcome by re-scaling reports down to individual countries. While Country Reports may be expected to offer more detailed or in-depth coverage, they are still (re)views from some*where*. It is with this in mind that we return to notions of 'inbetweenness' as a possible way forward for future reporting. In our case—and, again, while not downplaying other limitations of our efforts to which we have already alluded—it has perhaps been location 'inbetween' Anglo-American social and cultural geographies and 'the region' that has raised important and challenging political and epistemological questions. Other in-between perspectives and interventions might be generated through collaborative surveys and writing of various forms. Examples across spatial, institutional and/or (sub)disciplinary boundaries respectively might include: collaboration between scholars working 'on' and 'in' South-East Asian countries; collaboration between scholars in different institutions, particularly those associated with distinct 'schools' or approaches, or positioned differently in relation to state agendas (as in the case of private versus publicly funded institutions); or collaboration across disciplinary labels, most obviously 'social' as opposed to 'cultural' geography, but perhaps also enrolling scholars in other disciplines who draw upon and contribute to social and cultural geographical knowledges. It is these kinds of inbetween collaborations, we suggest, that potentially throw new light on what social and cultural geography—and perhaps also 'the region'—is or could be.

Considering the possibilities for future reports leads us to a final point concerning the audience for this one. While suggesting possible routes for alternative—rather than merely more detailed—country-scale surveys, we of course hope that our own regional overview stimulates or provokes other responses too. Yet the scope of its ability to do so extends beyond our own limitations, particularly as regards who is likely to view this report (and where). It is in part the geography of subscription to *Social & Cultural Geography* that has left us with an uncomfortable sense of reporting back to the (Anglo-American) 'centre'. The commitment of *Social & Cultural Geography* to publish Country Reports in national languages is an important step to extending (sub)disciplinary debates to new audiences. Yet it is how such reports travel (or fail to travel), rather than the language(s) in which they are written, which is the most significant limiting factor in the enrollment of new audiences (and potential voices). Given limited resources for subscription to new journals in institutions in most parts of South-East Asia, maybe it is time to consider collaborative publication as well as writing and reporting strategies.

References

Anderson, B. (1998) *The Spectre of Comparisons: Nationalism, Southeast Asia and the World*. London: Verso.

Askew, M. (1998) City of women, city of foreign men: working spaces and re-working identities among female sex workers in Bangkok's tourist zone, *Singapore Journal of Tropical Geography* 19: 130–150.

Bajunid, O.F. (1999) The Muslims in Thailand: a review, *Southeast Asian Studies* 37(2): 210–234.

Beazley, H. (1998) Subcultures of resistance: street children's conception and use of space in Indonesia, *Malaysian Journal of Tropical Geography* 29(1): 11–22.

Beazley, H. (2002) 'Vagrants wearing make-up': negotiating spaces on the streets of Yogyakarta, Indonesia, *Urban Studies* 39: 1665–1683.

Berner, E. and Korff, R. (1995) Globalization and local resistance: the creation of localities in Manila and Bangkok, *International Journal of Urban and Regional Research* 19: 208–23.

Blackburn, R. and Lim, E. (1999) The Japanese war memorials of Singapore: movements of commemoration and symbols of Japanese imperial ideology, *South East Asia Research* 7: 321–40.

Blomley, N. (1999) Activism and the academy, *Environment and Planning D: Society and Space* 12: 383–385.

Brooke, C. (1987) Sacred slaughter: the sacrificing of animals at the Hajj and Id al-Adha, *Journal of Cultural Geography* 7(2): 67–88.

Bryant, R.L. (1996) Romancing colonial forestry: the discourse of 'forestry as progress' in British Burma, *The Geographical Journal* 162(2): 169–179.

Bryant, R.L. (2000) Politicized moral geographies—debating biodiversity conservation and ancestral domain in the Philippines, *Political Geography* 19: 673–705.

Bunnell, T. (1999) Views from above and below: the Petronas Twin Towers and in contesting visions of development in contemporary Malaysia, *Singapore Journal of Tropical Geography* 20: 1–23.

Bunnell, T. (2002a) Multimedia utopia? A geographical critique of high-tech development in Malaysia's Multimedia Super Corridor, *Antipode* 34: 265–295.

Bunnell, T. (2002b) Discussion—(Re)positioning Malaysia: high-tech networks and the multicultural rescripting of national identity, *Political Geography* 21: 105–124.

Bunnell, T. (2002c) Kampong rules: landscape and the contested government of urban(e) Malayness, *Urban Studies* 39: 1685–1701.

Bunnell, T. and Nah, A. (2004) Counter-global cases for places: contesting displacement in globalizing Kuala Lumpur Metropolitan Area, *Urban Studies*, 41(2): 447–67.

Cartier, C.L. (1993) Creating historic open space in Melaka, *Geographical Review* 83: 359–373.

Cartier, C.L. (1997) The dead, place/space, and social activism: constructing the nationspace in historic Melaka, *Environment and Planning D: Society and Space* 15: 555–586.

Cartier, C.L. (1998) Megadevelopment in Malaysia: from landscapes to 'leisurescapes' in Melaka's tourism sector, *Singapore Journal of Tropical Geography* 19: 151–176.

Chang, T.C. (1997) From 'Instant Asia' to 'Multi-Faceted Jewel': urban imaging strategies and tourism development in Singapore, *Urban Geography* 18: 542–562.

Chant, S. and McIlwaine, C. (1995a) *Women of a Lesser Cost: Female Labour, Foreign Exchange, and Philippine Development*. Manila, the Philippines: Ataneo de Manila Press.

Chant, S. and McIlwaine, C. (1995b) Gender and export manufacturing in the Philippines: continuity or change in female employment?: the case of the Mactan export processing zone, *Gender, Place and Culture* 2: 147–146.

Clammer, J. (2003) Globalisation, class, consumption and civil society in South-east Asian cities, *Urban Studies* 40: 403–419.

Cloke, P., Johnsen, S. and May, J. (2003). 'What the f***'s the point of that?': the cultural geographies of homelessness, paper, Cultural Geographies at the Coalface: Discussions on Applied Cultural Geography Session of the RGS-IBG Annual Conference, London, 5 September.

Dean, K. (2002) Tackling the territorial trap: Kachin divided by the Sino-Burmese boundary, PhD dissertation, Department of Geography, National University of Singapore.

Del Casino, Jr, V.J. and Hanna, S.P. (2003) Mapping identities, reading maps: the politics of representation in Bangkok's sex tourism industry, in Hanna, S.P. and Del Casino, Jr, V.P. (eds) *Mapping Tourism*. Minneapolis: University of Minnesota Press, pp. 161–185.

Delang, C. (2002) Culture and development in Northern Thailand: a comparative study of Karen and Hmong adaptation to government intervention, PhD dissertation, Department of Geography, National University of Singapore.

Drummond, L.B.W. (2000) Street scenes: practices of public and private space in urban Vietnam, *Urban Studies* 37: 2377–2391.

Elmhirst, R. (2000) A Javanese diaspora?: gender and identity politics in Indonesia's transmigration resettlement program, *Women's Studies International Forum* 23: 487–500.

Emerson, D. (1984) Southeast Asia: what's in a name?, *Journal of Southeast Asian Studies* 15(1): 1–21.

Erb, M. (1998) Tourism space in Manggarai, Western Flores, Indonesia: the house as a contested place, *Singapore Journal of Tropical Geography* 19: 177–192.

Ford, N. and Kittisuksathit, S. (1996) Mobility, love and vulnerability: sexual lifestyles of young and single factory workers in Thailand, *International Journal of Population Geography* 2(1): 23–33.

Gibson, K., Law, L. and McKay, D. (2001) Beyond heroes and victims: Filipina contract migrants, economic activism and class transformations, *International Feminist Journal of Politics* 3: 365–386.

Goh, R.B.H. (2001) Ideologies of 'upgrading' in Singapore Public Housing: post-modern style, globalization and class construction in the built environment, *Urban Studies* 38: 1589–1604.

Grundy-Warr, C. and Wong, E. (2002) Geographies of displacement: the Karenni and the Shan across the Myanmar–Thailand Border, *Singapore Journal of Tropical Geography* 23: 93–122.

Huang, S. and Yeoh, B.S.A. (1996) Ties that bind: state policy and migrant female domestic helpers in Singapore, *Geoforum* 27: 479–496.

Huang, S. and Yeoh, B.S.A. (1998) Maids and Ma'ams in Singapore: constructing gender and nationality in the transnationalization of paid work, *Geography Research Forum* 18: 21–48.

Huang, S. and Yeoh, B.S.A. (2003) The difference gender makes: state policy and contract migrant workers in Singapore, *Asian Pacific Migration Journal* 12(1/2): 75–97.

Jamilah Ariffin (1994) *From Kampung to Urban Factories: Findings from the HAWA Study*. Kuala Lumpur: University of Malaya Press.

Jerndal, R. and Rigg, J. (1998) Making space in Laos: constructing a national identity in a 'forgotten' country, *Political Geography* 17: 809–831.

Jett, S.C. (1991) Further information on the geography of the blowgun and its implications for early transoceanic contacts, *Annals of the Association of American Geographers* 81: 89–102.

Khoo, G.C. (2004) Strangers within the (imagined) community: a study of modern Malay identity in U-Wei Haji Saari's *Jogho* and Sabri Zain's *Face Off*,

Review of Indonesian and Malaysian Affairs 37(2): 81–114.

Knodel, J., Gray, R.S., Sriwatcharin, P. and Peracca, S. (1999), Religion and reproduction: Muslims in Buddhist Thailand, *Population Studies* 53(2): 149–164.

Komardjaja, I. (2001) New cultural geographies of disability: Asian values and the accessibility ideal, *Urban Studies* 2: 77–86.

Kong, L. (1992) The sacred and the secular: exploring contemporary meanings and values for religious buildings in Singapore, *Southeast Asian Journal of Social Science* 20(1): 18–42.

Kong, L. (1993a) Ideological hegemony and the political symbolism of religious buildings in Singapore, *Environment and Planning D: Society and Space* 11: 23–45.

Kong, L. (1993b) Negotiating conceptions of sacred space: a case study of religious buildings in Singapore, *Transactions, Institute of British Geographers* 18: 342–358.

Kong, L. (1995) Music and cultural politics: ideology and resistance in Singapore, *Transactions, Institute of British Geographers* 20: 447–459.

Kong, L. (1996a) Popular music and a 'sense of place' in Singapore, *Crossroads: An Interdisciplinary Journal of Southeast Asian Studies* 9(2): 51–77.

Kong, L. (1996b) The commercial face of God: exploring the nexus between the religious and material, *Geographia Religionum* 10: 123–141.

Kong, L. (1996c) Popular music in Singapore: exploring local cultures, global resources and regional identities, *Environment and Planning D: Society and Space* 14: 273–292.

Kong, L. (2002) In search of permanent homes: Singapore's house churches and the politics of space, *Urban Studies* 39: 1573–1586.

Kong, L. and Tay, L. (1998) Exalting the past: nostalgia and the construction of heritage in children's literature, *Area* 30: 133–143.

Kong, L. and Yeoh, B.S.A. (1997) The construction of national identity through the production of ritual and spectacle: an analysis of National Day Parades in Singapore, *Political Geography* 16: 213–239.

Kong, L. and Yeoh, B.S.A. (2003) *The Politics of Landscapes in Singapore: Constructions of 'Nation'*. Syracuse, NY: Syracuse University Press.

Korff, R. (2001) Globalisation and communal identities in the plural society of Malaysia, *Singapore Journal of Tropical Geography* 22: 270–283.

Krim, A. and Jett, S.C. (1992) On 'Geography of the blowgun and early transoceanic contacts' by Jett, *Annals of the Association of American Geographers* 82: 315–319.

Law, L. (2000) *Sex Work in Southeast Asia: The Place of Desire in a Time of HIV/AIDS*. New York and London: Routledge.

Law, L. (2001) Home cooking: Filipino women and geographies of the senses in Hong Kong, *Ecumene* 8: 264–283.

Law, L. (2002a) Defying disappearance: Filipino labour migrants and public space in Hong Kong, *Urban Studies* 39: 1625–1645.

Law, L. (2002b) Sites of transnational activism: Filipino NGOs in Hong Kong, in Yeoh, B.S.A., Teo, P. and Huang, S. (eds) *Gender Politics in the Asia-Pacific Region*. London and New York: Routledge, pp. 205–222.

Law, L. (2003) Transnational cyberpublics: new political spaces for labour migrants in Asia, *Ethnic and Racial Studies* 26: 234–252.

Leaf, M. (1996) Building the road for the BMW: culture, vision and the extended metropolitan region of Jakarta, *Environment and Planning A* 28: 1617–1635.

Ledgerwood, J.L. (1996) Politics and gender: negotiating conceptions of the ideal woman in present day Cambodia, *Asia-Pacific Viewpoint* 37(2): 139–152.

MacDonald, G.M. (1995) Indonesia Medan-Merdeka—national identity and the built environment, *Antipode* 27: 270–293.

Manan, W.A. (1999) A nation in distress: human rights, authoritarianism and Asian values in Malaysia, *Sojourn* 14: 359–381.

McGee, T.G. (1991) The emerging Desakota regions in Asia: expanding a hypothesis, in Ginsburg, N., Koppell, B. and McGee, T.G. (eds) *The Extended Metropolis: Settlement in Transition*. Honolulu: University of Hawaii Press, pp. 3–25.

McGregor, A. (2000) Dynamic texts and tourist gaze—death, bones and buffalo, *Annals of Tourism Research* 27(1): 27–50.

Mikesell, M.W. and Murphy, A.B. (1991) A framework for comparative study of minority group aspirations (Thailand), *Annals of the Association of American Geographers* 81: 581–604.

Missingham, B. (2002) The village of the poor confronts the state: a geography of protest in the assembly of the poor, *Urban Studies* 39: 1647–1663.

Nicholas, C. (1996) A common struggle: regaining control, in Nicholas, C. and Singh, R. (eds) *Indigenous*

Peoples of Asia: Many Peoples, One Struggle. Bangkok: Asia Indigenous Peoples Pact.

Ong, A. (1999) *Flexible Citizenship: The Cultural Logics of Transnationality*. Durham, NC and London: Duke University Press.

Ooi Geok Ling (1994) National identity, public housing and conservation in Singapore, *Habitat International* 18(2): 71–80.

Peleggi, M. (1996) National heritage and global tourism in Thailand, *Annals of Tourism Research* 23: 432–448.

Philo, C. (2000) More words, more worlds: reflections on the 'cultural turn' and human geography, in Cook, I., Crouch, D., Naylor, S. and Ryan, J. (eds) *Cultural Turns/Geographical Turns: Perspectives on Cultural Geography*. Harlow: Prentice Hall, pp. 26–53.

Philp, J. and Mercer, D. (1999) Commodification of Buddhism in contemporary Burma, *Annals of Tourism Research* 26: 21–54.

Philp, J. and Mercer, D. (2002) Politicised pagodas and veiled resistance: contested urban space in Burma, *Urban Studies* 39: 1587–1610.

Prorok, C.V. (1998) Dancing in the fire: ritually constructing Hindu identity in Malaysian landscape, *Journal of Cultural Geography* 17: 89–114.

Punpuing, S. and Ross, H. (2001) Commuting: the human side of Bangkok's transport problems, *Cities* 18: 43–50.

Scott, J.C. (1985) *Weapons of the Weak: Everyday Forms of Peasant Resistance*. New Haven, CT: Yale University Press.

Silvey, R.M. (2000a) Diasporic subjects and mobility in South Sulawesi, *Women's Studies International Forum* 23: 501–515.

Silvey, R.M. (2000b) Stigmatized spaces: gender and mobility under crisis in South Sulawesi, Indonesia, *Gender, Place and Culture* 7: 143–161.

Simonsen, K. (2003) On being 'in-between': social and cultural geography in Denmark, *Social & Cultural Geography* 4: 255–260.

Syed Husin Ali (1997) The role of Malaysian social scientists in a fast changing society, keynote address, First International Malaysian Studies Conference, 11–13 August, Universiti Malaya, Kuala Lumpur.

Teo, P. (1997) Space to grow old in: the availability of public spaces for elderly persons in Singapore, *Urban Studies* 34: 419–439.

Thomas, M. (2002) Out of control: emergent cultural landscapes and political change in urban Vietnam, *Urban Studies* 39: 1611–1624.

Thompson, E.C. (2002) Migrant subjectivities and narratives of Kampung in Malaysia, *Sojourn* 17: 52–75.

Tyner, J.A. (1996) Constructions of Filipina migrant entertainers, *Gender, Place and Culture* 3: 77–93.

Tyner, J.A. (1997) Constructing images, constructing policy: the case of Filipina migrant performing artists, *Gender, Place and Culture* 4: 19–35.

Tyner, J.A. (1999) The web-based recruitment of female foreign domestic workers in Asia, *Singapore Journal of Tropical Geography* 20: 193–209.

van Schendel, W. (2002) Geographies of knowing, geographies of ignorance: jumping scale in Southeast Asia, *Environment and Planning D: Society and Space* 20: 647–668.

Wee, C.J.W.-L. (2002) Introduction: local cultures, economic development and Southeast Asia, in Wee, C.J.W.-L. (ed.) *Local Cultures and the 'New Asia': The State, Culture and Capitalism in Southeast Asia*. Singapore: Institute of Southeast Asian Studies, pp. 1–27.

Willford, A. (2002) Weapons of the meek: ecstatic ritualism and strategic ecumenism among Tamil Hindus in Malaysia, *Identities: Global Studies in Culture and Power* 9: 247–280.

Yasmeen, G. (1996) 'Plastic-bag housewives' and post-modern restaurants?: public and private in Bangkok's foodscape, *Urban Geography* 17: 526–544.

Yeoh, B.S.A. and Huang, S. (1999) Spaces at the margins: migrant domestic workers and the development of civil society in Singapore, *Environment and Planning A* 31: 1149–1167.

Yeoh, B.S.A. and Kong, L. (1994) Reading landscape meanings: state constructions and lived experiences in Singapore's Chinatown, *Habitat International* 18(4): 17–35.

Yeoh, B.S.A. and Tan, B.H. (1995a) The living and the dead: changing geographies of death in postwar Singapore, *Malaysian Journal of Tropical Geography* 26(1): 77–87.

Yeoh, B.S.A. and Tan, B.H. (1995b) The politics of space: changing discourses on Chinese burial grounds in post-war Singapore, *Journal of Historical Geography* 21: 184–202.

Glimpses of social and cultural geography in Canada and Québec at the turn of the millennium[1]

Damaris Rose[1] & Anne Gilbert[2]
[1]Centre de recherche INRS-Urbanisation, Culture et Société, Institut national de la recherche scientifique, Montréal QC, Canada; [2]Département de géographie, Université d'Ottawa, Canada

Overview and context

A little over a decade ago, the then-President of the Canadian Association of Geographers (CAG) recalled Northrop Frye's observation that the paradoxes of Canada's culture and identity have tended to be interrogated in Canadian literature not so much in terms of 'Who am I?' as in terms of 'Where is here?' (Villeneuve 1993: 98). Until fairly recently, this preoccupation—in literary criticism and in Canadian Studies more generally—with Canadians' relationships to place, the specificities of region and how these moulded senses of identity remained imbued with the intertwined legacies of white settler-colonialist standpoints and a certain degree of environmental determinism (Warley, Ball and Viau 1998). The latter was albeit somewhat justified given the enormous logistical challenges posed to the spatial, economic and social development of the settler ecumene and to the creation of Canada as a nation 'in people's minds' (Warkentin and Simpson-Housley 2001: 282) by the vastness of scale and the harshness of climate and environment in most parts of the country. It is then, understandable that the discipline of geography in Canada has long had a strong 'applied' orientation expressed through close relationships with the public service, its focus on geographies *of* Canada, and a concern with exploring conjugations of Canadian and Québec identities with 'place' and 'territory'.

These orientations of Canadian geography as a whole, identified in recent retrospectives (Kobayashi 2001; Warkentin and Simpson-Housley 2001), still seem to echo quite strongly into the practice of social and cultural geography both in French-speaking Québec and in English-speaking Canada, although there have been some marked shifts in emphasis in the past few years. While retaining a focus on Canada and a sensitivity to the specificities of its regions, increasing attention is paid to the multiple influences of globalization (Preston and Villeneuve 2001) and transnationalism (Kelly 2003). Interrogations of the place and identity of Québec are now framed not only *vis-à-vis* Canada as nation-state but also, increasingly, within the Americas (Dupont 1996; Morisset and Waddell 2000; Villeneuve 1997). The impact of globalization on the mythical representation of a country still highly fragmented between its rural and urban milieus as well as its southern and northern regions (Desbiens 2004) has raised interesting questions (Lasserre 1998). Within Aboriginal studies in geography, post-colonial critiques have gained a significant foothold—including exposures of the exclusionary effects of colonial cartographies, representations of wilderness and essentialist portrayals of Native peoples, that were used until recently to legitimate their exclusion from decision-making about resource development and still have the effect of marginalizing their rapidly growing presence in urban areas (Mercier and Ritchot 1997; Newhouse and Peters 2003; Peters 2000). Increasing attention is now being given to the dynamics of hybridization of place and identity in Canada's Northern regions, as organized First Nations groups negotiate with different levels of the state over the shaping of social and economic space (Hamelin 1999; Morris and Fondahl 2002). Questions are being asked about how experiences of ethnocultural diversity in different arenas of daily life are reframing the ways people construct themselves as 'Canadian' (Dyck 2001), while a recent Past-Presidential address to the CAG challenged human geographers to work at uncovering and contesting pervasive 'normativities of whiteness' within Canadian society—notwithstanding the official 'multiculturalism' of the Canadian state and most of its provinces (Kobayashi 2004). Meanwhile, as we shall see, concerns and approaches first broached by feminist geographers have permeated major thematic areas of social geography. We also see a few contributions, through careful empirical study, to emerging bodies of work dealing with spaces of masculinity (Hopkins 2000), and with the interplay between sexualities and the shaping and encoding of public space (Podmore 2001).

Concerns for social relevance never seem very far from the surface among Canadian social and cultural geographers both in Québec and in the rest of Canada. Some make a point of fostering dialogue with 'practitioners' by publishing in 'applied' journals (striking examples we came across including Leckie and Hopkins 2002 in *Library Quarterly*, Reed 1999 in *The Forestry Chronicle*). Others have reoriented the content of a journal previously aimed at a limited circle of readers (*Géographes*, published since 1977 by l'Association professionnelle des géographes du Québec) and broadened its circulation to meet this objective of facilitating dialogue between professional geographers, citizens and researchers on different geographical issues. The 'pragmatism' of the colonial past (Harris 2001) has largely given way to a spirit of *critical* engagement with public policy, including quite 'messy' debates that, while strikingly free of the kind of angst that has recently characterized British geographers' reflections on this question (Dorling and Shaw 2002), are certainly not lacking in reflexivity (e.g. Kobayashi 2002a). The current state of reflection among Québec geographers about the role of their discipline in citizenship education (in the broad sense of the term) is another example of such concern (Klein and Laurin 1998; Laurin, Klein and Tardif 2001).

As Villeneuve pointed out (1993: 103), both Canada's fragility as a society and the value of its contribution to the world no doubt lie in its pluralism. This involves not only the long-standing absence of a singular and pan-Canadian narrative, but also, more broadly (as Frye 1971 argued), a strongly inductivist orientation as opposed to the deductivist social and moral project of the USA. We see these tendencies reflected in the discipline of geography in Canada today, which is imbued with the historical and contemporary influences of geographical traditions of various countries (Britain, France, Germany, the USA), but lacks a hegemonic narrative, or even a set of clearly defined orientations. It is strikingly free of the 'gate-keeping effects' and inertia found in those countries where geography as a discipline remains structured by dominant and hierarchical centres of academic influence. Indeed, perusals of conference programmes of the CAG and of the geographical section of the Association francophone pour le savoir show that sub-disciplinary identifications, including those of 'social' and 'cultural' geography, are largely submerged by thematic foci; tellingly, at the CAG annual conference, a special session is often sponsored by more than one of the Association's various 'study groups'.[2] And yet, as authors of this report, we have inevitably engaged in gate-keeping and boundary-drawing practices ourselves: we have had to struggle with the dilemma of imposing sub-disciplinary labels on those who might well claim different or multiple affinities, and have made no doubt arbitrary decisions about what to include and what to exclude. In the end, we have opted for a report that provides just a few glimpses of this plurality of themes and approaches, and of the connectedness of sub-fields, while making no claim to representativity or exhaustive coverage—although we have made a point of striking a balance, in citations, between the work of new and established scholars—and while also respecting the relatively autonomous paths taken by the much-smaller and more cohesive community of francophone geographers, most of whom are based in Québec.

The concept of 'territory', a unifying theme for social and cultural geography in Québec[3]

A term relatively little used until recently, 'territory' has emerged as a central concept in Québec today. More than one meaning has been attributed to territory, revealing the various qualifiers we associate with it: travelled territory, appropriated territory, territory of identification, symbolic territory, developed territory, multi-scalar territory... (Lévy and Dussault 2003: 907–917). While it verges on the notion of space, it is also set apart by its insistence on the idea of control over places and spaces, ensuring the permanence of groups and societies that occupy them. The idea of territory is consequently stronger and more restrictive than the idea of space (Brunet 2001). The interest in territory stems from its political connotations, since territory results from an encounter between major forces that shape the world, and the capacity of men and women within the territory to endure or react to these forces. Territory thus describes the interwoven relationships between individuals, groups, societies and space, and reveals their economic, political and ideological appropriation of space. Those among Québec geographers who, following the example of their French counterparts (Di Méo 1998; Fournier 2001), practice social and cultural geography, often turn to social and cultural territory in its essence (special issue of *Géographie et Cultures* on Québec 1996; special issue of *Cahiers de Géographie du Québec* on post-modernism and territory 1997; Lasserre and

Lechaume 2003; as well as summaries of papers delivered since the mid-1990s at geography section colloquia of the Association francophone pour le savoir conference, ⟨http://www.acfas.ca/congres⟩). Two perspectives dominate: while the more formal elements of Québec territory are at the heart of the preoccupations of geographers interested in connections between society, space and development, it is the experience of the world from a single place—Québec and francophone America—and the identity drawn from it that tend to draw the attention of the others. The recent evolution of Québec geography is reminiscent of the observations of Chivallon (2003) in France regarding the dichotomy between social geography and cultural geography. Yet in Québec, differences between these two perspectives have become blurred with the insistence on representation and identification in the study of the relations that link Québec society (and the groups that constitute it) with place and space at different spatial scales.

The study of territory has been approached in various ways by Québec geographers. When it is considered in terms of the context for social interaction, Québec geographers turn to specific and clearly formal attributes of Québec territory as a place where a certain way of life is articulated, where a precious heritage is protected. This work, in essence more social than cultural, cross-references with the practices of local actors in the construction of territory, and its control and appropriation, as much material as symbolic. The question of 'community' and its potential in the context of globalization has also been explored, demonstrating how communities are created and re-created through the establishment of an identity system produced by a multi-scalar socialization process firmly anchored in the spaces of everyday life. The richness of such a perspective is demonstrated in the work of Simard (2000a, 2000b) on processes of identity construction as revealed by local development practices in Québec; in that of Séguin and her colleagues at the INRS (Séguin 1997; Séguin, Bernèche and Garcia 2000) on how territory is appropriated by new immigrants and certain ethnic minorities, notably by means of the numerous support networks they have developed; in that of Bergé (2001, 2003) on the new solidarities sparked by the creation of Nunavut; and in that of Tremblay (forthcoming) on 'Floribec', a francophone community formed through the migration of thousands of French Canadians to Florida over the past thirty years. The question of heritage and its role in the fabrication of territorial belonging and identity is central to several studies. Research focuses on rural and urban landscapes, natural and constructed, as signifiers of particular forms of appropriation of territory and of the adaptation of Québec society to past and recent periods of change (Fortin and Gagnon 2002; Mercier 2000, 2001, 2002, 2003; Ritchot 1999; Villeneuve 1999). As such, social and cultural geography is increasingly concerned with tourism, the mutations it inflicts on places and spaces, and the ensuing problems of planning (Gagnon 2003). The sub-discipline is also making a foray into the field of the production of urban environments, particularly in attempting to understand the strategies set in place to resolve conflicts around the use of urban environments by actors with conflicting interests (Sénécal and Saint-Laurent 2000; Sénécal, Malézieux and Manzagol 2002).

When it approaches Québec territory as an object of representation, geography concerns itself with other dimensions of territory: the experiences of places and spaces through time and space, and the sense of belonging these experiences foster. This geography, more cultural than social, shows a marked interest for the 'subject', as it represents Québec in the ever-changing American continental scene, through its perceptions and images. The work of Luc Bureau illustrates this preoccupation with symbolic territory and the ways in which it is integrated into the individual and collective consciousness (Bureau 1997, 2001). Those belonging to the 'Laval School' of geography, as we have elsewhere called the group of Québec geographers based at Laval University working on French North America (Gilbert 1998), are like-minded (Louder, Morisset and Waddell 2001; Morisset and Waddell 2000; as well as Courville 1999, 2000, in a historical perspective). The material is diverse, from oral culture (Louder, Morisset and Waddell 2001), literature (Bureau 1999) and visual art (Villeneuve 1996), to architecture and urban form (Debarbieux and Marois 1997). Although Québec is often at the core of this work, other symbolic territories are also examined (see, for example, Bédard 2002 on the Beaune region of France, Lechaume 2003 on Martinique). In this fashion, the work of Brosseau moves from the experiences of women in the Arab world (Ayari and Brosseau 1998), through numerous other literary spaces (Brosseau 1996), to the territory of the writer Bukowski on 'skidrow' in Los Angeles (Brosseau 2002).

An underlying political dimension can be discerned in most studies on territory authored by Québec geographers. This becomes central to work about territories on the margin, such as the city of Hull, situated on the border between Québec and Ontario and marked by the tension resulting from the encounter between Québec francophones and Ontario anglophones on the same territory, particularly in bars and other public places on the Promenade-du-Portage (Brosseau and Cellard 2003; Brosseau and Gilbert 1996; Gilbert and Brosseau 2002). The political dimension also lurks just beneath the surface of several works on the territories of anglophone minorities within Québec and francophones outside Québec, which are built up 'under the stress' (Marshall 1995) caused by inequalities in place and space. The study of the ways in which minorities construct their own territory based on institutions that are not necessarily located close to their users, while making use of the spaces of the majority with whom they live in increasingly close proximity, reveals quite original ways of dealing with place and space, both concrete and symbolic (Gilbert 1999, 2001, forthcoming; Gilbert and Marshall 1995; Langlois 2000; Marshall 1995; Tremblay forthcoming).

Economic restructuring and social change in resource peripheries

In Québec, the integration of the teaching of geography into the wider field of regional studies, notably in the Université du Québec network, has ensured that Québec geography concerns itself actively with local and regional dynamics in what is commonly referred to as 'the Québec of regions'. The transformation of systems of production and exchange, technological innovations, geographic recomposition of environments, and emerging action-related practices have been the favoured axes of research. The paradigm of local development has emerged as a leading conceptual device; Gagnon's (1994) study of the Saguenay-Lac Saint Jean region, where local communities, big business and the state are at odds over issues of the environment and territorial development, is a very good example of this type of research (see also Bouthilier, Carrier, Coté and Désy 2000). With this approach, Québec geographers interested in the social, and even the cultural, sphere have become indisputably interventionist, whereas what they really want is to contribute to healthy and sustainable socio-economic growth spread over the entire territory (see the summaries of papers presented at the colloquia held annually on the topic at the Association francophone pour le savoir conference). This constitutes one of the distinctive characteristics of their work, which they are tending to consolidate through a variety of initiatives. The *Atlas du Québec et de ses régions* project, a vast inter-university undertaking to map Québec territory, led by Juan-Luis Klein and Jean Carrière, is one of these (see the Atlas website) ⟨http://www.atlasduquebec.qc.ca⟩, as well as the summaries of papers presented at the Atlas colloquia held at the 1997, 1998, 1999, 2000 and 2001 Association francophone du savoir conferences). The field of research on the economic renewal of old industrial neighbourhoods in central Montreal and the types of mobilization that occur around these initiatives follows from the same preoccupation (Klein 1997; Klein, Fontan and Tremblay 1999, 2000; Klein and Waub 1996), as well as the various studies carried out by Québec geographers in recent years on the socio-spatial effects of new information and communication technologies (Lefebvre and Tremblay 1998; see also the special 1999 edition of the *The Canadian Geographer/Le Géographe canadien* devoted to this issue).

Although Canada is one of the world's most urbanized countries, rural and small town studies continue—in a similar vein, but one somewhat more oriented toward economic aspects—to occupy a large space in anglo-Canadian geography (Bryant and Joseph 2001). The future of communities whose economic prosperity has historically been dependent on resource extraction and primary processing (Hayter and Barnes 2001) has been a particular theme of concern in recent years, as industries such as forest products and fisheries have experienced drastic restructuring due to the international reorganization of commodity markets, resource depletion and market pressures for 'sustainable' environmental management. Exploring these developments and their implications has involved a considerable erosion of traditional barriers between 'economic' and 'social' geography—it is no coincidence that in the late 1990s the Industrial Geography study group of the CAG changed its name to the Economic and Social Change study group. It is also leading to increasing dialogue between different scales of analysis: that of individual men and women often positioned within quite traditional 'gender cultures' due to the male-dominated employment patterns in these communities; that of the household where 'coping strategies' are negotiated; that of the municipality as site of negotiation around local economic strategies and provision of services, and of course that of the industry and the macroeconomic environment. Thus, for example, we see studies addressing problems of community cohesion linked to 'nomadic' or seasonal migrations in the quest for employment (Halseth 1999; Marshall and Foster 2002), and explorations of how local labour market differences in terms of female employment affect the ways households negotiate divisions of caring labour (Preston, Rose, Norcliffe and Holmes 2000), while a richly textured analysis of women's lives and gender constructions in forestry communities undercuts essentialist 'eco-feminisms' and seeks to make sense of the at-times fraught relationships between social and environmental sustainability (Reed 2003). How the male-dominated workforce configurations of resource-based communities can shape local constructions of sexualities has been touched on in this work but has been more developed theoretically by Canadian scholars working in a different context, that of the Caribbean, where inflections of 'race' also come into play (Peake and Trotz 1999).

The 'Metropolis Project': a space of engagement with public policy on immigration to Canada's cities

Since the mid-1990s a substantial number of social geographers have centred their research energies within a large and diverse constellation of scholarship and debate conducted under the auspices of a network known as the 'Metropolis Project'. This pan-Canadian initiative, with international linkages, focuses on immigration and immigrant settlement issues, especially in Canada's 'gateway' cities, which have seen a the spectacular growth of ethno-cultural diversity since the 1970s (Ley and Hiebert 2001). Funded (1995–2007) mainly by the Social Sciences and Humanities Research Council of Canada and a federal government department, Citizenship and Immigration Canada, it provides a forum for dialogue between academics, policy-makers, and municipal and community-based service providers, and modest resources for 'policy-relevant' research. Although economic and geo-political dimensions of immigration take up much of this discursive space, social and cultural geographic agendas have gained a strong presence. In keeping with the spirit of critical engagement with public policy alluded to earlier, much of this work challenges 'totalizing' assumptions and seeks to reframe the terms of policy debates concerning social dimensions of immigrant integration.[4]

The suburbanization of recent immigrant settlement sets the stage for much of this research. Increasing proportions of recent immigrants are making their homes in middle-class suburban localities (Bourne, Starkweather and Basu 2000), in part due to the refocusing of immigrant selection criteria to include more highly skilled workers and investors. Some work addresses contestations of urban landscape formation, including long-time residents' experiences of and reactions to sharing of suburban residential space with recent-immigrant newcomers (Rose 2001), as well as land use conflicts over the development of 'Asian-themed' shopping malls (Preston and Lo 2000). Such work attempts to untangle and decipher the influences of anti-growth sentiments, mutual incomprehension of different cultural codes of neighbouring and their links to wider processes of 'othering' and racialization, examined, for example, by Kobayashi (2002b). Other studies, drawing on feminist insights into the varied mediations of gender on suburban lives (Dowling 1998), have explored suburban immigrant women's difficulties in gaining access to employment as well as the strategies they use, through everyday mobility and residential location decisions, to create workable social geographies of family and friendship networks from the scale of the home to that of the city (Preston and Man 1999; Ray and Rose 2000).

Another research area engages with the burgeoning literature on 'transnationalism', which argues that economic globalization and changes in communications technology have intensified the tendency of (im)migrants to construct social lives and geographies of home over a range of spatial scales. Transnational frames of analysis can help in understanding multi-scalar identity constructions and place-investments; however, the model of the 'footloose' male subject tends to dominate this work (Kelly 2003). Mounting evidence from case studies framed by feminist perspectives indicates that both decisions to (im) migrate and the nature of social and economic ties maintained with countries of origin are profoundly shaped by gendered obligations (Pratt with the Philippine Women's Centre 1999; Wong 2000), while the fluidity of immigrants' social geographies of home may be mediated by gender and sexuality as well as class and generation (Walton-Roberts and Pratt 2003; Waters 2002). Moreover, in the case of refugees, abilities to maintain transnational ties may be greatly compromised (Nolin 2001).

Other social geographers working within the Metropolis Project have sought to document and better understand aspects of the settlement difficulties of some groups of recent immigrants, including those whose life in Canada began as refugee claimants denied access to many of the assistance services and social citizenship rights accorded to 'landed immigrants' (Danso 2001; Rose and Ray 2001). The strategies and constraints involved in the social geographies of immigrant 'housing careers' have been explored (Murdie 2002; Owusu 1999), amidst concerns that short-term poverty could be mutating into longer-term social exclusion among some segments of recent immigrant cohorts—those who face racialization and seemingly systemic barriers to the realization of their 'human capital' in the labour market—and whether this could be generating new dynamics of residential segregation in underserviced suburbs, a situation hitherto largely avoided among immigrants to Canada (Ley and Hiebert 2001; Ley and Smith 2000; Murdie and Teixeira 2003). The impacts of public policy on socio-spatial inclusion and social sustainability in Montreal and Toronto have been compared within an international research initiative under the auspices of UNESCO (Frisken, Bourne, Gad and Murdie 2000; Séguin and Germain 2000). However, few of the social and cultural geographers involved in the Metropolis Project have ventured directly on to the terrain of policy recommendations (one such venture is Pratt with the Philippine Women's Centre 2002). Working in this social and political space has nonetheless highlighted academics' ethical responsibilities to provide policy-makers with contextualized interpretations of findings, especially those concerning 'less than successful' settlement experiences that could conceivably be used punitively (Hyndman and Walton-Roberts 2000), as well as underscoring the complexities of subject positions and power relations entailed when staking authority claims to engage in such interpretation of these experiences and when working collaboratively with 'advocacy' groups (Pratt 2002).

Spaces of inequity, claims for inclusion

While immigration-related issues have captured the imagination, and the time, of many of Canada's social geographers since the mid-1990s, a wide variety of other themes have also been addressed, often using new techniques or opening new conceptual windows on some of the sub-field's 'classic' concerns with the spatial dimensions of social inequality and the varied dynamics of exclusion from access to social resources. For instance, 'extensive' data sets at various intra-urban scales have been used to pursue earlier questioning (Bourne 1993) about incipient income polarization in the context of economic and household restructuring (MacLachlan and Sawada 1997; Rose and Villeneuve 1998), to track changes in spatial dimensions of women's access to employment (Vandersmissen, Villeneuve and Thériault 2001) and to expose the spatially uneven application of supposedly equitable property tax assessment reforms (Harris and Lehman 2001). Deprivation has emerged as an important research theme, along with a renewed interest in quality of life and well-being (Gilbert and Langlois 2004; Langlois and Anderson 2002; Langlois and Gilbert forthcoming; Langlois and Kitchen 2001; Langlois and Marois 2004; Séguin 2001; Sénécal and Hamel 2001). Others have marshalled GIS to address intra-urban inequalities in access to services such as childcare and immigrant settlement assistance (Cao and Villeneuve 1998; Truelove 2000). At a national scale, the importance of examining intersections of housing- and health-related inequalities among marginalized groups has been stressed, although the boundaries between these themes built into survey constructions make this difficult to do (Rosenberg and Wilson 2001).

Within the theme of access to urban public space, influences from cultural studies have led to explorations of how print media discursively construct 'deviance' and threats to social and moral order in public space, and influence its regulation through neo-liberal urban policy (Gilbert and Brosseau 2002; see Ruddick 2002). Similar influences have inflected the study of 'marginalized' groups' access to urban space and resources: thus, for Klodawsky, Farrell and Aubry (2002), the study of discourses encoded—again—in print media provides a powerful lens on the positioning of the homeless with respect to the neo-liberal climate shaping social welfare restructuring, while also suggesting avenues for contestation of policy at the municipal scale. Other studies have explored the capacities of activist groups to organize at different spatial scales for the social citizenship rights of the homeless and the disabled, in the context of different governance regimes affecting the scale at which key decisions about services are made (Chouinard 1999; Kitchin and Wilton 2003; Ruddick, Cowen and Veronis 2001), while Peters (1998) shows how the place-making strategies of households led by urban Aboriginal women challenge both colonial and gendered assignments of First Nations' rights to space.

Although the existence of universal public health care is often declared to be a cornerstone of Canadian identity, the right to publicly supported home-based care has never been established (Williams 2001). How social welfare restructuring by Canadian provinces—in particular the shift to a 'community care' orientation—has affected the gendered geographies of care-giving (by relatives and paid caregivers) for elderly persons living alone, has been addressed using both extensive data sets and intensive qualitative methods (Hallman and Joseph 1999; Wiles 2003b). Such studies are making quite prominent contributions to a recent international current of scholarship on health, place and identity, adopting post-positivist approaches. Canadian contributions to this field reveal the influences of feminist-inflected social geography; for instance, Williams (2002) draws on critical social geographies of 'home' to consider how the conditions under which home care is performed, and how the life course and daily life transitions involved in the assumption of a caregiver identity (Hallman 1999; Wiles 2003a), shape experiences of home as a 'therapeutic landscape'. Non-Western cultural perspectives do not yet, however, have a presence in this work (Wilson 2003).

Last, but certainly not least, new developments in social theory pertaining to the material and discursive constructions of the body have been seen by a good number of Anglo-American geographers as having the potential to yield sharper insights into the ways that society assigns place-bound identities to certain groups, thus limiting their symbolic and material access to key spaces of 'mainstream' everyday life (Laws 1997). In Canadian social geography this perspective has been especially well developed in work on how women living with chronic illness experience place and struggle to redefine 'normality'; often contesting the designation of their bodies as 'deviant' or 'inadequate', they strive both to overcome material access and mobility barriers in private and public space and to adjust their daily time-space routines to deal with the fluidity and unpredictability of their limitations (Moss and Dyck 2002).

Concluding remarks

Social and cultural geographers both from Québec and the rest of Canada have been very active over the last decade, pointing to quite strong signs of renewal in these parts of the discipline since the late 1990s. Their work has touched many aspects of the complex relationship linking individuals and social groups to space and place, within specific cultural contexts, ranging from new forms of residential space to the spatial dynamics of exclusion and the symbolic questions of identity construction and place-investment. Although Montréal, Toronto and Vancouver, as well as other metropolitan regions of Canada, have continued to be the main areas under scrutiny, rural Canada has retained a strong presence, as well as the North, along with Aboriginal studies, which traverse and intersect the urban and the rural.

In almost all cases, there is a strong focus on geographies *of* Canada. This is quite normal, considering that Canadian geographers develop their geographical ideas within the particular places they live and work in, which provide them with the concrete and material elements of the experience of and in places they seek to understand. This type of 'groundedness' could, however, be more problematic in their case than for geographers living and working in other parts of the world. This is what Berg (2004) argues when he refers to the process of 'scaling knowledge', which suggests that their work would in fact be held as more located, embodied and rooted in place than geographies of the UK or USA, or even France when we consider geographies *of* Québec. In the current scalar distinction arising from hegemonic relations of knowledge production, places outside of these centres, such as Canada, and even more so Québec—which is still viewed by many anglophone Canadian geographers as something in the order of the regional or local[5]—are dramatically reduced in perceived intellectual importance. The probable effect is that pieces of work produced by Canadian as well as Québec geographers suffer from lower circulation and less capacity for real contribution to international debate, including theory-generation and comparative analysis.

Berg would add that Canada is certainly less marginal than other locations. We have in fact acknowledged more than a few occasions where Canadian scholarship has gained an international audience, thus reaching at a more global scale—to use his terminology. The Metropolis initiative is probably the best example of such a 'rescaling' of work done by Canadian geographers, with the effect of reframing the Anglo-American research agenda on immigration and inclusion along more social dimensions. Another could be seen in the many collaborative initiatives linking French and Québec geographers, from transnational colloquiums to joint publications, which have allowed some of the ideas developed in Québec along the lines of the new cultural geography for instance, to be disseminated in France and other French-speaking countries. These, along with the publication of this review in both French and English, show that the scaling of knowledge is far from being inevitable, and that Canadian geographers are indeed in a very good position to contribute to altering the spatialities of geographical knowledge production.

Notes

1 Social and cultural geography as practised in the province of Québec has been singled out for reasons that are linked to its particular academic roots and also to the profound differences in Québec's cultural development and present-day civil society relative to the rest of Canada. Conducted almost exclusively in French, it has been historically strongly influenced by French geography and French geographers (Warkentin and Simpson-Housely 2001), through a network of conceptual affinities still very active today. Notwithstanding these powerful transatlantic influences, contemporary geographical practice in Québec is strongly located, embodied and rooted in Québec's society, culture and geo-political context; thus it has developed its own approaches to understanding space and place, which—in our view—can be assimilated neither to those of the rest of Canada nor to those of France (Chivallon 2003).

2 The tendency to publish in interdisciplinary journals (de Loë 2003) also enlivened while greatly complicating our bibliographic endeavours! Our thanks to all who helped us immeasurably in this respect by sending us references to and photocopies of their work.

3 This section was inspired in part by papers presented at the colloquium on the History of Québec Geography held at the 2003 annual meeting of the Association francophone pour le savoir, especially those by Mario Bédard, Frank Remiggi and Paul Villeneuve, as well as by Tremblay's (2003) reflections on the different trajectories of social geography in different national contexts.

4 Here, we offer but a few glimpses of the type of work being done in this vein Also, in view of Hiebert's (2000) comprehensive and accessible review of work in this area done up until 1999, we place more emphasis on the most recent wave of contributions.

5 This is another reason why we have opted to refer to both Canada and Québec in the title of our paper.

Aperçu de la géographie sociale et culturelle au Canada et au Québec au tournant du millénaire[1]

Contexte et vue d'ensemble

Il y a un peu plus d'une décennie, le président de l'Association canadienne des géographes (ACG) notait l'observation de Northrop Frye selon laquelle les paradoxes de la culture et de l'identité canadienne ont souvent été formulés en littérature canadienne non pas en termes de 'Qui suis-je' mais plutôt de 'Où suis-je'? (Villeneuve 1993: 98). Jusqu'à tout récemment, cette préoccupation—pour la critique littéraire et les études canadiennes plus généralement—envers le rapport des Canadiennes et des Canadiens aux lieux, les spécificités régionales et leurs effets sur l'identité est demeurée marquée par le double héritage du colonialisme et d'un certain déterminisme environnemental (Warley, Ball et Viau 1998).

Ce déterminisme se justifiait toutefois un peu par l'énorme défi logistique posé par le développement spatial, économique et social de l'écoumène pionnier, la création du Canada en tant que nation 'dans la pensée des gens' (Warkentin et Simpson-Housley 2001: 282) et la vastitude des espaces ainsi que la rigueur du climat et de l'environnement dans la plupart des régions du pays. Il n'est pas surprenant que la géographie en tant que discipline ait longtemps été caractérisée au Canada par une forte orientation 'appliquée' comme en témoignent sa relation étroite avec le service public, son attention particulière aux géographies *du* Canada et son souci d'explorer la place occupée par le 'lieu' et le 'territoire' dans les identités canadienne et québécoise.

Ces orientations de la géographie canadienne identifiées dans de récentes rétrospectives (Kobayashi 2001; Warkentin and Simpson-Housley 2001), influencent encore fortement la pratique de la géographie sociale et culturelle tant au Québec francophone qu'au Canada anglais, malgré que celle-ci ait changé au cours des dernières années. Tout en continuant de s'intéresser au Canada et à la spécificité de ses régions, une attention accrue est portée aux multiples influences de la mondialisation (Preston et Villeneuve 2001) et du transnationalisme (Kelly 2003). Le questionnement sur la place et l'identité du Québec s'articule non seulement vis-à-vis le Canada en tant qu'État-nation mais aussi de plus en plus en rapport aux Amériques (Dupont 1996; Morisset et Waddell 2000; Villeneuve 1997). L'impact de la mondialisation sur la représentation mythique d'un pays toujours hautement fragmenté entre ses milieux rural et urbain de même qu'entre ses régions sud et nord (Desbiens 2004) suscite des questions intéressantes (Lasserre 1998). Au sein des études autochtones en géographie, la critique post-coloniale gagne du terrain, avec une attention nouvelle portée aux effets d'exclusion des cartographies coloniales, des représentations d'une nature sauvage et des visions essentialistes des peuples autochtones, utilisées jusqu'à récemment pour légitimer leur exclusion des processus de décision en ce qui a trait au développement des ressources, et qui continuent de marginaliser la présence grandissante des autochtones en régions urbaines (Mercier et Ritchot 1997; Newhouse et Peters 2003; Peters 2000). On s'intéresse aux identités de plus en plus hybrides dans les régions nordiques canadiennes alors que des groupes organisés des Premières Nations négocient avec différents paliers de l'État sur le devenir de l'espace social et économique (Hamelin 1999; Morris et Fondahl 2002). L'expérience de la diversité ethnoculturelle dans différentes arènes de la vie quotidienne et ses effets sur l'identité canadienne sont des questions qui sont aussi étudiées (Dyck 2001). De fait, une récente communication d'une ancienne présidente de l'ACG lançait un défi aux géographes de dévoiler et de contester les différentes formes de la 'norme blanche' qui persistent dans la société canadienne, et ce malgré le 'multiculturalisme' officiel de l'État canadien et de la plupart de ses provinces (Kobayashi 2004). Entre-temps, comme nous le verrons, les questionnements de la géographie féministe ont inspiré des points de vue inédits sur de nombreux domaines thématiques majeurs de la géographie sociale. Nous voyons également se dessiner à travers des études empiriques détaillées quelques contributions à un corpus de recherche émergeant sur les espaces de la masculinité (Hopkins 2000), et sur l'imbrication entre les sexualités et la formation, et codification, de l'espace public (Podmore 2001).

Un souci de pertinence sociale anime la géographie sociale et culturelle canadienne, tant au Québec que dans le reste du pays. Certains s'efforcent d'encourager le dialogue avec le 'monde de la pratique' en publiant dans des revues 'appliquées' (parmi les exemples marquants, Leckie et Hopkins 2002 dans *Library Quarterly*, Reed 1999 dans *The Forestry Chronicle*). D'autres ont réorienté le contenu d'un journal auparavant adressé à un cercle limité de lectrices et lecteurs (*Géographes*, publié depuis 1977 par l'Association professionnelle des géographes du Québec) et élargi sa distribution afin de rencontrer cet objectif de faciliter le dialogue entre les géographes professionnels, les citoyennes et citoyens et les chercheurs sur différentes problématiques en géographie. Le 'pragmatisme' du passé colonial (Harris 2001) fait graduellement place à un esprit d'engagement critique avec les politiques publiques, incluant des débats assez houleux qui, bien que étonnamment dénués du type d'angoisse ayant caractérisé le questionnement des géographes britanniques à ce sujet (Dorling et Shaw 2002), ne manquent certainement pas de réflexion (e.g. Kobayashi 2002b). Le débat en cours au sein de la géographie québécoise quant au rôle de la discipline en éducation civique (au sens large du terme) est un autre exemple de ce questionnement (Klein et Laurin 1998; Laurin, Klein et Tardif 2001).

Comme Villeneuve le notait (1993: 103), la fragilité du Canada en tant que société et la valeur de sa contribution à la société mondiale résident sans nul doute dans son pluralisme. Ceci implique non seulement l'absence prolongée d'un récit pancanadien unique, mais aussi, plus généralement (comme Frye 1971 le proposait), une orientation résoluement inductiviste qui fait contraste avec l'orientation déductiviste du projet social et moral des États-Unis. Ces tendances sont aujourd'hui visibles dans la géographie canadienne, fortement marquée par l'influence historique et contemporaine des traditions géographiques de plusieurs pays (Angleterre, France, Allemagne, États-Unis), mais dépourvue d'un récit hégémonique, ou même d'un ensemble d'orientations clairement définies. La géographie canadienne est étonnamment libre des effets de 'contrôle de l'accès' et de l'inertie qu'on retrouve dans ces pays où la géographie demeure structurée par la domination d'une poignée de centres d'influence. En effet, un survol des programmes des conférences de l'ACG et de la section géographique de l'Association francophone pour le savoir démontre que les identifications sousdisciplinaires, incluant celles d géographie 'sociale' et 'culturelle', sont largement englouties par les identifications thématiques; preuve à l'appui, à la conférence annuelle de l'ACG, une session spéciale est souvent commanditée par plus d'un des 'groupes d'étude' de l'Association.[2] Et pourtant, en tant qu'auteures de ce rapport, nous nous prêtons nous-mêmes à un exercice de cloisonnement et de création de frontières: nous avons dû faire face au dilemme d'imposer des étiquettes sous-disciplinaires à ceux et celles qui voudraient peut-être revendiquer des affinités différentes et multiples, et nous avons pris des décisions arbitraires à savoir quoi inclure et quoi exclure. En bout de ligne, nous avons opté pour un rapport qui fait état de quelques aspects de cette pluralité de thèmes et d'approches, et des liens entre les sous-disciplines, tout en n'aspirant aucunement à une représentation exhaustive. Néanmoins, nous avons cherché à atteindre un équilibre en fait de citations entre le travail de nouveaux chercheurs et celui de chercheurs établis, et à respecter les voies relativement autonomes empruntées par la communauté beaucoup plus petite et cohésive des géographes francophones, dont la plupart sont basés au Québec.

Le concept de 'territoire', un thème unificateur de la géographie sociale et culturelle québécoise[3]

Terme assez peu usité jusqu'ici, le territoire apparaît aujourd'hui au Québec comme un concept central. On lui prête plus d'un sens, que révèlent les différents qualificatifs qu'on lui accole: territoire parcouru, territoire approprié, territoire d'identification, territoire symbolique, territoire aménagé, territoire à échelles multiples... (Lévy et Dussault 2003: 907–917). S'il se rapproche de la notion d'espace, il s'en distingue toutefois par son insistance sur l'idée de contrôle sur les lieux et les espaces, garantissant la permanence des groupes et des sociétés qui les occupent. L'idée de territoire est ainsi plus forte et plus restrictive que celle d'espace (Brunet 2001). Son intérêt découle de sa connotation politique, le territoire résultant de la rencontre entre les grandes forces qui animent le monde et la capacité des hommes et des femmes sur le territoire de les subir ou de réagir. Ainsi le territoire décrit les rapports qui se tissent entre les individus, les groupes, les sociétés et l'espace et qui témoignent de leur appropriation économique, politique et idéologique de celui-ci. Ceux qui, parmi les géographes québécois et à l'instar des géographes français (Di Méo 1998; Fournier 1999), font de la géographie sociale et culturelle, ont beaucoup recours au territoire, social et culturel dans son essence même (no spécial de *Géographie et Cultures* sur le Québec 1996; no spécial des *Cahiers de Géographie du Québec* sur postmodernité et territoire 1997; Lasserre et Lechaume 2003; ainsi que les résumés des communications livrées dans les colloques de la section géographie de l'Association francophone pour le savoir ⟨http://www.acfas.ca/congres⟩ depuis le milieu des années 1990). Deux perspectives dominent: les éléments plus formels du territoire québécois sont au centre des préoccupations des géographes intéressés à la question du lien entre société, espace et développement, alors que c'est l'expérience du monde à partir d'un lieu singulier—le Québec et l'Amérique française—et l'identité qu'on en tire qui retiennent plutôt l'attention des autres. Ainsi, l'évolution récente de la géographie québécoise ne serait pas sans rappeler celle qu'observait Chivallon (2003) en France à propos de la dichotomie entre géographie sociale et géographie culturelle. On observe toutefois au Québec des recoupements de plus en plus étroits entre ces deux perspectives, par l'insistance portée à la représentation et à l'identification dans l'étude de la relation qui unit la société et les groupes qui la composent aux lieux et aux espaces aux différentes échelles spatiales.

Le territoire a été abordé de diverses façons par les géographes québécois. Lorsque posé en rapport avec le cadre de vie, c'est aux attributs spécifiques plus proprement formels du territoire québécois que l'on s'intéresse, lieu d'expression d'un certain art de vivre, d'un patrimoine à conserver. Ces travaux, d'essence plus sociale que culturelle, renvoient aux pratiques des acteurs locaux dans la construction du territoire, à sa maîtrise, à son appropriation, tant matérielle que symbolique. La question de la communauté et de ses possibilités dans un contexte de globalisation a été explorée. On a ainsi montré comment se créent et se recréent les communautés, à travers la mise en place d'un système identitaire produit par un processus de socialisation à échelles multiples, tout en étant fortement ancré dans l'espace de la vie quotidienne. Des travaux comme ceux de Simard (2000a, 2000b) sur les processus identitaires révélés par les pratiques du développement local à Québec, de Séguin et de ses collègues de l'INRS (Séguin 1997; Séguin, Bernèche et Garcia 2000) sur les modalités d'appropriation du territoire par les nouveaux immigrants et certaines minorités ethniques, à la faveur notamment des nombreux réseaux d'entraide qu'ils ont développés, de Bergé (2001, 2003) sur les solidarités nouvelles suscitées par la création du Nunavut ou encore de Tremblay (à paraître) sur 'Floribec', un espace de vie française formé à la faveur de la migration de milliers de Québécoises et Québécois vers la Floride depuis une trentaine d'années, démontrent la richesse d'une telle perspective. La question du patrimoine et de son rôle dans la fabrication des appartenances et des identités territoriales est centrale dans plusieurs études. On s'intéresse ainsi aux paysages ruraux et urbains, naturels et construits, qui apparaissent comme autant de signes des modalités particulières d'appropriation du territoire et de l'adaptation de la société québécoise à ses mutations anciennes et récentes (Fortin et Gagnon 2002; Mercier 2000, 2001, 2002, 2003; Ritchot 1999; Villeneuve 1999). Ce faisant, la géographie sociale et culturelle se préoccupe de plus au plus de tourisme, des mutations qu'il fait subir aux lieux et aux espaces et des problèmes d'aménagement qu'il soulève (Gagnon 2003). Elle fait aussi une incursion du côté de la production des environnements urbains, en essayant notamment de comprendre les stratégies mises en place pour résoudre les conflits entourant leur usage par des acteurs aux intérêts contradictoires (Sénécal et Saint-Laurent 2000; Sénécal, Malézieux et Manzagol 2002).

Lorsqu'elle aborde le territoire québécois en tant qu'objet de représentation, la géographie s'intéresse à de tout autres aspects de celui-ci: celui des expériences des lieux et des espaces, à travers le temps et l'espace, et des appartenances qu'elles suscitent. Cette géographie plus culturelle que sociale démontre un intérêt marqué pour le 'sujet', tel qu'il médiatise le Québec, dans la mouvance de l'Amérique, à travers ses perceptions et représentations. Les travaux de Luc Bureau illustrent ce parti-pris pour le territoire pensé, et les façons dont il est intégré individuellement et collectivement (Bureau 1997, 2001). Ceux de l'école lavalloise de géographie, comme nous avons nommé ailleurs le groupe de géographes québécois, basés à l'Université Laval, travaillant sur l'Amérique française (Gilbert 1998) témoignent d'un même esprit (Louder, Morisset et Waddell 2001; Morisset et Waddell 2000; ainsi que Courville 1999, 2000, dans une perspective historique). Les matériaux sont divers, depuis la culture orale (Louder, Morisset et Waddell 2001), la littérature (Bureau 1999), la peinture (Villeneuve 1996), jusqu'à l'architecture et aux formes urbaines (Debarbieux et Marois 1997). Si le Québec est souvent au cœur des travaux, on s'intéresse aussi à d'autres territoires pensés (voir par exemple Bédard 2002 sur la région française de Beaune, Lechaume 2003 sur la Martinique). Ainsi, les travaux de Brosseau vont de l'expérience féminine des lieux dans le monde arabe (Ayari et Brosseau 1998) jusqu'au territoire d'un Bukowski dans le 'skidrow' de Los Angeles (Brosseau 2002), en passant par de nombreux autres espaces littéraires (Brosseau 1996).

La dimension politique est sous-jacente, on le devinera, à la plupart des travaux des géographes québécois sur le territoire. Elle devient centrale lorsqu'on s'intéresse aux territoires qui sont à la marge, comme celui de Hull, à la frontière du Québec et de l'Ontario, marqué par la tension qu'occasionne la rencontre des Québécois francophones et des Ontariens anglophones sur un même territoire, soit celui des bars et autres lieux publics de la Promenade-du-Portage à Hull (Brosseau et Cellard 2003; Brosseau et Gilbert 1996; Gilbert et Brosseau 2002). Elle est aussi en filigrane de plusieurs travaux portant sur le territoire des minorités anglophones du Québec et francophones de l'extérieur du Québec, qui s'édifie 'sous le stress' (Marshall 1995) causé par le rapport inégal aux lieux et aux espaces dans lequel elles évoluent. L'étude de la façon dont elles se construisent un territoire qui prend appui sur des institutions qui ne sont pas nécessairement dans l'espace proximal de leurs membres, tout en empruntant aux espaces de la majorité avec laquelle elles cohabitent de plus en plus étroitement, révèle des formes assez originales de relation à l'espace, concrètement et symboliquement (Gilbert 1999, 2001, à paraître; Gilbert et Marshall 1995; Langlois 2000; Marshall 1995; Tremblay à paraître).

Restructuration économique et changement social en régions-ressources

L'intégration de l'enseignement de la géographie dans le champ plus large des études régionales dans le réseau de l'Université du Québec a fait en sorte que la géographie québécoise s'intéresse activement aux dynamiques locales et régionales dans ce qu'on appelle communément 'le Québec des régions'. La transformation des systèmes de production et d'échange, les innovations technologiques, la recomposition géographique des milieux et les nouvelles pratiques qui en émergent au plan de l'action sont ainsi devenus des axes privilégiés de la recherche, et le paradigme du développement local un outil conceptuel privilégié (l'étude de Gagnon (1994) sur le Saguenay-Lac Saint Jean où s'opposent les communautés locales, la grande entreprise et l'État autour de problématiques d'environnement et d'aménagement du territoire constitue un très bon exemple de ce type de travail; voir aussi Bouthilier, Carrier, Coté et Désy 2000). Par cette approche, les géographes québécois intéressés par le social, voire le culturel, se font indubitablement interventionnistes, alors qu'ils veulent contribuer à généraliser à l'ensemble du territoire une croissance socio-économique saine et durable (voir les résumés des communications présentées dans les colloques qui se tiennent annuellement sur le sujet à l'Association francophone pour le savoir). Ceci constitue un des caractères distinctifs de leurs travaux, qu'ils tendent à consolider par différentes initiatives. Le projet d'*Atlas du Québec et de ses régions*, un vaste projet inter-universitaire de cartographie du territoire québécois, piloté par Juan-Luis Klein et Jean Carrière est de ceux-là (voir le site de l'Atlas ⟨http://www.atlasduquebec.qc.ca⟩ ainsi que les résumés des communications présentées aux colloques tenus sur l'Atlas aux congrès de 1997, 1998, 1999, 2000 et 2001 de l'Association francophone du savoir). Le chantier de recherche sur la reconversion de certains quartiers centraux de Montréal et la mobilisation qu'elle entraîne découle d'une même préoccupation (Klein 1997; Klein, Fontan et Tremblay 1999, 2000; Klein et Waub 1996), de même que les divers travaux menés par les géographes québécois depuis quelques années sur les effets socio-spatiaux des nouvelles technologies d'information et de communication (Lefebvre et Tremblay 1998; ainsi que le numéro spécial de *The Canadian Geographer/Le Géographe canadien* 1999 consacré à la question).

Quoique le Canada soit parmi les pays les plus urbanisés au monde, les études rurales et portant sur les petites villes continuent d'occuper une place importante dans la géographie anglo-canadienne (Bryant et Joseph 2001). Le futur de collectivités dont la prospérité a été historiquement dépendante de l'extraction des ressources et du secteur primaire (Hayter et Barnes 2001) a été un thème de recherche privilégié au cours des dernières années alors que des industries telles que la production forestière et les pêches ont subi des restructurations majeures causées par la réorganisation internationale du marché des matières premières, l'épuisement des ressources et les pressions du marché pour une gestion environnementale 'durable.' L'exploration de ces changements et de leurs implications a entraîné une érosion considérable des frontières entre la géographie 'économique' et 'sociale' et ce n'est pas une coïncidence si, à la fin des années 1990, le groupe d'étude en Géographie industrielle de l'ACG a été renommé groupe d'étude en 'Changements économiques et sociaux.' Ceci a mené également à un plus grand dialogue entre les différentes échelles d'analyse: celle des hommes et des femmes, souvent positionnés dans des 'cultures de genre' très traditionnelles, en raison des régimes d'emploi dominés par les hommes dans ces collectivités; celle des ménages où les stratégies d'adaptation sont négociées; celle de la municipalité comme lieu de négociation des positionnements économiques locaux et de la distribution des services; et bien sûr, celle de l'industrie et de l'environnement macroéconomique. Ainsi, nous voyons par exemple des études sur le problème de la cohésion communautaire relié aux migrations 'nomades' ou saisonnières causées par la recherche d'un emploi (Halseth 1999; Marshall et Foster 2002), ou des travaux sur la façon dont les profils locaux de l'emploi féminin affectent la division des tâches reliées aux soins au sein des ménages (Preston, Rose, Norcliffe et Holmes 2000). Sans oublier des analyses de l'expérience des femmes et de la construction du genre dans les communautés forestières qui confrontent les perspectives 'éco-féministes' essentialistes pour mieux comprendre la relation parfois tendue entre la viabilité de la société et celle de l'environnement (Reed 2003). Le fait que la domination masculine du marché de l'emploi donne lieu à des constructions sexuelles spécifiques dans les communautés vivant de l'exploitation des ressources a été largement illustré à travers ces travaux. Cette question a cependant été davantage développée au plan conceptuel par des chercheuses canadiennes travaillant dans un contexte différent, celui des Caraïbes, où les questions raciales ont aussi un rôle à jouer (Peake et Trotz 1999).

Le 'Projet Metropolis': un espace d'engagement avec les politiques publiques sur l'immigration dans les villes canadiennes

Depuis le milieu des années 1990, un nombre important de travaux de géographie sociale s'inscrivent au sein d'une vaste et diverse constellation de savoirs et de débats menés sous les auspices d'un réseau portant le nom de 'Projet Metropolis.' Cette initiative pancanadienne, avec des liens internationaux, se concentre sur les questions de l'immigration et de l'insertion des immigrantes et immigrants, plus particulièrement dans les villes d'accueil du Canada, qui se sont beaucoup diversifiées au plan ethnoculturel depuis les années 1970 (Ley et Hiebert 2001). Subventionné (1995–2007) principalement par le Conseil de recherche en sciences humaines du Canada et le ministère fédéral de la

Citoyenneté et de l'Immigration, ce projet constitue un forum pour le dialogue entre universitaires, politiciens et leaders des secteurs municipal et communautaire, tout en offrant un minimum de ressources pour des recherches pertinentes à l'élaboration des politiques publiques. Quoique les dimensions économiques et géopolitiques de l'immigration occupent la majeure partie de cet espace discursif, les préoccupations de la géographie sociale et culturelle y ont gagné en importance. Dans l'esprit d'engagement critique avec les politiques publiques déjà mentionné, la plupart de ces travaux questionnent les présupposés 'totalisants' et cherchent à redéfinir les termes du débat politique sur les dimensions sociales de l'intégration des immigrantes et immigrants.[4]

L'établissement en banlieue de communautés immigrantes récentes est le point de départ de plusieurs de ces recherches. Une proportion grandissante de nouveaux immigrantes et immigrants, nombreux à avoir été accueillis comme 'travailleurs qualifiés' ou 'investisseurs', s'installent en effet dans les banlieues de classe moyenne (Bourne, Starkweather et Basu 2000). On s'intéresse aux conflits qui en émergent, notamment avec les résidantes et résidants de longue date qui voient leur paysage se transformer, en particulier à leurs réactions devant la réalité de devoir partager l'espace résidentiel de la banlieue avec de nouveaux arrivantes et arrivants (Rose 2001). Les débats sur l'utilisation du sol dans les nouveaux espaces résidentiels de la population immigrante, tels ceux suscités par le développement de centres d'achat à 'thème asiatique' ont aussi retenu l'attention (Preston et Lo 2000). Ces travaux tentent de démêler et de déchiffrer l'influence des sentiments anti-croissance et de l'incompréhension mutuelle des différents codes culturels de voisinage ainsi que leurs rapports aux processus plus larges de production d'altérité notamment en vertu de la 'race', examinés à titre d'exemple par Kobayashi (2002b). D'autres études, s'inspirant des vues féministes sur les diverses médiations du genre sur la vie en banlieue (Dowling 1998), ont exploré les difficultés rencontrées par les femmes immigrantes résidant en banlieue à trouver de l'emploi de même que les stratégies qu'elles utilisent, dont la mobilité quotidienne et le choix d'emplacement résidentiel, afin de se façonner une géographie sociale fonctionnelle reliant un réseau de famille et d'amis qui s'étend de leur espace domestique à celui de la ville (Preston et Man 1999; Ray et Rose 2000).

Un autre domaine de recherche s'inscrit dans le champ de la réflexion sur le 'transnationalisme', qui propose que la mondialisation économique et les changements dans les technologies de la communication aient intensifié la tendance des (im)migrantes et immigrants à construire des vies sociales et des géographies domestiques à travers une diversité d'échelles spatiales. Les cadres d'analyse du transnationalisme aident à comprendre les processus multi-scalaires de construction identitaire et de l'attachement aux lieux; toutefois, le modèle du sujet masculin hypermobile et dépourvu de tout lien tend à dominer ces recherches (Kelly 2003). Les études de cas élaborées selon des perspectives féministes constituent des démonstrations particulièrement éloquentes du fait que la décision d'immigrer et la nature des liens économiques et sociaux maintenus avec les pays d'origine sont profondément influencés par des obligations qui diffèrent selon le sexe (Pratt avec le Philippine Women's Centre 1999; Wong 2000). Elles montrent aussi que la fluidité des géographies domestiques pour les immigrantes et immigrants tend aussi à subir l'influence du genre et de la sexualité, tout comme celle des caractéristiques de classe et de génération (Walton-Roberts et Pratt 2003; Waters 2002). De plus, pour le cas des réfugiés, la capacité de maintenir des liens transnationaux semble être parfois grandement compromise (Nolin 2001).

D'autres géographes oeuvrant au sein du Projet Metropolis ont cherché à documenter et à mieux comprendre des aspects moins bien connus des difficultés d'intégration chez certains groupes d'immigration récente, incluant ceux dont l'arrivée au Canada s'est faite en tant que demande d'asile et qui se voient refuser l'accès à plusieurs des services sociaux et des droits de citoyenneté accordés aux 'immigrants reçus' (Danso 2001; Rose et Ray 2001). Les stratégies et contraintes impliquées dans les géographies sociales des trajectoires résidentielles des immigrantes et immigrants ont été explorées (Murdie 2002; Owusu 1999); les chercheurs s'inquiètent de plus en plus du fait que la pauvreté à court terme soit en train de devenir une forme d'exclusion sociale prolongée chez certains groupes de nouveaux arrivantes et arrivants qui font face au racisme et à des barrières apparemment systémiques à l'actualisation de leur 'capital humain' sur le marché du travail. La question a été aussi posée à savoir si ces processus pourraient être à la base de nouvelles dynamiques de ségrégation résidentielle dans les banlieues moins équipées, une situation jusqu'à maintenant évitée par les immigrantes et immigrants au Canada (Ley et Hiebert 2001; Ley et Smith 2000; Murdie et Teixeira 2003). Les impacts des politiques publiques sur l'inclusion socio-spatiale et sur la durabilité sociale à Montréal et Toronto ont été comparés à l'intérieur d'une initiative de recherche internationale sous l'égide de l'UNESCO (Frisken, Bourne, Gad et Murdie 2000; Séguin et Germain 2000). Toutefois, peu de géographes impliqués dans le Projet Metropolis se sont directement aventurés sur le terrain des recommandations en matière de politiques publiques (le travail de Pratt avec le Philippine Women's Centre 2002 constitue à ce titre une exception). Le fait de travailler dans cet espace social et politique a tout de même fait ressortir le devoir éthique des chercheurs universitaires de fournir aux décideurs des interprétations contextualisées des conclusions de leurs travaux, surtout dans le cas de tentatives d'intégration n'ayant pas atteint les objectifs désirés et où les résultats des recherches pourraient être utilisés à des fins punitives (Hyndman et Walton-Roberts 2000). Le projet a aussi fait ressortir la complexité des positions identitaires et des relations de pouvoir qu'implique le discours universitaire sur l'expérience des immigrantes et immigrants ainsi que la collaboration avec les groupes de pression (Pratt 2002).

Espaces d'inégalités, revendications pour l'inclusion

Si la géographie sociale canadienne s'est beaucoup intéressée à la question de l'immigration depuis la seconde moitié des années 1990, d'autres thèmes ont également été abordés, faisant appel à de nouvelles méthodes et ouvrant de nouvelles voies conceptuelles sur certaines problématiques 'classiques' telles les dimensions spatiales des inégalités sociales, les différentes formes de l'exclusion et du manque d'accès aux ressources sociales. Par exemple, de larges banques de données ont été utilisées à différentes échelles intra-urbaines afin de poursuivre des travaux plus anciens (Bourne 1993) sur la polarisation du revenu dans le contexte de la restructuration des ménages et de l'économie (MacLachlan et Sawada 1997; Rose et Villeneuve 1998), de retracer les changements dans les dimensions spatiales de l'accès des femmes à l'emploi (Vandersmissen, Villeneuve et Thériault 2001), et de révéler les inégalités spatiales inhérentes à certaines réformes de taxation foncière supposément équitables (Harris et Lehman 2001). La défavorisation socio-économique devient un thème de recherche de plus en plus important, tout comme celle de la qualité de vie et du bien-être (Gilbert et Langlois 2004; Langlois et Anderson 2002; Langlois et Gilbert à paraître; Langlois et Kitchen 2001; Langlois et Marois 2004; Séguin 2001; Sénécal et Hamel 2001). D'autres ont fait appel aux SIG afin d'étudier les inégalités intra-urbaines en fait d'accès à des ressources tels que les services de garde ou les services d'assistance aux immigrants (Cao et Villeneuve 1998; Truelove 2000). À l'échelle nationale, l'importance d'examiner le lien entre le logement et les problèmes reliés à la santé parmi les groupes marginalisés a été soulignée, quoique le maintien de la séparation de ces thèmes dans les outils de recherche rende la tâche souvent difficile (Rosenberg et Wilson 2001).

En ce qui concerne l'accès à l'espace public de la ville, l'influence des études culturelles a mené à des explorations de la façon dont la presse écrite établit un discours sur la 'déviance' et sur les assauts à l'ordre social et moral, participant ainsi à la réglementation de cet espace à travers des politiques urbaines néo-libérales (Gilbert et Brosseau 2002; voir Ruddick 2002). Des influences similaires ont guidé l'étude de l'accès des groupes «marginalisés» à l'espace urbain et à ses ressources; ainsi pour Klodawsky, Farrell et Aubry (2002), l'étude des discours encodés dans la presse écrite ajoute une perspective importante sur le positionnement des sans-abri face au climat néo-libéral qui occasionne la restructuration des politiques du bien-être social, tout en suggérant des pistes pour la contestation des politiques sociales à l'échelle municipale. D'autres études ont exploré la capacité des groupes communautaires à défendre les droits de citoyenneté des sans-abri et des handicapés dans le contexte de différents régimes de gouvernance et des différentes échelles de la prise de décision en rapport aux services (Chouinard 1999; Kitchin et Wilton 2003; Ruddick, Cowen et Veronis 2001). Peters (1998) pour sa part démontre comment les stratégies socio-spatiales des ménages dirigés par des femmes autochtones en milieu urbain redéfinissent les conceptions coloniales et sexuelles des droits des Premières Nations à l'espace.

Quoique l'existence du droit universel aux soins médicaux soit souvent vue comme la pierre angulaire de l'identité canadienne, le droit public à des soins à domicile n'a jamais été établi (Williams 2001). Des chercheurs ont examiné comment la restructuration des services sociaux par les gouvernements provinciaux—en particulier le passage vers une orientation de 'soins communautaires'—a affecté les géographies de la sexuation des soins (offerts par la famille et les travailleurs salariés) pour les aînés vivant seuls (Hallman et Joseph 1999; Wiles 2003b). De telles études apportent une contribution très importante à la recherche post-positiviste sur la santé, le lieu et l'identité qui est en train de se développer à l'échelle internationale. Les contributions canadiennes à ce domaine révèlent l'influence d'une géographie sociale à caractère féministe;

par exemple, Williams (2002) s'inspire du courant des géographies sociales critiques sur le logement en tant que 'foyer' ou 'chez-soi' [*home*] pour explorer les conditions dans lesquelles les services de santé à domicile sont distribués, et comment les espaces de la vie quotidienne autour desquels se structure l'identité de la personne soignante (Hallman 1999; Wiles 2003a) déterminent l'expérience du foyer comme 'lieu thérapeutique'. Toutefois, les perspectives culturelles non occidentales ne figurent pas encore beaucoup dans ces travaux (Wilson 2003).

Enfin, les nouveaux développements de la théorie sociale sur la construction matérielle et discursive du corps ont été envisagés par bon nombre de géographes anglo-américains comme une source de perspectives plus pointues sur la façon dont la société assigne des identités géographiques à certains groupes, limitant par ce fait leur accès symbolique et matériel à des espaces clés de la vie quotidienne (Laws 1997). En géographie sociale canadienne, cette perspective a été particulièrement bien développée dans les travaux explorant comment les femmes atteintes de maladies chroniques vivent l'espace et luttent pour redéfinir les concepts de 'normalité'. À travers une contestation de la perception de leur corps comme 'déviant' ou 'inadéquat', elles luttent pour surmonter les barrières à l'accès et à la mobilité dans l'espace privé et public et pour ajuster leurs routines quotidiennes dans le temps et l'espace afin de faire face à la fluidité et l'imprévisibilité de leurs contraintes (Moss et Dyck 2002).

En guise de conclusion

La géographie sociale et culturelle a été très dynamique au Québec et dans le reste du Canada au cours des derniers dix ans, démontrant la force du renouveau dans ce domaine de la géographie depuis la fin des années 1990. Les travaux ont touché à plusieurs aspects des relations complexes qui lient les individus et les groupes sociaux aux lieux et à l'espace, selon des contextes culturels spécifiques qui vont des nouvelles formes résidentielles, aux dynamiques spatiales de l'exclusion et aux questions symboliques de construction identitaire et d'attachement au lieu. Quoique Montréal, Toronto et Vancouver, de même que d'autres régions métropolitaines du Canada, continuent d'être les principales régions étudiées, l'intérêt porté au Canada rural se maintient, ainsi qu'au Nord et aux études autochtones, qui portent à la fois sur les espaces urbains et ruraux.

Dans presque tous les cas, nous constatons une emphase marquée sur les géographies *du* Canada. Ceci est assez normal si l'on pense que les géographes canadiens développent leurs idées géographiques au sein des endroits particuliers dans lesquels ils et elles vivent et travaillent et qui leur fournissent les éléments matériels et concrets du vécu et des endroits qu'ils ou elles cherchent à comprendre. Ce type 'd'enracinement' peut toutefois devenir plus problématique dans leur cas que pour les géographes qui vivent et travaillent dans d'autres parties du monde. C'est ce que Berg (2004) identifie lorsqu'il fait référence à un processus 'de hiérarchisation du savoir' [*scaling knowledge*] par lequel le travail des géographes canadiens peut être perçu comme étant plus localisé et enraciné que les géographies des États-Unis ou de la Grande-Bretagne, ou même de la France si l'on considère les études géographiques sur le Québec. L'organisation spatiale actuelle de la production du savoir ferait en sorte que la production des connaissance les milieux académiques qui se situent à la marge hors de ces centres hégémoniques de production—c'est le fait du Canada et encore plus du Québec qui est perçu par plusieurs géographes anglophones du Canada comme un milieu régional voire local[5]—sont perçus comme beaucoup moins importants au plan intellectuel. L'effet probable d'une telle situation est que les travaux produits par les géographes canadiens et québécois circulent moins largement et donc ont une capacité à contribuer à des débats internationaux beaucoup plus réduite, surtout dans les domaines de la production théorique et de l'analyse comparative.

Berg conviendrait que le Canada est toutefois moins marginal que beaucoup d'autres lieux de production du savoir. En fait nous avons recensé plus d'un exemple où les travaux scientifiques canadiens ont rejoint une audience internationale, et donc accédé à une échelle plus 'globale', pour utiliser sa terminologie. L'initiative Metropolis est probablement le meilleur exemple de ce nouvel échelonnage des travaux effectués par certains géographes canadiens et qui a pour effet de ré-encadrer le programme de recherche anglo-américain sur l'immigration et l'inclusion autour de paramètres plus sociaux. Un autre exemple est celui des nombreuses collaborations reliant les géographes français et québécois, qu'il s'agisse de colloques transnationaux ou de publications conjointes; beaucoup de ces initiatives ont permis à certaines idées développées au Québec dans le courant de la nouvelle géographie culturelle notamment d'être disséminées en France et dans d'autres pays francophones. Ces initiatives, tout comme la publication de cette recension en anglais et en français, démontrent que la hiérarchisation du savoir est loin d'être inévitable et que les géographes canadiens sont dans une très bonne position pour contribuer à modifier l'ordre spatial établi en matière de production des connaissances géographiques.

Notes

1 La géographie sociale et culturelle telle qu'elle est pratiquée dans la province de Québec est ici soulignée pour des raisons reliées à ses racines académiques particulières et aussi aux profondes différences dans le développement culturel et civil du Québec en comparaison avec le reste du Canada. Menées presque. Entiérement en français, les recherches ont historiquement été fortement influencées par la géographie et les géographes français (Warkentin et Simpson-Housley 2001) par le biais d'un réseau d'affinités conceptuelles encore très actif aujourd'hui. Malgré ces importantes influences transatlantiques, la pratique géographique contemporaine au Québec est hautement locale et enracinée dans la société, la culture et le contexte géo-politique du Québec. Ainsi, cette pratique a développé ses propres approches à l'étude de l'espace et du lieu qui, selon nous, ne peuvent être assimilées ni au reste du Canada ni à la France (Chivallon 2003).

2 La tendance à publier dans des revues interdisciplinaires (de Loë 2003) a diversifié mais aussi beaucoup compliqué nos efforts bibliographiques! Nous remercions tous ceux et celles qui nous ont fourni une aide inestimable en nous envoyant des références et photocopies de leurs travaux.

3 Cette section a été inspirée en partie par les travaux présentés au Colloque sur l'histoire de la géographie au Québec tenu en 2003 à la rencontre annuelle de l'Association francophone pour le savoir, particulièrement ceux de Mario Bédard, Frank Remiggi et Paul Villeneuve, de même que les réflexions de Tremblay (2003) sur les trajectoires de la géographie sociale dans différents contextes nationaux.

4 Nous n'offrons ici qu'un mince aperçu du type de travaux accomplis dans cette veine. Également, en raison de la recension exhaustive et accessible de Hiebert (2000) des travaux dans ce domaine jusqu'en 1999, nous mettons l'accent sur la vague plus récente de contributions.

5 Ceci constitue une autre raison pour laquelle nous avons choisi de faire référence à la fois au Québec et au Canada dans le titre de notre article.

References

Ayari, L. and Brosseau, M. (1998) In their rightful place: gender and places in three novels by Tunisian women writers, *The Arab Word Geographer/Le Géographe du monde arabe* 1: 103–116.

Bédard, M. (2002) Géosymbolique et iconosphère bourguignonnes: continuité ou rupture paysagère? Le cas de la Beaune, *Les Cahiers de géographie du Québec* 46: 323–343.

Berg, L. (2004) Scaling knowledge: towards a *critical geography* of critical geographies, *Geoforum* 35:5, 553–558.

Bergé, J. (2001) Dynamiques et recompositions socio-spatiales à la frontière du Nunavut et du Québec, *International Journal of Canadian Studies/Revue internationale d'études canadiennes* 24: 43–58.

Bergé, J. (2003) Le Nunavut et l'espace-monde, contacts culturels et genèse d'une urbanité, *Géographie et cultures* 48: 101–120.

Bourne, L.S. (1993) Close together and worlds apart: an analysis of changes in the ecology of income in Canadian cities, *Urban Studies* 30: 1293–1317.

Bourne, L.S., Starkweather, S. and Basu, R. (2000) *People and Places: A Portrait of the Evolving Social Character of the Greater Toronto Region*. Toronto: Neptis Foundation and Department of Geography, University of Toronto (available from publications@neptis.org).

Bouthilier, L., Carrier, M., Côté, S. and Désy, J. (2000) Viabilité des communautés dépendantes de la forêt, in Carrier, M. and Côté, S. (eds) *Gouvernance et territoires ruraux*. Sainte-Foy: Les Presses de l'Université du Québec, pp. 245–297.

Brosseau, M. (1996) *Des romans-géographes. Essai*. Paris: L'Harmattan.

Brosseau, M. (2002) It isn't the *place* that does the writing: lieux et écriture chez Bukowski, *Géographie et Cultures* 44: 289–299.

Brosseau, M. and Cellard, A. (2003) Un siècle de boires et de déboires: Hull aux prises avec son histoire et sa géographie, *Les Cahiers de géographie du Québec* 47: 7–34.

Brosseau, M. and Gilbert, A. (1996) Problématique pour un lieu frontalier: le cas de Hull, Québec, *Géographie et Cultures* 17: 75–90.

Brunet, R. (2001) *Le déchiffrement du monde. Théorie et pratique de la géographie*. Paris: Bellin.

Bryant, C. and Joseph, A.E. (2001) Canada's rural population: trends in space and implications in place, *The Canadian Geographer/Le Géographe canadien* 45: 132–137.

Bureau, L. (1997) *Géographie de la nuit*. Montréal: Hexagone.

Bureau, L. (1999) *Pays et mensonges. Le Québec sous la plume d'écrivains et de penseurs étrangers: anthologie géo-littéraire*. Montréal: Boréal.

Bureau, L. (2001) *L'idiosphère: de Babel au village universel*. Montréal: Hexagone.

Cahiers de géographie du Québec (1997) Special issue: 'Postmodernité et territoire', *Cahiers de géographie du Québec* 47:114, 279–419.

Cao, H. and Villeneuve, P. (1998) La localisation des garderies dans l'espace social de l'agglomération de Québec, *Les Cahiers de géographie du Québec* 42: 35–65.

Chivallon, C. (2003) A vision of social and cultural geography in France, *Social & Cultural Geography* 4: 401–418.

Chouinard, V. (1999) Body politics: disabled women's activism in Canada and beyond, in Butler, R. and Parr, H. (eds) *Mind and Body Spaces*. New York: Routledge, pp. 269–291.

Courville, S. (1999) Représentations du territoire et vécu territorial au Québec. Quelques exemples, in Audet, M.A. (ed.) *Échanges culturels entre les deux solitudes*. Sainte-Foy: Les Presses de l'Université du Québec, pp. 3–17.

Courville, S. (2000) *Le Québec et le rêve colonial*. Ottawa: Les Presses de l'Université d'Ottawa et l'Institut d'études canadiennes, Conférences Charles R. Bronfman en études canadiennes.

Danso, R. (2001) From 'there' to 'here': an investigation of the initial settlement experiences of Ethiopian and Somali refugees in Toronto, *GeoJournal* 55: 3–14.

de Loë, R. (2003) Where do we publish? Journals chosen by Canadian geographers, 1999–2001, *The*

Canadian Geographer/Le Géographe canadien 47: 351–354.

Debarbieux, B. and Marois, C. (1997) Le mont Royal: forme naturelle, paysages et territorialités urbaines, *Les Cahiers de géographie du Québec* 41: 171–197.

Desbiens, C. (2004) Producing North and South: a political geography of Hydro development in Québec, *The Canadian Geographer/Le Géographe canadien* 48: 101–118.

Di Méo, G. (1998) *Géographie sociale et territoires*. Paris: Nathan.

Dorling, D. and Shaw, M. (2002) Geographies of the agenda: public policy, the discipline and its (re)'turns', *Progress in Human Geography* 26: 629–646.

Dowling, R. (1998) Suburban stories, gendered lives: thinking through difference, in Fincher, R. and Jacobs, J.M. (eds) *Cities of Difference*. New York: Guilford, pp. 69–88.

Dupont, L. (1996) La logique continentale nord-américaine: le regard culturel et la géographie, *Géographie et Cultures* 17: 7–30.

Dyck, I. (2001) Who and what is Canada? Constructing cultural identities in health care research, *Journal of Historical Geography* 27: 417–429.

Fortin, M.J. and Gagnon, C. (2002) Paysages identitaires et ruralité de proximité: regards croisés à Petit-Saguenay, *The Canadian Geographer/Le Géographe canadien* 46: 337–346.

Fournier, J.-M. (ed.) (2001) *Faire la géographie sociale aujourd'hui*. Les documents de la Maison de la recherche en sciences humaines de Caen, No. 14 Caen: Presses universitaires de Caen.

Frisken, F., Bourne, L., Gad, G. and Murdie, R.A. (2000) Governance and social sustainability: the Toronto Experience, in Polèse, M. and Stren, R. (eds) *The Social Sustainability of Cities*. Toronto: University of Toronto Press, pp. 68–97.

Frye, N. (1971) *The Bush Garden: Essays on the Canadian Imagination*. Toronto: Anansi Press.

Gagnon, C. (1994) *La recomposition des territoires. Développement local viable*. Paris: L'Harmattan.

Gagnon, S. (2003) *L'échiquier touristique québécois*. Sainte-Foy: Presses de l'Université du Québec.

Géographies et Cultures (1996) Special issue: 'Spécial Québec', *Géographies et Cultures* 17.

Gilbert, A. (1998) A propos du concept d'Amérique française, *Recherches sociographiques* 39: 103–120.

Gilbert, A. (1999) *Espaces franco-ontariens*. Ottawa: Le Nordir.

Gilbert, A. (2001) Le français au Canada, entre droits et géographie, *The Canadian Geographer/Le Géographe canadien* 45: 173–179.

Gilbert, A. (forthcoming) Les communautés francophones et le territoire: une tension créatrice de géographie, in Remiggi, F. et al. (eds) *Le Québec. Restructurations territoriales et métamorphoses*. Québec: Les Presses de l'Université du Québec.

Gilbert, A. and Brosseau, M. (2002) Le journal, acteur urbain? Le Droit et la vocation du centre-ville de Hull, *Recherches sociographiques* 43: 517–548.

Gilbert, A. and Langlois, A. (2004) La mesure des variations territoriales du bien-être de la population vieillissante de l'Outaouais, entre caractères objectifs et évaluations subjectives, *The Canadian Geographer/Le Géographe canadien* 48: 326–348.

Gilbert, A. and Marshall, J. (1995) Local change in linguistic balance in the bilingual zone: francophones de l'Ontario et anglophones du Québec, *The Canadian Geographer/Le Géographe canadien* 39: 194–218.

Hallman, B.C. (1999) The transition into eldercare: an uncelebrated passage, in Teather, E. (ed.) *Embodied Geographies: Spaces, Bodies and Rites of Passage*. London: Routledge, pp. 208–223.

Hallman, B.C. and Joseph, A.E. (1999) Getting there: mapping the gendered geography of caregiving to elderly relatives, *Canadian Journal on Aging* 18: 397–414.

Halseth, G. (1999) 'We came for the work': situating employment migration in B.C.'s small, resource-based communities, *The Canadian Geographer/Le Géographe canadien* 43: 363–381.

Hamelin, L.-É. (1999) *Passer près d'une perdrix sans la voir ou attitudes à l'égard des Autochtones*. Grandes conférences Desjardins, No. 5 Montréal: McGill, PEQ.

Harris, C. (2001) Postmodern patriotism: Canadian reflections, *The Canadian Geographer/Le Géographe canadien* 45: 193–207.

Harris, R. and Lehman, M. (2001) Social and geographic inequities in the residential property tax: a review and case study, *Environment and Planning A* 33: 881–900.

Hayter, R. and Barnes, T.J. (2001) Canada's resource economy, *The Canadian Geographer/Le Géographe canadien* 45: 36–41.

Hiebert, D. (2000) Immigration and the changing Canadian city, *The Canadian Geographer/Le Géographe canadien* 44: 25–43.

Hopkins, J. (2000) Signs of masculinism in an 'uneasy' place: advertising for 'Big Brothers', *Gender, Place and Culture* 7: 31–55.

Hyndman, J. and Walton-Roberts, M. (2000) Interrogating borders: a transnational approach to refugee research in Vancouver, *The Canadian Geographer/Le Géographe canadien* 44: 244–258.

Kelly, P. (2003) Canadian-Asian transnationalism, *The Canadian Geographer/Le Géographe canadien* 47: 209–218.

Kitchin, R. and Wilton, W. (2003) Disability activism and the politics of scale, *The Canadian Geographer/Le Géographe canadien* 47: 97–115.

Klein, J.-L. (1997) L'espace local à l'heure de la globalisation: la part de la mobilisation sociale, *Les Cahiers de géographie du Québec* 41: 367–377.

Klein, J.-L. and Laurin, S. (eds) (1998) *L'éducation géographique: formation du citoyen et conscience territoriale.* Sainte-Foy: Les Presses de l'Université du Québec.

Klein, J.-L. and Waub, J.P. (1996) Reconversion économique, développement local et mobilisation sociale: le cas de Montréal, *Recherches sociographiques* 37: 497–515.

Klein, J.-L., Fontan, J.M. and Tremblay, D.G. (1999) Question métropolitaine et gouvernance locale: enjeux et pistes d'intervention à partir du cas montréalais, in Fontan, J.M., Klein, J.L. and Tremblay, D.G. (eds) *Entre la métropolisation et le village global.* Sainte-Foy: Les Presses de l'Université du Québec, pp. 9–26.

Klein, J.-L., Fontan, J.M. and Tremblay, D.G. (2000) Reconversion économique et action collective e milieu métropolitain: le cas de Montréal, in Bruneau, J. (ed.) *Le Québec en changement. Entre l'exclusion et l'espérance.* Sainte-Foy: Les Presses de l'Université du Québec, pp. 83–106.

Klodawsky, F., Farrell, S. and Aubry, T. (2002) Images of homelessness: implications for local politics, *The Canadian Geographer/Le Géographe canadien* 46: 126–143.

Kobayashi, A. (2001) 'Truly our own': Canadian geography 50 years after/Un symbole national: *le Géographe canadien* après 50 ans, *The Canadian Geographer/Le Géographe canadien* 45: 5–13.

Kobayashi, A. (2002a) Negotiating the personal and the political in critical qualitative research, in Limb, M. and Dwyer, C. (eds) *Qualitative Methodologies for Geographers: Issues and Debates.* London: Arnold, pp. 55–70.

Kobayashi, A. (2002b) The construction of geographical knowledge—racialization, spatialization, in Anderson, K., Domosh, M., Pile, S. and Thrift, N. (eds) *Handbook of Cultural Geography.* London, Thousand Oaks, CA and New Delhi: Sage, pp. 544–556.

Kobayashi, A. (2005) Past-President's Address to the Annual Meeting of the Canadian Association of Geographers, 2003, *The Canadian Geographer/Le Géographe canadien* 49.

Langlois, A. (2000) Analyse de l'évolution démolinguistique de la population francophone hors Québec, 1971–1996, *Recherches sociographiques* 41: 211–238.

Langlois, A. and Anderson, D. (2002) Resolving the quality of life/well being puzzle: toward a new model, *Canadian Journal of Regional Science/Revue canadienne des sciences régionales* 25: 501–513.

Langlois, A., Gilbert, A. (forthcoming) L'effet de milieu sur la qualité de vie et le bien-être. Vers une intégration des points de vue objectif et subjectif, in Bley, D. et al. (ed.) *Qualité de vie quotidienne et travail.* Marseille: La Société d'écologie humaine.

Langlois, A. and Kitchen, P. (2001) Identifying and measuring dimensions of urban deprivation in Montreal: an analysis of the 1996 census data, *Urban Studies* 38: 119–139.

Langlois, A. and Marois, C. (2004) *Qualité d'un lieu et qualité de vie dans les quartiers centraux de Montréal/ Quality of location and quality of life in central Montréal neighbourhoods.* Le Point en recherche, Série socio-économique 04-005/Research Highlights, Socio--Economic Series 04-005 Ottawa: Société canadienne d'hypothèques et de logement/Canada Mortgage and Housing Corporation ⟨http://www.cmhc-schl.gc.ca/publications/en/rh-pr/index.html⟩ (separate French and English publications).

Lasserre, F. (1998) *Le Canada d'un mythe à l'autre. Territoires et images du territoire.* Montréal: HMH.

Lasserre, F. and Lechaume, A. (2003) *Le territoire pensé. Géographie des représentations territoriales.* Sainte-Foy: Les Presses de l'Université du Québec.

Laurin, S., Klein, J.-L. and Tardif, S. (eds) (2001) *Géographie et société: vers une géographie citoyenne.* Sainte-Foy: Les Presses de l'Université du Québec.

Laws, G. (1997) Women's life courses, spatial mobility and state policies, in Jones, III, J.P., Nast, H.J. and Roberts, S.M. (eds) *Thresholds in Feminist Geography: Difference, Methodology, Representation.* Lanham, MD: Rowman & Littlefield, pp. 47–64.

Lechaume, A. (2003) Perception de paysage et identité territoriale à la Martinique, in Lasserre, F. and Lechaume, A. (eds) *Le territoire pensé. Géographie des représentations territoriales.* Sainte-Foy: Les Presses de l'Université du Québec, pp. 159–176.

Leckie, G.J. and Hopkins, J. (2002) The public place of central libraries: findings from Toronto and Vancouver, *Library Quarterly* 72: 326–372.

Lefebvre, A. and Tremblay, G. (eds) (1998) *Autoroutes de l'information et dynamiques territoriales*. Montréal and Toulouse: Les Presses de l'Université du Québec et les Presses universitaires du Mirail.

Lévy, J. and Dussault, M. (eds) (2003) *Dictionnaire de la géographie*. Paris: Bélin.

Ley, D. and Hiebert, D. (2001) Immigration policy as population policy, *The Canadian Geographer/Le Géographe canadien* 45: 120–125.

Ley, D. and Smith, H. (2000) Relations between deprivation and immigrant groups in large Canadian cities, *Urban Studies* 37: 37–62.

Louder, D., Morisset, J. and Waddell, É. (eds) (2001) *Vision et visages de la Franco-Amérique*. Québec: Septentrion.

MacLachlan, I. and Sawada, R. (1997) Measures of income inequality and social polarization in Canadian metropolitan areas, *The Canadian Geographer/Le Géographe canadien* 41: 377–398.

Marshall, J. (1995) *A Solitary Pillar. Montreal's Anglican Church and the Quiet Revolution*. Montreal and Kingston: McGill-Queen's.

Marshall, J. and Foster, N. (2002) 'Between belonging': habitus and the migration experience, *The Canadian Geographer/Le Géographe canadien* 46: 63–83.

Mercier, G. (2000) L'urbanisme des échecs urbanistiques: la rhétorique du nouveau quartier Saint-Roch à Québec depuis 1990, in Sénécal, G. and Saint-Laurent, D. (eds) *Les espaces dégradés*. Sainte-Foy: Les Presses de l'Université du Québec, pp. 101–115.

Mercier, G. (2001) The useful ambiguity of urban heritage, *Journal of the Society for the Study of Architecture in Canada/Journal de la Société pour l'étude de l'architecture au Canada* 26: 37–44.

Mercier, G. (2002) La norme paysagère. Réflexion théorique et analyse du cas québécois, *Les Cahiers de géographie du Québec* 46(129): 357–390.

Mercier, G. (2003) La ville de Québec à l'âge du réaménagement urbain, in Lasserre, F. and Lechaume, A. (eds) *Le territoire pensé. Géographie des représentations territoriales*. Sainte-Foy: Les Presses de l'Université du Québec, pp. 267–295.

Mercier, G. and Ritchot, G. (1997) La Baie James, Les dessous d'une rencontre que la bureaucratie n'avait pas prévue, *Les Cahiers de géographie du Québec* 41: 137–169.

Morisset, J. and Waddell, É. (2000) *Amériques. Deux parcours au depart de la Grande Rivière de Canada*. Montréal: L'Hexagone.

Morris, P. and Fondahl, G. (2002) Negotiating the production of space in Tl'azt'en territory, Northern British Columbia, *The Canadian Geographer/Le Géographe canadien* 46: 108–125.

Moss, P. and Dyck, I. (2002) *Women, Body, Illness: Space and Identity in the Everyday Lives of Women with Chronic Illness*. Lanham, MD: Rowman & Littlefield.

Murdie, R.A. (2002) The housing careers of Polish and Somali newcomers in Toronto's rental market, *Housing Studies* 17: 423–443.

Murdie, R.A. and Teixeira, C. (2003) Towards a comfortable neighbourhood and appropriate housing: immigrant experiences in Toronto, in Anisef, P. and Lanphier, M. (eds) *The World in a City*. Toronto: University of Toronto Press, pp. 132–191.

Newhouse, D. and Peters, E. (2003) *Not Strangers in These Parts: Urban Aboriginal Peoples/Des gens d'ici: Les Autochtones en milieu urbain*. Ottawa: Policy Research Initiative/Projet de recherche sur les politiques(catalogue No. CP22-71/2003, separate French and English publications) ⟨http://recherchepolitique.gc.ca/doclib/AboriginalBook_e.pdf⟩.

Nolin, C.L. (2001) Transnational ruptures and sutures: questions of identity and social relations, *GeoJournal* 55: 59–67.

Owusu, T. (1999) Residential patterns and housing choices of Ghanaian immigrants in Toronto, Canada, *Housing Studies* 14: 77–98.

Peake, L. and Trotz, D.A. (1999) *Gender, Ethnicity and Place: Women and Identities in Guyana*. London and New York: Routledge.

Peters, E. (1998) Subversive spaces: First Nations women and the city, *Environment and Planning D: Society and Space* 16: 665–685.

Peters, E. (2000) Aboriginal peoples and Canadian geography: a review of the recent literature, *The Canadian Geographer/Le Géographe canadien* 44: 44–55.

Podmore, J. (2001) Lesbians in the crowd: gender, sexuality and visibility along Montréal's Boul St-Laurent, *Gender, Place and Culture* 8: 333–355.

Pratt, G. (2002) Collaborating across our differences, *Gender, Place and Culture* 9: 195–200.

Pratt, G. with the Philippine Women's Centre (1999) Is this really Canada? Domestic workers' experiences in Vancouver, B.C., in Momsen, J. (ed.) *Gender, Migration and Domestic Service*. London: Routledge, pp. 23–42.

Pratt, G. with the Philippine Women's Centre (2002) *From Migrant to Immigrant: Domestic Workers Settle in Vancouver, Canada*. Research on Immigration and Integration and the Metropolis, Working Paper Series No. 03-18. Vancouver: Vancouver Centre of Excellence, ⟨www.metropolis.net⟩.

Preston, V. and Lo, L. (2000) Asian theme malls in suburban Toronto: land use conflict in Richmond Hill, *The Canadian Geographer/Le Géographe canadien* 44: 182–190.

Preston, V. and Man, G. (1999) Employment experiences of Chinese immigrant women: an exploration of diversity, *Canadian Woman Studies* 19: 115–122.

Preston, V. and Villeneuve, P. (2001) La mondialisation vue d'en bas, *The Canadian Geographer/Le Géographe canadien* 44: 42–47.

Preston, V., Rose, D., Norcliffe, G. and Holmes, J. (2000) Shift work and the divisions of labour in childcare and domestic work in Canadian paper mill communities, *Gender, Place & Culture* 7: 5–29.

Ray, B. and Rose, D. (2000) Cities of the everyday: socio-spatial perspectives on gender, difference and diversity, in Bunting, T. and Filion, P. (eds) *Canadian Cities in Transition: The Twenty-first Century*. Toronto: Oxford University Press Canada, pp. 402–424.

Reed, M. (1999) 'Jobs talk': retreating from the social sustainability of forestry communities, *Forestry Chronicle* 75: 755–763.

Reed, M. (2003) *Taking Stands: Gender and the Sustainability of Rural Communities*. Vancouver: University of British Columbia Press.

Ritchot, G. (1999) *Québec, forme d'établissement: étude de géographie régionale structurale*. Paris: L'Harmattan.

Rose, D. and Ray, B. (2001) Le logement des réfugiés à Montréal trois ans après leur arrivée: le cas des demandeurs d'asile ayant obtenu la résidence permanente/The housing situation of refugees in Montréal three years after arrival: the case of asylum seekers who obtained permanent residence, *Journal of International Migration and Integration/Revue de l'intégration et de l'immigration internationale* 2: 455–492, (French version), 493–528 (English version).

Rose, D. and Villeneuve, P. (1998) Engendering class in the metropolitan city: occupational pairings and income disparities among two-earner couples, *Urban Geography* 19: 123–159.

Rose, J. (2001) Contexts of interpretation: assessing urban immigrant reception in Richmond, BC, *The Canadian Geographer/Le Géographe canadien* 45: 474–493.

Rosenberg, M.W. and Wilson, K. (2001) Exploring the links between health and housing: the limitations of population health surveys, *GeoJournal* 53: 109–116.

Ruddick, S. (2002) Metamorphoses revisited: restricted discourses of citizenship, in Hermer, J. (ed.) *Dangerous Places: The Safe Streets Act and the Policing of Neo-Conservatism*. Halifax: Fernwood Press, pp. 55–63.

Ruddick, S., Cowen, D. and Veronis, L. (2001) *Supporting Communities: How Halifax and Edmonton Mobilized to Fight Homelessness*. Ottawa: Human Resources Development Canada, National Secretariat on Homelessness, ⟨http://www21.hrdc-drhc.gc.ca/publications/ruddick/ruddick_e.html⟩ (accessed 9 December 2003).

Séguin, A.-M. (1997) La cohabitation interethnique en HLM: vie quotidienne et enjeux territoriaux, *Les Cahiers de géographie du Québec* 41: 393–404.

Séguin, A.-M. (2001) Les espaces de pauvreté, in Manzagol, C. and Bryant, C.R. (eds) *Montréal 2001. Visages et défis d'une métropole*. Montréal: Les Presses de l'Université de Montréal, pp. 221–236.

Séguin, A.-M. and Germain, A. (2000) The social sustainability of Montreal: a local or state matter?, in Polèse, M. and Stren, R. (eds) *The Social Sustainability of Cities*. Toronto: University of Toronto Press, pp. 39–67.

Séguin, A.-M., Bernèche, F. and Garcia, M. (2000) L'insertion résidentielle des immigrants internationaux au Québec, in Bruneau, J.P. (ed.) *Le Québec en changement. Entre l'exclusion et l'espérance*. Sainte-Foy: Les Presses de l'Université du Québec, pp. 107–137.

Sénécal, G. and Hamel, P. (2001) Ville compacte et qualité de vie: discussions autour de l'approche canadienne des indicateurs de durabilité, *The Canadian Geographer/Le Géographe canadien* 45: 306–318.

Sénécal, G. and Saint-Laurent, D. (eds) (2000) *Les espaces dégradés: contraintes et conquêtes*. Sainte-Foy: Les Presses de l'Université du Québec.

Sénécal, G., Malézieux, J. and Manzagol, C. (eds) (2002) *Grands projets urbains et requalification*. Sainte-Foy: Les Presses de l'Université du Québec.

Simard, M. (2000a) Développement local et identité communautaire: l'exemple du quartier Saint-Roch à Québec, *Les Cahiers de géographie du Québec* 44: 167–188.

Simard, M. (2000b) Communautés locales et espace-monde. Les processus identitaires de la postmodernité, *Géographie et cultures* 36: 3–20.

The Canadian Geographer/Le Géographe canadien (1999) Special issue: 'Social space, regional development and the Infobahn', *The Canadian Geographer/Le Géographe canadien* 43:2, 114–216.

Tremblay, R. (2003) Diversité de la géographie sociale, *Canadian Journal of Regional Science/Revue canadienne des sciences régionales* XXVI: 177–188.

Tremblay, R. (2004) Géographie, espace social et communauté floribécoise, *Canadian Journal of Urban Research/Revue canadienne de recherche urbaine* 13:2, pp. 362–372.

Truelove, M. (2000) Services for immigrant women: an evaluation of locations, *The Canadian Geographer/Le Géographe canadien* 44: 135–151.

Vandersmissen, M.-H., Villeneuve, P. and Thériault, M. (2001) Mobilité et accessibilité: leurs effets sur l'insertion professionnelle des femmes, *L'Espace géographique* 30: 289–305.

Villeneuve, L. (1996) Mythe et vécu territorial: Charlevoix à travers l'art du paysage au XIXe siècle, *Les Cahiers de géographie du Québec* 40: 341–362.

Villeneuve, L. (1999) *Paysage, mythe et territorialité: Charlevoix au XIXe siècle*. Sainte-Foy: Les Presses de l'Université Laval.

Villeneuve, P. (1993) Presidential Address/Allocution présidentielle: L'invention de l'avenir dans le nord de l'Amérique/Inventing the future in the north of North America, *The Canadian Geographer/Le Géographe canadien* 37: 98–104.

Villeneuve, P. (1997) Le Québec et l'intégration continentale: un processus à plusieurs vitesses et à directions multiples, *Les Cahiers de géographie du Québec* 41: 337–347.

Walton-Roberts, M. and Pratt, G. (2003) *Mobile Modernities: One South Asian Family Negotiates Immigration, Gender and Class*. Research on Immigration and Integration and the Metropolis, Working Paper Series No. 03-13. Vancouver: Vancouver Centre of Excellence, ⟨www.riim.metropolis.net⟩.

Warkentin, J. and Simpson-Housley, P. (2001) The development of geographical study in Canada, 1870–2000, in Dunbar, G.S. (ed.) *Geography: Discipline, Profession and Subject Since 1870: An International Survey*, 1870. Dordrecht: Kluwer, pp. 281–315.

Warley, L., Ball, J.C. and Viau, R. (1998) Special issue: 'Writing Canadian Space' Introduction: mapping the ground, *Studies in Canadian Literature* 23: 1–8.

Waters, J. (2002) Flexible families? Astronaut households and the experience of lone mothers in Vancouver, BC, *Social & Cultural Geography* 3: 117–135.

Wiles, J.L. (2003a) Daily geographies of caregivers: mobility, routine, scale, *Social Science & Medicine* 57: 1307–1325.

Wiles, J.L. (2003b) Informal caregivers' relationships to formal support services, *Health and Social Care in the Community* 11: 189–207.

Williams, A. (2001) Home care restructuring at work: the impact of policy transformations on women's labour, in Dyck, I., Lewis, N.D. and McLafferty, S. (eds) *Geographies of Women's Health*. London and New York: Routledge, pp. 107–126.

Williams, A. (2002) Changing geographies of care: employing the concept of therapeutic landscapes as a framework in examining home space, *Social Science & Medicine* 55: 141–154.

Wilson, K. (2003) Therapeutic landscapes and First Nations peoples: an exploration of culture, health and place, *Health and Place* 9: 83–93.

Wong, M. (2000) Ghanaian women in Toronto's labour market: negotiating gendered roles and transnational household strategies, *Canadian Ethnic Studies/Études ethniques au Canada* XXXII: 45–74.

The ambiguities of social and cultural geography in Greece

Dina Vaiou
Department of Urban and Regional Planning, National Technical University of Athens, Greece

Writing a country report on social and cultural geography in Greece has proven quite a tortuous exercise. On the one hand, geography is in many ways new in Greek universities, the academic and professional community of geographers is quite small and dispersed in various higher education departments and different fields within the discipline are in the making; in addition, research and writing in this field is by scholars who have 'become geographers' as a post-graduate degree, with undergraduate studies in other, related fields. On the other hand, it seems to me that much of the research and writing lie in-between different geographical fields, including social and cultural, and has not taken the form of an opposition between approaches identified with one field or the other, as seems to be the case in the Anglo-American literature.

In this report then, I discuss the ambiguities of social and cultural geography in Greece, after a brief reference to a historical background, which, to my view, helps put them in context. This 'country report', like any other, is of course a narrative constructed by its writer/myself who is, unavoidably, also ambiguously positioned in this field (see also Simonsen 2003) and embodies most of the ambivalences associated with the development of the discipline in Greece.

A necessary historical parenthesis

The first department of geography (then human geography) was established in the University of the Aegean in 1986 and took in its first undergraduate students in 1994. Until then geography courses were taught in various departments within the university system: physical geography in departments of Geology, urban/regional geography and applied geography in departments of Architecture and Planning, cartography in departments of Surveying, economic geography in departments of Economics etc.[1] This situation has been, to a large extent, an outcome of the ways in which higher education was institutionalized and developed since the formation of the Greek state, in the early nineteenth century. The underdevelopment of geographical education and research is, I would argue, closely related to the changing geography of the state over a period of more than a hundred years.

The Greek state, which was formed after a war of independence against the Ottoman Empire (1821–24), was only a fraction of what is Greece today (it included only the Peloponnese, Central Greece and the Cyclades islands) and an even smaller fraction of the geographical area in which prosperous Greek communities had an active economic, social and cultural presence—in the Eastern Mediterranean and the Black Sea. It reached its present territorial size incrementally until 1947[2] (Svoronos 1972). In this process, interest in geography peaked at times of extensions of the borders, when geographical knowledge about the new areas was considered necessary in order to consolidate their integration, and stagnated in-between.

Although geography was identified as one of the 'basic sciences' in the constitutional decree of the University of Athens (1836), no chair was established which would lead to the development of courses/teaching and research and, prospectively, of a degree (Rentzos 1984). At university level, geography never really took on board the scholarly tradition of the Greek Enlightenment and the rich geographical production of Greek scholars in the diaspora since the eighteenth century (Koulouri 1988). While the borders of 'Greek territories' remained uncertain throughout the nineteenth century, history was given an overwhelming primacy at all levels of the education system. Recourse to an uninterrupted 'continuity' with ancient Greece and to the achievements of classical times counterbalanced the formation of a nation state far smaller than national expectations. It also kept alive and legitimized internally arguments about the liberation of 'unredeemed territories'.

Throughout the nineteenth century, there was a sustained debate on the importance and directions of geographical education, focusing on the need for a balanced development of human and physical aspects, with frequent references to German geographers. Following these debates, teachers retained contacts with international geography, at that time mainly German, due to the origins of the educational system, and geography was taught continuously in primary and secondary schools, but as a 'servant of history', in combination with history and with varying emphasis in the curricula. There are numerous reports of school inspectors who lament the conditions of teaching geography in schools and the deplorable results (Katsikis 2001). It is only in 1913 that geography became an independent topic in primary education at a time when, after the Balkan Wars, the national territory almost doubled, when Macedonia was included, and the need arose to become acquainted with the 'new lands' (Koulouri 1988).

The first half of the twentieth century was characterized by major political and geographical instability, following which curricula and teaching remained more or less stagnant at all levels of education. A relatively dynamic development of geology contributed to the introduction of the first physical geography courses in those university departments. Human geography courses started being introduced in the 1950 s in departments of Economics, Surveying, Architecture and Planning (Myridis 2001; Psycharis and Petrakos 2001). A major push forward to geographic research was initiated in the 1960s, by a group of French geographers—among them B. Keyser, Y. Pechoux, M. Sivignon, E. Kolodny and G. Burgel—who came to do research in Greece, affiliated with the National Centre of Social Research in Athens[3] (Hadjimichalis 2001).

Their research activity and publications opened a channel of contacts, which did not, at the time, find room to develop in the Greek universities due to the dictatorship of the colonels (1967–74); but contacts were followed by many young university graduates who went for post-graduate studies in France and, later also in the UK. It is this generation of scholars who revived geographical debates from the 1980s onwards. They have entered the university thanks to its opening up after a major reform in 1982 in a variety of departments and finally played a key role in the establishment of, and staffed, the first geography departments with undergraduate and post-graduate programmes (University of the Aegean, 1994 and Harokopio University, 2000).

Social and cultural geography: ambiguities and trends

The geographical research and debate of the 1960s, which was stopped abruptly by the advent of the dictatorship, was taken up again from the late 1970s onwards. This happened in a climate of high politicization and widespread radicalism in the context of which uneven regional development, urbanization and urban problems, particularly in Athens, location of major industrial investments, popular mobilizations over spatial questions, homogenization and 'Americanization' of local cultures, dominated not only scientific debates, but also the central political scene. Apart from the influence of the political conjuncture, I would argue that three developments have been important for the directions of geographical production since that time.[4]

First, the academic communities in the context of which Greek scholars have become geographers had a great impact on local trends. The traditions and particular approaches of primarily French and British and, to a lesser degree, German, Italian and US geographies can be traced in Greek geographical research and, later, teaching. Second, the different backgrounds of Greek scholars who studied geography as a post-graduate degree influenced the foci of research and the kinds of geography which were produced. For example, it is no coincidence that an Architecture and Planning background led many to urban geography, or that most cartographers have a background in Surveying. Moreover, the fact that these scholars got into various university departments as teachers and/or researchers meant that they had to combine their geographical interests with other disciplinary constraints. Third, openness to international debate/s and contacts has gone hand in hand with a sustained concern with local determinants and a focus on the different ways in which space/geography is locally produced and modified.

In the light of these developments, the topics of research and the approaches developed by Greek geographers, more often than not, lie in-between disciplinary fields (social and economic, social and cultural, economic and environmental, and so on). Indeed, I wonder to what extent it is relevant to speak of distinct fields/areas within the discipline, even though particular emphases and foci of research do exist and become clearer over the years and as the academic community becomes more numerous and consolidated. In what follows, I discuss briefly three topics which have a strong presence in research and teaching broadly in the field of social and cultural geography, pointing at those features which bridge across disciplinary fields—which, to my view, has contributed to enrich the outcomes so far.

A predominantly urban focus

In the late 1970s and early 1980s, Athens and its development was a major issue in academic and professional debates, as well as in national politics. Among planners and politicians one could identify a widespread concern about the patterns of development of the metropolitan area, which were 'getting out of control'. Some of the early, formative research in the field of social geography probably originated from these concerns and debates. However, it contributed to push interest away from approaches which viewed Athens, and other Greek cities, as a 'deviation' from European/ North American experiences, or as a case 'not conforming' with dominant theoretical representations and explanations.[5]

This research emphasizes the social relations which produce particular features in/of Athens and account for the 'problems' identified in planning reports (Leontidou 1989, 1990). Here, the social geography of Athens is discussed in the light of social and cultural features, which determine, and are determined by, economic developments at a micro and macro level. Social segregation is an important area of research approached in terms of index measures applied on small-area census data. Such data, along with more qualitative material on the geography of social infrastructure and welfare services, are used to map urban change and develop explanations of the relevant patterns in Athens and other cities (Economou and Maloutas 1992; Maloutas 1993, 1995, 2000).

In later research and publications, several geographers took part in the Anglo-American debate/s on the cultural turn. Examples can be found among the contributors of two of the recent Seminars of the Aegean (see Note 4) with general themes respectively: 'Space, Inequality and Difference. From "Radical" to "Cultural" Formulations?' (Milos, 1996) and 'Towards A Radical Cultural Agenda for European Cities and Regions' (Paros, 1999). At the same time, there is a more sustained effort to develop theoretical formulations based on local knowledges, in which cultural issues, such as identity and difference, are taken up and explored in the context of critical social theory, while the links with other disciplinary fields are kept open and reworked (Lafazani 1997; Leontidou 1996; Terkenli 1996b). The use of culture as a means to 'revitalize' and transform urban space/s is a most recent concern in view of the major transformations which took place in Athens as part of the preparations for the 2004 Olympics.[6]

The pervasiveness of 'the informal'[7]

Since the mid-1980 s there is a line of research and theoretical engagement with the workings of 'the informal' and its relevance for geography (Chronaki, Lambrianidis, Hadjimichalis and Vaiou 1993; Leontidou 1993; Mantouvalou, Mavridou and Vaiou 1995; Vaiou et al., 1995). Here, 'the informal' is detached from the grip of economists, who approach it as an exception, a sign of backwardness or a survival of archaic economic patterns. Through the contributions of geographers and their emphasis on the importance of space and place, 'the informal' has gradually moved away from an exclusively economic determination, to include a multiplicity of social and cultural aspects which account for its key role in Greek society and politics.

The authors involved in this kind of research necessarily engage with, or stand in-between, economic, social and cultural geography. Their approaches bring forcefully into the picture an economy which is 'not conforming' to the norms of international debate, as well as a set of activities which are constitutive of different local culture/s and identities. 'The informal', then, is theorized as a multi-faceted term which refers to ways of organizing economic activity and relations with the state, to the development of a know-how of survival in the absence of welfare policies and support mechanisms, to a whole set of meanings and social practices outside of which it is impossible to explain, among other things, the social construction and transformation of space.

More recent research here engages with the different twists and developments of 'the informal' in view of the influx of immigrants from Eastern Europe, the Balkans and the Third World. Questions of culture in the sense of meanings and practices developed in this context meet the concerns of social anthropologists and engage in a multi-disciplinary dialogue in the social sciences.

Feminist perspectives and everyday life

Geographical work carried out in Greece from feminist perspectives contributes in a different way to social and cultural geography and illustrates the bridging of social–economic–cultural divisions, to which I have referred earlier. It has to be underlined that women who work from such perspectives come from what has been called radical or Marxist approaches (see also Garcia-Ramon, Albet and Zusman 2003). This radical tradition in Greece draws much more from Gramsci than from structuralist variants, which are more common in the Anglo-American context; as a result, questions of culture, ideology and power are central in the study of social relations. On the other hand, feminist approaches in the field have developed in the context of broader women's studies networks within the social sciences, in which questions of theoretical formulations and methodological choices are widely debated.

In line with the points raised in the previous sections of this paper, it is no surprise that most of the work in this area of research has a clear urban focus and an ambiguous position in-between various geographical fields (Vaiou 1990, 1996). From this early research, a line of argument started to develop around urban life, emphasizing the plurality of temporalities and spatialities involved in the social construction of the city. These approaches take inspiration from work on everyday life by such theorists as H. Lefebvre, A. Heller, J. Roberts and have an explicit commitment to the development of theory and to theoretically informed empirical research (Terkenli 1996b, 1999).[8] Women's life-histories and in-depth interviews are used to argue for the diversity of urban life and to challenge gender-blind and over-generalizing explanations (Lykogianni 2002; Simonsen and Vaiou 1996; Vaiou 2003).

More recent contributions include a series of Masters theses already completed and PhD dissertations in the making which bring in a younger generation of scholars and broaden the circle of research(ers) (e.g. Bournazou 2004; Hatzivassiliou 2002). Here, everyday life is a key issue in the context of which different foci of research include gender divisions of labour, gendered uses of urban space, the cultural construction of diverse gender identities in (paid and unpaid) work or leisure, the embodied character of practice and the constitution of urban life and the city. Again the divisions between different fields are loose.

Prospects

Research and teaching, along the lines already identified, reflect 'local' concerns, debates, ways of theorizing and ways of doing (social and cultural) geography in a small academic community and in a minority language. At the same time, there is a continuous effort to keep up a constant and productive interaction with European and international debate/s. Contacts and networks, as they have developed and intensified since the early 1980s (through post-graduate studies in other countries, through cross-European research projects, through Erasmus staff and student exchanges in the European Union) indicate an open academic community and a dynamic formative process, along with personal aspirations and initiatives.

Now that young generations of geography graduates are emerging from the Greek education system, the academic/professional community is growing and diversifying, with new interests and lines of research and with, perhaps, clearer field divisions at a time when the local/international scene in geographical studies and debate/s is characterized by the hegemony of Anglo-American production. In our case, this hegemony is intensified by more graduates opting for studies in English-speaking countries and by a generalized and almost exclusive access to English-language literature. It is also characterized by the imperatives of new technologies which cease to be a tool and assume a life of their own, pushing human geography in general and social and cultural geography in particular 'out of fashion', as more undergraduate students see in GIS a better 'passport' to the labour market.

In these changing conjunctures, and in a general climate where neo-liberalism dominates, my hope is that the new generations of geographers will continue to develop the interactions between local and international concerns, to open new fields and meet the challenges of our times, without losing the in-between-ness of research and teaching which has developed for historical reasons, but has proven most fruitful in furthering our understandings about the spatiality of social life in Greece and beyond.

Notes

1 For a detailed presentation, see the special issue on 'Geographical Education' of the journal *Geographies*, No. 2, 2001, guest edited by C. Hadjimichalis (in Greek).

2 The Ionian Islands became part of the Greek state in 1864, Thessaly in 1881, Crete in 1897, Macedonia in 1913, Thrace in 1923, the Dodecanese Islands in 1947.

3 Their research continued a tradition started already at the beginning of the twentieth century by J. Ancel and M. Brunhes.

4 Important for the development of geographical debate have been, on the one hand, the publication of the journal *City and Region* (1983–87), and on the other, the series of bi-annual international conferences under the title 'Seminars of the Aegean' (since 1983). These initiatives were later followed by the 'Geosymposia' (since 2000) and by the publication of a new journal, *Geographies* (since 2001).

5 For a similar and sustained effort in other geographical and related fields, see also Hadjimichalis (1987), Mantouvalou (1980) and Mavridou (1987).

6 See the special issue on 'Athens 2004. In the Tracks of Globalisation' of *Geographies*, No. 7, 2004, guest edited by D. Vaiou, M. Mantouvalou and M. Mavridou.

7 'The informal' is an umbrella term which has led to confusion both at the level of theoretical formulations and at the level of policy, mainly as an adjective followed by 'economy', 'sector' or 'activities'. Here I use it in quotes as a general reference to activities as well as widespread social practices which escape the control/regulation of the state without being in the realm of social anomy. For a detailed discussion see Vaiou and Hadjimichalis (1997).

8 Th. Terkenli has also written extensively on cultural landscapes (see e.g. Terkenli 1996a).

Οι αμφισημίες της κοινωνικής και πολιτισμικής γεωγραφίας στην Ελλάδα

Ντίνα Βαΐου
Τομέας Πολεοδομίας και Χωροταξίας, Εθνικό Μετσόβιο Πολυτεχνείο, Αθήνα

Η συγγραφή μιας έκθεσης για την κοινωνική και πολιτισμική γεωγραφία στην Ελλάδα αποδείχτηκε αρκετά σύνθετη δουλειά. Η Γεωγραφία είναι με μια έννοια «νέο» επιστημονικό πεδίο στο ελληνικό πανεπιστήμιο, η ακαδημαϊκή και επαγγελματική κοινότητα των γεωγράφων είναι πολύ μικρή και διάσπαρτη σε διάφορες σχολές, ενώ οι επί μέρους κλάδοι της Γεωγραφίας συγκροτούνται σταδιακά. Επί πλέον, η έρευνα και συγγραφική δουλειά στο πεδίο αυτό προέρχεται από επιστήμονες που «έγιναν γεωγράφοι» μέσω των μεταπτυχιακών τους σπουδών, έχουν δηλαδή προπτυχιακές σπουδές σε άλλα, σχετικά με τη Γεωγραφία, επιστημονικά πεδία. Παράλληλα, πιστεύω πως μεγάλο μέρος της έρευνας τοποθετείται στα ενδιάμεσα διαφορετικών κλάδων της Γεωγραφίας, συμπεριλαμβανόμενης και της κοινωνικής και πολιτισμικής, ενώ η επιστημονική συζήτηση δεν έχει λάβει τη μορφή αντίθεσης ανάμεσα σε προσεγγίσεις που ταυτίζονται με τον ένα ή τον άλλο κλάδο, όπως ίσως συμβαίνει στην αγγλοσαξωνική βιβλιογραφία.

Σ' αυτή την έκθεση λοιπόν παρουσιάζω τις αμφισημίες της κοινωνικής καιπολιτισμικής γεωγραφίας στην Ελλάδα, μετά από μια σύντομη αναφορά στο ιστορικό πλαίσιο μέσα στο οποίο, κατά την άποψή μου, διαμορφώθηκαν αυτές οι αμφισημίες. Αυτή η «έκθεση για μια χώρα», όπως και κάθε άλλη, είναι βέβαια μια αφήγηση, που κατασκευάζεται από τον/την συγγραφέα της/εμένα, που τοποθετείται με ένα συγκεκριμένο τρόπο στο εξεταζόμενο πεδίο (βλ. επίσης Simonsen 2003) και εν-σωματώνει πολλές αμφιβολίες που συναρτώνται με την εξέλιξη της Γεωγραφίας στην Ελλάδα.

Μια αναγκαία παρένθεση

Το πρώτο Τμήμα Γεωγραφίας (τότε Τμήμα Ανθρωπογεωγραφίας) ιδρύθηκε το 1986 στο Πανεπιστήμιο του Αιγαίου και πήρε τους πρώτους προπτυχιακυίς φοιτητές του το 1994. Μέχρι τότε μαθήματα γεωγραφίας διδάσκονταν σε διάφορα Πανεπιστήμια και Σχολές: φυσική γεωγραφία σε Τμήματα Γεωλογίας, αστική/περιφερειακή γεωγραφία και εφαρμοσμένη γεωγραφία σε Τμήματα Αρχιτεκτόνων, χαρτογραφία σε Τμήματα Τοπογράφων, οικονομική γεωγραφία σε Τμήματα Οικονομικών κλπ.[1] Αυτή η εξέλιξη είναι, σε μεγάλο βαθμό, αποτέλεσμα του τρόπου με τον οποίο θεσμοθετήθηκε και αναπτύχθηκε η τριτοβάθμια εκπαίδευση από την ίδρυση του νέου ελληνικού κράτους, στις αρχές του 19^{ου} αιώνα. Η υπανάπτυξη της γεωγραφικης εκπαίδευσης υποστηρίζω ότι συναρτάται με τη μεταβαλλόμενη γεωγραφία του κράτους για περισσότερο από εκατό χρόνια.

Το ελληνικό κράτος, που ιδρύθηκε μετά

από έναν πόλεμο ανεξαρτησίας ενάντια στην Οθωμανική Αυτοκρατορία (1821–24), ήταν ένα μικρό τμήμα της σημερινής Ελλάδας (περιελάμβανε μόνο την Πελοπόννησο, τη Στερεά Ελλάδα και τις Κυκλάδες) και ένα ακόμη μικρότερο τμήμα της γεωγραφικής περιοχής στην οποία υπήρχαν ευημερούσες ελληνικές κοινότητες, με έντονη οικονομική, κοινωνική και πολιτιστική δραστηριότητα—στην ανατολική Μεσόγειο και τον Εύξεινο Πόντο. Το νέο κράτος απόκτησε το σημερινό του μέγεθος σταδιακά μέχρι το 1947[2] (Svoronos 1972). Στη διαδικασία αυτή, το ενδιαφέρον για τη γεωγραφία αναζωπυρωνόταν στις περιόδους επέκτασης των συνόρων, όταν εθεωρείτο αναγκαία η γεωγραφική γνώση για τις νέες περιοχές προκειμένου να εδραιωθεί η ενσωμάτωσή τους, και αδρανούσε στα ενδιάμεσα.

Παρόλο που η Γεωγραφία αναφέρεται ως μία από τις «βασικές επιστήμες» στο ιδρυτικό διάταγμα του Πανεπιστημίου Αθηνών (1836), δεν ιδρύεται έδρα, που θα οδηγούσε στην ανάπτυξη μαθημάτων/διδασκαλίας και έρευνας και, προροπτικά, σε ανεξάρτητο πτυχίο (Ρέντζος 1984). Σε πανεπιστημιακό επίπεδο, η Γεωγραφία δεν ενσωμάτωσε ποτέ την παράδοση του ελληνικού Διαφωτισμού και την πλούσια γεωγραφική βιβλιογραφία των ελλήνων της διασποράς από τον 18^{ου} αιώνα (Κουλούρη 1988). ‘Οσο τα σύνορα των «ελληνικών χωρών» παρέμεναν αβέβαια σ' όλη τη διάρκεια του 19^{ου} αιώνα, η ιστορία αποσπούσε τη μέγιστη προτεραιότητα σε όλες τις βαθμίδες της εκπαίδευσης. Η προσφυγή σε μια αδειάλειπτη «συνέχεια» με την αρχαία Ελλάδα και με τα επιτεύγματα των κλασσικών χρόνων αντιστάθμιζε τη δημιουργία ενός εθνικού κράτους που ήταν πολύ μικρότερο των εθνικών προσδοκιών. Ακόμη, διατηρούσε και νομιμοποιούσε στο εσωτερικό του κράτους επιχειρήματα υπέρ της απελευθέρωσης των «αλύτρωτων» περιοχών.

Σ' όλη τη διάρκεια του 19^{ου} αιώνα εντοπίζεται μια συνεχής συζήτηση για τη σημασία και τις κατευθύνσεις της γεωγραφικής εκπαίδευσης, όπου υπογραμμίζεται η ανάγκη για ισορροπημένη ανάπτυξη της ανθρώπινης και φυσικής πλευράς, με συχνές αναφορές σε Γερμανούς γεωγράφους. Μέσω αυτής της συζήτησης, οι δάσκαλοι διατηρούσαν επαφή με τη διεθνή γεωγραφία, την εποχή εκείνη κυρίως γερμανικής προέλευσης, όπως και το ίδιο το εκπαιδευτικό σύστημα. Η γεωγραφία διδασκόταν συνεχώς στο δημοτικό και το γυμνάσιο, αλλά ως «θεραπαινίς της ιστορίας», σε συνδυασμό με την ιστορία και με μεταβαλλόμενη βαρύτητα στο εκπαιδευτικό πρόγραμμα. Πολλές αναφορές επιθεωρητών εκπαίδευσης διεκτραγωδούν τις συνθήκες διδασκαλίας της γεωγραφίας στα σχολεία και τις χαμηλές επιδόσεις (Κατσίκης 2001). Μόλις το 1913 η γεωγραφία γίνεται ανεξάρτητο μάθημα στο δημοτικό, σε μια περίοδο όπου, μετά τους Βαλκανικούς Πολέμους, σχεδόν διπλασιάζεται η έκταση της χώρας με την προσάρτηση της Μακεδονίας, και υπάρχει ανάγκη γνωριμίας με τις «νέες χώρες» (Κουλούρη 1988).

Το πρώτο μισό του 20^{ου} αιώνα χαρακτηρίζεται από μεγάλη πολιτική και γεωγρα φική αστάθεια, με αποτέλεσμα να μην παρατηρείται εξέλιξη των εκπαιδευτικών προγραμμάτων και της διδασκαλίας. Μια σχετικά δυναμική ανάπτυξη της γεωλογίας συμβάλλει στην εισαγωγή των πρώτων μαθημάτων φυσικής γεωγραφίας στις αντίστοιχες πανεπιστημιακές σχολές. Μαθήματα ανθρωπογεωγραφίας αρχίζουν να εισάγονται στη δεκαετία 1950 σε σχολές Οικονομικών, Τοπογράφων, Αρχιτεκτόνων (Μυρίδης 2001, Ψυχάρης και Πετράκος

2001). Μεγάλη ώθηση στη γεωγραφική έρευνα δίνεται στη δεκαετία 1960, όταν μια ομάδα γάλλων γεωγράφων—μεταξύ των οποίων οι B. Keyser, Y. Pechoux, M. Sivignon, E. Kolodny, G. Burgel—έρχονται να κάνουν έρευνα στην Ελλάδα, σε συνεργασία με το Εθνικό Κέντρο Κοινωνικών Ερευνών (ΕΚΚΕ)[3] (Χατζημιχάλης 2001).

Η ερευνητική δραστηριότητα και οι δημοσιεύσεις τους άνοιξαν ένα δίαυλο επικοινωνίας, ο οποίος την εποχή εκείνη δεν βρήκε διεξόδους για παραπέρα ανάπτυξη στα ελληνικά πανεπιστήμια εξ αιτίας της δικτατορίας (1967–74). Αλλά οι επαφές συνεχίστηκαν από πολλούς απόφοιτους ελληνικών πανεπιστημίων που πήγαν για μεταπτυχιακές σπουδές στη Γαλλία και, αργότερα, στην Αγγλία. Αυτή η γενιά επιστημόνων ανέπτυξε τη γεωγραφική συζήτηση από τη δεκαετία 1980 και μετά, μπαίνοντας δυναμικά και στο πανεπιστήμιο με τη μεταρρύθμιση του 1982, σε μια πληθώρα σχολών. Τελικά αυτή η γενιά επιστημόνων έπαιξε κεντρικό ρόλο στην ίδρυση και στελέχωση των πρώτων σχολών γεωγραφίας με προπτυχιακά και μεταπτυχιακά προγράμματα (Πανεπιστήμιο Αιγαίου 1994, Χαροκόπειο Πανεπιστήμιο 2000).

Κοινωνική και πολιτισμική γεωγραφία: αμφισημίες και τάσεις

Τα νήματα της γεωγραφικής έρευνας και συζήτησης της δεκαετίας 1960, που διακόπηκε απότομα με τη δικτατορία, ξαναπιάστηκαν από το τέλος της δεκαετίας 1970 και μετά. Αυτό συνέβη σε ένα κλίμα έντονης πολιτικοποίησης και σχεδόν γενικευμένου ριζοσπαστισμού, στο πλαίσιο των οποίων η άνιση περιφερειακή αναπτυξη, η αστικοποίηση και τα προβλήματα των πόλεων και ιδιαίτερα της Αθήνας, η χωροθέτηση των βιομηχανικών επενδύσεων, οι λαϊκές κινητοποιήσεις για ζητήματα του χώρου, η ομογενοποίηση και «αμερικανοποίηση» της τοπικής κουλτούρας, κυριάρχησαν όχι μόνο στην επιστη μονική συζήτηση αλλά και στην κεντρική πολιτική σκηνή. Εκτός από τις επιρροές της πολιτικής συγκυρίας, θα υποστήριζα ότι τρεις εξελίξεις ήταν σημαντικές για τις κατευθύνσεις της γεωγραφικής παραγωγής έκτοτε.[4]

Πρώτο, οι ακαδημαϊκές κοινότητες, στο πλαίσιο των οποίων έλληνες επιστήμονες έγιναν γεωγράφοι, υπήρξαν καθοριστικές για την εξέλιξη των τοπικών τάσεων. Οι παραδόσεις και οι ιδιαίτερες προσεγγίσεις κυρίως της γαλλικής και αγγλικής και, σε μικρότερο βαθμό, της γερμανικής, της ιταλικής και της βορειοαμερικάνικης γεωγραφίας μπορούν να ανιχνευθούν στην ελληνική γεωγραφική έρευνα και, αργότερα, διδασκαλία. Δεύτερο, η διαφορετική επιστημονική προέλευση των ελλήνων που σπούδασαν γεωγραφία ως μεταπτυχιακή ειδίκευση επηρέασε τις κατευθύνσεις της έρευνας και το είδος της γεωγραφίας που παράχθηκε. Για παράδειγμα, δεν είναι τυχαίο ότι ένα πρώτο πτυχίο Αρχιτεκτονικής οδήγησε πολλούς στην αστική γεωγραφία, ή ότι οι χαρτογράφοι προέρχονται κυρίως από σχολές Τοπογράφων. Ακόμη, το γεγονός ότι οι επιστήμονες αυτοί εντάχθηκαν σε διαφορετικές πανεπιστημιακές σχολές ως διδακτικό-ερευνητικό προσωπικό οδήγησε στην ανάγκη να συνδυάσουν το ενδιαφέρον για τη γεωγραφία με άλλες επιστημονικές κατευθύσεις. Τρίτο, το άνοιγμα στη διεθνή συζήτηση και τις επαφές συμβάδισε με ένα σταθερό ενδια- φέρον για τους τοπικούς προσδιορισμούς και μια έμφαση στους διαφορετικούς τρόπους με τους οποίους ο χώρος/η γεωγραφία παράγεται και μεταβάλλεται τοπικά.

Στο φως των πιο πάνω εξελίξεων, τα αντικείμενα έρευνας και οι προσεγγίσεις που αναπτύχθηκαν από τους έλληνες γεωγράφους, συνήθως εντοπίζονται στα ενδιαμεσα των επί μέρους κλάδων της γεωγραφίας (κοινωνική και οικονομική, κοινωνική και πολιτισμική, οικονομική και περιβαλλοντική κλπ). Μάλιστα αναρρωτιέμαι σε ποιο βαθμό έχει νόημα να μιλάμε για διακριτούς κλάδους/περιοχές μέσα στην ίδια τη γεωγραφία, αν και, βέβαια, ιδιαίτερες ερευνητικές κατευθύνσεις και υπάρχουν και γίνονται σαφέστερες καθώς η επιστημονική κοινότητα εδραιώνεται και διευρύνεται αριθμητικά. Στη συνέχεια παρουσιάζω συνοπτικά τρία θέματα που έχουν σημαν τική παρουσία στην έρευνα και τη διδασκαλία στο πεδίο της κοινωνικής και πολιτισμικής γεωγραφίας με την ευρεία έννοια, εντοπίζοντας εκείνα τα χαρακτηριστικά που διαπερνούν τα όρια μεταξύ κλάδων της γεωγραφίας και μέχρι τώρα έχουν, κατά την άποψή μου, συμβάλει στον εμπλουτισμό τους.

Μια κυρίαρχη έμφαση στον αστικό χώρο

Στο τέλος της δεκαετίας 1970 και στις αρχές της επόμενης, η Αθήνα και η ανάπτυξή της αποτελούσε κύριο θέμα, στην ακαδημαϊκή και επαγγελματική συζήτηση, καθώς και στη διαμόρφωση εθνικής πολιτικής. Πολεοδόμοι και πολιτικοί διατύπωναν μια γενικευμένη ανησυχία για τον τύπο ανάπτυξης της μητροπολιτικής περιοχής, που βρισκόταν «εκτός ελέγχου». Μέρος της πρώιμης έρευνας στο πεδίο της κοινωνικής γεωγραφίας κατά πάσα πιθανότητα προέρχεται από τέτοιου είδους ανησυχίες και συζητήσεις. Όμως συνέβαλε στη μετάθεση του ενδιαφέροντος από τις προσεγγίσεις εκείνες που αντιμετώπιζαν την Αθήνα, και άλλες ελληνικές πόλεις, ως «απόκλιση» από την ευρωπαϊκή / βορειο-αμερικάνικη εμπειρία ή ως μια περίπτωση που «δεν συμμορφώνεται» με τις κυρίαρχες θεωρητικές αναπαραστάσεις και ερμηνείες.[5]

Η έρευνα υπογραμμίζει τις κοινωνικές σχέσεις που παράγουν ιδιαίτερα χαρακτηριστικά της Αθήνας και μπορούν να ερμηνεύσουν τα «προβλήματα» τα οποία αναφέρουν οι πολεοδομικές μελέτες (Λεοντίδου 1989, Leontidou 1990). Εδώ η κοινωνική γεωγραφία της Αθήνας μελετάται στο πλαίσιο των κοινωνικών και πολιτισμικών χαρακτηριστικών τα οποία καθορίζουν, και καθορίζονται από, οικονομικές εξελίξεις σε μικρο- και μακροεπίπεδο. Η κοινωνική διαίρεση του αστικού χώρου αποτελεί σημαντικό πεδίο έρευνας που προσεγγίζεται με ποσοτικούς δείκτες στη βάση στατιστικών δεδομένων. Τα δεδομένα αυτά, μαζί με ποιοτικού χαρακτήρα υλικό για τη γεωγραφία των κοινωνικών υποδομών και των υπηρεσιών πρόνοιας, χρησιμοποιούνται για να χαρτογραφήσουν τις αλλαγές του αστικού χώρου και να βοηθήσουν στην ανάπτυξη ερμηνειών για τον τύπο ανάπτυξης της Αθήνας και άλλων πόλεων. (Maloutas 1993, Μαλούτας 1995, 2000, Οικονόμου και Μαλούτας 1992).

Σε μεταγενέστερες έρευνες και δημοσιεύσεις, πολλοί γεωγράφοι συμμετείχαν στην αγγλο-αμερικάνικη συζήτηση για την «πολιτισμική στροφή». Παραδεγματα μπορούν να αναζητηθούν μεταξύ των συμμετεχόντων σε δύο από τα διεθνή συνέδρια με το γενικό τίτλο «Σεμινάρια του Αιγαίου» (βλ. και σημ. 4), με γενικό θέμα αντίστοιχα: «Χώρος, ανισότητα και διαφορά: από τις 'ριζοσπαστικές' στις 'πολιτισμικές' προσεγγίσεις;» (Μήλος 1996) και «Προς μία ριζοσπαστική πολιτισμική θεματολογία για τις ευρωπαϊκές πόλεις και περιφέρειες» (Πάρος 1999). Ταυτόχρονα, υπάρχει μια πιο σταθερή προσπάθεια να διατυπωθούν θεωρητικές προτάσεις στηριγμένες σε τοπικές γνώσεις, όπου πολιτισμικά ζητήματα, όπως η ταυτότητα και η διαφορά, διερευνώνται στο πλαίσιο της κριτικής κοινω νικής θεωρίας, ενώ οι συνδέσεις με άλλα πεδία της γεωγραφίας αφήνονται ανοικτές και επανεξετάζονται (Leontidou 1996, Terkenli 1996b, Λαφαζάνη 1997). Η χρήση της κουλτούρας ως μέσο για την «αναζωογόνηση» και μεταβολή του αστι κού χώρου είναι μια πολύ πρόσφατη ερευνητική κατεύθυνση, στην προοπτική των μεγάλων μεταλλαγών που συμβαίνουν στην Αθήνα αηό την προετοιμασία της Ολυμπιάδας του 2004.[6]

Η διάχυτη παρουσία «του άτυπου»[7]

Από τα μέσα της δεκαετίας 1980 αναπτύσσεται ένας ερευνητικός άξονας και μια θεωρητική ενασχόληση με τη λειτουργία «του άτυπου» και τη σημασία του για τη γεωγραφία (Chronaki, Lambrianidis, Hadjimichalis and Vaiou 1993, Leontidou 1993, Mantouvalou, Mavridou and Vaiou 1995, Βαϊου κ.ά 1995). Εδώ «το άτυπο» αποσπάται από την αρπάγη των οικονομολόγων, που το προσεγγίζουν ως εξαίρεση, σημάδι οπισθοδρόμησης ή επιβίωση αρχαϊκών οικονομικών προτύπων. Μέσα από τη συμβολή των γεωγράφων και την έμφαση που έδωσαν στη σημασία του χώρου και του τόπου, «το άτυπο» στα διακά απομακρύνθηκε από έναν αποκλειστικά οικονομικό προσδιορισμό και περιέλαβε μια πλειάδα κοινωνικών και πολιτισμικών παραμέτρων που ερμηνεύουν τον κεντρικό του ρόλο στην ελληνική κοινωνία και πολιτική.

Οι συγγραφείς που ερευνούν αυτό το πεδίο κατ' ανάγκη συνδιαλέγονται με, ή βρίσκονται ανάμεσα σε, οικονομική, κοινωνική και πολιτισμική γεωγραφία. Οι προσεγγίσεις τους φέρνουν δυναμικά στο προσκήνιο μια οικονομία που «δεν συμμορφώνεται» με τις αρχές της διεθνούς συζήτησης, καθώς και ένα σύνολο δραστηριοτήτων που συγκροτούν διαφορετικές τοπικές κουλτούρες και ταυτότητες. «Το άτυπο» λοιπόν θεωρητικοποιείται ως ένας πολύπλευρος όρος που αναφέρεται στους τρόπους με τους οποίους οργανώνεται η οικονομική δραστηριότητα και οι σχέσεις με το κράτος, στην ανάπτυξη μιας τεχνογνωσίας επιβίωσης εν απουσία κράτους πρόνοιας και μηχανισμών κοινωνικής υποστήριξης, σε ένα σύνολο σημασιών και κοινωνικών πρακτικών έξω από τις οποίες είναι αδύνατο να ερμηνευθεί, μεταξύ άλλων, η κοινωνική κατασκευή και μεταλλαγή του χώρου.

Πιο πρόσφατη έρευνα ασχολείται με τις διαφοροποιήσεις και εξελίξεις του «άτυπου» σε σχέση με την αθρόα παρουσία μεταναστών από την ανατολική Ευρώπη, τα Βαλκάνια και τον Τρίτο Κόσμο. Ερωτήματα για την κουλτούρα, με την έννοια των σημασιών και πρακτικών που αναπτύσσονται σ' αυτό το πλαίσιο, συναντώνται με τις προτεραιότητες των κοινωνικών ανθρωπολόγων και διαμορφώ νουν ένα πολυ-επιστημονικό διάλογο στις κοινωνικές επιστήμες.

Φεμινιστικές οπτικές και καθημερινή ζωή

Η γεωγραφική έρευνα που γίνεται στην Ελλάδα από φεμινιστικές οπτικές συμβάλλει με ένα διαφορετικό τρόπο στην κοινωνική και πολιτισμική γεωγραφία και δείχνει πώς μπορεί να γεφυρώνονται οι διαιρέσεις κοινωνικής-οικονομικής-πολιτισμικής γεωγραφίας, στις οποίες αναφέρθηκα πιο πάνω. Αξίζει να υπογραμμιστεί ότι οι γυναίκες που δουλεύουν σ' αυτό το πεδίο προέρχονται από τις λεγόμενες ριζοσπαστικές ή μαρξιστικές προσεγγίσεις (βλ. και Garcia Ramon, Albet and Zusman 2003). Αυτή η ριζοσπαστική παράδοση στην Ελλάδα αντλεί περισσότερο από τον Γκράμσι παρά από τις στρουκτουραλιστικές εκδοχές του μαρξισμού, που είναι πιο διαδεδομένες στον αγγλοσαξωνικό χώρο. Ως αποτέλεσμα τα ζητήματα κουλτούρας, ιδεολογίας και εξουσίας είναι κεντρικά στη μελέτη των κοινωνικώνσχέσεων. Ακόμη, οι φεμινιστικές προσεγγίσεις στη γεωγραφία αναπτύχθηκαν στο πλαίσιο ευρύτερων δικτύων γυναικείων σπουδών στις κοινωνικές επιστήμες, όπου συζητούνται ευρέως θέματα θεωρίας και μεθοδολογικών επιλογών.

Σύμφωνα και με όσα ανέπτυξα στις προηγούμενες ενότητες, δεν είναι τυχαίο που η έρευνα στον τομέα αυτό εστιάζει κυρίως στον αστικό χώρο και κινείται μεταξύ κλάδων της Γεωγραφίας (Vaiou 1990, 1996). Ηδη από την παλαιότερη έρευνα, αρχίζει να ανπτύσσεται μια κατεύθυνση γύρω από την αστική ζωή, που δίνει έμφαση στις χωρικότητες και χρονικότητες οι οποίες συγκροτούν την πόλη. Αυτές οι προσεγγίσεις εμπνέονται από τη δουλειά για την καθημερινή ζωή θεωρητικών όπως ο H. Lefebvre, η A. Heller, ο J. Roberts και έχουν μια σαφώς δια τυπωμένη στράτευση στην ανάπτυξη θεωρίας και εμπειρικής έρευνας που συνδέεται με αυτήν (Terkenli 1996b, 1999).[8] Οι βιογραφίες γυναικών και οι συνεντεύξεις σε βάθος χρησιμοποιούνται για να δείξουν την πολλαπλότητα της αστικής ζωής και να αντικρούσουν τις υπερ-γενικευτικές και άφυλες ερμηνείες (Lykogianni 2002, Simonsen and Vaiou 1996, Vaiou 2003).

Οι πιο πρόσφατες συμβολές περιλαμβάνουν και μια σειρά μεταπτυχιακές εργασίες και διδακτορικά σε εξέλιξη που ενσωματώνουν μια νεώτερη γενιά ερευνητριών και διευρύνουν τον κύκλο της έρευνας (βλ. για παράδειγμα Μπουρνάζου 2004, Χατζηβασι λείου 2002). Εδώ η καθημερινή ζωή είναι θέμα-κλειδί, στο πλαίσιο του οποίου αναπτύσσονται ερυνητικά αντικείμενα που περιλαμβάνουν τους κατά φύλο καταμερισμούς εργασίας, τις έμφυλες χρήσεις του αστικού χώρου, την πολιτισμική κατασκευή διαφορετικών ταυτοτήτων φύλου στην (αμει βόμενη και μη) εργασία ή σχόλη, τον ενσώματο χαρακτήρα της πρακτικής και της συγκρότησης της αστικής ζωής στην πόλη. Και πάλι οι διαιρέσεις ανάμεσα σε κλάδους είναι πολύ χαλαρές.

Προοπτικές

Η έρευνα και διδασκαλία, στο πλαίσιο που ήδη διέγραψα, αντικατοπτρίζουν «τοπικές» αναζητήσεις, συζητήσεις, τρόπους διατύπωσης θεωρίας και τρόπους να κάνει κανείς (κοινωνική και πολτισμική) γεωγραφία σε μια μικρή ακαδημαϊκή κοινότητα και σε μια μειοψηφική γλώσσα. Ταυτόχρονα, υπάρχει μια διαρκής προσπάθεια να διατηρείται μια σταθερή και παραγωγική σχέση με την ευρωπαϊκή και διεθνή συζήτηση. Οι επαφές και τα δίκτυα, που αναπτύχθηκαν και ενδυναμώθηκαν από τις αρχές της δεκαετίας 1980 και μετά (μέσω ματαπτυχιακών σπουδών σε άλλες χώρες, μέσω διακρατικής έρευνας σε ευρωπαϊκό επίπεδο, μέσω των ανταλλαγών φοιτητών και διδακτικού προσωπικού στην Ευρωπαϊκή Ένωση) υποδηλώνουν μια ανοιχτή ακαδημαϊκή κοινότητα και μια δυναμική διαδικασία συγκρότησής της, παράλληλα με προσωπικές στοχεύσεις και πρωτοβουλίες.

Τώρα που βγαίνουν νέες γενιές γεωγράφων από το ελληνικό εκπαιδευτικό σύστημα, η ακαδημαϊκή/επιστημονική κοινότητα μεγαλώνει και διαφοροποιείται, καθώς αναπτύσσονται νέα ενδιαφέροντα και ερευνητικές κατευθύνσεις και αποσαφηνίζονται οι διακρίσεις κλάδων σε μια περίοδο όπου το τοπικό/παγκόσμιο στις γεωγραφικές σπουδές και συζήτηση χαρακτηρίζεται από την ηγεμονία της αγγλοσαξωνικής παραγωγής. Στη δική μας περίπτωση η ηγεμονία εντείνεται από μια γενικευμένη και σχεδόν αποκλειστική πρόσβαση στην αγγλόφωνη βιβλιογραφία. Χαρακτηρίζεται ακόμη από τις επιταγές των νέων τεχνολογιών που παύουν να είναι εργαλείο και αποκτούν μια δική τους ζωή, πιέζοντας την ανθρωπογεωγραφία γενικά και την κοινωνική και πολιτισμική γεωγραφία ειδικότερα «εκτός μόδας», καθώς πολλοί φοιτητές γεωγραφίας βλέπουν στα Γεωραφικά Συστήματα Πληροφοριών ένα καλύτερο «διαβατήριο» για την αγορά εργασίας.

Σ'αυτή τη μεταβαλλόμενη συγκυρία, και στο γενικό κλίμα όπου κυριαρχεί ο νεοφιλευθερισμός, η ελπίδα μου είναι ότι οι νέες γενιές γεωγράφων θα συνεχίσουν να αναπτύσσουν τη διαντίδραση τοπικού-παγκόσμιου, να ανοίγουν νέα πεδία έρευνας και να συνδιαλέγονται με τις προκλήσεις των καιρών, χωρίς να χάσουν την τοποθέτηση στα «ενδιάμεσα» στην έρευνα και τη διδασκαλία—τοποθέτηση που διαμορφώθηκε ιστορικά, αλλά αποδείχτηκε ιδιατερα γόνιμη για την κατανόηση της χωρικότητας της κοινωνικής ζωής στην Ελλάδα κι όχι μόνον.

Υηοσηκειώσεις

1 Για μια λεπτομερή παρουσίαση, βλ. το ειδικό τεύχος του περιοδικού *Γεωγραφίες*, αφιέρωμα στην «Γεωγραφική Εκπαίδευση στην Ελλάδα», τ. 2/2001, επιμ. Κ. Χατζημιχάλης.

2 Τα Ιόνια νησιά έγιναν μέρος του ελληνικού κράτους το 1864, η Θεσσαλία το 1881, η Μακεδονία το 1913, η Θράκη το 1923, τα Δωδεκάνησα το 1947.

3 Η έρευνά τους συνέχισε μια παράδοση που είχε ξεκινήσει ήδη στις αρχές του 19ου αιώνα με τον J. Ancel και τον M. Brunhes.

4 Για τη διαμόρφωση και εξέλιξη της γεωγραφικής συζήτησης, σημαντικό ρόλο διαδραμάτισαν από τη ια λευρά η έκδοση του περιοδικού *Πόη και Περιφέρεια* (1983–87), ακθώς και η σειρά των διεθνών συνεδρίων με το γενικό τίτλο *Σεμινάρια του Αιγαίου* (από το 1983). Αυτές οι πρωτοβουλίες συμπληρώθηκαν αργότερα από τα «Γεωσυμπόσια» (από το 2000) και από την έκδοση του νέου περιοδικού *Γεωγραφίες* (από το 2001).

5 Για μια παρόμοια και εξ ίσου σταθερή προσ πάθεια σε άλλους κλάδους της γεωγραφίας και σε συγγενείς επιστημονικές περιοχές, βλ. Hadjimichalis (1987), Mantouvalou (1980) και Μαυρίδου (1987).

6 Βλ. το τεύχος αφιέρωμα «Αθήνα 2004. Στα μονοπάτια της παγκοσμιοποίησης;» του περιοδικού *Γεωγραφίες*, τ. 7/2004, με επιμ. τις Ντ. Βαΐου, Μ. Μαντουβάλου, Μ. Μαυρίδου.

7 «Το άτυπο» είναι ένας όρος-ομπρέλλα που συχνά έχει οδηγήσει σε συγχύσεις, τόσο σε επίπεδο θεωρητικών διατυπώσεων όσο και σε επίπεδο διαμόρφωσης πόλιτικής, κυρίως ως επίθετο που ακολουθείται από τα ουσιαστικά «οικονομία», «τομέας» ή «δραστηριότητες. Εδώ χρησιμοποιείται εντός εισαγωγικών ως γενική αναφορά σε δραστηριότητες αλλά και γενικευμένες κοινωνικές πρακτικές που εκφεύγουν του ελέγχου/ρύθμισης του κράτους, χωρίς να βρίσκονται στο πεδίο της κοινωνικής ανομίας. Για μια διεξοδική συζήτηση, βλ. Βαΐου, Χατζημιχάλης (1997).

8 Η Θ. Τερκενλή έχει γράψει αρκετά για το πολιτισμικό τοπίο (βλ. για παράδειγμα Τερκενλή 1996α).

References

Bournazou, E. (2004) Young women in central public spaces. Uses and exclusions in Trikala, *Geographies* 6: 113–123 (in Greek).

Chronaki, Z., Lambrianidis, L., Hadjimichalis, C. and Vaiou, D. (1993) Diffused industrialization in Thessaloniki. From expansion to crisis, *International Journal of Urban and Regional Research* 17: 178–194.

Economou, D. and Maloutas, Th. (eds) (1992) *Social Structure and Urban Organisation in Athens*. Thessaloniki: Paratiritis (in Greek).

Garcia Ramon, M.D., Albet, A. and Zusman, P. (2003) Recent developments in social and cultural geography in Spain, *Social & Cultural Geography* 4: 419–430.

Hadjimichalis, C. (1987) *Uneven Development and Regionalism. State, Territory and Class in Southern Europe*. London: Croom Helm.

Hadjimichalis, C. (2001) Introduction, *Geographies* 2: 9–14 (in Greek).

Hatzivassiliou, S. (2002) Women in Dasos Haidariou, Masters dissertation, National Technical University of Athens (in Greek).

Katsikis, A. (2001) Geography and geographic education. Reasons for the crisis. Directions for an innovative intervention, *Geographies* 2: 15–29 (in Greek).

Koulouri, C. (1988) *History and Geography in Greek Schools (1834–1914)*. Athens: Historical Archives of the Greek Youth (in Greek).

Lafazani, D. (1997) Space and social relations. Space and social exclusion, *Synchrona Themata* 62: 69–75 (in Greek).

Leontidou, L. (1989) *Cities of Silence. Working Class Colonization of Urban Space, Athens and Piraeus 1909–1940*. Athens: ETBA (in Greek).

Leontidou, L. (1990) *The Mediterranean City in Transition. Social Change and Urban Development*. Cambridge: Cambridge University Press.

Leontidou, L. (1993) Informal strategies of unemployment relief in Greek cities: the relevance of family, locality and housing, *European Planning Studies* 1: 43–68.

Leontidou, L. (1996) Alternatives to modernism in (southern) urban theory: exploring in-between spaces, *International Journal of Urban and Regional Research* 20: 180–197.

Lykogianni, R. (2002) Neighbourly women in Athens, *Women and Environments* 56/57: 31–34.

Maloutas, Th. (1993) Social segregation in Athens, *Antipode* 25: 223–251.

Maloutas, Th. (ed.) (1995) *Volos. In Quest of the City's Social Identity*. Thessaloniki: Paratiritis (in Greek).

Maloutas, Th. (ed.) (2000) *Social and Economic Atlas of Greece. The Cities*, Vol. 1. Athens and Volos: EKKE, University of Thessaly Press (in Greek).

Mantouvalou, M. (1980) Production des logements et rapports de pouvoir en Grèce, doctoral thesis, Ecole des Hautes Etudes en Sciences Sosiales Paris.

Mantouvalou, M., Mavridou, M. and Vaiou, D. (1995) Processes of social integration and urban development in Greece. Southern challenges to European unification, *European Planning Studies* 3: 189–204.

Mavridou, M. (1987) The conjunctural development of a peripheral neighbourhood: Nea Liossia. Planning and social impact from the formation of urban land rent through illegal housing construction, PhD dissertation, National Technical University of Athens (in Greek).

Myridis, M. (2001) Geographical education in Greek polytechnical schools, *Geographies* 2: 61–69 (in Greek).

Psycharis, Y. and Petrakos, G. (2001) Spatial economics in Greek departments of economics: a survey, *Geographies* 2: 40–52 (in Greek).

Rentzos, G. (1984) *Geographical Education*. Athens: Epikairotita (in Greek).

Simonsen, K. (2003) On being 'in-between': social and cultural geography in Denmark, *Social & Cultural Geography* 4: 255–260.

Simonsen, K. and Vaiou, D. (1996) Women's lives and the making of the city: experiences from 'north' and 'south' of Europe, *International Journal of Urban and Regional Research* 20: 446–465.

Svoronos, N. (1972) *Histoire de la Grèce moderne*. Paris: PUF.

Terkenli, Th. (1996a) *The Cultural Landscape. Geographical Approaches*. Athens: Papazissis (in Greek).

Terkenli, Th. (1996b) The question of cultural identity and the sense of belonging in modern Greece, *Seminars of the Aegean—Milos Proceedings: Space, Inequality and Difference. From 'Radical' to 'Cultural' Formulations?* Athens and Thessaloniki: Paratiritis. pp. 185–193.

Terkenli, Th. (1999) The place of everyday life geographies in the production, reproduction and practice of cultural difference in a globalising world, *Seminars of the Aegean—Paros Proceedings: Towards a Radical Cultural Agenda for European Cities and*

Regions. Athens and Thessaloniki: Kyriakidis, pp. 213–228.

Vaiou, D. (1990) Gender relations in urban development. An alternative framework of analysis in Athens, Greece, PhD dissertation, University College London.

Vaiou, D. (1996) Women's work and everyday life in Southern Europe in the context of European integration, in Garcia Ramon, M.D. and Monk, J. (eds) *Women of the European Union: The Politics of Work and Daily Life*. London: Routledge, pp. 61–73.

Vaiou, D. (2003) Intersecting patterns of everyday life: Albanian women in Athens, *Nordisk Samhallsgeografisk Tidskrift* 36: 47–60.

Vaiou, D. and Hadjimichalis, C. (1997) *With the Sewing Machine in the Kitchen and the Poles in the Fields*. Athens: Exandas (second edition 2003) (in Greek).

Vaiou, D., Golemis, H., Lambrianidis, L., Hadjimichalis, C. and Chronaki, Z. (1995) *Informal Forms of Industrial Production-work and Urban Space in Greater Athens*., research report. Athens: General Secretariat of Research and Technology (in Greek).

βιβλιογραφικές αναφορές

Βαΐου, Ντ. και Χατζημιχάλης, Κ. (1997) *Με τη ραπτομηχανή στην κουζίνα και τους πολωνούς στους αγρούς*. Αθήνα: Εξάντας, (β' έκδοση 2003).

Βαΐου, Ντ., Γολέμης, Χ., Λαμπριανίδης, Λ., Χατζημιχ άλης, Κ. και Χρονάκη, Ζ. (1995) *Άτυπες μορφές βιομηχανικής παραγωγής και εργασίας και αστικός χώρος στην Αθήνα*,. Τελική Έκθεση Ερευνητικού Προγράμματος. Αθήνα: ΓΓΕΤ.

Κατσίκης, Α. (2001) Γεωγραφία και Γεωγραφική εκπαίδευση. Αίτια της κρίσης. Κατευθύνσεις για μια ανανεωτική παρέμβαση, *Γεωγραφίες* 2: 15–29.

Κουλούρη, Χ. (1988) *Ιστορία και Γεωγραφία στα ελληνικά σχολεία*. Αθήνα: Ιστορικό Αρχείο Νέας Γενιάς.

Λαφαζάνη, Δ. (1997) Χώρος και κοινωνικές σχέσεις. Χώρος και κοινωνικός αποκλεισμός, *Σύγχρονα Θέματα* 62: 69–75.

Λεοντιδου, Λ. (1989) *Πόλεις της Σιωπής. Εργατικός εποικισμός του αστικού χώρου, Αθήνα και Πειραιάς 1909–1940*. Αθήνα: ΕΤΒΑ.

Μαλούτας, Θ. (επιμ.) (1995) *Βόλος. Σε αναζήτηση της κοινωνικής ταυτότητας της πόλης*. Θεσσαλονίκη : Παρατηρητής.

Μαλούτας, Θ. (επιμ) (2000) *Κοινωνικός και Οικονομικός Άτλας της Ελλάδας. Οι πόλεις*, τ. 1. Αθήνα και Βόλος: ΕΚΚΕ, Πανεπιστημιακές Εκδόσεις Θεσσαλίας.

Μαυρίδου, Μ. (1987) Η συγκυριακή ανάπτυξη μια περιφερειακής συνοικίας: Νέα Λιόσια. Πολεοδομία και κοινωνικές επιπτώσεις από τη δημιουργία αστικής γαιοπροσόδου μέσω της αυθαίρετης εκτός σχεδίου δόμησης, Διδακτορική Διατριβή, Εθνικό Μετσόβιο Πολυτεχνείο, Αθήνα.

Μπουρνάζου, Ε. (2004) Νέες γυναίκες στο δημόσιο χώρο. Χρήσεις και αποκλεισμοί στα Τρίκαλα, *Γεωγραφίες* 6: 113–123.

Μυριδης, Μ. (2001) Γεωγραφική εκπαίδευση στα ελληνικά πολυτεχνεία, *Γεωγραφίες* 2: 61–69.

Οικονόμου, Δ. και Μαλούτας, Θ. (επιμ) (1992) *Κοινωνική Δομή και Οργάνωση του αστικού χώρου στην Αθήνα*. Θεσσαλονίκη: Παρατηρητής.

Ρέντζος, Γ. (1984) *Γεωγραφική Εκπαίδευση*. Αθηνα: Επικαιρότητα.

Τερκενλή, Θ. (1996α) *Το πολιτισμικό τοπίο. Γεωγραεωγραφικές προσεγγίσεις. Αθήνα: Παπαζήσης*.

Χατζημιχάλης, Κ. (2001) Εισαγωγή, *Γεωγραφίες* 2: 9–14.

Χατζηβασιλείου, Σ. (2002) Οι γυναίκες του Δάσους Χαϊδαρίου, αδημοσίευτη μεταπτυχιακή εργασία, Εθνικό Μετσόβιο Πολυτεχνείο, Αθήνα.

Ψυχάρης, Γ. και Πετράκος, Γ. (2001) Οικονομική του χώρου στα ελληνικά Τμήματα Οικονομικών, *Γεωγραφίες* 2: 40–52.

Between national and international pressures: contextualizing the progress of Finnish social and cultural geography

Anssi Paasi
Department of Geography, University of Oulu, Oulu, Finland

Although internationalism has been a part of science for a long time, national research contexts and cultures are now becoming increasingly bound up with the global tendencies of 'academic capitalism', characterized by a growing involvement in market activity (Slaughter and Leslie 1997; Ylijoki 2003) and increasing governance of science. Universities are becoming more and more dependent on external funding sources and are expected to contribute to the economy, tendencies which not only force them and their departments into competition with one another but also tend to homogenize research and publication practices across national boundaries: so that monitoring and ranking of the publishing practices of academic scholars is the order of the day in many countries. The recent geographical debates on Anglo-American hegemony and what 'international' means (Kitchin 2003) can be seen as a reaction against the practices associated with academic capitalism and predominant centre-periphery relations, where the modes of action and models created in strong academic centres are allowed to spread into the international community and homogenize earlier states of plurality and may even push aside elements that might be relevant in the periphery (Ylijoki 1998: 129). This question is particularly relevant in the social sciences and the humanities, which have normally been much more context-dependent than the natural sciences. Some authors have been more explicit and have suggested that we are experiencing—concomitantly with academic capitalism—a period of academic imperialism in which Anglo-Saxon social science is producing new vocabularies that are assumed to be universal representations of what is 'international' (Bourdieu and Wacquant 1999).

This paper scrutinizes the progress of Finnish social and cultural geography as a specific epistemic culture located between national and international pressures. The Finnish case is interesting in the contemporary international field of human geography. While many Finnish authors have been drawing on Anglo-American theorization, they have simultaneously brought a novel contextual element into these theorizations, showing that the national and international perspectives are not inevitably strictly contradictory and that the 'national' (outside the Anglophone world) is not always simply colonized by 'international' (read Anglophone) geography, an argument that many authors seem to have raised at least implicitly in recent debates (Berg 2001; Berg and Kearns 1998; Olds 2001). Finnish human geography seems to imply a more balanced view of influences that cross not only national but also disciplinary boundaries.

I will evaluate the background, context and manifestations of these tendencies. Since the earlier developments in Finnish human geography have been evaluated (Mead 1977, 1990), my observations and arguments are based mainly on literature from the 1980s onwards. Finnish science has been actively steered to become more 'international' since the late 1980s, and this tendency in state-led science policy has become even stronger since the 1990s.

Contextuality in the progress of science

The roots of academic geography in Finland originate from the late nineteenth century. The current geographical community is still small, consisting of nine academic departments, less than thirty professors, and some forty lecturers, temporary assistants and senior assistants. In a small professional community personal relations matter to the operation of academic endeavour, which also accentuates the role of context in the development of science. Johnston (1991) in particular has stressed the importance of *generations* in understanding the development of science, implying that the conditions that are important in the external and internal transformation of science are best met by younger members and newcomers to the discipline. The generational model seems at least partly to make sense in the Finnish case. Quantitative approaches were introduced by a new generation in the 1950s and 1960s, and similarly a new generation became familiar with the ongoing theoretical developments in Germany and in the UK and USA from the 1970s onwards, leading to the introduction of radical/critical and humanistic approaches into Finnish cultural and social geography. Another important contextual factor, and a permanent source of conflict, since the 1970s has been the location of geography in faculties of science rather than social science, reflecting the influence of the German model.

The early 1980s nevertheless marked a watershed in the 'social scientification' of Finnish geography, a process that started from one specific geography department, at the University of Joensuu. Contrary to other geography departments, this was located originally among the social, *not* the natural sciences (the situation changed in the early 1980s, when it came to be located simultaneously in the Faculties of both Science and Social Science). Close connections with fields such as history, economics, sociology and social policy provided fertile ground for a social scientific understanding of the field. Through the first works of local scholars critical, humanistic and behavioural approaches and the corresponding philosophical and methodological backgrounds became familiar to a broader Finnish audience. Concomitantly, the basic categories of geographical thinking, such as space, place and region, became long-standing objects of theoretical interest (Karjalainen 1986; Paasi 1983, 1986a,

1986b, 1986c; Vartiainen 1984). Methodological research has been an important area in Finnish social and cultural geography since the early 1980s, again helping geographers to operate in a 'supranational' context.

Three doctoral dissertation projects in particular brought new voices to the fore. Vartiainen (1984) mapped the development of geography as a human science, and then became interested in societal restructuration processes and analysed the ideas of peri-urban areas and counter-urbanization in the Finnish context (Vartiainen 1989a, 1989b). Karjalainen (1986) drew on existential and phenomenological philosophies in his account of geodiversity and its key categories, such as place and landscape. Finnish geographers also followed intensively the development of theories related to geographical praxis and were involved very early in the debates on the 'new regional geography'. Thus the sociology of knowledge, social constructionism and structuration theory, and also links with humanistic and structural perspectives, were brought together in the theorization and empirical work of Paasi (1986a, 1986b, 1986c, 1991) on the 'institutionalization of regions'. This theoretical interest has continued later. Karjalainen (1998), for example, has reflected the links between place, time and self, and Kymäläinen (2003) has considered the textuality of place and tried to open up new avenues for writing about places and for understanding the limits of such writing. Paasi (1996, 2002a, 2000b, 2003a, 2004) has tried to 'write out' current ideas on localized and fixed places and identities.

Early reaction

The existing academic community did not confine itself to celebrating the new theoretical tendencies, for the new perspectives were also attacked on the pages of the Finnish journal *Terra*, by both physical and human geographers who were opposed to the theoretical/critical approaches. Not only were the ideas of the critical geographers criticized, but also the fact that their works were published in Finnish and not in English, i.e. they were blamed for not being 'international'! Much early critical research was namely published in departmental and national forums. This critique was not a temporary phenomenon and has continued in spite of the fact that Finnish human geographers now frequently publish their works abroad. The most recent debate on what are 'suitable' influences for Finnish social and cultural geography appeared in *Terra* in 2002, when 'foreign influences' (especially Anglophone) and theoretical approaches were accused of 'devaluing the practical importance of Finnish geography'.

There are many contextual factors behind this ongoing conflict. First, the small community of geographers is very hierarchical in terms of power relations: the only permanent research positions are professorships and lectureships, while all the others are temporary. Second, all the scholars have close links with the state: all Finnish universities are state universities and this has created a non-critical, anti-theoretical attitude as far as the state apparatus is concerned. Third, a struggle exists over symbolic capital (Bourdieu 1985), as indicated by the early discourse of some physical geographers. Critical human geographers had been gaining in numbers relative to the traditionally more powerful field of physical geography, and the new approaches were seen by physical and some human geographers as harmful to the unity of the field and were at times labelled as 'geo-sociology'!

The cultural/social geographers had published their major works (such as doctoral theses, which are always published in Finland) in German or English up to the 1970s, and one indication of a change in the academic culture is that doctoral theses are increasingly being published in Finnish, followed by shorter articles based on this work in English in Anglo-Saxon or Scandinavian journals, and not merely in *Fennia*, the journal of the Geographical Society of Finland, as was the case up to the 1980s. A typical doctoral thesis in physical geography consists today of articles published in international journals together with a synopsis, rather than being a monograph. This tendency has also gained some support in cultural and social geography (Koskela 1999; Tervo 2003; Virkkunen 2002).

Since the prestige associated with international publications is accentuated more in faculties of science than in the social sciences, human geography is more internationally oriented in Finland than many other fields of the social sciences, because of its partial location in the 'disciplinary matrix' of the natural sciences. One indicator of the difference in academic cultures is the fact that many seminal works in the 'official' social sciences (e.g. sociology, political science), for example, those of Bourdieu, Habermas, Beck or Luhmann, have been translated into Finnish since the 1980s, but not a single geography book. Most geography textbooks are currently in English, which is a very effective medium for learning scientific English but is also a potentially imperialistic trend in that it imposes a specific vision of what social and/or cultural geography is. German has lost its influence as a language of geography in Finland since the 1960s, and the influence of French has never been particularly strong.

The expansion period of social and cultural geography

The analyses produced by human geography gradually moved away from the dominant political geography perspective in the course of the 1990s. The Finnish post-Cold War geopolitical context seemed to be a very fruitful source of inspiration for this. One of the first steps was to challenge the geographical approaches adopted by boundary studies, often starting out from critical and social constructionist perspectives. Geographers theorized the role of boundaries in the construction of territories and territoriality and used a variety of empirical material and methods (in-depth interviews, archives, written biographies) to reveal how the Finnish-Russian border had been exploited in the Finnish nation-building process and to trace how this process had been experienced on a local scale (Paasi 1996, 2003a, 2003b; see also Kaplan and Häkli 2002). The dissatisfaction of both parties with the existing Anglo-Saxon theoretization on boundaries led to a theoretically rooted joint article using empirical examples from Finland and Israel (Newman and Paasi 1998). The changing meanings of territoriality and territory and their societal conditions have also been theorized by Finnish geographers (Häkli 1994, 1998a, 1998b, 2001a, 2001b; Jauhiainen 2002; Paasi 1984, 1996, 2003b), some of whom have followed the horizons opened by critical geopolitics while also providing a contextually sensitive Finnish and European perspective (Moisio 1998, 2002; Paasi 2001, 2003c). They have also reflected on what 'political' is, a theme that has been partly neglected in political geography (Moisio 2003).

More recently, Finnish political geographers have studied ethnic conflicts and boundary making in such contexts as the Basque country (Raento 1997; Raento and Watson 2000), Catalonia (Häkli 2001b), Northern Ireland (Kuusisto-Arponen 2001, 2003) and Estonia (Virkkunen 2001 , 2002). Similarly, former socialist military areas and their re-use have been analysed (Jauhiainen 1997). Many studies in political geography have been based on qualitative and ethnographic methods, interviews or focus-group interviews.

The question of identity has been a very important one in Finnish geography, as a way of combining political, cultural and regional geographical aspects. The early works of Paasi (1984, 1986a, 1986b) theoretized identities and spatial scales (for a review of international tendencies in this field, see Paasi 2003a, 2004), and later a number of studies on national identity were published (Kosonen 1999, 2000; Paasi 1996; Tervo 2003). The role of media representations, especially maps, and inherent ideological elements has also been analysed in order to reveal their role in nation-building and identity processes (Kosonen 2000; Tervo 2003).

Examples of current themes in social and cultural geography

The label 'cultural geography' is used in Finland to refer broadly to human and social geography. It would be too much to argue that a clear 'cultural turn' has occurred in Finnish geography, but cultural theory hit Finnish human geography at the same time as it did Anglophone geography. As in Anglophone geography, the major sources of inspiration were the writings of cultural (materialist) theorists and anthropologists such as Pierre Bourdieu, Raymond Williams and Clifford Geertz. A search for new perspectives also led to co-operation with anthropologists (Knuuttila and Paasi 1995). Cultural geography is very strong in Finland today, and I consider below only some representative examples of contemporary Finnish cultural/social geography, due to space constraints.

Landscape studies

Landscape studies have been important in Finnish cultural geography, reflecting the early links with German geography. They became significant along with the publication by Granö (1929) of his influential *Reine Geographie* (English translation in 1997), in which he emphasized the importance of all the senses in the formation of our view of landscapes, an approach that emerged in Anglo-Saxon geography only during the 1990s (Porteaus 1990; Rodaway 1994). Later landscape studies remained in the shadow of quantitative geography. After a long silence, a new generation of geographers became interested in this category in the mid-1980s. Karjalainen (1986) reflected the ideas of landscape in his philosophically tuned account of geodiversity and problematized the links between the basic categories of geographical thought, art and science, opening the way to questions of aesthetic geography. Later he developed a dialogue between humanistic geography and artistic representations of landscape (Karjalainen 1998, 2002). Keisteri (1990) developed the landscape theme in a broader but more traditional framework of cultural geography. Raivo (1997a) developed a framework for analysing the iconography of religious landscapes and used diverse empirical materials (media texts, archives) to reveal the transformation of religious landscapes and their role in broader ideological-nationalistic contexts (Raivo 1997a, 1997b, 2002). He later expanded his research towards memories of military landscapes and their exploitation in the heritage industry (Raivo 2000).

Tani's 'The City in the Magic Mirror' (1995) is an analysis of 'Helsinki films as mindscape' during the period 1945-1994. Literature, and especially novels, had been used earlier as research material in Finnish cultural geography (e.g. Karjalainen and Paasi 1994; Paasi 1984), but Tani opened up new horizons by studying how the capital city, Helsinki, had been represented in Finnish films and how the urban-rural continuum was depicted in them. Apart from influences from humanistic geography, this work drew on film theory and semiotics.

Feminist approaches

Finnish geography has been an extremely masculine enterprise, but this situation is rapidly changing. More female students continue their academic career after taking their master's degree, and an important indicator of change is the existence already of a number of innovative PhD theses and projects. Some research into the careers of the first women geographers had been carried out earlier in Finland (Kivikkokangas-Sandgren 1989), and further explicitly feminist work on the geographies of fear, control and video surveillance in urban environments was carried out by Koskela (1997, 1999, 2000, 2002), partly following avenues that had been explored in the Anglo-American world. This project also opened up new horizons for applied social geography and planning and led to international co-operation (Koskela and Pain 2000). The work of Tani (2001a, 2001b, 2002) on street prostitution in Helsinki, based on interviews and observations, also opened fresh perspectives in Finnish gender studies.

Feminist geographers have not only been interested in urban contexts but have also turned their attention to rural themes, a very traditional field in Finnish geography, and one in which research is often based on the classification of various forms of statistical data. The work of Sireni (2002) on farm women demonstrated on the basis of various sets of quantitative and qualitative data how these women are not passive but actively define and shape their position *vis-à-vis* men in order to achieve and maintain a mostly equal role.

The most recent example of innovative feminist research is the work of Tervo (2001, 2002, 2003) in which she effectively combines this approach with cultural-political geography and sports geography. This project was based on a qualitative analysis of media representations and aimed at revealing the complicated links between Finnish nationalism, sports, racial thinking and masculinism. The main empirical material consisted of articles and cartoons published in the major Finnish newspaper Helsingin Sanomat in connection with the early Olympic games, in 1912-1936. She also made an analysis of Internet discussions to map how the use of doping, media representations of this phenomenon and narratives of national identity were intermixed at the turn of the millennium, hence opening up new horizons in sports geography (Tervo 2003).

Studies on mobility and leisure

Tourism has been a new mushrooming theme in Finnish cultural geography, and a number of interesting contributions have been published recently. Suvantola (2002) studied the links between tourism and place in Bali from an experiential perspective, using a multidisciplinary approach, while Hottola (1999, also Hottola 2002) attempted to understand the societal and ecological processes of intercultural adaptation in tourism on the basis of fieldwork carried out in India and Sri Lanka, analysing intercultural encounters, traveller's experiences of confusion, feminism, gender and body, gender relations, sexual harassment and stereotypes of the amorality of Western women.

Saarinen (2001) developed new approaches to tourism area cycle models. Combining existing theories with the idea of the institutionalization of regions and employing local case studies from Finnish Lapland, he arrived at novel interpretations of how tourism regions become institutionalized. This theme led him to analyse more profoundly the nature of the social construction of tourist destinations (cf. Saarinen 1998) and place Finnish tourism and recreation geography in a broader context (Saarinen 2003). Another major project in the field of tourism and recreation geography is represented by the works of Raento in which she studied gambling at Las Vegas (Raento 2001; Raento and Berry 1999).

Social and cultural geographies of a transforming society

Considerable emphasis in Finnish social geography has been placed on production and the changing spatial divisions of labour (Katajamäki 1988; Virkkala 1987). A context-bound source of inspiration for much of this research has been forest industry. Pulkkinen (2003) developed a geohistorical approach to study how the links between the world economy, the state and regional/local development emerged during the period 1895-1995 in some towns in south-eastern Finland that have been dependent on the forest industries. Kosonen (2002) combined the approaches of social and political geography, particularly the regulation approach and institutional economics, in order to analyse the adaptation of the old Finnish—now Russian—city of Vyborg to the post-socialist market economy and the evolution of the local economy in the transforming markets (see also Rautio and Tykkyläinen 2001; Tykkyläinen 1999). Much current research has turned away from 'macro-structures' towards analysing the operations of firms, an aspect that also involves questions of culture. Oinas (1998), in particular, has developed this perspective in Finnish geography.

Another emerging field of interest has been consumption. Vuolteenaho (2002) drew explicitly on cultural studies and theoretizations on space in his novel study of the links between consumption, unemployment and everyday life. He used a diverse set of empirical material ranging from focus-group interviews to media texts to analyse how unemployed people develop survival strategies to position themselves in the logic commodity markets.

In urban social geography the traditional studies of urban land-use have been replaced by more dynamic approaches. Andersson (2001), in particular, has carried out research into urban structures, especially in relation to sustainable development and planning, and has led projects that have introduced a comparative European dimension into the study of urban development (Andersson, Joye, Jorgensen and Ostendorf 2001). Finnish cities are mainly small, only six of them having more than 100,000 inhabitants. This has motivated researchers to study the ways of life in small towns and their role as specific fields of urbanization and urban life (Ojankoski 1998). More specific studies have also been undertaken in relation to urban development. Urban planning research and international comparative studies on urban waterfront development have been carried out by Jauhiainen (1995), and the comparative study of city image-building processes in Turku and Oulu by Äikäs (2002) drew effectively on the new cultural geography.

Studies on population, and especially migration, have been a significant element in interpretations of the structural changes taking place in society (Hedberg and Kepsu 2003). Attempts to analyse the structural transformation of the state seem to be continuing, and new aspects of social geography are gaining ground, e.g. poverty and income differences and the role of young people in regional transformation (Muilu and Rusanen 2003; Rusanen, Muilu, Colpaert and Naukkarinen 2001a, 2001b, 2002; Vaattovaara 1998). Quantitative approaches and methods continue to be an important part of Finnish social geography. Approaches based on GIS methods and using statistical materials were popular during the 1990s, not only with respect to traditional topics in population geography such as migration (Kauppinen 2000), but also concerning new topics such as health and mortality (Gatrell and Löytönen 1998; Löytönen 1991; Rytkönen, Rusanen and Näyhä 2001). An important context for this research has been the excellent body of statistical data available in Finland.

Culture, nature and the environment

In spite of the fact that geography is located institutionally among the natural sciences in Finland and critical geography occupies a visible position within it, critical research into human-nature links has been rare. Research has taken place on such themes as water resources, forests and northernness, however, and pioneering work in the spirit of critical geography has been carried out by Lehtinen (1991, see also Lehtinen 2000, 2002) on the links between nature and culture, studying both conceptually and with empirical examples the territorial links of conflict, local democracy, transformation of nature and forest questions in connection with the timberline disputes in northern Finland. Rusanen (1989) studied the factors that led to the rejection of a hydroelectric scheme, assessing how local people experienced the threat of environmental change and basing his approach on planning and conflict perspectives, and Rytteri (2002) studied the attitudes of the representatives of a major paper firm, Enso-Gutzeit, towards questions of social and environmental responsibility, basing his work on the framework of 'moral geography' (see also Kortelainen 1999; Kotilainen 1996; Yliskylä-Peuralahti 2003). Ridanpää (2000) has been exploring a post-colonial perspective on the production of northernness, drawing on geographical and literary theory and taking his examples from novels written by authors from northern Finland.

Conclusions

In our current stage of academic capitalism, 'international' is a word which carries loadings of success, frustration, exclusion, inclusion, etc., depending on the perspective and context of the analyst. My understanding of the recent trends in Finnish social and cultural geography is that 'internationalization' has become a visible part of the academic operation of the younger generations, enabling them to open up new horizons. This has certainly not been merely a personal, voluntary choice made by some individuals, but has been a product of specific institutional-contextual factors as well. Firstly, the negative reaction of the existing community of human and physical geographers to new ideas during the 1980s forced young researchers to search for broader communities, which in principle meant publishing abroad. This negative reaction clearly had something to do with another factor, location among the natural sciences. This was the major context for the dominant epistemic cultures. Since the natural sciences form the context of operation both in the university system and in the national science organizations (such as the Academy of Finland), social and cultural geographers have simply been forced to become 'part of the game' of current academic governance and capitalism: the obtaining of positions at geography departments and grants from the academy simply requires applicants to have also 'international' publications. On the other hand, this background has allowed Finnish geographers to make contributions to international geography in the fields of methodological research, political geography, landscape and leisure studies, new regional geography, feminist studies and sports geography, to name but a few. Paradoxically, Gregson, Simonsen and Vaiou (2003: 9) have for some reason not noted this very visible Finnish contribution in their recent evaluation of European writing spaces! They suggest that, with few exceptions, Scandinavian writers have not published (theoretical papers) in major journals, thus totally ignoring the Finnish international contribution.

Finnish social and cultural geographers have been sensitive to the broad methodological choices that face them. A number of them have been interested in various qualitative approaches, ranging from thematic interviews to textual analysis, from the principle of grounded theory to ethnographic analysis and participant observation. Quantitative approaches have maintained their position as well, however, and especially important have been various GIS-based approaches, which have at least in part been motivated by the excellent statistical materials available in Finland. The future indeed looks very promising in terms of both theory and methodological approaches.

The possibility of a genuine dialogue between local and international contexts obviously depends on our view of theory. Pure empirical observations regarding 'place A' are not as such normally interesting for broader audiences—even if much of the geographical research that takes place everywhere, even in Finland, still follows this path. A similar risk emerges if we start from the currently popular ideas of contextual theories, in which every empirical setting should be a potential source of a 'new theory'. But if we start out from conceptualization, we are dealing more with abstractions and their relations with each other, which will inform concrete research and not only generate (empirical) categories that are bound to specific empirical observations. This should help to produce theorization that has a more 'international' potential—however one may choose to define 'international'!

Kansallisten ja kansainvälisten paineiden välissä: suomalaisen sosiaali- ja kulttuurimaantieteen kehityksen kontekstualisointia

Anssi Paasi
Maantieteen laitos, Oulun Yliopisto

Vaikka kansainvälisyys on ollut jo kauan osa tieteellistä toimintaa, kansalliset tutkimuskontekstit ja kulttuurit ovat enemmän kuin koskaan riippuvaisia—lisääntyvässä määrin markkinoihin kytkeytyvistä—akateemisen kapitalismin globaaleista piirteistä (Slaughter ja Leslie 1997; Ylijoki 2003) ja lisääntyvästä tieteen hallinnoinnista. Yliopistot ovat yhä riippuvaisempia ulkoista rahoituslähteistä ja niiden odotetaan hyödyttävän taloutta. Nämä kehityspiirteet eivät ainoastaan pakota yliopistoja ja laitoksia kilpailuun mutta ne pyrkivät myös—yli kansallisten rajojen—homogenisoimaan tutkimus- ja julkaisukäytäntöjä. Akateemisten tutkijoiden julkaisukäytäntöjen tarkkailu ja ranking-listat ovatkin osa päiväjärjestystä monissa valtioissa. Viime aikaiset maantieteen piirissä käydyt keskustelut angloamerikkalaisesta hegemoniasta tai siitä mitä 'kansainvälisyys' merkitsee (Kitchin 2003), voidaan nähdä vastareaktiona akateemisen kapitalismin käytännöille ja hallitseville keskus-periferia suhteille, joiden mukaisesti vahvoissa akateemisissa keskuksissa luodut toimintamuodot ja -mallit voivat levitä kansainväliseen yhteisöön ja homogenisoida aikaisemman moniarvoisuuden, ja voivat jopa sysätä syrjään elementtejä, jotka saattavat olla tärkeitä periferian kannalta (Ylijoki 1998: 129). Tämä kysymys on erityisen relevantti yhteiskuntatieteissä ja humanistisissa tieteissä, jotka ovat tavallisesti konteksti-sidonnaisempia kuin luonnontieteet. Eräät kirjoittajat ovat olleet suorasukaisempia todetessaan, että olemme kokemassa—samaan aikaan akateemisen kapitalismin kanssa—akateemisen imperialismin jaksoa, jossa anglosaksinen yhteiskuntatiede tuottaa uusia sanastoja, joiden ajatellaan olevan universaaleja ilmauksia sille, mitä 'kansainvälinen' tarkoittaa (Bourdieu ja Wacquant 1999).

Tässä artikkelissa tarkastellaan suomalaisen sosiaali- ja kulttuurimaantieteen kehitystä erityisenä, kansallisten ja kansainvälisten paineiden välissä sijaitsevana episteemisenä kulttuurina. Suomalainen ihmismaantiede on kiinnostava tapaus nykyisellä kansainvälisen maantieteen kentällä. Vaikka monet suomalaistutkijat ovat tukeutuneet angloamerikkalaiseen teoretisointiin, he ovat samaan aikaan tuoneet uudenlaisen kontekstuaalisen elementin näihin teoretisointeihin osoittaen tällöin, että kansallinen ja kansainvälinen eivät ole välttämättä tiukasti vastakkaisia näkökulmia ja että kansallinen (anglosaksisen maailman ulkopuolella) ei joudu aina yksinkertaisesti 'kansainvälisen' (lue: anglosaksisen) maantieteen kolonisoimaksi—

argumentti, jonka monet tutkijat näyttävät nostaneen vähintäänkin epäsuorasti esille viimeaikaisissa kirjoituksissaan (Berg 2001; Berg ja Kearns 1998; Olds 2001). Suomalaisessa ihmismaantieteessä näyttäisi vallitsevan tasapainoisempi asennoituminen vaikutteisiin, jotka eivät ylitä vain kansallisia vaan myös tieteenalojen välisiä rajoja.

Arvioin kirjoituksessa näiden kehityspiirteiden taustoja, konteksteja ja ilmentymiä. Koska suomalaisen ihmismaantieteen aikaisempia kehityspiirteitä on jo esitelty (Mead 1977, 1990), havaintoni ja argumenttini perustuvat pääasiassa kirjallisuuteen, jota on ilmestynyt 1980-luvulta alkaen. Suomalaista tiedettä on 1980-luvun loppupuolelta alkaen aktiivisesti ohjattu kansainvälisemmäksi ja tämä kehitys ollut vain voimistunut valtiojohtoisessa tiedepolitiikassa 1990-luvulta alkaen.

Tieteenkehityksen kontekstuaalisuus

Suomalaisen akateemisen maantieteen juuret ovat 1800-luvun loppupuolella. Nykyinen maantieteilijäyhteisö on silti pieni koostuen yhdeksästä akateemisesta yksiköstä, alle 30 professorista ja noin 40 lehtorista, määräaikaisesta assistentista tai yliassistentista. Pienen professionaalisen yhteisön toiminnassa henkilökohtaiset suhteet merkitsevät paljon, mikä myös korostaa kontekstin merkitystä tieteen kehityksessä. Erityisesti Johnston (1991) on korostanut *sukupolvien* merkitystä tieteenkehityksen ymmärtämisessä. Näin tieteenalan nuoremmat jäsenet ja uudet tulokkaat kohtaisivat parhaiten kehityspiirteet ja olosuhteet, jotka ovat tärkeitä tieteenalan ulkoisessa ja sisäisessä muutoksessa. Sukupolvimalli näyttää varsin mielekkäältä Suomen tapauksessa. Uudet sukupolvet ajoivat sisään kvantitatiivisen lähestymistavan 1950- ja 1960-luvulla ja samoin uusi sukupolvi tutustui meneillään olevaan saksalaiseen ja englantilaiseen/yhdysvaltalaiseen teoriakehitykseen 1970-luvulta alkaen. Tämä sukupolvi toi radikaalit/kriittiset ja humanistiset lähestymistavat suomalaiseen kulttuuri- ja sosiaalimaantieteeseen. Toinen tärkeä kontekstitekijä ja pysyvä konfliktin lähde 1970-luvulta alkaen on ollut maantieteen sijainti luonnontieteellisissä tiedekunnissa, ei yhteiskuntatieteellisissä, mikä heijastaa alun perin 'saksalaisen mallin' vaikutuksia.

Suomalaisen maantieteen yhteiskuntatieteellistymisen kannalta tärkeäksi vedenjakajaksi muodostui 1980-luvun alku ja tämä prosessi alkoi Joensuun yliopiston maantieteen laitoksesta. Muista maantieteen laitoksista poiketen laitos sijaitsi yhteiskuntatieteiden, *ei* luonnontieteiden tiedekunnassa (1980-luvun alkuvuosina tilanne muuttui ja laitos sijoitettiin samanaikaisesti luonnontieteiden ja yhteiskuntatieteiden tiedekuntiin). Läheiset yhteydet historiaan, taloustieteeseen, sosiologiaan ja yhteiskuntapolitiikkaan tarjosivat hedelmällisen maaperän tieteenalan hahmottumiselle yhteiskuntatieteenä. Ensimmäisten tutkimustensa kautta paikalliset tutkijat toivat kriittisen, humanistisen ja behavioraalisen lähestymistavan sekä niiden filosofiset ja metodologiset taustat laajemman suomalaisen lukijakunnan tietoisuuteen. Samaan aikaan maantieteellisen ajattelun peruskäsitteet kuten tila, alue ja paikka otettiin pitkäaikaisen teoreettisen mielenkiinnon kohteiksi (Karjalainen 1986; Paasi 1983, 1986a, 1986b, 1986c; Vartiainen 1984). Metodologinen tutkimus on ollut tärkeää suomalaisessa sosiaali- ja kulttuurimaantieteessä 1980-luvulta alkaen, mikä on myös helpottanut 'ylikansallisessa' yhteydessä toimimista.

Erityisesti kolme väitöskirjaprojektia nosti esiin 'uusia ääniä'. Vartiainen (1984) kartoitti maantieteen kehitystä ihmistieteenä ja kiinnostui sitten yhteiskunnan restrukturaatioprosesseista ja analysoi periurbaanien alueiden ja vastakaupungistumisen ideaa suomalaisessa kontekstissa (Vartiainen 1989a, 1989b). Karjalainen (1986) tukeutui eksistentialistiseen ja fenomenologiseen filosofiaan tutkimuksessaan geodiversiteetistä ja sen peruskategorioista, kuten paikasta ja maisemasta. Suomalaiset maantieteilijät seurasivat myös innolla käytäntö-teorioiden kehitystä ja olivat erittäin varhain mukana ns. 'uuden aluemaantieteen' keskusteluissa. Tiedonsosiologia, sosiaalinen konstruktionismi ja rakenteistumisteoria, samoin kuin humanistisen ja rakenneperspektiivien yhteydet nivottiin yhteen Paasin (1986a, 1986b, 1986c, 1991) 'alueiden institutionalisoitumista' käsittelevissä teoreettisissa ja empiirisissä töissä. Tämä teoreettinen kiinnostus on jatkunut myös myöhemmin. Esimerkiksi Karjalainen (1998) on tarkastellut paikan, ajan ja minän suhteita. Kymäläinen (2003) on pohtinut paikan tekstuaalisuutta ja on pyrkinyt avaamaan uusia perspektiivejä paikoista kirjoittamiseen ja lisäämään ymmärrystämme ko. kirjoittamiseen liittyvistä rajoituksista. Paasi (1996, 2002a, 2000b, 2003a, 2004) on yrittänyt 'avata' nykyisiä tulkintoja, joiden mukaan paikat ja identiteetit ovat sijainteihin liittyviä, kiinteiä kokonaisuuksia.

Varhainen reaktio

Olemassa oleva akateeminen yhteisö ei pelkästään juhlinut uusia teoreettisia kehityskulkuja. Uusien perspektiivien kimppuun kävivät suomalaisen *Terra* -lehden sivuilla niin luonnon- kuin kulttuurimaantieteilijätkin. Ei pelkästään kriittisen maantieteen edustajien ajatuksia kritisoitu vaan myös sitä, että he julkaisevat työnsä suomenkielellä, ei englanniksi—he eivät siis olleet 'kansainvälisiä'. Suuri osa varhaisista töistä julkaistiin nimittäin laitossarjoissa ja kansallisilla foorumeilla. Kritiikki ei ollut pelkästään tilapäinen ilmiö vaan on jatkunut siitäkin huolimatta, että suomalaiset ihmismaantieteilijät nykyisin julkaiset säännöllisesti ulkomailla. Tuorein puheenvuoro siitä, mitkä ovat 'sopivia' vaikutteita suomalaiselle sosiaali- ja kulttuurimaantieteelle ilmestyi Terrassa 2002, jolloin 'vieraita vaikutteita' (erityisesti anglosaksisia) ja teoreettisia lähestymistapoja kritisoitiin suomalaisen maantieteen 'käytännöllisen merkityksen vähentämisestä'.

Tämän pitkäaikaisen konfliktin taustalla on monia kontekstuaalisia seikkoja. Ensiksi: maantieteilijöiden pieni yhteisö on valtasuhteiden osalta hyvin hierarkkinen; professuurit ja lehtoraatit ovat ainoita pysyviä tutkijanvirkoja, kaikki muut ovat määräaikaisia. Toiseksi: läheiset yhteydet valtioon; kaikki suomalaiset yliopistot ovat valtionyliopistoja, mikä on aikaansaanut epäkriittisen ja epäteoreettisen suhtautumisen valtiokoneistoon. Kolmanneksi: kamppailu symbolisesta pääomasta (Bourdieu 1985). Luonnonmaantieteen edustajien varhaiset diskurssit ovat tästä esimerkkinä. Kriittinen ihmismaantiede oli alkanut menestyä suhteessa aikaisemmin voimakkaaseen luonnonmaantieteeseen. Uudet lähestymistavat nähtiin luonnonmaantieteen ja väliin ihmismaantieteenkin piirissä haitallisina maantieteen yhtenäisyydelle ja ne oltiin aika ajoin valmiit julistamaan 'geo-sosiologiaksi'.

Kulttuuri/sosiaalimaantieteilijät olivat julkaisseet pääasialliset työnsä (kuten väitöskirjat, jotka aina julkaistaan Suomessa) saksan- tai englanninkielellä 1970-luvun loppuun saakka.

Muutosta kuvastaa se, että väitöskirjat julkaistaan nykyään yhä useammin suomeksi mutta mainittuihin tutkimuksiin perustuvia lyhyempiä artikkeleita julkaistaan englanniksi anglosaksisissa ja skandinaavisissa sarjoissa, ei enää pelkästään Suomen Maantieteellisen Seuran *Fenniassa*, kuten oli tapana 1980-luvulle saakka. Nykyisin tyypillinen luonnonmaantieteen väitöskirja koostuu pikemminkin kansainvälisissä sarjoissa julkaistuista artikkeleista ja yhteenvedosta kuin monografiasta. Tämä kehitys on saanut jossakin määrin kannatusta myös sosiaali- ja kulttuurimaantieteessä. (Koskela 1999; Tervo 2003; Virkkunen 2002).

Kansainvälisten julkaisujen arvostus korostuu enemmän luonnontieteellisten kuin sosiaalitieteellisten tiedekuntien akateemisessa hallinnoinnissa. Yksi seuraus tästä on ollut se, että ihmismaantiede on kansainvälisemmin suuntautunutta kuin monet sosiaalitieteet. Tämä perustuu osaltaan siihen, että ihmismaantiede sijoittuu luonnontieteisiin, jolloin sen on seurattava luonnontieteen disipliinimatriisin sääntöjä, mikä merkitsee muista sosiaalitieteistä poikkeavia käytäntöjä. Eräs akateemisten kulttuurien erojen indikaattori onkin se tosiasia, että 'virallisissa' sosiaalitieteissä (sosiologia, politiikkatiede) on 1980-luvulta alkaen käännetty suomenkielelle monia sellaisten kirjoittajien kuin Bourdieu, Habermas, Beck tai Luhmann töitä mutta ensimmäistäkään maantieteen oppikirjaa ei ole suomennettu. Useimmat maantieteessä käytetyt oppikirjat ovat nykyisin englanninkielisiä, mikä on erittäin tehokas väline tieteellisen englannin oppimisen kannalta. Samalla tämä materiaali on potentiaalisesti 'imperialistista' tarjotessaan spesifin näkemyksen siitä, mitä sosiaali- ja/tai kulttuurimaantiede ylipäätään on. Saksankielinen maantiede on menettänyt merkitystään Suomessa 1960-luvulta alkaen ja ranskalainen vaikutus ei ole koskaan ollut erityisen voimakas.

Sosiaali- ja kulttuurimaantieteen ekspansion aika

1990-luvun kuluessa ihmismaantieteellisessä tutkimuksessa vallitsevat poliittismaantieteelliset perspektiivit muuttuivat. Suomalainen kylmän sodan jälkeinen geopoliittinen konteksti tarjosi tutkimukselle hedelmällisen inspiraationlähteen. Eräs ensimmäisistä askeleista oli haastaa vallitsevat kansainvälisen maantieteen näkökulmat rajatutkimuksessa, yleensä kriittisestä sosiaalisen konstruktionismin näkökulmasta käsin. Maantieteilijät teoretisoivat rajojen merkitystä territorioiden ja territoriaalisuuden rakentumisessa ja he käyttivät erilaisia empiirisiä aineistoja ja metodeja (syvähaastattelut, arkistot, elämäkertakirjoitukset) tehdäkseen näkyväksi, miten Suomen ja Venäjän rajaa oli käytetty Suomessa kansakunnan rakentamisprosessissa eri aluetasoilla ja miten tämä prosessi oli koettu paikallistasolla (Paasi 1996, 2003a, 2003b; vrt. Kaplan ja Häkli 2002). Molempien osapuolten tyytymättömyys olemassa olevaan anglosaksiseen rajateoriaan johti teoreettisesti virittyneeseen yhteisartikkeliin, jossa käytettiin empiirisiä esimerkkejä Suomesta ja Israelista (Newman ja Paasi 1998). Suomalaismaantieteilijät ovat myös teoretisoineet territoriaalisuuden ja territorioiden muuttuvia merkityksiä ja niiden yhteiskunnallisia olosuhteita (Häkli 1994, 1998a, 1998b, 2001a, 2001b; Jauhiainen 2002; Paasi 1984, 1996, 2003b). Muutamat suomalaistutkijat ovat seurailleet kriittisen geopolitiikan edustajien avaamia horisontteja mutta myös tarjonneet niihin kontekstinsa osalta sensitiivisen suomalaisen ja eurooppalaisen perspektiivin (Moisio 1998, 2002; Paasi 2001,

2003c). He ovat myös pohtineet vakavasti sitä mitä 'poliittinen' merkitsee, teema, joka on osin laiminlyöty poliittisessa maantieteessä (Moisio 2003).

Viime aikoina suomalaiset poliittisen maantieteen edustajat ovat tutkineet etnisiä konflikteja ja rajojen rakentamista sellaisissa konteksteissa kuin Baskimaa (Raento 1997, Raento ja Watson 2000), Katalonia (Häkli 2001b, Pohjois-Irlanti (Kuusisto-Arponen 2001, 2003) ja Viro (Virkkunen 2001, 2002). Samoin on tarkasteltu aikaisempien sosialistimaiden sotilasalueita ja niiden uudelleenkäyttöä (Jauhiainen 1997). Monet poliittisen maantieteen tutkimukset ovat perustuneet kvalitatiivisiin ja etnografisiin metodeihin, haastatteluihin tai focus-ryhmä haastatteluihin.

Kysymys identiteetistä on ollut tärkeä teema suomalaisessa maantieteessä—yhtenä tapana yhdistää poliittis-, kulttuuri- ja aluemaantieteelliset aspektit. Paasin (1984, 1986a, 1986b) varhaiset työt teoretisoivat identiteettejä ja spatiaalisia skaaloja (katsaus tämän alan kansainväliseen tutkimukseen ks. Paasi 2003c, 2004). Myöhemmin monet tutkimukset ovat tarkastelleet kansallista identiteettiä (Kosonen 1999, 2000; Paasi 1996; Tervo 2003). Media-representaatioita, erityisesti kartografiaa, ja niihin liittyviä ideologisia elementtejä on niinikään analysoitu, jotta on voitu paljastaa niiden merkitys kansakunnan rakentamisessa ja identiteettiprosesseissa (Kosonen 2000; Tervo 2003).

Esimerkkejä sosiaali- ja kulttuurimaantieteen nykyteemoista

'Kulttuurimaantiede' nimikettä käytetään Suomessa viittaamaan laajasti ihmis- ja sosiaalimaantieteeseen. Olisi liioittelua väittää, että suomalaisessa maantieteessä olisi tapahtunut erityinen 'kulttuurinen käänne' mutta kulttuuriteoria tuli suomalaiseen maantieteeseen jotakuinkin samaan aikaan kuin anglosaksiseen maantieteeseen. Kuten englanninkielisen alueen maantieteessä, myös Suomessa pääasiallisia inspiraation lähteitä olivat kulttuuri(materialististen) teoreetikoiden ja antropologien—kuten Pierre Bourdieu, Raymond Williams and Clifford Geertz—kirjoitukset. Uusien perspektiivien etsintä johti myös yhteistyöhön antropologien kanssa (Knuuttila ja Paasi 1995). Kulttuurimaantiede on tänä päivänä hyvin vahva osa-alue Suomessa. Otan seuraavassa esille—tilanpuutteen takia—vain muutamia edustavia esimerkkejä nykyisestä suomalaisesta kulttuuri/sosiaalimaantieteestä.

Maisematutkimus

Maisematutkimukset ovat olleet tärkeitä suomalaisessa maantieteessä ilmentäen varhaisia yhteyksiä saksalaiseen maantieteeseen. Maisematutkimus tuli merkittäviksi Granön (1929) vaikutusvaltaisen *Reine Geographie* teoksen myötä (englanninkielinen käännös vuonna 1997), jossa kirjoittaja korosti kaikkien aistien merkitystä maiseman hahmottumisessa, lähestymistapa, joka nousi esille anglosaksisessa maantieteessä vasta 1990-luvulla (Porteaus 1990; Rodaway 1994). Myöhemmin maisematutkimus jäi kvantitatiivisen maantieteen varjoon. Pitkän hiljaisuuden jälkeen uusi maantieteilijäsukupolvi kiinnostui tästä kategoriasta 1980-luvun puolivälissä. Karjalainen (1986) pohti maiseman ideaa filosofisesti virittyneessä tutkimuksessaan geodiversiteetistä ja problematisoi maantieteen peruskäsitteiden sekä tieteen ja taiteen suhdetta avaten näin oven esteettisen maantieteen kysymyksille. Myöhemmin hän on tarkastellut humanistisen maantieteen ja maiseman taiteellisten representaatioiden suhdetta (Karjalainen 1998, 2002). Keisteri (1990) kehitteli puolestaan maisemateemaa laajemmassa mutta traditionaalisemmassa kulttuurimaantieteen kehikossa. Raivo (1997a) kehitteli lähestymistavan uskonnollisten maisemien ikonografian tarkastelemiseksi ja käytti erilaisia empiirisiä aineistoja (mediatekstit, arkistot) tehdäkseen näkyväksi uskonnollisten maisemien muutoksen ja niiden merkityksen laajemmassa ideologis-kansallisessa kontekstissa (Raivo 1997a, 1997b, 2002). Myöhemmin hän laajensi tutkimuksiaan käsittämään taistelumaisemiin liittyvät muistot ja niiden hyödyntämisen perinneteollisuudessa (Raivo 2000).

Tanin (1995) 'Kaupunki taikapeilissä' on kulttuurimaantieteellinen analyysi Helsinkiä käsittelevien elokuvien mielenmaisemista, käsittäen aikakauden 1945-1994. Kirjallisuutta ja erityisesti romaaneja oli käytetty aikaisemmin suomalaisessa kulttuurimaantieteessä (esim. Karjalainen ja Paasi 1994; Paasi 1984) mutta Tani avasi uuden näkökulman tarkastellessaan pääkaupungin Helsingin representaatioita suomalaisissa elokuvissa ja miten kaupunki-maaseutu jatkumo kuvattiin elokuvissa. Paitsi humanistisesta maantieteestä, tämä työ ammensi vaikutteita myös elokuvateoriasta ja semiotiikasta.

Feministiset lähestymistavat

Suomalainen maantiede on ollut poikkeuksellisen maskuliininen hanke. Asiat ovat kuitenkin muuttumassa kiihtyvällä vauhdilla. Yhä useammat naisopiskelijat jatkavat akateemista uraansa saavutettuaan FM-tutkinnon. Tärkeä muutoksen indikaattori ovat olleet muutamat innovatiiviset väitöskirjaprojektit. Vaikka jonkin verran tutkimusta olikin tehty Suomen ensimmäisten naismaantieteilijöiden urakehityksestä (Kivikkokangas-Sandgren 1989), selvästi feministisen tutkimuksen pelon maantieteestä, kontrollista ja videovalvonnasta urbaaneissa ympäristöissä teki Koskela (1997, 1999, 2000, 2002), seuraillen osaltaan teitä, joita oli avattu angloamerikkalaisessa maantieteessä. Tämä projekti on poikinut uusia näkökulmia myös soveltavalle sosiaalimaantieteelle ja suunnittelulle ja on johtanut kansainväliseen yhteistyöhön (Koskela ja Pain 2000). Tanin (2001a, 2001b, 2002) haastatteluihin ja havannointiin perustuvat tutkimukset Helsingin katuprostituutiosta ovat myös avanneet uusia näkökulmia suomalaiseen gender-tutkimukseen.

Eivät ainoastaan urbaanit vaan myös maaseutukontekstit ovat olleet feministisen maantieteen kohteena. Maaseutumaantiede on ollut hyvin perinteinen ala suomalaisessa maantieteessä, perustuen usein erilaisten tilastoaineistojen luokitteluihin. Sirenin (2002) tutkimus maatilojen emännistä—työ tukeutuu teoriaperustansa osalta nykyaikaiseen maaseutumaantieteen ja feministiseen tutkimukseen—on uusi avaus suomalaisessa maaseutumaantieteessä. Hän osoitti kvantitatiivisten ja kvalitatiivisten aineistojen avulla, että maatilojen emännät eivät ole vain passiivisia vaan aktiivisesti määrittävät ja muokkaavat asemaansa suhteessa miehiin saavuttaakseen ja ylläpitääkseen pääasiassa tasa-arvoisen aseman.

Tuorein esimerkki innovatiivisesta feministisestä tutkimuksesta on Tervon (2001, 2002, 2003) projekti, jossa hän on tehokkaasti yhdistänyt feministisen lähestymistavan kulttuuri/poliittiseen maantieteeseen ja urheilumaantieteeseen. Tämä hanke perustui media-representaatioiden kvalitatiiviseen analyysiin ja pyrki paljastamaan suomalaisen nationalismin, urheilun, rotuajattelun ja maskuliinisuuden moniulotteisia yhteyksiä. Projektin pääasiallinen empiirinen aineisto koostui sanomalehtiartikkeleista, valokuvista ja piirroksista, jotka julkaistiin tärkeimmässä suomalaisessa sanomalehdessä Helsingin Sanomissa, ensimmäisten Olympiakisojen aikaan ajanjaksolla 1912-1936. Hän analysoi myös internetkeskusteluja kartoittaakseen sitä, miten dopingin käyttö, tämän ilmiön esittäminen mediassa ja kertomukset kansallisesta identiteetistä sekoittuivat toisiinsa vuosituhannen vaihteessa, avaten näin uusia perspektiivejä urheilumaantieteeseen (Tervo 2003).

Liikkuvuuden ja vapaa-ajantutkimukset

Maantiede ja turismi on ollut uusi nopeasti esiinnoussut teema suomalaisessa kulttuurimaantieteessä. Koko joukko mielenkiintoisia kontribuutioita onkin julkaistu äskettäin. Suvantola (2002) tarkasteli kokemuksellisesta näkökulmasta turismin ja paikan yhteyksiä Balilla, käyttäen monitieteistä lähestymistapaa. Hottolan (1999, myös 2002) tutkimus pyrki ymmärtämään turismiin liittyvän kulttuurien väliseen sopeutumiseen liittyviä yhteiskunnallisia ja ekologisia prosesseja. Hän teki kenttätöitä Intiassa ja Sri Lankassa ja analysoi kulttuurien välisiä kohtaamisia, hämmennyksen kokemuksia, feminismiä, sosiaalisen sukupuolen ja ruumiin suhdetta, seksuaalista häirintää ja länsimaisten naisten epämoraalisuuteen liittyviä stereotypioita.

Saarinen (2001) on kehitellyt uusia näkökulmia matkailualueiden syklimalleihin. Yhdistämällä jo olemassa olleet teoretisoinnit alueiden institutionalisoitumisen ideaan ja Suomen Lappiin sijoittuviin paikallisiin tapaustutkimuksiin, hän on pystynyt kehittelemään uusia tulkintoja matkailualueiden institutionalisoitumisesta. Tämä teema on johtanut hänet tutkimaan perusteellisemmin matkailukohteiden sosiaalisen rakentumisen luonnetta (vrt. Saarinen 1998) ja asettamaan suomalaista matkailu- ja virkistystutkimusta laajempaan kehikoon (Saarinen 2003). Toinen laajempi hanke matkailu- ja virkitysmaantieteen alalla on Raennon (Raento 2001; Raento ja Berry 1999) projekti, jossa hän on tarkastellut uhkapeliä Las Vegasissa.

Muuttuvan yhteiskunnan sosiaali -ja kulttuurimaantiede

Suomalaisessa sosiaalimaantieteessä on kiinnitetty paljon huomiota tuotantoon ja muuttuviin spatiaalisen työnjaon muotoihin (Katajamäki 1988; Virkkala 1987). Tärkeä kontekstisidonnainen inspiraationlähde tutkimukselle on ollut metsäteollisuus. Pulkkinen (2003) on kehitellyt geohistoriallista näkökulmaa tutkiakseen sitä, miten maailmantalouden, valtion ja alue/paikallistason kehityspiirteiden yhteydet ovat hahmottuneet eräissä kaakkoissuomalaisissa, metsäteollisuudesta riippuvaisissa kaupungeissa ajanjaksolla 1895-1995. Kosonen (2002) on puolestaan yhdistänyt sosiaali- ja poliittisen maantieteen lähestymistapoja, erityisesti regulaatioteoriaa ja institutionaalisen taloustieteen perspektiivejä tutkiessaan vanhan suomalaisen—nykyisin venäläisen—Viipurin kaupungin sopeutumista jälkisosialistiseen talouteen ja sen paikallistalouden kehitystä muuttuvilla markkinoilla (ks. myös Rautio ja Tykkyläinen 2001; Tykkyläinen 1999). Nykytutkimus on siirtynyt yhä enemmän 'makrorakenteista' yritysten toiminnan analyysiin ottaen nyt huomioon myös kulttuurin. Erityisesti Oinas (1998) on kehitellyt tätä näkökulmaa suomalaisessa maantieteessä.

Toinen nouseva mielenkiinnon kenttä on ollut kulutustutkimus. Vuolteenaho (2002) tukeutui eksplisiittisesti kulttuurintutkimukseen ja tilateoriaan omaperäisessä tutkimuksessaan kulutuksen, työttömyyden ja arkielämän yhteyksistä. Hän käytti monipuolisia aineistoja, fokus-ryhmähaastatteluista media-teksteihin, analysoidakseen sitä, miten työttömät kehittelevät selviytymisstrategioita asemoidakseen itsensä tavaramarkkinoiden logiikkaan.

Kaupunkien sosiaalimaantieteessä perinteiset maankäyttötutkimukset ovat korvautuneet dynaamisemmilla lähestymistavoilla. Erityisesti Andersson (2001) on tehnyt tutkimusta kaupunkirakenteista, erityisesti suhteessa kestävään kehitykseen/suunnitteluun ja on johtanut vertailevia hankkeita, joissa on kehitelty eurooppalaista visiota kaupunkikehitykseen (Andersson, Joye, Jorgensen ja Ostendorf 2001). Suomalaiset kaupungit ovat pääasiassa pieniä, vain kuudessa niistä on yli 100,000 asukasta. Tämä on motivoinut tutkijoita tarkastelemaan elämäntapoja pienissä kaupungeissa ja niiden roolia erityisinä kaupungistumisen ja kaupunkimaisen elämän kenttinä (Ojankoski 1998). Myös spesifimpiä teemoja on käsitelty suhteessa kaupunkikehitykseen. Kaupunkisuunnittelun tutkimusta ja kansainvälistä vertailevaa tutkimusta kaupunkien ranta-alueiden kehittämisestä on tehnyt Jauhiainen (1995). Äikkään (2002) vertaileva tutkimus Turun ja Oulun kaupunkien imagonrakennuksesta perustui vahvasti uuteen kulttuurimaantieteeseen.

Väestömaantieteelliset tutkimukset ja erityisesti muuttoliiketutkimus ovat olleet tärkeä osa yhteiskunnan rakennemuutoksen tutkimusta (Hedberg ja Kepsu 2003). Yhteiskunnallisen rakennemuutoksen tutkimus näyttää jatkuvan ja uudet sosiaalimaantieteelliset aspektit saavat tilaa tutkimuksessa, esimerkiksi köyhyys ja tuloerot sekä nuorten merkitys alueellisessa muutoksessa (Muilu ja Rusanen 2003; Rusanen, Muilu, Colpaert ja Naukkarinen 2001a, 2001b, 2002; Vaattovaara 1998). Kvantitatiiviset lähestymistavat ja menetelmät ovat jatkuvasti tärkeitä suomalaisessa sosiaalimaantieteessä. 1990-luvun kuluessa GIS-metodiikkaan perustuvat tilastopohjaiset tutkimukset ovat olleet suosittuja ei ainoastaan perinteisten väestömaantieteellisten teemojen—kuten muuttoliiketutkimuksen (Kauppinen 2000)—kannalta, vaan myös uusien teemojen, kuten terveysmaantieteen ja kuolleisuuden tarkastelussa (Gatrell ja Löytönen 1998; Löytönen 1991; Rytkönen, Rusanen ja Näyhä 2001). Tärkeä tausta tälle tutkimukselle ovat olleet Suomessa saatavilla olevat erinomaiset tilastoaineistot.

Kulttuuri, luonto ja ympäristö

Vaikka maantiede sijaitsee Suomessa institutionaalisesti luonnontieteiden joukossa ja kriittisellä kulttuurimaantieteellä on ollut näkyvä asema suomalaisessa maantieteessä, ihminen-luontosuhteen kriittinen tutkimus on ollut varsin harvinaista. Kansallinen konteksti on johtanut tutkimaan sellaisia teemoja kuin vesiresurssit, metsä tai pohjoisuus. Kriittismaantieteellisen lähestymistavan pioneerityö luonnon ja kulttuurin suhteiden osalta on Lehtisen (1991, ks. myös Lehtinen 2000, 2002) tutkimus. Hän tutki sekä käsitteellisesti että empiiristen esimerkkien kautta ympäristökonfliktien territoriaalisia kytkentöjä, paikallisdemokratiaa, luonnon/luontojen transformaatiota ja metsäkysymyksiä Pohjois-Suomen metsänrajakonfliktissa. Rusanen (1989) tarkasteli tekijöitä, jotka johtivat hylkäämään erään vesivoimasuunnitelman ja sitä, miten paikalliset asukkaat kokivat ympäristömuutoksen uhkan. Tutkimus nojautui suunnittelu- ja konflikti -lähestymistapaan. Rytteri (2002) tarkasteli suuren metsäyrityksen Enso-Gutzeitin edustajien asenteita yhteiskunnallisen vastuun ja ympäristövastuiden kysymyksiin, perustaen tutkimuksensa moraalin maantieteen viitekehykseen (ks. myös Kortelainen 1999; Kotilainen 1996; Yliskylä-Peuralahti 2003). Ridanpää (2000) on tarkastellut post-koloniaalisesta näkökulmasta käsin pohjoisuuden tuotantoa. Tutkimuksen lähestymistapa on ammentanut maantieteellisestä ja kirjallisuustieteen lähestymistavoista ja hän käyttää esimerkkiaineistonaan pohjoissuomalaisten kirjailijoiden romaaneja.

Johtopäätökset

'Kansainvälinen' on nykyisessä akateemisen kapitalismin vaiheessa sana johon voidaan ladata menestystä, turhautumia, poissulkemista, mukaan pääsemistä, jne., riippuen analyysin tekijän näkökulmasta ja kontekstista. Käsitykseni suomalaisen sosiaali- ja kulttuurimaantieteen viimeaikaisista kehityspiirteistä on, että 'kansainvälistyminen' on muodostunut varsin näkyväksi osaksi nuorempien sukupolvien akateemista toimintaa ja he ovat avanneet uusia näkökulmia verrattuna aikaisempiin sukupolviin. Tämä kehitys ei ole ollut seurausta pelkistä yksilöllisistä, vapaaehtoisista valinnoista mutta on ollut yhtä hyvin tulosta myös tietyistä institutionaalisista ja kontekstuaalisista seikoista. Ensiksikin, olemassa olevan luonnon- ja kulttuurimaantieteilijäyhteisön negatiivinen reaktio uusia ajatuksia kohtaan 1980-luvulla pakotti nuoret tutkijat etsimään laajempia yhteisöjä, mikä käytännössä merkitsi julkaisemista ulkomailla. Tämä negatiivinen reaktio liittyi selvästi toiseen tekijään, tieteenalan sijaintiin luonnontieteiden joukossa. Tämä oli pääasiallinen konteksti hallitsevalle episteemiselle kulttuurille. Koska luonnontieteet muodostavat maantieteen toimintaympäristön sekä yliopistojärjestelmässä että kansallisissa tiedeorganisaatioissa (kuten Suomen Akatemiassa), sosiaali- ja kulttuurimaantieteen edustajat ovat olleet yksinkertaisesti pakotettuja osaksi akateemisen hallinnan ja kapitalismin 'peliä': virkojen saaminen maantieteen laitoksissa ja tutkimusrahojen saanti Akatemiasta yksinkertaisesti edellyttävät, että hakijoilla on myös 'kansainvälisiä' julkaisuja. Toisaalta tämä on mahdollistanut suomalaiset kontribuutiot kansainväliseen maantieteeseen metodologisessa tutkimuksessa, poliittisessa maantieteessä, maisema- ja vapaa-ajantutkimuksessa, uudessa aluemaantieteessä, feministisessä tutkimuksessa, urheilumaantieteessä, vain muutamia aloja mainitakseni. Paradoksaalista kyllä, jostakin syystä Gregson, Simonsen ja Vaiou (2003: 9) eivät ole noteeranneet tätä, itse asiassa hyvinkin näkyvää suomalaista kontribuutiota, tuoreessa eurooppalaisen 'kirjoitustilan' arvioinnissaan. Heidän mielestään skandinaaviset kirjoittajat eivät ole, muutamaa poikkeusta lukuun ottamatta, julkaisseet (teoreettisia kirjoituksia) tärkeimmissä lehdissä, sivuuttaen näin totaalisesti suomalaisen kontribuution.

Suomalaiset sosiaali- ja kulttuurimaantieteilijät ovat olleet sensitiivisiä ja laaja-alaisia metodologisissa valinnoissaan. Monet heistä ovat olleet kiinnostuneita kvalitatiivisista lähestymistavoista—jotka ovat vaihdelleet teemahaastatteluista tekstuaalisiin analyyseihin, grounded theory -näkökulmista etnografiaan ja osallistuvaan havainnointiin. Myös kvantitatiiviset menetelmät ovat säilyttäneet asemansa suomalaisessa maantieteessä ja erityisen merkittäviä ovat olleet erilaiset GIS-perusteiset lähestymistavat, joita on osaltaan motivoinut Suomessa saatavissa olevat erinomaiset tilastomateriaalit. Tulevaisuus näyttää itse asiassa varsin lupaavalta niin teorian kuin metodologistenkin lähestymistapojen osalta.

Aito dialogi paikallisen ja kansainvälisen kontekstin välillä riippuu aivan ilmeisesti siitä, mitä käsitämme teorialla. Puhtaat empiiriset havainnot 'paikasta A' eivät tavallisesti sellaisenaan kiinnosta laajempia yleisöjä—siitäkin huolimatta, että suuri osa kaikkialla tehtävästä maantieteellisestä tutkimuksesta seuraa tätä linjaa. Sama riski on vastassa jos lähdemme liikkeelle nykyään muodikkaasta kontekstuaalisen teorian ideasta, jossa jokainen empiirinen asetelma nähdään potentiaalisena 'uuden teorian' lähteenä. Jos sen sijaan lähdemme liikkeelle käsitteellistämisestä, olemme enemmänkin tekemisissä empiiristä tutkimusta informoivien abstraktioiden ja niiden suhteiden kanssa, emme pelkästään tiettyihin empiirisiin havaintoihin liittyvien (empiiristen) kategorioiden kanssa. Hyvin todennäköisesti tämä auttaa saamaan aikaan teoretisointeja, joilla on enemmän 'kansainvälistä' potentiaalia—miten viime mainittu sitten määritelläänkin.

References

Äikäs, T. (2002) Imagosta maisemaan: esimerkkeinä Turun ja Oulun kaupunki-imagojen rakentaminen [Summary: From urban image to urban landscapes], Nordia Geographical Publications 30:2, Oulu.

Andersson, H. (2001) New spaces of urban transformation: conflicting 'growth areas' in the development of Finnish cities, in Andersson, H., Joye, D., Jorgensen, G. and Ostendorf, W. (eds) *Change and Stability in Urban Europe: Form, Quality and Governance.* Aldershot: Ashgate, pp. 45–66.

Andersson, H., Joye, D., Jorgensen, G. and Ostendorf, W. (eds) (2001) *Change and Stability in Urban Europe: Form, Quality and Governance.* Aldershot: Ashgate.

Berg, L. (2001) Masculinism, emplacement, and positionality in peer review, *The Professional Geographer* 53:

Berg, L. and Kearns, R. (1998) America unlimited, *Environment and Planning D: Society and Space* 16: 128–132.

Bourdieu, P. (1985) *Sosiologian kysymyksiä.* Jyväskylä: Vastapaino.

Bourdieu, P. and Wacquant, L. (1999) On the cunning of imperialist reason, *Theory, Culture and Society* 16: 41–58.

Gatrell, A.C. and Löytönen, M. (eds) (1998) *GIS and Health.* London: Taylor & Francis.

Granö, J.G. (1997) *Reine Geographie.* [Published in English as: Granö, J.G. (1997) *Pure Geography,* Granö, O. and Paasi, A. (eds). Baltimore, MD: Johns Hopkins University Press.

Gregson, N., Simonsen, K. and Vaiou, D. (2003) Writing (across) Europe. On writing spaces and writing practices, *European Urban and Regional Studies* 10: 5–22.

Häkli, J. (1994) Territoriality and the rise of modern state, *Fennia* 172: 1–82.

Häkli, J. (1998a) Discourse in the production of political space: decolonizing the symbolism of provinces in Finland, *Political Geography* 18: 331–363.

Häkli, J. (1998b) Cross-border regionalization in the 'New Europe'—theoretical reflection with two illustrative examples, *Geopolitics and International Boundaries* 3: 83–103.

Häkli, J. (2001a) In the territory of knowledge: state-centred discourses and the construction of society, *Progress in Human Geography* 25: 403–422.

Häkli, J. (2001b) The politics of belonging: complexities of identity in the Catalan borderlands, *Geografiska Annaler* 83B: 111–119.

Hedberg, C. and Kepsu, K. (2003) Migration as a cultural expression? The case of Finland-Swedish minority's migration to Sweden, *Geografiska Annaler* 85B: 67–84.

Hottola, P. (1999) The intercultural body. Western woman, culture confusion and control of space in the South Asian travel scene, Publication 7, Department of Geography Joensuu: University of Joensuu.

Hottola, P. (2002) Tourism encounters with the exotic West: blondes on the screens and streets of India, *Tourism Recreation Research* 27: 83–89.

Jauhiainen, J. (1995) Waterfront redevelopment and urban policy: the case of Barcelona, Cardiff, and Genoa, *European Planning Studies* 3: 3–20.

Jauhiainen, J. (1997) Militarization, demilitarization and re-use of military areas. The case of Estonia, *Geography* 82: 118–126.

Jauhiainen, J. (2002) Territoriality and topocracy in cross-border networks, *Journal of Baltic Studies* 33: 156–176.

Johnston, R.J. (1991) *Geography and Geographers.* London: Arnold.

Kaplan, D.H. and Häkli, J. (eds) (2002) *Boundaries and Place.* Lanham, MD: Rowman & Littlefield.

Karjalainen, P.T. (1986) Geodiversity as a lived world: on

the geography of existence, Publications in Social Sciences No. 7, University of Joensuu, Joensuu.

Karjalainen, P.T. (1998) Place and intimate sensing, *Nordisk Samhällgeografisk Tidskrift* 27: 3–16.

Karjalainen, P.T. (2002) Landscape's ways, in Sarapik, V., Tüür, K. and Laanemets, M. (eds) *Koht ja paik*. Tallinn: Estonian Academy of Arts, pp. 131–139.

Karjalainen, P.T. and Paasi, A. (1994) Contrasting the nature of the written city: Helsinki in regionalistic thought and as a dwelling place, in Preston, P. and Simpson-Housley, P. (eds) *Writing the City*. London and New York: Routledge, pp. 59–79.

Katajamäki, H. (1988) Alueellisen työnjaon muotoutuminen Suomessa [Abstract: The formation of the spatial division of labour in Finland], Turun yliopiston maantieteen laitoksen julkaisuja No. 121, Turku.

Kauppinen, J. (2000) Muuttoliike Suomessa vuosina 1989–1994 koordinaattipohjaisten paikkatietojen perusteella [Summary: Migration of population in Finland in 1989–1994, examined from coordinate-based GIS data], Siirtolaisuusinstituutin tutkimuksia A22, Turku.

Kitchin, R. (2003) Disrupting and destabilizing Anglo-American and English-language hegemony in geography, *Documents d'Análisi Geográfica* 42: 17–36.

Kivikkokangas-Sandgren, R. (1989) First women geographers in Finland 1890–1930: a development perspective, Publicationes Instituti Geographici Universitatis Helsingiensis C4, Helsinki.

Knuuttila, S. and Paasi, A. (1995) Tila, kulttuuri ja mentaliteetti: maantieteen ja antropologian yhteyksiä etsimässä [Space, culture and mentality: searching for the connections between geography and anthropology], in Katajala, K. (ed.) *Manaajista maalaisaateliin*. Helsinki: SKS, pp. 25–94, (in Finnish).

Kortelainen, J. (1999) The river as an actor-network: the Finnish forest industry utilization of lake and river systems, *Geoforum* 30: 235–247.

Koskela, H. (1997) 'Bold walk and breakings': women's spatial confidence versus fear of violence, *Gender, Place and Culture* 4: 301–319.

Koskela, H. (1999) Fear, control and space: geographies of gender, fear of violence, and video surveillance, Publications of the Department of Geography A 137, University of Helsinki, Helsinki.

Koskela, H. (2000) 'The gaze without eyes': video-surveillance and the changing nature of urban space, *Progress in Human Geography* 24: 243–265.

Koskela, H. (2002) Video surveillance, gender and the safety of public urban space: 'Peeping Tom' goes high tech?, *Urban Geography* 23: 257–278.

Koskela, H. and Pain, R. (2000) Revisiting fear and place: women's fear of attack and the built environment, *Geoforum* 31: 269–280.

Kosonen, K. (1999) Maps, newspapers and nationalism: the Finnish historical experience, *GeoJournal* 48: 91–100.

Kosonen, K. (2000) *Kartta ja kansakunta* [Abstract: The map and the nation]. Helsinki: SKS.

Kosonen, R. (2002) Governance, the local regulation process, and enterprise adaptation in post-socialism: the case of Vyborg, Acta Universitatis Oeconomicae Helsingiensis A-199, Helsinki.

Kotilainen, J. (1996) Between the global and the local in environmental politics, *Nordisk Samhällsgeografisk Tidskrift* 23: 61–68.

Kuusisto-Arponen, A.K. (2001) The end of violence and introduction of 'real' politics: tensions in peaceful Northern Ireland, *Geografiska Annaler* 83B: 121–130.

Kuusisto-Arponen, A.K. (2003) Our places—their spaces, Acta University of Tamperiensis 920, Tampere.

Kymäläinen, P. (2003) Topologies of becoming: deferred presences in writing, *Space and Culture* 6: 235–248.

Lehtinen, A. (1991) Northern natures. A study of the forest question emerging within the timber-line conflict in Finland, *Fennia* 169: 57–169.

Lehtinen, A. (2000) Mires as mirrors. Peatlands—hybrid landscapes of the North, *Fennia* 178: 125–137.

Lehtinen, A. (2002) Globalisation and the Finnish forest sector: on the internationalization of forest-industrial operations, *Fennia* 180: 237–250.

Löytönen, M. (1991) Spatial diffusion of Human Immunodeficiency Virus Type I in Finland, 1982–1997, *Annals of the Association of American Geographers* 80: 127–151.

Löytönen, M. (1994) HIV and AIDS in the Nordic countries, *Geografiska Annaler* 76B: 117–127.

Mead, W.R. (1977) Recent developments in the human geography of Finland, *Progress in Human Geography* 1: 361–375.

Mead, W.R. (1990) The circulation of geographical publication: a problem in a Finnish context, *Scottish Geographical Magazine* 106: 135–140.

Moisio, S. (1998) Finland, geopolitical image of threat and the post-Cold War confusion, *Geopolitics and International Boundaries* 3: 104–124.

Moisio, S. (2002) EU eligibility, Central Europe, and the invention of applicant state narrative, *Geopolitics* 7: 89–116.

Moisio, S. (2003) Geopoliittinen kamppailu Suomen EU-jäsenyydestä [Summary: The geopolitical struggle for

Finland's membership in the EU], Annales Universitatis Turkuensis C204, Turku.

Muilu, T. and Rusanen, J. (2003) Rural young people in regional development—the case of Finland in 1970–2000, *Journal of Rural Studies* 19: 292–307.

Newman, D. and Paasi, A. (1998) Fences and neighbours in the postmodern world: boundary narratives in political geography, *Progress in Human Geography* 22: 186–207.

Oinas, P. (1998) The embedded firm. Prelude for a revived geography of enterprise, Acta Universitatis Oeconomiean Helsingiensis A-143, Helsinki.

Ojankoski, T. (1998) Oikea pieni kaupunki. Maantieteen ja asukkaiden näkökulma suomalaiseen pikkukaupunkiin [Abstract: The real small town: the Finnish small town from geography's and smalltowners' point of view], Annales Universitatis Turkuensis Ser. C 142, Turku.

Olds, K. (2001) Practices for 'process geographies': a view from within and outside the periphery, *Environment and Planning D: Society and Space* 19: 127–136.

Paasi, A. (1983) Maantieteen subjekti? [Summary: The subject of geography?], Publications in Social and Regional Sciences No. 34, University of Joensuu, Joensuu.

Paasi, A. (1984) Aluetietoisuus and alueellinen identiteetti ihmisen spatiaalisen sidoksen osana [Summary: Regional consciousness and regional identity as part of man's spatial ties], Publications of the Society of Planning Geography No. 13, Helsinki.

Paasi, A. (1986a) The institutionalization of regions: theory and case studies, Publications in Social Sciences No. 9, University of Joensuu, Joensuu.

Paasi, A. (1986b) The institutionalization of regions: a theoretical framework for understanding the emergence of regions and the constitution of regional identity, *Fennia* 164: 105–146.

Paasi, A. (1986c) Neljä maakuntaa [Summary: Four provinces in Finland: a geographical study on the development of regional consciousness], Publications in Social Sciences No. 8, University of Joensuu, Joensuu.

Paasi, A. (1991) Deconstructing regions: notes on the scales of human life, *Environment and Planning* A23: 239–256.

Paasi, A. (1996) *Territories, Boundaries and Consciousness*. Chichester: Wiley.

Paasi, A. (2001) Europe as a social process and discourse: considerations of place, boundaries and identity, *European Urban and Regional Studies* 8: 7–28.

Paasi, A. (2002a) Bounded spaces in the mobile world: deconstructing 'regional identity', *Tijdschrift voor Economische en Sociale Geografie* 93: 137–148.

Paasi, A. (2002b) Place and region: regional worlds and words, *Progress in Human Geography* 26: 802–811.

Paasi, A. (2003a) Region and place: regional identity in question, *Progress in Human Geography* 27: 475–485.

Paasi, A. (2003b) Territory, in Agnew, J., Mitchell, K. and Toal, G. (eds) *A Companion to Political Geography*. Oxford: Blackwell, pp. 109–122.

Paasi, A. (2003c) Boundaries in a globalizing world, in Anderson, K., Domosh, M., Pile, S. and Thrift, N. (eds) *Handbook of Cultural Geography*. London: Sage, pp. 462–472.

Paasi, A. (2004) Place and region: looking through the prism of scale, *Progress in Human Geography* 28.

Porteaus, J.D. (1990) *Landscapes of the Mind: Worlds of Sense and Metaphor*. Toronto: University of Toronto Press.

Pulkkinen, L. (2003) Metsäteollisuuden kaupungit [Abstract: Forest industry towns], Bidrag till kännedom av Finlands Natur och folk158, Helsinki.

Raento, P. (1997) Political molibilization and place-specificity: radical nationalist street campaigning in the Spanish Basque country, *Space and Polity* 1: 191–204.

Raento, P. (2001) Gambling in the Rocky Mountains, *Fennia* 179: 97–127.

Raento, P. and Berry, K.A. (1999) Geography's spin at the wheel of American gambling, *Geographical Review* 89: 590–595.

Raento, P. and Watson, C.J. (2000) Gernika, Guernica, Guernica? Contested meanings of a Basque place, *Political Geography* 19: 707–736.

Raivo, P.J. (1996) Maiseman kulttuurinen transformaatio: Ortodoksinen kirkko suomalaisessa kulttuurimaisemassa [Summary: Transformation of religious landscapes: the Finnish Orthodox church], Nordia Geographical Publications 25:1, Oulu.

Raivo, P.J. (1997a) The limits of tolerance: the Orthodox milieu as an element in the Finnish cultural landscape, *Journal of Historical Geography* 23: 327–339.

Raivo, P.J. (1997b) Comparative religion and geography: some remarks on the geography of religion and religious geography, *Temenos* 33: 137–149.

Raivo, P.J. (2000) 'This is where they fought'—Finnish war landscapes as a national heritage, in Davison, G., Roper, M. and Ashplant, T. (eds) *The Politics of War Memory and Commeration*. London: Routledge, pp. 145–164.

Raivo, P.J. (2002) The peculiar touch of the East: reading the post-war landscapes of the Finnish Orthodox Church, *Social & Cultural Geography* 3: 11–24.

Rautio, V. and Tykkyläinen, M. (2001) Uneven development of economic interaction across the Finnish-Russian Border, *Post-Soviet Geography and Economics* 42: 34–64.

Ridanpää, J. (2000) The discursive North in a few scientific discoveries, *Nordia Geographical Publications* 29: 25–37.

Rodaway, P. (1994) *Sensuous Geographies: Body, Sense and Place*. London: Taylor & Francis.

Rusanen, J. (1989) Role of the local people in the utilization of water resources, a case study of the river Iijoki in Northern Finland, *Nordia* 23: 119–208.

Rusanen, J., Muilu, T., Colpaert, A. and Naukkarinen, A. (2001a) Local and regional income differences in Finland in 1989–1997, *Geografiska Annaler* 83B: 205–220.

Rusanen, J., Muilu, T., Colpaert, A. and Naukkarinen, A. (2001b) Finnish socio-economic grad-data, GIS and the hidden geography of unemployment, *Tijdschrift voor Economische en Sociale Geografie* 92: 139–147.

Rusanen, J., Muilu, T., Colpaert, A. and Naukkarinen, A. (2002) Income differences within municipalities in Finland, 1989–1997, *Scottish Geographical Journal* 118: 69–86.

Rytkönen, M., Rusanen, J. and Näyhä, S. (2001) Small-area variation in mortality in the city of Oulu, Finland, during the period 1978–1995, *Health and Place* 7: 75–79.

Rytteri, T. (2002) Metsäteollisuusyrityksen luonto [Abstract: The nature of the forestry firm: a study of the formation of the Enzo-Gutzeit's attitudes towards environmental and social responsibility], Department of Geography Publication 10, University of Joensuu, Joensuu.

Saarinen, J. (1998) The social construction of tourism destinations: the process of transformation of the Saariselkä tourism region in Finnish Lapland, in Ringer, G. (ed.) *Destinations: Cultural Landscapes of Tourism*. London: Routledge, pp. 154–173.

Saarinen, J. (2001) The transformation of a tourist destination. Theory and case studies on the production of local geographies in tourism in Finnish Lapland, Nordia Geographical Publications 30:1, Oulu.

Saarinen, J. (2003) Commentary: tourism and recreation as subjects of research in Finnish geographical journals, *Tourism Geographies* 5: 220–227.

Sireni, M. (2002) Tilansa tekijät [Gendered identities and place. A study of female farmers], Publications in Social Sciences No. 56, University of Joensuu, Joensuu.

Slaughter, S. and Leslie, L.L. (1997) *Academic Capitalism: Politics, Policies, and the Entrepreneurial University*. Baltimore, MD: Johns Hopkins University.

Suvantola, J. (2002) *Tourist's Experience of Place*. Aldershot: Ashgate.

Tani, S. (1995) Kaupunki taikapeilissä [Summary: The city in the magic mirror. Geographical interpretations of Helsinki films as mindscapes], Helsingin kaupungin tietokeskuksen tutkimuksia 1995:14, Helsinki.

Tani, S. (2001a) Bad reputation—bad reality? The intertwining and contested images of a place, *Fennia* 179: 143–157.

Tani, S. (2001b) 'That kind of girl in this kind of neighbourhood...': the potential and problems of street prostitution research, *City* 5: 311–325.

Tani, S. (2002) Whose place is this space? Life in the street prostitution area of Helsinki, Finland, *International Journal of Urban and Regional Research* 26: 343–359.

Tervo, M. (2001) Nationalism, sports and gender in Finnish sports journalism in the early twentieth century, *Gender, Place and Culture* 8: 357–373.

Tervo, M. (2002) Sports, 'race', and the Finnish national identity in Helsingin Sanomat in the early twentieth century, *Nations and Nationalism* 8: 335–356.

Tervo, M. (2003) Geographies in the making: reflections on sports, the media, and national identity in Finland, Nordia Geographical Publications 32:1, Oulu.

Tykkyläinen, M. (1999) Research design of survival strategies in transitional countries, *Community Development Journal* 34: 133–142.

Vaattovaara, M. (1998) Pääkaupunkiseudun alueellinen erilaistuminen [Summary: Residential differentiation within the metropolitan area of Helsinki-environment and spatiality], City of Helsinki Urban Facts Research Series 1998:7, Helsinki.

Vartiainen, P. (1984) Maantieteen konstituoitumisesta ihmistieteenä [Abstract: On the constitution of geography as a human science], Publications in Social Sciences No. 3, University of Joensuu, Joensuu.

Vartiainen, P. (1989a) The end of drastic depopulation in rural Finland: evidence of counterurbanisation?, *Journal of Rural Studies* 5: 123–136.

Vartiainen, P. (1989b) Counterurbanisation: a challenge for socio-theoretical geography, *Journal of Rural Studies* 5: 217–225.

Virkkala, S. (1987) Monitoimipaikkaiset teollisuusyritykset ja alueiden välinen työnjako Suomessa [Summary:

Multilocational industrial firms and the spatial division of labour in Finland], Acta Universitatis Tamperiensis A 226, Tampere.

Virkkunen, J. (2002) Discourses, boundaries and scales: Estonian territorial politics in the 'new' Europe, Acta Universitatis Tamperensis 856, Tampere.

Vuolteenaho, J. (2002) Työn lopun kaupunki [Summary: A city where the work ends: everyday geography, unemployment and cultural change], Nordia Geographical Publications 30:3, Oulu.

Ylijoki, O.H. (1998) *Akateemiset heimokulttuurit ja noviisien sosialisaatio*. Tampere: Vastapaino.

Ylijoki, O.H. (2003) Entangled in academic capitalism? A case-study on changing ideals and practices of university research, *Higher Education* 45: 307–335.

Yliskylä-Peuralahti, J. (2003) Biodiversity—a new spatial challenge for Finnish agri-environmental policies?, *Journal of Rural Studies* 19: 215–231.

Social and cultural geographies of Australia

Robyn Dowling
Department of Human Geography, Macquarie University, Sydney, NSW 2109, Australia, rdowling@els.mq.edu.au

Australia occupies an interesting position in the realm of scholarship in social and cultural geography. Australian research is simultaneously local and global. It is global in that as an Anglophone and affluent country, its researchers participate in, and orient their research towards, international publishing trends and outlets (witness, for example, a recent special edition (Vol. 4, No. 2) of this journal). Australians have been key contributors to many international debates, including those on nature-culture (Anderson 2003; Stratford and Davidson 2002), postcolonialism (Gooder and Jacobs 2000) and popular music (Connell and Gibson 2003), to name just a few. It is nonetheless also the case that Australian research is local, in two ways. First, Australian case studies are sometimes defined as 'local' in the sense of being unique empirical examples and hence incapable of producing theoretical generalizations. As Berg and Kearns (1998: 129) put it: 'geographies of the United Kingdom and America are unmarked by limits—they constitute the field of geography ... By contrast, geographies of other people and places become marked as Other—exotic, transgressive, extraordinary'. Second, there is a thriving, largely Australian-based, localized, publishing industry that encompasses social and cultural geography. Despite the publishing of 'local' journals by transnational publishing conglomerates, Australian geography journals maintain a focus on geographies of the nation. In addition, a small number of local book publishing outlets prioritize issues defined as 'Australian' and presume a primarily Australian audience. These publications do not have extensive international distribution agreements, and are generally much less likely to attract an international audience. For these reasons in this country report I focus on research appearing in these Australian-based publications. I canvass the main issues of concern to social and cultural geographers that have been covered in these publications since around 2000. My review of this research makes the argument that whilst this research is clearly embedded in, and responds to, domestic issues it also makes clear contributions to international debates.

A postcolonial and multicultural nation?

The end of the twentieth century saw substantial debate and re-definition of what it meant to be 'Australian'. Legal recognition of indigenous peoples' native title in the Mabo Decision of 1992 became overshadowed by the rise to national prominence of a politician (Pauline Hanson) with an explicitly anti-immigration and anti-indigenous stance, and a new Prime Minister unwilling to apologize for past injustices to Aboriginal peoples. These events instigated wide-ranging discussions of the past and present of the nation, to which geographers made a number of important contributions. Ken Gelder and Jane Jacobs suggest that Australia be considered a post-colonial nation, a nation whose impulse is toward reconciliation at one moment, and division at another (1998: 22). For Gelder and Jacobs the concept of the 'uncanny' highlights the distinctiveness of a postcolonial Australia, a situation in which the nation is experienced as homely and unhomely simultaneously. For example, in a new environment of determining rights over land, 'what is "ours" is also potentially, or even always already, "theirs"' (1998: 23), and a previously 'private' Aboriginal sacred enters the public realm in diverse ways. Affrica Taylor (2000) explores these ideas in the imaginings of specific places in Australia. She argues that the film *The Coolbaroo Club* is an 'exemplary post-colonial text', 'simultaneously exposing some of the technologies of power through which Perth has been inscribed as a "naturally" white place, even as it re-inscribes the city with Aboriginal cultural memories' (2000: 31).

Richie Howitt (2001) urges us to think differently about Australian geographies and Australian politics in a post-Mabo era. For Howitt, traditional geographical notions like frontiers and boundaries have been part of a colonial project to both empty landscapes of unwanted elements (trees, indigenous peoples) and then fill these landscapes with new elements (new people, new agricultural species, new property titles). He proposes that the concept of 'edges', or what he defines as relations between unbounded socio-physical and intellectual spaces, might produce geographical knowledges more appropriate in postcolonial Australia. In particular, new relational concepts enable the co-existence of settler and indigenous and Australians to be recognized. Leah Gibbs (2003) uses a similar theoretical vantage point in her discussion of the interface between indigenous peoples and the mining industry in western Australia. She argues that shifts in mining industry practice to incorporate indigenous perspectives may involve 'decolonisation', but this decolonization is always in tension with further processes of colonization (see also Muller 2003).

The multicultural contours of twenty-first century Australia are also being charted and conceptualized in social and cultural geography frameworks, though not necessarily by scholars who would describe themselves as geographers. Ghassan Hage's White Nation (1998) explores experiences of multiculturalism within Australia's dominant White culture. In so doing, Hage problematizes a distinction between 'racists' and 'multiculturalists', arguing that both conceptualize the nation 'as a space structured around a White culture, where Aboriginal people and non-white "Ethnics" are merely national objects to be moved or removed according to a White national will' (1998:18). Hage takes this argument in provocative directions in his *Against Paranoid Nationalism* (2003), where he defines the nation as a mechanism for the production and distribution of hope. Neo-liberalism, according to Hage, has led to a decline in the nation's ability to produce hope, and hence a fearful and anxious citizenry.

Hage's evocations of experiences of multiculturalism are paralleled in a number of detailed case studies of cultural differences as they are enacted in urban and rural spaces. Jeremy Cox and John Connell's (2003) examination of the experiences and perceptions of Palestinian migrants in Sydney finds a sense of belonging generated not through reference to a 'homeland' but through reference to a shared sense of suffering. Nonetheless, these Palestinian migrants also define themselves as 'Australian'. Similarly diasporic identities and multiple evocations of home are charted in Devleena Ghosh's (2000) investigation of an Indo-Fijian community in Sydney. For these migrants, identity is constructed through their images of three different national contexts: India, Fiji and Australia. Mariastella Pulvirenti (2000) attributes Italian Australians' high rates of home ownership to the working out, in an Australian context, of culturally specific values of '*sistematzione*', or settling down. Waitt, Galea and Rawstorne (2001) explore variations in the lived identities of first- and second-generation Maltese Australians, and find that strong symbolic and lived identities are maintained by both first and second generations when they are living in suburbs with relatively high number of Maltese and associated cultural resources like recreational clubs, friends and religious centres.

Kevin Dunn and colleagues seek to take this debate on multiculturalism and racism in a strongly empirical direction in their comprehensive evaluation of the geography of racism. They trace the differences across Australia of the prevalence of ethnocentric attitudes and racist incidents, using national telephone surveys and a database of reported racist incidents (Dunn and McDonald 2001). They confirm that cities are more tolerant than rural areas, though only marginally so. Moreover, different anti-racist sentiments have very different geographies, as do attitudes toward indigenous Australians and migrants (Dunn, Gandhi, Burnley and Forrest 2003). Various forms of tolerance and intolerance are also manifest in changes in the built environment, and most obviously in numerous local debates over the siting of spaces of worship. These debates render transparent the lived realities of a multicultural Australia. In just one example, an application for a Muslim prayer centre in suburban Sydney was rejected on the grounds that it was not 'in accordance with the shared beliefs, customs and values of the local community'. The applicants' rejoinder reminds us of the complexity of what it means to be Australian. In his words, 'I play cricket, I love my sport, I grew up in Wollongong. I have never been back to Tanzania and yet the mayor has made out that if you are not Anglo-Saxon then you are not Australian' (Cameron 2002:2). Similarly, Gordon Waitt (2003) argues that support for the construction of a large Buddhist temple in the industrial city of Wollongong hedged not around acceptance of cultural difference but about the economic possibilities of the temple as a tourist site.

Cultures of youth, natures and economies

Popular culture continues to be a topic of abiding concern for Australian social and cultural geographers. Work on youth cultures focuses on processes of youth marginalization and their contestation, in a number of different contexts. Leary (1999) traces how youth use and re-imagine a public, largely disused, space in Hobart and in so doing contest their marginalization. A number of discussions of skateboarding (Nolan 2003; Stratford 2002; Stratford and Harwood 2001) make strong contributions to British-based interest in youth cultures. In a different strand of popular culture, links between cultural practices and place identities are the focus of Jessica Carroll's and John Connell's (2000) discussion of the lyrics of Australian band *The Whitlams*. According to Carroll and Connell, the sounds and lyrics of this band are firmly embedded in one, largely bohemian, part of Sydney's inner city, though these links with place are under challenge from both the commercial success of the band and the gentrification of the suburb. Robinson's (2002) study of young homeless people's relations with place underscores the need to reconceptualize home (see Blunt and Varley 2004). For Robinson, home is produced through what she calls 'micro-tactics of belonging' (2002: 37). Without a literal home, the youth in Robinson's research created a network of connections that constituted home and a sense of belonging.

Given the strong connections between ideas of 'Australianness' and sport, it is surprising that sport has attracted sparse attention from social and cultural geographers. The holding of the 2000 Olympic Games in Sydney saw the publication of a number of analyses of the economic, cultural and political significance of these games, including Dunn and McGuirk's (1999) assessment of the Olympics as a 'hallmark event'. More substantial, and theoretically novel in its blending of sporting events, place identity and celebration rituals is McGuirk and Rowe's (2001) tale of media discussion of a Newcastle (New South Wales) football team's win in the Australian Rugby League competition. They demonstrate how representations of this sporting event drew upon both longstanding discourses of Newcastle as a working-class, industrial town, as well as concerted efforts by local placemakers to revision and reposition the city as a place with a bright economic future.

Australian cultural geographers have used the now common destabilization of nature-culture dualisms in a number of different contexts. One strong strand has been the reinterpretation of various forms of environmental management and policy. Lesley Head (2000) re-reads the recent decision to depopulate Phillip Island in Victoria (home to a large population of penguins) as enunciating rigid categorizations of nature and culture as well as limiting constructions of children's environmental awareness. For Sandie Suchet (2001), poststructuralist conceptions of nature open up new ways of doing wildlife management. Similarly, Lesley Instone (2004) considers the methodological implications of a relational understanding of nature and culture, and in particular the strengthened importance of situated knowledges.

Intersections of culture and economy are currently being explored in diverse ways. Gibson, Murphy and Freestone (2002) use census data to locate clusters of cultural industries in Sydney, finding an inner-city cluster of design and associated businesses, and a suburban cluster of cultural production (e.g. music production). Somewhat differently, Gary Bridge and I (Bridge and Dowling 2001) explore the relations between the consumption habits of gentrifiers and the retail landscapes of gentrified neighbourhoods. We find those gentrifiers' preferences for eating out, a concern for 'healthy' bodies and minds, and a preference for independently rather than mass-produced items are reflected in the retail composition of gentrifying neighbourhoods. For Wendy Shaw (2000), Sydney's gentrification processes are also racialized. Links between lifestyle and consumption practices at the scale of the home are examined by Askew and McGuirk (2004) . In the context of water shortages, they show that suburban householders' water use is connected to aesthetic judgements and the pursuit of cultural capital.

Cultural and social geographies of inequality

Whereas poverty and inequality may have disappeared from some geographical agendas, Australian social scientists continue to explore the patterns and processes of social division across Australia (see Fincher and Saunders 2001). Some of this research is quantitative, such as Gibson's (2003) elaboration of the relationships between socio-spatial inequality and use of the internet and personal computers at home. But as cultural geographers are all too aware, thick descriptions of the complexity and meaning of poverty are also necessary. In recognition of this, Mark Peel's (2003) work on experiences of disadvantage takes international research on poverty in new directions. Based on over 300 interviews with residents and community workers in three of Australia's poorest and most stigmatized places, Peel aims to make public the not-often-heard stories of impoverished Australians. He does so in sensitive but not romanticized ways by charting a narrative that sits in between the notions of disadvantaged people as either heroes or victims. Although strongly tinged with loss and anger, voices of Australian poverty also express hope, and Peel argues that policy makers should learn from those who are experiencing the more unequal future currently being made.

These studies of poverty underscore the peculiarly suburban nature of poverty in Australia. In stark contrast to the USA, and to a lesser extent the UK, public housing policy decisions and processes of economic restructuring in Australia have concentrated social and economic disadvantage in outer suburban regions (Bryson and Winter 1999). According to O'Neill and McGuirk (2002a, 2002b), a decade of economic prosperity across Australia's east coast has further concentrated wealth in inner Sydney and disadvantage in outer suburban and regional areas. Conceptual and empirical challenges to this model have recently emerged. Kathleen Mee and I (Dowling and Mee 2000) argue that the idea of disadvantage produces narratives of place in which characteristics other than disadvantage—and in particular residents' pursuit of ideal homes and families—cannot be expressed (see also Mee 2002). Gleeson (2003) presents an empirical challenge to this conceptualization of Australian suburbs. He argues that suburban residents in Australia are increasingly affluent and pursuing privatized, individual agendas in response to changes in government policy. Though his evidence is predominantly anecdotal, Gleeson's suggestion of a convergence of the characteristics of Australian and American suburbia is certainly worthy of some thought. Indeed contemporary studies of Australian suburbia in general are much needed.

The other major spatial division within Australia—rural-urban—has also been the subject of critical reflection. O'Neill and McGuirk (2002a, 2002b), among others, document the declining economic fortunes of places outside Australia's capital cities, and especially outside Sydney. A strong interest in the rural by social and cultural geographers has also led to a problematization of this notion of rural decline (McManus and Pritchard 2000), and also criticisms of dominant concepts like 'post-productivist countryside' (Argent 2002). Ian Burnley and Peter Murphy (2003) document a large and long-term re-population of towns along the New South Wales coast. Drawn by perceptions of lower housing costs and a better quality of life, 'over the past thirty years a million people left the five mainland capitals for smaller places, with 450 000 leaving Sydney alone' (Murphy 2002: 4). This Seachange phenomenon, named after a successful television show, has dramatically altered the cultures and politics of many Australian coastal towns. Tourism is also presented as providing an alternative rural future, though it is no panacea (see Tonts and Greive 2002).

Doing cultural geography

Cultural and social geographers in Australia continue to rely upon a diversity of methods. The works discussed above encompassed both qualitative and quantitative approaches, including statistical analysis of surveys, focus groups, in-depth interviews, action research, textual analysis and mapping of census data. A strong tradition of methodological reflexivity is also apparent. The chapters in the undergraduate text *Australian Cultural Geographies* (Stratford 1999), for example, are prefaced by their authors' reflections on how they went about the research and writing of the chapter. Baker (1999) describes how his research focus was directed by the Yanyawa people's concern that aspects of the group's cultural heritage were being forgotten. He suggests that the extended duration of the research (eight years) was central to this process as it enabled him to establish a kinship with members of this community. Similarly, Costello and Hodge (1999) reflect on their position as 'insiders' to the gay and lesbian communities that they researched, suggesting that group membership provided a motivation for research. Additionally in this book, Jane Jacobs (1999) explicitly reflects on the 'labour of cultural geography'. As well as canvassing the numerous methodologies employed by cultural geographers, she emphasizes that cultural geographers need to carefully develop the skill and 'art' of interpretation. Hay's (2000) edited collection introduces undergraduate students to the diversity of qualitative methods in an accessible way, whilst also calling attention to the role of researcher reflexivity in the conduct and writing of geographical research. A recent issue of *Australian Geographer* contains a number of critical reflections on the process of *doing* cultural geography, of 'research in action' (Gibson, Costello and Hughes 2004). Whilst such critical reflections are becoming increasingly common across human geography, this collection is especially valuable for its examples of critical reflexivity in action. Sutherland (2004) discusses the intersection of her roles as researcher, activist and media spokesperson throughout her engagements with migrant, outworking women in Sydney. O'Connor (2004) further problematizes the distinction between insider and outsider, questioning the impact that perceptions of familiarity can have on a researcher's interpretive abilities, while Malam (2004) reflects on the embodied nature of the research process, highlighting the shifting power dynamics she encountered in her research into the bars and nightclubs on Koh Phangan in southern Thailand. Particularly, she describes the tensions that arose as she attempted to transcend the definitions of femininity typically ascribed to non-Thai tourist women.

Australian social and cultural geographies?

Nina Laurie (2004) recently pointed out that national differences—in research funding, in research cultures, in teaching loads—do influence the type, publishing location and quantity of research emanating from particular countries. In this review I have also pointed out that national social and cultural issues are similarly influential. Social and cultural geographers have explicitly engaged with the issues raised in Australian life, ranging across multiculturalism, indigenous rights, water shortages, sport and social disadvantage. There is also, as reflected in some of the works I have cited (for instance Ghassan Hage and Mark Peel), an active engagement with social and cultural geography by those institutionally outside the discipline of geography. The institutional future of social and cultural geography in Australia is crucial yet difficult to forecast. On the one hand, geography's position in Australian university has changed dramatically over the past ten years. Mergers between geography, geology and environmental science departments have meant that stand-alone geography departments are the exception rather than the norm in Australia (see Holmes 2002). The science orientation of the resultant departments may negatively influence social and cultural research. On the other hand, recent indicators suggest that social and cultural geography remains vibrant within these departments. The cultural study group remains one of the most active study groups of the Institute of Australian Geographers, postgraduate numbers are healthy, and new or replacement positions are being filled by social and cultural geographers. It is to be hoped that this vibrancy will continue.

References

Anderson, K. (2003) White natures: Sydney's Royal Agricultural Show in post-humanist perspective, *Transactions of the Institute of British Geographers* 28: 422–441.

Argent, N. (2002) From pillar to post? In search of the post-productivist countryside in Australia, *Australian Geographer* 33: 97–114.

Baker, R. (1999) Land is life: a cultural geography of Australian contact history, in Stratford, E. (ed.) *Australian Cultural Geographies*. Melbourne: Oxford University Press, pp. 25–47.

Berg, L.D. and Kearns, R.A. (1998) America unlimited, *Environment and Planning D: Society and Space* 16: 128–132.

Blunt, A. and Varley, A. (2004) Geographies of home, *Cultural Geographies* 11: 3–6.

Bridge, G. and Dowling, R. (2001) Microgeographies of retailing and gentrification, *Australian Geographer* 32: 93–107.

Bryson, L. and Winter, I. (1999) *Social Change, Suburban Lives: An Australian Newtown, 1960s to 1990s*. St Leonards, NSW: Allen and Unwin.

Burnley, I. and Murphy, P. (2003) *Sea Change: Movement from Metropolitan to Arcadian Australia*. Sydney: UNSW Press.

Cameron, D. (2002) Hell breaks loose over prayer hall, *Sydney Morning Herald*, 28 November.

Carroll, J. and Connell, J. (2000) 'You gotta love this city': The Whitlams and inner Sydney, *Australian Geographer* 31: 141–154.

Connell, J. and Gibson, C. (2003) *Sound Tracks: Popular Music, Identity, and Place*. London and New York: Routledge.

Costello, L. and Hodge, S. (1999) Queer/clear/here: destabilising sexualities and spaces, in Stratford, E. (ed.) *Australian Cultural Geographies*. Melbourne: Oxford University Press, pp. 131–152.

Cox, J. and Connell, J. (2003) Place, exile and identity: the contemporary experience of Palestinians in Sydney, *Australian Geographer* 34: 329–343.

Dowling, R. and Mee, K. (2000) Tales of the city: Western Sydney at the end of the millennium, in Connell, J. (ed.) *Sydney: The Emergence of a World City*. Melbourne: Oxford University Press, pp. 273–291.

Dunn, K.M. and McDonald, A. (2001) The geography of racisms in NSW: a theoretical exploration and some preliminary findings from the mid-1990s, *Australian Geographer* 32: 29–44.

Dunn, K.M. and McGuirk, P.M. (1999) Hallmark events, in Hughes, A. (ed.) *Staging the Olympics—The Event and its Impacts*. Sydney: UNSW Press, pp. 19–32.

Dunn, K.M., Gandhi, V., Burnley, I. and Forrest, J. (2003) Racism in Australia: cultural imperialism, disempowerment and violence, windows on a changing world, J. Gao, R. Le Heron & J. Logie (eds) *Windows on a Changing World*. Proceedings of the 22nd New Zealand Geographical Society Conference, New Zealand Geographical Society Conference Series No. 22,

Auckland: New Zealand Geographical Society (Inc), pp. 175–79.

Fincher, R. and Saunders, P. (eds) (2001) *Creating Unequal Futures?: Rethinking Poverty, Inequality and Disadvantage*. Crows Nest, NSW: Allen and Unwin.

Gelder, K. and Jacobs, J.M. (1998) *Uncanny Australia: Sacredness and Identity in a Postcolonial Nation*. Carlton: Melbourne University Press.

Ghosh, D. (2000) Home away from home: the Indo-Fijian community in Sydney, in Thomas, M. (ed.) *alter/asians: Asian-Australian Identities in Art, Media and Popular Culture*. Annandale NSW: Pluto Press, pp. 68–86.

Gibbs, L.M. (2003) Decolonising, multiplicities and mining in the eastern goldfields, Western Australia, *Australian Geographical Studies* 41: 17–28.

Gibson, C. (2003) Digital divides in New South Wales: a research note on socio-spatial inequality using 2001 census data on computer and internet technology, *Australian Geographer* 34: 239–257.

Gibson, C., Murphy, P. and Freestone, R. (2002) Employment and socio-spatial relations in Australia's cultural economy, *Australian Geographer* 33: 173–189.

Gibson, C., Costello, L. and Hughes, R. (2004) Introduction to Special Issue: Doing Cultural Geography, *Australian Geographer* 35(2): 122–130.

Gleeson, B. (2003) What's driving suburban Australia? Fear in the tank, hope on the horizon, in Schultz, J. (ed.) *Griffith Review: Dreams of Land*. Sydney: ABC Books, pp. 55–71.

Gooder, H. and Jacobs, J. (2000) 'On the border of the unsayable': the apology in postcolonizing Australia, *Interventions: International Journal of Postcolonial Studies* 2: 229–247.

Hage, G. (1998) *White Nation: Fantasies of White Supremacy in a Multicultural Society*. Melbourne: Pluto Press.

Hage, G. (2003) *Against Paranoid Nationalism*. Melbourne: Pluto Press.

Hay, I. (ed.) (2000) *Qualitative Methods in Human Geography*. Melbourne: Oxford University Press.

Head, L.M. (2000) Renovating the landscape and packaging the penguin: culture and nature on Summerland Peninsula, Phillip Island, Victoria, Australia, *Australian Geographical Studies* 38: 36–53.

Holmes, J. (2002) Geography's emerging cross-disciplinary links: processes, causes, outcomes and challenges, *Australian Geographical Studies* 40: 2–20.

Howitt, R. (2001) Frontiers, borders, edges: liminal challenges to the hegemony of exclusion, *Australian Geographical Studies* 39: 233–245.

Instone, L. (2004) Situating nature: on doing cultural geographies of Australian nature, *Australian Geographer* 35(2): 131–140.

Jacobs, J.M. (1999) The labour of cultural geography, in Stratford, E. (ed.) *Australian Cultural Geographies*. Oxford and New York: Oxford University Press, pp. 11–24.

Laurie, N. (2004) The politics of publishing and print, *Geoforum* 35: 141–142.

Leary, R. (1999) Youth cultures of the Hobart Rivulet, in Stratford, E. (ed.) *Australian Cultural Geographies*. Oxford and New York: Oxford University Press, pp. 153–169.

Malam, L. (2004) Embodiment and sexuality in cross-cultural research, *Australian Geographer* 35(2): 177–183.

McGuirk, P.M. and Rowe, D. (2001) 'Defining moments' and refining myths in the making of place identity: the Newcastle Knights and the Australian Rugby League Grand Final, *Australian Geographical Studies* 39: 52–66.

McManus, P. and Pritchard, B. (2000) Geography and the emergence of rural and regional Australia, *Australian Geographer* 31: 383–391.

Mee, K. (2002) Prosperity and the suburban dream: quality of life and affordability in Western Sydney, *Australian Geographer* 33: 337–351.

Muller, S. (2003) Towards decolonisation of Australia's protected area management: the Nantawarrina Indigenous Protected Area experience, *Australian Geographical Studies* 41: 29–43.

Murphy, P. (2002) Sea change: re-inventing rural and regional Australia, *Transformations* 2: 1–12.

Nolan, N. (2003) The ins and outs of skateboarding and transgression in public space in Newcastle, *Australia, Australian Geographer* 34: 311–327.

O'Connor, P. (2004) The conditionality of status: experience-based reflections on the insider-outsider issue, *Australian Geographer* 35(2): 169–176.

O'Neill, P.M. and McGuirk, P.M. (2002a) A contemporary geography of prosperity along Australia's eastern seaboard, *Australian Geographer* 33: 237–239.

O'Neill, P.M. and McGuirk, P.M. (2002b) Prosperity along Australia's eastern seaboard: Sydney and the geopolitics of urban and economic change, *Australian Geographer* 33: 241–262.

Peel, M. (2003) *The Lowest Rung: Voices of Australian Poverty*. Cambridge: Cambridge University Press.

Pulvirenti, M. (2000) The morality of immigrant home ownership: gender, work and Italian-Australian, *sistemazione, Australian Geographer* 31: 237–249.

Robinson, C. (2002) 'I think home is more than a building': young home(less) people on the cusp of home, self and something else, *Australian Geographer* 20: 27–38.

Shaw, W. (2000) Ways of whiteness: Harlemising Sydney's Aboriginal Redfern, *Australian Geographical Studies* 38: 291–305.

Stratford, E.E. (1999) *Australian Cultural Geographies*. Oxford and New York: Oxford University Press.

Stratford, E. (2002) On the edge: a tale of skaters and urban governance, *Social & Cultural Geography* 3: 193–204.

Stratford, E. and Davidson, J. (2002) Capital assets and intercultural borderlands: socio-cultural challenges for natural resource management, *Journal of Environmental Management* 66: 429–440.

Stratford, E. and Harwood, A. (2001) Feral travel and the transport field: some observations on the politics of regulating skating in Tasmania, *Urban Policy and Research* 19: 61–76.

Suchet, S. (2001) Challenging 'wildlife management': lessons for Australia from Zimbabwe, Nambia, and South Africa, in Young, E. (ed.) *Working on Country: Contemporary Indigenous Management of Australia's Lands and Coastal Regions*. Oxford: Oxford University Press, pp. 123–136.

Sutherland, E. (2004) In-the-field politics: multiple voices of outworkers and researcher, *Australian Geographer* 35(2):161–168.

Taylor, A. (2000) 'The sun always shines in Perth': a post-colonial geography of identity, memory and place, *Australian Geographical Studies* 38: 27–35.

Tonts, M. and Greive, S. (2002) Commodification and creative destruction in the Australian rural landscape: the case of Bridgetown, Western Australia, *Australian Geographical Studies* 40: 58–70.

Waitt, G. (2003) A place for Buddha in Wollongong, New South Wales? Territorial rules in the place-making of sacred spaces, *Australian Geographer* 34: 223–238.

Waitt, G., Galea, R.M. and Rawstorne, P. (2001) Generation and place of residence in the symbolic and lived identity of Maltese in Sydney, Australia, *Australian Geographer* 32: 77–91.

Italian cultural geography, or the history of a prolific absence

Claudio Minca
School of Geography, Politics and Sociology, University of Newcastle, Daish Building, Newcastle upon Tyne, NE1 7RU, UK, claudio.minca@ncl.ac.uk

Perhaps there is no such thing as an 'Italian cultural geography'. Although it would be more correct to say that within Italian academic geography, there is no clearly identifiable sub-discipline that could possibly correspond to this label. There is nothing in the Italian geographical tradition that matches, for instance, the body of reflection that emerged in British geography in the 1980s and 1990s, following the pioneering work of scholars such as Denis Cosgrove, Stephen Daniels and Peter Jackson. There are no Chairs in Cultural Geography, and few university courses of that name. Several years ago, Venetian geographer Fabio Lando (1995: 495) would remark, indeed, on the invisibility of cultural geography in the various disciplinary histories produced in recent times (e.g. Corna Pellegrini 1987; Corna Pellegrini and Brusa 1990).

Apart from a few 'exceptional exceptions'—to which I will return shortly—the great bulk of writings focusing (explicitly or implicitly) on the relationship between culture and geography has been marked by a series of characteristics that, unfortunately, are also proper to a large part of recent Italian geographical production more broadly: they often tend to ignore each other, thus precluding the possibility of any open disciplinary debate; they have a very limited impact outside of the discipline of geography; and, above all, they are the result of a sort of 'splendid isolation' from current international debates. Many of the works that I will identify in the paragraphs to follow as part of a hypothetical Italian cultural geography pay little heed, in fact, to developments in what is commonly considered (perhaps debatably) 'international cultural geography'.

This 'double absence'—of the great majority of Italian 'cultural' geographers from international debates, and of 'cultural geography' from the official histories of the (national) discipline—is, undoubtedly, the result of a complex series of historical developments that I cannot comment upon in depth in the space available (see Guarrasi 1989; Lando 1995), but that have played a determining role in shaping the destiny of the body of work which I will examine here. I would like to argue, however, that although these absences have led to a fragmentation that has certainly been deleterious for the discipline, the lack of a clearly 'structured' internal debate has also (paradoxically) allowed for the flowering of extraordinarily rich and original theoretical reflection, which I will attempt to summarize in the following pages.

When Rob Kitchin asked me to write a report on the latest vagaries of cultural geography in Italy, I was faced with three sets of problems. The first regards my own personal position as an Italian geographer now working abroad—in the birthplace of the so-called *new cultural geography*, no less—where I am usually considered (and, indeed, identify myself) a cultural geographer (a definition that would make little if any sense in my previous professional context). As Kirsten Simonsen (2003) noted in her report on Danish geography, the disciplinary stories we tell are necessarily marked by our own personal experiences, our own networks of reference and, naturally, our own ideas about (cultural) geography. This piece is no different. For someone who finds himself, like me, with one foot 'in' and one 'out', it is particularly difficult (though for that reason no less intriguing) to trace the confines of the home just left behind; it is a strange sort of participant observation, with all its merits—but also all its accordant risks and limitations.

The second problem is a problem of translation. The initiative undertaken by the editor of this Journal is certainly commendable—also for its choice, among other things, to present a report on *British* geography, thus placing it on the very same ground as other 'national' traditions. But any such initiative inevitably comes up against some limits. What I refer to here are the limits of any translation/reduction into the boundaries of a determinate structure of geographical knowledge of a very different national experience, largely irreducible to the co-ordinates of the former. I think these limits will become quite evident in the paragraphs to follow—as they have been made evident by the great diversity of styles and approaches adopted in the reports published thus far. This is not to say that this in any way diminishes the value of the initiative—quite the opposite. Indeed, the recognition of these limits is an important step ahead.

Third: in opening, I asserted (provocatively) that there is no such thing as an Italian cultural geography. To tell the truth, this assertion could be contested: on the one hand, by the existence of the so-called 'Palermo School' which, under the guidance first of Costantino Caldo and later Enzo Guarrasi, over the past two decades has presented itself explicitly as a 'Cultural Geography' research 'cluster': I will return to the legacy of this school of thought shortly. On the other, my affirmation could be contested by pointing to the publication, in recent years, of a number of volumes purportedly addressing 'cultural' geographic topics (Andreotti 1994, 1997; Andreotti and Salgaro 2001; Piccardi 1984; Vallega 2003a). The problem is that these volumes show few signs of continuity with any specific disciplinary tradition (either Italian or foreign)—while at the same time offering relatively little in the way of a new direction for the discipline. What is more, they tend to ignore each other, at least in substance (although Vallega amply recognizes the work of Andreotti), while also lacking any explicit reference to international debates in cultural geography (with the exception of the work of Paul Claval (2003)—as we have learned on the pages of this Journal, the 'father' of a very specific French 'brand' of the discipline—see Chivallon, 2003: 404). It is difficult to consider these works, then, as having contributed to the constitution of an Italian 'cultural geographic tradition', for they lack the fundamental characteristics that mark a distinct sub-discipline, with its paradigmatic battles and schools of thought. Needless to say, my considerations here go beyond any judgement on the individual value of the works in question, which I do not intend to comment upon.

Searching for the threads that would allow me to weave my version of Italian cultural geography of the past two decades, I was forced to resort to a couple of tactics. Considering the English-language audience of this journal, I began by looking for the traces of what could be considered the 'typical' research concerns of English-language cultural geography (especially, of the 'new cultural geography')—only to find that these concerns—for instance, research on landscape—were present in a great diversity of Italian geographical writings. Secondly, I chose to abandon, *a priori*, the idea of mapping such a fluid and dis-articulated disciplinary scenario, focusing my attentions, rather, on tracing a series of (almost random) paths: paths marked by the people, books, events and episodes that, to my mind, most strongly influenced 'cultural' reflection in Italian geography.

A final introductory remark. The relative lack of structure in Italian cultural geography that will emerge from my analysis has often resulted in very fluid disciplinary confines and a problematic methodological 'looseness', resulting not only in internal fragmentation and lack of continuity, but also in an almost total absence from international debates. But paradoxically, as Christine Chivallon (2003: 407) has noted with some irony for the French experience, such isolation and fragmentation has also allowed for the emergence of moments of exceptional brilliance on the part of small groups of individuals, in a sea of rather poor scholarship.

It has thus proven very difficult to trace a coherent picture from the complex interweavings of the above-noted paths and episodes. All that emerge are some hints of intriguing connections that might excite a Latourian—but that have rendered my task difficult, to say the least.

Geographers and geographics

I think it is perhaps useful to begin by identifying the few key figures who have most strongly influenced recent Italian geography: individuals whose work has focused (also) on themes considered the province of 'cultural geography' in other academies (although not necessarily seen as such by the individuals in question): the metaphorical power of geographical representations; the relationship between cartographic reason, bourgeois geography and modernity; the crisis of geographical representation; and the epistemologies of geographical praxis. It is these individuals who have contributed the most innovative approaches, whose writings have given birth to novel and original theoretical-methodological strands.

Since the 1980s, Franco Farinelli (at the University of Bologna) has literally re-written the history of geography and of geographical thought, taking to task the deterministic approaches that dominated the discipline during a great part of the 1900s, giving new life to the (largely forgotten) ontological dimension of the *Erdkunde* project, and forcefully condemning the 'cartographic prison' to which Western thought has been constrained since Anaximander's experiment. Farinelli's theory of cartographic reason is an extraordinary contribution to the understanding of the 'deep' nature of geography and the genealogies of power that have always accompanied it. His latest work—*Geografia. Un Introduzione ai Modelli del Mondo* (2003)—is, to my mind, one of the most striking books of geography ever written. Although Farinelli's work has at times been partially ignored by some conservative Italian geographers due to its explicitly revolutionary and provocative nature (as he himself recognizes: Farinelli 1992: ix), his writings have been read with dedication by countless others (myself included) and have left an indelible sign on their professional formation—and their understanding of geography. Farinelli's elaboration of the relationship between Western thought and the translation/reduction of reality into the two-dimensional plane of the map is a path-breaking contribution not only to Italian geography but to the histories of geographic thought more broadly: a contribution that will surely mark the work of the next generation of Italian geographers and, I hope, not only.

In 1985, Turin geographer Giuseppe Dematteis—certainly the most cited Italian geographer, both within and outside the discipline—published *Le Metafore della Terra*, a book that would literally change the course of Italian geography. Anticipating the post-structuralist turn in Anglo-American geography by several years, Dematteis' book exposed the ways in which the power of geographical representations does not—and cannot—derive from their 'scientificity' but is, rather, the product of their *metaphorical* nature. *Le Metafore della Terra* is, indeed, a critical and sophisticated meditation on the ambiguous nature of geographical thought, calling for an acceptance of the (necessarily) partial truths with which geographers (as all social scientists) must grapple. But unlike other social sciences, Dematteis would note, geography has as its object of analysis something quite solid, inevitably 'material'—the territory. This is why geography, now as always, functions as a precious cognitive interface between the materiality of the world and its diverse representations. Dematteis' reflections continue to strongly influence Italian geographical debates and, to my mind, are some of the most original contributions that Italy has given to geography more broadly.

The third individual whose contribution I would like to highlight is Angelo Turco (at the University of Aquila), best known for developing a geographically informed theory of complexity. Turco's is a decisively 'cultural' reading, closely engaged with new theorizations in semiotics. In two of his best known books—*Geografie della Complessità in Africa* (1986) and, especially, *Verso una Teoria Geografica della Complessità* (1988)—Turco elaborates a complex and robust theoretical and methodological apparatus, associating it with a wider cultural-intellectual project. The work of Turco and that of the extended group of geographers associated with him throughout the 1990s will focus, most heavily, on processes of territorialization in Africa, with the group's work leading to the creation of a new journal (*Terra d'Africa*), the organization of countless international and national seminars and conferences, and the publication of numerous essays and articles (see, among others, the contributions of Casti 1998; Gaffuri 1996; Turco 1999); it is perhaps one of the few examples in Italy of a clearly identifiable research 'strand'.

These are perhaps the lines of thought that have most clearly marked Italian geographical debates in the past two decades, giving life to truly novel understandings of geographical representations. It is here that we can trace the contours of a sort of implicit Italian 'cultural geography'. Indeed, despite the lack of a visibly formalized disciplinary debate, these ideas have marked new research directions, they have signed new paths of enquiry.

While the above lines of thought point to an 'implicit' cultural geography, another, 'Palermo' strand, guided by Costantino Caldo and Enzo Guarrasi, has always presented its contributions as explicitly 'cultural geography'. The Palermo group in the 1980s and 1990s was one of its kind in a national disciplinary scenario which essentially did not recognize the existence of a 'cultural geography'. Among the many contributions of this group of researchers has been that of introducing semiotic approaches to the analysis of the relationships between culture and space, often in close collaboration with the 'Palermo School' of anthropology; approaches that will later be adopted by 'new cultural geographers' as well, and which will have an important influence on the work of successive generations of Italian geographers, 'cultural' and otherwise. At the 1986 Italian Geographical Congress in Torino, Caldo and Guarrasi presided over the first-ever session dedicated to 'cultural geography': a session that included among its participants also Denis Cosgrove, in those years one of the key advocates of the emergent 'new cultural geography' in the English-speaking world.

This group of cultural geographers has been very prolific through the years, organizing a variety of meetings and conferences, and publishing its contributions within a number of edited volumes (Caldo and Guarrasi 1994; Cusimano 1999; De Spuches 2002) and special issues of *Geotema*, the official journal of the Association of Italian Geographers (Botta and Cusimano forthcoming; Caldo 1996; Guarrasi 1996). The group's most recent initiative, under the guidance of Enzo Guarrasi, has been the *Atlante Virtuale* project, which culminated in an edited collection and an extraordinary itinerant seminar organized in Palermo in September 2000 that, through a series of (virtually) interconnected 'events' and 'moments', interrogated the very idea of the 'performance' of geographies 'in place'. Bringing together speaker/performer, discourse and material context (whether the city theatre, the botanical garden, the insane asylum or archeological site), the event playfully inaugurated a new sort of (explicitly) 'nomad' cultural geography (De Spuches 2002). Unfortunately, this moment of extraordinary geography had limited resonance on the national geographical horizon—and, accordingly, limited influence on disciplinary debates on culture and geography.

Places, events, networks

Alongside (and together with) these lines of thought, a distinct series of places, events and networks have framed a wider, 'informal', Italian cultural geography. Within this wider research community, we can certainly identify the impact of the above-cited theorists and those with whom they have principally dialogued, but also the influence of a variety of other (also foreign) strands of reflection.

One of these informal networks is a group of (largely) Italian, Swiss and French geographers that has been meeting for over twenty years to reflect on the nature and the limits of geographical representations (see Guarrasi 2003: 958). The group has had the intermittent participation not only of the previously cited Italian geographical theorists, but also a number of well-known 'international' figures such as Denis Cosgrove, Gunnar Olsson and Claude Raffestin, to name but those whose work has perhaps had the greatest impact on Italian geography and geographers. The activities of this semi-formal network often intersect with those of another group of 'errant and heretic Euro-American geographers', as Franco Farinelli (1993: 107), one of the group's members, defines them. This 'nomad' group of theorists (besides Farinelli, counting among them Gunnar Olsson, Allan Pred, Dagmar Reichert and others) has been meeting on a semi-regular basis for quite a few years now, exploring new directions in geographical knowledge (see e.g. Farinelli, Reichert and Olsson 1994).

It is extremely difficult (if not impossible) to map the wider circle of protagonists, encounters and collaborations linked with these initiatives—or their outcomes: it has been, nonetheless, the most prolific 'network' (if we may call it that) of Italian and foreign geographical theorists—and undoubtedly the most influential in its effects on that which I have termed an 'implicit' Italian cultural geography. It has been particularly influential, indeed, in providing alternative directions in an intellectual environment that, up until the 1970s, was still marked by a (confused) Vidalian legacy, on the one hand, and an almost unconscious determinism, on the other, coupled with an imported version of the quantitative revolution.

One impact of these debates has been the flourishing of new publishing initiatives. We can point, for instance, to the volume edited by Clara Copeta in 1986, eloquently entitled *Esistere e Abitare*; also worthy of note are Copeta's translation of Dardel (1986) and, subsequently, the Italian version of Denis Cosgrove's path-breaking *Social Formation and Symbolic Landscape* (original 1984, translation 1990). It is these volumes, together with the Italian translation of Fremont's *La Région, Espace Vécu* (original 1974, translation 1978), edited by Massimo Quaini, that will mark an important turn in Italian cultural-geographic debates (see the discussion in Vecchio 2002).

Other indirect effects are visible in the Venetian geography of the past two decades. The 1988 workshop on 'Language and Representation' organized in Venice by Gabriele Zanetto was an important marker in this regard, as was the two-volume edited collection *Les langages des représentations géographiques* (Zanetto 1989) that followed the meeting; a work that remains one of the finest examples of disciplinary dialogue between Italian and 'other European' geographers. Following the success of this initiative—and thanks, above all, to the leadership of Zanetto (an economic geographer by training but whose writings have always dialogued with cultural approaches)—all through the 1990s, Venice continued to engage with international geographical debates in a variety of ways.

One example was the 1999 conference entitled *Postmodern Geographical Praxis*, which brought some of Italy's pre-eminent geographical theorists together with a number of their international counterparts. Although the theme of the workshop was 'postmodern' praxis in/of geography, it was also, implicitly, aimed at re-contextualizing the work of theorists such as Denis Cosgrove, Michael Dear, Cindy Katz, Don Mitchell, Gunnar Olsson, Neil Smith and Edward Soja, outside of their academic 'habitus'. At the same time, however, the meeting was an exercise in re-contextualization—'at home'—for a number of influential Italian geographers—Giuseppe Dematteis, Franco Farinelli, Enzo Guarrasi, Adalberto Vallega and Gabriele Zanetto—here engaging in debate with their foreign counterparts, several of whom—Cosgrove and Olsson above all—are certainly not strangers to Italian geography (for a discussion, see Minca 2000, 2001a; Samers and Sidaway 2001).

Venice has also maintained an important role in publishing initiatives all through the 1990s. Fabio Lando's 1993 edited collection *Fatto e Finzione*, a beautifully crafted anthology of Anglophone humanistic geography, introduced some of the most innovative theories and writings in this tradition (writings that would, in part, inspire that which we now term the 'new cultural geography') to Italian geographers. Lando's book paved the way to new research on geography and literature, inspiring a number of works on this topic (see e.g. Cusimano 1999; de Fanis 2001). Its most important contribution has been, however, that of introducing an entire body of foreign geographical research to Italian geography and geographers. I would attempt a similar, albeit more limited in scope, operation eight years later with my edited collection *Introduzione alla Geografia Postmoderna* (Minca 2001b), seeking to 'translate' into the Italian context the first decade of 'postmodern' reflection in Anglo-American geography, grounding it within broader considerations on the 'cultural turn'. The book would be the focus of a conference organized by the *Società Geografica Italiana* in September 2002, and the subject of a special issue of the Society's journal, the *Bollettino della Società Geografica Italiana*, with commentaries by Giuseppe Dematteis (2003), Enzo Guarrasi (2003), Massimo Quaini (2003) and Adalberto Vallega (2003b), among others.

Another vital locus for dialogue among Italian 'cultural' geographers has always been Milan. Of particular importance here has been the human geography series published by Unicopli and directed by Giacomo Corna Pellegrini. The series introduced to the Italian market, among other things, the writings of the American behaviourist school (Corna Pellegrini 1992), and published numerous monographs as well as translations of important works of human, political and cultural geography (among others, Bailly 1982; Bianchi 1985; Bianchi and Perussia 1978; Capel 1987; Corna Pellegrini 1989; Corna Pellegrini and Frigerio 1985; Geipel and Cesa Bianchi 1980; Pagnini 1985; Racine, Raffestin and Ruffy 1978; Raffestin 1981, 1983; Turco 1980). Milan was also the focus of a number of other publishing initiatives at the end of the 1980s and beginning of the 1990s, key among which were two volumes dedicated to landscape research in geography by Maria Clara Zerbi (1988, 1993), marking the return of Italian geographers to work on this topic.

The work of Giovanna Andreotti (at the University of Trento) has also focused on re-thinking the idea of landscape (1996, 1998), as well as on a re-conceptualization of cultural geography in Italy more broadly; we should note here her 1994 book *Riscontri di Geografia Culturale*, as well as the two edited collections to follow—*Prospettive di Geografia Culturale* (1997) and *Geografia Culturale. Idee ed Esperienze* (2001, with Silvino Salgaro). Inspired in large part by Lehmann's reflections and the German landscape tradition more broadly, Andreotti's work is largely 'spiritualist' in orientation (see the comment in Vallega

2003a), reconstructing the Sauerian legacy and focusing heavily on the relationship between geography and culture in the German and American traditions (emphasizing, in particular, the role of landscape in these conceptualizations). The surprising thing, however, is the complete absence from these works of any recognition either of the previously mentioned Italian theoretical contributions—or of the past twenty years of research in British 'new cultural geography' (although, as I noted at the outset, the engagement of this version of Italian 'cultural' geography with 'foreign' theory has always been limited, passing, largely, through the work of one person—Paul Claval—and his initiatives and networks, such as the International Geographical Union Cultural Geography Commission's conference organized by Claval in September 2003 in Gorizia, together with Trieste geographers Maria Paola Pagnini and Maurizio Scaini).

It is difficult to distinguish a continuity in this procession of events and encounters. There are some guiding threads, to be sure: threads crossing and interweaving with the four strands of 'cultural' geographic research that I had previously identified, but whose influence has been fragmented and partial, mediated by personal networks and informal discussions—networks and discussions that have generated, at instances, some extraordinary synergies and contributions.

Themes

Finally, the themes. Here, we should mark a distinction between volumes that present themselves explicitly as works *of* cultural geography, trying, in some way, to mark the contents and confines of a branch of the discipline—and those dedicated to themes usually considered 'cultural geographic': research on landscape, in particular, as well as work on cultural heritage, and the geographies of language and religion. As I have stressed before, a number of geographers have produced over the past few years what are, ostensibly, books *of* cultural geography, yet each has followed her/his own path, in no way giving birth to any sort of common disciplinary debate. Adalberto Vallega's recent *Geografia Culturale* (2003a) offers some very interesting insights into methodological debates, providing a broad overview of both structuralist and post-structuralist approaches in cultural geography, although this work, too, is quite limited in its engagement with the 'new cultural geography' literature. Silvio Piccardi's volume of the same title (1994) is dedicated, on the other hand, to a discussion of the spatial dimensions of those key themes/objects that the author considers proper to 'cultural geographic' enquiry: languages, religions and 'cultures'. Piccardi's analysis is, in fact, largely descriptive, focusing on the 'locational' factors that influence cultural phenomena and their territorial expressions, as well as on an interpretation of 'cultural landscapes'. The third important body of work in this regard is that of Andreotti, which I have already discussed.

If we consider work on 'cultural geographic' themes, certainly the greatest emphasis has been given in recent years to research on landscape (an excellent overview can be found in Vecchio 2002), a concept with a long tradition of enquiry in Italian geography; indeed, for long, *the* privileged object of geographical enquiry *tout court* (see the discussion in Farinelli 1993). A number of volumes are worthy of note here (often, the result of conferences and workshops), testimony to the vitality of landscape research in Italian geography and, presumably, markers of some sort of continuity to disciplinary debates on the topic. Such continuity, however, is illusory, for a careful examination of the volumes reveals that although the work of other geographers writing on similar topics is occasionally cited, it is frequently cited in name alone, without engaging in any substantial debate/discussion; at the same time, past research is often ignored. Here, we can point again to the work of Zerbi (1988, 1993), which has the merit of carefully engaging with past Italian landscape research; Andreotti's previously mentioned writings (1996, 1998), dedicated largely to a spiritualist cultural geography and the German tradition of landscape research; the work of Zanetto, Vallerani and Soriani (1996) reconstructing the history and adoption of the concept of landscape in Italy between 1920 and 1970; and the critical assessment found in a book written by Elio Manzi (2003). Two more conference-led collections edited, respectively, by Massimo Quaini (1994) and Angelo Turco (2002), have provided, on the other hand, a useful occasion for Italian geographers to confront themselves with theorists from other disciplines, stimulating a vivid debate on the implicitly deterministic readings of landscape that have marked the history of the Italian geographical tradition.

Another initiative worthy of note has been the publication of Luisa Bonesio and Marcella Schmidt di Friedberg's edited collection entitled *L'Anima del Paesaggio tra Estetica e Geografia* (1999), an anthology offering an interdisciplinary perspective on the topic quite different from work published to date. We should also mention here the work of Francesco Vallerani: both his recent research monograph *Acque a Nordest. Da Paesaggio Moderno a Luoghi del Tempo Libero* (2004), as well as his masterful translation of Denis Cosgrove's *Palladian Landscapes* (2000).

Also noteworthy is the work of Eugenio Turri—a geographer writing from outside of the academy but one whose work has been read widely both by the general public as well as academic geographers. Since the 1970s, Turri's books have provided 'cultural geographic' readings of a variety of themes, from the spaces of modern-day nomads (1983), to the 'anthropology' (1974) and semiotics (1979, 1982) of Italian landscapes. His 1998 volume *Il Paesaggio come Teatro* contributed in important measure to popularizing geographical understandings of a theme that holds much resonance in Italian political and cultural debates.

A number of other contributions in the geographies of landscape merit brief recognition, also because they draw directly upon the lines of thought identified at the outset of this article. The first work of note here is Giuseppe Dematteis' widely cited 1989 article that offers a critical consideration of the ways in which the idea of landscape has been theorized and deployed in Italian geography. Also, the most recent work of Enzo Guarrasi (2001a, 2001b, 2002), which has provided some of the most original theorizations of the heterotopic nature of landscapes, paving the way to what will surely become a key terrain of reflection by cultural geographers in the near future. Finally, there are Franco Farinelli's writings on the history of landscape in bourgeois geography (1991), from its introduction by Alexander von Humboldt, to its codification as part of the cartographic-positivist project of the *Landschaftskunde* by Sigfried Passarge (Farinelli 2003). To my mind, no geographer writing on the concept of landscape today can do without Farinelli's path-breaking considerations on the genesis of this idea in modern geography.

The geography of cultural heritage (termed *beni culturali*—literally, 'cultural resources', in Italian) is another theme that has been central in the research of Italian ('cultural') geographers over the past decade. Alongside the work done on this topic by the Palermo group (Caldo and Guarrasi 1994), a number of other 'clusters' have dedicated themselves to research in this realm (e.g. Caldo 1996), also thanks to the creation of a research programme aimed at examining the geographies of cultural heritage by the *Consiglio Nazionale delle Ricerche* (C.N.R.—the Italian National Research Council), directed by Sicilian geographer Nunzio Famoso. Another contribution on the topic has been Giuliano Bellezza's 1999 book *Geografia e Beni Culturali*, in which Bellezza engages, in nonconventional fashion, with some of the 'traditional' themes of Italian cultural geography: the geographies of language, and the geographies of religion. In works dedicated to the geographies of language we should also recall here the translation into Italian of Breton's pioneering work (1978) *Geografia delle Lingue* (French original: *Géographie des langages*) on the part of Gabriele Zanetto, and the 1999 book of the same title written by Guido Barbina. The geographies of religion have also remained an important realm of reflection, with a special issue of the journal *Geotema*, edited by Graziella Galliano (1996), dedicated to the topic.

Finally, we should note that research on tourism, which in the Anglo-American academy forms an important focus of critical cultural geographic reflection, is usually extremely traditional and, moreover, consigned to a sub-discipline apart—*Geografia del Turismo*. Also missing from the Italian cultural geographic agenda is any recognition of many of the key concerns of feminist geography[1] of the geographies of consumption and spectacle, the geographies of sexuality, or any critical considerations on the geographies of heritage and nationalism: all themes that form a central part of cultural geography in the North American and other European academic contexts.

A prolific absence?

The prolific absence of a 'true' cultural geography in Italy reflects many of the characteristics of the discipline as a whole: a discipline which, to an external observer, might appear largely dis-articulated, isolated from international debates, and seemingly lacking internal dialogue—and yet capable of producing, at times and within particular contexts, works of brilliance; works which would deserve, to my mind, better recognition by the international academy. At the same time, however, the almost total absence of Italian geographers from international debates, coupled with a surprising indifference on the part of so many of them towards recent reflection in cultural studies and the 'new cultural geography', are likely the principal reasons why even the most original works by Italian geographical theorists remain relatively unknown outside of Italy—and often also within other Italian social sciences.

My hope, as an Italian 'cultural' geographer abroad, is, understandably, that of seeing an end to this isolation: witnessing the return of Italian (cultural) geography to the heart of international geographical debates, a return that might allow the paradoxical fruits of this prolific absence to contribute to an internationalization of theoretical reflection in geography more broadly.

Acknowledgements

I would like to warmly thank Enzo Guarrasi and Fabio Lando for their precious comments and suggestions. Nonetheless, I am solely responsible for the opinions—and any errors—in this piece.

Nota

1 With the notable exception of the translation, edited by Gabriella Arena in 2000, of: Women and Geography Study Group of the IBG (1984) *Geography and Gender. An Introduction to Feminist Geography.* London: Unwin Hyman.

La geografia culturale italiana: o la storia di una prolifica assenza

Claudio Minca
School of Geography, Politics and Sociology, University of Newcastle, Daish Building, Newcastle upon Tyne, NE1 7RU, UK, claudio.minca@ncl.ac.uk

La geografia culturale italiana non esiste, o quasi. Forse sarebbe più giusto dire che non esiste, nella geografia accademica italiana, un insieme coerente di filoni di ricerca che, alla stregua di quello che accade in altre accademie nazionali, si possa chiaramente identificare con una simile etichetta. In altre parole, non è riscontrabile, nel panorama accademico italiano, niente di paragonabile a quello che negli anni Ottanta e Novanta, sulla scorta dei lavori di Denis Cosgrove, Stephen Daniels e Peter Jackson è accaduto nella geografia britannica. Non ci sono infatti in Italia cattedre in geografia culturale, e molto rari (inesistenti fino a poco tempo fa) sono i corsi insegnati all'università designati con quel nome. Fabio Lando qualche anno fa sottolineava come nelle grandi analisi sulla ricerca geografica italiana prodotte negli ultimi anni (Corna Pellegrini 1987; Corna Pellegrini e Brusa 1990) la geografia culturale non trovi ospitalità (Lando 1995: 495). Con l'esclusione di alcuni filoni di pensiero di eccellenza—sui quali tornerò tra breve—la maggior parte dei lavori che toccano esplicitamente o implicitamente il rapporto tra geografia e cultura, e non sono pochi, risentono di una serie di caratteristiche che sono proprie di una fetta importante della recente produzione geografica italiana: tendono spesso ad ignorarsi vicendevolmente—impedendo così di fatto lo sviluppo di un aperto dibattito disciplinare—hanno uno scarso impatto al di fuori della disciplina e, soprattutto, sono l'esito di uno splendido isolamento rispetto al dibattito internazionale. I lavori che nelle prossime righe annovererò tra le fila di una ipotetica geografia culturale italiana, se si escludono alcuni casi, tengono infatti in pochissimo conto ciò che è avvenuto o sta avvenendo in quella che viene comunemente considerata (forse discutibilmente) 'geografia culturale internazionale'. Questa doppia assenza—della maggior parte dei geografi 'culturali' italiani dal dibattito internazionale e della geografia culturale dal panorama ufficiale della disciplina—è ascrivibile a complesse ragioni storiche e attitudinali che non ho qui lo spazio di approfondire (si vedano Guarrasi 1989; Lando 1995), ma che hanno giocato un ruolo determinante nel destino di quel pezzo di produzione geografica che mi accingo a commentare. Mi si permetta di premettere tuttavia che questa parziale assenza, se ha portato ad una frammentazione e una dispersione certamente deleterie per la disciplina, ha paradossalmente consentito, anche in virtù della bassa (o nulla) strutturazione del dibattito interno, un proliferare di riflessioni teoriche ricco e straordinariamente originale, che proverò nelle prossime pagine a richiamare con una qualche sembianza di ordine.

Quando Rob Kitchin mi ha chiesto di scrivere un report sulle ultime vicende della geografia culturale in Italia mi sono trovato quindi di fronte a tre ordini di problemi. Il primo problema riguarda la mia condizione professionale di geografo italiano che lavora (da qualche mese) all'estero, cioè nella patria della cosiddetta *new cultural geography*, dove, pur ricoprendo una cattedra di geografia umana, vengo generalmente considerato (e mi presento come tale) un geografo culturale. È interessante notare al proposito che una simile definizione avrebbe avuto probabilmente poco senso nel mio contesto professionale di provenienza. Inoltre, come ha giustamente sottolineato Kirsten Simonsen (2003) nel suo report sulla geografia danese, i nostri resoconti risentono inevitabilmente delle nostre esperienze personali, delle nostre reti di riferimento e, naturalmente, anche della nostra idea di geografia, culturale in questo caso. E il presente scritto non fa eccezione. Per chi, come me, si trova per così dire con un piede dentro e un piede fuori, è particolarmente difficile, ma non per questo meno intrigante, il compito di ridisegnare le mura di quella che a lungo è stata la sua casa—insomma di immergersi in una vera propria operazione di osservazione partecipante, con tutti i pregi, i rischi e i limiti del caso.

Il secondo problema è un problema di traduzione. La lodevole iniziativa dell'editor di questa rivista—a cui bisogna riconoscere tra i non pochi meriti anche quello di aver scelto di presentare un report anche sulla geografia britannica, mettendola così (con abile mossa di politica intellettuale) sul piano delle altre geografia nazionali—si scontra inevitabilmente con un limite tipico di qualsiasi operazione del genere: quello definito dalla traduzione\riduzione all'interno di una determinata struttura della conoscenza geografica di un'esperienza nazionale diversa, sostanzialmente irriducibile alle coordinate della prima—come risulterà subito evidente nei percorsi che proverò a disegnare nei prossimi paragrafi e come è, secondo me, dimostrato dalla diversità degli approcci adottati nei report fin qui pubblicati. Si tratta quindi di passare il guado (culturale e linguistico) senza farsi troppo male (e soprattutto evitando di affogare). Il che non sminuisce il valore dell'iniziativa, semmai il contrario. L'esplicitazione di questo limite è già di per sé un importante risultato.

Terzo. Ho affermato provocatoriamente in apertura che la geografia culturale in Italia non esiste. In realtà questa affermazione si trova immediatamente di fronte ad almeno due situazioni in cui viene apparentemente smentita: la prima riguarda l'esistenza della 'scuola palermitana', che sotto la guida prima di Costantino Caldo e poi di Enzo Guarrasi si presenta esplicitamente come nucleo di Geografia Culturale nel corso degli ultimi due decenni, un filone sul quale tornerò tra breve; la seconda parziale smentita potrebbe derivare dall'uscita negli ultimi anni di alcuni volumi il cui titolo si riferisce esplicitamente alla geografia culturale (Andreotti 1994, 1997; Andreotti e Salgaro 2001; Piccardi 1984; Vallega 2003a). Il problema è che questi volumi mostrano ben pochi segni di continuità rispetto ad uno specifico filone disciplinare (né italiano né straniero), né sembrano aprire un filone nuovo in grado di animare un dibattito o nuovi orizzonti nella disciplina. Tendono peraltro ad ignorarsi a vicenda, almeno nella sostanza (anche se Vallega cita abbondantemente i lavori della Andreotti), e soprattutto ad escludere qualsiasi riferimento esplicito al dibattito internazionale in geografia culturale, con l'eccezione dei lavori di Paul Claval (2003, originale 1995)—padrino, come abbiamo imparato dalle pagine di questa rivista, di una versione francese assai specifica della sottodisciplina (Chivallon 2003: 404). È quindi particolarmente difficile attribuire a questi lavori il merito di aver contribuito alla costituzione di una 'geografia culturale italiana', mancando proprio i presupposti fondamentali per cui in una disciplina accademica venga riconosciuta la presenza di un filone di studi, con confini, battaglie paradigmatiche e scuole di pensiero. Non me ne vogliano gli autori, anche perché questa considerazione prescinde dall'eventuale valore dei rispettivi saggi che non intendo qui commentare.

Nella ricerca di un bandolo della matassa che mi consentisse di raccontare quale geografia culturale sia stata prodotta in Italia negli ultimi due decenni sono quindi ricorso a due accorgimenti: da un lato, considerando l'audience di lingua inglese di questa rivista, ho cercato le tracce di alcuni temi tipici della geografia culturale di matrice anglosassone (in particolare della new cultural geography), scoprendo che essi entrano trasversalmente in molti filoni, quasi personali e spesso paralleli, della riflessione geografica in Italia—in particolare nelle ricerche sul paesaggio; dall'altro, ho scelto di abbandonare l'idea di cartografare uno scenario tanto fluido e disarticolato, e di richiamare invece, quasi in ordine sparso, una serie di percorsi che si rifanno a persone, libri, eventi, episodi e temi che più a mio parere hanno segnato l'orientamento della riflessione recente sui temi culturali in geografia.

Ultima annotazione prima di partire. La relativa destrutturazione della geografia culturale che emergerà dalla mia analisi si è tradotta in un accesso poco pattugliato e in fin troppa libertà metodologica, la cui conseguenza principale è stata la frammentazione, la mancanza di continuità e una grave assenza dal dibattito internazionale. Ma, paradossalmente, come riscontra con una certa ironia anche Christine Chivallon (2003: 407) riferendosi al contesto francese, tutto ciò ha favorito alcuni momenti di riflessione, individuali e di gruppi relativamente poco numerosi, che hanno condotto a risultati di vera eccellenza, accompagnati parallelamente da varie espressioni di *scholarship* assai povera che non verranno qui ricordate.

Dal complesso intreccio di questi percorsi ed episodi non uscirà quindi un quadro coerente ed esaustivo, ma soltanto una serie di spunti per intriganti connessioni, che forse piacerebbero ai latouriani o ai cultori della sociologia della conoscenza, ma che mi hanno reso la vita assai difficile quando ho dovuto prendermi la responsabilità di descriverli e di selezionarli.

Persone e pensieri

Credo sia giusto partire da alcune figure chiave che, sulla base di filoni di ricerca sostanzialmente 'personali', hanno influenzato maggiormente la geografia italiana degli ultimi decenni e hanno scritto, sebbene rubricandoli sotto una diversa etichetta, anche di temi che sono considerati appannaggio della geografia culturale in altri Paesi: il potere metaforico della rappresentazione geografica, il rapporto tra ragione cartografica, geografia borghese e modernità, la crisi della rappresentazione geografica, i problemi epistemologici della prassi geografica. Sono quelli che hanno elaborato le impostazioni più innovative e originali e dato vita a veri e propri filoni teorico-metodologici, anche su temi di chiara impronta 'culturale'.

Franco Farinelli, da Bologna, a partire dagli anni Ottanta riscrive letteralmente la storia della disciplina e del sapere che l'ha sorretta, facendo a pezzi tutta l'impostazione determinista che ha attraversato buona parte del Novecento, recuperando a nuova vita la dimensione ontologica spesso dimenticata del progetto dell'*Erdkunde* e denunciando con forza e straordinaria lucidità la prigione cartografica nella quale è rimasta chiusa la struttura della conoscenza occidentale fin dall'esperimento di Anassimandro. La sua teoria della ragione cartografica rappresenta un contributo straordinario alla comprensione della natura profonda della geografia e della genealogia del potere ad essa associata e la sua ultima opera, *Geografia. Un'Introduzione ai Modelli del Mondo* (2003), è certamente uno dei più bei libri di geografia che siano mai stati scritti. I lavori di Farinelli, a volte poco recepiti da alcuni colleghi a causa del loro carattere esplicitamente rivoluzionario (Farinelli 1992: ix), sono in realtà letti con passione e un poco di turbamento da molti geografi italiani (compreso chi scrive) ed hanno lasciato un segno indelebile nella loro formazione. La ricostruzione che egli fa dei rapporti tra sapere occidentale e traduzione\riduzione in piano (la carta) della realtà è un contributo dal quale la geografia italiana (e probabilmente la geografia tutta) non può prescindere, ed è destinato a segnare le prossime generazioni di geografi italiani e (mi auguro) non solo di questi.

Nel 1985 Giuseppe Dematteis, geografo torinese, certamente il più citato sia dentro sia fuori della disciplina, pubblica *Le Metafore della Terra*, un libro che cambia la storia della geografia italiana, nel quale, anticipando di parecchi anni la riflessione post-strutturalista nell'accademia di lingua inglese, dimostra come il potere della rappresentazione geografica non risieda e non possa risiedere nella sua scientificità, ma piuttosto nella sua natura metaforica. *Le Metafore della Terra* introduce in Italia una raffinata riflessione sulla costituzione ambigua del sapere prodotto dalla geografia, mostrando la strada per una piena legittimazione sociale della disciplina e per l'accettazione delle verità parziali con le quali qualsiasi ricercatore sociale, come il geografo, si ritrova sempre alle prese. A differenza delle altre scienze sociali, ribadisce Dematteis, la geografia descrive tuttavia qualcosa di inevitabilmente materiale, il territorio, e funziona da prezioso interfaccia cognitivo tra questa materializzazione necessaria per la vita e le rappresentazioni della stessa che ogni cultura produce. Ancora oggi il suo pensiero influenza in maniera sostanziale la riflessione geografica italiana e rappresenta certamente uno dei contributi più originali e raffinati che l'Italia abbia dato alla geografia nel suo complesso.

Il terzo filone che credo sia importante segnalare è quello inaugurato dal pensiero di Angelo Turco, al quale va riconosciuto il merito di aver introdotto in geografia la teoria della complessità, con un taglio che si è fatto progressivamente sempre più 'culturale' anche grazie agli apporti della semiotica. Nei suoi due volumi forse più noti, *Verso una Teoria Geografica della Complessità* (1988) e *Geografie della Complessità in Africa* (1986), egli elabora infatti un poderoso e complesso impianto teorico e metodologico e associa a questo un importante progetto culturale, attorno al quale negli anni successivi riunisce un prolifico gruppo di geografi che si occuperanno, nel corso di tutti gli anni Novanta, soprattutto dei processi di territorializzazione in Africa. Il gruppo di lavoro produrrà infatti una rivista, *Terra d'Africa*, una serie di convegni e incontri in varie sedi italiane e soprattutto un'ampia letteratura geografica (si vedano, tra gli altri Casti 1998; Gaffuri 1996; Turco 1999), una delle poche nel panorama nazionale che si possa riconoscere tutta in un chiaro filone di ricerca.

Da questi filoni provengono certamente alcuni tra i contributi più originali della geografia italiana di questi ultimi due decenni, tutti più o meno implicitamente associabili ai principali problemi legati al rapporto tra rappresentazione geografica e territorio, e probabilmente gli unici riconducibili ad una continuità di pensiero rispetto alla quale si possa in qualche modo configurare una sorta di geografia culturale implicita. L'assenza di un dibattito interno alla disciplina non ha infatti impedito a queste spinte e idee di tracciare dei veri e propri percorsi disciplinari—sebbene anomali secondo i parametri accademici internazionali—e di trovar credito anche ben al di fuori delle mura domestiche della geografia.

Se queste sonole linee di pensiero tra le cui pieghe si possono intravedere le coordinate di una sorta di geografia culturale implicita, un filone 'parlemitano', animato da Costantino Caldo e da Enzo Guardasi, tra gli anni Ottanta e Novanta presenta invece esplicitamente i propri lavori come lavori di geografia culturale, in un momento in cui questa definizione era sostanzialmente assente dall'agenda nazionale ufficiale della disciplina. Tra i vari meriti di questo nucleo di riflessione è quello di aver anticipato, anche grazie alla prossimità con la scuola parlemitana di ricerche antropologiche, l'approccio 'semiotico' alle ricerche sui rapporti tra territorio e cultura che verrà successivamente adottato sia da una parte della geografia culturale di lingua inglese, sia da un numero crescente di geografi italiani. È significativo a questo proposito che il Congresso Geografico Italiano di Torino del 1986 ospiti la prima sessione esplicitamente dedicata alla geografia culturale, segnando in questo modo il riconoscimento ufficiale del ramo disciplinare, sancito dalla presenza di Caldo e Guarrasi, accanto a Denis Cosgrove, uno dei promotori, in quegli anni, dell'emergente new cultural geography in lingua inglese. La continuità di questo filone di geografia culturale è peraltro confermata da una serie di incontri di respiro nazionale—e più spesso internazionale—dalla pubblicazione di una serie di volumi (Caldo e Guarrasi 1994; Cusimano 1999; De Spuches 2002) e da tre numeri speciali di *Geotema*, la rivista ufficiale dell'associazione dei geografi italiani (Caldo 1996; Guarrasi 1996; Botta e Cusimano in preparazione). L'esito più recente di questa attività associata alla geografia palermitana guidata da Guarrasi è il progetto *Atlante Virtuale* che si concretizza in uno straordinario seminario itinerante tenutosi a Palermo nel settembre del 2000 durante il quale l'idea di performance, discorso geografico e contesto\luogo viene tradotta in una serie virtualmente connessa di 'eventi' intellettuali, pensati come l'esito della fusione\convergenza di relatore, discorso e sfondo materiale (il teatro, il giardino botanico, il sito archeologico, ecc.), inaugurando così un'originale proposta di geografia culturale 'nomade', finalmente consapevole di esserlo (De Spuches 2002). Si tratta anche in questo caso di episodi di splendida geografia, ma che hanno purtroppo avuto una risonanza relativamente limitata sul resto della compagine disciplinare e di conseguenza anche sulla riflessione più generale sui rapporti tra cultura e geografia.

Luoghi, reti, eventi

Accanto, in parallelo, talvolta in sovrapposizione a questi\e filoni\linee di pensiero, la riflessione in quella che mi piace immaginare come la geografia culturale italiana 'informale' si anima di una serie di eventi, luoghi e reti, nei quali a ben guardare si può almeno in parte trovare il riverbero del lavori dei geografi che abbiamo appena citato, assieme a quello di altri che con essi hanno maggiormente dialogato, nonché le influenze (anche queste intermittenti e solo raramente esplicitate con chiarezza) dei filoni di ricerca straniera.

Un gruppo di geografi principalmente italiani, svizzeri e francesi si incontra per oltre vent'anni interrogandosi sulla natura e i limiti delle rappresentazioni geografiche (Guarrasi 2003: 958) e vede la partecipazione (in alcuni casi ad intermittenza) non solo dei geografi italiani citati poco sopra, ma anche di una serie di figure di altissimo profilo nella ricerca internazionale come Denis Cosgrove, Gunnar Olsson e Claude Raffestin, tanto per citare quelli che forse hanno avuto l'influenza maggiore sulla geografia italiana degli ultimi decenni. L'attività di questa rete semi formale si intreccia peraltro con quella di un 'gruppo di geografi eretici e erranti euroamericani', come li definisce lo stesso Farinelli (1993: 107), che si incontra con una certa regolarità per riflettere sulle nuove direzioni del discorso geografico (si veda ad esempio Farinelli, Reichert e Olsson 1994). È difficile, se non impossibile, mappare i movimenti, i protagonisti e gli esiti di queste sovrapposizioni, a cui si aggiungono molte altre che non ho spazio qui di ricordare; di certo si tratta della più prolifica espressione dei rapporti tra la geografia italiana e quella straniera, rapporti destinati a influenzare almeno in parte la riflessione all'interno di quella che ho finora definito la geografia culturale implicita italiana, una geografia segnata ancora alla fine degli anni Settanta da una confusa eredità vidaliana da una parte, da un quasi inconsapevole determinismo dall'altra, e dagli esiti incerti della rivoluzione quantitativa d'importazione da un'altra ancora.

Un primo importante esempio di queste ricadute è dato dalle iniziative editoriali (e non solo) di Clara Copeta, che pubblica a metà anni Ottanta un volume dal titolo assai eloquente, *Esistere e Abitare* (1986), e soprattutto che cura per la casa editrice Unicopli la traduzione di Dardel (1986) e del libro forse più noto di Cosgrove (*Social Formation and Symbolic Landscape* 1984, versione italiana 1990), opere che assieme alla traduzione di *La Region, Espace Vécu* di Fremont (1974, versione italiana curata da Massimo Quaini 1978) avranno un certo impatto sulle successive ricerche di impianto culturale (si veda Vecchio 2002).

Ma forse l'esempio più eloquente di questo impatto viene dalla geografia veneziana degli ultimi due decenni. Nel 1988, Gabriele Zanetto organizza a Venezia un ormai storico 'colloquio', il cui esito si trova nei due volumi *Les langages des représentations géographiques* (Zanetto 1989), che resteranno una delle poche testimonianze della capacità della geografia italiana (e non soltanto di singoli geografi italiani) di dialogare alla pari con altre 'geografie' europee. Sulla scia di questa iniziativa e grazie alla spinta di Zanetto—geografo economico ma con un'inclinazione implicita verso l'approccio culturale alle cose geografiche—si susseguiranno negli anni Novanta una serie di iniziative in linea sia con le riflessioni della geografia internazionale, soprattutto di impronta anglosassone, sia con gli stimoli che derivano dai filoni italiani dominanti. Nel 1999 Venezia ospita ad esempio un altro esperimento, che mette in contatto alcuni dei protagonisti della scena geografica italiana con un certo numero di 'stelle' (l'espressione non è mia) del firmamento geografico internazionale. Il tema di cui si discute è la prassi geografica postmoderna (*Postmodern Geographical Praxis* è il titolo) ma l'obiettivo dell'incontro prescinde in realtà dal tema. Si prova infatti a de-contestualizzare il lavoro di figure del calibro di Edward Soja, Denis Cosgrove, Michael Dear, Cindi Katz, Don Mitchell, Gunnar Olsson (avvezzo ormai a questi esperimenti italiani) e Neil Smith, e portarlo 'fuori casa' (ossia l'habitus accademico anglo-americano), di fronte alla geografia italiana, riunitasi in buona parte a Campo Santa Margherita nel cuore di Venezia. Ma si tratta anche dell'occasione per una ricontestualizzazione, per così dire 'in casa', per alcuni tra i più raffinati pensatori della geografia italiana (Dematteis, Farinelli, Guarrasi, Vallega, Zanetto). Non spetta certo a me giudicare l'esito dell'esperimento, essendone stato il promotore, ma è significativo rilevare che l'impatto sia stato probabilmente più significativo a livello internazionale, che nel quadro della geografia italiana (Minca 2000, 2001a; Samers e Sidaway 2001). Anche sul piano editoriale Venezia mostra importanti segni di continuità. Nel 1993, Fabio Lando pubblica *Fatto e Finzione*, una bellissima raccolta antologica che introduce formalmente in Italia gli esiti della geografia umanistica di matrice anglosassone, un filone che nel frattempo si stava, almeno nelle sue componenti più innovative, convertendo in quella che oggi conosciamo come new cultural geography. Il libro di Lando apre la strada in Italia alle ricerche che si occupano dei rapporti tra geografia e letteratura (si vedano ad esempio Cusimano 1999; de Fanis 2001), ma ha soprattutto il merito di ricostruire un intero filone di ricerca straniero, tentando così implicitamente di riagganciare, in maniera organica ed esauriente, la riflessione geografica italiana a quella che viene ormai unanimemente considerato il dibattito internazionale. Un'operazione del genere viene tentata otto anni più tardi da chi scrive, con il volume *Introduzione alla Geografia Postmoderna* (Minca 2001b), con il quale si prova a 'tradurre' i primi dieci anni di riflessione postmoderna nella geografia anglo-americana e di agganciarla alla descrizione più generale della cosiddetta 'svolta culturale' (e linguistica) in geografia. Il volume verrà poi discusso in un convegno organizzato dalla Società Geografica Italiana nel settembre 2002 e in un successivo numero speciale del Bollettino della Società Geografica Italiana che ospita interventi, tra gli altri, di Dematteis (2003), Guarrasi (2003), Quaini (2003) e Vallega (2003b).

Un'altra sede che ha contribuito in maniera determinante al dialogo tra geografi 'culturali' è quella di Milano. In particolare è importante ricordare la collana di geografia umana diretta da Giacomo Corna Pellegrini per la casa editrice Unicopli, una collana che segna l'ingresso e il consolidamento in Italia della geografia behaviorista di scuola americana (Corna Pellegrini 1992) e che promuove la pubblicazione e la traduzione di una serie di lavori di geografia umana, politica e culturale di enorme impatto (si vedano, tra gli altri,

Bailly 1982; Bianchi 1985; Bianchi e Perussia 1978; Capel 1987; Corna Pellegrini 1989; Corna Pellegrini e Frigerio 1985; Geipel e Cesa Bianchi, 1980; Pagnini 1985; Racine, Raffestin e Ruffy 1978; Raffestin 1981, 1983; Turco 1980). Sempre da Milano partono varie iniziative a cavallo tra la fine degli anni Ottanta e l'inizio degli anni Novanta, tra le quali i due volumi sul paesaggio pubblicati da Maria Clara Zerbi (1988, 1993) che segnano il ritorno in grande stile della riflessione geografica sul paesaggio.

Dalla sede di Trento, invece, Giovanna Andreotti durante gli anni Novanta dà vita ad una serie di iniziative incentrate soprattutto sulla rivalutazione del concetto di paesaggio (1996, 1998) e sul ripensamento in chiave italiana della geografia culturale. Nel 1994 pubblica *Riscontri di Geografia Culturale* (1994), a cui farà seguire due altri libri in veste di curatrice: *Prospettive di Geografia Culturale* (1997) e *Geografia Culturale. Idee ed Esperienze* (2001) assieme a Silvino Salgaro. Portando avanti un progetto di impostazione 'spiritualista' (Vallega 2003a) ispirato in buona parte dalle riflessioni di Lehmann e della geografia tedesca sul paesaggio, Andreotti in più occasioni ricostruisce con ordine le origini della geografia culturale di impronta saueriana e del rapporto tra geografia e cultura nelle tradizioni tedesca e americana, insistendo in particolar modo sul ruolo del concetto di paesaggio nella storia di questo rapporto. La cosa che più sorprende leggendo questi volumi è tuttavia il fatto che non vi si trovi traccia dei filoni italiani che ho precedentemente menzionato, né tanto meno degli sviluppi di vent'anni di *new cultural geography*. Come ho avuto modo di sottolineare in apertura, l'aggancio di questa versione della geografia culturale italiana contemporanea con quella europea passa soprattutto attraverso il pensiero e l'attività organizzativa di Paul Claval, come è testimoniato anche dal convegno organizzato da Paola Pagnini e Maurizio Scaini a Gorizia nel settembre 2003 in associazione al gruppo UGI Cultural Geography, coordinato dallo stesso Claval.

Si legge, a fatica, in questa breve carrellata di luoghi ed eventi, una sorta di continuità latente, un percorso che intrecciandosi—spesso in maniera quasi impercettibile—con il lavoro dei quattro 'filoni' principali, tende a mostrare una curiosa e a tratti invisibile articolazione fatta di rapporti personali e di discussioni informali, apparentemente distinti dalle regole ufficiali di funzionamento di una disciplina, eppure foriera, in alcuni casi, di risultati di grande pregio e originalità.

Temi

Infine i temi. È utile a questo proposito operare una distinzione tra i libri che si presentano esplicitamente come libri *di* geografia culturale, tentando quindi di definire contenuti e confini della branca disciplinare, e quelli che sono dedicati ai temi considerati di solito appannaggio della geografia culturale: il paesaggio, innanzi tutto, e poi la geografia dei beni culturali, delle lingue e delle religioni. Come ho avuto modo di accennare all'inizio, un grappolo di geografi, operando individualmente, ha scritto negli ultimi anni alcuni manuali di geografia culturale, ognuno seguendo un proprio filone indipendente, ma senza dar vita a parer mio ad un dibattito disciplinare. Analizzando il modo distinto in cui gli approcci rispettivamente strutturalista e post-strutturalista affrontano alcuni degli argomenti classici della geografia culturale, *Geografia Culturale* di Vallega (2003a) offre ai geografi italiani interessanti spunti di riflessione metodologica, anche se nelle sue argomentazioni sfiora appena l'enorme letteratura geografica che oggi si riconosce nella new cultural geography. Il volume di Silvio Piccardi, con lo stesso titolo, esplora invece la dimensione spaziale di quelli che l'autore considera gli oggetti tipici della geografia culturale: le lingue, le religioni e le 'culture'; utilizzando un metodo descrittivo egli sviluppa perciò un'analisi dei fattori ubicazionali che caratterizzano i fenomeni culturali e i segni impressi dalla cultura sul territorio, associando ad essa l'interpretazione e l'individuazione della fisionomia dei paesaggi sotto questo aspetto (Piccardi 1994). Dei lavori di Andreotti si è già discusso.

Passando ai temi più battuti, si nota immediatamente lo spazio dato alle ricerche sul paesaggio (per un'utilissima rassegna critica si veda Vecchio 2002), un concetto con una lunga tradizione nella geografia italiana a cui spesso nel passato veniva assegnato un ruolo centrale nella ricerca geografica *tout court* (Farinelli 1993). Merita quindi richiamare una serie di volumi, spesso esito di convegni dedicati al paesaggio, che dimostrano non soltanto la vivacità del tema e il persistere della sua centralità nelle preoccupazioni dei geografi italiani, ma anche l'esistenza di alcuni momenti di confronto che, rispetto al quadro frammentato poco sopra descritto, potrebbero far pensare ad una continuità di riflessione. Tuttavia, leggendo con cura quegli scritti, ci si accorge che questa ipotetica continuità—quando viene richiamata—pare essere solo formale, nel senso che si citano altri geografi italiani che hanno scritto sull'argomento, ma non sostanziale, in quanto in alcuni casi si ignorano del tutto importanti lavori precedenti, in altri essi sono nominati soltanto, quasi per cortesia, ma senza ingaggiare una discussione vera e propria, con i rischi, l'esposizione ma anche le acquisizioni che questo comporterebbe. Tra i contributi principali a questo 'filone' virtuale sono indubbiamente i lavori di Zerbi (1988, 1993), cui ho fatto cenno in precedenza, che hanno il pregio di riprendere con particolare sensibilità la tradizione geografica italiana sull'argomento, quelli di Andreotti (1996, 1998), in linea con le sue riflessioni sulla geografia culturale di stampo spiritualista e di matrice soprattutto tedesca, di Zanetto, Vallerani e Soriani (1996), che ricostruiscono la storia del concetto e della gestione del paesaggio in Italia nel periodo 1920–1970 e la verve polemica che accompagna la penna di Manzi (2003) sullo stesso tema. Le due collezioni curate rispettivamente da Massimo Quaini (1994) e Angelo Turco (2002), esito anche in questo caso di convegni, puntano, tra le altre cose, a confrontarsi sul tema del paesaggio con cultori di altre discipline, un confronto che consente al lettore di riflettere sulla natura implicitamente determinista del concetto, almeno nella tradizione geografica, e sugli effetti che essa ha avuto sul sapere geografico italiano.

Operazione pregevole è anche quella di Luisa Bonesio e Marcella Schmidt che hanno pubblicato una raccolta intitolata *L'Anima del Paesaggio tra Estetica e Geografia* (1999); l'antologia ha tra i propri meriti quello di offrire alla riflessione sul paesaggio un respiro interdisciplinare poco riscontrabile nei lavori del passato. Merita inoltre di essere ricordato il contributo di Francesco Vallerani che ha recentemente pubblicato *Acque a Nordest. Da Paesaggio Moderno a Luoghi del Tempo Libero* (2004) e che ha curato la traduzione italiana del *Paesaggio Palladiano* di Denis Cosgrove (2000), un'operazione passata incredibilmente inosservata da chi ha scritto in Italia in questi ultimi anni sullo stesso tema.

Non si possono dimenticare, in questo quadro, i libri di Eugenio Turri, geografo non accademico, ma letto e citato dai geografi accademici, che già negli anni Settanta si occupava con un taglio tipico della geografia culturale sia della spazialità dei nomadi (1983), sia soprattutto dell'antropologia (1974) e della semiologia del paesaggio italiano (1979, 1982). Il suo *Il Paesaggio come Teatro* (1998) rappresenta un apprezzabile contributo alla divulgazione della riflessione geografica su un tema particolarmente sentito nel dibattito culturale e politico italiano.

Vorrei ricordare ancora tre lavori importanti sul paesaggio che si rifanno in parte alle linee di pensiero delineate all'inizio di questo articolo: quello di Dematteis (1989), che in un articolo molto spesso citato fa il punto sugli studi, sull'influenza e sul significato in termini cognitivi del paesaggio nella geografia; quello di Enzo Guarrasi (2001a, 2001b, 2002), con le sue originalissime riflessioni sulla natura eterotopica del paesaggio che con ogni probabilità rappresentano un'anticipazione dei temi che tra qualche anno diventeranno terreno comune per la riflessione dei geografi culturali; e infine quello di Farinelli, con la sua ricostruzione della parabola del concetto di paesaggio nella geografia borghese (1991), dalla sua introduzione da parte di Humboltd, al suo incardinamento come oggetto di perlustrazione cartografica da parte del progetto positivista della *landshaftskunde* di Sigfried Passarge, con la relativa fissazione (e morte apparente) sia dell'oggetto che del soggetto della conoscenza geografica (Farinelli 2003). È mio modesto parere che senza tener conto dei passaggi descritti da Farinelli sia difficile, oggi, dire qualcosa che abbia senso sul paesaggio, almeno come geografi.

La geografia dei beni culturali è un altro tema diventanto centrale nelle ricerche dei geografi italiani di questo ultimo decennio. Attorno a questo tema si raccolgono le riflessioni non soltanto del gruppo palermitano (Caldo e Guarrasi 1994), ma pure quelle di altri gruppi di ricerca (Caldo 1996), anche grazie all'approvazione da parte del Consiglio Nazionale delle Ricerche (C.N.R.) di un Progetto Finalizzato dedicato all'esplorazione di questo tema coordinato da Nunzio Famoso, altro geografo siciliano. *Geografia e Beni Culturali* è altresì il titolo di un libro di Giuliano Bellezza (1999), nel quale il geografo romano riprende in una versione inedita i grandi temi della geografia culturale italiana tradizionale: i rapporti tra lingua e geografia e tra religione e geografia. Nel filone della geografia delle lingue (di ispirazione soprattutto francofona) è forse utile ricordare la traduzione del libro di Breton (1978), *Geografia delle Lingue*, da parte di Gabriele Zanetto, e il libro con un titolo identico scritto da Guido Barbina (1999), mentre alla geografia delle religioni è dedicato un altro numero speciale di *Geotema*, curato da Graziella Galliano (1996).

È importante infine notare che le ricerche sul turismo, che si incardinano nel mondo anglosassone nell'agenda della geografia culturale, sono invece in Italia di stampo decisamente tradizionale e descrittivo e vengono rubricate in una sottodisciplina a parte, appunto la Geografia del Turismo. Manca inoltre dai lavori di geografia culturale qualsiasi riferimento all'impianto culturale della geografia femminista[1] e al rapporto tra cultura e consumo, tra spazio e sessualità, tra patrimonio culturale e nazionalismo, che invece giocano un ruolo centrale nella geografia culturale accademica di altri paesi europei e del Nord America.

Prolifica assenza

La prolifica assenza di una vera e propria geografia culturale in Italia, come abbiamo visto, riflette molte delle caratteristiche di una disciplina disarticolata, isolata dal contesto internazionale e apparentemente incapace di dialogare al proprio interno, eppure in grado di raggiungere, in maniera episodica, ma non per questo rara, risultati a mio parere straordinari, di cui forse l'accademia internazionale dovrebbe tener maggior conto. La relativa assenza dal dibattito internazionale e l'indifferenza a dir poco sorprendente dimostrata da molti geografi italiani nei confronti dei prodotti dei cosiddetti *cultural studies* e della *new cultural geography* di lingua inglese sono probabilmente la principale ragione per cui gli esiti più felici della produzione italiana non sono abbastanza conosciuti all'estero, e spesso neanche nelle altre scienze sociali italiane.

Il mio auspicio, come geografo 'culturale' italiano in trasferta, non può che essere quello di assistere in un prossimo futuro al ritorno della geografia (culturale e non) italiana nell'arena internazionale, per trasformare i frutti paradossali di questa dolorosa assenza in un prezioso contributo all'internazionalizzazione del dibattito teorico in geografia, che ne uscirebbe diversificato e arricchito.

Nota

1 Se si esclude la recente traduzione a cura di Gabriella Arena (2000) di Women and Geography Study Group of the IBG (1984) *Geography and Gender. An Introduction to Feminist Geography*. London: Unwin Hyman.

References

Andreotti, G. (1994) *Riscontri di Geografia Culturale*. Trento: Colibrì.

Andreotti, G. (1996) *Paesaggi Culturali. Teoria e Casi di Studio*. Milan: Unicopli.

Andreotti, G. (1997) *Prospettive di Geografia Culturale*. Trento: La Grafica.

Andreotti, G. (1998) *Alle Origini del Paesaggio Culturale, Aspetti di Filologia del Paesaggio*. Milan: Unicopli.

Andreotti, G. and Salgaro, S. (eds) (2001) *Geografia Culturale. Idee ed Esperienze*. Trento: Artmedia.

Arena, G. (ed.) (2000) *Geografia al Femminile*. Milan: Unicopli.

Bailly, A. (1982) *Geografia del Benessere*. Milan: Unicopli.

Barbina, G. (1999) *La Geografia delle Lingue*. Rome: Carocci.

Bellezza, G. (1999) *Geografia e Beni Culturali*. Milan: Franco Angeli.

Bianchi, E. (ed.) (1985) *Geografie Private. I Resoconti di Viaggio come Lettura del Territorio*. Milan: Unicopli.

Bianchi, E. and Perussia, F. (1978) *Il Centro di Milano: percezione e realtà: una ricerca geografica e psicologica*. Milan: Unicopli.

Bonesio, L. and Schmidt di Friedberg, M. (eds) (1999) *L'anima del paesaggio tra estetica e geografia*. Milan: Mimesis.

Botta, G. and Cusimano, G. (eds) *Geotema* (forthcoming)

Breton, R. (1978) *Geografia delle Lingue*. Venice: Marsilio.

Caldo, C. (ed.) (1996) Geografia e beni culturali, *Geotema*, p. 4.

Caldo, C. and Guarrasi, V. (eds) (1994) *Beni Culturali e Geografia*. Bologna: Patron.

Capel, H. (1987) *Filosofia e Scienza della Geogarfia Contemporanea*. Milan: Unicopli.

Casti, E. (1998) *L'Ordine del Mondo e la sua Rappresentazione. Seriosi Cartografica e Autoreferenza*. Milan: Unicopli.

Chivallon, C. (2003) A vision of social and cultural geography in France, *Social & Cultural Geography* 4: 401–417.

Claval, P. (2003) *Geografia Culturale* Novara: De Agostini. First published as *La géographie culturelle*. Paris: Nathan, 1995.

Copeta, C. (ed.) (1986) *Esistere e Abitare*. Milan: Franco Angeli.

Corna Pellegrini, G. (ed.) (1987) *Aspetti e Problemi della Geografia*. Milan: Marzorati.

Corna Pellegrini, G. (1989) *Esplorando Polis. Itinerari di Geografia Umana*. Milan: Unicopli.

Corna Pellegrini, G. and Brusa, C. (eds) (1990) *La Ricerca Geografica in Italia*. Varese: Ask Edizioni.

Corna Pellegrini, G. and Frigerio, A. (eds) (1985) *Turismo come e Perché*. Milan: Unicopli.

Cosgrove, D. (1984) *Social Formation and Symbolic Landscape*. London: Croom Helm.

Cosgrove, D. (1990) *Realtà Sociale e Paesaggio Simbolico*. Milan: Unicopli.

Cosgrove, D. (2000) *Il Paesaggio Palladiano*. Verona: Cierre Edizioni.

Cusimano, G. (ed.) (1999) La costruzione del paesaggio siciliano: geografi e scrittori a confronto, *Annali della Facoltà di Lettere e Filosofia*, Vol. XII. Palermo: Università di Palermo.

Dardel, E. (1986) *L'Uomo e la Terra*. Milan: Unicopli.

De Spuches, G. (ed.) (2002) *Atlante Virtuale*. Palermo: Università degli Studi di Palermo.

de Fanis, M. (2001) *Geografie Letterarie*. Rome: Meltemi.

Dematteis, G. (1985) *Le Metafore della Terra*. Milan: Feltrinelli.

Dematteis, G. (1989) I piani paesistici, Uno stimolo a ripensare il paesaggio geografico, Rivista Geografica Italiana 96: 445–457.

Dematteis, G. (2003) La metafora geografica è post-moderna?, *Bollettino della Società Geografica Italiana* 127: 947–954.

Farinelli, F. (1991) L'arguzia del paesaggio, *Casabella* : 575–576.

Farinelli, F. (1992) *I Segni della Terra*. Rome: La Nuova Italia Scientifica.

Farinelli, F. (1993) Storia del concetto geografico del paesaggio *Paesaggio: Immagine e Realtà*, Milan: Electa.

Farinelli, F. (2003) *Geografia. Un'Introduzione ai Modelli del Mondo*. Turin: Einaudi.

Farinelli, F., Reichert, D. and Olsson, G. (eds) (1994) *Limits of Representations*. Munich: Accedo.

Fremont, A. (1978) *La Regione. Uno Spazio per Vivere*. Milan: Franco Angeli.

Gaffuri, L. (1996) *Trasfigurazioni della Pietà. L'Agire Territoriale dell'Ospedale Maggiore di Milano tra Sette e Ottocento*. Milan: Unicopli.

Galliano, G. (ed.) (2002) Geografia e religione, *Geotema*, p. 18.

Geipel, R. and Cesa Bianchi, M. (1980) *Ricerca Geografica e Percezione dell'Ambiente*. Milan: Unicopli.

Guarrasi, V. (1989) Geografia culturale e semiotica della cultura, *Proceedings of the XXIV Italian Geographical Congress*. Bologna: Patron.

Guarrasi, V. (ed.) (1996) Realtà virtuali: nuove dimensioni dell'immaginazione geografica, *Geotema*, p. 6.

Guarrasi, V. (2001a) Una geografia virtuale come paesaggio, in Bonora, P. (ed.) *Comcities*. Bologna: Baskerville, pp. 91–102.

Guarrasi, V. (2001b) Paradoxes of modern and post-modern geography: heterotopia of landscape and cartographic logic, in Minca, C. (ed.) *Postmodern Geography. Theory and Praxis*. Oxford: Blackwell, pp. 226–237.

Guarrasi, V. (2002) Eterotopia del paesaggio e retorica cartografica, in De Spuches, G. (ed.) *Atlante Virtuale*. Palermo: Università degli Studi di Palermo.

Guarrasi, V. (2003) Paesaggio di teorie, *Bollettino della Società Geografica Italiana* 127: 955–966.

Lando, F. (ed.) (1993) *Fatto e Finzione. Geografia e Letteratura*. Milan: Etaslibri.

Lando, F. (1995) Paesaggio e geografia culturale. In merito ad alcune recenti pubblicazioni, *Rivista Geografica Italiana* 103.

Manzi, E. (2003) *Paesaggi Come?* Naples: Loffredo Editore.

Minca, C. (2000) Venetian geographical praxis, *Environment and Planning D: Society and Space* 18: 285–289.

Minca, C. (ed.) (2001a) *Postmodern Geography. Theory and Praxis*. Oxford: Blackwell.

Minca, C. (ed.) (2001b) *Introduzione alla Geografia Postmoderna*. Padua: Cedam.

Pagnini, P. (1985) *Geografia per il Principe. Teoria e Misura dello Spazio Geografico*. Milan: Unicopli.

Piccardi, S. (1994) *Geografia Culturale*. Bologna: Patron.

Quaini, M. (ed.) (1994) *Il Paesaggio tra Attualità e Finzione*. Bari: Cacucci Editore.

Quaini, M. (2003) Postmodernismo or rivisitazione critica della modernita? Ovvero è mai esistita una geografia veramente moderna?, *Bollettino della Società Geografica Italiana* 127: 973–988.

Racine, J.B., Raffestin, C. and Ruffy, V. (1978) *Territorialità e Paradigma Centro-periferia. La Svizzera e la Padania*. Milan: Unicopli.

Raffestin, C. (1981) *Per una Geografia del Potere*. Milan: Unicopli.

Raffestin, C. (1983) *Geografia Politica: Teorie per un Progetto Sociale*. Milan: Unicopli.

Samers, M. and Sidaway, J.D. (2000) *Exclusions, inclusions, and occlusions in 'Anglo-American geography': reflections on Minca's 'Venetian Geographical Praxis', Environment and Planning D: Society and Space* 18: 663–666.

Simonsen, K. (2003) On being 'in-between': social and cultural geography in Denmark, *Social & Cultural Geography* 4: 255–268.

Turco, A. (1980) *Insularità e Modello Centro-periferia*. Milan: Unicopli.

Turco, A. (1986) *Geografie della Complessità in Africa*. Milan: Unicopli.

Turco, A. (1988) *Verso una Teoria Geografica della Complessità*. Milan: Unicopli.

Turco, A. (1999) *Terra Eburnea. Il Mito, il Luogo, la Storia in Africa*. Milan: Unicopli.

Turco, A. (ed.) (2002) *Paesaggio: Pratiche, Linguaggi e Mondi*. Reggio Emilia: Diabasis.

Turri, E. (1974) *Antropologia del Paesaggio*. Milan: Edizioni Comunità.

Turri, E. (1979) *Semiotica del Paesaggio Italiano*. Milan: Longanesi.

Turri, E. (1982) *Dentro il Paesaggio. Ricerche su un Territorio Comunale*. Verona: Bertani.

Turri, E. (1983) *Gli Uomini delle Tende*. Milan: Edizioni Comunità.

Turri, E. (1998) *Il Paesaggio come Teatro*. Venice: Marsilio.

Vallega, A. (2003a) *Geografia Culturale*. Turin: UTET.

Vallega, A. (2003b) Postmoderno, postmodernismo, postmodernità, Teoria e prassi in geografia, Bollettino della Società Geografica Italiana 127: 909–946.

Vallerani, F. (2004) *Acque a Nordest. Da Paesaggio Moderno a Luoghi del Tempo Libero*. Verona: Cierre Edizioni.

Vecchio, B. (2002) Riflettendo sul paesaggio chiuso in un museo, in De Spuches, G. (ed.) *Atlante Virtuale*. Palermo: Università di Palermo, pp. 9–22.

Zanetto, G. (ed.) (1989) *Les Langages des Représentation Géographiques*, two volumes. Venice: Università di Venezia.

Zanetto, G., Vallerani, F. and Soriani, S. (1996) *Nature, Environment, Landscape: European Attitudes and Discourses in the Modern Period. The Italian Case, 1920–1970*. Quaderni del Dipartimento di Geografia Padua: Università di Padova.

Zerbi, M.C. (ed.) (1988) *Il Paesaggio tra Ricerca e Progetto*. Turin: Giappichelli.

Zerbi, M.C. (1993) *I Paesaggi della Geografia*. Turin: Giappichelli.

Overlapping territories: social and cultural geography in Ireland

Denis Linehan & Caitríona Ní Laoire
Department of Geography, University College Cork, Western Road, Cork, Ireland

Introduction

In the early 1990s, Fintan O Toole's book *Black Hole, Green Card* set out to chart the 'disappearance of Ireland' (O Toole 1994). Broadly concerned with the consequences of globalization, Ireland he concluded was a 'sort of flying island, hovering between a number of different contexts, often flying blind with no one sure how the controls work anymore . . . a place always taking off again and again into its own outer spaces' (O Toole 1994). O Toole's anxieties represented well the *zeitgeist* of that period, when Ireland was undermined by emigration and devastated by unemployment, and years of political violence in Northern Ireland had taken their toll. But in the decade since 1994, the conditions which led O Toole to chart a failing economy and an increasingly borderless Ireland have transformed in ways he and very few others anticipated. In Northern Ireland an uneasy but welcome peace has transformed the quality of life for many. In the South, economic prosperity has precipitated rapid social, environmental and cultural changes. Reflecting on the literature that has attempted to track the outcome of these transformations, this paper will present a short review of the key trends in the geographical work on the island of Ireland. Whilst we are sensitive to the institutional and political differences in both jurisdictions, we hope that, in light of recent political events, a paper that attempts an integrated analysis of the geographical work on both parts of the island will be welcomed. As will become apparent, our intention is to illustrate how the production of geographical knowledge on Ireland reflects the overlapping territories in which the island's economy, culture and spaces are experienced.

Contexts

Altogether, there are about 120 academic geographers on the island, spread over twelve departments or institutes. An indicative bibliographical analysis reveals that about 40 per cent of these have a broad interest in social and cultural geography. Approximately 18 per cent of full-time academic appointments are women. Ireland also attracts continued interest from an international group of geographers, some of whom could be located themselves within the Irish diaspora (Boyle 2005; Dowler 2002; Harvey 2003; Kearns 2001, 2004, 2005; Nash 2002). These research interests, which often mobilize new theoretical or methodological strategies into Irish contexts, add immeasurably to the strength of the discipline.

The institutional context for geographers in Northern Ireland and the Republic of Ireland is in some respects very different but also shares a range of similarities. Departments in the South work with very high student–staff ratios, and like other European countries such as Spain and Portugal, there are strong generational structures in the discipline. There is virtually no job mobility between departments and relatively infrequent rates of new recruitment of permanent staff. Resourced through the UK university system, student–staff ratios in Northern Ireland are lower and, understandably, the research output of staff is relatively higher. In the South, geography is the second most popular subject for high-school students. Strong undergraduate numbers are practically guaranteed. However, changes to the curriculum in Northern Ireland mean that students over the age of 14 will no longer be required to study geography. Consequently, several departments in the North have evolved degree courses to make themselves more marketable to attract students, in particular as there also has been a steady downturn in applicants from mainland UK (Hourihane and Keane 2004). Geographers in Northern Ireland operate in line with the Research Assessment Exercise—and benefit from access to British-based funding organizations, like the Leverhulme Trust, and the Economic and Social Research Institute (ESRC). Until comparatively recently, research funding in the Republic of Ireland was relatively scarce. Research contracts from local government, non-governmental organizations or participation in European Union research programmes were the most significant source of funding. However, since 2000, universities in the South have benefited from the state investment in the 'knowledge economy', whilst coming under steadily increasing pressure to increase their research productivity. Several new centres of research with key inputs from geographers have been established: notably, the Centre for Innovation and Structural Change and the Environmental Change Institute in NUI Galway; the National Institute for Regional and Spatial Analysis (NIRSA) centred in NUI Maynooth and involving four partner institutions, and the Urban Institute Ireland in University College Dublin. These developments have encouraged increases in postgraduate and postdoctoral positions. These developments are mirrored in Northern Ireland through the support of the Academy for Irish Cultural Heritages (AICH) at the University of Ulster and the Centre for Cross Border Studies in Armagh (Kitchin 2004).

However, despite these developments, and the existence of the current research funding programme for north–south collaboration, it could be argued that interactions between geographers on both parts of the island are weak, reflecting in part the separate institutional and funding regimes in which they operate (Kitchin 2004). North and South, rapid urban, social and environmental changes have created new challenges for geographers and have helped to revitalize the discipline. In both jurisdictions, geographers have a modest media presence and several sit on various government committees concerned with environment, economic and cultural development, whilst others work with groups concerned with, for example, homelessness, refugees and new migrants and the Peace Process. However, the pace of change has encouraged other professional groups, such as archaeologists, historians and sociologists, increasingly to claim expertise and knowledge in areas related to environment, landscape and place. These and related matters continue to pre-occupy many about the future of the discipline in Ireland (see Gilmartin et al. 2004).

Identities

Globalization and the recent social and cultural change in Ireland have stimulated intensive re-evaluations of Irish identity, and in particular have reconfigured the contexts of nationalist and unionist ideology. With its economy and political society stretched between the neo-liberal and social democratic models of Boston and Berlin, Ireland it seems has hybridized. In rejecting the essentialist readings of the past, a common conclusion amongst many working in the area of Irish Studies has been to suggest that neither 'the Irish' nor 'Ireland' are exact phenomena but rather sites of ongoing ideological exchange and contestation (Graham 2001). Whilst often non-aligned to these post-colonial and in some cases post-structuralist perspectives, the contested terrain of identity and place has long gripped the interests of the cultural geographies of Ireland. As Sims has recently noted, the interrogation of these issues has tended to be grounded in historical landscape studies (Simms 2004). Whilst frequently dominated by empiricist perspectives, this material which has traced geographical change through studies of Gaelic, Viking, Anglo-Norman settlements, plantations, and eighteenth- and nineteenth-century estates, still presents an extraordinary set of insights into the process of colonialism. The recent re-issue of John Andrews' (2002) brilliant book *A Paper Landscape: The Ordnance Survey in Nineteenth-century Ireland* reiterates the continued value of the landscape tradition towards informing an understanding of the cultural geographies of Ireland.

To a great extent a concentration on place and the past continues to pre-occupy the work of contemporary cultural geographers of Ireland. Smyth's remark that in spite of globalization, questions of place and landscape continue to play a key role in shaping questions of identity and politics is certainly the case (Smyth 2001). Indeed Graham has gone far enough to suggest that it is only in Palestine and Israel that the geographical query of landscape and territory are embedded so intensively in political debate (Graham 1996). However, the impact of the cultural turn, with its concerns about representation, power and identity, have altered the perspective of geographers working in this area (Howell 2003; Morrissey 2005a; Mulligan 2005). A number of other cultural geographers have embraced concerns about representation through exploration of technology, tourism, travel writers and literary geographies (Gilmartin 1999; Johnson, 2004a; Linehan and Sarmento 2006; Rains 2004; Sarmento 2004). The collection of essays, *In Search of Ireland*, did a great deal to bring this new material to an international audience (Graham 1997). Sensitive to the politics of place identity, Graham has consistently sought to illustrate how non-essentialist geographical treatments of place are invaluable in 'redressing official monolithic histories and treatments of place' (Graham 1997: 11). His own research, for instance, has challenged the 'idea that Ulster is the separate or different region in Ireland' (Graham and Shirlow 2002; see also Reid 2004). Mac Laughlin (2001), in his analysis of the social and political geographies of Ireland, has pursued a similar agenda and has located Irish nationalism and Ulster unionism in a variety of clearly defined regional and social class contexts. A nuanced account of different styles of nationalism and of the location of national ideology between local solidarity and cosmopolitan is presented by Kearns (forthcoming).

A significant body of other work considers the relationships between space, identity and representation. Nash's work on genealogy and place names has illustrated the partial narratives of settlement, displacement, migration, possession, loss and authority that are embedded in landscapes of memory and practice (Nash 1999, 2002; see also Duffy 2004). Whelan's study of Dublin's street names and monuments as symbols of the changing political landscape of the city has explored the ways in which Dublin, as both a colonial and postcolonial city, articulated the spatialities of occupation and resistance (Whelan 2003). In a comparable vein, Johnson's work on memory and the Great War has engaged contemporary perspectives in cultural geography to re-articulate questions of identity and belonging on the island of Ireland (Johnson 2003; see also Proudfoot 2000). Illustrating what Hughes has observed as the trend that 'post-colonialism is now at the point where it can be identified as a dominant within Irish criticism', these studies contest monolithic depictions of Ireland and the Irish (Hughes 2000: 8). These concerns continue to be teased out in a body of work concerned with heritage and festivalization in Ireland, which considers questions of power and consumption and space that mirror the concerns of geographers internationally (Harvey 2003; Johnson 2004b; McCarthy 2005; Morrissey 2005b; Quinn 2005; Sarmento 2004; Whelan and Moore 2005). At the same time, however, it should be noted that several cultural geographers with historical interests in Ireland continue to focus their work on non-Irish topics, a strategy that enhances the international status of the discipline on the island (Buttimer 2001a, 2001b, 2001c; Lilley 2004; Linehan 2003; Livingstone 2003, 2004; Strohmayer 1998).

These new approaches to the cultural geographies of Ireland are also well explored in work on the overlapping territories between Ireland and its diaspora. This is a highly fruitful area of research focusing, as it does, on issues of identity and culture that go beyond the boundaries of the island. Kearns' (2001, 2004) work on Irish America and the nascent republic movement, research by Holmes and Storey (2004) on the cultural identity of second-generation Republic of Ireland football players, Boyle's (2002) on the use of memory among Scotland's Irish Catholic diaspora, Leonard's (2005) on music and dance in Irish communities in England, and Kneafsey and Cox's (2002) research on how Irish women in England use food to 'make home' illustrate well the range of contexts in which questions of Irishness and identity are being explored by geographers. In particular, a concern with what Gray (2004) has termed the 'gendered spatialities of Irishness' represents a growing area of research emanating from both within and beyond the discipline. Work on women and the diaspora has explored questions of Irish national identity from feminist perspectives, and has critiqued conventional masculinist constructions of national space (e.g. Gray 2004; Luibhéid 2004; Ryan 2001; Walter 2001, 2004). Overlapping with this is an emerging body of research on the implications for understandings of Irishness, space and identity of the presence of other diasporas in Ireland, for example, the collection by Lentin and Luibhéid (2004), and work by Garner (2003) and Mac an Ghaill (2002). These overlapping areas of research are contributing to new and creative ways of re-imagining Ireland's territories.

Transformations

The question of rural and urban change has been a central focus of recent research. Dublin and Belfast are the most extensively considered urban areas. As the hub of the 'Celtic Tiger', Dublin has undergone significant growth, expanding into a newly urbanized hinterland and the city faces ongoing problems in transport, housing supply and governance (Davies 2003; Killen and McClaren 1999; McGuirk 2000; Mcguirk and MacLaran 2001; Peillon 2002). In a recent survey on traffic congestion, only Calcutta came below Dublin in an international comparison league table, a statistic made more interesting when placed beside Ireland's top-three position amongst the most globalized countries on Earth (O Toole 2003). A diversity of work in urban geography has emerged, including examination of commuting patterns, changing tourism geography, conservation and the development of particular urban quarters, notably the Temple Bar, the Dublin Docklands (Corcoran 1998; Horner 1999; McManus 2002; Moore 1999). Tracking the consequences of economic restructuring, Punch's work has interrogated the experiences in working-class communities and has mapped the activities of grassroots organizations, urban protest, and identity and the heroin crisis in the inner city (Drudy and Punch 2002a, 2002b; Punch 2001, 2002). These interests in urban inequality are echoed in the work by Bartley and Saris who have placed a strong emphasis on the experiences of 'invisible' excluded communities in the city, particularly in relation to the powerful impacts of 'high-visibility' flagship urban re-development, such as Dublin Financial Service Centre, which facilitated the regeneration of the dockland areas in the city (Saris et al. 2002; Bartley and Shine 2003). Their work on the urban horse, which played an iconic role in films such as *Into the West* and *The Commitments*, is particularly effective in illustrating the nature of exclusion and particularities of place and tradition to identity in the city (Bartley and Saris 2002).

Similar geographically based research on political representation, housing and segregation in Ireland has explored questions of inequality and deprivation (Corcoran 1998, 2002; Kavanagh 2002; Kavanagh, Mills and Sinnott 2004; Nolan and Whelan 2000). These questions of polarization reflect broader critiques of development considered at national scales (Breathnach 2002; O Riain 2000). More recently the cities' multicultural contexts have been examined, and new research is emerging on topics such as the Italian diaspora in Dublin (De Tona 2004), and the settlement patterns and experiences of African diaspora communities (Kómoláfé 2002; Lentin 2002; Ugba 2004; White 2002). Interestingly, reflecting a need to find new conceptual frameworks to understand the changing city, Lentin (2002) adopts the notion of the post-metropolis. This debt to Anglo-American traditions is growing and several geographers and others have increasingly framed the city in terms derived from the Los Angeles School of urban geography (Corcoran, Gray and Peillon 2003). Supported by NIRSA and the Urban Institute, two major research initiatives, and by the new *Journal of Irish Urban Studies*, the interrogation of the urban social geographies of Dublin seems assured (see e.g. Boyle 2005). The same, however, could not be said of other cities in southern Ireland. With a few exceptions, the social and cultural geographies of Waterford, Galway, Limerick and Cork remain virtually unknown insofar as they are reflected in recently published literature (examples include Brunt and Hourihan 1998; Coakley 2002; Crowley, Devoy, Linehan and O Flanagan 2005; Edwards and Linehan 2005; Linehan 2005; McCafferty 2005).

In Belfast, until comparatively recently, research on ethnicity has been to the forefront, dating to the late 1960s with the publication of Fred Boal's classic paper on territoriality in Belfast (Boal 1969). There is now a thriving body of literature on residential segregation and housing in Northern Ireland, linked with aspects of the ongoing conflicts there. Drawing on modes of analysis commonly used in a North American context, these issues have been traced by Doherty and Poole in their work that has examined ethnic residential segregation (Doherty and Poole 2000). However, reflecting in some ways the new political circumstance that have resulted from the Peace Process, but also the theoretical outcome of the cultural turn, these ethnic conceptualizations of Northern Irish society have been challenged by work by Shirlow and Graham who have contested the binary distinctions between Nationalist/Catholic and Unionist/Protestant (Graham 1998; Shirlow 1997). In his co-edited volume *Who Are 'the People'?*, Shirlow presents the diversities within Unionism and complicates essentialist readings of ethnicity by layering in questions of class to insist unionism is a heterogeneous community (Shirlow and McGovern 1997).

These kinds of critiques have been sustained in the work of the Centre for Spatial Territorial Analysis and Research in Queens University Belfast. Exploring the highly spatialized, political territoriality of Belfast, several studies here have explored how fear shapes the everyday lives of people living in Belfast and have deconstructed the various ways in which the discursive and material practices of heterosexism are shaped by intersecting nationalist and sectarian discourses (Kitchin and Lysaght 2003, 2004; Lysaght 2005). In light of comments raised recently in the UK, that social and cultural geography is in some sense disconnected from social issues, the work produced by this group illustrates effectively the significance of these approaches to mobilize theoretically sophisticated ideas, whilst retaining a core interest in matters of public interest and public policy. In this sense the geographical condition of this divided city continues to be explored from a range of theoretical perspectives, shifting from the behaviouralist to work now informed by issues of identity and performity. All of this work is invaluable not only in bringing into visibility and understanding the complexity of social formations in Northern Ireland but fundamentally helping to challenge the sectarian divides that diminish the quality of life in the province (Anderson and Shuttleworth 1998; Livingstone et al. 1998; Bairner and Shirlow 1999; Boal 2000; Green 2005; Moseley et al. 2001; Poole 1999; Shirlow 2000; Shirlow and McGovern 1998).

The rural geographies of Ireland continue to engage the interests of geographers. Work on the rural sphere in Ireland has tended towards economic, environmental and policy perspectives, with a significant body of emerging work on rural tourism, food, sustainability and development strategies (Buttimer 2001d; Cawley 1999; Cawley, Gaffey and Gillmor 2002; McDonagh 2001, 2002; Murtagh 1998; Sage 2003; Storey 1999, 2005). There are diverse examples of research on the social and cultural geographies of rural Ireland, such as McNerney and Gillmor's work (2005) on rural women, McGrath (2001, 2002) on rural youth, Ní Laoire (2001, 2002) on rural masculinities and Kneafsey (2000, 2001) on place identities in the west of Ireland. Some of this connects with research undertaken within rural sociology, for example on rural gender relations (O'Hara 1998; Shortall 1999). However, in comparison with the well-developed literature on the changing nature of rural identities and societies in places like New Zealand and Britain, there has been an inexplicable absence of a coherent body of published research on the social and cultural geographies of rural Ireland, which is surprising given Ireland's strong history of rural community studies, and the dominance of the rural in geographical research in the past. Although there is an emerging body of unpublished research focusing on socio-cultural analysis of topical 'rural' issues such as one-off housing, counter-urbanization and new rural populations, this has yet to make its way into the literature in the way that such topics have done in other countries.

Society and space

It is interesting to note that whilst a significant part of Irish cultural geography illustrates the fluidity of identities, Irish social geography presents more material considerations of the lives of peoples and places (Bartley and Kitchin 2006). The critical concerns of social geography are particularly well reflected in the literature on social exclusion, development and the built environment. This research has an applied dimension (e.g. Cook, Poole, Pringle and Moore 2000; Shirlow 1997) or involves policy analysis (Nolan and Whelan 1999; Pringle 1999). Mac Laughlin's work on travellers, however, is more critical and he has been able to address and explore the social exclusion of this group more effectively in wider European contexts (Mac Laughlin 1999). Much of the research on geographies of health in Ireland lies mainly in the areas of spatial epidemiology and geographies of care as well as broader questions of relationships between health and inequality (Houghton 2002, 2005; Kalogirou and Foley 2005). Recent research on geographies of poverty more broadly is compiled and presented in the edited collection by Pringle, Walsh and Hennessy (1999), entitled *Poor People, Poor Places: A Geography of Poverty and Deprivation in Ireland*. This collection presented a range of commentary on the spatial distribution of rural and urban poverty. The contributors include sociologists and economists as well as geographers, highlighting the importance of multi-disciplinary contributions to understanding the geographies of Ireland. This collection synthesizes the general directions being taken in current geographical research on poverty in Ireland (see also, Cook, Poole, Pringle and Moore 2000; Kavanagh 2002). Whilst the focus in much of this research is on the Republic, these interests in questions of social exclusion and urban inequality are mirrored in Northern Ireland with the added complexity that the social geographies of urbanization are mediated by questions of conflict and violence. Related to this is research on unemployment in rural Donegal (Shuttleworth, Kitchin, Shirlow and McDonagh 2000) and social class in Northern Ireland (Green 2005; Shirlow and Shuttleworth 1999).

As is the case in many other countries outside the Anglo-American axis (García-Ramón and Caballe 1998), gendered geographies remain relatively marginal. However, mirroring developments across the discipline internationally, the influence of middle-class, masculine, able-bodied perspectives within Irish geography is gradually being destabilized.

An emerging literature on geographies of women, gay geographies, youth and childhood, and disability is growing in strength. In our editorial to a recent special issue of *Irish Geography*, on geographies of gender, we outlined the status of gender-aware approaches to geographies of Ireland and Irishness (Ní Laoire and Linehan 2002). One emerging approach focuses on gendered spaces by researching what could be termed 'women's geographies', while a larger body of research focuses on gendered identities. Some of the research in the former area has explored the gendered nature of the labour market and employment (Barry and Brunt 2002 ; Breathnach 2002). However, it appears that the bulk of research on gendered spaces of work and employment in Ireland is being conducted by rural sociologists. Work by O'Hara (1998) and Shortall (1999, 2002) explores the marginalization of women in rural Ireland, utilizing structuralist and feminist approaches. This reflects the traditional emphasis on the rural in Irish social research, and reveals a large gap in research on women's labour market experiences in Irish urban areas which, with the exception of Breathnach's work on gender and tele-centres, due to the limited practice of economic geography, does not look like it will be addressed very soon (Breathnach 2002).

Newer areas of research in women's geographies, however, include geographies of everyday experiences, such the social geography of women's friendship in Cork city (Coakley 2003; see also McNerney and Gillmor 2005). Work on the geographies of masculinities is more developed, in terms of contexts such as farming (Ní Laoire 2002), teenage identities (Curtin and Linehan 2002) and the divided city (Lysaght 2002, 2005). Similar themes of the gendered uses of public and private spaces of the city are explored by Dowler (2001) in her research on gender, geopolitics and the socio-spatial practices in west Belfast (see also Lysaght forthcoming). The exclusion of the disabled from full access to public spaces and participation in Irish society is highlighted (Kitchin and Law 2001), in work on geographies of blindness (Kitchin, Jacobsen, Golledge and Blades 1998) and disability and social exclusion (Kitchin et al. 1998; Kitchin and Mulcahy 1999 ; Kitchin and Wilton 2003). Gay geographies are still in their infancy in Ireland and the diaspora, with a few notable exceptions (e.g. Browne 2004, forthcoming). Some of the impetus comes from Marston's (2002) research on the exclusion of gay organizations from the New York St Patrick's Day parade and Luibhéid's (2000) on the construction of lesbian and gay identities through emigration. Others conducting research in this area are Kitchin and Lysaght (2003, 2004), whose work explores sexuality and spaces of fear in Belfast, as well as broader questions of the sexual production of space (Kitchin 2002).

Conclusions

We live as Doreen Massey has recently noted, in 'spatial times' (Massey 2005). Teasing out the nature and consequences of these spatial changes on the island of Ireland presents a dynamic and challenging research environment. Distinctive as they are, these restructurings in Ireland often correspond to increasingly visible tensions in cultural and social processes elsewhere in the world as a consequence of globalization. As such, whether Ireland has 'disappeared' is another matter entirely! In 1971, in the preface to *Eruption*—a journal of the University College Cork Geographical Society—Charlie O Connell, the first Professor of Geography at

University College Cork, congratulated his students on their interest in 'the problems of our time', but he concluded that 'here in Ireland the earth we tread on is firm and permanent—a true *terra firma* ... life goes on quietly enough, Little changes. Things will always be as they have always been' (O Connell 1971: 3). How things have changed. Ireland's *terra ferma* has become to many extents a *terra incognita*. The new economy and new forms of consumption and lifestyles have certainly undermined older dualities, of urban and rural, of past and present, of North and South, of Protestant and Catholic. But simultaneously the legacy of the past continues to shape things. Claims for post-catholic, post-nationalist agendas simplify the situation. In 2001, at the height of the Celtic Tiger boom, over a million people witnessed the circulation of the relics of St Teresa of Lisieux. If even briefly, churches were crowded again; traffic on main roads slowed to the pace of the relic's procession. Similarly in Northern Ireland, the Peace Process has not eroded the sharp differences between social groups. Political violence such as that witnessed at Holy Cross School or the murder of Robert McCartney haunts the city of Belfast. Meanwhile, all over the island, rural and urban inequality remain, new migrants are shaping a multi-cultural society, and injustice and environmental problems are continuously reproduced. It is this very 'real' Ireland, we suspect, that will continue to interest the work of cultural and social geographers in and of Ireland, North and South, for some time to come.

References

Anderson, J. and Shuttleworth, I. (1998) Sectarian demography, territoriality and political development in Northern Ireland, *Political Geography* 17: 187–208.

Andrews, J. (2002) *A Paper Landscape: The Ordnance Survey in Nineteenth-century Ireland*. Dublin: Four Courts Press.

Bairner, A. and Shirlow, P. (1999) Loyalism, Linfield and the territorial politics of soccer fandom, *Space and Polity* 2: 163–178.

Barry, A. and Brunt, B. (2002) Female employment in the multinational electronics industry in Ireland's south-west planning region, *Irish Geography* 35(1): 28–39.

Bartley, B. and Kitchin, R. (eds) (2006) *Understanding Contemporary Ireland*. London: Pluto Press.

Bartley, B. and Saris, A. (2002) The arts of memory: icon and structural violence in a Dublin underclass estate, *Anthropology Today* 18(4): 14–19.

Bartley, B. and Shine, K.T. (2003) Competitive city: governance and the changing dynamics of urban regeneration in Dublin, in Swyngedouw, E., Moulaert, F. and Rodriguez, A. (eds) *Urbanising Globalisation: Urban Redevelopment and Social Polarisation in the European City*. Oxford: Oxford University Press, pp. 145–166.

Boal, F.W. (1969) Territoriality on the Shankill–Falls divide, Belfast, *Irish Geography* 6: 30–50.

Boal, F. (2000) Seeking the common ground, in Kliot, D. and Newman, D. (eds) *Geopolitics at the end of the Twentieth Century*. London: Frank Cass, pp. 239–261.

Boyle, M. (2002) Edifying the rebellious Gael: uses of memories of Ireland's troubled past among the west of Scotland's Irish Catholic diaspora, in Harvey, D., Jones, R. and McInroy, N. (eds) *Celtic Geographies: Landscapes, Culture and Identity*. London: Routledge, pp. 173–191.

Boyle, M. (2005) Sartre's circular dialectic and the empires of abstract space: a history of space and place in Ballymun, Dublin, *Annals of the Association of American Geographers* 95(1): 181–195.

Breathnach, P. (2002) Information technology, gender segmentation and the relocation of back office employment, Information, Communication and Society 5: 320–335.

Browne, K. (2004) Genderism and the Bathroom Problem: (re)materialising sexed sites, (re)creating sexed bodies, *Gender, Place and Culture* 11: 331–346.

Browne, K. (forthcoming), A party with politics? (Re)making LGBTQ Pride spaces in Dublin and Brighton, *Social & Cultural Geography*.

Brunt, B. and Hourihan, K. (eds) (1998) *Perspectives on Cork*. Special publications no. 10. Cork: Geographical Society of Ireland.

Buttimer, A. (2001a) Moralities and imagination, in Adams, P., Hoelscher, S. and Till, K. (eds) *Textures of Place. Exploring Humanist Geographies*. Minneapolis: University of Minnesota Press, pp. 223–232.

Buttimer, A. (2001b) Home-reach-journey, in Moss, P. (ed.) *Placing Autobiography in Geography*. Syracuse, NY: Syracuse University Press, pp. 22–41.

Buttimer, A. (2001c) Beyond Humboldtian science and Goethe's way of science: challenges of Alexander von Humboldt's geography, *Erdkunde* 55(2): 105–120.

Buttimer, A. (2001d) *Sustainable Landscapes and Life-ways: Issues of Scale and Appropriateness*. Cork: Cork University Press.

Cawley, M. (1999) Poverty and accessibility to services in the rural west of Ireland, in Pringle, D., Walsh, J. and Hennessy, M. (eds) *Poor People, Poor Places: A Geography of Poverty and Deprivation in Ireland*. Dublin: Oak Tree Press, pp. 141–156.

Cawley, M., Gaffey, S. and Gillmor, D. (2002) Localization and global reach in rural tourism: Irish evidence, *Tourist Studies* 2(1): 62–86.

Coakley, L. (2002) 'I don't relax until I'm home': women's fear of violent crime in public space in Cork, *Irish Geography* 36(2): 178–193.

Coakley, L. (2003) All over the place, in towns, in the pub, everywhere—a social geography of women's friendship in Cork, *Irish Geography* 35(1): 40–50.

Cook, S., Poole, M.A., Pringle, D.G. and Moore, A.J. (2000) *Comparative Spatial Deprivation in Ireland: A Cross-border Analysis*. Dublin: Oak Tree Press.

Corcoran, M.P. (1998) The re-enchantment of Temple Bar, in Peillon, M. and Slater, E. (eds) *Encounters with Modern Ireland: A Sociological Chronicle, 1995–1996*. Dublin: Institute of Public Administration, pp. 9–24.

Corcoran, M.P. (2000) Mall city, in Peillon, M. and Slater, E. (eds) *Memories of the Present*. Dublin: Institute of Public Administration, pp. 91–104.

Corcoran, M.P., Gray, J. and Peillon, M. (2003) Local sentiment and sense of place in a new suburban community, in Breen, M., Conway, E. and McMillan, B. (eds) *Technology and Transcendence*. Dublin: Columba Press, pp. 146–159.

Crowley, J., Devoy, R., Linehan, D. and O Flanagan, P. (eds) (2005) *Atlas of Cork City*. Cork: Cork University Press.

Curtin, A. and Linehan, D. (2002) Where the boys are - teenagers, masculinity and a sense of place, *Irish Geography* 35(1): 63–74.

Davies, A.R. (2003) Waste wars: public attitudes and the politics of place in waste management strategies, *Irish Geography* 36(1): 77–92.

De Tona, C. (2004) 'I remember when years ago in Italy': nine Italian women in Dublin tell the diaspora, *Women's Studies International Forum* 27: 315–334.

Doherty, P. and Poole, M.A. (2000) Living apart in Belfast: residential segregation in a context of ethnic conflict, in Boal, F. (ed.) *Ethnicity and Housing: Accommodating Differences*. Abingdon: Ashgate Publishing, pp. 179–189.

Dowler, L. (2001) Preserving the peace and maintaining order: deconstructing the legal landscape of public housing in West Belfast, Northern Ireland, *Urban Geography* 22(2): 100–103.

Dowler, L. (2002) Till death do us part: masculinity, friendship, and nationalism in Belfast, Northern Ireland, *Environment and Planning D: Society and Space* 20: 53–72.

Drudy, P.J. and Punch, M. (2002a) Housing models and inequality: perspectives on recent Irish experience, *Housing Studies* 17: 657–672.

Drudy, P.J. and Punch, M. (2002b) Economic restructuring, urban change and regeneration: the case of Dublin, *Journal of the Statistical and Social Inquiry Society of Ireland* 29: 155–212.

Duffy, P. (2004) Unwritten landscapes: reflections on minor placenames and sense of place in the Irish countryside, in Clarke, H., Prunty, J. and Hennessy, M. (eds) *Surveying Ireland's Past: Multidisciplinary Essays in Honour of Anngret Simms*. Dublin: Geography Publications, pp. 689–711.

Edwards, C. and Linehan, D. (2005) *City of Difference: Mapping Social Exclusion in Cork City*. Cork: Cork City Council.

García Ramón, M.D. and Caballe, A. (1998) Situating gender geographies: a bibliometric analysis, *Tijdschrift voor Economische en Sociale Geografie* 89: 210–216.

Garner, S. (2003) *Racism in the Irish Experience*. London: Pluto.

Gilmartin, M. (1999) The Irish travels of Asenath Nicholson in 1844–45, in Buttimer, A., Brunn, S. and Wardenga, U. (eds) *Text and Image: Social Construction of Regional Knowledges*. Leipzig: Selbstverlag Institut für Länderkunde, pp. 248–255.

Gilmartin, M. (2004) Geography in Ireland in transition—some comments, *Irish Geography* 37(2): 121–144.

Graham, B. (1996) Geography re-invented, *British Studies Now* 7(2): 10.

Graham, B. (1997) *In Search of Ireland: A Cultural Geography*. London: Routledge.

Graham, B. (1998) Contested images of place among Protestants in Northern Ireland, *Political Geography* 17: 129–144.

Graham, B. and Shirlow, P. (2002) The Battle of the Somme in Ulster memory and identity, *Political Geography* 21: 881–904.

Graham, C. (2001) *Deconstructing Ireland: Identity, Theory, Culture*. New York: Columbia University Press.

Gray, B. (2004) *Women and the Irish Diaspora*. London and New York: Routledge.

Green, A. (2005) Young people, job search and local labour markets: the example of Belfast, *Urban Studies* 42: 301–324.

Harvey, D. (2003) National identities and the politics of ancient heritage: continuity and change at ancient monuments in Britain and Ireland, c. 1675-1850, *Transactions of the Institute of British Geographers* 28: 473–487.

Holmes, M. and Storey, D. (2004) Who are the boys in green? Irish identity and soccer in the Republic of Ireland, in Porter, D. and Smith, A. (eds) *Sport and National Identity in the Post-war World*. London: Routledge, pp. 88–104.

Horner, A. (1999) The Tiger stirring: aspects of commuting in the Republic of Ireland 1981-1996, *Irish Geography* 32(2): 99–111.

Houghton, F. (2005) Hiding the evidence: the state and spatial inequalities in health in Ireland, *Irish Geography* 38(1): 96–106.

Houghton, F. and Kelleher, K. (2002) Smallpox in Ireland–an historical (and unwelcome) relevance for the future, *Irish Geography* 35(1): 90–94.

Hourihane, J. and Keane, M. (2004) Geography in Ireland, *Belgeo* 1: 95–118.

Howell, P. (2003) Venereal disease and the politics of prostitution in the Irish Free State, *Irish Historical Studies* 33: 320–341.

Hughes, E. (2000) Forgetting the future: an outline history of Irish literary studies, *The Irish Review* 25: 1–15.

Johnson, N. (2003) *Ireland, the Great War and the Geography of Remembrance*. Cambridge: Cambridge University Press.

Johnson, N. (2004a) Fictional journeys: paper landscapes, tourist trails and Dublin's literary texts, *Social & Cultural Geography* 5: 91–107.

Johnson, N. (2004b) Heritage landscapes, geographical imaginations and material cultures: tracing Ulster's past, in Mels, T. (ed.) *Reanimating Places: A Geography of Rhythms*. London: Ashgate, pp. 227–239.

Kalogirou, S. and Foley, R. (2005) Modelling accessibility to general hospitals in Ireland, in *Proceedings of the GIS Research UK Conference, University of Glasgow*, pp. 21–26

Kavanagh, A.P. (2002) *Unequal Participation—Unequal Influence: Voter Participation and Voter Education in Dublin's South West Inner City*. Dublin: South West Inner City Network.

Kavanagh, A., Mills, G. and Sinnott, R. (2004) The geography of Irish voter turnout: a case study of the 2002 general election, *Irish Geography* 37(2): 177–186.

Kearns, G. (2001) 'Educate that holy hatred': place, trauma and identity in the Irish nationalism of John Mitchel, *Political Geography* 20: 885–911.

Kearns, G. (2004) Mother Ireland and the revolutionary sisters, *Cultural Geographies* 11: 459–483.

Kearns, G., Bare life, political violence and the territorial structure of Britain and Ireland, in Gregory, D. and Pred, A. (eds) *Spaces of Terror*. New York: Routledge.

Killen, J.K. and McClaren, A. (1999) *Dublin and its Region: Contemporary Issues and Challenges for the Twenty-first Century*. Dublin: The Geographical Society of Ireland/Centre for Urban & Regional Studies, Trinity College Dublin.

Kitchin, R. (2002) Sexing the city: the sexual production of non-heterosexual space in Belfast, Manchester and San Francisco, *City* 6: 205–218.

Kitchin, R. (2004) Geography in Ireland in transition, *Irish Geography* 37(1): 15–19.

Kitchin, R. and Law, R. (2001) The socio-spatial construction of inaccessible public toilets, *Urban Studies* 38: 287–298.

Kitchin, R. and Lysaght, K. (2003) Heterosexism, homophobia and the geographies of everyday life in Belfast, *Environment and Planning A* 35: 489–510.

Kitchin, R. and Lysaght, K. (2004) Discursive formations of sexual citizenship: sexuality, religion and nationalism in Belfast, Northern Ireland, *Gender, Place and Culture* 11: 83–103.

Kitchin, R. and Mulcahy, F. (1999) *Disability, Access to Education, and Future Opportunities*. Dublin: Combat Poverty Agency.

Kitchin, R. and Wilton, R. (2003) Disability activism and the politics of scale in Canada and Ireland, *Canadian Geographer* 47: 97–115.

Kitchin, R.M., Jacobson, R.D., Golledge, R.G. and Blades, M. (1998) Belfast without sight: exploring geographies of blindness, *Irish Geography* 31: 34–46.

Kneafsey, M. and Cox, R. (2002) Gender and Irishness—how Irish women in Coventry make home, *Irish Geography* 35(1): 6–15.

Kómoláfé, J. (2002) Searching for fortune: the geographical process of Nigerian migration to Dublin, Ireland, *Irinkerindo: A Journal of African Migration 1*, pp. 1–18.

Lentin, R. (2002) At the heart of the Hibernian post-metropolis: spatial narratives of ethnic minorities and diasporic communities in a changing city, *City* 6: 229–250.

Lentin, R. and Luibhéid, E. (eds) (2004) Representing migrant women in Ireland and the E.U., special issue, *Women's Studies International Forum* 27(4).

Leonard, M. (2005) Performing identities: music and dance in the Irish communities of Coventry and Liverpool, *Social & Cultural Geography* 6: 515–529.

Lilley, K.D. (2004) Cities of God? Medieval urban forms and their Christian symbolism, *Transactions of the Institute of British Geographers* 29: 296–313.

Linehan, D. (2003) Regional survey and the economic geographies of Britain 1930-1939, *Transactions of the Institute of British Geographers* 28: 96–119.

Linehan, D. (2005) Urban difference: inequality in Cork since 1980, in Crowley, J., Devoy, R., Linehan, D. and O Flanagan, P. (eds) *Atlas of Cork City*. Cork: Cork University Press, pp. 403–408.

Linehan, D. and Sarmento, J. (2006) A transformação da paisagem irlandesa: o fim da Geografia?, in Azevedo, A. Pimenta, R. and Sarmento, J. (eds) *Ensaios em Geografia Cultural*. Porto: Figueirinhas, pp. 51–66.

Livingstone, D. (2003) *Putting Science in its Place: Geographies of Scientific Knowledge*. Chicago: University of Chicago Press.

Livingstone, D. (2004) Oriental travel, Arabian kinship and ritual sacrifice: William Robertson Smith and the fundamental institutions, *Environment and Planning D: Society and Space* 22: 639–657.

Livingstone, D.N., Keane, M.C. and Boal, F.W. (1998) Space for religion: a Belfast case study, *Political Geography* 17(2): 145–170.

Luibhéid, E. (2000) Queer circuits: the construction of lesbian and gay identities through emigration, in Lentin, R. (ed.) *Emerging Irish Identities*., Proceedings of Seminar, Trinity College Dublin, November 1999 27(4): pp. 335–350.

Luibhéid, E. (2004) Childbearing against the state? Asylum-seeker women in the Irish Republic, *Women's Studies International Forum* 27: 335–349.

Lysaght, K. (2002) Dangerous friends and deadly foes: performances of masculinity in the divided city, *Irish Geography* 35(1): 51–62.

Lysaght, K. (2005) 'Catholics, Protestants and office workers from the town': the experience and negotiation of fear in Northern Ireland, in Svasek, M. and Milton, K. (eds) *Mixed Emotions: Anthropological Studies of Feeling*. London: Berg.

Lysaght, K., 'WARSAW 2': gendered negotiations in a fearful landscape, *Irish Journal of Sociology*.

Mac an Ghaill, M. (2002) Beyond a black–white dualism: racialisation and racism in the Republic of Ireland and the Irish diaspora experience, *Irish Journal of Sociology* 11(2): 99–122.

Mac Laughlin, J. (1999) Nation-building, social closure and anti-traveller racism in Ireland, *Sociology* 33(1): 1–23.

Mac Laughlin, J. (2001) *Contested Terrains and Powerful Places: Constructing Nationalist and Unionist Hegemony in Ireland*. London: Pluto Press.

Marston, S.A. (2002) Making difference: conflict over Irish identity in the New York City St. Patrick's Day parade, *Political Geography* 21: 373–392.

Massey, D. (2005) *For Space*. London: Palgrave.

McCafferty, D. (2005) *Limerick: Profile of a Changing City*. Limerick: Limerick City Development Board.

McCarthy, M. (ed.) (2005) *Ireland's Heritages: Critical Perspectives on Memory and Identity*. Ashgate: Aldershot.

McDonagh, J. (2001) *Renegotiating Rural Development in Ireland*. Aldershot: Ashgate.

McDonagh, J. (2002) *Economy, Society and Peripherality: Experiences from the West of Ireland*. Dublin: Arlen Academic.

McGuirk, M. (2000) Power and policy networks in urban governance: local government and property-led regeneration in Dublin, *Urban Studies* 37: 651–672.

McGuirk, M. and MacLaran, A. (2001) Changing approaches to urban planning in an entrepreneurial city: the case of Dublin, *European Planning Studies* 9: 453–457.

McManus, R. (2002) Dublin's changing tourism geography, *Irish Geography* 34(2): 103–123.

McNerney, C. and Gillmor, D. (2005) Experiences and perceptions of rural women in the Republic of Ireland: studies in the Border Region, *Irish Geography* 38(1): 44–56.

Moore, N. (1999) Rejuvenating docklands: the Irish context, *Irish Geography* 32(2): 135–149.

Morrissey, J. (2005a) Cultural geographies of the contact zone: Gaels, Galls and overlapping territories in late medieval Ireland, *Social & Cultural Geography* 6: 551–566.

Morrissey, J. (2005b) A lost heritage: The Connaught Rangers and multivocal Irishness, in McCarthy, M. (ed.) *Ireland's Heritages: Critical Perspectives on Memory and Identity.* Aldershot: Ashgate, pp. 71–87.

Moseley, M., Cherrett, T. and Cawley, M. (2001) Local partnerships for rural development: Ireland's experience in context, *Irish Geography* 34(2): 176–193.

Mulligan, A. (2005) Absence makes the heart grow fonder: transatlantic Irish nationalism and the 1867 Rising, *Social & Cultural Geography* 6: 439–454.

Murtagh, B. (1998) Community, conflict and rural planning in Northern Ireland, *Journal of Rural Studies* 14: 221–231.

Nash, C. (1999) Irish place names: post-colonial locations, *Transactions of the Institute of British Geographers* 24: 457–480.

Nash, C. (2002) Genealogical identities, *Environment and Planning D: Society and Space* 20: 27–52.

Ní Laoire, C. (2001) A matter of life and death? Men, masculinities and staying 'behind' in rural Ireland, *Sociologia Ruralis* 41: 220–236.

Ní Laoire, C. (2002) Young farmers, masculinities and change in rural Ireland, *Irish Geography* 35(1): 16–27.

Ní Laoire, C. and Linehan, D. (2002) Engendering the human geographies of Ireland, *Irish Geography* 35(1): 1–5.

Nolan, B. and Whelan, C.T. (2000) Urban housing and the role of 'underclass' processes: the case of Ireland, *Journal of European Social Policy* 10(1): 5–21.

O Connell, C. (1971) Preface, *Eruption* 1: 3.

O'Hara, P. (1998) *Partners in Production: Women, Farm and Family in Ireland.* Oxford: Bergahn Books.

O Riain, S. (2000) The flexible developmental state: globalization, information technology and the Celtic Tiger, *Politics and Society* 28: 157–193.

O Toole, F. (1994) *Black Hole, Green Card: The Disappearance of Ireland.* Dublin: New Island Books.

O Toole, F. (2003) *After the Ball.* Dublin: TASC at New Island.

Peillon, M. (2002) Exclusionary protests in urban Ireland, *City* 6: 193–204.

Poole, M.A. (1999) Religious residential segregation in urban County Derry 1831–1991: a study of variation in space and time, in O'Brien, G. (ed.) *Derry and Londonderry: History and Society: Interdisciplinary Essays on the History of an Irish County.* Dublin: Geography Publications, pp. 557–571.

Pringle, D. (1999) Something old, something new: lessons to be learnt from previous strategies of positive territorial discrimination, in Pringle, D., Walsh, J., and Hennessy, M. (eds) *Poor People, Poor Places: a geography of poverty and deprivation in Ireland.* Dublin: Oak Tree Press, pp. 263–278.

Pringle, D., Walsh, J. and Hennessy, M. (eds) (1999) *Poor People, Poor Places: A Geography of Poverty and Deprivation in Ireland.* Dublin: Oak Tree Press.

Proudfoot, L. (2000) Hybrid space? Self and other in narratives of landownership in nineteenth-century Ireland, *Journal of Historical Geography* 26: 203–221.

Punch, M. (2001) Inner-city transformation and renewal: the view from the grassroots, *Economic and Social Trends* 3: 38–51.

Punch, M. (2002) Local development issues on the urban periphery: Tallaght from the bottom up, *Journal of Irish Urban Studies* 1(1): 61–77.

Quinn, B. (2005) Changing festival places: insights from Galway, *Social & Cultural Geography* 6: 237–252.

Rains, S. (2004) Quarterizing the city: the spatial politics of the Joyce industry in Dublin, in Bell, D. and Mark, J. (eds) *City of Quarters: Urban Villages in the Contemporary City.* London: Ashgate, pp. 131–148.

Reid, B. (2004) Labouring towards the space to belong: place and identity in Northern Ireland, *Irish Geography* 37(1): 103–113.

Ryan, L. (2001) Irish female emigration in the 1930s: transgressing space and culture, *Gender, Place and Culture* 8: 271–282.

Sage, C. (2003) Social embeddedness and relations of regard—alternative 'good food' networks in south-west Ireland, *Journal of Rural Studies* 19: 47–60.

Saris, A.J., Bartley, B., Kierans, C., Walsh, C. and McCormack, P. (2002) Culture and the state: institutionalizing 'the underclass' in new Ireland, *City* 6(2): 173–191.

Sarmento, J. (2004) *Representação, Imaginação e Espaço Virtual: Geografias de Paisagens Turísticas dos Açores e de West Cork.* Lisbon: Gulbenkian.

Shirlow, P. (1997) Class, materialism and the fracturing of traditional alignments, in Graham, B. (ed.) *In Search of Ireland: A Cultural Geography.* London: Routledge, pp. 87–107.

Shirlow, P. (2000) Fundamentalist Loyalism: discourse, resistance and identity politics, in Gold, J. and Revill, G.

(eds) *Landscapes of Defence*. Harlow: Prentice Hall, pp. 85–101.

Shirlow, P. and McGovern, M. (eds) (1997) *Who Are 'the People'? Protestantism, Unionism and Loyalism in Northern Ireland*. London: Pluto Press.

Shirlow, P. and McGovern, M. (1998) Language, discourse and dialogue: Sinn Fein and the Irish peace process, *Political Geography* 17: 171–186.

Shirlow, P. and Shuttleworth, I. (1999) Who is goint to toss the burgers? Social class and the reconstruction of the Northern Irish economy, *Capital and Class* 69: 27–46.

Shortall, S. (1999) *Women and Farming: Property and Power*. Basingstoke: Macmillan Press.

Shortall, S. (2002) Gendered agricultural and rural restructuring: A case study of Northern Ireland, *Sociologia Ruralis* 42(2): 160–176.

Shuttleworth, I., Kitchin, R., Shirlow, P. and McDonagh, J. (2000) The tail of the Tiger: experiences and perceptions of unemployment and inactivity in Donegal, *Irish Geography* 33: 56–73.

Simms, A. (2004) Historical landscape studies in Ireland, *Belgeo* 2/3: 301–315.

Smyth, G. (2001) *Space and the Irish Cultural Imagination*. Basingstoke: Palgrave.

Storey, D. (1999) Issues of integration, participation and empowerment in rural development: the case of LEADER in the Republic of Ireland, *Journal of Rural Studies* 15: 307–315.

Storey, D. (2005) A sense of place: tourism and rural development, in Kneafsey, M. and Holloway, L. (eds) *Geographies of Rural Cultures and Societies*. Aldershot: Ashgate.

Strohmayer, U. (1998) The event of space: geographic allusions in the phenomenological tradition, *Environment and Planning D: Society and Space* 16: 105–121.

Ugba, A. (2004) A quantitative profile analysis of African immigrants in 21st century Dublin, unpublished paper, Department of Sociology, Trinity College Dublin

Walter, B. (2001) *Outsiders Inside: Whiteness, Place and Irish Women*. London: Routledge.

Walter, B. (2004) Irish women in the diaspora: exclusions and inclusions, *Women's Studies International Forum* 27: 369–384.

Whelan, Y. (2003) *Reinventing Modern Dublin: Streetscape, Iconography and the Politics of Identity*. Dublin: UCD Press.

Whelan, Y. and Moore, N. (eds) (2005) *Heritage, Memory and the Politics of Space: New Perspectives on the Cultural Landscape*. Aldershot: Ashgate.

White, E.J. (2002) Forging African diaspora places in Dublin's retro-global spaces: minority making in a new global city, *City* 6: 251–270.

Directions to enlarge our worlds? Social and cultural geography in New Zealand[1]

Robin Kearns[1] & Ruth Panelli[2]
[1]School of Geography & Environmental Science, University of Auckland, Auckland, New Zealand and [2]Department of Geography, University of Otago, Dunedin, New Zealand

For a relatively small country, New Zealand is striking for its successive migrations and complex cultural politics. Following earlier arrivals of Maori, Abel Tasman 'discovered' the country in 1642, a fact commemorated by prominent poet Allen Curnow (1974), who in 1942 wrote, 'Simply by sailing in a new direction/You could enlarge the world'. These words are emblematic of other geographical journeys (Kearns and Nichol 2004), for in the twenty-first century, the lines suggest the expanding and globalized subjectivities of New Zealanders, as well as the increasingly fluid boundaries of scholarship in social and cultural geography. Indeed, ours is a physically isolated country, yet one that is intimately connected to wider (predominantly western) worlds and ideas. For instance, debates concerning globalization have been vigorous here, and have spawned influential commentary (e.g. Larner and Le Heron 2002a, 2002b). Likewise core themes and approaches in social and cultural geography noted in Anglo-American traditions resonate (though varyingly) within the research and teaching in this country (Panelli 2004).

Geography is taught in six universities although few scholars focus on socio-cultural concerns. The fact that the community of academic geographers is small and that there are no formalized study groups has meant that the boundaries of professional interest are arguably more fluid than in the United Kingdom and North America. One result is that some colleagues who might not regard themselves as socio-cultural geographers *per se* intermittently make incisive contributions to the field (e.g. Britton, Le Heron and Pawson 1992; Le Heron and Pawson 1996; Roche 1997; Pawson 1992). Another is the fact that regular overseas visitors have provided stimulating collaborations and commentaries in social and cultural topics (e.g. Alun Joseph, Jo Little and Paul Cloke, to mention a few).

This report cannot attempt an exhaustive account of all social and cultural geographies, including those generated by scholars who have spent passing or long-term periods in

New Zealand. Instead we have concentrated on studies that have focused on New Zealand and have favoured citing widely available material available in preference to the 'grey literature' and theses that international readers would find harder to locate. We have also confined our focus to roughly the last decade. Within these parameters, the following report is arranged in six sections. Two initial sections consider New Zealand work echoing two 'traditional' emphases of social geography: population movement, and matters of service provision and inequality. Third, we review developments in rural geography, then consider the theme of embodiment. The fifth section examines connections to the land and indigenous worldviews. We close with comments on the distinctiveness of New Zealand contributions to socio-cultural geography.

Population movement and urban change

The process (and subsequent implications) of people moving between places is a traditional socio-geographic focus and has been examined in New Zealand through engagement with deeper themes such as transnationalism (e.g. Ho 2002; Spoonley, Bedford and Macpherson 2003) and belonging (Bedford 2002). This complements earlier analyses contrasting Maori and European populations and cultures (Pawson 1992). Also, in the last decade, and like other Commonwealth nations along the Pacific Rim, New Zealand has experienced considerable in-migration from Asian groups. In examining this trend, an alignment with the concerns of the Metropolis Project has internationalized research on the politicization of immigration (Bedford 2003; Bedford, Bedford, Ho and Lidgard 2002). A secondary, and developing, theme is the migration patterns of New Zealanders moving to, and returning from, overseas locations (Lidgard and Gilson 2002). Beyond focusing on movement *per se*, Conradson and Latham (2005a, 2005b) thicken the theoretical mix, conceptualizing the role of friendship and everyday practice in the maintenance of identity among 'Kiwis' based in London.

Notwithstanding the dominance of the rural sector in its economy and iconography, New Zealand is an urbanized nation with over 70 per cent of the population based in cities. But paradoxically, urban studies is under-developed, and unsurprisingly focused on Auckland (population 1.1 million), the country's only metropolitan city. The bulk of recent studies have focused on population change and urban outcomes, given that the vast majority of people arriving into New Zealand to stay or study have settled in Auckland. In an agenda-sketching paper, Murphy, Friesen and Kearns (1999) suggest that Auckland be examined in terms of the links between property processes, population change and consumption landscapes. A number of case studies have followed. First, traces of international concern for cultural iconography and surveillance can be found (e.g. Kearns and Collins 2000) as well as themes such as social cohesion which have prominence in critical public health as well as geography (Witten et al. 2003). Second, Collins (2004) examines the experience of Korean students in central Auckland. Connecting with ideas of embodiment (described below), he argues that their very presence as 'foreign bodies' is adding to the transformation of downtown Auckland (c.f. Friesen, Murphy and Kearns 2005 on suburban impacts of the Indian diaspora). Third, extending links between population, social cohesion and public health, Lawrence and Kearns (2005) examine the degree to which there is a 'fit' between the health needs of refugees (from predominantly African, Asian and Middle Eastern countries) and the services provided by a new health clinic in the Auckland suburb of Mt Roskill. Their conclusion is salutary: that population change can move faster than the funding and philosophies of health services. These results resonate with long-held critical traditions in social geography.

Services and social inequalities

Social geography's critical mantra of 'who gets what where' continues to be applied in New Zealand, although, interestingly, some of the most searching applications of late have come from outside the recognized geographic community. Field, Witten, Robinson and Pledger (2004), for instance, develop a Community Resource Accessibility Index to map the relative endowment of neighbourhoods in terms of aggregated amenities and Crampton et al. (2000) construct an index and atlas of deprivation. Geographers have been more active in conducting sector-specific examinations of interventions and their outcomes, such as Barnett, Coyle and Kearns (2000) and Cheer, Kearns and Murphy (2002) who respectively analyse the users of targeted health care and the impacts of rental payments on the purchasing practices of state housing tenants. There is an over-representation of Maori and Pacific peoples within the cohorts of both targeted health care beneficiaries and state house tenants. Specific examinations of the welfare of these groups have focused on health-related behaviours such as smoking and household crowding (Barnett, Moon and Kearns 2004; Milne and Kearns 1999). A sustained inquiry into the outcomes of New Zealand's housing reforms (e.g. the fate of social rented housing) has been undertaken by Murphy (e.g. 2003a, 2003b).

The effects of the 'qualitative turn' have strongly influenced socio-geographic inquiry, especially in health and education. Mental health care has been a particular emphasis. Building on contributions by New Zealand geographers in the 1980s and 1990s (e.g. Gleeson, Hay and Law 1998; Hall 1988; Law and Gleeson 1998), Kearns and Joseph have blended insights into the process of restructuring and the philosophy of deinstitutionalization focusing on a closing institution in the rural Waikato region (Joseph and Kearns 1996, 1999). Adding attentiveness to the language of policy, Gleeson and Kearns (2001) demonstrate the pervasiveness of the binary constructs and the moral codings applied to 'hospital' and 'community'. In another strand of work, Gesler's (1992) notion of 'therapeutic landscape' has been deployed to help interpret institutional settings ranging from children's health camps to a private psychiatric hospital (Kearns and Collins 2003; Moon, Joseph and Kearns 2005).

Concern for geographical inequalities has extended to children and their families. The closure of schools, for instance, has been observed in poorer, racialized communities leading to concerns for their impacts on social cohesion (Witten, McCreanor and Kearns 2003). Children themselves are differentially prone to injury on their way to and from school and the gradient of vulnerability is arguably accentuated by the propensity for health-promoting initiatives like walking school buses developing within middle class suburbs (Collins and Kearns 2005; Kearns and Collins 2003). Law's (1999) investigation of gender and transport links also warrants mention. While the experiences of older citizens have been examined (Joseph and

Chalmers 1995, 1996; Mansvelt 1997a, 1997b), the geography of aging remains less developed in New Zealand than elsewhere.

The impact of health services within the urban landscape has been a developing theme linking the traditional socio-geographic concern for location with cultural-geographic interest in appearance, symbolism and power. Beginning with the emergence of private accident and medical clinics in Auckland and continuing into specific hospital settings, Kearns and Barnett (1997, 1999; Kearns, Barnett and Newman 2003) have emphasized the interpretation as well as explanation of new sites of consumption practices.

Rural geographies

In contrast to urban studies, rural geographies of New Zealand society and culture reflect both key themes in Anglo-American geography and the specific 'place matters' that characterize rural areas in this country. Thus, attention to broader geographies of social difference and inequalities, and the cultural construction and negotiation of space, place and landscape resonate within New Zealand studies, but place-specific nuances also highlight Maori/-*Tauiwi* (i.e. newcomer) particularities, heartlands and *rohe* (tribal areas) (e.g. Cant and Goodall 2002; Hay 1998; Smith 2004).

Important contexts and implications for rural New Zealand have been noted in economic geographies of rural industries and macro-economic processes (e.g. Conradson and Pawson 1997; Wilson 1994). But most social and cultural geographies have highlighted the population groups, cultural understandings and everyday practices that are mutually constituted with rural places and landscapes. These foci can be seen in two clusters of work: studies focusing on the uneven experiences of difference and rural life; and research attempting to integrate social and cultural analyses.

First, rural studies have reflected Anglo-American traditions concerned with social difference. For instance, studies of gender have shown the traditionally conservative gender relations frequently portrayed between men and women in home, community and industry circles (Liepins 1998; Little, Panelli and Kraack 2005; Longhurst and Wilson 1999). These analyses have also indicated that unequally gendered work practices and power relations will differently affect women's and men's social, economic and/or political opportunities, as well as their health and well-being (Kraack and Panelli 2004; Liepins 2000b; Panelli and Gallagher 2003; Panelli, Little and Kraack 2004; Teather 1996).

Other studies of social difference have highlighted questions of ethnicity and other cultural/power relations in specific places (e.g. Kearns 1997; Johnsen 2004; Smith 2004). In this vein, Hay (1998) has highlighted the cultural significance of land–people relations to *Irakehu* people of Banks Peninsula (in contrast to Pakeha settlers), while Scott, Park and Cocklin (2000) and Scott and Kearns (2000) have shown the contrasting cultural values and social significance of 'community' and 'home' for Pakeha and Maori in the Northland region. Considerations of class and sexuality have been less common (though see Little 2003 and Scott, Park and Cocklin 2000), but social and cultural analyses focusing on age have increased. Joseph and Chalmers (1995, 1998) have identified how wider demographic, economic and service restructuring processes have differential impacts on older people's lives and experience of rural places. Others have shown that young people will understand rural places and societies as complex and unequally structured spaces of control and opportunity (McCormack 2002; Panelli, Nairn and McCormack 2002; Smith et al. 2002).

Beyond geographies focusing on specific differences, considerable effort has been spent on integrating analyses showing intersecting social differences and cultural contrasts within and across households, communities, catchments and national landscapes. For instance, Wilson (1994) and Johnsen (2003) published farm household studies showing the complexity of social and economic struggles intersecting with the cultural significance of land and attachment to place. In contrast, studies of individual places (communities and catchments) and issues (e.g. health, recreation, tourism) illustrate the diverse social practices and cultural values that create spatial and temporal dynamics with wider social, political and economic processes (Cloke and Perkins 1998; Collins and Kearns 1999; Kearns and Joseph 1997; Liepins 2000a; Mansvelt 1999; Panelli, Kraack and Little 2005). At even broader scales, some scholars have analysed how cultural meanings and social relations texture the construction and understanding of whole industries, regions or landscapes (Berg and Kearns 1996; Kearns and Berg 2002; Johnsen 1999; Joseph, Lidgard and Bedford 2001; Law 1997; Morin, Longhurst and Johnston 2001). While integrated projects are difficult to conduct, researchers have also critically reviewed their methodological choices while pursuing complex investigations of rural concerns (Kearns 1997; Kindon 2003; McClean, Berg and Roche 1997; Parkes and Panelli 2001; Smith et al. 2002) and these reflections have intersected with standard interests in feminist, participatory and action geographies, as well as culturally specific opportunities for research collaborations between Maori and the predominantly Pakeha geographers.

Overall, cultural understandings of rural heartlands based on agrarian, environmental, and/or Maori frameworks have shaped the record and imaginings (see Le Heron 2004) of rural New Zealand geographies. However, with increased economic and political changes and associated demographic trends, scholars are highlighting the unequal landscapes that are resulting—whether they be the result of service contraction, specific social inequalities, or polarization around tourism. These works will support the further growth in both critical social geographies and rematerialized cultural geographies.

Embodiment

Stemming from the substantial commitment to critical geographies, and especially feminist perspectives at Waikato University, a further distinctive field of social and cultural geography in New Zealand involves theorization and analyses of the body. Again this New Zealand work resonates with international debates surrounding gender and sexuality, identity and subjectivity, and performativity and politics but also seeks to extend these fields. Early examples can be traced back to Lynda Johnston's (1996, 1998; Johnston and Valentine 1995) analyses of gender, sexuality and identity at home and in gymnasiums. These studies effectively challenged thinking about bodies and the spaces they use, in both material and discursive forms. Analyses such as these intersected with Robyn Longhurst's (2001) developing theorization of bodies and boundaries and the two scholars collaborated to record the interplay between place/ment and em/body/iment both in empirical studies and in the work of the Waikato geography department (Longhurst and Johnston 1998, 2005).

These efforts have produced an important record of contrasting types of bodies (e.g. built bodies, pregnant bodies, fat bodies) and place–body relations where certain sites, such as gymnasiums, shopping centres or public streets, can contain bodily possibilities or be used as politicized spaces of change (e.g. Johnston 1998; Longhurst 1999, 2000, 2005). In the latter case, Johnston (1997, 1998, 2002) has shown how both gymnasiums and gay pride marches can provide important material and discursive spaces for resistance and/or disruption of dominant norms and borders surrounding gender and sexuality.

Moreover, this work has supported other analyses such as Nairn's (1999, 2003) critique of geographers' bodies and teaching; and Law's (1997, 1999; Cooper, Law, Malthus and Wood 2000) analyses of bodies constructed into or out of public space. It has also led to international contributions on the way in which bodies challenge social and cultural geographers to more carefully consider the politics of surveillance and management of bodies; and the wider notions of boundaries and borderlines (Johnston 1997, 2002; Longhurst 1999, 2001). In these ways, embodied geographies provide fruitful directions for the more established urban and rural geographies discussed earlier, as well as specific Maori geographies, especially if greater attention to cultural embodiment and contexts is to be interrogated (e.g. August 2005; Collins 2004).

The challenge of Maori geographies

Alongside work reflecting international traditions in geography, place-specific and culture-specific issues challenge social and cultural geographies. This trend can be traced to Stokes' (1987) critique of 'Pakeha geography of Maoris' and her call for 'Maori geography' (rather than geography *of* Maori people). Behind this apparent word play lay a profound *wero* (challenge): to engage with Maori aspirations and concerns, using appropriate methodologies, rather than simply the enumeration and description that carries the spectre of colonial sensibility. Response has been slow, reflecting both the under-representation of Maori in professional geography and sensitivities surrounding the definition and conduct of Maori geographies (Gale 1996; Stokes 1987; Teariki 1992). But examples, when they occur, can unsettle perspectives and provide new insights (e.g. August 2005; Smith 2004). A recent paper by Ailsa Smith (2004), for instance, questioned whether there is a distinctively Maori sense of place. From one perspective (a Maori one), this could be seen as a question not worth asking, so replete is *te reo* (Maori language) with palpable links between people and place. But Smith, working across the borderlands of Maori and Pakeha worldviews, amasses evidence that there is an *a priori* Maori sense of place akin to the western worldview. What is significant is not only the constructs she identifies and the way they deeply implicate land, sea and sky. Nor does the study's significance simply reside in its conveying of ideas that are generations older than western scholarship. Rather, the most arresting aspect of her work is the articulation of an argument without referencing anything but her own thesis (and in decidedly more lyrical terms than the writing of western geographers). While much New Zealand socio-cultural work has invoked, and extended, theory Smith's is an example of the way some contributions have implicitly signalled its limits and shown the value of carefully nuanced readings of place-specific cultures and social meanings.

Conclusion

Existing social and cultural geographies of this country draw on the efforts of those who have developed long-term research streams as well as other temporary, but influential, colleagues who contribute in different ways at different times. There is evidence of a maturing of socio-cultural geography embedded in New Zealand universities illustrated in recent publication of texts which incorporate local examples (e.g. Gesler and Kearns 2002; Mansvelt 2004; Panelli 2004) and arguably challenge the observation that there is a hegemonic Anglo-American sensibility in the discipline that easily dismisses New Zealand examples as exceptional or trivial (Berg and Kearns 1998).

Returning to our migration and maritime themes, New Zealand social/cultural geographies draw primarily on past, western, disciplinary 'navigation systems' (such as orientations around social needs, services, categories or difference and cultural politics and struggles over identity and place). Yet they also reflect the recurring specificities of a particular place (e.g. successive migrations and social consequences, experiences of a small nation in a globalized world, and insights and challenges from diverse Maori contexts). These types of insights encourage different 'sailing directions' that, paraphrasing Curnow (1974), can enlarge our scholarly worlds.

Turning first to some international traditions, this report has shown that constant themes of Anglo-American social and cultural geography resonate in New Zealand research. In particular, the preceding sections have demonstrated that New Zealand social and cultural geographies have been strongly infused by critical perspectives (as scholars have given attention to unequal social relations based on class, gender, ethnicity and sexuality). A variety of theoretical and philosophical differences shape the contrasting scholarship generated by these critical geographers but, as noted in recent French and Spanish reports, feminist approaches have been especially important for invigorating social and cultural analyses. In the New Zealand case, these approaches have stimulated and supported critical gendered and sexualized readings of both urban and rural spaces, and the cultural meanings, embodiments and performances that occur there.

Finally, those 'directions' from New Zealand social and cultural geography that may enlarge our professional worlds and geographic practice are at least threefold:

- The constancy of population movement results in a fertile social world where geographers (and their students) can regularly consider, and perhaps in the future integrate, existing foci on demographic change, socio-spatial implications, and politico-cultural tensions.
- The mantra that 'place matters' continues to hold currency for a small country in a highly globalized world. Our experiences in this particular location and socio-cultural configuration 'at the end of the earth' are particular. While historical geographies of New Zealand's experience in being globally located are yet to be completed, existing work points to the further possible ways local social and cultural geographies can reflect nuances and divergences from broader processes of restructuring, consumption, migration, and identity formation.
- Maori culture and knowledge provide contrasting traditions and future aspirations that as yet are under-developed. A critique of

New Zealand geography may well show challenging and institutionalized reasons for the slow response to Stokes' (1987) call for Maori geographies to be developed. However, the possibilities of Maori geographies may yet provide rich new *kaupapa* (themes, purpose) of great significance within and beyond New Zealand. These possibilities include new insights into indigenous culture–nature intersections and a reconceptualization of self/society–place/space relations. All geography can benefit if such potential is supported in culturally appropriate and well-resourced ways.

Note

1 In this review, we refer to the nation by way of only its official name (New Zealand) rather than Aotearoa/New Zealand. The latter double naming of the country is used among some segments of the population and has been used by some geographers to reflect the politics and history of Maori and British colonial struggles and constructions of a the national state. However, for some Maori (especially Ngai Tahu tribal members), the term Aotearoa defines a distinct geographic area and not all of the country. Thus, in this paper the country is simply referred to by its common name, New Zealand, to acknowledge these different understandings of Aotearoa, and to record the ongoing ethnic dominance of Pakeha in many sectors of national identity.

References

August, W. (2005) Maori women: bodies, spaces, sacredness and mana, *New Zealand Geographer* 61: 117–123.

Barnett, J.R., Coyle, P. and Kearns, R.A. (2000) Assessing the effects of targeted benefits upon the health care utilisation of poor New Zealanders, *Health and Social Care in the Community* 8: 159–171.

Barnett, R., Moon, G. and Kearns, R.A. (2004) Social inequality and ethnic differences in smoking in New Zealand, *Social Science and Medicine* 59: 129–143.

Bedford, R. (2003) International migration during election years: the evidence for 1996, 1999 and 2002, *New Zealand Journal of Geography* 115: 26–43.

Bedford, R.D. (2002) Contested ground: the politicisation of immigration and belonging, *New Zealand Journal of Geography*, Oct. 8–16.

Bedford, R.D., Bedford, C., Ho, E. and Lidgard, J. (2002) The globalisation of international migration in New Zealand: contribution to a debate, *New Zealand Population Review* 28(1): 69–97.

Berg, L.D. and Kearns, R.A. (1996) Naming as norming? 'Race', gender and the identity politics of naming places in Aotearoa/New Zealand, *Environment and Planning D: Society and Space* 14: 99–122.

Berg, L.D. and Kearns, R.A. (1998) Guest editorial: America unlimited, *Environment and Planning D: Society and Space* 16: 128–132.

Britton, S., Le Heron, R. and Pawson, E. (1992) *Changing Places in New Zealand: A Geography of Restructuring*. Christchurch: New Zealand Geographical Society.

Cant, R. and Goodall, A. (2002) The Ngai Tahu land claim settlement: financial redress and tribal reawakening, in Holland, P, Stephenson, F and Wearing, A (eds) *Geography: A Spatial Odyssey: Proceedings of the Third Joint Conference of the New Zealand Geographical Society and the Institute of Australian Geographers, Department of Geography, University of Otago, Dunedin, 2001*. Hamilton: New Zealand Geographical Society (Inc.), pp. 21–27.

Chalmers, A.I. and Joseph, A.E. (1998) Rural change and the elderly in rural places: commentaries from New Zealand, *Journal of Rural Studies* 14(2): 155–165.

Cheer, T., Kearns, R.A. and Murphy, L. (2002) Housing policy, poverty and culture: 'discounting' decisions among Pacific peoples in Auckland, New Zealand, *Environment and Planning C: Government and Policy* 20: 497–516.

Cloke, P. and Perkins, H.C. (1998) 'Cracking the Canyon with the awesome foursome': representations of adventure tourism in New Zealand, *Environment and Planning D: Society and Space* 16: 185–218.

Collins, D.C.A. and Kearns, R.A. (1999) Logging out: forestry, transport & the health of Hokianga communities, *New Zealand Geographer* 55(1): 55–60.

Collins, D.C.A. and Kearns, R.A. (2005) Geographies of inequality: child pedestrian injury and walking school buses in Auckland, New Zealand, *Social Science and Medicine* 60: 61–91.

Collins, F.L. (2004) (Trans)national bodies: (trans)-national languages and the transformation of urban space, *New Zealand Geographer* 60: 12–17.

Conradson, D. and Latham, A. (2005a) Friendship, networks and transnationality in a world city: antipodean transmigrants in London, *Journal of Ethnic and Migration Studies* 31(2): 287–305.

Conradson, D. and Latham, A. (2005b) Attending to everyday practices and mobilities, *Journal of Ethnic and Migration Studies* 31(2): 227–233.

Conradson, D. and Pawson, E. (1997) Reworking the geography of the long boom: the small town experience of restructuring in Reefton, New Zealand, *Environment and Planning A* 29(8): 1381–1397.

Cooper, A., Law, R., Malthus, J. and Wood, P. (2000) Rooms of their own: public toilets and gendered citizens in a New Zealand city, 1850–1950, *Gender, Place and Culture* 7(4): 417–433.

Crampton, P., Salmond, C., Kirkpatrick, R., Scarborough, R. and Skelly, G. (2000) *Degrees of Deprivation in New Zealand: An Atlas of Socioeconomic Difference.* Auckland: David Bateman.

Curnow, A. (1974) *Collected Poems 1933–1973.* Wellington: A.H. and A.W. Reed.

Field, A., Witten, K., Robinson, E. and Pledger, M. (2004) Who gets to what? Access to community resources in two New Zealand cities, *Urban Policy and Research* 22(2): 189–205.

Friesen, W., Murphy, L. and Kearns, R. (2005) Spiced-up Sandringham: Indian transnationalism and new sub urban spaces in Auckland, New Zealand, *Journal of Ethnic and Migration Studies* 31: 385–401.

Gale, L. (1996) Defining a 'Maori geography': issues explained, an one personal opinion on what it could consist of, *New Zealand Journal of Geography* 101: 14–20.

Gesler, W. (1992) Therapeutic landscapes: medical issues in light of the new cultural geography, *Social Science and Medicine* 34: 735–746.

Gesler, W.M. and Kearns, R.A. (2002) *Culture/Place/Health.* London: Routledge.

Gleeson, B. and Kearns, R.A. (2001) Remoralising landscapes of care, *Environment and Planning D: Society and Space* 19: 61–80.

Gleeson, B., Hay, C. and Law, R. (1998) The geography of mental health in Dunedin, *Health and Place* 4(1): 1–14.

Hall, G.B. (1988) Monitoring and predicting community mental health centre utilization in Auckland, New Zealand, *Social Science and Medicine* 26(1): 55–70.

Hay, R. (1998) A rooted sense of place in cross-cultural perspective, *Canadian Geographer* 42: 245–266.

Henry, M. (2001) Fragmented looking glasses: surveillance and metaphors of 'panopticism' and 'Big Brother', *Proceedings of the Third Joint Conference of the New Zealand Geographical Society and the Institute of Australian Geographers.*, pp. 253–259, 28 January–2 February, Dunedin.

Ho, E. (2002) Multi-local residence, transnational networks: Chinese 'astronaut' families in New Zealand, *Asian and Pacific Migration Journal* 11: 145–164.

Johnsen, S. (1999) Agricultural restructuring and response: inter-relationships between farm adjustment strategies in Waihemo, 1984–1997, *New Zealand Geographer* 55(1): 25–34.

Johnsen, S. (2003) Contingency revealed: New Zealand farmers' experiences of agricultural restructuring, *Sociologia Ruralis* 43(2): 128–153.

Johnsen, S. (2004) The redefinition of family farming: agricultural restructuring and farm adjustment in Waihemo, New Zealand, *Journal of Rural Studies* 20(4): 419–432.

Johnston, L. (1996) Flexing femininity: female body builders refiguring 'the body', *Gender, Place & Culture* 3: 327–340.

Johnston, L. (1997) Queen(s') Street or Ponsonby poofters? Embodied HERO Parade sites, *New Zealand Geographer* 53: 29–33.

Johnston, L. (1998) Reading the sexed bodies and spaces of gyms, in Nast, HJ and Pile, S (eds) *Places through the Body.* London: Routledge, pp. 244–262.

Johnston, L. (2002) Borderline bodies, in Bondi, L, et al. (eds) *Subjectivities, Knowledges and Feminist Geographies: The Subjects and Ethics of Social Research.* Lanham, MD: Rowman and Littlefield.

Johnston, L. and Valentine, G. (1995) Wherever I lay my girlfriend, that's my home: the performance and surveillance of lesbian identities in domestic environments, in Bell, D and Valentine, G (eds) *Mapping Desire: Geographies of Sexualities.* London and New York: Routledg, pp. 99–113.

Joseph, A.E. and Chalmers, A.E. (1995) Growing old in place: a view from rural New Zealand, *Health and Place* 1(2): 79–90.

Joseph, A.E. and Chalmers, A.E. (1996) Restructuring long-term care and the geography of ageing: a view from rural New Zealand, *Social Science and Medicine* 42(6): 887–896.

Joseph, A.E. and Kearns, R.A. (1996) Deinstitutionalization meets restructuring: the closure of a psychiatric hospital in New Zealand, *Health & Place* 2: 79–85.

Joseph, A.E. and Kearns, R.A. (1999) Unhealthy acts? Interpreting narratives of community mental health care in Waikato, New Zealand, *Health and Social Care in the Community* 7: 1–8.

Joseph, A.E., Lidgard, J.M. and Bedford, R.D. (2001) Dealing with ambiguity: towards an understanding of the interdependence of change in agriculture and rural communities, *New Zealand Geographer* 57: 16–26.

Kearns, R.A. (1997) Constructing (bi)cultural geographies: research on and with people of the Hokianga district, *New Zealand Geographer* 53: 8.

Kearns, R.A. and Barnett, J.R. (1997) Consumerist ideology and the symbolic landscapes of private medicine, *Health & Place* 3: 171–180.

Kearns, R.A. and Barnett, J.R. (1999) To boldly go? Place, metaphor and the marketing of Auckland's Starship Hospital, *Environment and Planning D: Society and Space* 17: 201–226.

Kearns, R.A. and Berg, L.D. (2002) Proclaiming place: towards a geography of place name pronunciation, *Social and Cultural Geography* 3: 283–302.

Kearns, R.A. and Collins, D.C.A. (2000) Maungakiekie/One Tree Hill: Contesting the iconography of an Auckland Landscape. *Australian-Canadian Studies* 18, pp. 173–188.

Kearns, R.A. and Collins, D.C.A. (2003) Crossing roads, crossing boundaries: empowerment and participation in a child pedestrian initiative, *Space and Polity* 7: 193–212.

Kearns, R.A. and Joseph, A.E. (1997) Restructuring health and rural communities in New Zealand, *Progress in Human Geography* 21: 18–32.

Kearns, R.A. and Nichol, S.L. (2004) Editorial: understanding our place in the world, *New Zealand Geographer* 60(1): 1.

Kearns, R.A., Barnett, J.R. and Newman, D. (2003) Reading the landscapes of private medicine: Ascot hospital's place in contemporary Auckland, *Social Science and Medicine* 56: 2203–2315.

Kindon, S. (2003) Participatory video in geographic research: a feminist practice of looking?, *Area* 35(2): 142–153.

Kraack, A. and Panelli, R. (2004) Kurow: connecting people and place through 'community'?, in Kearsley, G and Fitzharris, B (eds) *Glimpses of a Gaian World.* Department of Geography, University of Otago, Dunedin, pp. 309–330.

Larner, W. and Le Heron, R. (2002a) The spaces and subjects of a globalizing economy: a situated exploration of method, *Environment and Planning D: Society and Space* 20: 753–774.

Larner, W. and Le Heron, R. (2002b) Editorial: from economic globalization to globalizing economic processes: towards post-structural political economies, *Geoforum* 33: 415–419.

Law, R. (1997) Masculinity, place and beer advertising in New Zealand: the Southern man campaign, *New Zealand Geographer* 53(2): 22–28.

Law, R. (1999) Beyond 'women and transport': toward new geographies of gender and daily mobility, *Progress in Human Geography* 23(4): 567–588.

Law, R. and Gleeson, B. (1998) Another landscape of despair? Charting the 'service-dependent ghetto' in Dunedin, *New Zealand Geographer* 54(1): 27–36.

Lawrence, J. and Kearns, R.A. (2005) Exploring the 'fit' between people and providers: refugee health needs and health care services in Mt Roskill, New Zealand, *Health & Social Care in the Community* 13: 451–461.

Le Heron, E. (2004) Placing geographical imagination in film: New Zealand filmmakers' use of landscape, *New Zealand Geographer* 60(1): 60–66.

Le Heron, R. and Pawson, E. (1996) *Changing Places: New Zealand in the Nineties.* Auckland: Longmans.

Lidgard, J. and Gilson, C. (2002) Return migration of New Zealanders: shuttle and circular migrants, *New Zealand Population Review* 28(1): 99–128.

Liepins, R. (1998) The gendering of farming and agricultural politics: a matter of discourse and power, *Australian Geographer* 29: 371–388.

Liepins, R. (2000a) Exploring rurality through 'community': discourses, practices and spaces shaping Australian and New Zealand rural 'communities', *Journal of Rural Studies* 16: 325–341.

Liepins, R. (2000b) Making men: the construction and representation of agriculture-based masculinities in Australia and New Zealand, *Rural Sociology* 65: 605–620.

Little, J. (2003) 'Riding the rural love train': heterosexuality and the rural community, *Sociologia Ruralis* 43(4): 401–417.

Little, J., Panelli, R. and Kraack, A. (2005) Women's fear of crime: a rural perspective, *Journal of Rural Studies* 21(2): 151–163.

Longhurst, R. (1999) Attempts to impose limits: the disorderly bodies of pregnant women, in Teather, E.K. (ed.) *Embodied Geographies: Spaces, Bodies and Rites of Passage*. London: Routledge, pp. 78–90.

Longhurst, R. (2000) 'Corporeographies' of pregnancy: 'bikini babes', *Environment and Planning D: Society and Space* 18: 453–472.

Longhurst, R. (2001) *Bodies: Exploring Fluid Boundaries*. London: Routledge.

Longhurst, R. (2005) Fat bodies: developing geographical research agendas, *Progress in Human Geography* 29: 247–259.

Longhurst, R. and Johnston, L. (1998) Embodying places and emplacing bodies: pregnant women and women body builders, in du Pleissis, R. and Alice, L. (eds) *Feminist Thought in Aotearoa/New Zealand: Difference and Connections*. Auckland: OUP, pp. 156–163.

Longhurst, R. and Johnston, L. (2005) Changing bodies, spaces, places and politics: feminist geography at the University of Waikato, *New Zealand Geographer* 61: 94–101.

Longhurst, R. and Wilson, C. (1999) Heartland Wainuiomata: rurality to suburbs, black singlets to naughty lingerie, in Law, R., Dolan, J. and Campbell, H. (eds) *New Zealand Masculinities*. Palmerston North: Dunmore Press, pp. 215–228.

Mansvelt, J. (1997a) Working at leisure: critical geographies of ageing, *Area* 29: 289–298.

Mansvelt, J. (1997b) Playing at home? Emplacement, embodiement and the active retiree in New Zealand/Aotearoa, *New Zealand Geographer* 53: 57–61.

Mansvelt, J. (1999) Producing rural recreation spaces: representation and place identity, *Annals of Leisure Research* 2: 44–57.

Mansvelt, J. (2004) *Geographies of Consumption*. London: Sage.

McClean, R., Berg, L.D. and Roche, M.M. (1997) Responsible geographies: co-creating knowledge in Aotearoa, *New Zealand Geographer* 53(2): 9–15.

McCormack, J. (2002) Children's understandings of rurality: exploring the interrelationship between experience and understanding, *Journal of Rural Studies* 18(2): 193–207.

Milne, K. and Kearns, R.A. (1999) Housing status and health implications for Pacific peoples in New Zealand, *Pacific Health Dialog* 6: 80–86.

Moon, G., Joseph, A.E. and Kearns, R.A. (2005) Towards a general explanation for the survival of the private asylum, *Environment and Planning C: Government and Policy* 23: 159–172.

Morin, K.M., Longhurst, R. and Johnston, L. (2001) (Troubling) spaces of mountains and men: New Zealand's Mount Cook and Hermitage Lodge, *Social and Cultural Geography* 2: 117–139.

Murphy, L. (2003a) Reasserting the 'social' in social rented housing: politics, housing policy and housing reforms in New Zealand, *International Journal of Urban and Regional Research* 27(1): 90–101.

Murphy, L. (2003b) To the market and back: housing policy and state housing in New Zealand, *GeoJournal* 59: 119–126.

Murphy, L., Friesen, W. and Kearns, R.A. (1999) Transforming the city: people, property and identity in Millennial Auckland, *New Zealand Geographer* 55: 4–9.

Nairn, K. (1999) Embodied fieldwork, *Journal of Geography* 98: 272–282.

Nairn, K. (2003) What has the geography of teaching arrangements got to do with the geography of our teaching spaces?, *Gender, Place and Culture: A Journal of Feminist Geography* 10(1): 67–81.

Panelli, R. (2004) *Social Geographies: From Difference to Action*. London: Sage.

Panelli, R. and Gallagher, L.M. (2003) 'It's your whole way of life really': negotiating work, health and gender, *Health and Place* 9: 95–105.

Panelli, R., Kraack, A. and Little, J. (2005) Claiming space and community: rural women's strategies for living with, and beyond fear, *Geoforum* 36(4): 495–508.

Panelli, R., Little, J. and Kraack, S. (2004) A community issue? Rural women's feelings of safety and fear, *Gender, Place and Culture* 11(3): 445–467.

Panelli, R., Nairn, K. and McCormack, J. (2002) 'We make our own fun': reading the politics of youth with(in) community, *Sociologia Ruralis* 42(2): 106–130.

Parkes, M. and Panelli, R. (2001) Integrating catchment ecosystems and community health: the value of participatory action research, *Ecosystem Health* 7: 85–106.

Pawson, E. (1992) Two New Zealands: Maori and European, in Anderson, in Anderson, K. and Gale, F. (eds) *Inventing Places: Studies in Cultural Geography*. Melbourne: Longman Cheshire, pp. 15–33.

Roche, M.M. (1997) Protest, police and place: the 1981 Springbok Tour and the production and consumption of social space, *New Zealand Geographer* 52(2): 50–56.

Scott, K. and Kearns, R.A. (2000) Coming home: return migration by Maori to the Mangakahia Valley, Northland, *New Zealand Population Review* 26: 21–44.

Scott, K., Park, J. and Cocklin, C. (2000) From 'sustainable rural communitites' to 'social sustainability': giving voice to diversity in Mangakahia Valley, New Zealand, *Journal of Rural Studies* 16: 433–446.

Smith, A. (2004) A Maori sense of place? Taranaki waiata tangi and feelings for place, *New Zealand Geographer* 60: 12–17.

Smith, L.T., Smith, G.H., Boler, M., Kempton, M., Ormond, A., Chueh, H.-C. and Waetford, R. (2002) 'Do you guys hate Aucklanders too?' youth: voicing difference from the rural heartland, *Journal of Rural Studies* 18(2): 169–178.

Spoonley, P (2003) Divided loyalties and fractured sovereignty: transnationalism and the nation-state in Aotearoa\New Zealand, *Journal of Ethnic and Migration Studies* 29: 27–46.

Stokes, E. (1987) Maori geography of geography of Maoris?, *New Zealand Geographer* 43(3): 118–123.

Teariki, C. (1992) Ethical issues in research from a Maori perspective, *New Zealand Geographer* 48: 85–86.

Teather, E.K. (1996) Farm women in Canada, New Zealand and Australia redefine their rurality, *Journal of Rural Studies* 12(1): 1–14.

Wilson, O. (1994) 'They changed the rules': farm family responses to agricultural deregulation in Southland, New Zealand, *New Zealand Geographer* 50: 3–13.

Witten, K., McCreanor, T. and Kearns, R.A. (2003) The place of neighbourhood in social cohesion: insights from Massey, New Zealand, *Urban Policy and Research* 21: 321–338.

Witten, K., Kearns, R., Lewis, N., Coster, H. and McCreanor, T. (2003) Educational restructuring from a community viewpoint: a case study from Invercargill, New Zealand, *Environment and Planning C: Government and Policy* 21: 203–223.

Emerging, submerging and persisting ideas: is there social and cultural geography in Estonia?

Tiina Peil
Department of Geography, Norwegian University of Science and Technology (NTNU), NO-7491 Trondheim, Norway, tiina.peil@mail.ee

The number of geographers in Estonia who can be grouped under the broad heading of social or cultural geography is so small that a paper discussing their work might include them all individually on a few pages. This does not mean that significant contributions to the field are lacking but rather that the institutional and academic frame is incomplete and labelling the various work difficult. In the re-independence years, several papers examining the various aspects of geography have appeared (Kurs 1997, 1999, 2000; Mander and Oja 2004; Marksoo 1994; Raukas and Paatsi 2000; Tammiksaar 1996). The primary task of these authors has been to survey the history of geography in Estonia avoiding ideological bias and to stress the continuity of research fields throughout the twentieth century. Defining geography in a national context is also obvious in many of these writings. They have mainly been written in Estonian targeting a home audience; the two papers in international journals (Kull 1990; Raitviir 1986) do not include recent developments for the obvious reason of their publication date. The articles have mainly been descriptive reports without attempts to analyse the content and approaches in the context of international research or social theory. Exceptions are Jussi Jauhiainen's discussions of the developments and future trends in Estonian human geography (2000a, 2000b; in Estonian) and of the aspects of publishing and conducting critical research in a small country context (2004).

My main point of departure in this paper is to explore how ideas travel over time and space, and how they are transformed and presented for the reader in a politically and ideologically strict frame including both the nationalistic and particularly Soviet propaganda. This means briefly reflecting on the establishment of Estonian academic geography in the 1920s, its expansion in the 1930s, near extinction in the years after the Second World War, re-emergence and re-vitalization under the Soviet oppression and the chaotic influx of ideas and impulses of the 1990s.

Somewhat exceptionally (compared with the above-mentioned authors) I focus on the 1960s to the early 1980s as a key period for understanding Estonian (societal) geography.[1] My analysis is closely connected with issues of making oneself heard and understood on a national and international forum while being a representative of a marginal branch of research (both within the discipline of geography and among the sciences) and having a mother tongue spoken by about a million people in the world. I would argue that the reasons, why and how different labels and research strategies have been used, are of wider interest. The broader aim here is to discuss the main trends in Estonian (societal) geography to reflect on the discipline on the national and international arena.

First, however, my experience with native English-speaking referees and international conferences makes it appropriate to include some remarks on the geographical, historical and cultural background of Estonia. What may seem self-evident and -explanatory for most Estonian readers is therefore rarely stated in Estonian texts. This, in itself, may be misleading—has the silent understanding of context (or national discourse), in fact, hidden a variety of sometimes incompatible ideas under its surface? What are the various facets of Estonian geography today and are they compatible? My approach has been to include an examination of the majority of published material by Estonian geographers since the 1960s for constructing the public front and to question the people involved for their thoughts and understanding of geographic approaches to society. I also asked all the interviewees (some were conducted via e-mail or telephone—see the list for reference) to name the papers that they consider their most significant contribution in the field. The publication policy and the group of geographers are presented in more detail as part of the background before the main trends in Estonian geography, its persistent themes and current contributions are discussed.

Estonia in geographical context

Estonia is a small country on the periphery of Europe. In the fifteen years since the fall of the Iron Curtain, Estonia has accessed the European Union (for the rhetoric see Kuus 2004a, 2004b) and increasing numbers of visitors each year (in 2004 over four million) find their way to the country. Many researchers have successfully infiltrated international networks and knowledgeable Scandinavian (including Finnish) colleagues have become involved in local matters and created functioning networks covering the Baltic Sea region. A rigorous publication policy is aimed strictly at current content indexation journals. Still, Estonia is predominantly seen (in Western thinking) as a chip off a larger block (the Soviet Union or Russia) with questionable chance to stand alone on its own merits. For illustration, I was asked to provide comparisons to former Soviet republics and references when mentioning basic historic events while writing this paper. Frustration of seldom being able to focus on the point, as the time and space is taken up by explaining the context and answering well-meaning but naïve questions, is taking its toll. It is an exaggeration, certainly, but the unavoidable background explanations contrast sharply with the way material from large and established research cultures is presented. After all, how many native English-speakers explain the linguistic or cultural context of their research?

Estonian society (defined as people living in the area identified today within the borders of the Republic and not narrowly on ethnic or national terms) has been open to influences from a wide area, which I only consider as far as the discipline of geography is concerned. At the same time, Estonian academia has been limited and the country ruled by its larger neighbours throughout most of its recent history, balanced only with the period of independence between the World Wars and again since 1991. The period has been too short to develop original 'geography schools' although the continued resolution of the central approaches through several ideological upheavals is remarkable. The time has mainly been spent in adjusting and 'catching up' with the rest of Europe as well as defining the content of being European and Estonian.

Finland has been especially influential due to the similarity of the two Finno-Ugric languages but Scandinavia in general has formed the primary contact space for Estonian geography both physically and mentally through personal contacts and academic exchange. Estonian geography has closely been interwoven with Finnish geography directly through the Finns who have worked in Tartu (see also Granö 1996; Jauhiainen 2001). Lacking trained researchers in Estonia, a Finn, Johannes Gabriel Granö was invited to become the first Professor of Geography in 1919 (for a recent comprehensive discussion of his work in English, see e.g. Jones 2003). His ideas on landscape research and systematization still form a basis for traditional cultural geographical landscape research in Estonia today. The experiment of getting Finnish reinforcements was repeated in the 1990s when Jussi Jauhiainen was appointed at the Institute of Geography in Tartu. He greatly promoted the fields of regional and urban geography; in a sense bringing back home some of the research agenda of the 1930s (Kurs 1999). Prominent Estonian geographers (such as Edgar Kant and August Tammekann) had worked in exile after the Second World War, influencing the shaping of geography in these countries. For instance, Göran Hoppe, now professor at Uppsala University, openly stated this positive post-war influx from Estonia as his motivation for supporting Estonian geographers in the early 1990s.

Historically, Estonian academic tradition has largely been influenced by the German cultural sphere and emerged in its context. In historical research the position of the German language has remained strong both as the main language of historical sources and first foreign language of publication. In geography direct ties are less obvious. The French connection has also been considerable especially in cultural geography, evident in the application of the ideas of Vidal de la Blache as well as more recently those of Paul Claval and Michel Cabouret (Kurs, e-mail 2005). On this background, it is not surprising that Estonian geographical studies have gained recognition in continental Europe and Scandinavia, but have been less known in the English-speaking world. Ironically, the main foreign language of Estonian geographic publication has always been English rivalled by Russian in the Soviet period with very little appearing in any other language. I will now discuss the main sources of geographical publication including difficulties in defining the sub-disciplines and trends in Estonian geography.

Publication policy and sub-division of geography in Estonia

Here I will focus on the publications of the Soviet period to reflect on the policy alterations in recent years. Since the 1960s a large group of publications was formed by abstracts and summaries—generally a few pages long, although occasionally a full-text version of conference papers was printed. The inclusion of abstracts among scientific publications was an early sign of research quantification—the research achievements were to be evaluated in numbers. Recently, abstracts were excluded from the list of publications but another quantification tendency has appeared in the 1990s—articles written by several authors. This natural science mode of publication has widely penetrated the field of social sciences in Estonia.

In the Soviet Union the use of the Estonian language provided a chance to experiment, since very few could understand what was discussed. The political and social impact in Soviet society was thus negligible and writings in Estonian did not pose a direct threat to the system. I therefore argue that the papers written in Estonian were ideologically less controlled than the papers for international outreach that had to pass strict censorship. Although some over-vigorous native censors existed, local publication was generally less controlled than was common in the Soviet Union and depended on the discretion of the people involved. Consequently, it follows naturally that a large amount of geographical research appeared in popular journals like *Eesti Loodus* (Estonian Nature), *Horisont* (Horizon), *Keel ja Kirjandus* (Language and Literature). In addition, the main outlet for geographical research in Estonian has been the Yearbook of the Estonian Geographical Society (EGS) published since 1958 (altogether thirty-four volumes) and a few other periodical publications of societies and museums, such as the Estonian Naturalists' Society or the Estonian National Museum.

Another outlet for notionally free (read: ideologically less restricted) research was student papers.[2] They were often more critical, dealt with subjects bordering on the ideologically correct and testing set restrictions. These papers reflect the research interests of the supervisors but also changes in society. In the first post-war decades mainly descriptive work based on both literature study and own fieldwork was conducted. Historical local study was a new field in the late 1960s; research in various aspects of environmental protection, planning and recreation became central in the 1970s; social geographical studies appeared from the 1980s onwards and they dominated completely in the 1990s. The papers became more analytical with advances in computer technology and their availability and thus causal relationships were analysed. In the years 1950–1990, less than one-third of the papers directly dealt with societal geography. Another third were written on subjects like historical geography, landscape, recreation and planning. In the 1990s the balance shifted to two-thirds or more written on the subjects of human geography. This share has now diminished again due to a relatively large number of environmental technology students (Roose 1990 and unpublished list of the papers at the Institute of Geography Library).

A language spoken and read by such a small number of people, however, poses a serious challenge for scientific publication. The more sophisticated details and intricacies of research might only be discussed with a handful of native speakers. Such work has therefore to be published in foreign languages. Anu Kull (1990: 30) examined a selection of societal geography publications in the periods 1940–1959 as well as 1960–1968. In her findings, the publications in Estonian formed the majority in both periods (78 and 56 per cent, respectively). More interestingly, the number of publications was four times higher in the 1960s than previously, a period twice as long. Nearly half of the papers from the 1960s were published in Russian—an indication of rapid internationalization of Estonian geography. The series *Publications in Geography, Tartu State University Publications* (1960–1988; re-established in 1999) reflects the changes in language policy: originally published in Estonian, from the early 1970s onwards it mainly appeared in Russian with occasional English copy (Kurs 1999). In the 1970s the Estonian Geographical Society (EGS) and the Department (now Institute) of Geography started publishing special issues for the International Geographical Union Congress in English. Nine numbers in the series *Estonia* (EGS publications) have appeared to date including 135 papers altogether. Complete re-orientation to English in the 1990s was quick indeed.

The international distribution and outreach of these publications is harder to evaluate and has not been examined in depth. Hence very little is known of the extent of use of the Soviet-period publications, but it may be assumed that they remained largely in a relatively closed circle of socialist counties. Today citation indices are considered significant to a degree where nearly no other type than the (English) current content journals are officially considered as a measure of research quality in Estonia. This is taken as indication of a general norm and has occurred at the expense of Estonian, although I, as growing numbers before me, defy the dominance and hegemony of the English-speaking academic world (Gregson, Simonsen and Viaou 2002; Setten 2005; Short, Boniche, Kim and Li 2001).

A survey of forenamed sources in Estonian and English reveals the difficulties in defining geography's sub-disciplines in Estonia and finding the narrowly social and cultural aspects. Although papers on physical geography, ecology and nature protection outnumber in all publications studies on society (generally two out of three), about one-fifth are papers that are difficult to handle. They often focus on the relationships between people and the environment, but were classified as physical geography. Its less politicized frame offered possibilities for working on themes seen as the core subject of social and cultural geography in the English-speaking world, for instance in *The Dictionary of Human Geography* (Johnston, Gregory, Pratt and Watts 2000).

Defining research directions is further complicated by the Estonian geographers constituting a club-like body. Geography at university level has only been available in Tartu.[3] The number of students per year varied between twenty and thirty-five; around 1200 people have graduated as geography majors in Tartu during the post-war years. The academic staff had a reputation for being liberal (very few were members of the Communist Party or published directly ideological work) and encouraging the students to discuss new ideas on a wide range of interwoven subjects. Outdoor seminars and summer schools organized by students became increasingly popular and were significant for the development of a like- and open-minded student body. Ties to the university were maintained after graduation; the yearly celebration of the then Department of Geography has been a significant social occasion in maintaining contacts. The academic staff changed very little between the mid-1950s and early 1990s. This contributed to the club-like feeling: experiences were shared and easily swapped between several generations of geographers who were schooled into similar approaches. A further implication of the nearly permanent staff and only one formal research centre[4] was the fact that the graduates started work in a variety of institutions. Although the majority became geography teachers in schools, a geography network branched into many disciplines (an early version of inter-disciplinary research), industry and increasingly to the public sector. As a result, academic research had close ties to the every-day, as well as the main responsibility in the way geography was taught at schools, with both the obvious positive and less favourable consequences for research policy and geographical subject matter. The latter was greatly dependent on so-called societal orders, i.e. project research financed by local authorities or industries. This legacy still forms a restricting factor for truly critical analysis of society today; especially in a case of extremely limited resources. The danger of being left high and dry after offending some key figure deciding on financing has advanced a pragmatic approach to societal issues and formed an understanding of what is 'proper' geography.

Geography as a science—a Soviet legacy

Geography institutions in Estonia today are still greatly formed by the ideas and developments of the mid-1960s to the mid-1980s. In societal geography, I define as crucial the trends and discussions of the 1970s—a period generally interpreted as that of deep stagnation in the Soviet history that culminated in active Russification policy of the Soviet Republics. This was a decade after the Khrushchev thaw when hopes of radical change within the system had been crushed. At the same time, the ideological control had been eased gradually as the system was perceived to be politically secure from both internal and external disturbance. The relative calm provided for a possibility of mild critique in a society that had not developed in the direction of universal equality and had caused serious damage to the environment. In addition, the Leninist idea that various cultural enterprises should have a national structure but a socialist content allowed a re-introduction of work by pre-war Estonian geographers. Societal geography was in this period accepted as the study of spatial relations in society, although originally any form of societal geography was seen as being ideologically susceptible in the Soviet Union. Economic geography with its obvious limitations—the classical Marxist reduction of societal processes to be totally dependent on economy (economic determinism) and the structuralist approach—became the accepted outlet for the study (see also Kull 1990).

In Estonia, the chair in economic geography was re-established in 1968 (up to which date societal studies had been conducted as a smaller sideline at the Department of Geography), where Salme Nõmmik became the first (and only) professor in 1971. Her work set the research trends and approaches. The essential task for economic geography was thus defined as a study of the spatial regularities operating in the production and non-production spheres (Nõmmik and Mereste 1984). The idea of progress defined as development to achieve 'new quality', as well as including all components of the production system, was predominant in the official and academic realm. The key-word for geography became the 'socio-economic complex' (Mereste 1978; Nõmmik 1972). Population (a nearly anonymous body with at best group (working-class) identity in Soviet thinking) was now seen as a significant although secondary (supplementary) part in the geographical study. This was fitted into the Marxist ideology as 'establishing the spatial regularities of productive forces' (Nõmmik 1972: 104). Nevertheless, economic approach came to include the analysis of public health, popular education, public services, tourism and recreation. Developments of mathematical methods (Marksoo 1980, 1982; Pragi 1988; Raitviir 1988; Roosaare 1984) were new trends. The idea that Soviet people have needs slowly evolved that resulted in often heated debate on the role of social factors in economic systems and the role of geography (Mereste 1978; Raitviir 1981a, 1986). In such a context, it is probably not surprising that a new concept—quality of people—was introduced (Raitviir 1981b, 1988). The idea seems strange today but at the time it triggered a major breakthrough in geographical studies that now included people as active agents.

In the context of analysing the 'sphere of non-production', other agendas could thus be promoted and often nationalistic content was hidden behind an acceptable front. For instance, migration trends between the Soviet Republics were examined (Marksoo 1972), as were the varieties in lifestyle, making an attempt to measure social well-being using social indicators (Raitviir 1981b). Data on local and regional levels was abundant and not protected by personal integrity laws. This is not to say that the researchers were unscrupulous in using the material, but data on migration (registering change in dwelling was obligatory), family conditions, health, etc. was easily obtainable. The trap of reliability of Soviet statistics was thus avoided by turning to primary sources. Hence an understanding that research has to be grounded in extensive empirical material collected by the author was established. The studies remained largely mechanical and descriptive, but empirical material that was hidden in official statistics was made available for open scrutiny. The alternative interpretations could never be clearly stated by the authors, but finding and actively creating them in the private sphere, reading between the lines and drawing one's own conclusions became second nature to the readers. A descriptive and non-conclusive writing style thus developed that has persisted to some extent in Estonia today. Some studies in the 1980s were, however, openly critical of the mechanical planning of society that ignored the needs of people (Raig 1985; Vihalemm 1981).

Another positive aspect in the 1970s was what may be termed the ecologization of society: the enormous Stalinist plans for changing nature according to presumed human needs had failed with terrible consequences for both human beings and nature. Nature conservation, ecological networks (compensating areas), planning and management, especially in leisure activity context (people had more time and economic means for active leisure) were the new buzz words that focused the geographical research on examining the relationships between humans and the environment as well as the distribution patterns of social phenomena.

These positive trends, however, have to be framed in political reality including the ideological formalities that were generally hard to take seriously and were widely ridiculed in private. Still there were those who did believe in the correctness of Marxist theory and were comfortable with applying this ideological frame and developing new methods in its spirit (Nõmmik 1979, 1981). In a more common view among the geographers, an examination of Soviet society adapted itself quite well into the frame of Marxist philosophy, since the society had been built up (at least basically and theoretically) according to its principles (Pragi, interview 2005). Kull (1990), however, argues that planned economy and regional study were incompatible. General attitude was a resigned acceptance that certain protocol was to be followed in the public sphere and academic writing (for instance, referring to the Marxism–Leninist classics, the current leaders, or the decrees of the Congress of the Communist Party in every paper). In fact, a training in reading the classics did not go totally amiss. The main problem was that this theory was the only accepted one and could not be openly questioned or critically challenged in any way. The amount of time (covering nearly one-fifth of the obligatory university syllabus in any subject as late as the second half of the 1980s) and the pointlessness of some of the themes (for instance, scientific communism), however, was tedious and resulted in further devaluation of Marxist philosophy in Estonia. It has had long-term consequences as critical studies on social justice applying western Marxism or radical theory are still looked upon with suspicion in Estonia today.

The closed-in environment of the Soviet Union was not limited to this ideological straightjacket. Personal contacts and free exchange of ideas were tightly controlled. Attending conferences abroad, mainly in 'friendly' Eastern Europe, became possible in the 1970s, but attendance was not guaranteed on academic merits alone. At the same time, contacts with Finland provided a lifeline from the late 1960s when a boat connection between the two capitals was opened and watching Finnish television in northern Estonia became possible. Still, the main contact space was formed by the Soviet Union. New ideas and approaches mainly reached Estonia through Russian translations and ideological censorship. Ann Marksoo (1994) has shown that a lag of about five years existed between new ideas and influential works appearing in the world and being translated into Russian. The spread to Estonia after that was quick indeed. Another even quicker source was a journal published in Russian (*Referativnoi zhurnal—Geografija*) that referenced recently published papers and monographs in geography. The translators—leading figures in Russian geography, such as Medvedkov and Lipets—were well-educated and open-minded scholars who gave abundant space to new approaches, methods and major works, often introducing new concepts and terms in original languages (Raitviir, e-mail 2005). Original articles could be ordered from the publisher of the journal; however, the application had to be first approved by the party organizations and the number of papers one person could request was limited. Available funds—the subscription was to be paid personally—were even more restraining. Attempts (especially in the 1980s) were made to contact the authors directly. Hence the Iron Curtain, although effective in closing the people in, did let through ideas and thus Estonian geography was relatively synchronized with that was happening outside the Soviet Union. How much of this could be openly acknowledged and infiltrated the publications is a matter for further debate.

Recently the quite homogeneous body of Estonian geography—a legacy of one department being almost solely responsible for all geography teaching and research initiation—has opened up as more people have backgrounds in other disciplines (forestry, landscape architecture, planning, botany, humanities). This process was started by the re-organization of the Institute of Geography in 1992 and the opening of the syllabus for combined courses instead of the strict programmes. Hence the field is gradually widening and contacts with other research centres are being established, but I would argue that a strong sense of identity connected with Tartu still persists among Estonian geographers. On this background I include in the survey changes in the recent past and current trends in a broader sense than defined strictly as social or cultural geography in the Anglo-American understanding.

Estonian societal geography today

The factors described previously have contributed to the development of geography in general providing a niche for issues in society that could not be discussed openly. Geography, understood as natural science, was in a sense a back-door discipline to analysing society where the ideological aspects were less pronounced and the research less controlled by the authorities; at the same time strong connections were felt to exist between nature (protection) and the Estonian mode of being.[5] Within this frame, it is hardly surprising that two main fields of geographical research have persisted. The best defined and in a sense institutionalized traditions in Estonian societal geography are deeply intervened regional and population studies focusing mainly on settlement systems, urban geography and migration maintaining a significant stress on economy. Another central theme has been the study of landscape: nearly all Estonian geographers have contributed to some extent to this approach in geography.

These trends had flourished in the University of Tartu in the 1920s and 1930s, originally at the Department of Geography and then under the umbrella of economic geography at the Department of Law and Economy where Edgar Kant was professor between 1934 and 1940; again in 1941 to 1944. Kant, who had been the most innovative thinker in geography and promoter of anthropo-ecology, as well as mathematical methods (Kant 1932, 1935), is seen as the founder of Estonian geography (Kurs 1992). His works were banned and collected in special units in the library, or destroyed; partly for their political content—he had promoted the idea of Balto-Scandia, stressing the close ties between the Scandinavian and Baltic countries and distancing from the Soviet neighbour—and partly for his role as the Rector of Tartu University during the German occupation. However, obtaining a permit to this special unit for access to his work became a rite of passage for young (economic) geographers (Pragi, interview 2005). The content could not be discussed openly in any other way than in disowning his theories in slandering spirit. Indeed, local Estonian geographers were not fully trusted in managing this successfully and hence special lecturers were sent to Estonia from the main universities of the Soviet Union on special occasions and at larger conferences to give exemplary lectures. This probably had an opposite effect: Kant's ideas were influential and known; although his vocabulary of terms and concepts could not be adapted into the Soviet ideological frame or cited directly (how far these odd rules have influenced referring practice is an open issue). Kant's ideas are recognizable, if unacknowledged, in many urban geography and lifestyle studies of the 1970s (Raitviir 1981a, 1989) and application of mathematical methods (Pragi 1988). They were quickly accredited in the late 1980s with the opening of society. Studies in urban geography and population (Kährik 2000; Tammaru 2001; Tammaru and Kulu 2003), as well as new developments, such as research in social positioning (Ahas, Aasa and Aunap 2004; Ahas and Mark 2005), have grown out of this tradition. Abroad, Torsten Hägerstrand (1978) acknowledged Kant's ideas for analysing life-worlds as inspiration; especially in developing time-geography and situational ecology (see also Buttimer 1994, Jauhiainen 2005).

The core of Estonian economic geography was moulded around the geography of population and (predominantly urban) settlement.

Geographically, they have focused on the territory of Estonia with the exception of research on Finno-Ugric minorities in the territory of the Soviet Union (Kurs 1980; Sarv 2002) and the Estonian diaspora in the world (Kulu 1997). Analysis of settlement patterns was seen in the Soviet period to 'constitute the unity of content and form' in regional study (Nõmmik 1972: 104). This unity also gave prominence to extensive regional research throughout the post-war period and descriptive studies of specific regions have been numerous. On the basis of this extensive regional knowledge a logical step for Estonian geographers to take in the 1990s was to get involved in regional planning and management, administrative reforms, as well as more theoretical analysis of regional aspects (Raagmaa 2000). At that time, local daily newspapers provided a new forum for geographical ideas reflecting the high involvement of geographers in societal matters.[6] Many geographers are also personally involved in politics as members of the Government and Parliament. In a sense, this is a continuation of the strong connection between research and public demand and financing of applied research being defined primarily by political interests and more recently by available private funds. Interdependence of processes in society and geographical research is inscribed into the political nature of geography as a discipline. At the same time, very little research has been conducted on the political preferences of the Estonian population with a notable exception of Raitviir's study on the elections in the transition period (1992, 1996). A long-standing concern has been the borders—both mental as well as physical (Berg 2001; Kant 1935; Kurs 1990; Kurs and Aunap 2003)—and thus national belonging and identity, which is highlighted by the geographical position of Estonia between Europe (the European Union) and the Russian Federation (Berg 2002, Kuus 2004a, 2004b; Peil and Sooväli 2005).

The less obviously ideological field has been the study of landscape (Peil et al., 2004). The new university discipline of geography in the 1920s largely focused around landscape, which offered it a monistic object of study—a region which encompassed both nature and the results of human activity (Granö 1920). In the Soviet period, landscape research included analyses in physical geography, regional planning and nature conservation (Varep 1968). Generally, in this discourse, the human agent was studied only as an actor influencing the landscape and using (up) its resources, nevertheless, the study included a strong element of culture and history (Varep 1964, 1965, 1972). An example of confusing systematization is that historical geography was not only primarily concerned with landscape (which is also the older understanding in Scandinavia) but was considered as falling in the realm of physical geography. Interesting research with combined methods—a new form of landscape ecology—appeared alongside a growing awareness of ecological problems, but has turned back to its natural science roots today. More recent research has been conducted in the tradition of Sauer in examining cultural (ethnic) differences in the landscape (Hellström 2002; Palang 1998; Palang, Printsmann, Konsa and Lang 2005) and defining landscape based on the visual patterns and values (Palang, Alumäe, Printsmann and Sepp 2004; Palang, Kaur, Alumäe and Jürimäe 1999; papers in Palang and Fry 2003 and in a special issue of *Landscape Research* 30(2)). The role of the Permanent European Conference for the Study of Rural Landscape (PECSRL) has since 1992 been considerable in the filtering of newer cultural-geographical influences into Estonian landscape geography. At the same time, the papers given by many

Estonians still continue to have a strong natural science orientation which indicates the legacy of stressing the ecological aspect and seeing the human agent as an interfering factor in physical landscapes.[7]

The 'cultural turn' in the Anglo-American sense in Estonian geography is a very recent phenomenon. Cultural geography has been taught as a subject at the university since the mid-1990s; first focusing on the ethnogeography of the Finno-Ugric minorities and mainly based on the French tradition of cultural geography and environmental history (Kurs, e-mail 2005); more recently focusing on landscape approaches. In fact, one of the first publications to include a multitude of approaches on an equal basis was the collection of essays on landscape (Palang and Sooväli 2001). A synthesis of critical, cultural and historical geography, in which landscape is read and interpreted as a form of cultural practice in a humanistic approach, is also gaining ground (Kaur, Palang and Sooväli 2004; Pae and Kaur 2004; Peil 1999, 2006; Sooväli 2004; Sooväli, Külvik and Palang 2004). The implications of this cultural turn for Estonian geographical theory in general are less clear, especially since the necessary academic structure for further developments is lacking.

All these themes—regional analysis, population and (ecological) landscape analysis—have demonstrated surprising persistence and continuity in the twentieth century through the political and ideological turbulence. They form what may be called the core in Estonian geography or its mainstream science. The majority of this work is still conducted in a positivist systematic manner grounded in extensive empirical material and fieldwork. Any other type of writing is hard to promote due to the marginal position of human geography in general and cultural (as well as critical social) geography in particular in the institutional frame of the natural sciences. Fading of the formerly self-evident connection between nature and the national culture and (over-)politicization of geography are contributing reasons for a weakened position of geography in Estonia today. Although plurality in principle is possible, the dominant scientific approach bordering at pre-war encyclopaedism (re-mapping Estonia in a nationalist discourse) has much in common with the Marxist systems approach and holistic view although connections to Marxism go unacknowledged and thus critically unanalysed. Indeed, theory is very seldom discussed at all. Geography also has to face the dilemma of national research with a concern for local details being internationally less publishable, or more precisely, the balancing between the local interests and anchorage in international theoretical context. At the moment, increasing internationalization and general standards taking a more pragmatic view of universal science seem to dominate over local tradition.

External analysis of Estonian society appears emotionally less trying and hence a number of non-native scholars have contributed by examining the extensive societal changes connected to the ongoing transition in Estonia, particularly in agriculture (Abrahams 1994, 1996; Johnson 2004; Maandi 2005; Unwin, Pallot and Johnson 2004; Unwin and Pickles 2003), identity (Unwin 1998, 1999) and in the former Estonian Swedish minority areas (Grubbström 2003; Hedin 2003; Hoppe 1993). Involvement of foreign researchers, although in general similar to the situation recently discussed seen from Hungary by Timar (2004), has been positive for Estonian geography. The role of providing empirical data for 'Western theory' has generally been avoided, although country reviews in handbooks are still frequently written by non-Estonian scholars and thus the 'break-through' of Estonian geography to the international research arena is not yet achieved in full.

Concluding remarks

In answer to the question about the existence of social or cultural geography in Estonia in the twenty-first century in a widely accepted Anglo-American sense posed in the title, I would argue that several researchers (not only geographers) have undertaken research that can be more or less narrowly defined as such. In a sense of the core ideas in cultural and social geography being accepted or debated openly, or for the existence of an institutional forum for such discussion, the answer is 'no'. Putting the significance of labels and the narrow understanding of the social and the cultural aside, three main research clusters in Estonian geography focusing on societal issues may be mentioned.

First, there are regional studies that are mainly concerned with planning and management, and build directly on an analysis of social phenomena in space. Different regions (pattern identification) are identified according to associations of social phenomena as related to the environment with a strong applied science emphasis. These studies often draw indirectly on the heritage of Edgar Kant (although his ideas were deemed old-fashioned in some of the interviews). An interesting related development is the method of social positioning.

Second, population and migration studies with a main focus on urban/suburban areas, which has made them almost synonymous with urban geography, carry the tradition of Estonian societal geography most obviously. The main critique of these studies includes their mechanical nature (modelling) and the continuing underestimation of the impact of values, meanings and sentiments.

Third, a challenge to environmental determinism has been embraced in current landscape research seeing a relationship between humans and the environment as two-way. This includes both a more traditional examination of various cultural phenomena in space and research into the role of representations (mainly visual) in creating places and determining human relations to them. It is a relatively new and disputed approach in Estonia, but most relevant in the context of European cultural geography drawing on both its traditional (Sauerian) heritage as well as more dynamic landscape dialectics.

Generally, academic and applied research has been closely tied in Estonia, which has both positive and negative consequences. A threat factor in the future of academic thought may be fundamental research being seen as a luxury with no funds reserved for philosophical or theoretical study. This problem, however, is not particular to Estonia. Estonia (both as a country and nation) may be seen as a case in point: its academic and societal realm is severely limited in some accounts, nevertheless, ideas are mixed freely; adaptation, smallness and openness are increasingly seen as desirable in the public and scientific image. A broader implication of this brief attempt at classification of published papers is illuminating the difficulty of defining concise research fields and schools. Thus far Estonian geography has been generating its own strengths in often unfavourable conditions. Its test will be to free itself of the limits of strictly positivist science, keeping the vigour of innovative thinking and local relevance.

Acknowledgements

I would like to thank warmly all the Estonian geographers who contributed to this report and provided the necessary references; especially Professor Ann Marksoo who pointed me towards several sources. I am also grateful to Professors Michael Jones and Tim Unwin, as well as Associate Professor Gunhild Setten for their fresh comments from 'outside' the close circle of Estonian geography. Many thanks also to Helju Jüssi for casting an eye over the Estonian version of the text.

Personal communication, interviews

Ahas, Rein—holder of the Chair of Human Geography, University of Tartu; interview in Tartu, 18 March 2005.

Jauhiainen, Jussi—associated professor, Institute of Geography, University of Tartu/ professor of Turku University; e-mail communication, March to April 2005.

Kulu, Hill—research fellow, Max Planck Institute, Germany; interview in Lund, May 2005.

Kurs, Ott—professor of human geography, Institute of Geography, University of Tartu; e-mail communication, September 2004 and March 2005.

Marksoo, Ann—professor emeritus in human geography, Institute of Geography, University of Tartu; interviews in Tartu, 12 November 2004 and 17 March 2005.

Palang, Hannes—senior researcher, Institute of Ecology, Tallinn University; interview in Tallinn, 14 March 2005; e-mail communication, May 2005.

Pragi, Uudo—lecturer in economic geography, Institute of Geography, University of Tartu; interview in Tartu, 17 March 2005.

Printsmann, Anu—postgraduate student, Institute of Geography, University of Tartu; e-mail communication, May 2005.

Raagmaa, Garri—head of the Pärnu College, University of Tartu; e-mail communication, March to April 2005; telephone interview, 23 March 2005.

Raitviir, Tiina—senior researcher, Centre of Gender Studies, Tallinn University; interview in Tallinn, 24 March 2005; e-mail communication, March 2005.

Tammaru, Tiit—lecturer at the Institute of Geography, University of Tartu; e-mail communication, March to April 2005; telephone interview, 28 March 2005.

Notes

1 I have used the term 'societal geography' in this paper in a wider sense as geography focusing on examining various aspects in society and thus the historical (Soviet) equivalent of human geography not merely as the sub-discipline of social geography. The analysing of social and cultural phenomena in space has been conducted under various umbrellas not least due to geography in Estonia being predominantly understood as belonging among the natural not social sciences.

2 The obligatory undergraduate course for a university diploma in the Soviet period covered five years of study. Yearly a so-called course essay had to be admitted culminating with a diploma paper which had to demonstrate independent research ability and based on original field investigation. Unfortunately, only the latter have been archived in the Library of the Institute of Geography, University of Tartu.

3 An exception has been training geography teachers at Tallinn Pedagogical Institute (Tallinn University) in the 1950s and again since the mid-1990s now based on what is termed geo-ecology and co-ordinated by the Institute of Ecology; an unknown (small) number of Estonians active in geography graduated from other universities of the Soviet Union.

4 Nevertheless, the Estonian University of Life Sciences and the Institute of Economy should be mentioned as significant centres for geographical research. The Estonian Geographical Society at the Academy of Sciences (established in 1955) took on the task of co-ordinating work.

5 About the meaning of nature protection in national discourse, see, for instance, Lauristin, Vihalemm, Rosengren and Weibull (1997); and about geography as a natural/national field of research, see Kurs (2000) and (Peil 2005).

6 For instance, the geographers' publication list of the University of Tartu in 1989–1994 includes 185 newspaper articles (and over fifty in local journals); at the same time the scientific production had diminished to around twenty for all staff (based on the official publication list—Raagmaa 1995). The latter was partly dependent on economic difficulties in the transition period, closing of former publication channels and hardship in reaching international journals in the first years of independence.

7 For references see the PECSRL webpage at <www.pecsrl.org>, link conferences. My thanks to Professor Michael Jones for making these points about this connection.

Uusi, taasavastatud ja unustatud ideid: on siis Eestis sotsiaal- ja kultuurigeograafiat?

Tiina Peil
Geograafia instituut, Norra Teaduse ja Tehnika ülikool (NTNU), NO-7491 Trondheim, Norra, tiina.peil@mail.ee

Geograafe, kelle töid võiks üldjoontes liigitada kui sotsiaal- või kultuurgeograafiat, on Eestis nii vähe, et nendest saaks rääkida individuaalselt ja ikkagi ei saaks artikkel pikem kui paar lehekülge. See ei tähenda, et huvitavad tööd selles valdkonnas puuduksid, vaid pigem viitab institutsioonilise ja akadeemilise traditsiooni ja raamistu puudulikkusele ning liigitamise raskustele. Pärast Eesti taasiseseisvumist on avaldatud arvukalt töid, mis käsitlevad geograafiateaduse erinevaid tahke (Kurs 1997, 1999, 2000; Mander ja Oja 2004; Marksoo 1994; Raukas ja Paatsi 2000; Tammiksaar 1996). Nende autorite peamiseks eesmärgiks on geograafia ajaloo ülevaatlik kirjeldamine, vältides ideoloogilist kallutatust ning tihti rõhutades uurimissuundade järjepidevust. Geograafia määratlemine rahvuslikus kontekstis on nendes kirjutistes samuti selgelt päevakorral. Suurem osa ülevaateartiklitest on kirjutatud eesti keeles ja mõeldud kodupublikule; seni rahvusvahelisel areenil ilmunud kaks artiklit (Kull 1990; Raitviir 1986) arusaadavalt arvestades nende ilmumisaega ei sisalda viimase aja suundumusi geograafias. Enamik artikleid on olnud peajoontes kirjeldavad aruanded, kus ei ole püütudki analüüsida geograafiliste uurimuste sisu ja uurimistraditsioone. Ei ole kasutatud lähenemisviise, mis võimaldaksid neid paigutada üldisemasse sotsiaalteooria konteksti. Eranditeks on Jussi Jauhiaineni eesti inimgeograafia arengu ja tulevikusuundumuste teoreetiline käsitlus (2000a, 2000b) ja sama autori kriitiline essee teadustööst ja publitseerimisest väikeses kultuuriruumis (2004).

Käesoleva kirjutise esmaseks lähtekohaks on vaadelda, kuidas ideed püsivad kasutuses ajaliselt ja ruumiliselt ehk, teisisõnu, kuidas neid kohandatakse ning esitatakse lugejaskonnale poliitiliselt ja ideoloogiliselt jäigas raamistus. Sellest lähtudes tuleb põgusalt peatuda akadeemilise geograafia kujunemisel Eestis 1920. aastatel, 1930. aastate õitseajal, hääbumisel pärast Teist maailmasõda, taaselustamisel ja laienemisel Nõukogude ideoloogilise surve tingimustes ning lõpuks 1990. aastate kaootilisel ja paljutahulisel uute ideede ja mõjude juurdevoolul. Erandlikult (võrreldes eelpool nimetatud autoritega) määratlen ma aega 1960. aastate lõpust 1980. aastate alguseni kui võtmeperioodi praeguse sotsiaalgeograafia[1] mõistmiseks. Analüüs on tihedalt seotud küsimustega, kuidas end kuuldavaks ja arusaadavaks teha nii rahvuslikul kui ka rahvusvahelisel areenil, kui esindatakse marginaalset teadusharu (nii geograafiasiseselt kui ka teadushierarhias), rääkides keelt, mis on kogu maailmas emakeeleks umbes miljonile inimesele. Seejuures väidan, et põhjused, miks ja kuidas erinevaid määratlusi ning uurimisstrateegiaid kasutatakse, pakuvad laialdasemat huvi kui kitsalt Eesti kontekstis. Peamiseks eesmärgiks on niisiis põhiliste (sotsiaal-)geograafia uurimissuundade kriitiline analüüs.

Kõigepealt aga, toetudes kogemustele, mis saadud konverentsidel ja suhtlemisel ingliskeelsete refereerijatega, tuleb tutvustada Eesti geograafilise, ajaloolise ja kultuurilise tausta. Selline kirjeldus tundub enamikule eesti lugejatest lihtsa ja iseenesestmõistetava kordamisena, millele enamasti tähelepanu ei pöörata. Tegelikult tuleks see vaikiv kontekstiesitus küsimärgi alla seada: kas arusaam rahvuslikust diskursusest on peitnud erinevaid, isegi vastakaid ideid? Mis on eesti tänapäevase geograafia tunnusjooned ja kuidas eri uurimissuunad üksteisega sobituvad? Vastuse leidmiseks vaatasin läbi suurema osa 1960. aastatest alates avaldatud geograafiaalastest kirjutistest ja küsitlesin inimesi, et teada saada nende arvamusi ja arusaamu ühiskonnauurimise geograafilisest aspektist. Palusin ka kõiki intervjueeritavaid (osa intervjuusid toimus telefoni või e-kirja teel, vt lisatud nimekiri) nimetada töid, mida nad peavad oluliseks panuseks. Eesti geograafe ja geograafiakirjandust tutvustan samuti veidi pikemalt, enne kui saab asuda eesti sotsiaalgeograafia uute, taasavastatud ja unustatud teemade analüüsi juurde.

Eesti geograafilisest taustast ja geograafia taustast

Eesti on väike riik Euroopa perifeerias. Raudse Eesriide langemisest kulunud viieteist aasta jooksul on Eestist saanud Euroopa Liidu liige (retoorikast vt ka Kuus 2004a, 2004b) ning kasvav hulk inimesi (nt 2004 üle nelja miljoni) on leidnud tee Eestisse. Paljud uurijad on kujundanud laiaulatuslikud rahvusvahelised uurimisvõrgustikud ja Skandinaavia (sh Soome) kolleegid on andnud olulise panuse kohaliku teaduse rahvusvahelistamisse. Praegune teaduspublikatsioonide avaldamine on karmilt suunatud refereeritavatesse välismaistesse ajakirjadesse. Sellegipoolest nähakse läänelikus ettekujutuses Eestit enamasti kui väikest kildu suurest blokist (endine Nõukogude Liit või Ida-Euroopa). Eesti võimalus üksi enda eest seista seatakse seega kahtluse alla. Näiteks, selle kirjatüki jaoks soovitati mul esitada võrdlusmaterjali teistest endistest liiduvabariikidest ning anda viiteid tuntud ajaloolistele sündmustele. Pikapeale muutub taustsüsteemi seletamine kurnavaks, sest vastused heatahtlikele, ent naiivsetele küsimustele viivad suurema osa ajast ning töö mahust. Väide on muidugi veidi liialdatud, ent väikese riigi kohta käiva materjali kajastus erineb selgelt viisist, kuidas esitatakse suurte ja domineeriva akadeemilise traditsiooniga maade uuringuid. Kasvõi seegi, kui paljud inglise keelt emakeelena kõnelevad teadlased räägivad oma uurimuse lingvistilisest või kultuurilisest kontekstist?

Eesti ühiskond (määratletuna inimestega, kes elavad praeguse Eesti Vabariigi territooriumil ja mitte kitsalt etniliste või rahvuslike karakteristikute järgi) on üldiselt olnud avatud mõjudele nii idast kui ka läänest; neid mõjusid käsitlen vaid geograafiateaduse seisukohast. Eesti teadusruum on samas olnud piiratud ja poliitiliselt on siin suurema osa ajaloost valitsenud naabrid. Võõra võimu katkestasid vaid iseseisvusperiood kahe maailmasõja vahel ja taasiseseisvumine 1991. aastal. See aeg on olnud liiga lühike, et oleks saanud välja kujuneda oma geograafiakoolkonnad. Samas on kesksete lähenemiste vastupidavus läbi mitmete ideoloogiliste pöörete aga erakordne. Põhiline aeg on siiski kulunud kohanemiseks ja "järele võtmiseks". Selles kontekstis on oluline olnud ka määratleda, mis on euroopalik ja mis oma.

Peamiselt on eesti geograafiat mõjutanud arengud Soomes. Seda nii soome-ugri keelte sarnasuse tõttu, ent ka laialdasemalt osana Skandinaavia kultuuriruumist, mis on eesti geograafide jaoks moodustanud olulise vaimse ja füüsilise kokkupuutepinna. Eesti ja soome geograafia on tihedalt läbi põimunud, eelkõige tänu soomlastele, kes Tartus on töötanud (vt ka Granö 1996; Jauhiainen 2001). Kuna Eestis akadeemilise taustaga geograafid algselt puudusid, paluti vastloodud õppetooli 1919. aastal juhatama soomlane Johannes Gabriel Granö (värskem ingliskeelne ülevaade tema tööst näiteks Jones 2003). Granö arusaamad maastike uurimisest ja süstematiseerimisest on siiani aluseks eesti maastikugeograafiale. Sama korrati 1990. aastatel, kui Jussi Jauhiainen tuli Tartusse tööle, keskendudes regionaal- ja linnageograafiale. Mõnes mõttes jõudis osa 1930. aastatel levinud uurimissuundadest tema kaudu tagasi koju, kuna mitmed selleaegsed eesti geograafid (nagu Edgar Kant ja August Tammekann) töötasid pärast Teist maailmasõda eksiilis (Kurs 1999), kus nende tööl oli oluline mõju kohaliku geograafia arengule. Toetust eesti geograafiale 1990. aastate algul põhjendas näiteks ka praegune Uppsala ülikooli professor Göran Hoppe just sellega, et nüüd on rootslaste kord eesti (sotsiaal-)geograafia jalule aidata, nagu seda olid teinud need mehed pärast sõda.

Ajalooliselt on eesti akadeemiline traditsioon suuresti mõjutatud saksa kultuurisfäärist ning kujunes algselt just kesk-euroopalikus kontekstis. Ajaloo alal on saksa keele positsioon jäänud püsima nii peamise allikmaterjali kui ka avaldamiskeelena; geograafias on seda mõju vähem märgata. Prantsuse mõjud on tugevamad, seda eriti kultuurigeograafias, kus on kasutatud nii Vidal de la Blache'i kui ka hilisemate uurijate (nagu Paul Clavali ja Michel Cabouret') töid (Kurs e-kiri, 2005). Sellisel taustal ei ole üllatav, et eesti geograafilised uurimused on paremini teada Euroopa mandriosas ja Skandinaavias ning vähem tuntud ingliskeelses maailmas. Samal ajal võib mõneti irooniliselt tõdeda, et peamine võõrkeel, milles geograafiatekste avaldatakse, on inglise keel. Selle positsiooni küsimärgistas Nõukogude perioodil vene keele sunnitud kasutus, ent teistes keeltes on ilmunud väga vähe. Järgnevalt peatungi lühidalt allikana kasutatud väljaannetel ja avaldatu liigitamisraskustel.

Avaldamispoliitika ja geograafiaainese sisemisest jaotusest Eestis

Peamiselt tulevad siin vaatluse alla Nõukogude perioodil ilmunud väljaanded, mille pärandi seisukohast saab paremini mõista kaasaegseid uurimissuundi. Suure hulga nõukogudeaegsetest publikatsioonidest moodustavad konverentside teesid ja kokkuvõtted, mis valdavalt ei ole pikemad kui paar lehekülge, kuigi erandjuhul trükiti ka terve ettekande tekst. Teeside arvestamine teaduspublikatsioonina on märk varasest teadustöö kvantifitseerimisest: oluliseks peeti arvu. 1990. aastatel abstrakte enam ei arvestata, ent on tekkinud sama tendentsi uus ilming— artiklid, millel on palju autoreid. Selline loodusteadustele omasem avaldamisviis on selgelt märgatav ka eesti sotsiaalteadustes.

Nõukogude Liidus andis eesti keele kasutamine teatud võimaluse eksperimenteerida, sest kasutajatering oli piiratud ja seega peeti avaldatu poliitilist ja sotsiaalst mõju Nõukogude ühiskonnale tervikuna tühiseks. Eestikeelsed kirjutised ei kujutanud endast seega otsest ohtu Nõukogude korra püsimisele ja võib väita, et sellised tekstid olid ideoloogiliselt nõrgema kontrolli all kui artiklid, mis olid vähemalt teoreetiliselt kättesaadavad rahvusvahelisele lugejaskonnale. Kuigi leidus üliagaraid eestlastest tsensoreid ja need jõudsid mõndagi, oli kohalik tsensuur tagasihoidlikum ja sõltus väljaannetes töötanud inimestest. Suur osa geograafiaalastest uurimustest avaldati seetõttu populaarteaduslikes ajakirjades nagu Eesti Loodus, Horisont, Keel ja Kirjandus. Lisaks ilmus alates 1958. aastast eestikeelsena Eesti Geograafia Seltsi (EGS) Aastaraamat (34 köidet) ning geograafia seisukohalt on arvestatavad veel paar seltside ja muuseumide perioodilist väljaannet, näiteks Eesti Loodusuurijate Seltsi ja Eesti Rahva Muuseumi aastaraamatud.

Kohalikuks kanaliks vabamale (loe: ideoloogiliselt vähem kontrollitud) uurimistööle olid ka tudengiuurimused.[2] Need olid sageli kriitilisemalt meelestatud ja keskendusid teemadele, mis panid proovile kehtestatud ranged ideoloogilised raamid. Tööd kajastavad kindlasti juhendajate teadushuvisid, ent ka muutusi ühiskonnas. Esimestel kümnenditel pärast sõda olid need tööd valdavalt kirjeldavat laadi. Kohalik ajallooline uurimus muutus oluliseks 1960. aastate lõpupoole; järgmisel kümnendil tõusid tähelepanu keskmesse uurimused keskkonnakaitse eri aspektidest, planeeringud ja puhkemajanduse temaatika. 1980. aastatel tehti üha enam sotsiaalgeograafilisi uurimusi, mis domineerisid täielikult 1990. aastate algul. Tööd muutusid aastatega üha analüütilisemaks, selles oli oma osa arvutitehnika arengul, mis võimaldas töödelda suuri andmehulki ning otsida põhjuslikke seoseid. Ajavahemikus 1950–1990 valmis siiski vähem kui üks kolmandik töid otseselt majandusgeograafias; samal ajal kirjutati teine kolmandik töid loodusgeograafia sildi all teemadel nagu ajalooline geograafia, maastikuteadus, puhkemajandus ja planeeringud. 1990. aastatel oli loodus- ja inimgeograafiaalaste tööde suhe vastupidine: kaks kolmandikku töödest on ametlikult inimgeograafia vallast. Nende osatähtsus on aga viimastel aastatel vähenenud keskkonnatehnoloogia õppekava kasvava ulatuse tõttu (Roose 1990 ja käsikirjaline diplomi- ja lõputööde nimekiri geograafia raamatukogus).

Samal ajal keel, mida kasutab nii väike arv inimesi, esitab teadustöö avaldamisele tõsise väljakutse. Detailsemate erialaste käsitluste lugejaskond on ülimalt piiratud, mistõttu süvauuringute tulemusi peab paratamatult avaldama võõrkeeltes. Anu Kull (1990: 30) uuris valikut ühiskonnageograafia publikatsioone, mis ilmusid ajavahemikul 1940–1959 ning 1960–1968. Ta leidis, et mõlemal perioodil moodustas enamiku avaldatust eestikeelne kirjandus (vastavalt 78 ja 56%). Huvitav on märkida, et 1960. aastatel ilmus neli korda rohkem töid kui varasemal perioodil, mis ometi oli kaks korda pikem. Peaaegu pool hilisema perioodi töödest ilmus vene keeles, mis viitab sel ajal toimunud kiirele eesti geograafia rahvusvahelistumisele. Muutused, mis on toimunud väljaandega Tartu Ülikooli Geograafiaalased tööd (1960–1988; taastatud 1999), kajastavad hästi edasisi arenguid: algselt ilmus väljaanne eestikeelsena; alates 1970. aastate algusest peamiselt vene keeles (Kurs 1999). 1970. aastatel ilmusid üksikud väljaanded ka ingliskeelsetena. Ka Eesti Geograafia Selts avaldas ingliskeelseid artiklikogumikke (*Estonia*-seeria) Rahvusvahelise Geograafia Uniooni (IGU) Kongressiks, mis toimub kolme aasta tagant (ilmunud üheksa kogumikku kokku 135 artikliga). 1990. aastatel toimus kiire ja täielik üleminek inglise keeles avaldamisele.

Kirjutatu kasutamist ning kättesaadavust ei ole teadaolevalt sügavamalt uuritud. Nõukogudeaegsete publikatsioonide levikut on raske hinnata; ent kokkuvõtvalt võib väita, et väga vähe jõudis neid väljapoole sotsialismimaade teadlasteringi. Tänapäeval loetakse tsiteerimisindeksit pea ainumääravaks teadustöö hinnangukriteeriumiks, nii et arvestatakse eelkõige ingliskeelsetes refereeritavates ajakirjades avaldatut. Eestikeelsetele ametlikus aruandluses tähelepanu ei pöörata. On omamoodi paradoksaalne, et inglise keel on muutunud teadustöös nii domineerivaks ja ülemuslikuks (eesti keele arvel); samal ajal on maailmas kasvav hulk autoreid selle positsiooni kahtluse alla seadnud (Gregson, Simonsen ja Viaou 2002; Setten 2005; Short, Boniche, Kim ja Li 2001).

Põgus ülevaade eelpoolnimetatud eesti- ja ingliskeelsetest väljaannetest viitab erialakirjanduse liigitamise raskustele valdkonniti, nii et pea võimatu on kirjutatus eraldada kitsalt sotsiaal- või kultuurigeograafia temaatikat. Kuigi loodusgeograafiat, ökoloogiat ja looduskaitset käsitlevaid artikleid on kõikides väljaannetes arvukamalt kui ühiskonnaalaseid uurimusi (tavaliselt kaks kolmest), moodustavad umbes viiendiku tööd, mille kitsam määratlemine rahvusvaheliste väljakujunenud traditsioonide alusel on keerukas. Nendes oli keskne koht inimese ja looduse vahelistel suhetel. Kuna loodusgeograafia oli vähem politiseeritud, pakkus see laialdasemaid võimalusi teemaarenduseks valdkondades, mida näiteks ingliskeelses maailmas peetakse pigem sotsiaal- või kultuurigeograafia pärusmaaks (nt määratlused Johnston, Gregory, Pratt ja Watts 2000).

Käsitlust raskendab veelgi asjaolu, et eesti geograafid moodustavad klubilaadse kogu, kus piiride tõmbamine eri valdkondade vahel on raske. Geograafiat on ülikoolis õpetatud vaid Tartus.[3] Tudengite arv kursusel varieerus kahekümne ja kolmekümne viie vahel ja kokku on Tartus pärast Teist maailmasõda lõpetanud ülikooli umbes 1200 geograafi. Geograafia kateedrit peeti vabameelsemaks ja vähem politiseerituks (vaid üksikud õppejõud kuulusid komparteisse) ning üldine õhkkond soodustas uute ideede vaba arutelu, mistõttu uurimusi kirjutati väga laias teemaderingis. Tudengite poolt korraldatud väliseminarid ja suvekoolid on olnud populaarsed ja soodustanud ühtehoidva ja avameelse geograafkonna kujunemist, kus koolkondade vahelised piirid on puudunud. Sidemeid ülikooliga hoitakse ka pärast lõpetamist, osakonna aastapäeva tähistamine mängib nendes sidemetes olulist sotsiaalset rolli. Pealegi muutus õppejõudude koosseis 1950. keskpaigast kuni 1990. aastate alguseni väga vähe, see aitas kaasa klubiliku õhkkonna kujunemisele. Mitu põlvkonda geograafe kogesid ise seda, millest varem olid lugusid kuulnud ja seega mõisteti üksteist poolelt sõnalt kasutades sarnaseid lähenemisi ka uurimisainesele. Samal ajal geograafia kateeder (õppetool), mis oma püsiva töötajaskonnaga moodustas ainukese formaalse geograafia uurimisinstitutsiooni, ei mahutanud kõiki, kes soovisid teadustööga tegeleda.[4]

Suuremast osast lõpetajatest said geograafiaõpetajad, ent geograafid asusid tööle erinevates uurimisgruppides ja -aladel, samuti tööstuses ja avalikus sektoris, nii et geograafilise traditsiooni kohaselt eri valdkondade vahel seoseid otsides kujunes varane versioon teadustevahelisest koostööst, mis samal ajal hägustas piire veelgi. Tulemuseks oli ka akadeemilise teaduse tihe seos praktikaga ning kooligeograafiaga. Sellel oli ilmselt positiivne külg, ent see esitas ka teatud piiranguid kriitilisele lähenemisele ja geograafia ainesele. Uurimistöö sõltus suuresti nn sotsiaalsest tellimusest (võiks nimetada ka poliitiliseks tellimuseks) ehk teemadest, mida ühiskonnas vajalikuks peetakse. Tänaseni moodustab projektipõhine rahastamine olulise osa uurimistööst, mis võib piirata ühiskonnakriitilise analüüsi võimalusi olukorras, kus vahendid (nii materiaalsed kui ka inimeste hulk) on ülimalt tagasihoidlikud. Oht jääda kõrvale, kui uurimistulemused ei vasta mõne olulise võtmeisiku ootustele, on eesti sotsiaalteadustes kasvatanud pragmaatilist suhtumist ja aidanud vormida arusaama geograafia olemusest.

Geograafia kui teadus—Nõukogude pärand

Geograafia institutsiooniline ülesehitus on tänapäeval suuresti mõjutatud arengutest ja muutustest, mis toimusid 1960. aastate keskpaigast 1980. alguseni. Eesti sotsiaalseid küsimusi uuriva geograafia kujunemises pean määravaks 1970. aastate diskussiooni. See on periood, mida Nõukogud ajaloos nähakse kui stagnatsiooniaega, mis kulmineerus aga aktiivse Nõukogude vabariikide venestamispoliitikaga. See oli aastakümme pärast Hruštšovi sula, mil lootused korda seestpoolt reformida olid luhtunud. Samal ajal oli ideoloogiline kontroll tasapisi vähenenud, sest ei nähtud süsteemi otseselt ohustavaid sise- ega välisvaenlasi. See suhteline vaikus lõi olukorra, kus oli võimalik pehme ühiskonnakriitika ilmsete puudujääkide kohta nii sotsiaal- kui ka keskkonnasfääris. Samuti aitas kaasa leninlik idee, et kultuuriilmingutel võib olla sotsialistliku sisu juures rahvuslik vorm, mis võimaldas taas käibele võtta 1930. aastate eesti geograafide poolt juurutatud uurimistraditsioone. Ühiskonnageograafia muutus sel perioodil seoseid otsivaks ja kirjeldavaks aktsepteeritud teadusharuks, kuigi algselt oli Nõukogude Liidus peetud sellist lähenemist ideoloogiliselt vastuvõetamatuks. Keskseks jäi siiski majandusgeograafia koos selle ilmse piiratusega, millest tõsiseltvõetavamaks takistuseks oli klassikaline marksistlik lähenemine, kus kõik sotsiaalsed protsessid redutseeriti majanduslikeks (majandusdeterminism) ja valitses süsteemikäsitlus (vt ka Kull 1990).

Majandusgeograafia õppetool taasasutati Eestis 1968. aastal (selle ajani oli ühiskonnauuringuid tehtud "väikevenna" positsioonilt, ühtse geograafia kateedri sees). 1971 sai Salme Nõmmikust selle esimene (ja ainuke) professor ja tema tööd said määravaks nii aine sisu kui ka uurimissuundade kujundamisel. Majandusgeograafia olulise ülesandena nähti tootmis- ja mittetootmissfääris toimivate ruumiliste seaduspärasuste uurimist (Nõmmik ja Mereste 1984). Teadus, nagu kogu avalik elu, pidi olema progressiivne ja viima "kõrgema kvaliteedi" saavutamisele ning arvestama kõiki aspekte terviklikult, mistõttu võtmesõnaks muutus sotsiaal-majanduslik kompleks (Mereste 1978; Nõmmik 1972). Rahvastik (nõukogudelikus mõtlemises määratletud kui anonüümne mass, millel ülimal juhul võis olla grupi (töölisklassi) enesemääratlus, üldiselt aga isiklik vaba tahe ja soovid puudusid) moodustas olulise, ent siiski majanduse taustal teisejärgulise või parimal juhul toetava, geograafilise uurimise valdkonna. Marksistlikku ideoloogiasse sobitus rahvastiku-uuring kui "tootvate jõudude ruumiliste seaduspärasuste määratlemine" (Nõmmik 1972: 104). Puhtale majandusanalüüsile lisandusid sel ajal ka tervise, hariduse, teeninduse, turismi ja vaba aja veetmise uuringud. Kasutati uuenduslikke lähenemisi ja meetodeid (Marksoo 1980, 1982; Pragi 1988; Raitviir 1988; Roosaare 1984). Idee, et ka Nõukogude inimesed on aktiivsed subjektid, kellel on vajadused, kerkis arutlustes üha rohkem esile, mille tulemuseks oli kohati tuline arutelu geograafia rolli ning sotsiaalsete faktorite mõju üle majandussüsteemides (Mereste 1978, Raitviir 1981a, 1986). Antud kontekstis ei tohiks olla üllatav, et hakati rääkima uuest mõistest—inimeste kvaliteedist (Raitviir 1981b, 1988). Mõiste tundub tänapäeval veider, aga omal ajal andis see tõuke oluliseks läbimurdeks geograafiavallas, kus nüüd nähti inimesi kui aktiivseid tegutsejaid, mitte passiivset süsteemi osa.

Mittetootmissfääri uuringute sildi all oli niisiis võimalik teha mitmesuguseid töid ja sageli sisaldasid need heakskiidetud kesta all viiteid rahvusteemadele. Näiteks uuriti Nõukogude liiduvabariikide vahelist migratsiooni (Marksoo 1972) või elulaadi erinevusi, mõõtes sotsiaalset heaolu mitmesuguste indikaatorite abil (Raitviir 1981b). Kohalikul ja regionaalsel tasandil oli kasutada hulk andmeid ning isikupuutumatuse seadusandlus veel täiesti tundmatu. See ei tähenda, et teadlased oleksid materjali hoolimatult kasutanud, aga andmeid rände (kohustusliku sissekirjutuse nõue), perekonna ja tervise kohta olid kergesti saadaval ning neid koguti suure põhjalikkusega. Algallikate kasutamisega välditi lõksu, mille oleks seadnud Nõukogude ametliku statistika küsitavus. Nii süvenes uurimisviis, mille järgi iga geograafiline analüüs peab tuginema ulatuslikul (autori poolt kogutud) empiirilisel materjalil. Tööd jäid valdavalt kirjelduste tasemele, ent andmed, mis ametlik statistika muutis nähtamatuks, said kõigile kättesaadavaks. Autorid enamasti ei saanudki esitada ametlikust ideoloogilisest maailmavaatest hälbivaid andmetõlgendusi, ent ridade vahelt lugemine ja sellest oma järelduste tegemine arenes omaette oskuseks. Kirjeldav laad ja järelduste tegemise lugeja hooleks jätmine on kujundanud akadeemilise kirjutamise stiili, mis mingil määral on säilinud tänini. 1980. aastatel ilmus ka uuringuid, mis olid avalikult kriitilised ühiskonna mehhaanilise planeerimise suhtes, mis ignoreeris inimeste vajadusi (artiklid Raig 1985; Vihalemm 1981).

Teiseks üldisemaks positiivseks arenguks 1970. aastatel oli ökoloogiateadvuse tõus ühiskonnas: hiiglaslikud stalinistlikud plaanid loodust inimkonna soovide järgi ümber kujundada olid selleks ajaks nii looduse kui ka inimese jaoks ettearvamatute tagajärgedega luhtunud. Looduskaitse, ökoloogilised võrgustikud (koos kompensatsioonialade määramisega), planeerimine (nt ökoloogilise taluvuse uuringud puhkealadel, mille koormus sel aastakümnel märgatavalt kasvas tänu laialdasematele materiaalsetele võimalustele ja ka poliitilise kontrolli nõrgenemisele) muutusid kesksteks teemadeks. Kõiki neid ühendas pühendumine inimese ja keskkonna vahelistele suhetele ning sotsiaalsete nähtuste ruumiliste seoste uurimisele.

Neid positiivseid arenguid tuleb aga vaadelda arvestades poliitilist reaalsust ja ideoloogilisi formaalsusi, mida oli raske tõsiselt võtta ja mida eraviisiliselt naeruvääristati. Ent oli ka neid, kes uskusid marksistliku filosoofia tõesusesse ega näinud vastuolu selle ideoloogilise raamistu kasutamises uute meetodite väljatöötamisel (Nõmmik 1979, 1981). Geograafide hulgas laiemalt oli levinud arvamus, et Nõukogude ühiskonna uuring sobitus marksistliku teooriaga küllaltki hästi, sest ühiskond oli (vähemalt teoorias) üles ehitatud selle põhimõtete järgi (Pragi, intervjuu 2005). Kull (1990) väidab siiski, et plaanimajandus ja regionaaluuring kokku ei sobi. Üldiselt lepiti olukorraga, et avalikult tuleb teatud protseduure järgida. See kehtis ka teadustöö kohta, näiteks igas käsitluses tuli viidata marksismi-leninismi klassikute ja parteijuhtide töödele või viimase kompartei kongressi materjalidele. Iseenesest ei olnud klassikute originaalis või tõlkes lugemine kurjast. Peamiseks probleemiks oli, et see filosoofia oli ainuvõimalik, seda ei tohtinud avalikult küsimuse alla seada ega kritiseerida. Aeg, mis pühendati põhitõdede selgitamisele (veel 1980. aastate teisel poolel katsid nn punased ained viiendiku õppekavast), ning paljude ainete mõttetus (nt teaduslik kommunism) vähendasid marksistliku filosoofia väärtust. Sellel on pikaajalised tagajärjed: tänaseni ei peeta ühiskonnakriitilist analüüsi, mis tugineb läänelikul marksismil või radikaalsel teoorial, Eestis tõsiseltvõetavaks.

Nõukogude Liidu suletud õhustik ei piirdunud selle ideoloogilise raamiga. Isiklikud kontaktid ja vaba mõttevahetus olid range kontrolli all. Osalemine välismaa konverentsidel, peamiselt sõbralikus Ida-Euroopas, sai 1970. aastatel võimalikuks, ent sõitu ei taganud akadeemilised saavutused üksi. Samal ajal kontaktid Soomega—regulaarne laevaliiklus ja Soome televisiooni nähtavaks muutumine Põhja-Eestis—moodustasid olulise otsetee. Nõukogude teadusruum oli sellegi poolest domineeriv. Uued uurimissuunad jõudsid Eestisse eelkõige venekeelsete tõlgete kaudu, läbinuna ideoloogilise tsensuuri. Ann Marksoo (1994) hindab, et venekeelne tõlge ilmus keskmiselt viis aastat pärast originaali; Eestisse jõudis see üheaegselt Nõukogude suuremate keskustega. Veelgi kiirem viis informatsiooni saada oli venekeelse ajakirja *Refereativnõi žurnal—Geografija* kaudu. Selles refereeriti värskelt ilmunud geograafiaalaseid artikleid ja uurimusi. Väljaandjad olid juhtivad vene geograafid nagu Medvedkov ja Lipets, kes olid haritud ja avatud uutele lähenemisviisidele ja meetoditele. Kirjeldati uusi mõisteid ja termineid, tuues nende vasted nii originaalkeeles kui ka tõlgetes (Raitviir, e-kiri 2005). Originaalartikleid võis tellida otse ajakirjast (tellitava arv oli siiski piiratud), pärast seda kui ülikooli parteiorganisatsioon oli oma heakskiidu andnud. Tasuda tuli uurijal endal, mis omakorda piiras võimalusi. 1980. aastatel üritati võtta artikli autoriga otse ühendust. Raudne Eesriie, mis küll edukalt piiras inimeste liikumisvabadust, ei olnud aga läbipaistmatu ja lasi sisse ideid, nii et eesti geograafia käis üldjoontes sammu mujal maailmas toimuvaga. Kui suures ulatuses ja kui palju see avalikult kajastus ja milline mõju oli näiteks avaldatud töödel, on iseküsimus, mis vajab põhjalikumat käsitlust.

Suhteliselt hiljuti on eesti geograafia homogeenne kogu—pärand ajast, kui üks institutsioon vastutas pea kogu kooligeograafia kui ka õppe- ja teadustöö eest—avanenud erineva taustaga inimestele (nt metsandus, botaanika, maastikuarhitektuur, keskkonnajuhtimine) ja lähenemistele. See protsess sai alguse Geograafia instituudi reorganiseerimisest 1992. aastal ja jätkus õppekava muutmisega rangelt kursustesüsteemilt valikainete pakkumisele. Maailm on avanenud ja sidemed teiste riikide ülikoolidega laienenud; sellegi poolest julgeksin väita, et eesti geograafide seas on säilinud tugev Tartuga seotud enesemääratlus. Sellest taustast tulenevalt keskendungi oma ülevaates lähimineviku arengutele ja praegustele suundumustele laiemalt kui kultuuri- ja sotsiaalgeograafiat mõistetakse angloameerika kirjanduses.

Eesti (sotsiaal-)geograafia

Kõik eespool kirjeldatud tegurid on oluliselt kaasa aidanud sellele, et geograafiast sai kanal, mille kaudu sai tegeleda ka nende ühiskonnateemadega, mille otse ja avalikult käsitlemine oli võimatu. Geograafia, mida nähti eelkõige loodusteadusena, oli mõneski mõttes tagauks sotsiaalteadusesse—vähem politiseeritud ja riigiorganite väiksema tähelepanu ja surve all; samal ajal tunnetati tugevat seost looduse ja eesti kogukonna vahel.[5] Sellises kontekstis ei ole üllatav, et Eesti (sotsiaal-)geograafias on domineerinud kaks põhilist uurimissuunda. Kõige selgepiirilisemalt on välja kujunenud omavahel tihedalt põimunud rahvastiku- ja regionaaluuringud, mida võiks nimetada Eestis ainukeseks koolkonnaks. Keskseks teemaks on olnud asustusmustrid, linnageograafia ja rändetemaatika, kus ei puudu tugev seos majandusanalüüsiga. Teiseks jätkuvalt tähelepanu all olevaks teemaks on maastik: pea kõik eesti geograafid on maastikukäsitlusele midagi lisanud, mistõttu valitseb arvamuste ja lähenemiste paljusus.

Nii regionaal- (linna-) kui ka maastikugeograafia sai Tartu Ülikoolis tugeva aluse 1920. ja 1930. aastatel. Üldnimetuse 'majandusgeograafia' all sai Õigus- ja Majandusteaduskonna õppetooli esimeseks professoriks Edgar Kant (1934–1940; 1941–1944). Kanti võib pidada eesti inimgeograafia kõige silmapaistvamaks kujundajaks, kelle tööd antropoökoloogias, linnageograafias ning nende uurimisel rakendatavate matemaatiliste meetodite väljatöötamisel (nt Kant 1932, 1935) lõid aluse eesti rahvuslikule geograafiale (Kurs 1992). Nõukogude korra ajal Kanti tööd keelustati: paljud raamatud hävitati või korjati erifondidesse. Põhjuseks oli osaliselt tööde sisu (nt Nõukogude maailmavaatega sobimatu Baltoskandia idee, mis rõhutas tihedaid kultuurilis-geograafilisi sidemeid Läänemere piirkonnas, eemaldudes Venemaast), osaliselt Kanti roll ülikooli rektorina Saksa okupatsiooni ajal. Erifondi loa saamine ja teoste lugemine muutus aga omaette rituaaliks, see näitas, et noorgeograafist on saanud täisõiguslik uurija (Pragi, intervjuu 2005). Paraku ei olnud erifondis olevate teoste sisu kunagi võimalik avalikult esitada mingil muul viisil kui naeruvääristades. Tegelikult ei uskunud ametivõimud, et eesti geograafid ise sellega toime tulevad ja seepärast saadeti konverentsidele näidisloenguid pidama suuremate keskuste õppejõude. Tõenäoliselt oli nende mõju vastupidine soovitule ja Kanti lähenemisviis tuntud, kuigi tema poolt pakutud mõisteid ei saanud otseselt kasutada ega tema töid ära märkida. Võimatu on öelda, kui suurt mõju avaldas selline praktika korrektsele viitamisele teadustöös. Tähelepanelikul lugemisel on Kanti ideede mõju tuntav näiteks 1970. aastate elulaadi uuringutes (Raitviir 1981a, 1989) või matemaatiliste meetodite kasutuses (Pragi 1984). 1980. aastatel muutus Kant jälle keskseks, tema tööde laiemaks tutvustamiseks korraldati seminare ja arutelusid. Hilisemad linna- ja rahvastikugeograafia uurimused toetuvad otseselt (Kährik 2000; Tammaru 2001; Tammaru ja Kulu 2003) või kaudselt Kanti poolt kujundatud alusele nagu sotsiaalse positsioneerimise meetodi arendamine (Ahas, Aasa ja Aunap 2004; Ahas ja Mark 2005). Väljaspool Eestit on Torsten Hägerstrand (1978) tunnistanud oma teooriate inspiratsiooniallikana just Kanti (vt ka Buttimer 1994, Jauhiainen 2005).

Eesti geograafia tuumik moodustus just rahvastikutemaatika ümber, keskendudes asustuse uurimisele (algselt maal, siis üha enam linnas). Põhiliselt pöörati tähelepanu Eestile; väikeseks erandiks on soome-ugri vähemusrahvaste uurimine endise Nõukogude Liidu territooriumil (Kurs 1980; Sarv

2002) ja eestlaste diasporaa analüüs maailmas (Kulu 1997). Nõukogude perioodil pakkus asustuse uurimine vajalikku sisu ja vormi ühtsust regionaaluuringutes (Nõmmik 1972: 104). Detailsed piirkondlikud kirjeldused ongi sõjajärgsel perioodil olnud põhiliseks geograafia uurimistöö väljundiks. Tuginedes kogutud põhjalikele entsüklopeedilistele teadmistele oli 1990. aastatel eesti geograafide jaoks loogiliseks sammuks süvenev osalus regionaalplaneerimises, administratiivsete reformide kavandamisel ning regionaalaspektide teoreetilisemal vaagimisel (Raagmaa 2000). 1990. aastate algul illustreeris geograafide suurt osalust ühiskonnaelu korralduses päevalehtedes avaldatud artiklite suur hulk.[6] Paljud geograafid on riigikogu ja valitsuse liikmetena otseselt sekkunud poliitikasse. Nii on säilinud tugev seos ühiskondliku (riikliku) tellimuse ja teadustöö vahel, mis on oma põhiloomuselt rakenduslik ja järgib pigem poliitilisi huve kui teoreetilist (filosoofilist) nägemust. Ühiskonnas ja geograafilises uurimistöös toimivate protsesside vastastikune sõltuvus on geograafiasse kui teadusharusse juba n–ö sisse kirjutatud. Samal ajal on jäänud tagasihoidlikuks poliitilise geograafia roll, eriti selles osas, mis puudutab eesti elanikkonna poliitilisi eelistusi. Tähelepanuväärseks erandiks on Tiina Raitviiru uurimus üleminekuperioodi valimistest (1992, 1996). Siiski on pikka aega tegeletud ka piiride ja piiritlemisega—nii füüsiliste ka mentaalsetega (Berg 2001; Kant 1935; Kurs 1990; Kurs ja Aunap 2003) ja rõhku pandud rahvusliku kuuluvuse ja enesemääratluse küsimustele, mida teravustab Eesti geograafiline asend Euroopa (Euroopa Liidu) ja Vene Föderatsiooni kontaktpinnal (Berg 2002; Kuus 2004a, 2004b; Peil ja Sooväli 2005).

Maastike uurimine on pakkunud neutraalsemat uurimisainest (ülevaade vt ka Peil jt 2004). Algselt, 1920. aastatel keskendus akadeemiline geograafia just maastike kirjeldamisele, mis pakkus monistlikku uurimisainest ja hõlmas nii loodust kui ka inimtegevust (Granö 1920). Nõukogude perioodil sisaldas maastikukäsitlus nii loodusgeograafiat, regionaalplaneeringuid kui ka looduskaitset ja rekreatsiooni puudutavaid töid (Varep 1968). Sellises lähenemises nähti inimest eelkõige kui looduse mõjutajat ning ressursside (ära) kasutajat, ent kultuuriline ja ajalooline aspekt oli uuringuis endiselt tugev (Varep 1964, 1965, 1972). Näitena raskustest teadusharude määratlemisel võib tuua selle, et ajaloolist geograafiat ei peetud pelgalt maastikele keskenduvaks teadusharuks (mis on küllalt levinud vanem arusaam ka näiteks Skandinaavias), vaid loodusgeograafia allharuks. Huvitav hübriid oli maastikuökoloogia, mis jõudsalt arenes paralleelselt ühiskonna "ökologiseerumisega", ent tänaseks on taandunud loodusteaduspõhiseks. Hilisemate arengutena võib välja tuua uurimusi, mis järgivad Saueri traditsiooni ja keskenduvad kultuurilistele (ja etnilistele) maastikuerisustele (Hellström 2002; Palang 1998; Palang, Printsmann, Konsa ja Lang 2005); määratlevad maastikke, tuginedes visuaalsetele omadustele ja väärtushinnangutele (Palang, Alumäe, Printsmann ja Sepp 2004; Palang, Kaur, Alumäe ja Jürimäe 1999; eesti autorite peatükid Palang ja Fry (2003) toimetatud kogumikus ja *Landscape Research* (30(2)) erinumbris). Nende uurimissuundade tekkes ja uute kultuurigeograafia ideede levikus Eestis on oluline olnud Püsiva Euroopa Ruraalmaastike Uurimise Konverentsi (PECSRL) osa; selle töös on osaletud 1992. aastast. Suurema osa eestlastest osavõtjate ettekannetes on siiani tunnetatav tugev loodusteaduslik alus, samuti võib täheldada ökoloogilise lähenemise (inimene kui muutev või rikkuv faktor) sugemeid.[7]

Eesti geograafia "kultuuriline pööre" angloameerika geograafianägemuse mõistes ja kultuurigeograafia teke on hiljutine nähtus. Kultuurigeograafiat on ülikooliainena õpetatud 1990. aastate keskpaigast alates; algselt tugineti soome-ugri vähemusrahvuste etnogeograafiale ning lähtuti prantsuse kirjeldava kultuurigeograafia ja keskkonnaajaloo traditsioonist (Kurs, e-kiri 2005); hiljem keskenduti üha rohkem maastikukäsitlusele. Esimeseks eestikeelseks väljaandeks, kus vaatluse all eri vaatenurkade paljusus, seejuures üht teisele eelistamata, oligi 2001. aastal ilmunud kogumik "Maastik: loodus ja kultuur" (Palang ja Sooväli 2001). Süntees kriitilisest, kultuurilisest ja ajaloolisest geograafiast, milles maastikke "loetakse" ja tõlgendatakse kui kultuurivormi ning humanistlik käsitlus kogub jõudu (Kaur, Palang ja Sooväli 2004; Peil 1999, 2006; Pae ja Kaur 2004; Sooväli 2004; Sooväli, Külvik ja Palang 2004), ent see, millist mõju ja tähtsust suund avaldab pikemas perspektiivis, on lahtine niikaua, kui puudub vajalik akadeemiline struktuur.

Kirjeldatud suunad—regionaal-, rahvastiku- ja maastikugeograafia—on suutnud üllatavalt visalt vastu pidada läbi 20. sajandi ideoloogiliste ja poliitiliste pöörete, moodustades eesti (sotsiaal-)geograafia tuumikainese. Valdav osa töödest järgib positivistlikku valgustusaja teaduses seatud ideaali ning tugineb ulatuslikul empiirikal ja kvantitatiivsel analüüsil. Teist laadi (humanistlik) esitusviis ei ole laiemat kõlapinda leidnud, osaliselt viitab see geograafia sisemistele enesemääratlusraskustele (geograafia kui loodusteadus), osaliselt aga ka tema nõrgenevale positsioonile ühiskonnas (on ähmastunud enesestmõistetav seos: loodus—inimene/eestlane; on toimunud (liigne?) politiseerumine ja poliitikas osalemine). Kuigi printsiibina on omaks võetud paljusus, valitseb üks arusaam sellest, mis on "õige" geograafia. Selles on tugevad 1920. aastate kirjeldava entsüklopedismi sugemed (Eesti rahvuslik (taas-)kaardistamine) ning äratuntav (ent teadvustamata ja seega kriitiliselt lahkamata) marksistlik süsteemikäsitlus / holistlik maailmavaade. Töö tugevuseks loetakse ulatuslikku empiirikat (konkreetsus), samal ajal kui teoreetilist käsitlust ähvardab targutamiseks tembeldamine, mistõttu filosoofiline alus eesti geograafias on hetkel ebamäärane. Samuti ei ole siin suudetud lahendada kohalikule kultuurile keskenduva rahvusteaduse (mida on rahvusvaheliselt keerulisem "müüa") ja rahvusvahelise teaduse vahelisi pingeid. Hetkel tundub, et peale jäämas on pragmaatiline lähenemine ja püüd saavutada globaalset universaalteaduse staatust.

Tundub, et väljastpoolt on lihtsam (ja emotsionaalselt vähem kurnav) näha ja analüüsida ühiskonna protsesse ja seetõttu on eesti sotsiaalgeograafia tugevat täiendust saanud mujalt. Eesti on rahvusvahelisel areenil huvipakkuv ning taasiseseisvumise perioodil on arvukalt teistest rahvustest teadlasi pühendunud sotsiaalsete muutuste uurimisele üleminekuaja Eestis. Nii on põhjalikult käsitletud põllumajanduses toimunut (Abrahams 1994, 1996; Johnson 2004; Maandi 2005; Unwin, Pallot ja Johnson 2004; Unwin ja Pickles 2003); identiteediga seonduvat (Unwin 1998, 1999); regionaalseid erisusi, eriti seoses rannarootsi aladega (Grubbström 2003; Hedin 2003; Hoppe 1993). Üldiselt võib täiendust pidada positiivseks; siiski võib leida sarnaseid jooni kohaliku teisejärgulisest staatusest, mida Timar (2004) kirjeldab Ungarist vaadates. Eesti geograafid on suurelt jaolt vältinud sattumist lääne teadusele empiirika-tootja rolli, ent Eestit käsitlevad ülevaatepeatükid erinevates kogumikes on sageli kirjutatud välisautorite poolt, nii et täielikku ja võrdsetel alustel läbimurret rahvusvahelisse teadusesse ei ole siiski toimunud.

Kokkuvõtteks

Vastuseks pealkirjas esitatud küsimusele väidaksin, et paljud eesti teadlased (mitte pelgalt geograafid) keskenduvad teemadele, mida võib väiksemate või suuremate mööndustega määratleda kui sotsiaal- või kultuurigeograafiat. Samal ajal ei eksisteeri institutsionaalset struktuuri ega leidu foorumit, kus küsimusi arutataks; selliste teadusharude olemasolu ei ole laiemalt teadvustatud. Kõrvale jättes sildid ja kitsa lähenemise sotsiaalsfäärile ja kultuurile, võib eesti geograafias eristada kolme tihedalt seotud ja üksteisega põimunud teemaderingi, mis kõik tegelevad sotsiaal- ja kultuurigeograafia teemadevaldkonnaga (kuigi ei ole otseselt sellisena määratletud).

Esiteks võib eristada tugeva rakendusliku kallutatusega regionaaluuringuid, mis on seotud planeerimise ja majandamisega ning tuginevad otseselt sotsiaalsete nähtuste ruumilisele analüüsile. Tulemuseks on erinevate regioonide määratlemine vastavalt sotsiaalsetele erisustele, seostatuna füüsilise keskkonnaga. Uurimistöö toetub sageli Edgar Kanti ideedele, kuigi osa intervjueeritavatest hindas neid vanamoodsateks ja otsemõjusid ei tunnistanud. Huvitavaks teemaarenduseks on sotsiaalse positsioneerimise meetodi kasutuselevõtt. Suund on jätkuvalt oluline geograafia õpetamisel ja populariseerimisel.

Teiseks rahvastiku ja migratsiooniuuringud, mis keskenduvad linna/äärelinna temaatikale, ja on seega tihedamalt seotud linnageograafiaga, jätkavad eesti sotsiaalgeograafia traditsioone kõige selgemalt ja järjekestvamalt, tuginedes põhjalikule empiirikale. Peamise kriitikana peaks mainima nende mehhaanilist laadi (mudelite loomine) ja jätkuvat väärtuste, tähenduste ja arusaamade ignoreerimist.

Kolmandaks maastiku-uuringud, mis näevad füüsilise- ja inimkeskkonna vahelisi suhteid kui vastastikuse mõjutuse tulemust (dialektiline maastik) ja sellisena esitavad väljakutse nii keskkonna kui ka majanduse (kultuuri) determinismile. Eesti jaoks on see uus teema, mille vettpidavuses veel kaheldakse, ent samal ajal haakub see kõige selgemini angloameerika kultuurigeograafiaga. Uurimissuund kätkeb nii traditsioonilisemat kultuuriilmingute ruumis paiknemise kirjeldamist (Saueri koolkond) kui ka (peamiselt visuaalsete) kuvandite rolli analüüsi maastike kujundamisel ja kohatunde tekkimisel, mis on otseselt mõjutatud (ingliskeelse) geograafia nn kultuurilisest pöördest 1980. aastatel.

Rakenduslikud ja teoreetilisemat laadi uuringud on Eestis alati olnud omavahel tugevalt läbi põimunud. Akadeemilise mõtte arengule on ohuteguriks, kui seda nähakse luksusena, mille jaoks raha ei jätku. See ei ole aga pelgalt Eesti probleem. Siiski võib Eestit vaadelda kui näidisjuhtu, kus akadeemiline ja sotsiaalne raam on teatud mõttes piiratud, aeg-ajalt surutud kitsasse poliitilisse kuube, aga ikkagi avatud uutele ideedele. Eesti geograafia ülevaade illustreerib ka geograafia liigitamise ja ”sildistamise“ raskusi laiemalt. Kohanemisvõimest, väiksuse ja avatuse rõhutamisest on saamas võtmesõnad nii eesti avaliku kui ka teadusmaailma kirjeldamisel. Eesti geograafia on siiani suutnud kujundada omaenda tugevuse, sageli ebasoodsates tingimustes. Proovikiviks saab tõenäoliselt see, kas suudetakse end lahti raputada rangelt positivistliku teaduse piirangutest, säilitades samal ajal värske mõtlemise ja kohaliku seotuse.

Tänusõnad

Tahaksin tänada kõiki eesti geograafe, kes andsid oma panuse selle ülevaate valmimisse ja viitasid olulisele; eriti professor Ann Marksood, kes juhatas kätte vajalikud niidiotsad. Ma olen tänulik ka Michael Jonesile, Gunhild Settenile ning Tim Unwinile nende värskete tähelepanekute eest väljastpoolt eesti geograafia suletud ringi. Eestikeelse versiooni kõpitsemise eest suur aitäh Helju Jüssile.

Kirjavahetus ja intervjuud

Ahas, Rein—Inimgeograafia õppetooli hoidja, Tartu ülikool; intervjuu Tartus, 18 märts 2005.
Jauhiainen, Jussi—Inimgeograafia õppetooli dotsent, Tartu ülikool / Turu ülikooli professor; e-kirjad, mai–aprill, 2005.
Kulu, Hill—teadur, Max Planck Institute, Saksamaa; vestlus Lundis, mai 2005.
Kurs, Ott—Inimgeograafia õppetooli professor, Tartu ülikool; e-kirjad, septemberis 2004 ja märtsis 2005.
Marksoo, Ann—Inimgeograafia õppetooli emeriitprofessor, Tartu ülikool, intervjuud Tartus; 12 november 2004 ja 17 märtz 2005.
Palang, Hannes—vanemteadur, Tallinna ülikool, Ökoloogia instituut; vestlus Tallinnas, 14 märts 2005; e-kirjavahetus, mais 2005.
Pragi, Uudo—Inimgeograafia õppetooli lektor, Tartu ülikool; intervjuu Tartus, 17 märts 2005.
Printsmann, Anu—Inimgeograafia õppetooli doktorant, Tartu ülikool; e-kiri, mais 2005.
Raagmaa, Garri—Pärnu kolledži direktor, Tartu ülikool; e-kirjavahetus, märts–aprill 2005; telefoniintervjuu, 23 märts 2005.
Raitviir, Tiina—vanemteadur, naisuuringute keskus, Tallinna ülikool; intervjuu Tallinnas, 24 märtz 2005; e-kirjavahetus, märts 2005.
Tammaru, Tiit—Inimgeograafia õppetooli lektor, Tartu ülikool; e-kirjavahetus, märts–aprill 2005; telefoniintervjuu, 28 märts 2005.

Märkused

1 Kasutan sotsiaalgeograafia mõistet siinses artiklis laiemas kontekstis sotsiaalseid protsesse uuriva geograafiana ja seega ühiskonna- või inimgeograafia ajaloolise vastena mitte pelgalt ühe inimgeograafia allharuna. Sotsiaalsete ja kultuuriliste protsesside uurimisele on keskendutud erineva "katuse" all juba seetõttu, et geograafiat nähakse Eestis eelkõige kui loodus- mitte sotsiaalteadust.

2 Kohustuslik õppeperiood geograafiadiplomi saamiseks kestis viis aastat. Igal aastal tuli kirjutada kursusetöö ja viimasel kursusel diplomitöö, mis pidi demonstreerima iseseisva uurimistöö (andmete kogumise) ja analüüsi oskust. Ainult diplomitöid säilitatakse Geograafia instituudi raamatukogus Tartus.

3 Erandiks on geograafiaõpetajate koolitamine Tallinna Pedagoogilises Instituudis (Tallinna ülikool) 1950. aastatel ja uuesti alates 1990. aastate keskpaigast (praegu Ökoloogia instituudi kaudu); täpselt teadmata (väike) arv eesti geograafe on õppinud Nõukogude Liidu teistes ülikoolides.

4 Geograafia teaduskeskusena tuleb lisaks eelloetletule märkida ka Põllumajandusülikooli ning TA Majandusinstituuti. Geograafia jaoks oli oluline Eesti Geograafia Seltsi asutamine Teaduste Akadeemia juures 1955. aastal.

5 Looduskaitse tähendusest rahvuslikus diskursuses ja seostest vt ka Lauristin, Vihalemm, Rosengren ja Weibull (1997); ning geograafia loodusteaduslikust tuumast veel (Kurs 2000; Peil 2005).

6 Näiteks, Tartu ülikooli Inimgeograafia õppetooli töötajate publikatsioonide nimekirjas on aastatel 1989– 1994 esitatud 185 ajaleheartiklit (lisaks umbes 50 ajakirjades); samal ajal oli teadusartiklite arv 20 (nimekiri Raagmaa 1995 järgi). Osalt oli põhjuseks ka üleminekuperioodi majandusraskused, varasemate teaduslike avaldamiskanalite sulgumine, raskused rahvusvahelistesse ajakirjadesse pääsemisel.

7 Viiteid vaata PECSRL-i kodulehelt www.pecsrl.org; link 'conferences'. Tänan professor Michael Jonesi nende PECSRL-i puutuvate märkuste eest.

Viited

Abrahams, R. (1994) The regeneration of family farming in Estonia, *Sociologia Ruralis* 34: 354–368.
Abrahams, R. (ed.) (1996) *After Socialism: Land Reform and Rural Social Change in Eastern Europe.* Oxford: Berghahn Books.
Ahas, R. and Mark, Ü. (2005) Location based services—new challenges for planning and public administration?, *Futures* 37: 547–561.

Ahas, R., Aasa, A. and Aunap, R. (2004) Sotsiaalse positsioneerimise meetod inimeste tegevusruumide uurimisel, in Mander, Ü and Kurs, O. (eds) *Geograafilisi uurimusi aastatuhande vahetusel*. Publicationes Instituti Geographici Universitatis Tartuensis 89. Tartu: Tartu Ülikooli Kirjastus, pp. 63–73.

Berg, E. (ed.) (2001) *Negotiating Borders of Multiple Meanings*. Tartu: Peipsi Centre for Transboundary Cooperation.

Berg, E. (ed.) (2002) *Eesti tähendused, piirid ja kontekstid*. Tartu: Tartu University Press.

Buttimer, A. (1994) Edgar Kant and Balto-Skandia: *Heimatkunde* and regional identity, in Hooson, D. (ed.) *Geography and National Identity*. Oxford: Blackwell, pp. 161–183.

Granö, J.G. (1920) *Geograafia kui teadus ja ülikooli aine*. Tartu: Eesti Kirjastuse-Ühisuse 'Postimehe' kirjastus.

Granö, O. (1996) Regionaaluurimise ja regionaalse arendamise traditsioone Turu ja Tartu ülikoolis, *Akadeemia* 8: 2297–2303.

Gregson, N., Simonsen, K. and Vaiou, D. (2002) On writing (across) Europe: writing spaces, writing practices and representations of Europe, *European Urban and Regional Studies* 10: 5–22.

Grubbström, A. (2003) *Etnicitet och jordägande. En studie av de estlandssvenska områdena Nuckö och Vippal 1816–1939*. Geografiska regionstudier 55. Uppsala: Kulturgeografiska institutionen, Uppsala universitet.

Hägerstrand, T. (1978) Edgar Kant 21.2.1902-16.10.1978, *Svensk Geografisk Årsbok* 54: 96–101.

Hedin, S. (2003) *Åter till släktens mark? En studie av markåterlämningen i Estlands svenskbygder efter Sovjetunionens sammanbrott*, Geografiska regionstudier 54. Uppsala: Kulturgeografiska institutionen, Uppsala universitet.

Hellström, K. (2002) *Agricultural Reforms and Policies Reflected in the Farming Landscapes of Hiiumaa from 1850 to 2000*. Alnarp: Swedish University of Agricultural Sciences.

Hoppe, G. (1993) Jordbruk och landsbygd i Estland: ett långtidsperspektiv med särskild tonvikt på landets svenskbygder, *Östeuropas omvandling*. *Ymer* 113: 44–68.

Jauhiainen, J.S. (2000a) Inimgeograafia Eestis: olukord 1990. aastate lõpul ja väljakutsed uueks aastatuhandeks, in Jauhiainen, J.S. and Kulu, H. (eds) *Inimesed, ühiskond, ruumid*. Tartu: Tartu Ülikooli trükikoda, pp. 7–10.

Jauhiainen, J.S. (2000b) Kontekstuaalne lähenemine inimgeograafias, in Jauhiainen, J.S. and Kulu, H. (eds) *Inimesed, ühiskond, ruumid*. Tartu: Tartu Ülikooli trükikoda, pp. 11–20.

Jauhiainen, J.S. (2001) Suomen ja Viron maantieteen yhtymäkohdista/Connections in academic geography between Finland and Estonia, in Tuhkanen, S. (ed.) *Tutkimusmatkoista paikkatietojärjestelmii—matkalla maantieteen maisemissa. Turun yliopiston maantieteen laitoksen julkaisuja*, 164, Turka: University of Turka, pp. 20–41.

Jauhiainen, J.S. (2004) Small languages—small geography? Production of knowledge and publishing in geography, *Folia Geographica/Geografiski Raksti* 12: 7–15.

Jauhiainen, J.S. (2005) Edgar Kant and the rise of modern urban geography, *Geografiska Annaler, Series B, Human Geography* 87: 193–204.

Johnson, S.P. (2004) Rural Estonia a decade after re-independence: post-Soviet transformations and the non-agricultural sector, PhD dissertation, Royal Holloway, University of London.

Johnston, R.J., Gregory, D., Pratt, G. and Watts, M. (eds), (2000) *The Dictionary of Human Geography* (fourth edition). Oxford: Blackwell.

Jones, M. (2003) Human geographical landscapes: J.G. Granö's approach to landscape as scientist and artist, in Granö, O. (ed.) *Origin of Landscape Science. J.G. Granö and a New Pure Geography for a New State*, Publicationes Instituti Geographici Universitatis Turkuensis 167. Turku: University of Turku, pp. 71–98.

Kährik, A. (2000) Housing privatisation in the transformation of the housing system—the case of Tartu, Estonia, *Norsk Geografisk Tidsskrift—Norwegian Journal of Geography* 54: 2–11.

Kant, E. (1932) Geograafia, sotsiograafia ja antropoökoloogia [Géographie, sociographie et l'écologie humaine], *Sitzungsberichte der Naturforscher-Gesellschaft bei der Universität Tartu* XXXIX(4): 32–91.

Kant, E. (1935) *Bevölkerung und Lebensraum Estlands. Ein anthropo-ökologischer Beitrag zur Kunde Baltoskandias*. Tartu: Akadeemiline kooperatiiv.

Kaur, E., Palang, H. and Sooväli, H. (2004) Landscapes in change—opposing attitudes in Saaremaa Estonia, *Landscape and Urban Planning* 67: 109–120.

Kull, A. (1990) Trends in the development of human geography in Estonia after the Second World War, *Geografiska Annaler, Series B, Human Geography* 72: 27–33.

Kulu, H. (1997) *Eestlaste tagasiränne 1940–1989: Lääne Siberist pärit eestlaste näitel*, Publicationes Instituti Geographici Universitatis Helsingiensis. Helsinki and Tartu: University of Helsinki and Tartu University Publishers.

Kurs, O. (1980) On ethno-geographical research of Baltic Finns settled on the territory of the Soviet Union, in Rõuk, A.-M. and Vabar, M. (eds) *Estonia. Selected Studies in Geography*. Tallinn: Estonian Geographical Society, pp. 70–80.

Kurs, O. (1990) Eesti Vabariigi asendi ja piiride uurimisest, *Akadeemia* 2: 1252–1259.

Kurs, O. (1992) Scientific heritage of Edgar Kant, in Kaare, T., Mardiste, H., Merikalju, L. and Punning, J.-M. (eds) *Estonia. Man and Nature*. Tallinn: Estonian Geographical Society, pp. 108–128.

Kurs, O. (1997) Maantieteellisten instituutioiden kehitys Virossa/Development of geographical institutions in Estonia, *Terra* 109: 189–197.

Kurs, O. (ed.) (1999) *Geography in Estonia in the 17th–20th Centuries*, Publicatins Instituti Geographici Universitatis Tartuensis 83. Tartu: Tartu University Publishers.

Kurs, O. (2000) Inimgeograafia Eestis, in Jauhiainen, J.S. and Kulu, H. (eds) *Inimesed, ühiskond, ruumid*. Tartu: Tartu Ülikooli Geograafia Instituut, Tartu Ülikooli trükikoda, pp. 21–32.

Kurs, O. and Aunap, R. (2003) Estlands fastlandsgrenser, *Norsk Geografisk Tidsskrift—Norwegian Journal of Geography* 57: 53–58.

Kuus, M. (2004a) 'Those goody-goody Estonians': toward rethinking security in the European Union candidate states, *Environment and Planning D: Society and Space* 22: 191–207.

Kuus, M. (2004b) Europe's eastern expansion and the reinscription of otherness in East-Central Europe, *Progress in Human Geography* 28: 472–489.

Lauristin, M., Vihalemm, P., Rosengren, K.E. and Weibull, L. (eds), (1997) *Return to the Western World: Cultural and Political Perspectives on the Estonian Post-Communist Transition*. Tartu: Tartu University Press.

Maandi, P. (2005) *Change and Persistence in a Reformed Landscape: A Geographical Analysis of Land Reforms and Landscape Change in Muhu and Rapla Municipalities, Estonia, ca 1840 to 2003*, Geografiska regionstudier 64. Uppsala: Kulturgeografiska institutionen, Uppsala universitet.

Mander, Ü. and Oja, T. (2004) Tartu Ülikooli geograafia instituudi teadustöö ja kraadiõpe aastatuhande vahetusel, in Mander, Ü. and Kurs, O. (eds) *Geograafilisi uurimusi aastatuhande vahetusel*, Publicationes Instituti Geographici Universitatis Tartuensis 89. Tartu: Tartu Ülikooli Kirjastus, pp. 9–25.

Marksoo, A. (1972) On trends of intra-republican migration in the Estonian SSR, in Nõmmik, S. and Varep, E. (eds) *Estonia. Geographical Studies*. Tallinn: Estonian Geographical Society, pp. 123–135.

Marksoo, A. (1980) On structural changes in the system of rural settlement of the Estonian SSR and factors influencing them, in Rõuk, A.-M. and Vabar, M. (eds) *Estonia. Selected Studies in Geography*. Tallinn: Estonian Geographical Society, pp. 81–96.

Marksoo, A. (1982) Der demogeographische Aspekt der Erforschung der Struktur von Siedlungssystem, *Wissenschaftliche Mitteilungen, Institut für Geographie und Geoökologi der DDR, Leipzig* 7: 27–32.

Marksoo, A. (1994) *Mõningaid kokkuvõtteid ühiskonnageograafia arengust Tartu Ülikoolis*. Eesti Geograafia Seltsi Aastaraamat 28. Tallinn: Teaduste Akadeemia Kirjastus, pp. 152–167.

Mereste, U. (1978) Integrity and independence of geography and the sciences belonging to its system, in *Teoreticheskaya i matematicheskaya geografiya*. Tallinn: Valgus, pp. 37–71 (in Russian with a German summary).

Nõmmik, S. (1972) Some features of Soviet economic geography at the present stage of development, in Nõmmik, S. and Varep, E. (eds) *Estonia. Geographical Studies*. Tallinn: Estonian Geographical Society, pp. 103–109.

Nõmmik, S. (1979) *Eesti NSV majandusgeograafia*. Tallinn: Valgus.

Nõmmik, S. (1981) Spatial laws of the development of the society and social-economic geography, *Tartu State University Publications* 577: 16–31 (in Russian with an English summary).

Nõmmik, S. and Mereste, U. (1984) The conception of social-economic geography. Problems of territorial organization of geographical systems, *Publications in Geography, Tartu State University Publications* 676: 3–18.

Pae, T. and Kaur, E. (2004) Religious places—changing meanings. The case of Saaremaa Island, Estonia, in Palang, H., Sooväli, H., Antrop, M. and Setten, G. (eds) *European Rural Landscapes. Persistence and Change in a Globalizing Environment*. Dordrecht: Academic Publishers, pp. 123–136.

Palang, H. (1998) *Landscape Changes in Estonia: The Past and the Future*, Dissertationes geographicae Universitatis Tartuensis 6. Tartu: Tartu University Press.

Palang, H. and Fry, G. (eds), (2003) *Landscape Interfaces. Cultural Heritage in Changing Landscapes*. Dordrecht: Kluwer Academic Publishers.

Palang, H. and Sooväli, H. (eds), (2001) *Maastik: loodus ja kultuur. Maastikukäsitlusi Eestis*, Publicationes Instituti Geographici Universitatis Tartuensis 91. Tartu: Tartu University Press.

Palang, H., Kaur, E., Alumäe, H. and Jürimäe, K. (1999) Conflicts between landscape values as a driving force for landscape management, *Norsk Geografisk Tidsskrift—Norwegian Journal of Geography* 53: 153–160.

Palang, H., Alumäe, H., Printsmann, A. and Sepp, K. (2004) Defining valuable landscapes for planning purposes, in Brandt, J., Vejre, H. and Pinto Correia, T. (eds) *Multifunctional Landscapes, Volume 1: Theory, Values and History*. Southampton: Wessex Institute of Technology Press, pp. 219–233.

Palang, H., Printsmann, A., Konsa, M. and Lang, V. (2005) Ideology and tradition in landscape change: a case of the Helme parish, Estonia, in Peil, T. and Jones, M. (eds) *Landscape, Law and Justice*. Instituttet for sammenlignende kulturforskning Serie B: Skrifter 118. Oslo: Novus Forlag, pp. 288–297.

Peil, T. (1999) *Islescapes. Estonian Small Islands Through Three Centuries*. Stockholm Studies in Human Geography 8. Stockholm: Almqvist and Wiksell International.

Peil, T. (2005) Estonian heritage connection—people, past and place. The Pakri Peninsula, International Journal of Heritage Studies 11: 57–69.

Peil, T. (2006) Map of meaning—landscapes on the maps and mind—discovering Paldiski, *Norsk Geografisk Tidsskrift—Norwegian Journal of Geography* 60: 110–122.

Peil, T. and Sooväli, H. (2005) Estonian national landscapes—the sum and its parts, in Peil, T. and Jones, M. (eds) *Landscape, Law and Justice*, Instituttet for sammenlignende kulturforskning Serie B: Skrifter 118. Oslo: Novus Forlag, pp. 49–60.

Peil, T., Sooväli, H., Palang, H., Oja, T. and Mander, Ü. (2004) Estonian landscape study: contextual history, *BelGéo—Revue Belge de Géographie*, pp. 231–244.

Pragi, U. (1988) *Matemaatilised meetodid geogaafias*. Tallinn: Valgus.

Raagmaa, G. (2000) *Regional Identity and Public Leaders in Regional Economic Development*, Dissertationes geographicae Universitatis Tartuensis 12. Tartu: Tartu University Press.

Raagmaa, H. (ed.) (1995) *Inimgeograafia õppetool. Publikatsioonid 1979–1994*. Tartu: Tartu Ülikooli Kirjastus.

Raig, I. (ed.) (1985) *Maaelu. Maa sotsiaalse arengu probleeme Eestis*. Tallinn: Valgus.

Raitviir, T. (1981a) Elulaadi tüübid Eesti NSV-s, in Vihalemm, P. (ed.) *Elulaad ja elukeskkond*. Tallinn: Eesti Raamat, pp. 18–41.

Raitviir, T. (1981b) Innovations and the geography of society, *Tartu State University Publications* 578: 99–113 (in Russian with an English summary).

Raitviir, T. (1986) Social geography: its place and formation, *Geoforum* 17: 89–96.

Raitviir, T. (1988) Factorial ecological structure of Tallinn, in Punning, J.-M. (ed.) *Estonia. Geographical Researches*. Tallinn: Estonian Geographical Society, pp. 136–148.

Raitviir, T. (1989) Eesti inimökoloogilisest seisundist, *Akadeemia* 1: 1390–1415.

Raitviir, T. (1992) Elections in Estonia in 1989–1991: a territorial approach, in Kaare, T., Mardiste, H., Merikalju, L. and Punning, J.-M. (eds) *Estonia. Man and Nature*. Tallinn: Estonian Geographical Society, pp. 154–168.

Raitviir, T. (1996) *Eesti üleminekuperioodi valimiste (1989–1993) võrdlev uurimine/Elections in Estonia during the Transition Period: A Comparative Study (1989–1993)*. Tallinn: Estonian Academy Publishers.

Raukas, A. and Paatsi, V. (2000) The 20th century milestones of Estonian geography, in Punning, J.-M. and Kaare, T. (eds) *Estonia. Geographical Studies 8*. Tallinn: Estonian Academy Publishers, pp. 140–153.

Roosaare, J. (1984) A computer simulation model for the territorial systems of intensive agriculture, *Acta et Commentationes Universitatis Tartuensis* 676: 87–103.

Roose, A. (1990) *Geograafiaosakonna diplomitööd 1950–1990. Bibliograafiline nimestik*. Tartu: Tartu Ülikool.

Sarv, H. (2002) *Indigenous Europeans East of Moscow. Population and Migration Patterns of the Largest Finno-Ugrian Peoples in Russia from the 18th to the 20th Centuries*, Dissertationes geographicae Universitatis Tartuensis 17. Tartu: Tartu University Press.

Setten, G. (2005) Who owns the concepts? Notes on the product, practice, property and power of writing, in Peil, T. and Jones, M. (eds) *Landscape, Law and Justice*. Oslo: Novus Forlag, pp. 3–13.

Short, J.R., Boniche, A., Kim, Y. and Li, P.L. (2001) Cultural globalization, global English, and geography journals, *Professional Geographer* 53: 1–11.

Sooväli, H. (2004) *Saaremaa Waltz. Landscape Imagery of Saaremaa Island in the 20th Century*, Dissertationes geographicae Universitatis Tartuensis 21. Tartu: Tartu University Press.

Sooväli, H., Külvik, M. and Palang, H. (2004) Rural landscape representations in Estonian imagery, in Punning, J.-M. and Kaare, T. (eds) *Estonia 9. Geographical Studies*. Tallinn: Estonian Academy of Sciences Publishers, pp. 171–179.

Tammaru, T. (2001) Urbanization in Estonia in the 1990s: Soviet legacy and the logic of transition, *Post-Soviet Geography and Economics* 42: 504–518.

Tammaru, T. and Kulu, H. (2003) Non-Estonians in Estonia: changes in the number, location and composition, *Eurasian Geography and Economics* 44: 105–120.

Tammiksaar, E. (1996) The institutions for teaching geography at the University of Tartu in 1802–1918 (against the background of German and Russian universities), in Punning, J.-M. (ed.) *Estonia. Geographical Studies*. Tallinn: Estonian Academy Publishers, pp. 133–155.

Timar, J. (2004) More than 'Anglo-American', it is 'Western': hegemony in geography from a Hungarian perspective, *Geoforum* 35: 533–538.

Unwin, T. (1998) Rurality and the construction of the nation in Estonia, in Pickles, J. and Smith, A. (eds) *Theorizing Transition: The Political Economy of Change in Central and Eastern Europe*. London: Routledge, pp. 284–306.

Unwin, T. (1999) Place, territory and national identity: an interpretation of Estonia, in Herb, G. and Kaplan, D. (eds) *Nested Identities: Nationalism, Territory and Scale*. Lanham, MD: Rowman and Littlefield, pp. 151–176.

Unwin, T. and Pickles, J. (2003) Transition in context: theory in post-socialist transformations, in van Hoven, B. (ed.) *Lives in Transition*. Harlow: Pearson, pp. 9–28.

Unwin, T., Pallot, J. and Johnson, S. (2004) Rural change and agriculture, in Bradshaw, M. and Stenning, A. (eds) *East Central Europe and the Former Soviet Union: The Transition Economies*. Harlow: Longman, pp. 109–136.

Varep, E. (1964) The landscape regions of Estonia, *Transactions of Tartu State University 156. Publications in Geography* 4: 3–28.

Varep, E. (1965) *Kas tunned maad? Teatmik Eesti NSV matkajaile ja kodu-uurijaile*. Tallinn: Eesti Raamat.

Varep, E. (1968) *Man and Nature as Illustrated by Some Problems of Nature Conservation in the Estonian SSR*. Tallinn: Valgus.

Varep, E. (1972) The landscapes of Estonia throughout the centuries, in Nõmmik, S. and Varep, E. (eds) *Estonia. Geographical Studies*. Tallinn: Estonian Geographical Society, pp. 85–96.

Vihalemm, P. (ed.) (1981) *Elulaad ja elukeskkond*. Tallinn: Eesti Raamat.

The transformation of social and cultural geography during the transition period (1989 to present time) in Hungary

Judit Timár
Alföld Institute, Centre for Regional Studies, Hungarian Academy of Sciences, Békéscsaba, Pf. 185, H-5600, Hungary, timarj@rkk.hu

Introduction

In the 1980s, and not for the first time in the 1980s, the Hungarian Geographic Society, sensing some crisis situation, devoted its annual conference in the summer of 1989 to the evaluation of geography in Hungary. József Becsei (1989: 53–54), a settlement geographer, claimed that 'central' (i.e. state ideology-driven) perception, did not recognize 'the existing society operating in horizontal and vertical stratification'; it only recognized the existence of 'a labour force subordinated to production'. This approach 'failed to identify both human beings in their entirety and their diverse (e.g. cultural, community- and service-related) needs'. In order that 'geographical topics and methods with relevance to reality' might be found, Becsei called for 'the removal of ideological barriers'. According to Tivadar Bernát (1989: 39), an economic geographer, geography—hamstrung by the prevailing theory and practice of socialism—needed a change in paradigm, leading to the formulation of a new 'grand theory'. He found that the creation of a 'new image of socialism', which was a prerequisite for the construction of such a theory, was the challenge of the time. Attila Ágh (1989: 11), a political scientist invited to the conference, went so far as to raise the issue of political reforms, claiming that 'without mapping the current power relations, no comprehensive reform programmes can be worked out. Neither is national renewal in the true sense of the word feasible, for a nation exists in a given territorial structure with certain power relations, the renewal of which is one of the most pressing objectives of any political reform'.

Life, however, rendered the future perspectives of not only geographers, but also Ágh's, whose loyalty lay with the Socialist Party, obsolete. A few months after the conference, the so-called National Round Table talks began, Hungary was declared a republic and the bill allowing for the holding of democratic general elections was enacted, with the first one slated for the following year. State socialism was over, but it was not before yet another period, namely the period of post-socialist transition, was over that a capitalist market economy was established. This country report details the transformation of social and cultural geography in Hungary in the period of post-socialist transition. The transformation of geography started well before 1989, reached a peak in the 1990s, and is still ongoing. As these changes are deeply rooted in political, social and economic transformations, the transition of geography should be analysed in the context of socio-economic transition. A transition can be understood only if we know 'where it all began'. To this end, the provision of a concise description of geography under socialism seems indispensable. In order that a suitable context is provided for understanding recent history (spanning the past 15 years), a brief overview is first detailed of the events in the 1980s which led to a'revival' of social and cultural geography.

The 'heritage' of state socialism

Drawing on Ratzel's school of thought, social and cultural geography in Hungary dates back to the nineteenth century. It was at that time that cultural geography, then investigating the 'anthroposphere' or the 'cultural sphere', was developed. It was only later that human geography more generally was expanded (Dövényi and Hajdú 2000). Post Second World War, the Stalinist dictatorship radically changed the 'organic' development of human geography. Under the Soviet model, anything outside the realm of physical geography was economic in orientation (with other forms of human geography banned or subordinated to economic geography). In the era of central planning, state ideology blindly promoted the omnipotence of economic development. It was no coincidence that economic geography became 'a servant of economic planning' (Dövényi and Hajdú 2000). All social issues beyond production were the focus of geographers specializing in population and settlement. However, these geographers mapped population ('the production force' distribution). Analyses of social structures were only the means of evaluating the level of urbanization and urban restructuring, with categories of Marxist class stratification and the social division of labour maintained.

The 1970s saw a more tangible shift from studies on production and 'forces of production' to other aspects of society. In 1968, the introduction of a 'new economic mechanism' proved to be the thin end of the wedge for the Stalinist model of the redistributive and centrally planned economy. One of its effects on geographical thought was that studies on 'complex economic regions' (or 'raions' in the Soviet term), serving the economic and regional planning of the day, were gradually overshadowed by ones on urban hinterlands, adopting mainly Christaller's concept and methods. During a discussion in which the two approaches clashed, József Tóth (1982) deliberately cited Marxist doctrine, describing that the concept of production under Marxism consisted of production in a narrow sense—turnover, distribution and also consumption. Research in urban hinterlands was focused not only on facilities serving the population (educational and health care), but also gradually on family relations 'as special forms of settlement relationships' (see for instance Tóth 1981). Thus, it became the forerunner of what came to be known as research into the time-space paths of the population (for instance Mészáros 1988), which adopted Hägerstrand's time geography and an approach with human beings rather than institutions in its focus.

Another major leap of progress of the 1970s were studies on the living conditions as, by that time, it had become obvious that the objective of regional development could not be exclusively economic in nature. One reason for this was that the priority placed on industrial development had resulted in the fixation of significant inequalities in the living conditions between the individual types of settlements. Therefore, the equalization of living conditions became the slogan of regional development (Enyedi 1990). And as the living conditions (measured with indicators of demography, migration, employment, qualifications, housing and accommodation, basic public services and infrastructure) pointed to the existence of backwardness in extensive rural areas, large-scale empirical research primarily focused on them (for instance Barta, Beluszky and Berényi 1975; Beluszky 1976; Enyedi 1977). It was also at this time that geography, promoting the 'interests of the population', drew the attention of regional and settlement policy-makers to problems arising from the territorial organization of public services and from spatial disadvantages in living conditions.

The beginnings of transition—social geography/'szociálgeográfia'

The current transience of social geography in Hungary dates to the 1980s. Although still treated as part of economic geography, the Munich school of thought started gaining ground in social geography, which retained the German term 'sozialgeographie' (and used the Hungarian one 'szociálgeográfia') thereby separating it clearly from 'társadalomföldrajz', i.e. social geography. While some geographers in Hungary used these two terms as synonyms, István Berényi (1992) pointed out that literature in the West made an increasingly marked distinction between them. 'Társadalomföldrajz' (social geography) was found to be more closely related to cultural geography and 'szociálgeográfia' to human ecology. According to him, 'szociálgeográfia' (which chiefly studies micro- and meso-regional processes from a social group aspect) is a part of 'társadalomföldrajz', focusing on the entire environment and living space of society and macro-regional phenomena.

Though the term 'szociálgeográfia' had already emerged in the literature in Hungary in the early 1970s (Lettrich 1972; Wallner 1971), the social and economic processes which began in the second half of the 1970s and culminated in the 1980s were indispensable requirements for research with such an approach to commence. With the launch of economic liberalization and reform of the system of economic management, as the sociologist Elemér Hankiss (1986) pointed out, the late 1970s saw the provision of some room for manoeuvre for individual and social actions and 'relative autonomy', as well as the emergence of certain elements of a civil society. In the 1980s, with civil society becoming increasingly articulate and vocal, signs of the adoption of a planning system that relied on 'a dialogue between the state and the society' were discernible in social planning (Cséfalvay 1988). Furthermore, planning and management, offering greater scope to group and local interests, gained ground (Berényi 1992). These changes provided for the possibility of trends in research that could 'evaluate economic and social phenomena from a social group aspect, thereby promoting local awareness and the articulation of local interests' (Berényi 1992: 11). It is no coincidence that studies on social stratification, common in sociology from the mid-1970s, were followed by studies on local societies, and became equally common in sociology. Relying also on these studies, a workshop of the Munich school of 'sozialgeographie', advocating various sociological methods (e.g. the use of questionnaire surveys) and gradually gaining in importance, was established within the Geographic Research Institute. Berényi (1992: 18) proposed that 'emerging from functional human geography with a social scientific approach', the Munich school of 'sozialgeographie' as 'a discipline of space-constructing processes and spatial organizational related to the life functions of the society and social groups'[1] was more in line with prevailing practice in planning and more suitable for facing the challenges posed by the social state of affairs in Hungary than any other European trend adopting approaches with the individual as its focus. The most striking difference between 'szociálgeográfia' in Hungary during the final years of state socialism and its 'master copy' in the West was its social system-specific nature: every realistic evaluation of the spatial activity of local societies had to allow for the ideas of central social policy (Berényi 1983).

The unique path that 'szociálgeográfia'—striving to be in touch with everyday practice—followed in Hungary can be attributed to its close relationship with the planning policy outlined above. Comprehensive empirical studies and co-operation with planners led to the accumulation of research experience which, by the early 1990s, Berényi had conceptualized while working out the theory and methodology of applied 'szociálgeográfia'. At the time he asserted that 'the goal of applied "szociálgeográfia" is to identify and evaluate conflicts in the space–time relationship between functional spatial and social structure so that local and social group expectations may be incorporated into the development and spatial arrangement of basic functions' (Berényi 1992: 37). Thus, in his view, the objective of applied 'szociálgeográfia' is not only to explore reality, but also find ways of changing it. This intention to change 'reality' (but not the status quo) generally materialized in proposals for settlement development, including Cséfalvay's (1986) empirical research conducted in a small town. He claimed that doing away with factors that put a brake on 'normative or cultural', as well as 'functional' integration, was a fundamental objective (Tóth in Cséfalvay 1986). This was the only way of replacing 'development monopoly' with the alternative of 'local responses to local problems' (Pőcze in Cséfalvay 1986). As life attested, such replacement could only come when, as one of the achievements of the 1989s' political change, the system of local government was established, and the underlying logic for planning changed radically. Furthermore, it was the process of democratization in the era of post-socialism that was able to create a climate in which the geographers' participation in planning was no longer confined to 'talks with planners' or 'having a say in social dialogues' (see Berényi 1992). Geographers could, if they wanted to, start to work with and for local people representing a new approach termed 'peoples' geography' within international critical geography (see G.Fekete 2003).

The process of democratization—an increasingly influential and variegated social geography

The political turning point in 1989 was also a great stride in the development of social geography. Not only did the transformation of geographical thought (already under way at the time) accelerate, but also the institutional system was overhauled. The two main components of this transformation were changes in the relationship between social and economic geography and the expansion of social geography, which resulted in a broader selection of topics and a certain conceptual pluralism.

As regards the former, by the 1990s social geography had become virtually synonymous with the whole field of human geography.[2] This was not without precedent, as this is what had happened in some other countries in earlier decades (Eyles 1986; Jackson 2000). It may be due to some inherent characteristic of political transition that economic geography was replaced with social geography 'at lightning speed' within the hierarchy of geography. Naturally, quite a lot of uncertainties remain. Some consensus through academic debate still needs to be achieved. At some universities, faculties of economic geography have simply been renamed, and are now faculties of social geography. At others, what used to be the faculty of economic geography is now that of social and economic geography. The same is true of university textbooks. Tóth (1990), for instance, proposed that some of the contradictions of the discipline in Hungary can be resolved if we regard social rather than economic geography to be a 'higher category'. Nevertheless, he was a co-editor of a textbook on 'social-economic geography' (Perczel and Tóth 1994) and another on 'social geography' (Tóth and Vuics 1998). As regards its main chapters, the latter has a basic structure that is in many respects similar to that of the economic geography textbooks in use in the Socialist era. Except for a completely new chapter on the 'basics of social geography', its main chapters continue to discuss—though adopting a completely new line in several cases—issues in terms 'industry', 'agriculture', 'population geography' and 'settlement geography'.

As regards the expansion of social geography, it is not a Hungarian idiosyncrasy either. Yet, similar to what was discussed above, social democratization can be regarded as a special cause of this transformation. In the new world of political/ideological pluralism and 'free choice' replacing uniformity, geography, too, looked increasingly to the West or resumed the traditions of Hungarian 'bourgeois geography', forcibly discontinued in the Stalinist era. The former trend initiated new areas of study, such as geography of gender[3] (for instance Jelenszkyné Fábián 2001; Szörényiné Kukorelli 1999; Timár 1993) or sports geography (Farkas 1998). One of the major achievements of the latter trend is the renaissance of political geography.

New sub-disciplines have also emerged including, for example, election geography (for instance Kovács 1990), which was inconceivable in the era of state socialism owing to the lack of free general elections. Areas that first re-appeared in the 1980s after a long period of time also gained in importance. They include, for example, the geography of administration where, as mentioned above, geographers had drawn the central policy-makers' attention to some shortcomings of the territorial structure of public administration well before the regime change. Research could now also evaluate the social discussions of the planned territorial reform in the 1990s, highlighting their political as well as social and emotional nature. Zoltán Hajdú (2000: 114), for example, in addition to voicing criticism of the territorial issues of public administration, also identified underlying power relations: 'The meso-level (be it county or region) is a subject of sharp debates, because this is the level where the municipal governments are afraid of the restriction of their own achieved positions, also the level where the central power does not want to create a strong self-governmental competition for itself'. Finally, research areas like the geography of religion (for instance Kocsis 1998; Tatai 1995) and ethnic geography,[4] both off-limits to research under state socialism, were also examined. As regards ethnic geography, the central ideology of state socialism simply denied the existence of ethnic problems. Though in the 1980s a new generation of geographers were 'allowed' to resume research, it was not until the 1990s that they started to study ethnicity-based relocation, population exchange and assimilation (for instance Farkas 1997; Kocsis 1996; Kocsis and Kocsis-Hodosi 1998; Kugler 2000; Szenyéri 1998). Studies on such issues satisfy a huge social appetite and also address a serious omission. However, much of this research consists of the mapping of ethnic composition and in doing so inconspicuously (like that of some other new areas mentioned above) reinforce the dominantly positivist nature of social geography in Hungary. This positivist approach to research is changing through two new trends.

A shift in focus to individuals and certain new agents—turning to liberalism

The most dramatic change in the approach adopted by social geography in the 1990s was a shift in its focus to individuals, their spatial behaviour, as well as the cognitive and decision-making factors involved in such behaviour. In addition to this, geographers gradually became aware of the importance (to spatial development) of the new agents (e.g. local governments, private businesses, civil organizations and households) entering the social scene in the post-socialist era. Based on trends and terminology in the 'West', this trend could be clearly identified as the development of behavioural and humanistic approaches. However, while social geography in Hungary adopted the former with its theoretical and methodological foundations,[5] the same cannot be said about the latter. At least there was no similar, deliberate adoption of the humanistic approach, despite the fact that Éva G.Fekete (1998), for example, pointed out that geographic knowledge from a positivist framework was unable to support the new type of local and small regional development. By way of assistance, she offered humanistic geography to geographers in the working-out of development strategies that locals could embrace—so far with little success.

Given the lack of social theories and the dominating principle of neutrality, I am convinced that this shift in focus in social geography is most strongly associated with post-Soviet liberalism. This kind of liberalism is unusual in the sense that the individualism that it represents draws on the desire to liberate the individual oppressed by state socialism. At the same time it attaches great importance to the rule of law partly because the transition to democracy in Hungary was smooth, peaceful and bloodless.

Liberal ideas can often be identified in studies aiming to explain spatial processes in the transition period. Research in residential suburbanization is a good example of this shift in focus. While carrying out research like this, a clear majority of geographers stressed the importance of individual decisions and the choosing the place of residence. When Péter Bajmócy (1999), for instance, says that he analyses the causes of suburbanization, he, in fact, analyses the underlying motivations of migration. Of institutional agents, some geographers study local governments, operating since 1990, as new policy- and decision-makers. Zoltán Kovács and Zoltán Dövényi (1998: 170), for instance, emphasize the role of 'the attitude of local people and policy of local governments towards the newcomers' in influencing the intensity and direction of suburbanization around Budapest. Much less researched, and contrary to consumption-based explanations, is the fact that major social groups are unable to make use of the opportunity of 'free choice' in the new consumption-culture era.[6] Hardly, if ever, is the role of new real estate agencies, and banks as developers the topic of geographic research (Timár and Váradi 2001), despite the fact that studying at least some of these new agents is one of the major achievements of economic geography. Moreover, in 1995 Zoltán Cséfalvay stressed the importance of and the differences between 'macro-capitalist' strategies and those of 'micro-capitalists' (most of whom had acquired capital through the privatization of former council flats) in the transformation of urban space. On top of that, urbanization is one of the few spatial processes whose structural causes had already been identified and thoroughly analysed in the socialist era. Shaping geographic knowledge to a marked extent, György Enyedi's theory (1984) emphasizes the importance of economic structures in urbanization. Nevertheless, this aspect seems to be keeping a low profile in research in residential suburbanization right now. Generally speaking, with structural (state-sponsored) Marxism having made its impact felt for several decades, the study of human agents today seems to exclude the analysis of the structure of economic and social relations of the new capitalism in Hungary.

Inequality and social justice—an old/new approach

The transition from state socialism to capitalism created a social and economic environment in which social geography—drawing on traditions stretching back to the 1970s—could study spatial inequalities on an ongoing basis. A reason for this was that, in addition to the already existing disadvantaged regions, there emerged new industrial crisis zones and former social problems were compounded with new ones (for instance unemployment). Furthermore, the state had a new role to play. Thus, in addition to the highly relevant issue of inequality, the question of social justice also became an increasingly important issue for research. If we were to seek a 'Western' equivalent of this approach, we might well opt for the emergence of welfare geography. However, on the one hand, geographers in Hungary do not use the term 'welfare geography'. On the other hand, even if they used it, because of the different socio-political context, we should turn to something else in order to identify the underlying reasons for the success of this old/new approach in Hungary. In Western (or most probably Anglo-American) human geography 'the welfare approach emerged from the radical reaction to the quantitative and model-building preoccupations of the 1960s, which were thought to be not concerned enough with contemporary social issues' (Smith 2000: 897). In Hungary, the situation was just the opposite. Besides spatial inequalities, the possibility of participation in new EU-compatible spatial planning—which offered the promise of strengthening the market positions of academic geography—was a major challenge for social geography. Noting empirical traditions and not forgetting the requirements of 'mapping and measuring', a wave of 'quantitative movements' swept through part of the geographic community. This was also amplified by the institutionalization of regional science in the 1990s. As some geographers changed sides and pledged new allegiance to regional science, and as theoretical foundations are still mostly rudimentary in both disciplines, it is fairly difficult to clarify what social geography can claim as its 'own' concerning the vast literature on spatial inequality and differentiation. In addition to the regional and national scales, studies on these topics also adopt the urban scale. A favourite is the topic of accommodation in and the social structure of housing estates—rendered 'prison-like' first by the housing policy of state socialism, then the privatization of council flats and the exit of the state from house construction (for instance Egedy 2000; Iván 1996; Kovács and Douglas 1996)—and urban slums (for instance Mihalkó 1997) as scenes of residential segregation. Curiously enough, authors present social problems arising from segregation as 'conclusively given', citing the results of sociological research. Rarely do they study conflicts or social interactions (for instance Hardi 2002), maybe because many share Becsei's (1991) view that sociology rather than geography should study the 'functioning of a society'. The other view that seeks to create a very different type of 'division of work' between social geography and sociology (basically because of a very different, namely Lefebvrian view of space) is only gaining ground very slowly. Empirical feminist research on women's participation in local politics of different communities, for instance, substantiates the claim that by adopting the concept of space- and scale-making and the relation between them (Marston and Smith 2001) geography can achieve much more than simply complete the national-scale sociological studies with the investigation of 'another geographical scale'. It helps deepen our understanding of how the very uneven-gendered nature of politics and patriarchy is reproduced (Timár 2004).

Increasingly able to perceive and identify problems, social geographers also seek to provide solutions to social problems arising from spatial inequalities. Relying on common concepts related to social justice, they consider governmental/regional or perhaps local policies capable of supplying such solutions. Rarely are the actual achievements of governmental policies analysed or the fact that in the 1990s the state itself exacerbated existing regional inequalities. Successful regions becoming even more prosperous, obtaining a disproportionately large share of state funds (Kiss 2001; Nemes-Nagy 2001).

Only recently have social geographers begun to publish studies that criticize the eulogy of neo-liberalism, territorial competition and the free market, echoed by a number of economists and representatives of regional science, which 'maximise human welfare and efficiently distribute knowledge and resources' (Szirmai, Gergely, Molnár and Szépvölgyi 2002; Timár and Velkey 2003). The studies, and likewise the support, of social movements that fight for social justice are missing because both these social movements and critical geography have been rather weak.

Conclusions

Since the conference of the Hungarian Geographic Society in 1989, a new economic and social formation has been in place in Hungary. In my view, however, social geography should still seek 'a change in paradigm'. In contrast to Anglo-American geographies, cultural geography is in a fledgling state. Accordingly, for the time being, there is little emphasis on meaning, identity or representation and a 'neglect of structured inequalities based on socially significant differences of gender, class, race, sexuality, (dis)ability etc' in social geography (see Gregson 1995 in Jackson 2000: 753). Rather the presence of spatial fetishism (and the treatment of space as a mere container) as well as the weakness of political-economy approaches results in neglect. The analysis of the structure of economic and social relations is currently missing from research with human agents as its focus. In order that shifts in the focus of social geography are not one-sided, the 'social' in social geography needs to be more accentuated, so that it rids itself of the shackles of its empirical and descriptive traditions. Further, social theories need to be applied to a wide range of areas in social geography. Not only should the empirical results of Hungarian sociological research be adopted, but also the example of sociology should be followed in the sense that social geography, too, should do away with the 'value neutrality' principle. And if, like liberalism, radicalism—which was not easy to adapt during the post-socialist era—could also gain a foothold, social geography in the course of meaningful discussions would stand a better chance of flourishing, especially if it aligns itself with critical geography.

Jegyzetek

1 Its main theoretical and methodological tenets include the system of basic social functions, space-relevant grouping, social geographical space, indicator research and the spatial stratification/structure of society (Cséfalvay 1988).

2 This is rather strange even in terms of terminology. The Hungarian equivalent of the word 'social' is used in 'társadalomföldrajz', the Hungarian name of social geography. Nevertheless, Hungarian authors invariably translate it as 'human geography' in their English-language studies, despite the fact that the Hungarian equivalent of the word 'human' was used in the Hungarian name ('emberföldrajz') of the discipline 'human geography' in pre-war Hungary.

3 The reason that I have referred to feminist geography as a research area rather than a social theoretical approach is that, for the time being, it has not been able to achieve a discernible influence on mainstream geography in Hungary (see in detailed in Timár and Jelenszkyné Fábián 2004).

4 Though researchers engaged in it consider ethnic geography to be an independent discipline, the authors of a university textbook on 'cultural geography', which is the first of its kind, discuss the ethnic composition of the Carpathian Basin as part of cultural geography, which in turn is analysed as part of social geography (Tóth and Trócsányi 1997).

5 The use of mental maps became especially popular but mainly as a new method that had been tested.

6 Empirical studies have, however, also confirmed the existence of negative attitudes to the new urban scenes of consumption among some social strata (for instance the unemployed and old-age pensioners), i.e. groups that have had little chance to participate in the new consumer society (Nagy 2001).

A társadalom- és kulturális földrajz átalakulása Magyarországon az átmenet korszakában (1989-től napjainkig)

A Magyar Földrajzi Társaság 1989 nyarán szervezett éves konferenciáját—az évtized folyamán már nem először érzékelve egyfajta krízishelyzetet—a hazai geográfia értékelésének szentelték. Becsei József (1989: 53–54), a településföldrajz elismert alakja addig szokatlan bátorsággal kimondta: a "központi látásmódban", vagyis az állami "ideológiai megítélésben" nem volt helye a "létező, horizontálisan és vertikálisan tagolt és funkcionáló társadalomnak", csupán a "termelésnek alárendelt" munkaerőnek. Ez a szemlélet "nem látta a teljes embert, annak sok irányú (kulturális, közösségi, infrastrukturális stb.) igényét", ami ezért a településföldrajz vizsgálati tárgyában sem juthatott kifejezésre. A "valósághoz adekvát földrajzi tematikák és módszerek" megtalálása érdekében Becsei az "ideológiai gátaktól való megszabadulást" sürgette. Bernát Tivadar (1989: 39), a gazdaságföldrajz professzora szerint egy "közös elmélet" kialakítását meghozó paradigmaváltásra volt szüksége a szocializmus addigi elmélete és gyakorlata által determinált földrajznak. Ő ehhez egy "új szocializmuskép" kialakítását tartotta a korszak kihívásának. Ágh Attila (1989: 11), az ülésre meghívott politológus viszont már politikai reformokban gondolkodott, kifejezve, hogy: "a hatalmi viszonyok térképének felrajzolása nélkül nem lehet teljes az átfogó reformprogram kidolgozása sem, a valódi értelemben vett nemzeti megújulás, hiszen a nemzet egy adott területi struktúrában él, amelynek önálló hatalmi viszonyrendszere van, és ennek a megújítása mindenféle politikai reform egyik legsürgetőbb feladata."

Az élet nemhogy a geográfusok jövőképén, de a szocialista párthoz kötődő politológusén is meglepő gyorsasággal lépett túl. Pár hónappal később megkezdődtek a Nemzeti Kerekasztal-tárgyalások, kikiáltották a köztársaságot, megszületett a következő évi demokratikus választásokat lehetővé tevő törvény. Lezárult az államszocializmus kora, a kapitalista piacgazdaság kiépítéséig azonban egy újabb korszaknak, a posztszocialista átmenet periódusának kellett eltelnie. Az itt felvázolandó országos beszámolóban azt igyekszem bemutatni, hogy ebben az utóbbi időszakban a magyarországi társadalom- és kulturális földrajz is a folyamatos átmenet állapotában volt/van: ez az átalakulás már jóval 1989 előtt elkezdődött, az 1990-es években kiteljesedett, s mind a mai napig tart. Mivel pedig e változások mélyen a társadalmi-gazdasági transzformációban gyökereznek, azzal párhuzamba állítva kerülnek elemzésre. Az átmenet csakis a "kiindulópont" ismeretében értelmezhető, ezért elkerülhetetlen a szocialista időszak geográfiájának mint előzménynek egy összefoglaló jellemzése, amit a társadalom- és kulturális földrajz egyfajta "újjászületését" hozó 1980-as évek történéseinek rövid áttekintése követ, hogy végül az elmúlt 15 évet átfogó "jelen" megfelelő kontextusba kerülhessen.

Az államszocializmus "öröksége"

A magyarországi társadalom- és kulturális földrajz—ratzeli hagyományokból táplálkozó —gyökereit a 19. századig visszanyúlva találjuk meg. Ekkor az "anthroposzférát" vagy "kulturális szférát" vizsgáló kulturális földrajz volt elfogadott, amelynek a helyét csak később vette át a társadalomföldrajz (Dövényi–Hajdú 2000). Ennek szerves fejlődésében a II. világháború utáni sztálinista diktatúra radikális változást hozott. A szovjet modellt követve nemcsak a kulturális, de még a társadalomföldrajz fogalma is évtizedekre eltűnt a diszciplína szótárából: minden, ami a természetföldrajz világán kívül esett, azt a gazdaságföldrajz körébe sorolták. A központi tervezés érájában az állami ideológia hosszú ideig a gazdaságfejlesztés mindenhatóságát hirdette. Nem véletlen, hogy a gazdaságföldrajz "a gazdasági tervezés szolgálójává" vált (Dövényi–Hajdú 2000). A társadalom termelésen kívüli kérdéseivel csak a gazdaságföldrajz alá rendelt népesség-, valamint településföldrajz foglalkozott. Azonban ezek is legfeljebb a népesség (a termelőerő megoszlása) "feltérképezéséig" jutottak el. Társadalmistruktúra-elemzéseket elsősorban az urbanizáció, illetve a településátalakulás mérésére alkalmaztak a marxista szemléletnek megfelelő osztálytagozódás, illetve a társadalmi munkamegosztás kategóriáiban gondolkodva.

Érzékelhetőbb elmozdulást a termelés és a termelőerők kutatásától a társadalmi szféra más területei irányába az 1970-es évek hoztak. 1968-ban, az "új gazdasági mechanizmus" bevezetésével megkezdődött az újraelosztó gazdaság sztálini modelljének, a központi tervutasításnak a fellazítása. Ennek a földrajzi "gondolkodásra" gyakorolt egyik hatásaként a gazdasági-területi tervezés szolgálatába állított komplex gazdasági körzetek (az orosz elnevezést átvett "rajonok") kutatását egyre inkább háttérbe szorították a vonzáskörzetvizsgálatok, főleg Christaller koncepcióját és módszereit alkalmazva. A két megközelítésmód vitájában Tóth (1982)—taktikusan—a marxizmust hívta segítségül, mondván, hogy abban a termelés fogalma a szűken vett termelésen kívül magában foglalja a forgalmat és az elosztást (fogyasztást) is. A vonzáskörzetvizsgálatok már nemcsak hogy a lakosságot ellátó intézményeket (oktatási, egészségügyi stb.) tekintették kutatási tárgyuknak—néhányan pl. a házassági, rokoni kapcsolatokat is mint a településkapcsolatok sajátos formáját kezdték elemezni (Tóth 1981). Ezzel mintegy előhírnökei lettek a Hägerstrand időföldrajzát átvevő, az emberek, s nem az intézmények felől közelítő későbbi lakosságitérpályakutatásoknak (Mészáros 1988).

A másik lényegi előrelépést az életkörülmények tanulmányozása jelentette. Erre az időszakra ugyanis nyilvánvalóvá vált, hogy a területfejlesztésnek nem lehet kizárólag termelési/gazdasági célja. Már csak azért sem, mert az egyoldalú iparfejlesztés az egyes településtípusok között az életkörülmények nagyfokú különbségeit konzerválta. A területfejlesztés jelszava ezért az életkörülmények területi közelítése lett (Enyedi 1990). Mivel pedig a demográfiai, vándorlási, foglalkozási, iskolázottsági, lakásviszonyokra, alapfokú közszolgáltatásokra és infrastruktúrára vonatkozó mutatókkal mért életkörülmények kiterjedt falusi térségeket "rajzoltak ki" hátrányos helyzetűekként, elmaradottakként, ezért elsősorban ezekre irányult a figyelem nagyszabású empirikus kutatások keretében (pl. Barta–Beluszky–Berényi 1975; Beluszky 1976; Enyedi 1977). Végeredményben ez volt az az időszak, amikor a geográfia a lakosság érdekében tömegesen kezdte felhívni a területi, illetve településpolitika figyelmét a közellátás területi szervezésének, az életkörülménybeli területi hátrányoknak a problémáira.

Az átmenet kezdete—társadalomföldrajz/szociálgeográfia

A magyarországi társadalomföldrajz folyamatos jelenlétét, máig tartó "átmeneti állapotát" az 1980-as évektől számíthatjuk. Bár tudományszervezeti szempontból még mindig a gazdaságföldrajz részeként, de "megvetette a lábát" a társadalomföldrajz müncheni irányzata. Elnevezésében meg is őrizte a német ("sozialgeographie") kifejezést a "szociálgeográfia" névvel illetve, s megkülönböztetve azt a társadalomföldrajztól. Bár a két kifejezést Magyarországon is többen egymás szinonímáiként használták, Berényi (1992) felhívta a figyelmet arra, hogy közéjük a nyugati szakirodalom is egyre inkább éles határt húz: a társadalomföldrajzot inkább a "kultúrföldrajzhoz", míg a szociálgeográfiát a humámökológiához közelebb állónak tartják. Szerinte az elsősorban mikro- és mezoregionális társadalmi folyamatokat csoportspecifikus aspektusból vizsgáló szociálgeográfia részdiszciplínája a társadalom teljes környezetét, életterét, a makroregionális jelenségeket kutató társadalomföldrajznak.

Bár a "szociálgeográfia" kifejezés már az 1970-es évek elején is jelen volt a magyarországi szakirodalomban (Lettrich 1972; Wallner 1971), ilyen szemléletű kutatások elterjedéséhez azokra a társadalmi-gazdasági folyamatokra volt szükség, amelyek az 1970-es évek második felétől indultak meg, s az 1980-as években teljesedtek ki. Így a gazdaság megkezdett liberalizálása, irányítási rendszerének reformja mellett az 1970-es évek végén már kialakultak az egyéni és társadalmi cselekvés bizonyos mozgásterei, valamint "relatív autonómiák"; megjelentek a civil társadalom bizonyos elemei (Hankiss 1986). Az 1980-as években a civil társadalom önartikulációs folyamatainak erősödésével a társadalmi tervezésben is megmutatkoztak az "állam és a társadalom közötti párbeszédre" építő tervezési rendszer kialakításának jelei (Cséfalvay 1988), erősödött a csoport- és lokális érdekeket jobban figyelembe vevő tervezés és irányítás (Berényi 1992). Mindezen változások már olyan kutatási irányzatoknak adtak esélyt, melyek "a gazdasági-társadalmi jelenségek csoportspecifikus értékelését adják, s ezzel a lokális tudat kialakulását és érdek megfogalmazását segítik" (Berényi 1992: 11). Nem véletlen, hogy a szociológiában az 1970-es évek közepétől jellemző társadalmirétegződés-vizsgálatok után teret nyertek a helyitársadalom-kutatások is. Ezekkel együttműködve, a szociológiai módszereket (pl. kérdőívezés) elterjesztve a Földrajztudományi Kutatóintézetben egy hamarosan széles hatással bíró műhelye alakult ki a müncheni irányzatot követő szociálgeográfiai iskolának. Berényi (1992: 18) szerint "a társadalomtudományi szemléletű funkcionális emberföldrajzból kialakult, a társadalom és a társadalmi csoportok létfunkcióival összefüggő térképző folyamatok és területi szervezeti formák tudományaként" fellépő müncheni szociálgeográfia[1] alkalmasabb volt a magyarországi társadalmi viszonyok kihívásaira adott válaszok megtalálására, jobban megfelelt az itteni tervezési gyakorlatnak, mint az egyén, individuum felől közelítő európai irányzatok. Amiben viszont az államszocializmus végi magyarországi szociálgeográfia mindenképpen eltért nyugati "mesterétől", az rendszerspecifikus sajátossága: itt csak a "központi társadalompolitikai elképzelések függvényében" lehetett reálisan értékelni a lokális társadalom térbeli aktivitását (Berényi 1983).

Épp e tervezéshez fűződő szoros kapcsolatnak köszönhető az a "sajátos", a gyakorlathoz közelítő út, amin a magyarországi szociálgeográfia haladt. A kiterjedt empirikus munkák, a tervezőkkel való együttműködés során felhalmozódhatott egy olyan kutatási tapasztalat, amelyet az 1990-es évek elejére Berényi az alkalmazott szociálgeográfia elméletének, illetve módszertanának kidolgozásában szintetizált. Nézete szerint: "Az alkalmazott szociálgeográfia célja a funkcionális térszerkezet és a társadalmi struktúra tér–idő kapcsolatában kialakuló konfliktusok feltárása és értékelése, hogy az alapfunkciók fejlesztésébe és térbeli rendjébe a lokális és csoportspecifikus társadalmi elvárás is beépíthető legyen" (Berényi 1992: 37). Az alkalmazott irányzatnak ezért szerinte nemcsak a valóság megismerése a célja—a valóság megváltoztatásának lehetőségeit is keresi. E valóság (de nem a status quo) megváltoztatására irányuló szándék általában a településfejlesztési gyakorlat számára megfogalmazott javaslatokban öltött testet. Közülük valók Cséfalvay (1986) egy kisvárosban végzett empirikus kutatása konzekvenciái, politikának szánt üzenetei. Ezek szerint alapfeladat a lakóhely szerinti "normatív vagy kulturális", valamint a "funkcionális integrációt" fékező tényezők felszámolása (Tóth in Caéfalvay 1986). Csak így lehet felváltani a "fejlesztési monopóliumot" a "helyi probléma—helyi válasz" alternatívával (Pőcze in Cséfalvay 1986: 115). Ez a váltás azonban—mint azt az élet bizonyította—valójában csak a rendszerváltással bekövetkező önkormányzati szisztéma kialakításával, az egész tervezési logika megváltozásával következhetett be. Továbbá: csak a posztszocializmus demokratizálódási folyamata teremtette meg azokat a körülményeket, melyek között a geográfusok már nem csak a "tervezőkkel folytatott eszmecsere" és a "társadalmi vitába való bekapcsolódás" révén lehettek a tervezés "részesei" (Berényi 1992). Megnyílt a lehetőségük a civil társadalmon "belül", a kritikai geográfia által elképzelt "népföldrajz" program keretében a helyi lakosságért a helyi lakossággal együtt dolgozni (in G.Fekete 2003).

Demokratizálódás—erősödő és sokszínűvé váló társadalomföldrajz

Az 1989. évi politikai fordulat mérfoldkövet jelentett a társadalomföldrajz fejlődésében is: nemcsak gondolatvilágának korábban megkezdett átalakulása gyorsult fel, de most már intézményrendszere is átformálódott. E transzformáció két legfontosabb eleme a társadalom- és a gazdaságföldrajz egymáshoz való viszonyának megváltozása, valamint a társadalomföldrajz kiszélesedése, ami tematikai bővülést és bizonyos filozófiai pluralizmust egyaránt jelent.

Ami az előbbit illeti: az 1990-es évekre a társadalomföldrajz ("social geography") gyakorlatilag a "human geography" szinonímájaként jelent meg a szóhasználatban.[2] Erre persze a korábbi évtizedekben más országokban is találunk példát (Eyles 1986; Jackson 2000). A tudományrendszertani hierarchiában a gazdaság- és a társadalomföldrajz viharos gyorsasággal bekövetkezett "helycserés támadása" viszont valószínűleg a politikai átmenet egyfajta sajátossága. Persze azért bőven maradtak bizonytalanságok, hiányzik egy elméleti vitában kiforrott megegyezés. Vannak egyetemek, ahol a gazdaságföldrajzit társadalom-földrajzi tanszékké nevezték át, míg másutt "társadalom- és gazdaságföldrajzi" került az új névtáblára. A gomba módra szaporodó egyetemi tankönyvekkel is hasonló a helyzet. Tóth József (1990) például egy helyütt azt vallja: a tudományág ellentmondásainak egy része úgy oldható fel, ha a társadalomföldrajzot tekintjük "magasabb kategóriának" a gazdaságföldrajzzal szemben. Ugyanúgy társszerkesztője azonban egy "társadalmi-gazdasági földrajzi" (Perczel–Tóth 1994), mint egy "társadalom-földrajzi" tankönyvnek (Tóth–Vuics 1998). Utóbbi fő fejezeteit tekintve a szocialista időszak gazdaságföldrajzi könyveihez sok szempontból hasonló alapstruktúrát fedezhetünk fel. A teljesen új "társadalomföldrajz alapjai" fejezetet leszámítva, ebben is ipar-, mezőgazdaság-, népesség- és település-földrajzi—bár tartalmilag több helyen teljesen új szemléletű—főfejezetek jelennek meg.

A társadalomföldrajz expanzióját illetően, természetesen ez sem magyarországi sajátosság, de a fentiekhez hasonlóan itt is a társadalomban végbement demokratizálódás tekinthető az átalakulást kiváltó sajátos tényezőnek. Az uniformizáltság helyébe lépő politikai/ideológiai sokszínűség, a "szabad választás" új világában egyrészt a geográfiában is bekövetkezett egy erőteljes nyugatra fordulás, másrészt a sztálini érában erőszakosan visszaszorított "polgári geográfia" hagyományaihoz való visszatérés. Előbbinek köszönhető olyan új témák, illetve megközelítések feltűnése, mint pl. a sportföldrajz (Farkas 1998) vagy a nemek földrajza[3] (Jelenszkyné Fábián 2001; Szörényiné Kukorelli 1999; Timár 1993). Utóbbi egyik legnagyobb eredménye a politikai földrajz "újravirágzása".

Megjelentek olyan részdiszciplínák, mint a választási földrajz (Kovács 1990), melyre az államszocializmusban szabad parlamenti választások híján igény sem merülhetett fel. Megerősödtek olyan területek, melyek hosszú idő után csak a 80-as években jelentek meg újra. Ilyen a közigazgatási földrajz, melynek keretében a geográfusok—mint előbb jeleztük—már korábban is felhívták a központi politika figyelmét a közigazgatás területi struktúrájának hiányosságaira. Az 1990-es években azonban már a területi reformról folyó társadalmi vitát is értékelhették a kutatók, annak—politikain kívül—társadalmi és emocionális jellegét is megvilágítva. Hajdú (2000: 114) például már túllépve a közigazgatás területi kérdéseinek a kritikáján, a mögöttük lévő hatalmi viszonyokra is rámutat: "A középszint (legyen az megye vagy régió) éles viták tárgya, mert ez az a szint, ahol az önkormányzatok tartanak elért pozícióik korlátozásától, s egyúttal ez az a szint, ahol a központi hatalom nem akar erős önkormányzati versenyt teremteni a maga számára." Végül, erőre kaptak olyan, az államszocializmus hosszú évtizedei alatt valóban tabunak számító kutatási területek, mint a vallásföldrajz (Kocsis 1998; Tatai 1995), valamint az etnikai földrajz.[4] Utóbbit illetően például az államszocializmus központi ideológiája tagadta az etnikai problémák létezését. Bár az 1980-as években egy új nemzedék már újrakezdhette a kutatásokat, az etnikai kitelepítések, lakosságcserék, vagy az asszimiláció tanulmányozása az 1990-es évekre várt (Farkas 1997; Kocsis 1996; Kocsis and Kocsis–Hodosi 1998; Kugler 2000; Szenyéri 1998). Ezek a munkák széles körű társadalmi igényt elégítenek ki s hiánypótlónak tekinthetők, bár azok, amelyek nem jutnak túl az etnikai összetétel szó szerinti feltérképezésén (mint néhány más, fönt említett új terület) "észrevétlenül" erősítik a magyarországi társadalomföldrajz uralkodóan pozitivista jellegét.

A pozitivista megközelítéssel szemben a társadalomelméleti kisebb-nagyobb megújulásnak két vonulatát tartom olyan léptékŰnek, amelyet az alábbiakban külön is érdemes kiemelni.

Az egyének és bizonyos új szereplők felé fordulás—arccal a liberalizmus felé

Az 1990-es évek társadalomföldrajzának talán legmarkánsabb szemléleti váltása az egyének, az ő térbeli viselkedésük, annak kognitív és döntéshozói tényezői felé fordulás. Emellett a szakma fokozatosan felismerte a posztszocializmussal felszínre került új területfejlesztési szereplők (önkormányzatok, magán vállalatok, háztartások, civil szervezetek) fontosságát. A nyugati trendek, illetve terminológiák ismeretében mindezek alapján a behaviourista, valamint a humanisztikus megközelítés térhódítását feltételezhetnénk. Amíg azonban az előbbit annak elméleti, módszertani alapjaival[5] együtt átvette a magyarországi társadalomföldrajz, utóbbiról—legalábbis ez a fajta "tudatos" alkalmazás—annál kevésbé mondható el. Pedig G.Fekete Éva (1998) felhívta a figyelmet arra, hogy a pozitivista szemléletű földrajzi tudás nem képes segítséget nyújtani az új típusú helyi és kistérségi fejlesztésekhez. A helyiek által magukénak érzett fejlesztési stratégiák kidolgozásához a humanisztikus geográfiát "ajánlotta"—nem sok sikerrel.

Bár a társadalomelméletek mellőzése, valamint az értéksemlegesség fontosságának gyakori hangoztatása miatt a geográfusok ezt nem nevesítik, meggyőződésem szerint a társadalomföldrajz itt jelzett szemléletváltása legerősebben a politikai rendszerváltás révén—sajátos körülmények közt—előretörő politikai elmélethez, a liberalizmushoz köthető. Sajátos e liberalizmus annyiban, hogy a benne képviselt individualizmus a szocialista állam által elnyomott egyén felszabadításának igényéből építkezik. Ugyanakkor különös fontosságot tulajdonít a törvények szerepének, részben azért, mert Magyarországon békés úton épült ki a demokrácia.

Az átmenet időszakában kibontakozó térfolyamatok okainak vizsgálatában gyakran érhető tetten a liberalizmus gondolatvilága. Jó példa e szemléletváltás érzékeltetésére a szuburbanizáció kutatása. Ennek során határozott többségbe kerültek azok, akik a lakóhelyi szuburbanizáció kifejlődésében az egyéni döntés, lakóhelyválasztás kiemelt fontosságát hangsúlyozzák, sőt akár "a szuburbanizáció motivációi"—végeredményben okai—címén a migráció motivációit elemzik (Bajmócy 1999). Az intézményi szereplők közül az 1990-től működő önkormányzatokat—mint új döntéshozókat—vizsgálják. Kovács és Dövényi (1998: 170) pl. ki is jelentik: "a Budapest körüli szuburbanizáció intenzitása és iránya szorosan kötődik a helyben élők attitűdjéhez és a helyi önkormányzatok betelepülőkkel kapcsolatos politikájához." Mindezzel szemben alig kap hangot az a szempont, hogy a szintén a fogyasztói "szabadság" dicsőítéseként felfogott "fogyasztás kultúrája" korszakában a "szabad választás" lehetőségéből jelentős társadalmi rétegek szorulnak ki.[6] Ugyancsak alig jelenik meg e kutatásokban a vállalkozók és bankok mint fejlesztők szerepe (Timár–Váradi 2001). Pedig ezen új szereplők tanulmányozása a gazdaságföldrajz jelentős eredményei közé tartozik. Ráadásul Cséfalvay már 1995-ben rámutatott, hogy milyen fontos, s egymástól mennyire eltérő szerepe van a városi tér átalakításában a "nagykapitalista stratégiáknak" és a lakásprivatizáció révén tőkéhez jutott "minikapitalisták" stratégiájának. Nem is beszélve végül arról, hogy az urbanizáció azon kevés térfolyamatok közé tartozik, melyek strukturális okait már a szocialista időszak társadalomkutatásai alaposan körüljárták, s Enyedi (1984) a szakmára nagy hatást gyakorolt elméletben mutatott rá a gazdasági folyamatok fontosságára. Ez a szempont a mai szuburbanizáció-kutatásokban mégis alulmaradni látszik. Általában véve is úgy tűnik, hogy a strukturalista marxizmus több évtizedre kiterjedő hatása után ma a humán szereplők vizsgálata az új kapitalizmus gazdasági és társadalmi viszonyai struktúrájának kellő mértékű analízise nélkül folyik Magyarországon.

Egyenlőtlenség és társadalmi igazságosság —egy régi/új megközelítés

Az államszocializmusból a kapitalizmusba való átmenet korszaka olyan társadalmi-gazdasági környezetet teremtett, amelyben a társadalomföldrajz—az 1970-es évekig visszanyúló hagyományaira építve—folyamatosan kutatási témái középpontjában tarthatta a területi egyenlőtlenségek tanulmányozását. A korábbi elmaradott térségek mellé új ipari válságövezetek sorakoztak fel, a régi társadalmi problémák újakkal (mint például a munkanélküliség) egészültek ki, ráadásul új szerepbe került az állam. Így az egyenlőtlenség nagyon is releváns kérdése mellett erőteljes hangsúlyt kapott a társadalmi igazságosság vizsgálata is. Nyugati párhuzamokat keresve, mindezekből a "jóléti geográfia" kialakulására következtethetnénk. Csakhogy azon túl is, hogy a magyar geográfusok—részben talán az államszocializmustól való elhatárolódás miatt—nem használják ezt az elnevezést, e régi/új megközelítés térhódításának okait másutt kell keresnünk. A nyugati (vagy még inkább angol–amerikai) társadalomföldrajzban: "A jóléti megközelítés az 1960-as évek modellalkotó és kvantitatív, a társadalmi kérdésekkel nem megfelelően törődő gondolkodására való radikális reakcióból nőtt ki" (Smith 2000: 897) Magyarországon ennek épp az ellenkezője történt. Részben az új területi egyenlőtlenségek, részben az EU-hoz illeszkedő új területi tervezésbe való bekapcsolódás piaci pozíciókat erősítő lehetősége jelentős kihívást jelentett a társadalomföldrajz számára. Az empirikus tradíciókat követve s a "térképezés és mérés" követelményeit szem előtt tartva egy egész "kvantitatív hullám" bontakozott ki. Ezt erősítette a regionális tudomány szintén 1990-es években bekövetkezett intézményesülése is. Néhány geográfus "átpártolása", s az elméleti alapok mindkét diszciplínában jellemző kidolgozatlansága különösen nehézzé teszi az eligazodást abban, hogy a területi egyenlőtlenségek és differenciáltság könyvtárnyi irodalmából mit is tudhat magáénak a társadalomföldrajz. Az ezekben a munkákban jellemző országos és regionális lépték mellett viszont kialakult egy új trend: a városi lépték fókuszba helyezése. Közkedvelt kutatási téma az államszocializmus lakáspolitikájának, az azt követő lakásprivatizációnak és az állam lakásépítésből való kivonulásának eredményeként "falanszterré" alakult lakótelepek (Egedy 2000; Iván 1996; Kovács–Douglas 1996), slumosodott városrészek (Mihalkó 1997)—mint a szegregáció szinterei—lakáskörülményeinek, társadalomszerkezetének bemutatása. Érdekes azonban, hogy a szegregáció következtében kialakult társadalmi problémákat a szociológia kutatási eredményeire hivatkozva általában mintegy "végkövetkeztetést" írják le a szerzők. Magukat a konfliktusokat, a társadalmi interakciót csak nagyon ritkán tanulmányozzák (Hardi 2002), talán mert nem egyedi az a vélemény, miszerint magának a társadalom működésének a vizsgálata nem is a geográfia, hanem a szociológia feladata (Becsei 1991). Az a szemlélet, amely a társadalomföldrajz és a szociológia közt ettől meglehetősen eltérő munkamegosztás kialakítására törekszik (főleg a tér eltérő, Lefebvre koncepcióját követő értelmezés miatt), csak nagyon lassan nyer teret. Pedig megjelentek már olyan társadalom-földrajzi kutatások is, melyek megmutatják, hogy a tér- és a léptékalkotás, valamint a köztük lévő viszony koncepcióját alkalmazva (Marston–Smith 2001) például a feminista földrajz sokkal többet érhet el, mint azt, hogy csak kiegészíti a nők politikában való részvételének nemzeti léptékű szociológiai kutatását egy "másik földrajzi léptékkel". Segít megérteni, hogyan reprodukálódnak a politika társadalmi nemi egyenlőtlenségei (Timár 2004).

A növekvő problémaérzékenység mellett a területi egyenlőtlenségekből adódó társadalmi problémák orvoslásának lehetőségeit is keresik a társadalomföldrajzosok. A társadalmi igazságosság koncepcióiban gondolkodva, a megoldást többnyire a központi állami—regionális—, kisebb részben a helyi politikában találják meg. Csak ritkán elemzik az állami politika valós eredményeit, s mutatnak be olyan tényeket, mint hogy az 1990-es években az állam maga is hozzájárult a regionális egyenlőtlenségekhez—a "nyertes régiók" még prosperálóbbak lettek és az állami alapok aránytalan részét biztosították maguknak (Kiss 2001; Nemes-Nagy 2001)

A társadalomföldrajzban csak most kezdenek megjelenni az olyan kritikai munkák, amelyek a—közgazdaságtan és a regionális tudomány számos képviselője által is visszhangzott—neoliberalizmussal, területi verseny, szabadpiac—ami "maximalizálja a társadalmi jólétet és hatékonyan osztja el a tudást és az erőforrásokat"—dicsőítésével szemben fogalmazódnak meg (Szirmai–Gergely–Molnár–Szépvölgyi 2002; Timár–Velkey 2003). Hiányzik azoknak a társadalmi mozgalmaknak a tanulmányozása (nem is beszélve a támogatásukról), amelyek társadalmi igazságosságért harcolnak, hiszen mind az ilyen mozgalmak, mind a kritikai geográfia meglehetősen gyenge még.

Konklúzió

A Magyar Földrajzi Társaság 1989-es konferenciája óta új társadalmi-gazdasági rend működik Magyarországon. Véleményem szerint azonban még mindig "paradigmaváltásért" kiálthatna a társadalomföldrajz. Az angol–amerikai geográfiával ellentétben itt még csak szárnyait bontogatja a kulturális földrajz, így semmiképp nem jutott el az identitás, értelmezés, ideológia olyan túlhangsúlyozásáig, hogy emiatt következzen be "a nemek, osztály, faj, szexualitás stb. társadalmilag szignifikáns különbségein alapuló strukturális egyenlőtlenségek negligálása" (Gregson 1995 in Jackson 2000: 753). Inkább a térfetisizmus (és a tér mint üres konténer kezelése), valamint a politikai gazdasági megközelítés gyengesége eredményez ilyen negligálást. A gazdasági és társadalmi viszonyok struktúrájának analízise viszont meglehetősen hiányzik a társadalmi (területfejlesztési) szereplők felé forduló új kutatásokból. Ahhoz, hogy a társadalomföldrajzban már eddig is bekövetkezett szemléletváltások ne egyoldalúak legyenek, hogy erősödhessen a "társadalmi" a társadalomföldrajzban, s a diszciplína kimozdulhasson az empirikus tradíció béklyójából, még komoly változásokra lenne szükség. Széles körben kellene végre alkalmazni a társadalomföldrajzban a társadalomelméleteket, nemcsak konkrét kutatási eredményeket, de az "értéksemlegesség" elvétől való megszabadulást is átvéve a mai magyarországi szociológiától. S ha a liberalizmus mellé a—posztszocialista viszonyok között egyébként nem könnyen felvállalható—radikalizmus is "felzárkózna", akkor még nagyobb esély lenne a társadalomföldrajz vitákban érlelődő fejlődésére, egy új szakaszba lépésére.

Jegyzetek

1 Legfontosabb elméleti-módszertani tételei a társadalmi alapfunkciók rendszere, a térreleváns csoportképzés, a szociálgeográfiai tér, az indikátorkutatás és a társadalmi tértagozódás/térszerkezet (Cséfalvay 1988).

2 Ez még nevezéktanilag is sajátos formát ölt. Magyar nyelven a "social" szó megfelelője jelenik meg a diszciplína nevében ("társadalomföldrajz"), ezt mégis angol nyelvű tanulmányaikban rendre "human geography"-nak fordítják "vissza" a szerzők, pedig a háború előtti magyarországi "human geography" nevében a "human" szó magyar megfelelője volt használatos ("emberföldrajz").

3 Az ok, amiért a feminista földrajzra itt kutatási területként és nem társadalom-földrajzi megközelítésként utalok az, hogy ez idáig nem volt képes jelentős hatást gyakorolni a magyarországi geográfia fő áramlatára (lásd részletesebben Timár–Jelenszkyné Fábián 2004).

4 Bár az etnikai földrajzot a művelői általában önálló diszciplínának tekintik, a "kulturális földrajz" címen először írt egyetemi tankönyvben a szerzők a társadalomföldrajz részeként elemzett kulturális földrajzon belül tárgyalják a Kárpát medence etnikai képét (Tóth–Trócsányi 1997).

5 Különösen közkedveltté vált a mentális térképek alkalmazása, ami azonban néhány esetben inkább csak mint egy új módszer kipróbálása került be a szakirodalomba.

6 Pedig empirikus vizsgálatok azt is bizonyították, hogy a társadalom bizonyos rétegeiben (pl. a munkanélküliek és az idős nyugdíjasok), akiknek csekély lehetősége van a fogyasztók társadalmában való részvételre, jelen van a negatív attitűd a fogyasztás új városi terei iránt (Nagy 2001).

References

Ágh, A. (1989) A hatalom területi elvei, *Földrajzi Közlemények* XXXVII(1–2): 11–22.

Bajmócy, P. (1999) A szuburbanizáció sajátosságai Pécs környékén, *Földrajzi Értesítő* XLVIII(1–2): 127–138.

Barta, Gy., Beluszky, P. and Berényi, I. (1975) A hátrányos helyzetű területek vizsgálata Borsod-Abaúj-Zemplén megyében, *Földrajzi Értesítő* XXIV(3): 299–390.

Becsei, J. (1989) Új helyzetben a településföldrajz, *Földrajzi Közlemények* XXXVII(1–2): 51–61.

Becsei, J. (1991) Békéscsaba településen belüli társadalmának szerkezete, *Földrajzi Értesítő* XL(1–2): 81–103.

Beluszky, P. (1976) Területi hátrányok a lakosság életkörülményeiben (Hátrányos helyzetű területek Magyarországon), *Földrajzi Értesítő* XXV(2–4): 301–312.

Berényi, I. (1983) A településkörnyezet társadalomföldrajzi vizsgálata, *Földrajzi Értesítő* XXXII(1): 37–47.

Berényi, I. (1992) *Az alkalmazott szociálgeográfia elméleti és módszertani kérdései*. Budapest: Akadémiai Kiadó.

Bernát, T. (1989) Szükség van-e paradigmaváltásra a gazdaságföldrajzban?, *Földrajzi Közlemények* XXXVII(1–2): 31–40.

Cséfalvay, Z. (1986) Közösségi élet Egerben, *Földrajzi Közlemények* XXXIV(1–2): 107–116.

Cséfalvay, Z. (1988) A szociálgeográfia tegnap és ma, *Földrajzi Értesítő* XXXVII(1–4): 237–255.

Cséfalvay, Z. (1995) Budapest, a minikapitalisták városa, *Valóság* XXXVIII 8: 77–92.

Dövényi, Z. and Hajdú, Z. (2000) Evolution of human geographical thought in Hungary in the 20th century, in Kovács, Z. (ed.) *Hungary Towards the 21st Century: The Human Geography of Transition*. Studies in Geography in Hungary 31. Budapest: Geographical Research Institute, HAS, pp. 29–48.

Egedy, T. (2000) A magyar lakótelepek helyzetének értékelése, *Földrajzi Értesítő* XLIX(3–4): 265–283.

Enyedi, Gy. (1977) A falusi életkörülmények területi típusai Magyarországon, *Földrajzi Értesítő* XXVI (1): 67–85.

Enyedi, Gy. (1984) *Az urbanizációs ciklus és a magyar településhálózat átalakulása*. (Akadémiai székfoglaló). Budapest: Akadémiai Kiadó.

Enyedi, Gy. (1990) *New Basis for Regional and Urban Policies in East-Central Europe*. Discussion Paper 9. Pécs: Centre for Regional Studies of Hungarian Academy of Sciences.

Eyles, J. (1986) *Social Geography in International Perspective*. London and Sydney: Croom Helm.

Farkas, Gy. (1997) Nemzetiségileg vegyes területek és az asszimilációs folyamatok földrajzi vizsgálatának elméleti kérdései, *Földrajzi Értesítő* XLVI(3–4): 274–287.

Farkas, J. (1998) A sportföldrajz elméleti és történeti kérdéseiről, *Földrajzi Értesítő* XLVII(2): 279–286.

G.Fekete, É. (1998) Helyi, kistérségi fejlesztések és a humanisztikus geográfia, in Mészáros, R. and Tóth, J. (eds) *Földrajzi kaleidoszkóp. Tanulmányok Krajkó Gyula 70. születésnapjára*. Pécs–Szeged: JPTE Általános Társadalomföldrajzi és Urbanisztikai Tanszék, JATE Gazdaságföldrajzi Tanszék, pp. 50–58.

G. Fekete, É. (2003) People geography ("Népföldrajz")—a kritikai geográfia új irányzata, *Tér és Társadalom* XVII(2): 67–77.

Hajdú, Z. (2000) Transformation of the Hungarian public administration system after 1989, in Kovács, Z. (ed.) *Hungary Towards the 21st Century—The Human Geography of Transition*. Studies in Geography in Hungary 31. Budapest: Geographical Research Institute, HAS, pp. 99–118.

Hankiss, E. (1986) *Diagnózisok 2*. Budapest: Magvető.

Hardi, T. (2002) Szuburbanizációs jelenségek Győr környékén, *Tér és Társadalom* XVI (3): 57–84.

Iván, L. (1996) Budapesti falanszterek. A tömeges lakásépítés térbeli konzekvenciái, *Földrajzi Értesítő* XLV(1–2): 73–99.

Jackson, P. (2000) Social geography, in Jonston, R.J., Gregory, D., Pratt, G. and Watts, M. (eds) *The Dictionary of Human Geography*. Oxford: Blackwell, pp. 753–754.

Jelenszkyné Fábián, I. (2001) Nemek és a földrajzi tudás, avagy "Kolumbusz nem volt nő, hogy hibáztatható lett volna az eltévedésért", in Dormány, G., Kovács, F., Péti, M. and Rakonczai, J. (eds) *A földrajz eredményei az új évezred küszöbén* (CD-ROM). Szeged: SZTE TTK Természeti Földrajzi Tanszék.

Kiss, J.P. (2001) Industrial mass production and regional differentiation in Hungary, *European Urban and Regional Studies* 8(4): 321–328.

Kocsis, K. (1996) Adalékok az etnikai földrajzi kutatások és az etnikai térképezés történetéhez a Kárpát-medence területén, *Földrajzi Közlemények* XLIV(2–3): 167–180.

Kocsis, K. (1998) Contribution to the geography of religions in the Carpatho-Pannonian area, in Bassa, L. and Kertész, Á. (eds) *Windows on Hungarian Geography*. Studies in Geography in Hungary 29. Budapest: Geographical Research Institute, HAS, pp. 149–155.

Kocsis, K. and Kocsis-Hodosi, E. (1998) *Ethnic Geography of the Hungarian Minorities in the Carpathian Basis*. Budapest: Geographical Research Institute, Research Centre for Earth Sciences, HAS.

Kovács, Z. (1990) Az 1990. évi parlamenti választások politikai földrajzi tapasztalatai, *Földrajzi Értesítő* XXXIX(1): 55–80.

Kovács, Z. and Douglas, M. (1996) A városépítés időzített bombája—avagy a magyar lakótelepszindróma társadalomföldrajzi megközelítésben, *Földrajzi Értesítő* XLV(1–2): 101–117.

Kovács, Z. and Dövényi, Z. (1998) Urbanisation and urban development in Hungary, in Bassa, L. and Kertész, Á. (eds) *Windows on Hungarian Geography*. Studies in Geography in Hungary 29. Budapest: Geographical Research Institute, HAS, pp. 157–173.

Kugler, J. (2000) *Lakosságcsere a Délkelet-Alföldön 1944–1948*. Budapest: Osiris—MTA Kisebbségkutató Műhely.

Lettrich, E. (1972) Helyzetkép a szociálgeográfia mai állásáról, *Földrajzi Értesítő* XXI(2–3): 359–366.

Marston, S.A. and Smith, N. (2001) States, scales and households: limits to scale thinking? A response to Brenner, *Progress in Human Geography* 25(4): 615–619.

Mészáros, R. (1988) A falusi települések térbelisége a lakosság térpályái alapján, *Tér és Társadalom* II (1): 43–57.

Mihalkó, G. (1997) Erzsébetváros szociálgeográfiai vizsgálata II, *Földrajzi Értesítő* XLVI (3–4): 315–331.

Nagy, E. (2001) Winners and losers in the transformation of city center retailing in East Central Europe, *European Urban and Regional Studies* 8(4): 340–348.

Nemes-Nagy, J. (2001) Regional processes at the end of the millennium: an overwhelming transformation with individual courses of development, in Keune, M. and Nemes-Nagy, J. (eds) *Local Development, Institutions and Conflicts in Post-socialist Hungary*. Budapest: ILO–CET, pp. 24–40.

Perczel, Gy. and Tóth, J. (eds) (1994) *Magyarország társadalmi-gazdasági földrajza*. Budapest: ELTE.

Smith, D.M. (2000) Welfare geography, in Jonston, R.J., Gregory, D., Pratt, G. and Watts, M. (eds) *The Dictionary of Human Geography*. Oxford: Blackwell, pp. 897–898.

Szenyéri, Z. (1998) A Tolna megyei németek sorsa a betelepítésektől napjainkig, *Földrajzi Értesítő* XLVII (2): 261–277.

Szirmai, V., Gergely, A., Molnár, B. and Szépvölgyi, Á. (2002) *Verseny és-vagy együttműködés. Város és környéke kapcsolatai*. Budapest–Székesfehérvár: MTA RKK NYUTI Közép-dunántúli Kutatócsoport.

Szörényiné Kukorelli, I. (1999) A női egyéni vállalkozások néhány jellemzője a határ mentén, in Nárai, M. and Rechnitzer, J. (eds) *Elválaszt és összeköt—a határ: Társadalmi-gazdasági változások az osztrák–magyar határ menti térségben*. Pécs–Győr: MTA RKK, pp. 235–267.

Tatai, Z. (1995) Gondolatok a vallásföldrajz kutatásához, in Nemes-Nagy, J. (ed.) *Földrajz, regionális tudomány*. Regionális Tudományi Tanulmányok 2. Budapest: ELTE Regionális Földrajzi Tanszék, <http://geogr.elte.hu/REF/RTT-2hu/RTT-2hu.htm>.

Timár, J. (1993) A nők tanulmányozása a földrajzban, avagy: van-e létjogosultsága a feminista geográfiának Magyarországon?, *Tér és Társadalom* VII(1–2): 1–18.

Timár, J. (2004) Gendered urban policy-making; the role of geographical scale in women's participation in Hungarian local governments, in Cortesi, G., Cristaldi, F. and Droogleever, F. (eds) *Gendered Cities. Identities, Activities, Networks. A Life-course Approach*. Rome: Societa Geografica Italiana, pp. 227–243.

Timár, J. and Jelenszkyné Fábián, I. (2004) Female representation in the higher education of geography in Hungary, *Journal of Geography in Higher Education* 28(1): 101–110.

Timár, J. and Váradi, M. (2001) The uneven development of suburbanization during transition in Hungary, *European Urban and Regional Studies* 8(4): 349–360.

Timár, J. and Velkey, G. (eds) (2003) *Várossiker alföldi nézőpontból*. Békéscsaba–Budapest: MTA RKK ATI—MTA Társadalomkutató Központ.

Tóth, J. (1981) Békéscsaba demográfiai viszonyai, in Tóth, J. and Rakonczai, J. (eds) *A közép-békési centrumok koordinált fejlesztését megalapozó kutatások (1978–1980) részletes eredményei II*. Békéscsaba: Békés megyei Tanács VB, pp. 203–233.

Tóth, J. (1982) A magyar gazdaság térszerkezeti egységeiről, in Beluszky, P. and Sikos, T. (eds) *Területi Kutatások 5*. Budapest: MTA Földrajztudományi Kutató Intézet, pp. 42–51.

Tóth, J. (1990) Előszó, in Frisnyák, S. (ed.) *Általános gazdaságföldrajz*. Budapest: Tankönyvkiadó, pp. 5–8.

Tóth, J. and Trócsányi, A. (1997) *A magyarság kulturális földrajza*. Pécs: Pannónia Tankönyvek.

Tóth, J. and Vuics, T. (eds) (1998) *Általános társadalomföldrajz*. Budapest–Pécs: Dialóg Campus.

Wallner, E. (1971) Községszintű településföldrajzi vizsgálatok módszertani, szociálgeográfiai és alkalmazott földrajzi problémái, *Földrajzi Közlemények* XIX 19: 355–367.

The development of social and cultural geographies in Taiwan: knowledge production and social relevance

Wu Hsin-Ling[1], Jou Sue-Ching[1] & Lily Kong[2]

[1]Department of Geography, National Taiwan University, No. 1, Sec. 4, Roosevelt Road, Taipei, Taiwan 106, d91228002@ntu.edu.tw, jouchen@ntu.edu.tw; [2]Department of Geography, National University of Singapore, 1 Arts Link, Singapore 117570, lilykong@nus.edu.sg

Introduction

Social and cultural geographies have long occupied a marginal position in Taiwan's scholarship in the humanities and social sciences. Despite the influence of the so-called 'cultural turn' that has characterized much of Anglo-American scholarship since the 1990s (Barnett 1998), Taiwan's scholarship in the social sciences in general and human geography more specifically has remained relatively untouched by these intellectual currents till very recent years. This paper seeks to examine the social, intellectual and institutional contexts that explain this marginalization, and consider the possibilities for social and cultural geographies' emergence from marginality in Taiwan in the future. This possibility is considered in light of the burgeoning social and cultural geographies in Anglo-American scholarship and the emerging influence of cultural studies in Taiwan.

The following analysis draws on an examination of Chinese-language publications as well as graduate student theses in Taiwan that may be expansively construed as falling within the fold of social and cultural geographies. The publications are drawn from five major geography journals published in Taiwan[1] while the theses include those of Masters and doctoral students from five major university departments.[2] In short, we confine our analysis to literatures emerging from the main geographical institutions where geographical knowledge is produced. In total, we found only sixty journal articles and ninety-nine theses in the past thirty years that have been produced in Taiwan that can be considered social and cultural geography. Additionally, we also examined English-language publications produced outside Taiwan which contained social and cultural content about Taiwan and Taiwanese people. These included those written by non-geographers in non-geography journals, but which could be considered as having geographical content. Finally, we interviewed two senior scholars to obtain a better understanding of the history and developmental contexts of Taiwan's human geography.[3]

The development of Taiwan's social and cultural geographies may be divided into three main periods from the 1980s onwards, based on three criteria: the volume of work, the type of issues explored and the depth of theoretical engagement (see Table 1). In what follows, we will elaborate on each period, keeping in view two questions throughout: first, the way in which social and cultural geographical works address issues relevant to Taiwan society of the day, and second, how closely they have been situated, or not, within larger intellectual currents in Taiwan and within the development of modern geographical thought internationally.

The late development of social and cultural geographies in Taiwan

Conditions surrounding early absence

It is fair to say that social and cultural geographies have been and remain underdeveloped in Taiwan. This must be understood in terms of the development of geography as a whole on the island *vis-à-vis* mainland China. Early geographical studies in Taiwan remained in the shadows of mainland Chinese traditions as the major geography departments in Taiwan were founded by faculty from mainland China when the National Government retreated. The first department was founded in 1946 in National Taiwan Normal University (NTNU), a university whose mission is to train high-school teachers, under the name of Department of History and Geography. This was owing to the fact that geography had

Table 1 Key moments in the development of social and cultural geographies in Taiwan

Stage and key events	Subfield	Issue
Nascent stage (1980s) • Marshal law was lifted in 1987 • The Graduate Institute of Building and Planning in National Taiwan University was established in 1988	Social geography	• Rural–urban migration • Adaptation of aboriginal migrants to urban settings • Changes in rural villages (including population structure and rural lifestyles/livelihood)
Conservative expansion stage (1990s) • The Cultural Studies Association was established in 1998	Cultural geography	• Lifestyles/livelihood in rural villages • Traditional religious activities and landscapes • Human ecology • Regional analysis/chorology/chorography • Phenomenology and textual analysis
	Social geography	• Aboriginal social structure and their economic adaptation
Takeoff stage (2000s)	New cultural geography and social geography	• Urban consumption culture • Gender relations and sexuality • Cultural economy • Identity politics • Symbolic landscapes • Migration (including transnational migrants like foreign labour and foreign brides, and aboriginal migrants)

never been a single discipline and was always studied together with history and literature in Chinese tradition (Shi 1983). It was not until 1962 that the Department of Geography in NTNU was separated from History and became an independent department.

The second department was founded in National Taiwan University (NTU) in 1955. Although the department carried the name of Geography, it was actually composed of two divisions—geography and meteorology, and belonged to the College of Science from the very beginning. This was true too of the third geography department, which was set up in 1963 in Chinese Culture University, a private university. To set up geography departments in Colleges of Science also had roots in Chinese history, particularly from the 1920s when modern geographical thought was introduced into China from the West. At that time, the influence mainly took the form of physical geographical knowledge, such as geology and meteorology, the subjects of 'science'. It resonated with the currents in Chinese intellectual movements at that time, in which the Chinese embraced the pure sciences and the philosophical paradigms of empiricism and positivism. The outcome was a strong 'scientific', physical geography tradition in Taiwan (Shi 1984).

Apart from the influence of the Chinese, Taiwan's geographical development must also acknowledge Japanese influence. Japanese colonization of Taiwan (1895–1945) impacted much of Taiwanese life, and it is unsurprising that geography as an academic discipline in Taiwan also bears the imprint of Japanese influence, mainly in the form of geomorphological research and the study of settlements. The latter has relevance for our discussion about social and cultural geographies in contemporary Taiwan, for it established a tradition that emphasized fieldwork and the systematic collection of detailed data. While the precise focus on settlement patterns during Japanese colonization may have evolved, it will become apparent later that the systematic focus on detailed fieldwork and data collection, the outcome of Japanese influence, remains.

The Japanese colonial connection also had the effect of encouraging Taiwan scholars to pursue their graduate degrees in Japan. These scholars played a significant role in reinforcing Japanese research agendas and approaches in Taiwan, as well as in introducing some major English literatures that had been translated into Japanese back to Taiwan. All of these helped to shape Taiwan's early phase of social and cultural geographies, though perhaps more so in educational than in research programmes. This is because Japanese influence occurred mainly in the Geography Department of NTNU, where the remit is mainly to train high-school teachers, rather than knowledge production.

Given this intellectual and institutional history, it is not surprising that the early development of geography in Taiwan emphasized physical geography from its institutional base in science, and education rather than research in human geography from its institutional base in a teacher training university. It is only in the last twenty-five to thirty years that human geography has grown both in remit and areas of interest, so that more research in different areas has emerged. Some of this may be loosely categorized as social and cultural geographies.

The nascent stage: emerging social geographies

While the period before 1980 was characterized by a focus on population, industrial and retail geography, often dominated by the quantitative tradition, the 1980s saw the influence of new faculty who had graduated from the USA and Japan who turned their attention to social geographical issues of specific and immediate relevance to local society, namely rural–urban migration (Chiang and Yang 1983), rural change (Chang 1985; Wu 1988; Zhou 1989) and urban and environmental adaptation, particularly of aboriginal migrants (Chang 1989; Lian 1989; Lin 1986; Tsai 1987; Wu 1988). Perhaps they were influenced by the 1970s debates in the Anglo-American world on relevance, or more likely, they were simply responding to the conditions that they saw around them in Taiwan society.

Apart from engaging in socially relevant research, two other features characterized social geographical work of the 1980s in Taiwan. One was the influence of English-language geography and its theoretical approaches of the 1960s and 1970s, namely behavioural geography and human ecology. Although Anglo-American geography had by then moved on and embraced humanistic geography, in Taiwan, this had yet to emerge as influential. Instead, researchers continued to use the theoretical language of behavioural geography and human ecology from an earlier period in their work. However, there was a disjuncture between adoption of these theoretical postures and the continued and profound influence of the Japanese geographical tradition of detailed ethnographic field investigations. Much of the scholarship at this time was therefore characterized by 'accurate, orderly, and rational description[s] of the variables characteristic of the earth's surface' (Hartshorne 1959: 21), which did not always dovetail with the concepts and ideas within behavioural geography and human ecology.

The stage of conservative expansion: emerging cultural geographies

The 1990s marked the emergence of cultural geographical works in Taiwan, influenced particularly by the humanistic geographies propounded a decade ago in the Anglo-American world. Meanwhile, the social geography of the 1980s continued, with the study of aboriginals, their social structure and their adaptation constituting a sustained research foci (Chang 1991; S. P. Chen 1998; Tsai 1998; Wang 1990).

Within cultural geography, a number of graduate theses gave attention to the lifestyles in rural villages, and the practice of traditional religious activities and the characteristics of religious landscapes (Cheng 1998; Chyr 1996; Huang 1997; Lu 1998; Pan 1993). These 'traditional' cultural geographical works (see Kong 1997) were coupled by the persistent influence of human ecology in the study of rural lifestyles where the interactions between human beings, environment and organizations were the subject of analyses in many rural studies (H. M. Chen 1998; Chung 1991; Lin 1995). The regional geography of earlier decades also exerted its influence on Taiwanese geography at this juncture. In fact, the goal of the first graduate programme in geography (in the Department of Geography at National Taiwan Normal University) was exactly to emphasize the regional study of small areas in Taiwan. It also aimed to build the chorology/chorography for every township/city in Taiwan through intensive field investigations and interviews. This turn of attention to the urban was in itself new, for hitherto, interest in the study of rural areas was much higher than interest in the study of the city. This stemmed from the fact that many of the students majoring in geography came mostly from central and southern rural

Taiwan and had an interest in understanding the conditions of their origins.

It was perhaps only in the reference to phenomenology and textual analysis that Taiwanese cultural geography engaged with more contemporary approaches in Anglo-American cultural geography. Examples of works in this regard include those who tried to link the form and connotation of the traditional Taiwanese courtyard houses with the body image (Chen 1992, 1993, 1994) and those who tried to interpret the ancient Chinese sense of space through textual analysis (Pan 1990, 1992).

By and large, few scholars adopted the more contemporary Anglo-American theories and methodologies of social and cultural geographies during this period. For the most part, the focus remained on regional studies with intensive field work investigations and detailed documentation of ethnographic data. Not only was close intellectual engagement and dialogue lacking with Anglo-American geography, there was also a lack of engagement with Taiwan society, which at this time was undergoing highly volatile transformation after marshal law was lifted in 1987. This was unlike other disciplines such as architecture, urban planning, cultural studies and sociology which had scholars and graduate students aggressively involved in critiquing developments in Taiwan and indeed, engaged in the activities of civil society, and taking on the role of public intellectuals, frequently offering cultural critiques in the popular media. Many of these scholars had received a Western education and returned to Taiwan in the 1990s armed with the newest theories in their fields, familiar too with the developments within a cognate human geography. The Graduate Institute of Building and Planning in National Taiwan University has been quite visible in this respect. Their research agendas reflected not only their civic concern and public participation but also resonated with the kinds of work that cultural geography elsewhere had come to embrace. These include issues such as the power of urban landscapes, urban governance, place identities, gender identities, and cultures and landscapes of consumerism. For instance, Deng (1991) examined hegemonic relations that shaped Taipei's cityscapes and spatial structure since the 1980s (Deng 1991), just as Shu (1995) studied the complicated power relations between state and capital in shaping the urban landscape. The theoretical underpinnings of these scholarly works were closely aligned with contemporary Anglo-American ideas, including theoretical directions in social and cultural geographies.

The takeoff stage: multiplicity, diversification and the place of theory in social and cultural geographies

The turn of the twenty-first century sets a new stage for Taiwan's social and cultural geographies. Since 2000, new developments have become apparent. The feverish participation of scholar-critics in the public media has abated, and scholars, for better or worse, have reserved their efforts more for scholarly works and academic pursuits than was previously the case. Another development, begun in the late 1990s under the influence of the 'cultural turn' in the humanities and social sciences, was the rapid and vigorous growth of cultural studies. Active research agendas have been coupled by the rapid establishment of cultural studies centres and programmes. For example, the Center for Asia-Pacific Cultural Studies in National Tsing Hua University, Center of Sexuality Research in National Central University, and Graduate Institute of Linguistics & Cultural Studies in National Chiao Tung University were established during this period. The first graduate school of cultural studies—Graduate Institute for Social Research and Cultural Studies—was also founded in National Chiao Tung University in 2000. At the same time, efforts to reach out and make connections with other Asian scholars are apparent, for example, in the establishment in 2000 of the journal *Inter-Asia Cultural Studies* with a Taiwanese and a Singaporean editor.

Key research themes that have engaged cultural studies scholars in Taiwan in the last few years have influenced social and cultural geographies. They include: gender and alternative identities, media representations of social groups, national identities in the colonial and post-colonial periods, popular culture, consumption culture, localization and local cultures, and space and politics. These are not much different from the research agendas of social and cultural geographers in Taiwan, which include urban consumption culture (Gao 2001; Hsu 2002; Lin 2003; Tsai 2001), gender relations and sexuality (T. Y. Chen 2002; Chien 2002), transnational migration (Chiang and Song 2001; Shao 2000; Shu 2001; Yang, Chiang and Liao 2005), cultural economy (Chen 2001; Liang 2004; Tseng 2002), identity politics (Y. F. Chen 2002; Ho 2001), symbolic landscapes (Liaw 2000; Lin 2003) and social justice (Jou 2000; Jou and Liu 2001). Often, studies have focused on phenomena that have recently emerged in contemporary Taiwanese society, such as the emergence of foreign brides and urban disadvantaged communities. Of particular note is the shift of focus from the rural to the urban, in tandem with the growing complexities of urban life.

Apart from the greater attention and sensitivity to the dynamics of Taiwan society, recent social and cultural geographical works have also begun to adopt the linguistic and theoretical expressions and ideas from contemporary Western literatures. A quick search of the keywords used in graduate theses and journal papers verifies this claim. For example, 'locality', 'social justice', 'postmodernism', 'feminist geography', 'identity politics', 'cultural economy', 'spaces of resistance', and so forth are the most frequently cited keywords, which were rarely used before 2000. The hegemony of Western ideas is further reflected in the emergence of review articles in Chinese by young scholars with local doctoral degrees which summarize key theoretical developments in Anglo-American research for Taiwanese audiences, such as Yang (2001) on 'geography and social justice', Liang and Chang (2004) on 'cultural economy and cultural representation of place in geography', Chang (2005) on 'feminist geography and its sluggish development in Taiwan' and Song (2006) on 'migration studies in human geography'. These have helped to introduce the development of theoretical perspectives to those who remain highly devoted to field investigations, in part with the hope that theoretical innovations may come from local empirical studies.

This hegemony of Anglo-American concepts and lexicon is perhaps unsurprisingly marked in the English-language literature on Taiwan which may be deemed to be of a social/cultural geographical nature. Based on a broad search of English-language geography journals as well as those in cognate disciplines (anthropology, cultural studies and sociology) over the last three decades, three observations may be made. First, as with the Chinese-language scene, it is also in the last six to seven years that there has been a growth of literature of a social/cultural geographical bent in English. Second, much of this work is by non-geographers, principally sociologists and cultural studies scholars, but also anthropologists, historians, media and urban planning scholars. Third, the themes and approaches of principal concern resonate soundly with Anglo-American intellectual currents, but also reflect developments of particular significance in Taiwanese society.

The English-language literature may be grouped into three: a literature on mobility, one on identity and one on popular culture, including but not limited to its nexus with economy. The literature on mobility is dominated by contributions from other disciplines, including sociologists addressing issues confronting migrant domestic workers (Lan 2003a, 2003b, 2003c; Loveband 2004) and the mobility of the entrepreneurial class (Tseng 2000) in explicitly geographical terms, marketing scholars on cross-border marriages (Wang and Chang 2002), and tourism scholars focusing on tourism and its implications (Hsieh and Chang 2006). It was a relief therefore to find that geographers had not altogether abdicated their role in this patently geographical research area, even though their presence is slight (Chiang and Liao 2005).

A very similar pattern is evident in the English-language literature on identities. Reflecting the colonial history and post-colonial condition of Taiwan, research has focused on colonial identity (Hsia 2002), postcolonial identity (Chun 1994; Yee 2001), national identity (Chung 2000; Wang 2000), gender and queer identity (Brown 2003; Chao 2002; Erni 2005; Martin 2000), religious identity (Katz 2003) and community identity (Chiang 2002). The majority of scholars named here are non-geographers, as with the preceding summary of mobility research. Finally, a smaller emerging area of work on popular culture and cultural economy is apparent, all produced outside geography (Adrian 2006; Chang 2004; Mee 2005). In all of these, the theoretical frameworks and conceptual lexicon developed in Anglo-American literatures have tended to dominate.

It would, however, be remiss if this section ended with the implication that social and cultural geography in Taiwan has abandoned its tradition of detailed ethnographic field work in favour of more theoretical approaches. That has perhaps fortunately not happened. The greater tendency towards importation of Anglo-American concepts and theories has not overtaken the long-held scholarly tradition of detailed documentation of field investigations, which still account for the major part of research work in Taiwan. Whereas Western scholars calling for a rematerializing of the research subjects, and an 'ethnographic' and 'empirical' turn reflect a frustration with over-theorizing (Jackson 2000; Lorimer 2005; Philo 2000), scholars in Taiwan have stayed fast on the course of solid empirical research, and have remained grounded in the realities of everyday life.

Challenges for social and cultural geographies in Taiwan

Despite some growth after three decades of development, the volume of research and the status of social and cultural geographies in Taiwan still fall behind other branches of geography as well as other social sciences such as sociology and cultural studies. The contributions of Taiwanese social and cultural geographies to international academic discourse are also marginal. To move to the mainstream of Taiwanese societal debate and international academic debate, several challenges must be overcome.

Develop a critical mass of researchers

Faculty members with expertise in social and cultural geographies at the main universities have a significant role to play in the development of these fields in Taiwan. However, the numbers are small. There are only twenty-two teaching faculty who call themselves social and cultural geographers. For some whose work may be considered social and/or cultural, or whose perspectives show a rapprochement with social/cultural approaches (e.g. Hsu's 2004 acknowledgement of embeddedness, social networks and professional connections in his study of the high-tech industrial system in Taiwan), their professed specializations are in other geographical subfields, such as political geography, urban geography, economic geography or philosophy of geography. The small numbers impose particularly heavy teaching loads, with the result that Masters and doctoral theses have come to form the bulk of social and cultural geographical work in Taiwan. Between 2000 and 2005, fifty-four theses were produced, the vast majority at the Masters level and only six at doctoral level. Articles in the five major geography journals published in Taiwan by 'social and cultural geographers' are only seventeen in total during these five years. Thus, the earlier characterization of a 'takeoff stage' in Taiwan's social and cultural geographies must be understood as a burgeoning of student interest in the area more so than any dedicated (social and cultural geography) growth in faculty positions, faculty research output or impact. All this accounts for why these two fields have not been able to accumulate substantial research work, nor to attract the attention of scholars in cognate disciplines such as cultural studies in Taiwan, let alone build international visibility.

Develop indigenous theoretical foundation

Three conditions have dominated the development of geographical scholarship in Taiwan. The first is the heavy emphasis on teaching in many universities which has prevented the development of a more robust research culture. The second is the emphasis on problem-solving and policy work. The third is that researchers have tended to apply familiar Western theories to their particular research problems, often inappropriately or inadequately. Even while Shi (1984) foresaw this problem in his earlier discussion of the development of geography in Taiwan, the problem still persists more than two decades later. Most doctoral theses have the potential to become better in terms of explicating their epistemological foundations and reflecting on their methodological choices in line with their epistemology. They could also benefit from more adequate situation of their research within contemporary geographical debates. Similarly, while the quality of Masters theses have improved through the years, most are still confined to the description of data collected from fieldwork without critical interpretation and explanation. This has greatly reduced their contribution to the development of a strong academic tradition in social and cultural geographies. To make the next leap, social and cultural geographies in Taiwan will need to seriously attempt to develop more indigenous theoretical foundations that speak to the conditions of that society.

Enhance interaction with other cognate disciplines

Despite the vibrant growth of cognate disciplines, particularly cultural studies, in Taiwan in recent years, social and cultural geographers have failed to capitalize on the potential for dialogue and collaboration. According to the Taiwan Cultural Studies Association, none of the 170 active members is from Geography (Table 2). The limited participation of social and cultural geographers in interdisciplinary communities despite the growing pre-eminence of

Table 2 Taiwan Cultural Studies Association—disciplinary profile of members

Discipline/specialty group	Number
Linguistics	39
Mass media and art	27
Sociology	26
Architecture	6
Ethnology	6
History	5
Geography	0
Other	61
Total	170

the 'spatial turn' is disappointing, and a missed opportunity for geographical interventions where warranted. The conditions are ripe for a favourable reception of geographical perspectives, given that some non-geographers have already adopted the frameworks of analysis that geographers in the Anglo-American world have propounded (Huang 2004). The lack of interaction and dialogue between geographers and cultural studies scholars will only serve to marginalize the geographical discipline in Taiwan, and hamper its further development.

Looking ahead

Social and cultural geographies share many interfaces with cultural studies in Taiwan. Yet, they have sufficiently distinct qualities that greater interaction and mutual influence can strengthen both fields. On the one hand, social and cultural geographies in Taiwan have established a strong research tradition in emphasizing regional studies with solid ethnographic methods and field investigations. What is lacking is the rigour of theoretical formulation. On the other hand, cultural studies in Taiwan is all too often characterized by complete importation of Western theories, chasing the academic fashions of the West.[4] In comparing the issues studied and approaches adopted by cultural studies scholars in Taiwan with those in the Anglo-American world, Liu and Liu (2000) found significant symmetry. For social and cultural geographies in Taiwan to gain importance and impact within Taiwanese society and to recover from its marginal status within international communities of social and cultural geographers, we suggest that dialogues, interactions and collaboration with other cognate disciplines in Taiwan (and particularly cultural studies) may prove valuable. By doing so, the sensitivity to international discourses may be enhanced. However, it is imperative that the solid fieldwork tradition is not eroded by abstract theorizing. Theoretical formulations are important only insofar as they help to comprehend and indeed, improve, empirical reality. To that extent, the importance of remaining socially relevant must not be forgotten even as the aspiration to greater theoretical sophistication is pursued.

Notes

1 The five major geography journals are: *Journal of Geographical Science*, *Journal of Geographical Research*, *Reports of Geographical Studies*, *Environment and Worlds* and *Bulletin of the Geographical Society of China*.

2 The five major geography departments are: National Taiwan University, National Taiwan Normal University, National Kaohsiung Normal University, National Changhua University of Education and Chinese Culture University.

3 We would like to thank Hsien-Ming Chen and Chao-Yang Pan for sharing their insights. All responsibility for the views expressed in this paper remain with the authors.

4 There are of course exceptions to this claim, but it is fair to say that it remains true from an aggregate perspective.

台灣社會與文化地理學的發展進程

知識生產與社會相關性

吳幸玲，國立台灣大學地理環境資源研究所博士候選人

周素卿，國立台灣大學地理環境資源學系教授

江莉莉，新加坡國立大學地理系教授

前言

台灣的社會與文化地理學在人文社會科學領域當中向來居於學術邊陲地位。儘管從 1990 年代開始「文化轉向」 (cultural turn) 成爲英美世界人文社會科學發展的一大特徵 (Barnett 1998)，但台灣的人文地理學界卻一直到近幾年才與這股思潮有些許的接觸。本文試圖檢視台灣社會與文化地理學的社會、智識與制度性脈絡，思考這兩個次領域在未來走出邊緣地位的可能性。

本文的分析資料包括在台灣業已出版，並可被廣泛視爲社會與文化地理學的中文文獻與碩博士論文，其中出版文獻部分涵蓋五本主要的地理學期刊[1]，碩博士論文則來自於台灣五所主要的地理學系所[2]。換言之，我們將分析文獻的範疇限定於地理知識生產的主要機構當中。依上述方式進行檢視的結果，在近 30 年的進程中，共計有 60 篇期刊文獻以及 99 篇碩博士論文，可以被視爲社會與文化地理學領域的生產。在此同時，我們也檢視在台灣以外的英文出版文獻，舉凡討論內容涉及台灣社會與文化者，都是我們整理分析的對象。因此，這個部分包含了許多非地理學者在非地理學期刊中的發表。最後，我們還訪談了兩位資深的台灣社會與文化地理學者[3]，協助我們對於台灣人文地理的發展脈絡有更深層的理解。

在針對這些文獻進行了初步整理之後，可以從文獻的數量、議題與理論深度將台灣社會與文化地理的發展切割成三個不同時期 (見表一) 。以下，本文將逐一分析各階段的歷史特徵，一方面探討研究議題與當代社會及文化的相互呼應程度，同時檢視台灣社會與文化地理學的發展和台灣智識潮流，以及當代地理思潮發展的一致或相異性。

台灣社會與文化地理學的發展

晚熟的處境

台灣地理學發展之初，受到中國大陸地理學的影響頗大。在傳統的中國地理學形成過程中，與西方理論的互動幾近於零，除了教科書內容透過日本著作間接應用了一些西方概念之外，長期以來的發展一直圍繞著中國傳統地理中「文、史、地」不分家的概念 (施添福 1983)。所謂的「地理學」，其實並沒有真正的獨立存在地位，而是附身於史學與文學當中。雖然 1910 年左右，學者們開始到歐美世界留學取經，並在 1920 年以後，陸續帶回西方的現代地理學思想，但在五四運動之後留洋追尋「賽先生(Mr. Science)」的知識青年，以受地質、氣象等自然科學訓練者爲主，在大時代的呼應之下，目的是將地理學建立成爲自然科學與經驗分析的學科。這種崇尚科學，強調實證主義與經驗分析的傳統，對於後來台灣地理學的發展具有極爲廣泛而深刻的影響力 (施添福 1984) 。

西元 1895 年，台灣於甲午戰爭後因馬關條約的簽訂而成爲日本的殖民地。往後台灣人文地理學的發展在日本殖民 (1895–1945) 的五十年期間，由於社會與文化地理學的探討並不符合當時的

表一 台灣社會與文化地理的關鍵分期

歷史分期與重要事件	次領域	議題
發展初期(1980s) • 1987 年解嚴 • 1988 年台大城鄉所成立	社會地理	• 城鄉遷移 • 原住民移民在都市環境的適應 • 鄉村變遷 (包括人口結構與鄉村生活方式)
保守擴張期(1990s) • 1998 年文化研究學會成立	文化地理	• 鄉村生活方式 • 傳統宗教活動與地景 • 人文生態 • 區域分析 分佈 地方誌 • 現象學與文本分析
	社會地理	• 原住民社會結構及其經濟適應
起飛期 (2000s)	新文化地理與社會地理	• 都市消費文化 • 性別關係與性慾特質 • 文化經濟 • 認同政治 • 象徵地景 • 遷移 (包括跨國遷移，如外籍勞工與外籍新娘；以及原住民移民)

政治與社會需求，因此除了地形與聚落歷史的調查及記載之外，相關研究極爲缺乏。不過，這並不代表後來的社會與文化地理學發展與此階段的歷史完全無關，相反地，當時的聚落研究方式對於日後這兩個次領域的發展有著極爲深刻的影響力。首先，由於日本地理學與人類學結合的傳統，台灣社會與文化地理學特別重視地理田野實察；再者，這也奠定了戰後二、三十年許多地理學者選擇日本作爲留學取經地點的基礎。而許多對於社會與文化地理學而言相當重要的研究觀點，都是透過留日學者從日文的文獻學習而來。這樣的影響對於人文地理發展較早的台灣師範大學格外明顯。

光復之後，台灣學術院校開始有了地理系的設置。由於受中國地理學的影響，地理系的成立之初並非以獨立學門的形式出現。1946 年台灣師範學院首先成立「史地系」，直至 1962 年，地理系才在文學院中獨立成系。1955 年時，台灣大學地理系設立，雖名爲地理系，但實由地理與氣象兩組所合成。而文化大學於 1963 所設立的地理系也是同樣的組合，而這樣的特殊形式在世界各國中是極爲少見的 (施添福 1984)。在這樣的背景下，台大與文化地理系均設置於理學院當中，影響所及，台灣師範大學得以成爲早期人文地理發展的重鎮。然而，師大地理在成立之初，師資陣容同樣是以氣象、地圖專長的教師爲主，加上師範大學本身具有特定的師資培育任務，而非以學術研究爲第一優先，如此特殊的發展背景，著實不利於社會及文化地理學的學術萌芽。

在這種特殊的制度與智識歷史發展下，致使台灣地理學早期的發展重心都在自然地理學上，對於教育功能的強調也勝於學術研究。直到最近的二十五到三十年間，廣義的社會與文化地理學才開始逐漸發跡。

發展初期：社會地理的萌芽

在 1980 年代之前的台灣人文地理學界中量化研究盛行，其中人口地理、工業地理與零售地理爲研究主流，加上極爲有限的人文師資，社會與文化地理並無發展。在一個強調學科應用性質的時勢下，這樣的發展其實並不令人感到意外。直至 80 年代開始，部分從日本與美國學成歸國的學者，開始將當時台灣特殊的社會處境作爲研究對象；在研究議題上，特別以遷移及鄉村聚落變遷 (如姜蘭虹、楊麗秀 1983) 爲主軸。而在各種遷移人口中，尤其是原住民的遷移過程以及面對環境變遷的生活調適議題，成爲此一時期社會地理的主要研究重點 (如林綱偉 1986，蔡炯民 1987，吳豪哲 1988，連玉龍 1989，張文傑 1989）；而另一方面，鄉村聚落的人口組成與生活方式因爲台灣 1960 年代後的都市化與工業化趨勢而產生極大變革，因此鄉村生活也開始受到地理學的關注（如張長義 1985，吳豪哲 1988，周國屏 1989）。這樣的轉向可能與當時英美世界對於社會相關性（social relevance）的呼聲有關，當然，也可能單純是對於台灣社會變遷的回應。

逐漸發跡的台灣社會地理在這此階段呈現出兩個重要特徵。一個是在理論層次上，深受 1960 與 1970 年代英美地理學的影響，大量援引行爲地理與人類生態學的研究觀點。然而事實上，同一階段的英美地理學正朝向人文主義地理學的研究取徑發展，台灣人文地理學界卻還少有著墨。另一方面，這樣的理論援用同時持續受到日本田野實察與資料蒐集的傳統影響，許多的學術作品主旨都在於「正確、有秩序且理性地描述地表特徵」（Hartshorne 1959: 21），而非深入的探究行爲地理學與人文生態學中的概念。

保守擴張期：文化地理的浮現

這個時期是台灣文化研究的開端期。不同於西方經驗，台灣的文化研究開端有其獨特的歷史背景。在台灣，由於戰後長期的戒嚴進行思想控管與壓制，加上與中國共產黨間決裂的關係，學院中左派思想紮根不深。直到 1987 年的解嚴前後，民間展現前所未有的批判性活力，這活力不僅激發出許多的政治及社會運動衝撞，也以文化批判／評論的形式具體呈現於大眾媒體上，例如文化批評與政治評論取代了原來文學創作的報紙版面，以及許多推陳出新的雜誌刊物紛紛上市。

面對一個發生如此巨變的社會氛圍，台灣的社會與文化地理學又如何回應呢？從相關論文與期刊文獻的整理中可以明顯看出，無論在發表篇數或是議題的數量上都出現大幅提升。在社會地理方面，原住民研究依舊是核心所在，研究焦點逐漸轉向原住民原鄉的社會結構特徵與生計適應（如汪明輝 1990，張玓 1991，陳淑萍 1998，蔡迪清 1998）。同時，文化地理的研究數量也開始大增，其中特別是鄉村生活方式與傳統宗教景觀的議題（潘朝陽 1993，池永歆 1996，黃素真 1997，鄭雅清 1998，盧聖貞 1998）居於主流。這些「傳統」的文化地理學研究（Kong 1997）對於鄉村生活方式的研究，經常引用「人文生態」的觀點，以人類學思想爲基礎的文化生態學，強調人類如何適應環境，以及在適應過程中，人類、環境、技術與組織等要素之間的相互關係（鍾寶珍 1991，林政宏 1995，陳惠滿 1998）。

此外，從這一階段台灣社會與文化地理學的研究當中，還可以看到幾十年前盛行於英美地理學界的區域地理身影。事實上，早從台灣第一所地理學研究所設立時，其目標就著重在台灣地區之專題或小區域研究，並致力於完成台灣全省各鄉鎮的地方誌。因此，從研究生產中可明顯看出小區域研究的趨勢，而其中對於鄉村文化的興趣又明顯高過於都市。這是由於作爲文化與社會地理發展重鎮的台灣師範大學學生多半來自中南部鄉村地區，對於研究自己家鄉的起源興趣特別濃厚，也因此使得這一類的論文蔚爲主流。

相較於英美世界同一時期的潮流，此一階段的台灣文化地理學界唯一與之較爲並行的是人文主義地理學的發展（雖然西方人文主義地理學從十年前已經蓬勃發展），部分學者引用現象學和文本分析的方式，來鑽研傳統文化與宗教地景。例如有學者以台灣傳統三合院爲研究對象，探索其空間命名現象，並將身體的意象和傳統建築的形式、意涵結合後加以理論化（陳文尙 1992，1993，1994），也有人是透過文本分析的方式，詮釋老子、莊子作品當中的空間觀（潘朝陽 1990，1992）。

大體而言，這一時期的學生論文對於理論概念的發展多數不具累積作用，而經常是直接沿用前人或是指導教授的觀點，不同的只是研究區域上的變更，或者甚至只有經驗研究，而完全沒有哲學作爲研究的基礎。這一點顯示出當時的研究訓練只重視田野經驗研究，而忽略研究哲學與方法論基礎的現實。同時，儘管議題與數量上的漸趨多樣化，以及文化地理研究的數量大增，但面對 1987 年台灣解嚴後政治與社會發生重大轉型，市民社會逐漸浮現之際，相較於文化批判與評論風氣之大興，社會與文化地理學界於此一時期卻無法在研究議題或是方法上出現重大突破與轉向。換言之，儘管社會與文化地理研究的碩博士論文數量明顯增加，但展現的卻是一種保守性擴張，完全無法即時回應或反映出社會與文化氛圍的重大變遷。

就在同一時期，相較於台灣地理學界的保守作風，建築學、都市計畫、文化研究以及社會學界的許多學者與研究生積極參與批判台灣當時的發展現況，或是現身於大眾媒體上進行文化批判，扮演公共知識份子的角色，或是挺身加入建構市民社會之活動。這些很多都是前往西方接受教育，並在 1990 年代學成歸國的學者，他們帶回了其專業領域最新的理論發展與論述，這些當然也是人文地理學界所熟悉的最新學術理論；以學科來論，其中又以台大城鄉所的表現最受矚目。他們的研究領域不只是反映出他們的市民關懷與公共參與，同時也與當時英美文化地理學研究的關懷核心相當一致，包括都市權力地景、都市治理、地方認同、性別認同、消費主義文化與景觀等。如鄧宗德（1991）批判性地檢視 1980 年代後形塑台北市地景與空間結構的霸權關係，以及徐伯瑞（1995）探討形塑都市地景過程中國家與資本間複雜的權力關係。這些研究，無論就議題或理論觀點來看，都緊跟著西方當代思潮—包括社會與文化地理學的理論方向—的脈動前進。

起飛期：理論與議題的多元發展

從 1990 年代中期以後，上文所述的文化評論在報紙上的熱潮消退了。但同時隨著一些語文學界、社會學界以及藝術學界的年輕學者返國任教，在西方「文化轉向」的影響下，學院圈內的文化研究相關課程及研討會如雨後春筍般蓬勃發展，許多建制化的文化研究機構也陸續成立，諸如清大亞太文化研究室、中央性別研究室、文化研究學會等；第一個文化研究專業系所，交通大學的「語言與文化研究所」也於 2000 年正式招生。同時，台灣的文化研究學界相當致力於跨國的區域性連結，尤其是與亞洲的連結，2000 年時還出版了期刊 *Inter-Asia Cultural Studies*，由一位台灣與一位新加坡主編共同合作。由此不難看出自 1980 年代末期的民間文化批判風潮發展至今，已經成就學院中一股方興未艾的文化研究旋風。而文化研究所帶來的議題也使得台灣學術的研究更為多元，許多研究可說是前所未見，包括性別與他者認同 (gender and alternative identities)、社會群體的媒體再現 (media representations of social groups) ，殖民與後殖民時期的國家認同 (national identities in the colonial and post-colonial periods)、大眾文化 (popular culture)、消費文化 (consumption culture)、地域化與地方文化 (localization and local culture)以及空間與政治 (space and politics)等各項全新的議題與全新的切入視角，在台灣的人文與社會研究當中開始佔有重要地位。文化研究的建制化，說明著「文化轉向」的趨勢在台灣學術界正式得到肯定與投入，而這又是否暗示著向來弱勢與邊陲的社會與文化地理學正面對一個非常好的發展契機？

進入二十一世紀之交，台灣社會與文化地理學面對這麼一個全新的舞台，在研究議題與研究方法上也出現了部分的轉變，許多在文化研究中廣受關注的議題也開始嶄露頭角，如都市消費文化 (如高碧英 2001，許麗兒 2002，蔡文芳 2001，林潤華 2003) ，性別關係與性慾特質 (如簡夢嫻 2002，陳庭芸 2002) ，跨國遷移 (如蕭昭娟 2000，姜蘭紅、宋郁玲 2001，徐榮崇 2001，楊智翔、姜蘭虹、廖珮君 2005) ，文化經濟 (如陳秀萍 2001，曾維屏 2002，梁炳琨 2004 等<AQ4>) 、認同政治（陳毅峰 2002，何致中 2001）、象徵地景 (廖依俐 2000，林潤華 2003) 以及社會正義 (周素卿 2000， 周素卿、劉美琴 2001) 。這些研究的對象絕大部分都是台灣近來的新興社會現象，如外籍新娘及都市弱勢群體等等。

此外，這一時期的研究也開始採用當代西方文獻中的語彙及理論概念。這一點可以從研究作品的關鍵字中得到證明，以 2000–2005 年的社會與文化地理期刊論文及碩博士論文來看，開始出現地域性 (locality) 、社會正義 (social justice) 、後現代主義 (postmodernism) 、女性主義 (Feminist Geography) 、消費認同 (consumption identity) 、認同政治 (identity politics) 、文化經濟 (cultural economy) 、抵抗空間 (resistance space) 、全球城市 (global cities) 等具當代理論意涵的關鍵字，這些全都甚少現身於 2000 年之前的研究中。而對於當代英美學術理論的轉向，也可以從期刊中關於社會與文化地理理論的回顧文章出現得到證明，如楊秉煌 (2001) 的《地理學與社會正義》，梁炳琨、張長義 (2004) 的《地理學的文化經濟與地方再現》等，張華蓀 (2005)的《蝸行 20 年：女性主義地理學在臺灣的發展》，以及宋郁玲 (2006)《人文地理學人口遷移研究的跨界與轉向：台灣與英美研究的比較》等，都有助於將理論性觀點引入仍然高度偏重田野經驗的台灣社會與文化地理學界，也為透過地方性經驗研究達成理論創新的願景帶來希望。

當我們進一步將分析範疇向外拓廣到關於台灣的英文出版文獻中時，可以更清楚看到英美概念與語彙的霸權地位。當然，這並不令人驚訝，因為這原本就是社會與文化地理的重要本質。在搜尋了過去三十年來地理學與相關學科 (人類學、文化研究與社會學) 的英文期刊後，可以得到三點觀察，首先，如同在中文文獻中所發現的，過去六到七年間社會與文化地理的文獻出現大幅成長；其次，這些作品絕大部分都非出自於地理學者之手，而是由人類學、歷史學、媒體與都市規劃等學科的學者所發表。第三，主要的研究主題與取徑和當前英美智識潮流相仿，但同時也反映出台灣社會獨特意義的發展。

英文文獻大致可以區分為三類，分別是移動 (mobility)、認同 (identity)與大眾文化 (popular culture) (包含其與經濟的關係)。關於移動的文獻主要都是其他學科的著作，包括社會學者對於家務移工 (如 Lan 2003a, 2003b, 2003c, Loveband 2004) 與企業家階級的移動 (如 Tseng 2000) 的關注，行銷學者對於跨國婚姻 (如 Wang and Chang 2002)的分析，觀光學者對於觀光及其含意 (如 Hsieh and Chang 2006) 的探索。所幸並非所有的社會與文化地理學者都全盤放棄他們在國際期刊中可以扮演的角色 (Chiang and Liao 2005)，但數量上確實是屈指可數。

在關於認同議題的英文文獻中也出現類似的模式。由於台灣特殊的殖民與後殖民處境，研究通常聚焦在殖民認同 (Hsia 2002)、後殖民認同 (Chun 1994, Yee 2001)、國家認同 (Chung 2000, Wang 2000)、性別與同志認同 (Martin 2000, Chao 2002, Brown 2003, Erni 2000)、宗教 (Katz 2003)及社群 區認同 (Chiang 2002)。如同前面所提的移動研究一般，以上所列的學者絕大多數也都不是地理學者。最後，在大眾文化與文化經濟的研究 (Chang 2004, Mee 2005, Adrian 2006)中亦有相同的發現。在上面所述的各類文獻當中，英美世界的理論架構與概念語彙都具支配性地位。

不過，這一段的討論並非意味著台灣社會與文化地理已經棄守傳統的研究方法，事實上，有別於文化研究向西方理論的全盤吸收與靠攏，台灣社會與文化地理學依舊保有勤跑田野的人類學傳統。換言之，理論觀點上的借用並未使之完全取代傳統的田野調查與資料蒐集方式。同一時期，英美世界則因為文化轉向後抽象空間凌駕於實體空間之上，一味強調意義、認同與再現，而終於引發反彈聲浪。許多學者們紛紛呼籲「再物質化」(rematerialize) ，主張將研究對象重新安置於物質文化上，並在研究方法上出現了「民族誌轉向」(ethnographic turn) 以及「經驗轉向」(empirical turn)的趨勢 (Jackson 2000, Philo 2000, Lorimer 2005) 。從這一點來說，我們很慶幸台灣社會與文化地理學的發展始終堅守紮實的經驗研究傳統，並紮根於日常生活當中。

當前台灣社會與文化地理發展的困境

儘管沒有西方「新文化地理學」的去物質化問題，但無論就研究議題與研究的理論基礎來看，長期以來台灣的社會與文化地理學界都明顯趨於保守，儘管議題日趨廣泛，但研究數量與地位都遠遠落後於其他人文及社會學科，包括社會學與文化研究，同時，對於國際學術潮流脈動的敏感度與對話情況也都明顯不足。要促使台灣社會與文化地理學有更為激進及突破的表現，以下是必須克服的挑戰。

社會與文化地理研究社群規模過小

台灣各主要地理及相關系所 (主要分佈於各校地理系、社教系、鄉土研究所與民族發展所) 的師資結構對於研究的發展及走向扮演極為關鍵的角色。根據統計，在各相關系所中只有 22 位教師認為自己隸屬於文化和社會地理學者。許多研究作品其實可以稱之為文化或社會地理研究，或是其研究觀點挪用自社會或文化地理的取徑者 (如徐進鈺 2004 年在對於台灣高科技產業的探討中關於鑲嵌、社會網絡及專業連結的討論)，但是他們的專業範疇通常都落於其他的次領域當中，如政治地理、都市地理、經濟地理或是地理思想。加上這一小群的研究社群還肩負著極重的教學負擔，使得研究生社群也成為台灣社會與文化地理學的主要組成。在 2000–2005 年間，有 54 本和社會與文化地理相關的碩博士論文完成，其中只有六本博士論文，而以同時期（2000–2005）台灣主要地理學研究期刊的發表來看，由這些社會與文化地理學者們所書寫的文章也只有 17 篇左右。因此，前面所稱的「起飛期」事實上是學生在社會與文化地理學畢業論文數量上的大幅起飛，而非該次領域教師的地位或是研究成果的新氣象。台灣社會與文化地理學界既然無法累積實質的研究數量，當然更無法吸引其他領域學者的注意，更遑論建立起國際知名度。

研究議題的發展儘管日趨多元，理論性的批判與建構能力仍然不足

關於長期以來地理學對於理論投入與貢獻的不足，施添福在 1984 年就曾經提出嚴正警告，他指出台灣地理學家的研究已經養成「就問題處理問題」，或「以西方地理學理論處理台灣地理問題」的態度，這使得台灣地理學嚴重缺乏理論基礎，特別是能服「水土」的本土化理論基礎 (施添福 1984)。從施書寫此文至今已有二十年以上的時間，社會與文化地理學缺乏理論深度探索與建構的現象雖有部分改善，但直接沿用西方理論的問題卻始終存在。大部分博士論文在解釋其知識論基礎，以及進行知識論與方法論的銜接上，都必須力求更好的表現，同時，也要能夠清楚地指出自己在當代地理學論辯中的位置。同樣地，碩士論文的品質雖然在這幾年有所改善，但多半還是侷限於田野資料的描述，無法進行更為深入的結構性或文化性探討，就算掌握了具時代適切性的議題，卻缺乏當前文化研究所具有的批判性洞察。以上種種的缺失，使得研究生在打造更為堅實的社會與文化地理學過程中，貢獻大打折扣。而要跨越此道鴻溝，必須發展出能夠為台灣社會發聲的本土性理論基礎。

與文化研究社群的對話不足

台灣文化研究的發展正日益蓬勃，這不是一個單一學科，而是一個跨領域的研究取徑。在強調學科間相互對話與學習的學術趨勢中，社會與文化地理學勢必需要加入文化研究社群並與之對話。可惜在台灣社會與文化地理學界的有限人力下，與文化研究學界的交流與對話極度不足。根據資料顯示，台灣文化研究學會 170 位成員當中，完全沒有地理學者的參與 (如表二所示) 。由此，可以看出地理學界與文化研究學界的對話與聯繫相當缺乏，隔閡程度令人驚訝。特別是在「空間轉向」的潮流中，社會與文化地理學者對於跨領域對話的參與如此不足，著實令人沮喪。反觀文化研究領域，近幾年來對於地理學的理論觀點卻經常多加汲用 (如，黃宗儀 2004) 。台灣社會與文化地理學界劃地自限的結果，可能會失去一個重要的發展契機。

表二 台灣文化研究學會的會員學科領域分析

領域 專業	人數
語言學	39
大眾媒體與藝術	27
社會學	26
建築	6
人類學	6
歷史學	5
地理學	0
其他	61
總計	170

未來發展的期待

社會與文化地理學和文化研究之間的交流，可以相互截長補短，促使文化研究透過跨學科的交流而有更好的發展。而這個互補的關鍵在於兩個領域截然相反的發展歷程。透過前文的歷史回顧及各階段的議題與方法分析，不難看出台灣的社會與文化地理學是一個發展上較具「本土」特質的次領域，這個本土一方面反映在研究區域的選擇，同時也反映於重經驗輕理論的傳統。也因爲這種本土的特徵，造就出台灣社會與文化地理學研究紮實的 (grounded) 田野實察特徵。相較之下，台灣的文化研究則是一個大量從西方移植理論的領域，緊跟著西方的學術時尚前進[4]。根據劉紀蕙與劉佳玲 (2000) 對於台灣文化研究發展所進行的整理，可以發現無論就議題與取徑上，均與英美的發展極爲一致。這樣的發展進程，恰恰與台灣社會與文化地理學處於兩個極端。台灣社會與文化地理學若欲展翅突破其在國際地理學界的邊緣地位，相信與台灣相關領域，特別是文化研究社群展開積極對話，是一個關鍵契機所在，透過這樣的互動，必有助於提升其對於國際學術脈動的敏感度。不過，也必須注意在此一過程中，重視田野的傳統不可因抽象理論的引用而被棄置一旁，畢竟理論援引的目的是爲強化理解與改善經驗現況。因此，在追求更多理論及哲學觀點的學習時，台灣社會與文化地理學研究可以引以爲傲的社會相關性傳統必須加以延續。

Notes 註釋

1 這五本主要期刊分別是地理學報 (*Journal of Geographical Science*)、國立台灣師範大學地理研究報告 (*Journal of Geographical Research*)、私立中國文化大學地理研究報告 (*Reports of Geographical Studies*)、環境與世界 (*Environment and Worlds*)及中國地理學會會刊 (*Bulletin of the Geographical Society of China*)。

2 五個主要地理系所分別隸屬於國立台灣大學 (National Taiwan University)、國立台灣師範大學(National Taiwan Normal University)、國立高雄師範大學 (National Kaohsiung Normal University)、國立彰化師範大學 (National Changhua University of Education)以及私立中國文化大學 (Chinese Culture University)。

3 感謝陳憲明老師與潘朝陽老師不吝於分享他們的經驗與看法。不過，關於本文所提出的所有見解均由作者負責。

4 針對這個說法，當然會有許多例外的情況，不過，大致而言確實是如此。

References

Note: Most of the English translations of the Chinese titles are the authors' original translations.

Adrian, B. (2006) Geographies of style: Taiwan's bridal photography empire, *Visual Anthropology* 19(1): 73–85.

Barnett, C. (1998) The cultural turn: fashion or progress in human geography?, *Antipode* 30(4): 379–394.

Brown, M.J. (2003) The cultural impact of gendered social roles and ethnicity: changing religious practices in Taiwan, *Journal of Anthropological Research* 59(1): 47–67.

Chang, C.Y. 張長義 (1985) 環境變遷認知之空間差異：一個臺灣農村社區之研究，國立臺灣大學理學院地理學系研究報告，12 期，頁 177–192。The spatial difference of the perception of the environmental changes: a case study of one rural community, *National Taiwan University Department of Geography Science Reports* 12: 177–192.

Chang, D.I. 張玓 (1991) 泰雅族北勢群山胞的生活空間－以苗栗縣泰安鄉象鼻村爲例，國立台灣師範大學地理學研究所碩士論文。The life-space of Tayal G'aya: a case study of Shan-Bi village, Taian area in Miao-Li, Masters dissertation, Department of Geography, National Taiwan Normal University.

Chang, H.S. 張華蓀 (2005) 蝸行 20 年：女性主義地理學在臺灣的發展，地理學報，42 期，頁 25–46。Feminist geography and its sluggish development in Taiwan, *Journal of Geographical Science* 42:25–46.

Chang, J.S. (2004) Refashioning womanhood in 1990s Taiwan—an analysis of the Taiwanese edition of Cosmopolitan magazine, *Modern China* 30(3): 361–397.

Chang, W.J. 張文傑 (1989) 排灣族與雅美族之農耕及生計適應－以士文村及朗島村爲例，國立台灣師範大學地理學研究所碩士論文。The agriculture and life adaptation of Paiwan and Ami: a case study of Shi-Wen village and Lang-Dao village, Masters dissertation, Department of Geography, National Taiwan Normal University.

Chao, A. (2002) 'How come I can't stand guarantee for my own life?': Taiwan citizenship and the cultural logic of queer identity, *Inter-Asia Cultural Studies* 3(3): 369–381.

Chen, H.M. 陳惠滿 (1998) 北投聚落景觀變遷的研究－人文生態觀點之探討，國立台灣師範大學地理學研究所碩士論文。Study on the landscape change of Peitou settlement: from the perspective of human ecology, Masters dissertation, Department of Geography, National Taiwan Normal University.

Chen, H.P. 陳秀萍 (2001) 觀光空間的商品化－以日月潭地區爲例，國立台灣大學地理環境資源學研究所碩士論文。The commodification of tourist space: a study of the Sun-Moon Lake scenic area, Masters dissertation, Department of Geography, National Taiwan University.

Chen, T.Y. 陳庭芸 (2002) 澎湖地區國際婚姻調適之探究－以印尼與越南新娘爲例之比較，國立台灣師範大學地理學研究所碩士論文。The adjustability of international marriage in Peng-Hu County comparison with Indonesian and Vietnamese brides, Masters dissertation, Department of Geography, National Taiwan Normal University.

Chen, S.P. 陳淑萍 (1998) 南賽夏族的領域歸屬意識，國立台灣師範大學地理學研究所碩士論文。The emotional territorality of South Saisiyat, Masters dissertation, Department of Geography, National Taiwan Normal University.

Chen, W.S. 陳文尚 (1992) 台灣傳統三合院式家屋空間命名現象－地理知識學例證研究之一，台北：中國文大地學研究所。*The Naming of Traditional Taiwanese Courtyard Housing: A Case Study for Geosophy (Part I).* Taipei: Department of Geography, Chinese Culture University.

Chen, W.S. 陳文尚 (1993) 台灣傳統三合院式家屋的身體意象－地理知識學例證研究之二，台北：中國文大地學研究所。*The Body Image of Traditional Taiwanese Courtyard Housing: A Case Study of Geosophy (Part II).* Taipei: Department of Geography, Chinese Culture University.

Chen, W.S. 陳文尚 (1994) 傳統三合院式家屋的身體隱喻過程，私立中國文化大學地理研究報告，7 期，頁 73–86。The body's metaphorical process of traditional San-He-Yuan's dwelling, *Reports of Geographical Studies* 7: 73–86.

Chen, Y.F. 陳毅峰 (2002) 地震對原住民土地權益與地方認同重構的衝擊，地理學報，31 期，頁 1–15。Earthquake on indigenous peoples' land rights and the reconstruction of place identity in Taiwan, *Journal of Geographical Science* 31: 1–15.

Cheng, Y.C. 鄭雅清 (1998) 新埤庄的空間性－以宗教景觀和祭祀活動爲例的詮釋，國立台灣師範大學地理學研究所碩士論文。The spatiality of Shin-Pyi village: an interpretation of its religious landscape and worship, Masters dissertation, Department of Geography, National Taiwan Normal University.

Chiang, L.H.N. (2002) Ethnic identity and eco-tourism in a rural township in Taiwan, in *Proceedings of IUCN/WCPA-EA-4 Taipei Conference, March 18–23,* Yangmingshan National Park, Taiwan, R.O.C pp. 469-478. Taipei, Taiwan: Taiwan Organizing Committee for the Fourth Conference of the Protected Areas of East Asia.

Chiang, L.H.N. and Yang, L.S. 姜蘭虹、楊麗秀 (1983) 鄉村女性遷移至台北市之決策過程與適應問題，中國地理學會會刊，11 期，頁 89–103。Migration of rural women to Taipei: process and adaptation, *Bulletin of the Geographical Society of China* 11: 89–103.

Chiang, L.H.N. and Liao, S. (2005) Back to base: adaptation and self-identity of young Taiwanese transnationals, paper, 'People on the Move': The Transnational Flow of Chinese Human Capital, Center on China's Transnational Relations, The Hong Kong University of Science & Technology, 20–22 October.

Chiang, L.H.N. and Song, Y.L. 姜蘭虹、宋郁玲 (2001) 移民就業與適應 –– 以澳洲台灣移民爲例，地理學報，29 期，頁 1–26。The employment and adaptation of Taiwanese immigrants in Australia, *Journal of Geographical Science* 29: 1–26.

Chien, M.S. 簡孟嫻 (2002) 大陸女性配偶在台生活適應之研究－以台中縣市、彰化縣爲例，國立彰化師範大學地理學研究所碩士論文。Life adjustment of the female spouses from mainland China in Taiwan: a case study of Taichung and Changhua area, Masters dissertation, Department of Geography, National Changhua University of Education.

Chun, A. (1994) From nationalism to nationalizing: cultural imagination and state formation in postwar Taiwan, *Australian Journal of Chinese Affairs* 31: 49–69.

Chung, B.Z. 鍾寶珍 (1991) 惡地上的人與地－田寮鄉民生活方式的形成與內涵，國立台灣師範大學地理學研究所碩士論文。The inhabitants and place on the badland: the forming and connotation of the modes of life in Tien-Liao, Masters dissertation, Department of Geography, National Taiwan Normal University.

Chung, P.C. (2000) The cultural other and national identity in the Taiwanese and South Korean media, *Gazette* 62(2): 99–115.

Chyr, Y.S. 池永歆 (1996) 嘉義沿山聚落的存在空間：以內埔仔十三庄頭十四緣區域構成爲例，國立台灣師範大學地理學研究所博士論文。The existential space of a settlement in Chiayi County, PhD dissertation, Department of Geography, National Taiwan Normal University.

Deng, Z.D. 鄧宗德 (1991) 八０年代臺北市支配性都市地景形成之研究，國立台灣大學建築與城鄉研究所碩士論文。Study on the forming of dominative urban landscapes of 1980s

Taipei, Masters dissertation, Graduate Institute of Building and Planning, National Taiwan University.

Erni, J.N. (2005) Towards queer cultural rights, *Inter-Asia Cultural Studies* 6(1): 141–146.

Gao, B.I. 高碧英 (2001) 百貨公司的消費空間圖像建構與詮釋—以高雄市大統百貨和平店爲例，國立高雄師範大學地理學研究所碩士論文。The construction and interpretation of consumption space images: a case study of Ta-tung department store in Kaohsiung, Masters dissertation, Department of Geography, National Kaohsiung Normal University.

Hartshorne, R. (1959) *Perspective on the Nature of Geography*. London: John Murray.

Ho, C.C. 何致中 (2001) 地 方 與 認 同—宜蘭地區地方特質與認同政治間的關連，國立台灣大學地理環境資源學研究所博士論文。From I-Lan to E-Land: place, identity and globalization, PhD dissertation, Department of Geography, National Taiwan Normal University.

Hsia, C.J. (2002) Theorizing colonial architecture and urbanism: building colonial modernity in Taiwan, *Inter-Asia Cultural Studies* 3(1): 7–23.

Hsieh, A.T. and Chang, J. (2006) Shopping and tourist night markets in Taiwan, *Tourism Management* 27(1): 138–145.

Hsu, L.E. 許麗兒 (2002) 高雄市新堀江商圈青少年消費空間之詮釋，國立高雄師範大學地理學研究所碩士論文。Interpreting the youth consumption space in Shin-jeu-jiang, Masters dissertation, Department of Geography, National Kaohsiung Normal University.

Hsu, J.Y. (2004) The evolving institutional embeddedness of a late-industrial district in Taiwan, Tijdschrift voor Economische en Sociale Geografie 95(2): 218-232 (Journal of Economic and Social Geography).

Huang, S.C. 黃素真 (1997) 沿山鄉街的"存在空間"－以林屺埔街爲例，國立台灣師範大學地理學研究所碩士論文。The 'existential space' of the town on the mountainside area: an example of Lin-Yi-Pu town, Masters dissertation, Department of Geography, National Taiwan Normal University.

Huang, T.Y. 黃宗儀 (2004) 都市空間的生產：全球化的上海，台灣社會研究季刊，53 期，頁 61–84. The production of urban spaces: Shanghai as a global city in the making, *Taiwan: A Radical Quarterly in Social Studies* 53: 61–84.

Jackson, P. (2000) Rematerializing social and cultural geography, *Social & Cultural Geography* 1: 9–14.

Jou, S.C. 周素卿 (2000) 臺北市南機場社區貧民窟特性的形構，地理學報，28 期，頁 47–78。The formation of an urban slum in Taipei: the case of Nan Chi Chang community, *Journal of Geographical Science* 28: 47–78.

Jou, S.C. and Liu, M.C. 周素卿、劉美琴 (2001) 都市更新視域外的性別、遷移與貧民窟生活世界：以台北市忠勤社區女性遷入者的經驗爲例，地理學報，30 期，頁 19–54。Gender, migration and slum lifeworld: female migrants in Nan Chi Chang community of Taipei, *Journal of Geographical Science* 30: 19–54.

Katz, P.R. (2003) Religion and the state in post-war Taiwan, *The China Quarterly* 174: 395–412.

Kong, L. (1997) A 'new' cultural geography? Debates about invention and reinvention, *Scottish Geographical Magazine* 113(3): 177–185.

Lan, P.-C. (2003a) Political and social geography of marginal insiders: migrant domestic workers in Taiwan, *Asian and Pacific Migration Journal* 12(1/2): 99–126.

Lan, P.-C. (2003b) Maid or madam? Filipina migrant workers and the continuity of domestic labor, *Gender & Society* 17(2): 187–208.

Lan, P.-C. (2003c) They have more money but I speak better English: transnational encounters between Filipina domestics and Taiwanese employers, *Identities: Global Studies in Culture and Power* 10(2): 132–161.

Lian, Y.L. 連玉龍 (1989) 阿美族漁村人口遷移及其影響--以台東縣成功鎮芝田和基隆市八尺門爲例，國立台灣師範大學地理學研究所碩士論文。The outward migration and its effect in Amis fishing village: the examples of Chenggong township in Taitung and Bachimen in Keelung, Masters dissertation, Department of Geography, National Taiwan Normal University.

Liang, B.K. 梁炳琨 (2004) 原住民族地區觀光文化經濟與地方建構之研究－鄒族山美社區之個案，國立台灣大學地理環境資源學研究所博士論文。Tourism culture economy and constructing place of aboriginal region: a case study of Saviki Community Tsou, PhD dissertation, Department of Geography, National Taiwan University.

Liang, B.K. and Chang, C.Y. 梁炳琨、張長義 (2004) 地理學的文化經濟與地方再現，地理學報，35 期，頁 81–99。Cultural economy and cultural representation of place in geography, *Journal of Geographical Science* 35: 81–99.

Liaw, Y.L. 廖依俐 (2000) 透過景觀的詮釋論桃園都市空間的多元性，國立台灣師範大學地理學研究所碩士論文。The interpretation of urban landscapes: a case of Taoyuan City, Masters dissertation, Department of Geography, Chinese Culture University.

Lin, G.W. 林綱偉 (1986) 蘭嶼雅美族的環境適應與變遷，國立台灣大學地理學研究所碩士論文。The environmental adaptation and change of the Yami on Botel Tobago, Masters dissertation, Department of Geography, National Taiwan University.

Lin, J.H. 林潤華 (2003) 象徵地景商品化過程中地方性之生產－以信義計畫區之豪宅爲例，國立台灣大學地理環境資源學研究所碩士論文。The production of localities and commodification of symbolic landscapes: the case study of luxurious condominiums in Hsinyi-Planning District, Masters dissertation, Department of Geography, National Taiwan University.

Lin, Z.H. 林政宏 (1995) 蘭陽平原三山國王廟景觀之生態研究，國立台灣師範大學地理學研究所碩士論文。The Triplex Mountain King Temple landscape on I-Lan Plain by ecological study, Masters dissertation, Department of Geography, Chinese Culture University.

Liu, C.H. and Liu, C.L. 劉紀蕙, 劉佳玲 (2000) 台灣近年文化研究議題範疇分佈，文化研究在台灣，台北：巨流，頁 387–428。The research issues of cultural studies in Taiwan, in Chen, K.H. (ed.) *Cultural Studies in Taiwan*. Taipei: Chuliu Publisher, pp. 387–428.

Lorimer, H. (2005) Cultural geography: the busyness of being more-than-representational, *Progress in Human Geography* 29: 83–94.

Loveband, A. (2004) Nationality matters: SARS and foreign domestic workers' rights in Taiwan province of China, *International Migration* 42(5): 121–145.

Lu, S.C. 盧聖真 (1998) 泰雅族宗教變遷的地理意涵－以桃園復興鄉三光村爲個案研究，國立台灣師範大學地理學研究所碩士論文。The geographical implications of the religious change of Tayal tribe: a case study of San-Guang village at Fu-hsing Country in Tao-Yuan Hsuan, Masters dissertation, Department of Geography, National Taiwan Normal University.

Martin, F. (2000) From citizenship to queer counterpublic: reading Taipei's New Park, *Communal/Plural* 8(1): 81–94.

Mee, K.H. (2005) Korean TV dramas in Taiwan: with an emphasis on the localization process, *Korea Journal* 45(4): 183–205.

Pan, C.Y. 潘朝陽 (1990) 「道」的自然與空間－老子的地理環境理念，中國地理學會會刊，18 期，頁 123–146。'Tao's' nature and space: the geographical and environmental idea of Laotzu, *Bulletin of the Geographical Society of China* 18: 123–146.

Pan, C.Y. 潘朝陽 (1992) 莊子的空間論－「秋水」的詮釋，國立臺灣師範大學地理研究報告，18 期，頁 159–192。A space theory of Chuang Tzu in 'Chiu-Shui', *Geographical Research* 18: 159–192.

Pan, C.Y. 潘朝陽 (1993) 粵東原鄉三山國王崇拜現象－一個文化歷史脈絡的析論)，國立臺灣師範大學地理研究報告，20 期，頁 31–56。Worship of San-Saen Kuo-Wang in eastern Kuangtung: a study in cultural-historical continuity, *Geographical Research* 20: 31–56.

Philo, C. (2000) More words, more worlds: reflections on the 'cultural turn' and human geography, in Cook, I., Crouch, D., Naylor, S. and Ryan, J.R. (eds) *Cultural Turns/Geographical Turns*. Harlow: Prentice Hall, pp. 26–53.

Shao, Z.J. 蕭昭娟 (2000) 國際遷移之調適研究－以彰化縣社頭鄉外籍新娘爲例，國立台灣師範大學地理學研究所碩士論文。Study on the adaptation of international migration: a case study of foreign brides in Sheh-tou Country, Masters dissertation, Department of Geography, National Taiwan Normal University.

Shi, T.F. 施添福 (1983) 我國中學的地理教育：反省與展望。台北：國立台灣師範大學地理系。*The Geographical Education of Junior High School in Taiwan: Reflection and Forecast*. Taipei: National Taiwan Normal University.

Shi, T.F. 施添福 (1984) 地理學研究在臺灣地區的發展與變遷，國立臺灣師範大學地理研究報告，10 期，頁 17–48。The development and concept change of geography in Taiwan, *Geographical Research* 10: 17–48.

Shu, B.R. 徐伯瑞 (1995) 新光雙城記－都市象徵之建構與解構，國立台灣大學建築與城鄉研究所碩士論文。Shin-Kong's tale of two cities, Masters dissertation, Graduate Institute of Building and Planning, National Taiwan University.

Shu, J.C. 徐榮崇 (2001) 澳洲台灣移民居住地的選擇與決策過程－以雪梨、布里斯本及墨爾本爲例，中國文化大學地學研究所博士論文。Residential choice and decision-making process of Taiwanese migrants in Sydney, Brisbane and Melbourne, PhD dissertation, Department of Geography, Chinese Culture University.

Song, Y.L. 宋郁玲 (2006) 人文地理學人口遷移研究的跨界與轉向：台灣與英美研究的比較，地理學報，43 期，頁 1–20。Beyond the discipline and transition of migration studies in human geography: a comparison between Taiwanese and anglophonic studies, *Journal of Geographical Science* 43: 1–20.

Tsai, J.M. 蔡炯民 (1987) 都市地區高山族移入者集居現象與適應情形之研究，國立台灣大學地理學研究所碩士論文。Study on the aggregation and adaptation of urban aborigine-tribes, Masters dissertation, Department of Geography, National Taiwan University.

Tsai, T.C. 蔡迪清 (1998) 集團移住與宗教變遷對部落環境行動之影響－以太魯閣三棧部落爲例，國立台灣大學地理學研究所碩士論文。The impact of indigenous collection aggregation and religious change on tribal environmental acts: a case of Truku tribe in San-Jun, Masters dissertation, Department of Geography, National Taiwan University.

Tsai, W.F. 蔡文芳 (2001) 跨國娛樂資本的空間生產－以台北星巴克(Starbucks)爲例，國立台灣師範大學地理學研究所碩士論文。The space production of transnational entertainment capital: the case of Starbucks in Taipei City, Masters dissertation, Department of Geography, National Taiwan Normal University.

Tseng, W.P. 曾維屏 (2002) 地方文化產業之振興與社區營造－以美濃地區爲個案，中國文化大學地學研究所碩士論文。The renaissance of local culture industry and community reconstruction: with a case study of Mei-nung area, Masters dissertation, Department of Geography, Chinese Culture University.

Tseng, Y.-F. (2000) The mobility of entrepreneurs and capital: Taiwanese capital-linked migration, *International Migration* 38(2): 143–168.

Wang, H.L. (2000) Rethinking the global and the national: reflections on national imaginations in Taiwan, *Theory, Culture & Society* 17(4): 93–117.

Wang, M.H. 汪明輝 (1990) 鄒族之民族發展－一個台灣原住民族主體性建構的社會、空間與歷史，國立台灣師範大學地理學研究所博士論文。The ethnodevelopment of Tsou tribe: the society, space and history constituted by the subjectivity of

Taiwan indigenous peoples, PhD dissertation, Department of Geography, National Taiwan Normal University.

Wang, H.Z. and Chang, S.M. (2002) The commodification of international marriages: cross-border marriage business in Taiwan and Vietnam, *International Migration* 40(6): 93–116.

Wu, H.Z. 吳豪哲 (1988) 阿美族山胞城鄉遷移與生活調適之研究，國立台灣師範大學地理學研究所碩士論文。Study on the rural–urban migration and life adjustment of Amis tribe, Masters dissertation, Department of Geography, National Taiwan Normal University.

Yang, C.S., Chiang, L.H. and Liao, P.C. 楊智翔、姜蘭虹、廖珮君 (2005) 澳洲臺灣移民相關議題之研究，環境與世界，11 期，頁 33–64。Current research on Taiwanese immigration to Australia, *Environment and Worlds* 11: 33–64.

Yang, P.H. 楊秉煌 (2001) 地理學與社會正義，地理學報，29 期，頁 67–92。Geography and social justice, *Journal of Geographical Science* 29: 67–92.

Yee, A.C. (2001) Constructing a native consciousness: Taiwan literature in the 20th century, *The China Quarterly* 165: 83–101.

Zhou, G.P. 周國屏 (1989) 雲林縣人口外移對農家人口結構及社經生活影響之研究，國立台灣師範大學地理學研究所碩士論文。The impact of the outward migration on population structures and socio-economic livelihood of farmers' families in Yun-lin, PhD dissertation, Department of Geography, Chinese Culture University.

Social geography in the United States: everywhere and nowhere

Vincent J. Del Casino Jr.[1] & Sallie A. Marston[2]
[1]Department of Geography, California State University, Long Beach, 1250 Bellflower Blvd, Long Beach, CA, 90840, USA, vdelcasi@csulb.edu and [2]Department of Geography and Regional Development, University of Arizona, Harvill Building Box #2, Tucson, Arizona, 85721, USA, marston@email.arizona.edu

Introduction

[I]t seems that social geography [in the 1970's] was squeezed between a powerful political economic research focus, revolving around young marxist, feminist and other radical work, and an emergent cultural geography; political economic and cultural approaches both claimed authority over 'the social' (Smith 2000: 25).

Neil Smith's reflective analysis of the state of 'social geography' remains especially compelling six years later in the United States where few academic geographers claim that identity. And yet, in the nascent 21st century, attention to social questions is commonplace in almost all subfields of human geography including cultural, feminist, political, population, economic, and urban geography as well as critical cartography and GIS studies.[1] As a result, while research concerns related to social (de)construction, demographics, difference, identity, justice, movements, policy, and reproduction have proliferated, social geography as a widely-adopted subdisciplinary identity has failed to firmly establish itself. We use the opportunity of this report to ask why; what are the reasons for the nominal submergence and yet surprising ubiquity of 'the social' in US academic geography today?

It is our assertion that cultural geography has become the default identity position for scholars working in research areas that might not exclusively align with economic, feminist, political, marxist, population, or urban geographies; including those whose work is clearly social. Arguably, the 'cultural turn' and 're-materialization debates' within the discipline have re-situated cultural geography *as* human geography in the United States; a formulation that might be traced back to the early twentieth century with Carl Sauer's decision to use 'cultural' instead of 'human' as the adjective to describe US (non-physical) geography (Entrikin 2006). We do not mean to suggest, however, that other subdisciplines do not thrive in human geography in the United States today; they do indeed. Nor do we want to deny cultural geography's intellectual contributions in this report, for in examining social geography in the United States we must inevitably track the developments of cultural geography, the 'banner' under which so much social geographic research is being formulated and conducted. But, we do want to contend that the process of subjugating the social to the cultural in US geography raises interesting and significant questions related to disciplinary histories and futures.

In this context, the remainder of this report seeks to address why social geography, as a formally recognized subdisciplinary identity, remains largely absent from US academic geography. It is divided into three sections. The first section selectively traces an intellectual history of social (and to some extent cultural) geographies in the United States. Because, we maintain, that the history of cultural geography is a well-worn story (Jackson 1989; Foote *et al.* 1994; Mitchell 2000; Duncan *et al.* 2004), however, we focus here on the emergence of social geography, its diffusion and how it recently has been obscured. We briefly discuss, for example, the Chicago School sociologists who were so influential in examining the spatiality of social difference in the US city. We also review the emergence of journals such as *Antipode* in 1969 (originally a US based journal) and *Society and Space* in 1983 (a UK/US journal) and their longstanding commitment to interrogating 'the social' in the discipline. In the second section, we focus on contemporary US social geography through a discussion of email-based conversations with geographers in US institutions that claim to 'do' social geography. In the final section, we address the kinds of social geography being done in the US today, which are operating under a range of different labels, the most expansive of which is cultural geography. While we remain agnostic about the value of reconstituting social geography as a subdisciplinary identity in the United States, we maintain that we must continue to trace how 'the social' is interrogated across the discipline. This interrogation, we suggest, has implications for our continued struggle to understand socio-spatial differences (broadly conceived) in the contexts of contemporary academic and activist practices.

Evacuating the social/Reaffirming the cultural in US geography

As Nick Entriken has pointed out to us, though social geography was considered to be anathema to early twentieth century US geography[2] (2006, also see Mikesell 1978; Solot 1986), by mid-century, geographical formulations of the social came to increasingly occupy the attention of US geographers and continued to do so throughout the latter half of the twentieth century. For instance, though the first decades of the last century were dominated by regional and exceptionalist discourses, by the early 1930s explicitly social questions slowly began to bubble up the regional literature (Huntington and Carlson 1933). The vector by which these social questions entered the discipline in the United States was an emerging focus on cities (Harris 1990). As the US population became more urban than rural in the first decade of the 20th century, empirical analysis and theoretical conjecture in US geography began to turn toward urban life as a natural laboratory for understanding human practices (Queen and Thomas 1939).

Certainly, the most important influence on geographical formulations about the social life of cities was the extensive and varied work of Robert Park and his colleagues of the Chicago School of Sociology, particularly Park, Ernest Burgess and Roderick McKenzie's ecological model of urban land use (1925). While the amount of direct interaction between sociologists and geographers at the University of Chicago in the 1920s is unclear, it is noteworthy that Harlan Barrows, a member of the Geography Department and president of the AAG during that time, wrote a substantive challenge to the predominant regional paradigm in geography through a reconfiguration of the discipline as 'the science of human ecology'; a science that would include three systematic subfields: economic, political and social geography—the latter of 'which would study the connections that may exist between the social life of peoples and their natural environments' (Barrows 1923: 7).[3]

Park, Burgess and McKenzie's inductive model, produced in 1925 and based on the city of Chicago, explained urban form as the result of a complex social ecology, where members of different migrant and immigrant groups competed for residential space in the city through the process of invasion and succession, such that one group was able to displace another through superior command over resources. The result of this rippling process of change was an urban social geography that reflected a pattern of distinctive neighborhoods as ecological niches within the larger metropolis. From this classic sociological foundation was eventually born a wide range of geographic approaches to the city and to urban populations that came to dominate human geography from the late 1950s through the early 1980s (Berry and Wheeler 2005). From the rise of positivist social area analysis/factorial ecology to the more humanistic thickly descriptive urban ethnographies—following the lead of Chicago sociologist Paul G. Cressey's (1932) classic *The Taxi-Dance Hall*—the social increasingly came to play a central role in the way geographers apprehended the urban world (Jones 1975). Interestingly, while these two distinct formulations of the social in US geography were both derived from the human ecological model, the third and final one claims ancestry in Marx and the labor theory of value.

By the mid- to late 1970s, class and class relations became *the* central social category of analysis for an emerging cadre of radical geographers as more of them became interested in interrogating the socio-spatialities of inequality and difference (Peet 1977). In the pages of *Antipode*, for example, geographers focused on the spatial dynamics of capitalist class relations (Goodey 1970) as well as the contingent relations of race in constituting urban geographies (Flad 1972; Morrill 1973), women's geographies (Hayford 1974), and the social stigma associated with mental illness (Smith 1975; Evans 1978). *Antipode* also became a venue for discussion and debate about geography's own role as part of a broader US society; geographers had a social role to play and could no longer afford to sit on the sidelines or theorize from their armchairs (Morrill 1969).

The intellectual and political pivot of this moment was David Harvey's *Social Justice and the City* (1973), which, though interrogating the very same empirical objects as the social area analysts and the urban ethnographers—social processes and urban form—looked to social and moral philosophy to comprehend the city and insisted on the inseparability of society and space. Harvey's radical contribution to social geography through *Social Justice and the City* was to merge the social and the geographical and to lay out a framework for understanding how space is produced by social practice and how those spaces then shape the social groups who produced them (also see Soja 1980). It was this exciting formulation extended by a new generation of marxist theorists that helped to launch other journals like *Society and Space*, which encouraged the further elaboration of radical social geographic inquiries and debates (see, as an example, the exchange regarding marxist 'social theory' in geography in Volume 5, Issue 4 of *Society and Space* (1987)). Attention to 'society' and social theory, in fact, as central nodes of analysis meant that broader social questions became relevant across human geographic subfields, as cultural, economic, political, and urban geographers all began to investigate socio-spatial relations by way of cultural formations, economic processes, political constellations, and urban forms and practices (e.g., Cosgrove 1984; Pred 1984; Pickles 1985; Smith 1990).

Throughout the 1970s and into the 1980s, therefore, social geographies of the city were of central importance to the discipline and were the sites of theoretical innovation and political articulation (e.g., Dear and Taylor 1982; Soja 1989; Marston and Pratt 2005). And yet, cultural geography, still strongly Sauerian, was mostly silent with respect to larger social theoretical debates in the 1970s.[4] The arrival of a 'new cultural geography' articulated in the 1980s, however, 'merged conventional concerns in social geography with more explicitly cultural interpretations' (Duncan *et al.* 2004: 2). In the United States, the so-called 'cultural turn', inspired largely by British cultural studies (through Stuart Hall and the Birmingham School) and continental social theory à la Jacques Derrida, Michel Foucault, the Frankfurt School, and Antonio Gramsci, to name a few, was beginning to affect the discipline. Cultural geographers became more interested in social processes, focusing, for example, on how class relations were articulated through the organization of the 'symbolic landscape' (Cosgrove 1984), allowing for other critical readings of this most traditional of areas of cultural geographic concern (DeLyser 1999; Dwyer 2000; Till 2005). In the process, the cultural turn increasingly focused our attention on the ways social categories were culturally constructed (Hannah 2006). The appropriation of social class analysis within the context of cultural geography in the US is epitomized in the work of Don Mitchell (2000), whose marxist approach is directed to broader social questions related not just to class relations, but also relations of gender, race, and sexuality—concerns that might traditionally have been the purview of social geography. In fact, when Mitchell put the 'nail' in the coffin of culture (1995), one could argue he invested cultural geography with an analysis based in the social relations of capital, especially class, and effectively 'socialized' cultural geography.

Complementing (and critiquing) the emergence of marxist geographies was the interrogation of other socially constructed identities, including gender and stage of the life cycle, with the growth of feminist geographies (Katz 1991; Katz and Monk 1993; Domosh 1996), race, through the integration of critical race and postcolonial theory (Morin 1998; Dwyer and Jones 2000; Gilmore 2002; Schein 2002; O'Reilly and Crutcher 2006), and eventually sexuality, a development linked to the growing importance of queer theories in the discipline (Nast 1997; Brown and Knopp 2003; Puar 2006). This research has been complemented by other research on social justice (e.g., Herod 1998) and, more recently, social movements (e.g., Miller 2000). Informing some of this work are poststructuralist, postmodern, psychoanalytic, and, more recently, non-representational and affective geographies, which all may be having a revivifying effect on 'social geographies', as questions of embodiment, emotion, identity, subjectivity, and materiality have been increasingly reconsidered and debated in the 1990s and nascent 21st century (the inclusion of many of these terms in the Warf's edited *Encyclopedia of Human Geography* (2006), a book intended for undergraduate geography students, signals the importance some of these concepts now play in the field).

And yet, none of these areas of inquiry have been constituted as an acknowledged 'social geography'; rather, much of this work has written against mainstream cultural, political, economic, and urban geography (see Domosh 2005 for discussion of the 'tension' between feminist and cultural geography, for example). It would seem that as this sort of identity-based work has continued to proliferate, social geography has become increasingly fragmented into a multitude of social *categories*, as researchers have become 'critical' of previously accepted ways of producing knowledge. These critical moments have resulted in alternatives to 'mainstream' masculinist and heterosexist theories, methods and concepts in geography, providing space for geographers to think through not only the masculinization and heternormative construction of space, but also the intersections of raced/classed/gendered/sexed geographies and practices and performativities of identity/subjectivity within (and beyond) the discipline. Drawing from recent queer theories, some have also called into the question identity-based research itself, which may naturalize certain identity positions as *more* authoritative than others (Oswin 2004).[5] Perhaps it is because there is no stable social geographic identity in the United States that many human geographers 'doing' social geography here elect a different one. But there are exceptions and it is to these self-identified social geographers that we now turn.

Speaking of social geographers . . .

While a social geographic identity has been submerged beneath other subdisciplinary attachments, there are US geographers who do publicly represent themselves as social geographers. Because there is no formal specialty group in the AAG, however, there is no central place to go to appreciate their mission or comprehend subdisciplinary dynamics, such as the ways that younger scholars are changing and/or contributing to the further development of the subfield. In an attempt to generate an understanding of US social geography, we informally asked self-identified social geographers to engage in a conversation around two questions:[6] 1) What do you understand the subfield of 'social geography' to encompass?; and 2) Why do you think that social geography—as an explicit subfield like political or urban geography—has such a low—some might even say no—profile in US geography? Their reactions to these questions largely confirmed our own interpretation as developed in the narrative of the previous section: that 'social geography has a strong, pervasive presence, even without a formal name' (Dear 2006); and that, unfortunately, the label 'social' has apparently become 'redundant with the 'new cultural geography'' (Martin 2006).

What is perhaps the most telling insight gained from our informal email correspondences is a confirmation that US geography has had two opportunities to 'socialize'—largely through divergent historical encounters with UK geography—and has responded differently to both overtures. For the early 20th century, Nick Entrikin contends that the low profile of social geography was the result of Carl Sauer's pervasive influence over the discipline coupled with his high regard for French and German geography and low regard for British geography and its social anthropological connections (Entrikin 2006). So, although Barrows in his 1923 Presidential Address argued for a human geography that would embrace social, economic and political geography, it was only the latter two that were taken up openly and robustly by the middle of the century, while the former assumed an ambiguous identity as urban geography. It may not have been entirely due to Sauer's disapproval, however, as Barrows himself was unclear what a social geography would really look like (1923: 7–8). He contended that 'economic regional geography should be promoted assiduously, and that upon economic geography for the most part the other divisions of the subject must be based' (14). This included the social, which he viewed as always linked, geographically, to 'getting a living' (8). And, as Susan Hanson told us, it was through an urban (and economic) geographic identity that social geography ultimately emerged in the 1950s; it became radicalized as socialist geography in the late 1960s and 1970s and disseminated as social geography through the work of marxist and feminist geographers through the 1980s (Hanson 2006; see also Taafe 2005).

But, as Entrikin pointed out to us, the 'socializing' of US geography is a bit more complicated than the story we have told thus far because the work of British geographers like Ceri Peach and his Oxford students Susan Smith and Peter Jackson, as well as others like David Smith or David Ley, also played an important part. While certainly progressive, their work on race, crime, welfare and space was not identifiably marxist. Perhaps because of its activist political attachment, attention to questions of social well-being, injustice and equity and their application to the social categories of ethnicity, race and class attracted many US geographers and social geography gained a great deal of momentum.[7] This was paralleled by a general interest in what Jennifer Wolch (2006) identified as a key to social geography, which is the study of 'the spatial expression of social organization and the role of space/place in shaping social structures and relations'. As Michael Dear also wrote: '[social geography's] concerns may be deduced from the contents of the journal *Society and Space*, whose title is no accident!' (2006). John Western underscores the point that the second coming of social geography in the United States originated through the influence of British geography by suggesting that the 'British invasion' of the US academy carried with it a number of scholars with an affinity for the social over the cultural. He wrote that: 'social geography in the late 1960s sounded sexier than human geography, and hinted at a sociological sensibility . . . in UK public/political life, sociology was *cool*' (2006, italics in the original).

Susan Roberts, though of a younger generation than Dear and Western, confirms this view when she states: 'When I was an undergrad in the UK, there were NO cultural geography courses at all. It was only a term used in the history of geographic thought courses when Sauer and his legacy/school in the US were mentioned' (2006, capitalization in the original). Roberts also identifies a larger point that affirms Entrikin's comment about the prominence of social geography in the 1960s, 70s and most of the 80s: 'that a strong social geography would be connected to conversations with sociologists' (Roberts 2006). A perusal of the publications of quantitative methodologists during that three decades long period reveals significant co-authoring between geographers and sociologists (e.g., Berry and Kasarda 1977) and the central place of sociological models and concepts in geographic work (from sociologists

Otis and Beverly Duncan's segregation indices to Manuel Castells' urban social movements). And it can be seen that cooperative work between sociologists and geographers continues to this day (e.g, see Lobao *et al.* 1999; Nicholls and Beaumont 2004; Del Casino and Jones 2007).

Ironically, in the 1980s, as social geography in the United States began to accumulate a substantial following and cultural geography's predominance began to wane, Peter Jackson promoted a 'new cultural geography' that eventually eclipsed the debates about and explicit intellectual attachment to 'the social'. In reflecting on the obscuring of the social by the now, not-so-new, cultural turn, Nick Entrikin expressed a certain disappointment when he wrote: 'The irony here is that what in fact was proposed was quite a diminished notion of meaning and culture that in fact reduces these to epiphenomenal status in relation to social processes, a trend continued in the restatement of cultural geography by others, for example Don Mitchell, who explicitly and intentionally makes culture epiphenomenal to the social relations of production. I say that this is ironic because what by most appearances could have been a robust social geography has been trumpeted under the name of 'new cultural geography" (2006).

Entrikin's concerns are provocative given the way that other geographers theorize the 'social' in relation to the shifting landscapes of social and cultural geography in the United States. Matthew Hannah, a member of the editorial board of the journal *Social Geography*, sees the relationship between the 'cultural' and the 'social' differently:

> First, put simplistically, the cultural turn has 'culturalized' the social, that is, has transposed questions into the realm of discursive/cultural analysis, thereby robbing 'the social' of its independent reality. Second, related to this, a new, more pervasive sense of the political ('power is everywhere') often associated with the work of Foucault has likewise thoroughly 'politicized' the social, again (though in a different way) robbing it of any perceived independent reality (Hannah 2006).

In this way, culture has been melded with the social and political so that it is not possible to theorize one without the others. Cultural theoretical approaches have become central to the way that geographers analyze the 'social'; and both are always contingent and politicized, processes that complicate 'everything'. In this way, social categories based on, for example 'racial segregation, which took advantage of fairly essentialist notions of different 'races' and 'places' are now thought of as 'narratively' and 'performatively' constructed, so that racial segregation becomes a matter of stories told about race and different individual experiences of 'race' and 'segregation" (Hannah 2006). Moreover, 'the roots of experiences of racial categories and geographies in political struggle eventually leads to these categories and geographies getting codified in more performative, discursively contingent terms' (Hannah 2006).

While approaching the question of the low profile somewhat differently, George Henderson (2006) also believes that social geography has been engulfed by other ways of doing geography. He wrote:

> What might have been social geography's territory as such was distributed over four more prominent domains, possibly more: 'new cultural geography,' political economy/social theory, feminist geography, and spatial-quantitative analysis. In their own ways, it seems to me, each of these domains absorbed some aspect of the social field and did so very

> quickly. That is, they each discovered quickly and effectively 'the social' and, thus, perhaps prevented a social geography from emerging in its own right.

Though the emphasis of his explanation for the submergence of social geography varies some from our own, the process he describes is the same; other labels, perhaps more theoretically complex, have captured the imagination of US geographers.

And, yet, there is still more than just a trace of social geography in US geography. Kim England told us: 'I have tended to lean towards the label 'social geography' because my research interests are largely about existing people... [W]hile it might be a false division I think of cultural geography as being much more about representations of people, things, 'culture,' landscapes, etc.' (2006). Alison Mountz's response to our questions 'splits the difference', as it were, between social and cultural geography. She says: 'I consider social (and cultural geography) to encompass an interest in the spatiality of social relations, the practices of everyday life, the quotidian geographies of power' (2006). In both cases, these researchers suggest that attention to everyday 'embodied' geographies – and their relationalities – are a central concern of social (and cultural) geography today.

Like many in the United States, Mountz sees little difference in contemporary US human geography between social and cultural geographies, suggesting that she 'identifies as both a social and cultural geographer'. Even more than this, though, Mountz, upon further reflection, suggests that the distinction between the 'categories (of social and cultural geography can) do more damage to our work as geographers than they do to help us along... they give rise to empire building and policing, canons and exclusions'. England, on the other hand, sees distinguishing value in the identity social geographer. 'I think of hierarchies of difference and the myriad ways they are manifested as being at the core of social geography. Of course these are topics of interest to those who [also] more firmly tether their identity to cultural geography, but perhaps the entry point is different?' Provocatively, this question suggests that a social geography might take as its entry point an analysis of difference(s), while a cultural geography might take as its entry point an interrogation of cultural meaning(s).[8] While these two entry points are certainly not mutually exclusive, they may produce certain nuances that mediate our theorizations of various spatialities. This is an interesting question; one that we believe demands much more careful attention.

Taking the position, therefore, that social geography is alive and well in the US because many geographers in the US study difference and inequality, for example, England (2006) asserts that:

> social geography [actually does not] have a low profile in the US. I see lots of people doing what I would describe as social geography, but not necessarily labeling themselves that way. For example, is work on labor markets economic or social geography? Is research on ethnoburbs or racial segregation or housing affordability urban or social geography?

It is thus clear that the social geographic is ubiquitous, in studies of socio-spatial difference, inequality, embodiment, materiality, and subjectivity, even if social geography as a subdisciplinary identity is less clearly articulated.

An ending (and a beginning?)

Because the diverse development of social geography in the US has taken place across the subdisciplinary boundaries, geographers interested in social geographic questions have been largely immune to the debates about the 'state of the field' that have taken place in other contexts, such as the UK (Gregson 1993, 2003; Peach 1999, 2002; Valentine 2001). That said, US social geographers are not isolationist, they have traded heavily with social theoretical innovations from other parts of the world, particularly, although not exclusively, British, European, Canadian, and Antipodean geographies, while producing their own contributions. Ultimately, it is reasonable to proclaim that social geography currently occupies a paradoxical space as both 'margin' and 'center' in US geography (hooks 1991; Rose 1993). And, working from margin to center, US-based geographers are employing social geographic analyses engaging the range of theoretical and methodological approaches as well as developing important critical innovations. Some, but not all of this work takes place under the title of social geography in the United States, while other clearly social work can also be found not only within cultural geography but across the boundaries of other human (and to a certain extent environmental) subdisciplines.

First, the social model of human ecology survives in geography today in the form of human ecologies of disease, whose practitioners continue to trace the relationships between 'population' (biological selves), 'habitat' (natural, social, and built environments), and 'behavior' (beliefs, social organization, and technology) (Meade and Earickson 2000: 25). Spatial analytic social geographies also thrives in GIS-based studies of urban form, networks, and interactions (e.g., Ackerman and Murray 2004). [9] One can easily argue, too, that ethnographic (or more broadly qualitative) inquiries into social organization and practices in the city (e.g., Winders 2006), following the traditions of ethnographers, such as Jackson and Smith, remain vibrant in a US context.

Second, recent theoretical and methodological innovations include new ontologies of social space (Schatzki 2002; Marston *et al.* 2005); actor-network theories (Harvey 2001); reformulations of the relationships among technology, society and nature (or socionature) (Braun and Castree 2001; Davis 2002) and the merging of the urban (social) and nature (Wolch *et al.* 2001); socioecology (Meehan 2005) as well as critical political ecologies of disease (Brown 2006); whiteness and white spaces (Dwyer and Jones 2000; Gallaher 2003; Reitman 2006); social memory (DeLyser 2004; Hoelscher and Alderman 2004); and care and caring (Popke 2002, 2004). US-based geographers have also been fully engaged in building on the pioneering work of Cindi Katz (1991) in examining children's and young people's geographies (Aitken 2001; Thomas 2004; Cahill 2000; 2007; Katz 2004). They actively participate in studies of critical community politics (Elwood 2006; Elwood and Leitner 2003; Bosco 2006; Nelson 2006) as well as the intersections between neoliberalism and community identities/practices (Herbert 2005). They have also rethought the relationships between various 'social' categories and their 'spatialities' in other subdisciplines, including medical/health (Del Casino 2007) and population geographies (Brown and Knopp 2006). Moreover, geographers in the US have complicated straightforward marxist accounts of economies and turned our attention to the study of bodies (Fannin 2004), (dis)abilities (Dorn 1997), border spaces and identities (Price 2004), migration (Tyner 2004), HIV and AIDS and other sexually transmitted infections (Craddock 2000a, 2000b), race, racism, and violence (Wilson 2005), immigration and racial politics (Merrill 2006), and the streets and homelessness (Takahashi 2001). There is also the ongoing feminist work of those who study social production and reproduction (Mitchell *et al.*

2004). The diversity of this work only scratches the surface of all that is being undertaken, but it does start to given one a sense of the dynamism and innovativeness of contemporary social geography in the United States, which several of our correspondents pointed out to us.

At the same time that social geographies appear to be everywhere one looks, there are challenges to the privileging of the social (and the human) in US geography. As Henderson (2006) pointed out above when asked what he considers social geography might encompass:

> A little while ago, I might have been tempted to say: everything. That is, if we take notions of social constructionism, situated knowledges, and so on, seriously. But I am intrigued by work in the post-human vein of late. I think it's becoming harder to sustain the very idea of 'social geography.' The notion of human-non-human assemblages exert a powerful pull and I'm keen to see what becomes of it. At any rate, it does pose a huge challenge to the notion of the social that ought be taken seriously.

The challenge of a 'post-human' geography to the integrity of social geography in the US is an intriguing one, a theoretical and empirical moment that will continue to push the boundaries of how geographers theorize socio-spatial relations as well as the rather arbitrary boundaries between nature and society and society and space (as is suggested by the work referenced above in actor-network theory, socioecology, socionature and social nature studies, etc.).[10] More generally, however, our sustained attention to finding the 'the social' in the shadow of US cultural geography has shown that geographers in the US are rigorously and critically 'opening up' epistemological and ontological theorizations of various spaces and questioning the boundedness of the 'human' and the 'social' in the context of everyday geographies in ways that we are only just beginning to understand.

Acknowledgements

We would like to thank Rob Kitchin for offering us the opportunity to write this report. We also thank John Paul Jones, III for his comments on an earlier version of this paper and Keith Woodward for engaging us in some of the nascent conversations that inform our thinking. This paper would not have been possible without the thoughtful comments from those scholars who took time to respond to our questions. These informal email conversations helped us think through some of the most significant issues covered here. We also benefited from discussions at the Association of Pacific Coast Geographers, where J. Nicholas Entrikin, John Paul Jones III, and Lise Nelson contributed to a panel we organized titled 'Where is the social in social and cultural geography?' In the end, of course, this report is an incomplete representation of a very complicated historical process of intellectual and institutional developments of disciplinary geography in the United States over the last century.

Notes

1 One might make the argument that physical geographers are also engaging with questions related to the representation of scale (Phillips 1999) as well as social theory more generally (Inkpen 2004).

2 Smith (2000: 26) argues that this may still be true: 'A backlash against progressive, critical and politically informed social science is already evident, perhaps more so in the USA than in the UK. National disciplinary associations have angled to the right and, in the case of the *Annals of the Association of American Geographers* and the *American Anthropologist*, have tried to marginalize social theory within their flagship journals'. Hannah (2006) speculates as well that 'the neo-liberal and neo-conservative backlash since the early Reagan years, there has been a

tendency in public discourse to associate the term 'social' with supposedly outdated concepts like 'social safety net', unionism, class, etc.'

3 Entrikin (1980) contends that while social and urban geographers from the 1950s to the 1980s traced their intellectual heritage to the Chicago School of Sociology's model of human ecology, Park himself was at pains to reject the contention that geography could be the science of human ecology due to its idiographic foundations. He argues further, that is was not until geography assumed a more nomothetic approach to the world, that it became more like sociology and ecology.

4 This is not completely surprising given Sauer's own ambivalence toward cultural geography as a subdiscipline. One may argue that 'cultural geography', as it was constituted in a US context, was more than what Sauer himself ever considered to be central to geography, which was 'biogeography, historical geography, Latin-American geography, or indeed a geography that defies definition' (Mikesell 1987: 145 as cited in Mitchell 2000: 21). Also, Sauer's general disdain for 'urban' and 'modern' places meant that he would likely take issue with those geographers interested in social aspects of the city (Entrikin 1984).

5 This is an interesting disciplinary moment that calls into question the efficacy of a 'country report'. Natalie Oswin, a geographer trained in Canada and now working in Singapore is engaging in a very US-based debate between queer geographers. Premised on territorial boundaries that are assumed to contain knowledges and knowledge production, the integrity of the country report—in the sense of its undivided or unbroken completeness—is at best questionable.

6 The social geographers we invited to converse with us were identified through departmental internet sites. We looked at the home pages of the top twenty PhD granting departments in the United States for the stated research interests of their faculty. All sixteen individuals who listed social geography as one of their research areas were contacted through an email message. Of the sixteen, ten joined our discussion. In addition, we contacted Matthew Hannah, who is part of the founding editorial board of the international journal *Social Geography*. He does not, however, self-identify as a social geographer.

7 There is an ongoing interest in the geographies of the census, migration, and immigration in US geography that parallels the work of Peach to a certain degree (Allen 2005; Hardwick and Meacham 2005).

8 We have to thank our colleague Keith Woodward for pointing this out to us. In his words, it might actually be possible to draw a distinction along the line of difference (social geography) and différance (cultural geography). We haven't fully digested this comment, so we stick here with 'cultural meanings' instead.

9 While not directly related to 1920s Chicago School Sociology, cartographic assessments of US demography, such as Allen and Turner (1988) and Brewer and Suchan (2001) are also important illustrations of an enduring interest in the social geography of the nation.

10 This is also suggested in the work of Peter Jackson (2003) and his recent analysis of social geography.

References

Ackerman, W.V. and Murray, A.T. (2004) Assessing spatial patterns of crime in Lima, Ohio, *Cities* 21(5): 423–437.

Aitken, S. (2001) *Geographies of Young People: The Morally Contested Spaces of Identity*. London and New York: Routledge.

Allen, J.P. (2005) Ethnic geography dynamics: cluse from Los Angeles, *Yearbook of the Pacific Coast Geographers* 67: 97–116.

Barrows, H.H. (1923) Geography as human ecology, *Annals of the Association of American Geographers* 13(1): 1–14.

Berry, B.J.L. and Kasarda, J.D. (1977) *Contemporary Urban Ecology*. New York: Macmillan.

Berry, B.J.L. and Wheeler, J.O. (2005) *Urban Geography in America, 1950–2000*. New York and London: Routledge.

Bosco, F.J. (2006) The Madres de Plaza de Mayo and three decades of human rights activism: embeddedness, emotions, and social movements, *Annals of the Association of American Geographers* 96(2): 342–365.

Braun, B. and Castree, N. (2001) *Social Nature: Theory, Practice, Politics*. New York and Oxford: Blackwell.

Brown, M. (2006) Sexualy citizenship, political obligation and disease ecology in gay Seattle, *Political Geography:* in press.

Brown, M. and Knopp, L. (2003) Queer cultural geographies - we're here! we're queer! we're over there, too!, in Anderson, K., Domosh, M., Pile, S. and Thrift, N. (eds) *Handbook of Cultural Geography*. London, Thousand Oaks, Delhi: Sage, pp. 312–324.

Brown, M. and Knopp, L. (2006) Places or polygons? governmentality, scale, and the census in *The Gay and Lesbian Atlas*, *Population, Space, and Place* 12: 223–242.

Cahill, C. (2000) Street literacy: urban teenagers' strategies for negotiating their neighborhood, *Journal of Youth Studies* 3(3): 251–277.

Cahill, C. (2007) Doing research with young people: Participatory research and the rituals of collective work, *Children's Geographies*, forthcoming.

Cosgrove, D. (1984) *Social Formation and Symbolic Landscape*. London: Croom Helm.

Craddock, S. (2000a) *City of Plagues: Disease, Poverty, and Deviance in San Francisco*. Minneapolis: University of Minnesota Press.

Craddock, S. (2000b) Disease, social identity, and risk: Rethinking the geography of AIDS, *Transactions of the Institute of British Geographers* 25(2): 153–169.

Cressey, P.G. (1932) *The Taxi-Dance Hall: A Sociological Study in Commercialized Recreation and City Life*. Chicago: University of Chicago.

Davis, M. (2002) *Dead Cities and Other Tales*. New York: The New York Press.

Dear, M. (2006) E-mail communication.

Dear, M.J. and Taylor, S.M. (1982) *Not on Our Street: Community Attitudes to Mental Health Care*. London: Pion Limited.

Del Casino, V.J. Jr., (2007) Health/Sexuality/Geography, in Browne, K., Brown, G. and Lim, J. (eds) *Geographies of Sexualities: Theory, Practice, and Politics*. Aldershot, UK: Ashgate, pp. Under Review.

Del Casino, V.J. Jr., and Jones, J.P. III (2007) Space for social inequality researchers: a view from geography, in Lobao, L., Hooks, G. and Tickmayer, A. (eds) *Who Gets What Where: The Sociology of Spatial Inequality*. Albany: SUNY Press, pp., in press.

DeLyser, D. (1999) Authenticity on the ground: Engaging the past in a California ghost town, *Annals of the Association of American Geographers* 89(4): 602–632.

DeLyser, D. (2004) Recovering social memories from the past: the 1884 novel Ramona and tourist practices in turn-of-the-century southern California, *Social and Cultural Geography* 5(3): 483–496.

Domosh, M. (1996) Feminism and human geography, in Earle, C., Matthewson, K. and Kenzer, M. (eds) *Concepts in Human Geography*. Lantham, MD: Rowman and Littlefield, pp. 411–427.

Domosh, M. (2005) An uneasy alliance? tracing the relationships between cultural and feminist geographies, *Social Geography* 1: 37–41.

Dorn, M.L. (1997) Beyond nomadism: the travel narrative of a 'cripple', in Nast, H. and Pile, S. (eds) *Places Through the Body*. London and New York: Routledge, pp. 46–69.

Duncan, J., Johnson, N. and Schein, R. (2004) Introduction, in Duncan, J., Johnson, N. and Schein, R. (eds) *A Companion to Cultural Geography*. Malden, MA and Oxford, UK: Blackwell, pp. 1–8.

Dwyer, O. (2000) Interpreting the Civil Rights movement: Place, memory, and conflict, *The Professional Geographer* 52(4): 660–671.

Dwyer, O. and Jones, J.P. III (2000) White socio-spatial epistemology, *Social and Cultural Geography* 1(2): 209–222.

Elwood, S. (2006) Beyond cooptation or resistance: urban spatial politics, community organizations, and GIS-based spatial narratives, *Annals of the Association of American Geographers* 96(2): 323–341.

Elwood, S. and Leitner, H. (2003) Community-based planning and GIS: aligning neighborhood organizations with state priorities?, *Journal of Urban Affairs* 25(2): 139–157.

England, K. (2006) E-mail communication.

Entrikin, J.N. (1980) Robert Park's human ecology and human geography, *Annals of the Association of American Geographers* 70(1): 43–58.

Entrikin, J.N. (1984) Carl Sauer, philosopher in spite of himself, *Geographical Review* 74: 387–407.

Entrikin, J.N. (2006) E-mail communication.

Evans, D.M. (1978) Alienation, mental illness and the partitioning of space, *Antipode* 10(1): 13–23.

Fannin, M. (2004) Domesticating birth in the hospital: "family-centered" birth and the emergence of "home-like" birthing rooms, in Mitchell, K., Marston, S. and Katz, C. (eds) *Life's Work: Geographies of Social Reproduction*. Malden, MA and Oxford: Blackwell, pp. 96–118.

Flad, H. (1972) The urban American Indians of Syracuse, New York: Human exploration of urban ethnic space, *Antipode* 4(2): 88–99.

Foote, K.E., Huggill, P.J., Mathewson, K. and Smith, J.M. (1994) *Re-Reading Cultural Geography*. Austin: University of Texas Press.

Gallaher, C. (2003) *On the Fault Line: Race, Class, and the American Patriot Movement*. Lanham, Boulder, New York, and Oxford: Rowman and Littlefield.

Gilmore, R. (2002) Fatal couplings of power and difference: notes on racism and geography, *The Professional Geographer* 54(1): 15–24.

Goodey, B. (1970) The role of the Indian in North Dakota's geography: some propositions, *Antipode* 2(1): 11–24.

Gregson, N. (1993) 'The initiative': delimiting or deconstructing social geography?, *Progress in Human Geography* 17(4): 525–530.

Gregson, N. (2003) Reclaiming 'the social' in social and cultural geography, in Anderson, K., Domosh, M., Pile, S. and Thrift, N. (eds) *Handbook of Cultural Geography*. London: Sage, pp. 43–57.

Hannah, M. (2006) E-mail communication.

Hanson, S. (2006) E-mail communication.

Hardwick, S. and Meacham, J.E. (2005) Heterolocalism, networks of ethnicity, and refugee communities in the Pacific Northwest: the Portland Story, *The Professional Geographer* 57(4): 539–557.

Harris, C.D. (1990) Urban geography in the United States: my experience of the formative years, *Urban Geography* 11(4): 403–417.

Harvey, D. (1973) *Social Justice and the City*. London: Edward Arnold.

Harvey, F. (2001) Constructing GIS: actor networks of collaboration, *URISA Journal* 31(1): 29–37.

Hayford, A. (1974) The geography of women: an historical introduction, *Antipode* 6(2): 1–19.

Henderson, G. (2006) E-mail communication.

Herbert, S. (2005) The trapdoor of community, *Annals of the Association of American Geographers* 95(4): 850–865.

Herod, A. (1998) *Organizing the Landscape: Geographical Perspectives on Labor Unionism*. Minneapolis, Minnesota: University of Minnesota Press.

Hoelscher, S.D. and Alderman, D. (2004) Memory and place: geographies of a critical relationship, *Social and Cultural Geography* 5(3): 347–355.

hooks, b. (1991) *Yearning: Race, Gender, and Cultural Politics*. London: Turnaround.

Huntington, C.C. and Carlson, F.A. (1933) *The Geographical Basis of Society*. New York: Prentice Hall.

Inkpen, R. (2004) *Science, Philosophy, and Physical Geography*. London and New York: Routledge.

Jackson, P. (1989) *Maps of Meaning*. London: Unwin Hyman.

Jackson, P. (2003) Introduction: the social question, in Anderson, K., Domosh, M., Pile, S. and Thrift, N.J. (eds) *Handbook of Cultural Geography*. London: Sage, pp. 37–42.

Jones, E. (1975) Introduction, in Jones, E. (ed.) *Readings in Social Geography*. London: Oxford University Press, pp. 1–12.

Katz, C. (1991) Sow what you know: the struggle for social reproduction in rural Sudan, *Annals of the Association of American Geographers* 81(3): 488–514.

Katz, C. and Monk, J. (1993) *Full Circles: Geographies of Women over the Life Course*. London and New York: Routledge.

Katz, C. (2004) *Growing Up Global: Economic Restructuring and Children's Everyday Lives*. Minneapolis: University of Minnesota Press.

Lobao, L., Rulli, J. and Brown, L. (1999) Macrolevel theory and local-level inequality: industrial structure, institutional arrangements, and the political economy of redistribution, 1970 and 1990, *Annals of the Association of American Geographers* 4: 571–601.

Marston, S.A., Jones J.P. III and Woodward, K. (2005) Human geography without scale, *Transactions of the Institute of British Geographers* 30(4): 416–432.

Marston, S.A. and Pratt, G. (2005) Coming of age: urban geography in the 1980s, in Berry, B.J.L. and Wheeler, J.O. (eds) *Urban Geography in America, 1950–2000*. New York and London: Routledge, pp. 265–278.

Martin, D. (2006) E-mail communication.

Meade, M. and Earickson, R. (2000) *Medical Geography*. New York: Guilford Press.

Meehan, K. (2005) Streamlining the State? Power, Decentralisation, and Water and Work in Guatemala, MSc, School of Geography, University of Oxford, UK.

Merrill, H. (2006) *An Alliance of Women: Immigration and the Politics of Race*. Minneapolis: University of Minnesota.

Mikesell, M.W. (1978) Tradition and innovation in cultural geography, *Annals of the Association of American Geographers* 68(1): 1–16.

Miller, B.A. (2000) *Geography and Social Movements: Comparing Antinuclear Activism in the Boston Area*. Minneapolis and London: University of Minnesota Press.

Mitchell, D. (1995) There's no such thing as culture: towards a reconceptualization of the idea of culture in cultural geography, *Transactions of the Institute of British Geographers* 20: 102–116.

Mitchell, D. (2000) *Cultural Geography: A Critical Introduction*. Oxford: Blackwell.

Mitchell, K., Marston, S.A. and Katz, C. (2004) *Life's Work: Geographies of Social Reproduction*. New York and Oxford: Blackwell.

Morin, K. (1998) British women travellers and constructions of racial difference across the nineteenth century American West, *Transactions Institute of British Geographers* 23: 311–330.

Morrill, R. (1969) Geography and the transformation of society, *Antipode* 1(1): 4–10.

Morrill, R.L. (1973) Socialism, private property, the ghetto and geographic theory, *Antipode* 5(2): 84–85.

Mountz, A. (2006) E-mail communication.

Nast, H. (1997) Unsexy geographies, *Gender, Place and Culture* 5: 191–206.

Nelson, L. (2006) Geographies of state power, protest, and women's political identity formation in Michoacan, Mexico, *Annals of the Association of American Geographers* 96(2): 366–389.

Nicholls, W.J. and Beaumont, J.R. (2004) The urbanisation of justice movements? possibilities and constraints for the city as a space of contentious struggle, *Space and Polity* 8(2): 119–135.

O'Reilly, K. and Crutcher, M.E. (2006) Parallel politics: the spatial power of New Orleans' labor day parade, *Social and Cultural Geography* 7(2): 245–265.

Oswin, N. (2004) Toward radical geographies of complicit queer futures, *ACME: An International E-Journal for Critical Geographies* 3(2): 79–86.

Peach, C. (1999) Social geography, *Progress in Human Geography* 23(2): 282–288.

Peach, C. (2002) Social geography: new religions and ethnoburbs - contrasts with cultural geography, *Progress in Human Geography* 26(2): 252–260.

Peet, R. (1977) *Radical Geography: Alternative Viewpoints on Contemporary Social Issues*. Chicago: Maaroufa.

Phillips, J.D. (1999) Methodology, scale, and the field of dreams, *Annals of the Association of American Geographers* 89(4): 754–760.

Pickles, J. (1985) *Phenomenology, Science, and Geography: Spatiality and Human Science*. Cambridge: Cambridge University Press.

Popke, E.J. (2002) Poststructuralist ethics: subjectivity, responsibility and the space of community, *Progress in Human Geography* 27: 298–316.

Popke, E.J. (2004) The face of the other: Zapatismo, responsibility and the ethics of deconstruction, *Social and Cultural Geography* 5(2): 310–318.

Pred, A. (1984) Place as historically-contigent process: structuration and time-geography of becoming places, *Annals of the Association of American Geographers* 74: 279–297.

Price, P. (2004) *Dry Places: Landscapes of Belonging and Exclusion*. Minneapolis: University of Minnesota.

Puar, J. (2006) Mapping US homonormativities, *Gender, Place and Culture* 13: 67–88.

Queen, S.A. and Thomas, L.F. (1939) *The City: A Study of Urbanism in the United States*. New York: McGraw-Hill.

Reitman, M. (2006) Uncovering the white place: whitewashing at work, *Social and Cultural Geography* 7(2): 267–282.

Roberts, S. (2006) E-mail communication.

Rose, G. (1993) *Feminism and Geography: The Limits of Geographical Knowledge*. Minneapolis: University of Minnesota Press.

Schatzki, T. (2002) *The Site of the Social: A Philosophical Account of the Constitution of Social Life*. University Park: Pennsylvania State University Press.

Schein, R. (2002) Race, racism, and geography: introduction, *The Professional Geographer* 54(1): 1–5.

Smith, C.J. (1975) Being mentally ill–in the asylum or the ghetto, *Antipode* 7(2): 53–59.

Smith, N. (1990) *Uneven Development: Nature, Capital, and the Production of Space*. Oxford: Blackwell.

Smith, N. (2000) Socializing culture, radicalizing the social, *Social and Cultural Geography* 1(1): 25–28.

Soja, E. (1989) *Postmodern Geographies: The Reassertion of Space in Critical Social Theory*. London and New York: Verso.

Soja, E.W. (1980) The socio-spatial dialectic, *Annals of the Association of American Geographers* 70(2): 207–225.

Solot, M. (1986) Carl Sauer and cultural evolution, *Annals of the Association of American Geographers* 76(4): 508–520.

Taafe, E.J. (2005) Some thoughts on the development of urban geography in the United States during the 1950s and 1960s, in Berry, B.J.L. and Wheeler, J.O. (eds) *Urban Geography in America, 1950–2000*. New York and London: Routledge, pp. 49–60.

Takahashi, L.M. (2001) *Homelessness, AIDS, and Stigmatization*. Oxford: Oxford University Press.

Thomas, M. (2004) Pleasure and propriety: teen girls and the practice of straight space, *Environment and Planning D, Society and Space* 22(5): 773–789.

Till, K. (2005) *Memory in Place: Cultural Politics and National Identity in the New Berlin*. Minneapolis: University of Minnesota Press.

Tyner, J. (2004) *Made in the Philippines: Gendered Discourses and the Making of Migrants*. London and New York: Routledge.

Valentine, G. (2001) Whatever happened to the social? reflections on the 'cultural turn' in British human geography, *Norsk Geografisk Tidsskrift* 55(3): 166–172.

Warf, B. (2006) *Encyclopedia of Human Geography.* London: Sage.

Western, J. (2006) E-mail communication.

Wilson, D. (2005) *Inventing Black-on-Black Violence: Discourse, Space, and Representation.* Syracuse: Syracuse University Press.

Winders, J. (2006) 'New Americans' in a 'new south' city? Immigrant and refugee politics in the music city, *Social and Cultural Geography* 7(3): 421–436.

Wolch, J.R., Pincetl, S. and Pulido, L. (2001) Urban nature and the nature of urbanism, in Dear, M. (ed.) *From Chicago to LA: Making Sense of Urban Theory.* London: Sage, pp. 367–402.

Wolch, J.R. (2006) E-mail communication.

Index

Made in the USA
Monee, IL
13 September 2026

62978969R10212